高等院校教材

工程力学

聂毓琴 李 洪 编著

科 学 出 版 社

北 京

内 容 简 介

本书根据最新"高等工业学校力学课程教学基本要求"编写,对传统的工程力学体系作了较大改进,以适应现代科学技术的需要。全书共分 4 篇 16 章,包括静力学、构件的承载能力、运动学与动力学、动强度计算 4 个部分。在各章末配有思考题、习题,并在书末附有习题答案。

本书可作为高等工业学校中、少学时工程力学教材,也可供其他专业和有关工程技术人员参考。

图书在版编目(CIP)数据

工程力学/聂毓琴,李洪编著. —北京:科学出版社,2006

(高等院校教材)

ISBN 978-7-03-016282-3

Ⅰ.工… Ⅱ.①聂…②李… Ⅲ.工程力学-高等学校-教材 Ⅳ.TB12

中国版本图书馆 CIP 数据核字(2005)第 109633 号

责任编辑:朱晓颖 毛 莹 /责任校对:李奕萱
责任印制:赵 博/封面设计:陈 敬

科 学 出 版 社出版
北京东黄城根北街 16 号
邮政编码:100717
http://www.sciencep.com

天津市新科印刷有限公司印刷
科学出版社发行 各地新华书店经销

*

2006 年 1 月第 一 版 开本:B5 (720×1000)
2025 年 1 月第十八次印刷 印张:28 1/2
字数:546 000

定价:**79.00 元**

(如有印装质量问题,我社负责调换)

前　言

本书是依据教育部最新修订的"高等工业学校力学课程教学基本要求",总结我们多年的教学实践经验,并汲取了兄弟院校教材的精华而编写的。

本书有以下几个特点:

1) 适当地提高起点,删减与物理学的某些重复部分。

2) 加强了工程力学的基本概念、基本理论和基本方法的阐述,基本内容介绍得全面明确、重点突出、易于理解、容易掌握,注意培养学生综合应用、解决问题、理论联系实际的能力。

3) 在将基本概念、基本理论贯穿于全书的基础之上,着重强调了工程力学的分析方法,如外力分析、内力分析、应力分析、变形分析、运动分析、动力分析等,着重于工程应用,强化工程意识。

为了实施国家标准规范的物理量的名称和符号,采用了最新国家标准的符号规定。对常用金属材料的牌号采用了最新标准,全部插图用计算机绘制。

本教材包括绪论、静力学、构件的承载能力、运动学与动力学、动强度计算、附录和习题答案等部分。全书共分 4 篇 16 章,各章中配有例题、思考题和习题。

本书由聂毓琴、李洪合编。其中绪论、第一篇、第三篇、附录 B 由李洪编写与绘图;第二篇、第四篇、附录 A、附录 C 由聂毓琴编写,插图由孙瑜、宋平绘制。

本教材在编写的过程中,得到吉林大学力学系全体同仁的大力支持,他们提出了许多宝贵的意见,在此深表谢意。本教材的编写与出版还受到吉林大学教务处的关怀,并得到了吉林大学"十五"规划教材建设基金的资助,在此一并致谢。

编者要特别感谢科学出版社的领导和编辑们,他们对本教材的出版工作给予了精心指导和大力支持。

由于我们水平所限,书中的错误及不妥之处恳请广大读者批评指正,以期不断完善。

编　者

2005 年 6 月于吉林大学

目　录

第四篇 动强度计算

绪　　论

宇宙中的一切物质都处在不断地运动变化之中,没有不运动的物质,也不能离开物质谈运动。运动是物质的存在形式,是物质的固有属性。大至宇宙空间,小至基本粒子,从简单的位置变动到复杂的思维活动,都体现出多种多样的运动形式。对各种物质和各种运动形式以及它们之间的相互转化规律的研究,形成了许多科学的分支。力学是研究物体机械运动规律的科学。机械运动是指物体的空间位置随时间的变化。固体的移动和变形、气体和液体的流动都属于机械运动。工程中,对结构或机械都要求有一定的承载能力。机器上工件的旋转移动、航天器、舰艇、车辆的运动,地球围绕太阳的公转和本身的自转,地震时地壳的运动,人体中血液的流动等,都是机械运动的现象。在运动的同时,构件要发生变形,当外载荷超过一定限度时,构件要发生破坏,对各种不同形态的机械运动的研究产生了不同的力学分支。工程力学就是其中一个包含着极其广泛内容的分支,即研究物体在外力作用下,运动、变形和破坏的规律;一般认为,工程力学包含以下几部分:

- ·静力学问题。
- ·静载下构件的承载能力问题。
- ·运动与动力学问题。
- ·动载下构件的强度问题。

其中,第一部分研究物体的受力与平衡规律,即根据所研究的物质及其周围物体之间的联系,确定作用在所研究的物体上有哪些力,以及这些力之间的数量关系。第二部分研究物体在静载荷作用下的变形、破坏的规律,即研究由于变形物体内部将产生哪些力,以及当这些内部相互作用力超过一定限度时,物体将会丧失哪些正常功能。第三部分主要研究物体的运动规律,分析物体产生运动的原因,建立物体的运动与作用在物体上的力的相互关系。第四部分研究物体在动载荷作用下的强度问题。

另外,在工程实际中,物体受力后都要发生不同程度的变形,但在绝大多数工程问题中这种变形都是很小的。因此,当分析物体的运动和平衡规律时,这种微小变形的影响是极小的,可略去不计。这时的物体抽象为"刚体"。

当分析强度、刚度和稳定问题时,由于这些问题与变形密切相关,因而即使是微小变形也必须加以考虑,这时的物体看作是"变形体"。

所以,同一个研究对象,在研究不同的问题时,采用不同的模型。在本书的第一和第三篇中,主要研究物体的平衡与运动规律,其模型为刚体。第二和第四篇在研究与变形有关的问题时,其模型为变形体;但在研究平衡问题时,又可忽略其变形,视为刚体。

以后各篇中,会详细介绍根据不同的问题,抽象成不同的力学模型,采用不同的分析方法。

第一篇 静 力 学

静力学研究物体在力系作用下的平衡规律,或者说研究物体平衡时作用在其上的力系所应满足的条件。

静力学的研究对象是刚体,因此,静力学又称为**刚体静力学**。所谓**刚体**,是指**在力的作用下不变形的物体**。事实上,物体在受力时都会产生不同程度的变形,但如果变形很小,不影响所研究问题的性质,就可以忽略变形,将其视为刚体。这种经过抽象化而形成的**理想模型**,可使问题的研究大为简化,也更深刻地反映了事物的本质。

在静力学中,我们将研究以下三个问题。

(1) 物体的受力分析

(2) 力系的等效替换和简化

力系是指作用在物体上的一组力。如果两个力系使刚体产生相同的运动状态变化,则这两个力系互为等效力系。一个力系用其等效力系来代替,称为**力系的等效替换**。用一个简单力系等效替换一个复杂力系,称为**力系的简化**。如果一个力和一个力系等效,则称这个力是该力系的**合力**。

(3) 刚体在各种力系作用下的平衡条件及其应用

平衡是物体机械运动的一种特殊状态。若物体相对惯性参考系处于静止或做匀速直线运动,则称该物体处于平衡。工程实际中大多数问题可把固连于地球的参考系近似地认为是惯性参考系。

物体受到力系作用时,一般情况下,其运动状态将发生改变。如果作用在物体上的力系满足一定条件,即可使物体保持平衡,这种条件称为力的**平衡条件**。满足平衡条件的力系称为**平衡力系**。在刚体静力学中,力系的平衡与物体的平衡为同一概念。

静力学的理论与方法在工程实际中有着广泛的应用,它是机械零件、工程结构静力计算及设计的理论基础。另外,静力学中建立的概念和理论又是学习材料力学、动力学和某些后继课程(如结构力学、机械原理、机械零件、有限元分析等)的基础。

第1章　静力学基本知识

1.1　力　的　概　念

人们通过长期的生活与生产实践,从感性到理性逐步形成了力的概念。**力是物体间的相互作用,这种作用使物体的运动状态和形状发生改变**。如人用手推车、蒸汽推动汽缸内的活塞,手和车或蒸汽与活塞之间有相互作用;锻锤压在工件上,其间也有相互作用。引起车、活塞机械运动状态改变和工件变形的这种作用就是**力**。

物体间作用的形式很多,因而我们会遇到各种各样的力,但力大体上可以分为两类:一类是两个物体直接接触作用,如两物体间的压力及摩擦力;另一类是"场"对物体的作用,如地球的引力场对于物体的引力。

力使物体运动状态发生改变的效应称为**外效应**,而使物体形状发生改变的效应则称为**内效应**。实践表明,力对物体的作用效应,决定于力的大小、方向和作用点,这三者称为**力的三要素**。

力的大小表示物体之间机械作用的强度,它可以通过力的运动效应或变形效应来度量,在静力学中常用测力器的弹性变形来测量。本书采用的是国际单位制,力的单位是牛[顿](N)或千牛[顿](kN), $1kN=10^3N$ 。

力的方向即物体之间机械作用的方向。力的方向包括力作用的方位和指向。

力的作用点是物体间作用位置的抽象化。力的作用位置,一般说并不是一个点,而是物体某一部分面积或体积,前者如两相接触物体之间的压力,后者如物体的重力,这种分布作用的力称为**分布力**。但作用面积很小时则可将其近似地看成作用在一个点上,这种力称为**集中力**,此点称为力的作用点。通过力的作用点沿力的方向的直线,称为力的**作用线**。

力是矢量,记作 **F**。可以用一有向线段表示力的三要素,如图 1-1 所示。线段的长度 $\overline{AB}$ 按一定的比例尺表示力的大小,线段的起点或终点表示力的作用点,线段 $\overline{AB}$ 所沿着的直线(图 1-1上的虚线)表示力的作用线。如不指明作用点,单一的矢量符号 **F** 或有向线段 $\overrightarrow{AB}$ 仅能表明力的大小和方向,称为**力矢量**。作用点固定的矢量称为定位矢量,**力是定位矢量**。本书用黑体字母表示矢量,用对应的普通字母代表矢量的大小。

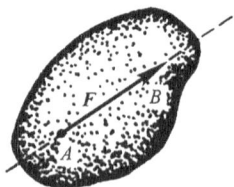

图 1-1

1.2　静力学公理

公理是人们在生活与生产中长期观察所总结出的结论,可以认为它是真理而不需证明,在一定范围内它正确反映了事物最基本、最普遍的客观规律。它是静力学全部理论的基础。

公理 1　力的平行四边形法则

作用在物体上同一点的两个力可以合成为一个合力,合力也作用于该点,其大小和方向由这两个力为边所构成的平行四边形的对角线确定。如图 1-2(a)所示,F_R 为 F_1 和 F_2 的合力。此法则是矢量最基本的运算规则——加法规则,矢量 F_R 称为矢量 F_1 与 F_2 的几何和或矢量和。用式子表示为

$$F_R = F_1 + F_2 \tag{1-1}$$

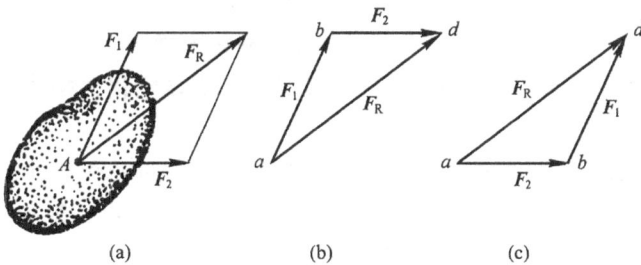

图 1-2

如果只要确定合力 F_R 的大小和方向,则只需画出半个平行四边形即可。如图 1-2(b)所示,先从任意点 a 作矢 $\overrightarrow{ab} = F_1$,再从点 b 作矢 $\overrightarrow{bd} = F_2$,连接 a、d 两点的矢 $\overrightarrow{ad}$ 即表示合力 F_R 的大小和方向。三角形 abd 称为力三角形。此种作图法称为**力三角形法则**。如果先画 F_2,后画 F_1(图 1-2(c)),也可得到合力矢 F_R。此法则既是力的合成法则,也是力的分解法则。

公理 2　二力平衡条件

作用在刚体上的两个力,使刚体处于平衡的必要和充分条件是:这两个力大小相等,方向相反,且作用在同一直线上。如图 1-3 所示,以矢量式表示为

$$F_1 = -F_2 \tag{1-2}$$

显然,满足二力平衡条件的力系是最简单的平衡力系。

工程中把忽略自重,仅在两点受力而平衡的杆件

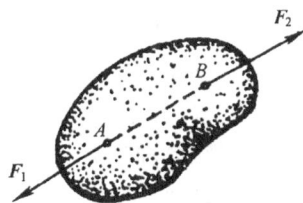

图 1-3

或构件称为**二力杆**或**二力构件**。据公理 2,此构件所受的两个力必大小相等、方向相反、且沿两个受力点的连线。

公理 3　加减平衡力系原理

在作用于刚体的已知力系中,加上或去掉任意的平衡力系,并不改变原力系对刚体的作用。

公理 4　作用和反作用定律

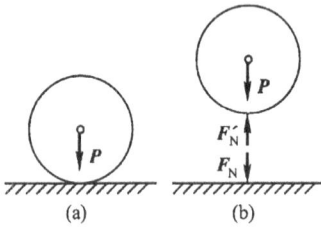

图 1-4

任何两个物体间的相互作用力,总是大小相等、方向相反、沿同一作用线,分别作用在这两个物体上。如图 1-4(a)所示,重为 P 的球放在支承面上,此球给支承面的作用力为 F_N,支承面同时给球一反作用力 F'_N,且有 $F_N = -F'_N$(图 1-4(b))。小球受地球引力 P 作用,与其相应的反作用力 P' 则作用在地球上。

公理 5　刚化原理

变形体在某一力系作用下处于平衡,如将此变形体刚化为刚体,则平衡状态不变。

此公理表明,当变形体处于平衡时,必然满足刚体的平衡条件。因此,可将刚体的平衡条件应用到变形体静力学中去。但应注意,刚体的平衡条件,对变形体而言只是必要的,而不是充分的。如图 1-5 所示,如将变形后平衡的绳子换成刚杆,其平衡状态不变;反之,如刚杆在压力下处于平衡,将其换成绳子,则平衡状态必然破坏。从上述公理出发,通过数学演绎的方法,可以推导出许多新的结论。

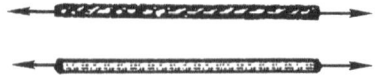

图 1-5

1. 力的可传性

作用于刚体上某点的力,可以沿其作用线移至刚体内任一点,而不改变它对刚体的作用。

证明　如图 1-6(a)所示,力 F 作用于刚体上的点 A,若取 $F=F_2=-F_1$,据公理 3,在力 F 作用线任一点 B 加上两个互成平衡的力 F_1 和 F_2(图 1-6(b)),再减去平衡力系 F_1 和 F,剩下作用于 B 点的力 F_2(图 1-6(c))仍与原力 F 等效,即力 F 沿其作用线移到了 B 点,而作用效应不变。

力的可传性表明,力对刚体的作用效应与力的作用点在作用线上的位置无关。这样,**作用于刚体上力的三要素为:大小、方向和作用线**。沿作用线可任意滑动的矢量称为**滑动矢量**,作用于刚体上的力是滑动矢量。

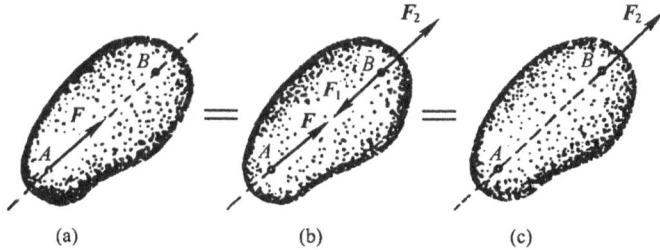

图 1-6

2. 三力平衡汇交

当刚体受三个力而处于平衡时,若其中两个力的作用线汇交于一点,则第三个力的作用线必交于同一点,且三个力的作用线在同一平面内。

证明 设有三个力 F_1、F_2、F_3 分别作用于刚体的 A、B 和 C 三点,且 F_1 与 F_2 的作用线汇交于点 O(图 1-7)。因三个力平衡,则 F_1 与 F_2 之合力 F_R 必与 F_3 共线,故 F_3 的作用线必过 F_1 与 F_2 的作用线的交点,且三个力必共面。证毕。

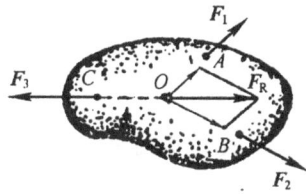

图 1-7

1.3 约束和约束反力

力学中将研究的物体分为**自由体**与非自由体。位移不受任何限制的物体称为自由体,如在空中飞行的炮弹、人造卫星等。位移受到预先给定的限制的物体称为非自由体,如列车受到铁轨的限制,只能沿轨道运动;轮轴支承于轴承上,只能绕轴线转动等。在静力学中,我们把限制非自由体某些位移的周围物体称为**约束**。上例中轨道是列车的约束,轴承是轴的约束。当物体在约束限制的运动方向上有运动趋势时,就会受到约束的阻碍,这种阻碍作用就是约束作用于物体的力,称为**约束反力或约束力**。由于约束力的产生是被动的,因而其大小是未知的,**约束力的方向总是与该约束所能够阻碍的运动方向相反**。除约束力外,物体上受到的各种载荷如重力、风力、液体的压力等,这些力的大小和方向通常是预先给定的,这种力称为**主动力**。

下面介绍几种工程中常见的典型约束,并说明如何根据实际约束的结构形式和表面物理性质确定这些约束的约束力方向。

1. 柔索约束

工程中用的皮带、链条和钢索等均属此类约束。由于它们被视为绝对柔软且不计自重,因而本身只能受拉力(图 1-8(b)),所以它给被约束物体的约束力也只能是拉力(图 1-8(c)),**即柔索对物体的约束力,作用在接触点,方向沿着柔索背离物体**。

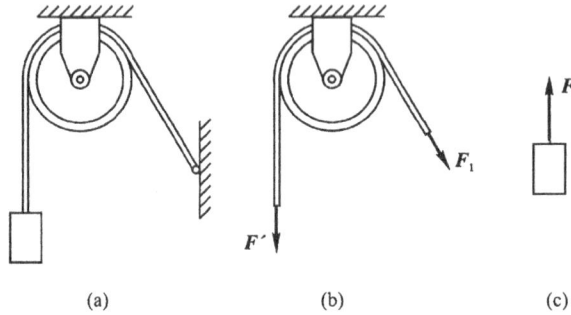

图 1-8

2. 光滑面约束

若物体接触面之间的摩擦力可以略去不计,则认为接触面是光滑的。这类约束不能限制物体沿约束表面切线的位移,只能限制物体沿接触面公法线方向指向约束内部的位移。所以,**光滑面约束对被约束物体的约束力,作用在接触点处,其方向沿接触面在该点的公法线,并指向物体**。如图 1-9(a)所示中的 F_B 和图 1-9(b)中的 F_A 与 F_B。

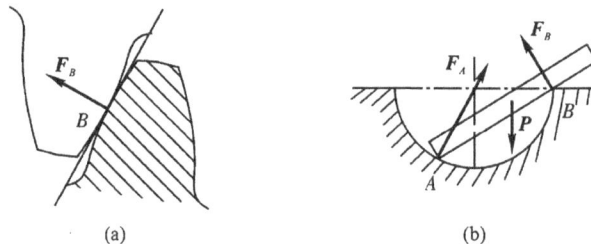

图 1-9

3. 光滑铰链约束

(1) 圆柱铰链和固定铰链支座

圆柱铰链是由圆柱销钉将两个钻有相同直径销孔的构件连接在一起构成,如图 1-10(a)所示,其简化符号如图 1-10(b)所示。如果将其中一个构件固定在地面

或机架上,则这种约束称为固定铰链支座(图 1-11(a)),其简化符号如图 1-11(b)
所示。

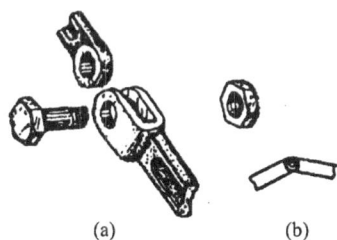

图 1-10

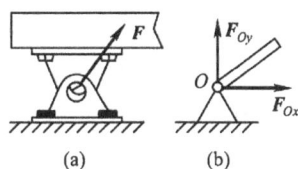

图 1-11

物体的运动受到销钉的限制,只能绕销钉
轴线相对转动,而不能沿销钉径向做相对移
动。由于销钉与构件是光滑圆柱面接触,故销
钉的约束力 **F** 必沿接触面的公法线方向(图
1-12(a)),但因接触点的位置不能预先确定,
因此约束力方向也不能事先确定。所以,**圆柱
铰链对物体的约束力,在垂直于轴线的平面
内,通过铰链中心,方向不定。**通常用过铰心
的两个大小未知的正交分力 F_{Ox}、F_{Oy} 表示(图 1-12(b))。

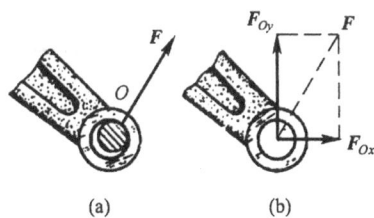

图 1-12

为方便起见,对圆柱铰链连接的两个构件分别进行受力分析时,认为销钉与其
中某一构件一起构成另一构件的约束。只有在需要分析销钉受力时,才把销钉分
离出来单独研究。

(2) 向心轴承

轴承是工程中常见的约束,无论轴颈由向心滑动轴承支承(图 1-13(a)),还是
由向心滚动轴承所支承(图 1-13(b)),均与固定铰链支座有相同的约束性质,其约
束力也可以用两个正交分力来表示。图 1-13(c)所示为其简化符号。

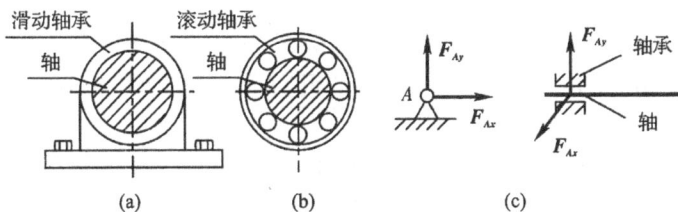

图 1-13

4. 辊轴支座约束

如图 1-14(a)所示,在铰链支座下面装有若干刚性滚子,即构成**辊轴支座**或**滚动铰链支座**,其简化符号如图 1-14(b)所示。这种约束不能限制物体沿光滑支承面运动,**约束力 F 只能沿光滑支承面的法线方向,并通过铰链中心**。根据不同的滚子结构,辊轴支座的约束力可以指向或背离物体。桥梁、屋顶等结构常采用此种支座,以便适应结构的伸缩变化。

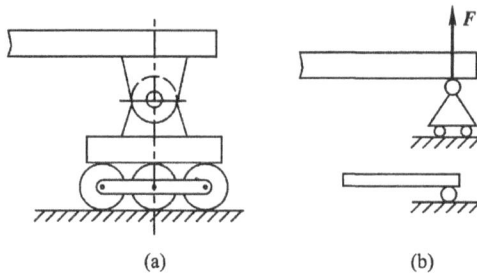

(a)　　　　　　　　　　(b)

图 1-14

1.4　物体的受力分析和受力图

在研究物体受力与运动变化关系或平衡规律之前,必须分析物体的受力情况。这就需要适当地选取某些物体作为**研究对象**。为清晰起见,设想把它从周围的约束中分离出来,单独画出其简图,称为取**分离体**。然后考察它受了几个力,每个力的作用位置和方向,这个分析研究对象受力的过程,称为物体的**受力分析**。之后在分离体简图上画上其所受的全部主动力和约束力,就得到研究对象的**受力图**,它形象地表明了所研究物体的受力情况。

正确地进行受力分析和画出受力图是解决力学问题的前提和关键。画受力图时,应注意如下事项:

1) 对象明确,分离彻底。根据问题的要求,研究对象可以是一个物体,或几个相联系的物体组成的**物体系统**。在明确研究对象之后,必须将其周围的约束**全部解除**,单独画出它的简单图形。

2) 力不能凭空产生,有力必有施力物体。

3) 根据每个约束单独作用时由该约束本身的特性确定约束力的方向。

4) 不画内力,只画外力。**内力**是所取研究对象内部各物体间的相互作用力;**外力**是研究对象以外的物体对研究对象的作用力。内力按作用与反作用定律成对出现,由公理 5 可知,物体系统平衡时,可以刚化为一个刚体,将成对的内力除去,不影响系统的平衡。

5) 物体之间的相互作用力应满足作用与反作用定律。

例 1-1　常见的悬臂支架如图 1-15(a)所示,图中 A、B、C 三点为铰链连接。横梁 AB 的重量为 P_1,电动机的重量为 P_2,斜杆 BC 自重不计。试分别画出横梁 AB 和斜杆 BC 的受力图。

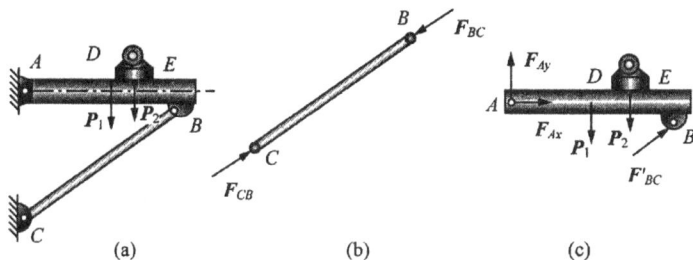

图 1-15

解　先取斜杆 BC 为研究对象。斜杆两端为铰链连接,因此,在 B、C 两点所受的约束力通过铰链的中心,但方向不能预先确定。根据题意,斜杆自重不计,显然斜杆只在两端受力,在 F_{BC} 和 F_{CB} 的作用下处于平衡状态,所以 BC 是二力构件。由公理 2 知,这两个力一定是大小相等、方向相反、作用线沿 B、C 两点的连线。斜杆 BC 的受力如图 1-15(b)所示。

再取横梁 AB 为研究对象。作用在横梁上的力有重力 P_1、P_2,还有斜杆 BC 对横梁的作用力 F'_{BC},它与力 F_{BC} 是作用力与反作用力的关系,故二者大小相等、方向相反。A 点为铰链连接,其约束反力一定通过铰链中心 A,但方向不能预先确定,可以通过 A 点的两个互相垂直的分力 F_{Ax}、F_{Ay} 来表示。横梁 AB 的受力如图 1-15(c)所示。

例 1-2　重 P 的均质圆柱,由杆 AB,绳索 BC 与墙壁来支承,如图 1-16(a)所示。各处摩擦及杆重均略去不计,试分别画出圆柱和杆 AB 的受力图。

解　1) 以圆柱体为研究对象。

2) 取分离体,画出分离体简图。

3) 画主动力与约束力。圆柱体所受主动力为地球引力 P。由于在 D、E 两处分别受来自杆和墙的光滑面约束,故在 D 处受杆法向反力 F_D 的作用,在 E 处受墙的法向反力 F_E 的作用,它们都沿着对应点接触面的公法线方向,指向圆柱中心,如图 1-16(b)所示即为其受力图。

再以杆 AB 为研究对象,画出其分离体简图。杆在 A 处受固定铰链支座约束

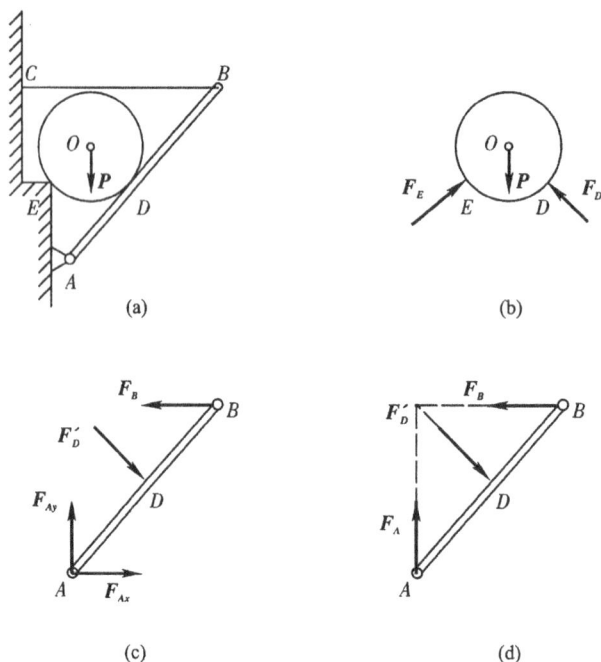

图 1-16

力作用,其大小、方向不定,可用两个大小未知的正交分力 F_{Ax} 和 F_{Ay} 表示;在 B 处受绳索拉力 F_B 作用;在 D 处受圆柱体法向反力 F_D' 作用,此力与圆柱体受力 F_D 互为作用力与反作用力,有关系式 $F_D = -F_D'$。如图 1-16(c)所示为其受力图。

　　由于 AB 是在三个力作用下处于平衡,故也可按三力平衡汇交定理确定 F_A 的方向。杆 AB 的受力图也可如图 1-16(d)的画法。

　　顺便指出,有些约束力,根据约束性质,只能确定其作用点和作用线的方位,至于指向,可先任意假设,以后可通过平衡条件计算验证。

　　例 1-3　如图 1-17(a)所示,三角形平板上刻有滑槽,DE 杆上固结有销子 C,销子放在滑槽中,与滑槽为光滑接触。作用力 F 水平,略去各构件重量。A、D 处为固定铰链支座,E 处为辊轴支座。试分别画出板、杆以及整体的受力图。

　　解　1) 以三角形平板为研究对象,画分离体图。板在 B 点受主动力 F 作用;在 C 点受圆柱销钉 C 的光滑面约束力 F_C 作用,作用线沿两接触面在 C 点处的公法线方向,由于销钉和滑槽之间有一定的间隙,故两者只能单侧接触,画受力图时可假定其指向;在 A 处受固定铰链支座约束力 F_{Ax} 和 F_{Ay} 作用。受力图如图 1-17(b)所示。

　　2) 以杆 DE 为研究对象,解除其约束,画出分离体图。于分离体图上,在 D 点

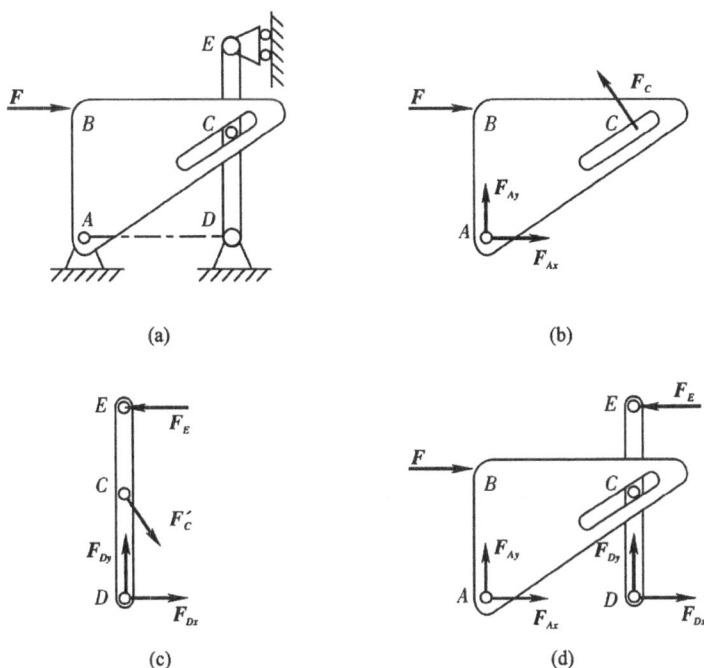

图 1-17

画上固定铰链支座约束力 F_{Dx}、F_{Dy}；在 C 点画上三角板的法向约束力 $F_C{}'$，图中 F_C 与 $F_C{}'$ 应满足作用力与反作用力关系；在 E 点画上辊轴支座约束力 F_E，该力垂直于支承面过铰心 E。即得如图 1-17(c)所示之受力图。

　　3）以整体为研究对象，画分离体图。这时，研究对象内部各物体之间相互作用力，即三角平板与销钉 C 之间的相互作用力为内力，不画内力。整体受的外力有：主动力 F，固定铰链支座约束力 F_{Ax}、F_{Ay} 和 F_{Dx}、F_{Dy}，辊轴支座约束力 F_E。受力图如图 1-17(d)所示。

　　讨论　由本题可见，内外力的区分不是绝对的，只有相对于某一确定的研究对象才有意义。

　　例 1-4　承重框架如图 1-18(a)所示。物重 P，各构件重量略去不计。A、C 处均为固定铰链支座。

　　1）分别画构件 BC、AB、重物和滑轮及销钉 B 的受力图。

　　2）画滑轮、重物和销钉组合体的受力图。

　　3）画滑轮、重物、销钉和构件 AB 组合体的受力图。

　　解　1）以构件 BC 为研究对象，画分离体图。BC 在 B 端直接和销钉接触，受来自销钉的圆柱铰链约束力；在 C 点受固定铰链支座的约束力。由于不计自重，

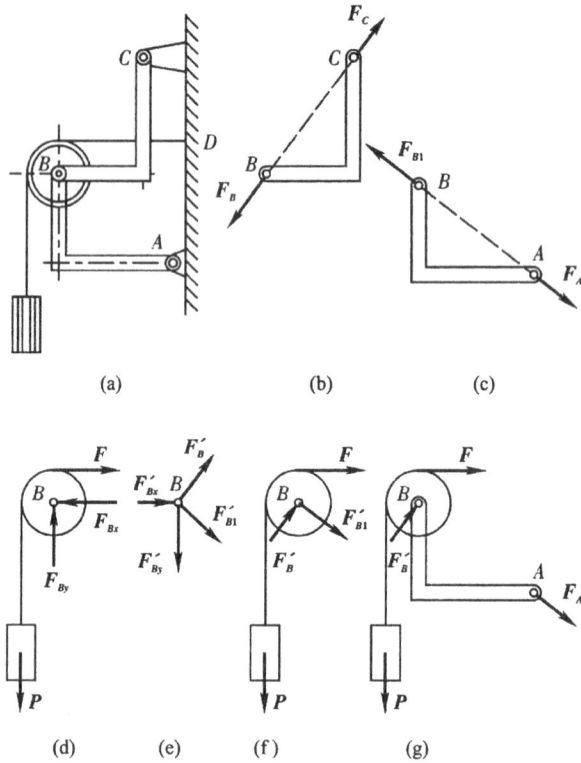

图 1-18

所以 BC 是只在两个力作用下处于平衡的二力构件。由二力平衡条件,可确定此二约束力必沿 B、C 铰链中心的连线,且等值、反向,分别用 F_B 与 F_C 表示,有 $F_B=-F_C$,指向可以假定。如图 1-18(b)所示为其受力图。

2) 构件 AB 也是二力构件,其受力图如图 1-18(c)所示,其中 F_{B1} 是销钉的作用力。

3) 以滑轮和重物为研究对象,画分离体图。其上受有主动力作用,所受的约束力有:绳子的拉力 F,销钉的约束力 F_{Bx} 和 F_{By},如图 1-18(d)所示为其受力图。

4) 以销钉 B 为研究对象,画分离体图。销钉受来自构件 AB、BC 和滑轮在点 B 处的反作用力 F_{B1}'、F_B'、F_{Bx}' 和 F_{By}',受力如图 1-18(e)所示。

5) 以滑轮、重物和销钉组合体为研究对象,画分离体图。由于滑轮与销钉 B 之间的相互作用力为内力,不画内力。此系统所受的外力有:重力 P,绳子的拉力 F,构件 BC、AB 给销钉的反作用力 F_B'、F_{B1}',受力如图 1-18(f)所示。

6) 以滑轮(含重物)、销钉和构件 AB 为研究对象,其受力图如图 1-18(g)

所示。

讨论　识别出二力构件可使问题大为简化。此题若没能识别出 BC 与 AB 为二力构件,读者可自行画出其受力图,并与本题加以对比。

思　考　题

1-1　两个力矢量 F_1 与 F_2 相等,这两个力对刚体的作用是否相等?

1-2　说明下列式子的意义和区别。

　　① $F_1 = F_2$;　② $F_1 = F_2$;　③ 力 F_1 等于力 F_2。

1-3　能否说合力一定比分力大,为什么?

1-4　约束反力的方向与主动力的作用方向有无关系。

1-5　n 个平面杆件用同一销子铰接在一起,试分析拆开后,将出现多少未知约束力。

1-6　如思考题 1-6 图所示,力 P 作用在销钉 C 上,试问销钉 C 对杆 AC 的作用力与销钉 C 对杆 BC 的作用力是否等值,反向,共线?为什么?

1-7　二力平衡条件与作用和反作用定律有何异同?

1-8　力的五个基本性质中,哪些性质只适用于刚体? 为什么?

1-9　如思考题 1-9 图所示,已知 $F_1 = 100\text{N}$,$F_2 = 50\text{N}$,试用几何法求合力,并由所得结果看合力是否一定比分力大。

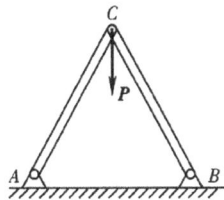

思考题 1-6 图

思考题 1-9 图

1-10　如思考题 1-10 图所示,力 F 沿轴 Ox、Oy 的分力和力在两轴上的投影有何区别? 试对图中所示的两种情况进行分析说明。

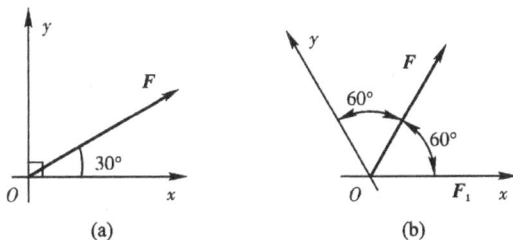

(a)　　　　　　　　　　　　　　　(b)

思考题 1-10 图

习　　题

下列习题中假定接触处都是光滑的,物体的重量除图上已注明者外,均略去不计。

1-1　试改正题 1-1 图所列受力图中的错误。

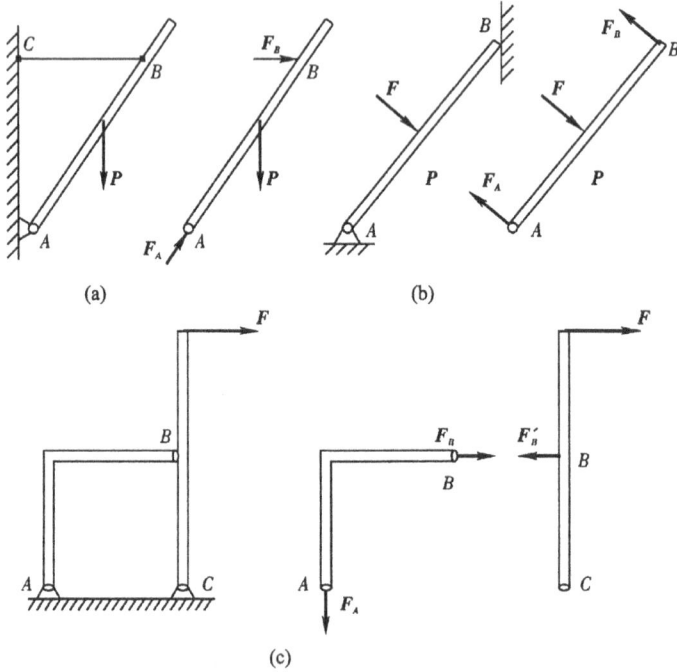

(a)　　　　　　　　　　　(b)

(c)

题 1-1 图

1-2　画出题 1-2 图中指定物体的受力图。

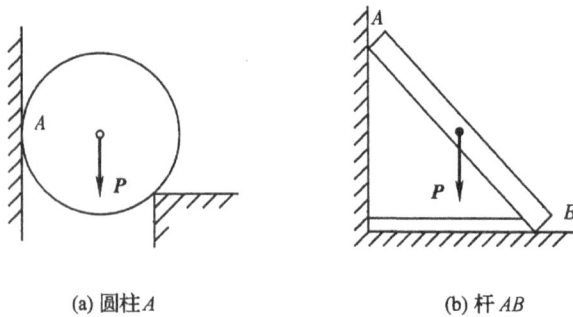

(a) 圆柱 A　　　　　　　　　(b) 杆 AB

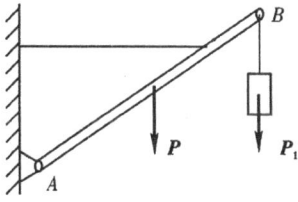

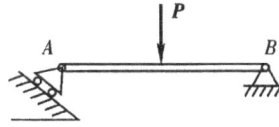

(c) 起重杆 AB (d) 杆 AB

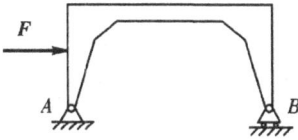

(e) 刚架   (f) 棘轮 O

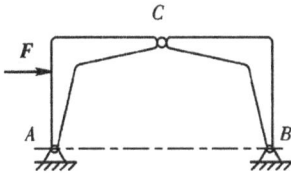

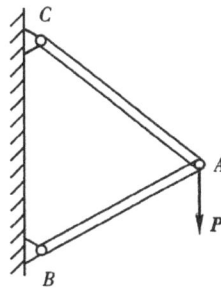

(g) 构件 AC (h) 销钉 A

题 1-2 图

1-3 画出题 1-3 图所示物体系统中指定物体的受力图。

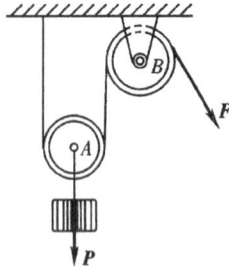

(a) 轮A, 轮B

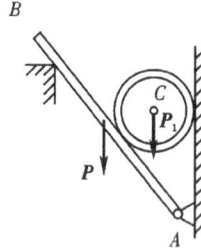

(b) 杆AB, 轮C

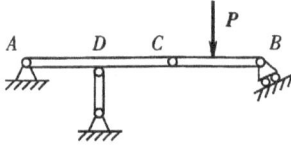

(c) 梁AC, 梁CB

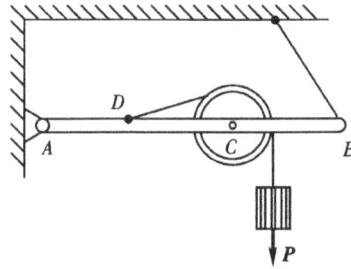

(d) 轮C, 杆AB

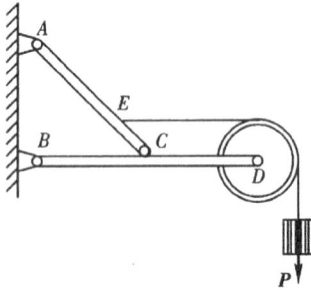

(e) BD杆连同滑轮D, 杆AC

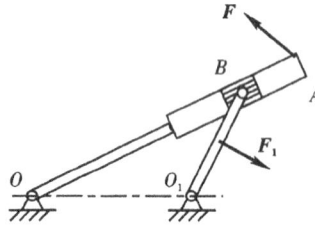

(f) 杆O_1B连同滑块, 摇杆OA

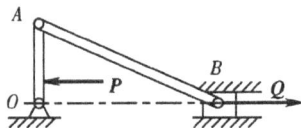

(g) 曲柄OA, 滑块B

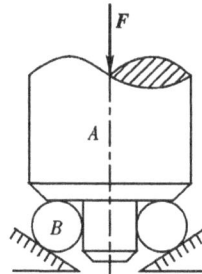

(h) 构件A, B

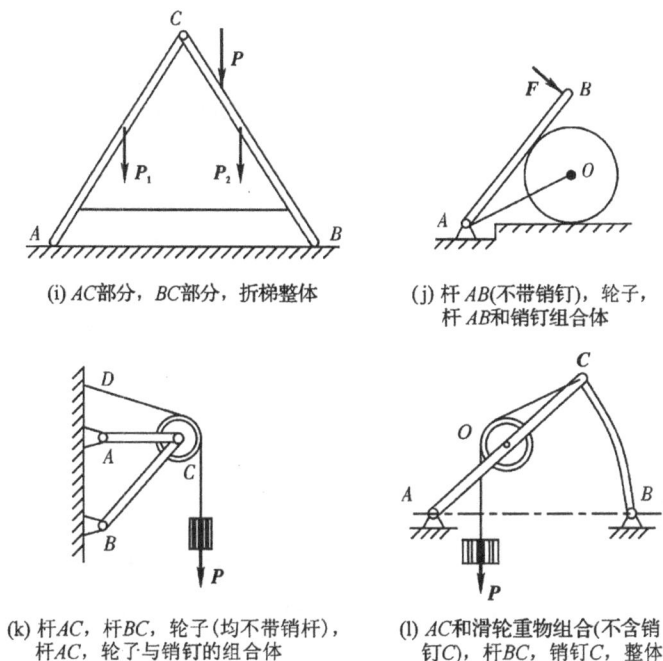

(i) AC部分，BC部分，折梯整体

(j) 杆 AB(不带销钉)，轮子，杆 AB和销钉组合体

(k) 杆AC，杆BC，轮子(均不带销杆)，杆AC，轮子与销钉的组合体

(l) AC和滑轮重物组合(不含销钉C)，杆BC，销钉C，整体

题 1-3 图

1-4　液压夹具如题 1-4 图所示，已知油缸中油压合力为 **P**。沿活塞杆 AD 的轴线作用于活塞。机构通过活塞杆 AD、连杆 AB 使杠杆 BOC 压紧工件。设 A、B 均为圆柱铰链连接，O 为固定铰链支座，C、E 为光滑接触面。不计各件的重量，试画出夹具工作时各零件的受力图。

1-5　如题 1-5 图所示为汽车前桥。前梁受载荷为 **P**，每一轮子及其附件的总重量为 P_1，并设其共同重心在 C，杆 AB、DE 的重量略去不计。前梁支承在 $O(O')$ 处的弹簧上。A、B、D、E 处均为铰链连接，前桥左右对称。试画出车轮及 DE 杆的受力图。

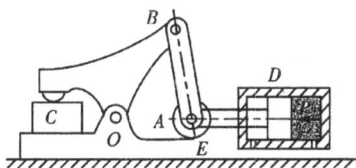

题 1-4 图

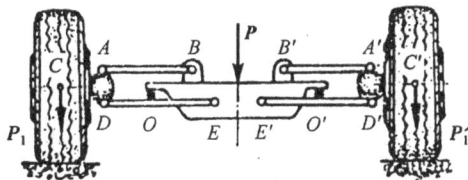

题 1-5 图

第 2 章 力系的简化

作用于物体上的力系是按照力的作用线在空间位置的分布而分类的。各力的作用线在同一平面内的力系称为**平面力系**,在空间分布的力系称为**空间力系**。若各力的作用线汇交于一点称为**汇交力系**,相互平行称为平行力系,否则称为**任意力系**。本章首先研究汇交力系与力偶系的简化,然后再推导任意力系的简化结果。

2.1 汇 交 力 系

2.1.1 几何法——力多边形法

设作用于刚体上汇交于 O 点的力系为 F_1、F_2、F_3、F_4,如图 2-1(a)所示。现在将此力系合成。首先,将各力沿其作用线滑移至交点 O(图 2-1(b)),据力的可传递性原理,该共点力系与原力系等效。然后,连续应用力三角形法则,将这些力依次相加,便可求出合力的大小和方向。为此,从任意点出发,先将 F_1 与 F_2 合成,求得它们的合力矢 F_{R1},然后将 F_{R1} 与 F_3 合成得 F_{R2},最后再将 F_{R2} 与 F_4 合成,即得该力系的合力矢 F_R(图 2-1(c))。合力的作用线显然过汇交点 O,如图 2-1(d)所示。

从图 2-1(c)可以看出,作图时可不画 F_{R1} 与 F_{R2},只要将各力矢首尾相接,画一个开口的多边形 $abcde$,连接第一个力 F_1 的起点 a 和最后一个力 F_4 的终点 e 所得

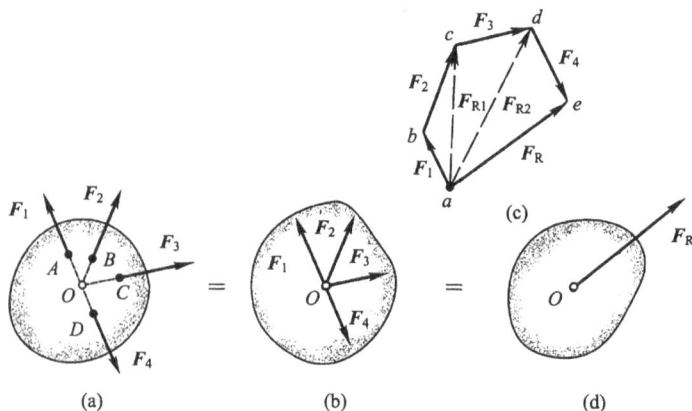

图 2-1

的矢量$\overrightarrow{ae}$,即是合力矢 F_R。由各分力矢与合力矢构成的多边形称为**力多边形**。表示合力矢的边 ae 称为力多边形的封闭边。这种用力多边形求合力 F_R 的作图规则称为**力多边形法则**,这种方法称为**几何法**。

推广到由任意个力 $F_1,F_2,F_3,\cdots,F_n$ 组成的汇交力系,可得如下结论:**在一般情况下,汇交力系合成的结果是一个合力,合力的作用线通过力系的汇交点,合力的大小和方向由力多边形的封闭边表示,即等于力系中各力的矢量和。**用矢量式表示为

$$F_R = F_1 + F_2 + \cdots + F_n = \sum_{i=1}^{n} F_i \tag{2-1}$$

或简写成

$$F_R = \sum F$$

从理论上讲,无论是平面汇交力系或空间汇交力系,都可以用几何法求合力,但由于空间汇交力系的力多边形是一个空间多边形,采用几何法并不方便,因此在实际问题中,一般多采用解析法。

2.1.2　解析法

汇交力系各力 F_i 和合力 F_R 在直角坐标系中的解析表达式为

$$F_i = F_{xi}i + F_{yi}j + F_{zi}k$$
$$F_R = F_{Rx}i + F_{Ry}j + F_{Rz}k$$

代入式(2-1),等号两端同一单位矢量的系数应相等,即

$$F_{Rx} = \sum_{i=1}^{n} F_{xi}, \qquad F_{Ry} = \sum_{i=1}^{n} F_{yi}, \qquad F_{Rz} = \sum_{i=1}^{n} F_{zi} \tag{2-2}$$

这表明:**汇交力系的合力在某轴上的投影等于各力在同一轴上投影的代数和**,称为**合力投影定理**。上述定理还可推广到其他矢量合成上,可以统称为合矢量投影定理。应用这一定理,得到汇交力系合力的大小和方向余弦为

$$F_R = \sqrt{F_{Rx}^2 + F_{Ry}^2 + F_{Rz}^2}$$

$$\cos(F_R, i) = \frac{F_{Rx}}{F_R}, \qquad \cos(F_R, j) = \frac{F_{Ry}}{F_R}, \qquad \cos(F_R, k) = \frac{F_{Rz}}{F_R} \tag{2-3}$$

合力作用线过汇交点。

解析法是利用力在坐标轴上的投影求合力的方法,故也称投影法。

例 2-1　如图 2-2 所示,作用于吊环螺钉上的四个力 F_1,F_2,F_3 和 F_4 构成平面汇交力系。已知各力的大小和方向为 $F_1=360\text{N}, \alpha_1=60°; F_2=550\text{N}, \alpha_2=0°;$ $F_3=380\text{N}, \alpha_3=30°; F_4=300\text{N}, \alpha_4=70°$。试用解析法求合力的大小和方向。

解　选取图示坐标系 O_{xy}。由式(2-2)和式(2-3)得

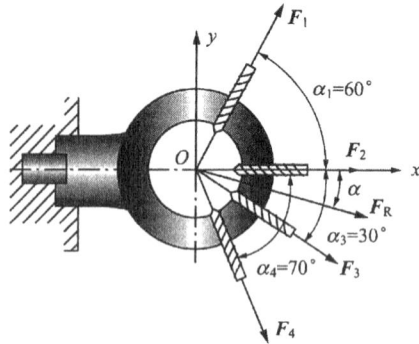

图 2-2

$$F_{Rx} = F_{1x} + F_{2x} + F_{3x} + F_{4x}$$

$$= F_1\cos\alpha_1 + F_2\cos\alpha_2 + F_3\cos\alpha_3 + F_4\cos\alpha_4$$

$$= 360\cos60° + 550\cos0° + 380\cos30° + 300\cos70° = 1\ 162(N)$$

$$F_{Ry} = F_{1y} + F_{2y} + F_{3y} + F_{4y}$$

$$= F_1\sin\alpha_1 + F_2\sin\alpha_2 - F_3\sin\alpha_3 - F_4\sin\alpha_4 = -160(N)$$

合力的大小和方向分别为

$$F_R = \sqrt{F_{Rx}^2 + F_{Ry}^2} = \sqrt{(1\ 162)^2 + (-160)^2} = 1\ 173(N)$$

由 $\tan\alpha = |F_{Ry}/F_{Rx}| = |-160/1\ 162| = 0.133$，得 $\alpha = 7°54'$。

由于 F_{Rx} 为正，F_{Ry} 为负，故合力 F_R 在第四象限，指向如图 2-2 所示。

2.2　力　偶　系

设刚体上作用力偶矩矢 $M_1, M_2, M_3, \cdots, M_n$，这种由若干个力偶组成的力系，称为力偶系。根据力偶的等效性，保持每个力偶矩矢大小、方向不变，将各力偶矩矢移至同一点，则刚体所受的力偶系与上面介绍的汇交力系在矢量形式上无任何差别，都是共点矢量的合成问题。则根据汇交力系合成的结果可知，**力偶系合成的结果为一合力偶，其力偶矩 M 等于各力偶矩的矢量和**，即

$$M = \sum_{i=1}^{n} M_i \tag{2-4}$$

合力偶矩矢在各直角坐标轴上的投影

$$M_x = \sum_{i=1}^{n} M_{ix}, \qquad M_y = \sum_{i=1}^{n} M_{iy}, \qquad M_z = \sum_{i=1}^{n} M_{iz} \tag{2-5}$$

合力偶矩矢的大小和方向余弦分别为

$$M = \sqrt{M_x^2 + M_y^2 + M_z^2}$$

$$\cos(\boldsymbol{M}, i) = \frac{M_x}{M}, \qquad \cos(\boldsymbol{M}, j) = \frac{M_y}{M}, \qquad \cos(\boldsymbol{M}, k) = \frac{M_z}{M} \qquad (2\text{-}6)$$

对平面力偶系 $M_1, M_2, \cdots, M_n$，合成结果为该力偶系所在平面的一个力偶，合力偶矩 M 为

$$M = \sum_{i=1}^{n} M_i \qquad (2\text{-}7)$$

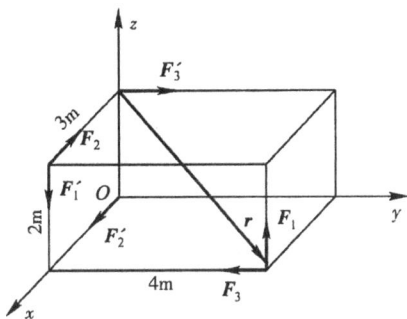

图 2-3

例 2-2　长方体上作用三个力偶，如图 2-3 所示。求此力偶系之合力偶。已知 $F_1 = F_1' = 3\text{kN}$，$F_2 = F_2' = 5\text{kN}$，$F_3 = F_3' = 2\text{kN}$。

解　各力偶的力偶矩为

$$\boldsymbol{M}_1 = \boldsymbol{M}(\boldsymbol{F}_1, \boldsymbol{F}_1') = 3 \times 4i = 12i$$

$$\boldsymbol{M}_2 = \boldsymbol{M}(\boldsymbol{F}_2, \boldsymbol{F}_2') = -5 \times 2j = -10j$$

$$\boldsymbol{M}_3 = \boldsymbol{M}(\boldsymbol{F}_3, \boldsymbol{F}_3') = \boldsymbol{r} \times \boldsymbol{F}_3 = (3i + 4j - 2k) \times (-2j) = -4i - 6k$$

合力偶之力偶矩

$$\boldsymbol{M} = \sum_{i=1}^{n} \boldsymbol{M}_i = 8i - 10j - 6k$$

其大小和方向

$$M = \sqrt{8^2 + (-10)^2 + (-6)^2} = 10\sqrt{2}\,(\text{kN} \cdot \text{m})$$

$$\cos(\boldsymbol{M}, i) = \frac{8}{10\sqrt{2}} = \frac{2\sqrt{2}}{5}$$

$$\cos(\boldsymbol{M}, j) = \frac{-10}{10\sqrt{2}} = -\frac{\sqrt{2}}{2}$$

$$\cos(\boldsymbol{M}, k) = \frac{-6}{10\sqrt{2}} = -\frac{3\sqrt{2}}{10}$$

2.3　任　意　力　系

2.3.1　力的平移定理

与力偶不同，力是滑移矢量而不是自由矢量，其作用线若是平行移动，它对刚体的作用效果就会改变。力的平移定理讨论在等效的前提下，当力的作用线在刚体上平行移动时，所必须附加的条件。

　　如图 2-4(a)所示，F 力作用于刚体的点 A。在刚体上任取一点 O，r 为点 O 至 A 的矢径。又在点 O 加上一对平衡力 F' 与 F'' 并令力矢 $F'=-F''=F$，如图 2-4 (b)所示。此三力矢可看成是过 O 点的 F' 力与力偶 (F,F'') 所构成，其力偶矩矢为

$$M=r\times F=M_O(F)$$

它垂直于 O 点与原力 F 作用线所在的平面，如图 2-4(c)所示。

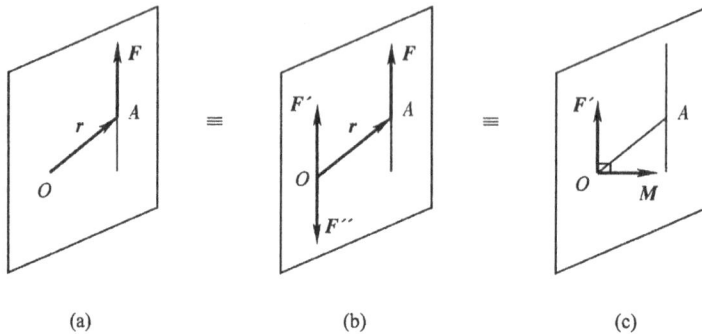

(a)　　　　　　　　(b)　　　　　　　　(c)

图 2-4

　　上述过程均为等效代换，从而得出**力的平移定理：作用于刚体上的力向其他点平移时，必须增加一个附加力偶，其力偶矩等于原力对平移点之矩。**

　　上述过程的逆过程也是成立的，即当一个力与一个力偶矩矢垂直时，该力和力偶也可以用一力来等效替换。

　　力的平移定理不仅是力系向一点简化的理论依据，而且也是分析力对物体作用效应的一个重要方法。例如，用丝锥攻丝时，必须两手握扳手，而且用力要相等。如只在扳手的一端 B 加力 F（图 2-5(a)），由力的平移定理知，这与作用在点 C 的一

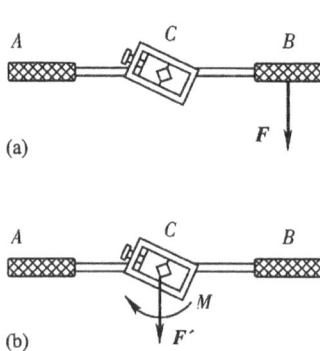

图 2-5

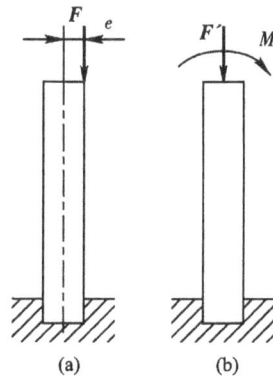

(a)　　　　　(b)

图 2-6

个力 F' 和一个力偶等效(图 2-5(b))。这个力偶可以使丝锥转动,但力 F' 却使丝锥弯曲,影响加工精度甚至将丝锥折断。又如立柱受偏心压力 F 作用(图 2-6(a)),将其向轴线平移后可看出,力 F' 使立柱受压,附加力偶则使立柱受到弯曲作用(图 2-6(b))。

2.3.2　空间任意力系向一点的简化

首先介绍力系的主矢和主矩,它是决定空间力系对刚体作用效果的两个基本物理量。

主矢与主矩　原力系各力的矢量和称为力系的主矢,以 F_R' 表示,有

$$F_R' = \sum F \tag{2-8}$$

应该注意,主矢不是一个力,是一个只有大小和方向的矢量。

原力系各力对空间任意点 O 力矩的矢量和,称为该力系对 O 点的主矩,以 M_O 表示,有

$$M_O = \sum M_O(F) \tag{2-9}$$

由定义可知,力系对不同点的主矩是不相同的,故凡提到力系的主矩时,必须用角标注明矩心的位置。

设在刚体上作用有空间任意力系 $F_1, F_2, \cdots, F_n$(图 2-7(a))。在空间任选一点 O,称为**简化中心**。应用力的平移定理,将力系中各力平移至点 O,并附加相应的力偶,于是得到与原力系等效的两个基本力系:汇交于 O 点的汇交力系($F_1', F_2', \cdots, F_n'$),和一个由附加力偶组成的力偶系,其矩分别为 $M_1, M_2, \cdots, M_n$(图 2-7(b))。

所得汇交力系中的各力分别与原力系中各相应的力矢量相等,即

$$F_1' = F_1, \qquad F_2' = F_2, \cdots, \qquad F_n' = F_n$$

它们可以进一步合成为作用于简化中心 O 的合力 F_R'(图 2-7(c)),其大小和方向等于作用于点 O 各力的矢量和,因而也等于原力系各力的矢量和,即

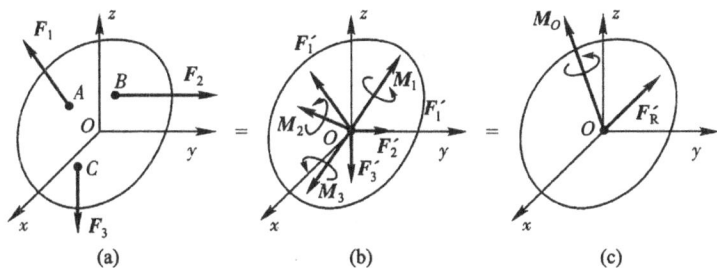

(a)　　　　　　　　(b)　　　　　　　　(c)

图 2-7

$$\boldsymbol{F_R}' = \boldsymbol{F_1}' + \boldsymbol{F_2}' + \cdots + \boldsymbol{F_n}'$$

$$= \boldsymbol{F_1} + \boldsymbol{F_2} + \cdots + \boldsymbol{F_n} = \sum \boldsymbol{F} \tag{2-10}$$

所得力偶系中各附加力偶的力偶矩矢,分别等于原力系中各力对简化中心 O 之矩,即

$$\boldsymbol{M_1} = \boldsymbol{M_O}(\boldsymbol{F_1}), \quad \boldsymbol{M_2} = \boldsymbol{M_O}(\boldsymbol{F_2}), \cdots, \quad \boldsymbol{M_n} = \boldsymbol{M_O}(\boldsymbol{F_n})$$

它们可以进一步合成为一个合力偶,该合力偶的矩矢 $\boldsymbol{M_O}$ 等于各附加力偶矩矢的矢量和,因而也等于原力系中各力对简化中心 O 力矩的矢量和,即

$$\boldsymbol{M_O} = \boldsymbol{M_1} + \boldsymbol{M_2} + \cdots + \boldsymbol{M_n}$$

$$= \boldsymbol{M_O}(\boldsymbol{F_1}) + \boldsymbol{M_O}(\boldsymbol{F_2}) + \cdots + \boldsymbol{M_O}(\boldsymbol{F_n})$$

$$= \sum \boldsymbol{M_O}(\boldsymbol{F}) \tag{2-11}$$

综上所述,可以得出如下结论:**在一般情况下,空间任意力系向任一点 O 简化,可得到一个力和一个力偶,该力的大小和方向等于力系的主矢,作用在简化中心 O;该力偶的力偶矩矢等于力系对简化中心的主矩。**

从以上讨论不难看出,空间力系的主矢与简化中心的位置无关,而主矩则随所取的简化中心而变化。

如果通过简化中心作直角坐标系 O_{xyz},则力系的主矢和主矩可用解析式表示。如用 F_{Rx}'、F_{Ry}'、F_{Rz}' 和 F_x、F_y、F_z 分别表示主矢 $\boldsymbol{F_R}'$ 和原力系中任一力 $\boldsymbol{F}$ 在坐标轴上的投影,则

$$\left. \begin{aligned} F_{Rx}' &= \sum F_x \\ F_{Ry}' &= \sum F_y \\ F_{Rz}' &= \sum F_z \end{aligned} \right\} \tag{2-12}$$

即力系的主矢在坐标轴上的投影等于力系中各力在同一轴上投影的代数和。由此可得主矢的大小和方向为

$$\left. \begin{aligned} F_R' &= \sqrt{\left(\sum F_x\right)^2 + \left(\sum F_y\right)^2 + \left(\sum F_z\right)^2} \\ \cos(\boldsymbol{F_R}', \boldsymbol{i}) &= \frac{\sum F_x}{F_R'} \\ \cos(\boldsymbol{F_R}', \boldsymbol{j}) &= \frac{\sum F_y}{F_R'} \\ \cos(\boldsymbol{F_R}', \boldsymbol{k}) &= \frac{\sum F_z}{F_R'} \end{aligned} \right\} \tag{2-13}$$

同样,如用 $\boldsymbol{M_{Ox}}$、$\boldsymbol{M_{Oy}}$、$\boldsymbol{M_{Oz}}$ 分别表示主矩在 x、y、z 轴上的投影。根据力对点的矩与力对轴的矩间的关系,得

$$M_{Ox} = \left[\sum \boldsymbol{M}_O(\boldsymbol{F}) \right]_x = \sum M_x(\boldsymbol{F})$$
$$M_{Oy} = \left[\sum \boldsymbol{M}_O(\boldsymbol{F}) \right]_y = \sum M_y(\boldsymbol{F})$$
$$M_{Oz} = \left[\sum \boldsymbol{M}_O(\boldsymbol{F}) \right]_z = \sum M_z(\boldsymbol{F})$$

$$(2\text{-}14)$$

即力系对 O 点的主矩在坐标轴上的投影等于力系中各力对同一轴的矩的代数和。

由此可得力系对 O 点主矩的大小和方向为

$$| \boldsymbol{M}_O | = \sqrt{ \left[\sum M_x(\boldsymbol{F}) \right]^2 + \left[\sum M_y(\boldsymbol{F}) \right]^2 + \left[\sum M_z(\boldsymbol{F}) \right]^2 }$$

$$\cos(\boldsymbol{M}_O, \boldsymbol{i}) = \frac{\sum M_x(\boldsymbol{F})}{M_O}$$

$$\cos(\boldsymbol{M}_O, \boldsymbol{j}) = \frac{\sum M_y(\boldsymbol{F})}{M_O}$$

$$(2\text{-}15)$$

$$\cos(\boldsymbol{M}_O, \boldsymbol{k}) = \frac{\sum M_z(\boldsymbol{F})}{M_O}$$

应用任意力系向一点简化的理论,可以说明固定端约束力的表示方法。某物体受到约束的固结作用,在空间各个方向上的平移都受到限制的同时,也限制其转动,这类约束称为**固定端约束**。如深埋在地里的电线杆,紧固在刀架上的车刀,都受到固定端约束,既不能平移,也不能转动,如图 2-8(a)、2-8(b)所示,其简图如图 2-8(c)所示。它的约束力是一个任意分布的约束力系,如图 2-8(d)所示。为了考察这一约束力系的作用,将其向物体与固定端相连的 A 点简化,得到力 $\boldsymbol{R}_A$ 与力偶 $\boldsymbol{M}_A$,如图 2-8(e)所示,其大小、方向均未知。通常,用正交分解的方法,得到作用于 A 点的三个大小未知的约束力 F_{Ax}、F_{Ay}、F_{Az} 与三个大小未知的约束力偶 M_{Ax}、M_{Ay}、M_{Az}。图 2-8(f)是空间固定端约束简图及其约束力的画法。

对于平面问题,固定端约束限制物体在此平面内的平移,以及绕垂直此平面的任意轴的转动,因此,它只有两个大小未知的约束力、一个大小未知的约束力偶,

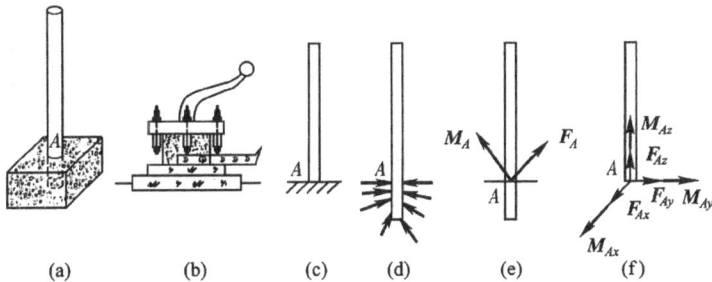

(a)　　　　(b)　　　　(c)　　　(d)　　　(e)　　　(f)

图 2-8

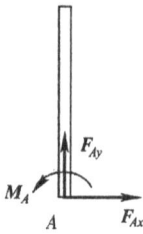

图 2-9

如图 2-9 所示,约束力偶为代数量。

2.3.3 力系的简化结果

空间任意力系向一点简化可能出现下列四种情况,即①$F_R'=0$,$M_O\neq0$;②$F_R'\neq0$,$M_O=0$;③$F_R'\neq0$,$M_O\neq0$;④$F_R'=0$,$M_O=0$。现分别加以讨论。

1. 空间任意力系简化为一合力偶的情形

当空间任意力系向任一点简化时,若主矢 $F_R'=0$,主矩 $M_O\neq0$,这时得一力偶。显然,这力偶与原力系等效,即原力系合成为一合力偶,这合力偶矩矢等于原力系对简化中心的主矩。由于力偶矩矢与矩心位置无关,因此,在这种情况下,主矩与简化中心的位置无关。

2. 空间任意力系简化为一合力的情形——合力矩定理

当空间任意力系向任一点简化时,若主矢 $F_R'\neq0$,而主矩 $M_O=0$,这时得一力。显然,这力与原力系等效,即原力系合成为一合力,合力的作用线通过简化中心 O,其大小和方向等于原力系的主矢。

若空间任意力系向一点简化的结果为主矢 $F_R'\neq0$,又主矩 $M_O\neq0$,且 $F_R'\perp M_O$(图2-10(a))。这时,力 F_R' 和力偶矩矢为 M_O 的力偶(F_R',F_R)在同一平面内(图 2-10(b)),如平面力系简化结果那样,可将力 F_R' 与力偶(F_R',F_R)进一步合成,得作用于点 O' 的一个力 F_R(图 2-10(c))。此力即为原力系的合力,其大小和方向等于原力系的主矢,即

$$F_R=\sum F_i$$

其作用线离简化中心 O 的距离为

$$d=\frac{|M_O|}{F_R}$$

由图 2-10(b)可知,力偶(F_R'',F_R)的矩 M_O 等于合力 F_R 对点 O 的矩,即

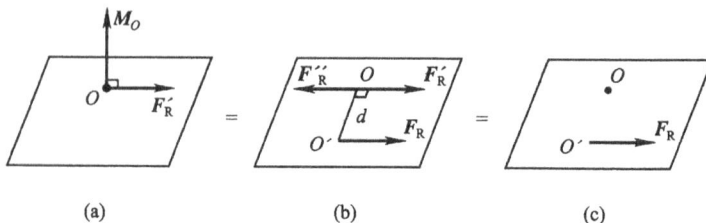

| (a) | (b) | (c) |

图 2-10

$$M_O = M_O(F_R)$$

又根据式(2-9)有

$$M_O = \sum M_O(F)$$

故得关系式

$$M_O(F_R) = \sum M_O(F) \tag{2-16}$$

即空间任意力系的合力对于任一点的矩等于各分力对同一点的矩的矢量和。这就是空间任意力的合力矩定理。

根据力对点的矩与力对轴的矩的关系,把上式投影到通过点 O 的任一轴上,可得

$$M_z(F_R) = \sum M_z(F) \tag{2-17}$$

即空间任意力系的合力对于任一轴的矩等于各分力对同一轴的矩的代数和。

3. 空间任意力系简化为力螺旋的情形

如果空间任意力系向一点简化后,主矢和主矩都不等于零,而 $F_R' /\!/ M_O$,这种结果称为**力螺旋**,如图 2-11 所示。**所谓力螺旋就是由一力和一力偶组成的力系,其中的力垂直于力偶的作用面。**例如,钻孔时的钻头对工件的作用以及拧木螺钉时螺丝刀对螺钉的作用都是力螺旋。

力螺旋是由静力学的两个基本要素力和力偶组成的最简单的力系,不能再进一步合成。力偶的转向和力的指向符合右手螺旋规则的称为右螺旋(图 2-11(a)),否则称为左螺旋(图 2-11(b))。力螺旋的力作用线称为该力螺旋的**中心轴**。在上述情形下,中心轴通过简化中心。

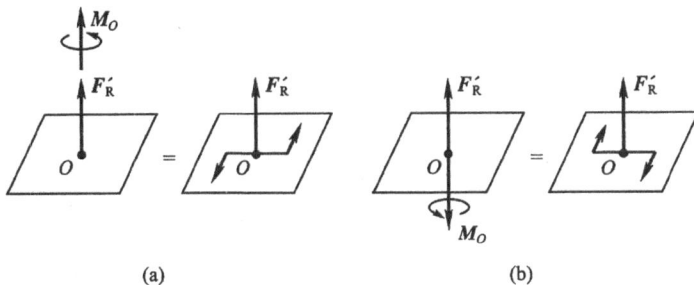

图 2-11

如果 $F_R' \neq 0, M_O \neq 0$,同时两者既不平行,又不垂直,如图 2-12(a)所示。此时可将 M_O 分解为两个分力偶 M_O'' 和 M_O',它们分别垂直于 F_R' 和平行于 F_R',如图 2-12(b)所示,则 M_O'' 和 F_R' 可用作用于点 O' 的力 F_R 来代替。由于力偶矩矢是自由

矢量,故可将 M'_O 平行移动,使之与 F_R 共线。这样便得一力螺旋,其中心轴不在简化中心 O,而是通过另一点 O',如图 2-12(c)所示。O、O' 两点间的距离为

$$d = \frac{|M''_O|}{F'_R} = \frac{M_O \sin\alpha}{F'_R}$$

可见,**一般情形下空间任意力系可合成为力螺旋**。

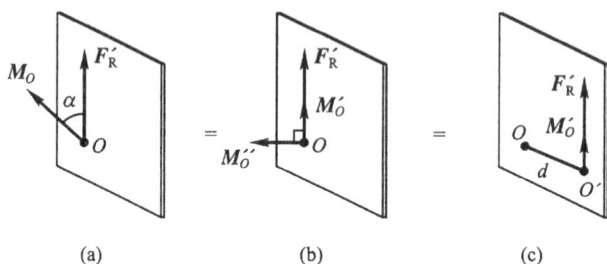

图 2-12

4. 空间任意力系简化为平衡的情形(表 2-1)

当空间任意力系向任一点简化时,若主矢 $F'_R = 0$,主矩 $M_O = 0$,这是空间任意力系平衡的情形,将在下章详细讨论。

表 2-1　力系简化结果

力系向任一点 O 简化的结果		力系简化的最后结果	说　明
主矢	主矩		
$F'_R = 0$	$M_O = 0$	平衡	平衡力系
	$M_O \neq 0$	合力偶	此时主矩与简化中心的位置无关
$F'_R \neq 0$	$M_O = 0$	合力	合力作用线通过简化中心
	$M_O \neq 0$　$F'_R \perp M_O$	合力	合力作用线离简化中心 O 的距离为 $d = \frac{M_O}{F'_R}$
	$F'_R // M_O$	力螺旋	力螺旋的中心轴通过简化中心
	与 F'_R 成 M_O 角 α	力螺旋	力螺旋的中心轴离简化中心 O 的距离为 $d = \frac{M_O \sin\alpha}{F'_R}$

2.3.4　平面任意力系的简化

平面任意力系的简化是空间力系简化的一种特殊情形,而且 $F'_R \perp M_O$。在平面力系中,力偶的方向垂直于该力系所在的平面,只有逆时针、顺时针两种转向,因

此可视为代数量。主矢、主矩可表示为

$$F'_R = \sum_{i=1}^{n} F_i$$

$$M_O = \sum_{i=1}^{n} M_O(F_i)$$

(2-18)

所以,力系的最终简化结果只有平衡、合力偶和合力三种情形。

例 2-3　为校核重力坝的稳定性,需要确定出在坝体截面上所受主动力的合力作用线,并限制它与坝底水平线的交点 K 距离坝底左端点 O 不超过坝底横向尺寸的 $\dfrac{2}{3}$,即 $OK \leqslant \dfrac{2}{3}b$,如图 2-13 所示。重力坝取 1m 长度,坝底尺寸 $b=18$m,坝高 $H=36$m,坝体斜面倾角 $\alpha=70°$。已知坝身自重 $W=9.0×10^3$kN,左侧水压力 $P=4.5×10^3$kN,右侧水压力 $Q=180$kN,Q 力作用线过 E 点。各力作用位置的尺寸 $a=6.4$m,$h=10$m,$c=12$m。试求坝体所受主动力的合力、合力作用线至 O 点的距离 d 并判断坝体的稳定性。

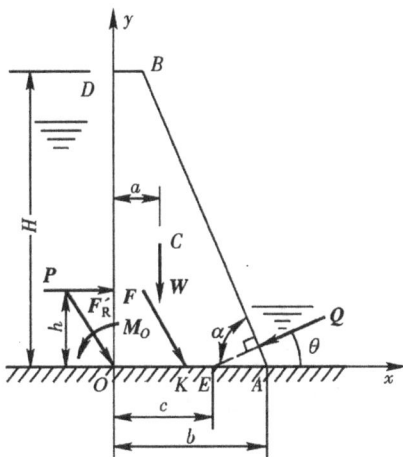

图 2-13

解　选 O 为简化中心,建立图示坐标系 Oxy。图中 $\theta=90°-\alpha=20°$。力系的主矢 F'_R 与主矩 M_O 分别为

$$F'_{Rx} = \sum F_x = P - Q\cos\theta = 4.331×10^3 \text{ (kN)} \tag{a}$$

$$F'_{Ry} = \sum F_y = -W - Q\sin\theta = -9.062×10^3 \text{ (kN)} \tag{b}$$

$$F'_R = \sqrt{F'^2_{Rx} + F'^2_{Ry}} = 1.004×10^4 \text{(kN)}$$

$$\varphi = \arctan\frac{F'_{Ry}}{F'_{Rx}} = -64°27'$$

$$M_O = \sum M_O(F) = -Ph - Wa - Q\sin\theta\, c = -1.033×10^5 \text{(kN·m)} \tag{c}$$

所以,力系的合力 $F_R = F'_R$。合力作用线至 O 点的距离 d 为

$$d = \frac{|M_O|}{F'_R} = 10.289 \text{ (m)}$$

由此可得合力作用线与坝底交点 K 至坝底左端点 O 的距离 $OK = 11.40$m $< \dfrac{2}{3}b = 12$m。该重力坝的稳定性满足设计要求。

2.4　平行力系与重心

2.4.1　平行力系的简化　平行力系的中心

平行力系是任意力系的一种特殊情况,其简化结果可以从任意力系的简化结果直接得到。由于平行力系的主矢 $\boldsymbol{F}_R'$ 与主矩 $\boldsymbol{M}_O$ 互相垂直,所以,平行力系简化的最后结果只有平衡、合力偶和合力三种情况。在研究平行力系对物体的作用时,不但应知道力系合力的大小,而且还应求出合力的确定的作用点,平行力系合力的作用点称为**平行力系的中心**。

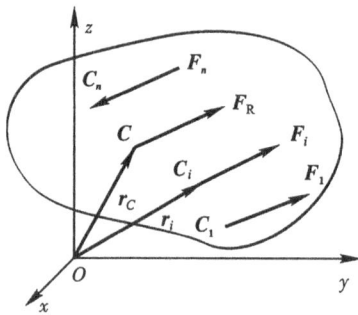

图 2-14

如图 2-14 所示的平行力系中,任一力 $\boldsymbol{F}_i$ 作用点的矢径为 $\boldsymbol{r}_i$,合力 $\boldsymbol{F}_R$ 作用点 C 之矢径为 $\boldsymbol{r}_C$。根据合力矩定理

$$\boldsymbol{r}_C \times \boldsymbol{F}_R = \sum_{i=1}^{n} (\boldsymbol{r}_i \times \boldsymbol{F}_i)$$

取力作用线的某一方向为正向,单位矢量 $\boldsymbol{e}$,则 $\boldsymbol{F}_R = F_R \boldsymbol{e}, \boldsymbol{F}_i = F_i \boldsymbol{e}$,于是有

$$\left(F_R \boldsymbol{r}_C - \sum_{i=1}^{n} F_i \boldsymbol{r}_i\right) \times \boldsymbol{e} = 0$$

考虑到单位矢量 $\boldsymbol{e}$ 不为零。可得

$$F_R \boldsymbol{r}_C - \sum_{i=1}^{n} F_i \boldsymbol{r}_i = 0$$

于是有

$$\boldsymbol{r}_C = \frac{\sum F_i \boldsymbol{r}_i}{F_R} = \frac{\sum F_i \boldsymbol{r}_i}{\sum F_i} \tag{2-19}$$

投影式为

$$x_C = \frac{\sum F_i x_i}{\sum F_i}, \qquad y_C = \frac{\sum F_i y_i}{\sum F_i}, \qquad z_C = \frac{\sum F_i z_i}{\sum F_i} \tag{2-20}$$

式 (2-19)、式(2-20) 分别为合力作用点的矢径方程和坐标方程。

例 2-4　分布载荷作用如图 2-15(a)所示梁的轴线上,分布载荷的大小用载荷集度表示,其单位为 N/m。载荷按载荷函数 $q(x) = 60x^2 \text{N/m}$ 分布。求作用在梁上分布载荷合力的大小和作用位置。

解　此处载荷集度沿梁长度方向按抛物线变化,是一个非均匀分布的平面平行力系。取坐标系 Axy 如图 2-15 所示。

在距点 A 为 x 处取一微段 $\mathrm{d}x$,在此微段上载荷为

$$\mathrm{d}F = q(x)\,\mathrm{d}x = 60x^2\,\mathrm{d}x$$

以 A 为简化中心，设力系的主矢为 $\boldsymbol{F}'_R$，则有

$$F'_{Rx} = 0$$

$$F'_{Ry} = -\int_0^2 60x^2\,\mathrm{d}x = -60\left[\frac{x^3}{3}\right]_0^2 = -160(\mathrm{N})$$

力系的主矩为

$$M_A = \sum M_A(\boldsymbol{F}) = -\int_0^2 x60x^2\,\mathrm{d}x = -60\left[\frac{x^4}{4}\right]_0^2 = -240(\mathrm{N \cdot m})$$

故分布载荷合力 $\boldsymbol{F}_R$ 的方向与分布力的方向相同，其大小为

$$F_R = F'_{Ry} = 160(\mathrm{N})$$

合力作用点至 A 点的距离 x_C 可由式(2-20)求得(图 2-15(b))

$$x_C = \frac{\sum F_i x_i}{\sum F} = \frac{M_A}{F'_R}$$

可得

$$x_C = \frac{240}{160} = 1.5(\mathrm{m})$$

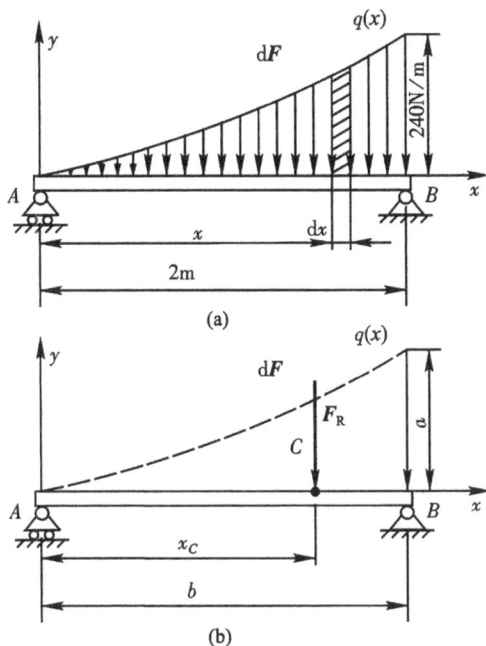

图 2-15

分布载荷合力 F_R 的大小恰好等于半抛物线图下的面积，F_R 的作用线过其形心。因为若设图 2-15(a)之半抛物线高为 a，长为 b，其面积与形心坐标分别为

$$A = \frac{ab}{3} = \frac{240 \times 2}{3} = 160(\text{m}^2)$$

$$x_C = \frac{3b}{4} = \frac{3}{4} \times 2 = 1.5(\text{m})$$

当载荷分布为矩形、三角形或其他图形时，这些荷载也可简化为一个合力，合力的大小等于载荷分布下的面积，合力作用线过其形心。读者可自己证明之。

2.4.2 物体的重心

如图 2-16 所示，取固连于物体的直角坐标系 O_{xyz}，将物体分成许多微小部分，每一微小部分的体积为 ΔV_i，所受的重力为 p_i，其作用点为 $M_i(x_i, y_i, z_i)$。如前所述，此平行力系的合力 P 就是整个物体所受的重力，其大小为

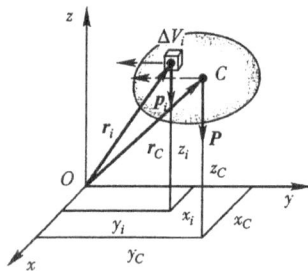

图 2-16

$$P = \sum_{i=1}^{n} p_i \qquad (2\text{-}21)$$

称为物体的重量，此平行力系的中心 C 称为**物体的重心**。

必须指出：**物体的重心在物体内占有确定的位置，与该物体在空间的位置无关**。

根据平行力系中心公式(2-19)，可得重心 G 的矢径

$$\boldsymbol{r}_C = \frac{\sum p_i \boldsymbol{r}_i}{\sum p_i} \qquad (2\text{-}22)$$

由式(2-20)可得物体的**重心坐标公式**为

$$x_C = \frac{\sum\limits_{i=1}^{n} p_i x_i}{\sum\limits_{i=1}^{n} p_i}, \qquad y_C = \frac{\sum\limits_{i=1}^{n} p_i y_i}{\sum\limits_{i=1}^{n} p_i}, \qquad z_C = \frac{\sum\limits_{i=1}^{n} p_i z_i}{\sum\limits_{i=1}^{n} p_i} \qquad (2\text{-}23)$$

均质物体的重心就是几何中心，通常也称为**形心**。

凡具有对称面、对称轴或对称中心的简单形式的均质物体，其重心一定在它的对称面、对称轴或对称中心上。现在将几种常用的简单形体的重心如表 2-2 所示。

求重心位置的方法很多，下面介绍几种常用的方法。

表 2-2　简单形体重心表

图形	重心位置
三角形	在中线的交点 $y_C = \dfrac{1}{3}h$
梯形	$y_C = \dfrac{h(2a+b)}{3(a+b)}$
圆弧	$x_C = \dfrac{r\sin\alpha}{\alpha}$ 对于半圆弧 $\alpha = \dfrac{\pi}{2}$，则 $x_C = \dfrac{2r}{\pi}$
扇形	$x_C = \dfrac{2}{3} \cdot \dfrac{r\sin\alpha}{\alpha}$ 对于半圆弧 $\alpha = \dfrac{\pi}{2}$，则 $x_C = \dfrac{4r}{3\pi}$
抛物线面	$x_C = \dfrac{3}{4}a$ $y_C = \dfrac{3}{10}b$

续表

图形	重心位置
半圆球 	$z_C = \dfrac{3}{8} r$
正圆锥体 	$z_C = \dfrac{1}{4} h$
正角锥体 	$z_C = \dfrac{1}{4} h$

1. 求积分法

对均质物体,当分割成微小部分的体积(或面积、弧长)与坐标的函数关系式易于写出时,可将基本公式(2-23)化为一重积分或多重积分的形式求解。

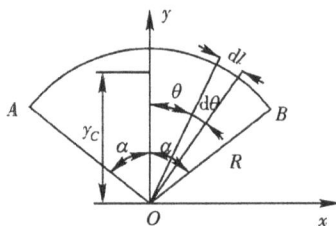

图 2-17

例 2-5 试求如图 2-17 所示半径为 R,圆心角为 2α 的均质圆弧线的重心。

解 取中心角的平分线为 y 轴。由于对称关系,重心必在这轴上,即 $x_C = 0$,现在只需求出 y_C把圆弧分成无数无穷小的线素(可看成直线段),其重心在线素的中心。于是有

$$y_C = \frac{\int_L y \, \mathrm{d}l}{L} = \frac{\int_{-\alpha}^{\alpha} R\cos\theta \, R \, \mathrm{d}\theta}{R 2\alpha}$$

$$= \frac{R^2 \int_{-\alpha}^{\alpha} \cos\theta \mathrm{d}\theta}{2R\alpha} = \frac{2R^2\sin\alpha}{2R\alpha} = \frac{R\sin\alpha}{\alpha}$$

当 $\alpha = \frac{\pi}{2}$ 即半圆弧时,重心坐标 $y_C = \frac{2R}{\pi}$。

2. 组合法

在计算较复杂形体的重心时,可将该物体看成由几个简单形状的物体组合而成,而这些物体的重心是已知的,则整个物体的重心可由式(2-23)求出。

图 2-18

例 2-6 试求如图 2-18 所示相切两个均质圆盘的重心,已知 $R=10\mathrm{cm}$, $r=5\mathrm{cm}$。

解 取两圆连心线为 y 轴,两圆切点为坐标原点 O,如图 2-18 所示。将两圆重心坐标分别设为 y_1、y_2,因为

$$y_1 = R = 10, \qquad y_2 = -r = -5$$

于是,整体图形重心坐标为

$$y_C = \frac{S_1 y_1 + S_2 y_2}{S_1 + S_2} = \frac{10^2 \pi \cdot 10 + 5^2 \pi \cdot (-5)}{10^2 \pi + 5^2 \pi} = 7(\mathrm{cm})$$

且对称轴为 y 轴,有 $x_C = 0$

3. 实验法

对于形状复杂不易计算或质量不均质的物体可用实验法测重心,常用悬挂法和称重法。

思 考 题

2-1 已知 F_1、F_2、F_3、F_4 的作用线汇交于一点,其力多边形如思考题 2-1 图所示,试问此两种力多边形的意义有何不同?

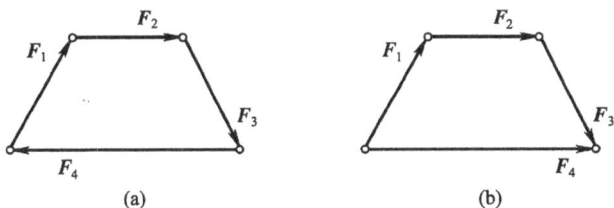

思考题 2-1 图

2-2 用解析法求平面汇交力系的合力时,若取不同的直角坐标系,所求得的合力是否相同? 为什么?

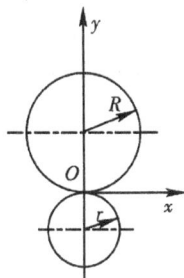

2-3　如思考题 2-3 图所示计算 F 力对 A 点之矩。

2-4　试用力的平移定理说明：如思考题 2-4 图所示两种情况在轴承 A 和 B 处的约束反力有何不同？

设 $F'=F''=\dfrac{F}{2}$，轮的半径均为 R。

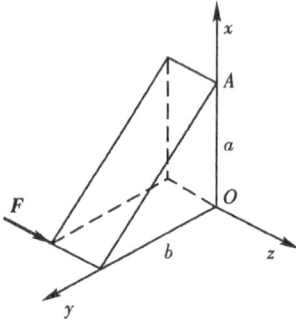

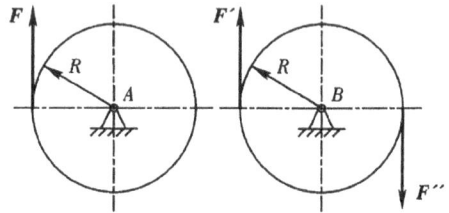

思考题 2-3 图　　　　　　　　　　　　　　思考题 2-4 图

2-5　力系如思考题 2-5 图所示。且 $F_1=F_2=F_3=F_4$。问力系向点 A 和 B 简化的结果是什么？二者是否等效？

2-6　说明力系简化时以下概念的异同：所得汇交力系的合力、力系的合力、力系的主矢。

2-7　设有一力 F，试问在什么情况下有：

1) $F_x=0$，$M_x(\boldsymbol{F})=0$。

2) $F_x=0$，$M_x(\boldsymbol{F})\neq0$。

3) $F_x\neq0$，$M_x(\boldsymbol{F})\neq0$。

2-8　如思考题 2-8 图所示，在正方体的顶角 A 和 B 处，分别作用力 F_1 和 F_2，求此两力在 x、y、z 轴上的投影和对 x、y、z 轴的矩。

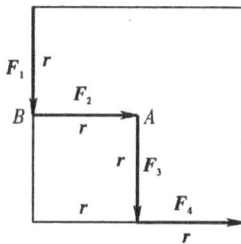

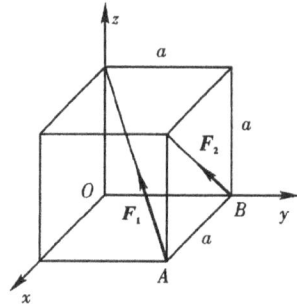

思考题 2-5 图　　　　　　　　　　　　　　思考题 2-8 图

习　题

2-1　三力作用在正方形上,各力的大小、方向及位置如题 2-1 图所示,试求合力的大小、方向及位置。分别以 O 点及 A 点为简化中心,讨论选不同的简化中心对结果是否有影响。

2-2　已知四力 F_1、F_2、F_3、F_4 的投影 F_x、F_y 及其作用点的坐标 x、y 如题 2-2 表所示。试向坐标原点简化此力系,并求合力作用线方程。表中力的单位为 kN,坐标值的单位为 m。

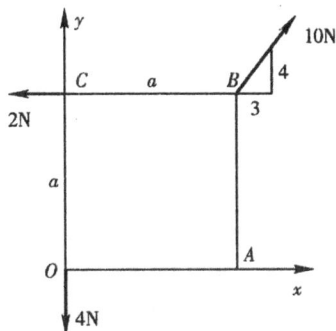

题 2-2 表

	F_1	F_2	F_3	F_4
F_x	1	-2	3	-4
F_y	4	1	-3	-3
x	2	-2	3	-4
y	1	-1	-3	-6

题 2-1 图

2-3　如题 2-3 图所示等边三角形 ABC,边长为 l,现在其三顶点沿三边作用三个大小相等的力 F,试求此力系的简化结果。

2-4　沿着直棱柱的棱边作用五个力,如题 2-4 图所示。已知 $F_1=F_3=F_4=F_5=F$,$F_2=\sqrt{2}F$,$OA=OC=a$,$OB=2a$。试将此力系简化。

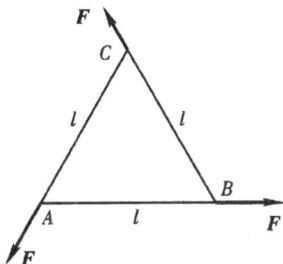

题 2-3 图

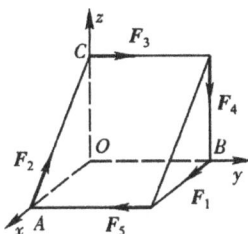

题 2-4 图

2-5　如题 2-5 图所示力系中,已知 $F_1=F_4=100\text{N}$,$F_2=F_3=100\sqrt{2}\text{N}$,$F_5=200\text{N}$,$a=2\text{m}$,试将此力系合成。

2-6　长方体棱长分别为 $a=1\text{m}$,$b=2\text{m}$,$c=2\text{m}$。在四个顶点 A、B、C、E 上作用四个力,$F_1=30\text{N}$,$F_2=10\text{N}$,$F_3=20\text{N}$,$F_4=20\text{N}$,方向如题 2-6 图所示。试求此力系合成结果。

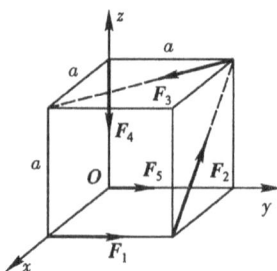

题 2-5 图

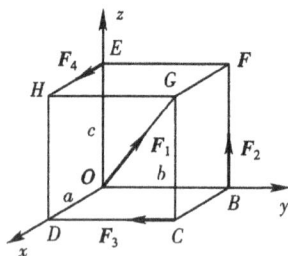

题 2-6 图

2-7　如题 2-7 图所示 A、B、C、D 均为滑轮,绕过 B、D 两滑轮的绳子两端的拉力 $F_1 = F_2 = 400N$,绕过 A、C 两滑轮的绳子两端的拉力 $F_3 = F_4 = 300N$。试求此两力偶的合力偶矩的大小和转向。滑轮大小忽略不计。

2-8　化简力系 $F_1(P, 2P, 3P)$、$F_2(3P, 2P, P)$,此二力分别作用在点 $A_1(a, 0, 0)$、$A_2(0, a, 0)$。

2-9　求如题 2-9 图所示平行力系合力的大小和方向,并求平行力系中心。图中每格代表 1m。

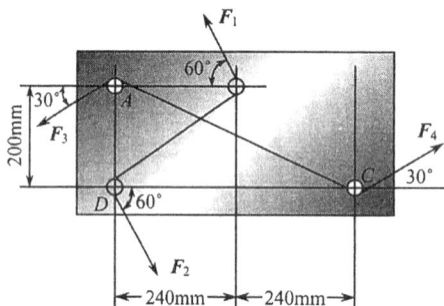

题 2-7 图

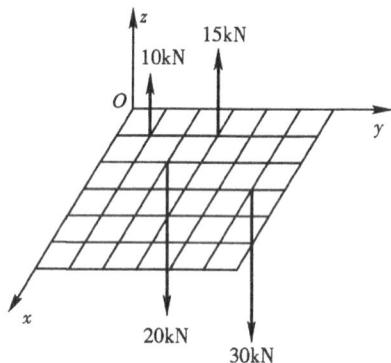

题 2-9 图

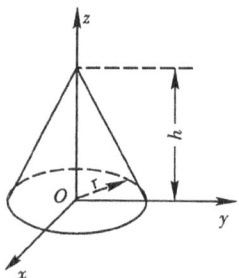

题 2-11 图

2-10　将题 2-9 中 15kN 的力改为 40kN,其余条件不变。力系合成结果及平行力系中心将如何?

2-11　如题 2-11 图所示用积分法求正圆锥曲面的重心。

2-12　求如题 2-12 图所示图形之重心。

2-13　求如题 2-13 图所示由正方形 $OBDE$ 切去扇形 OBE 所剩图形的重心。

2-14　如题 2-14 图所示由正圆柱和半球所组成的物体内挖去一正圆锥,求剩余部分物体的重心。

2-15　已知如题 2-15 图所示均质长方体长为 a、宽为 b、高为

h，放在水平面上。今过 AB 边并垂直 $ADHE$ 切削去楔块 $ABA'B'EF$，试求能使剩余部分保持平衡而不倾倒所能切削的 $A'E(=B'F)$ 的最大长度。

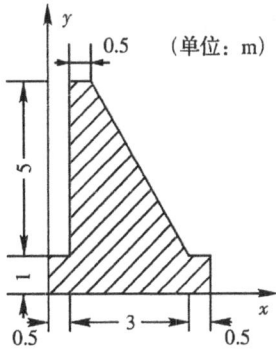

题 2-12 图

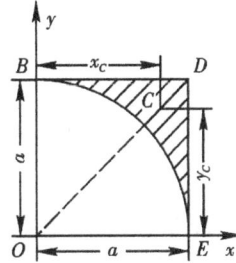

题 2-13 图

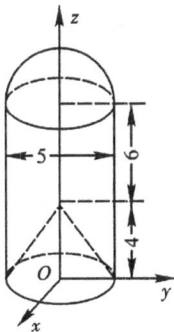

题 2-14 图

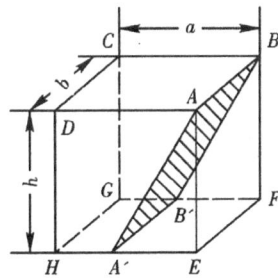

题 2-15 图

第 3 章　力系的平衡

力系的平衡是静力学的核心内容。根据第 2 章力系的简化结果,可以得到力系的平衡条件和相应的平衡方程。本章主要研究平面力系的平衡问题。

3.1　平面力系的平衡条件与平衡方程

如果平面力系主矢、主矩均为零,即 $F_R'=0$,$M_O=0$,表明汇交于简化中心 O 的平面汇交力系是平衡的,平面力偶系也是平衡的,这就保证了与它们等效的平面力系是平衡的。这是平面力系平衡的充分条件。注意到一个力,一个力偶都是最简单的力学量,一个力与一个力偶不能相互平衡,那么,如果平面力系是平衡的,此力系的主矢、对任意点的主矩都必须等于零,这是平面力系平衡的必要条件。由此可知,**平面力系平衡的必要与充分条件是:力系的主矢 F_R' 和对任意点的主矩 M_O 均等于零。即**

$$F_R'=0, \qquad M_O=0 \tag{3-1}$$

将式(2-18)的第一式向正交坐标轴 x,y 上投影,得 $F_{Rx}'=\sum F_x$,$F_{Ry}'=\sum F_y$,则

$$F_R'=\sqrt{\left(\sum F_x\right)^2+\left(\sum F_y\right)^2}$$

由式(3-1)得

$$\left.\begin{array}{l} \sum F_x=0 \\[2mm] \sum F_y=0 \\[2mm] \sum M_O(\boldsymbol{F})=0 \end{array}\right\} \tag{3-2}$$

式(3-2)表明:**平面力系各力在任意正交轴上投影的代数和等于零,对任一点之矩的代数和也等于零。**

方程组(3-2)中的三个方程是相互独立的。运用它,可以求解出也只能求解出该力系中的三个未知量。在这三个方程中,前两个是投影方程,第三个是力矩方程。在求解具体问题时,正交坐标轴可以任意选取,一般应让尽可能多的未知力与坐标轴垂直,使投影方程中的未知力的数目最少。力矩方程的矩心在平面内也可以任意选取,可选在研究对象的内部或外部的任何地方。如果将矩心选在两未知力作用线的交点上,则可直接求出第三个未知量。

方程组(3-2)称为平面任意力系平衡方程的**基本形式**,除此之外,还有其他两种形式。

二力矩形式

$$\left.\begin{array}{l}\sum F_x = 0 \\ \sum M_A(\boldsymbol{F}) = 0 \\ \sum M_B(\boldsymbol{F}) = 0\end{array}\right\} \tag{3-3}$$

其中,力矩中心 A、B 的连线不与 Ox 轴垂直。

三力矩形式

$$\left.\begin{array}{l}\sum M_A(\boldsymbol{F}) = 0 \\ \sum M_B(\boldsymbol{F}) = 0 \\ \sum M_C(\boldsymbol{F}) = 0\end{array}\right\} \tag{3-4}$$

其中,A、B、C 三点不在一条直线上。

下面来证明式(3-3)作为平衡条件的充要性。先证必要性,当力系平衡时,由平面任意力系的平衡条件,必有力系的主矢 $\boldsymbol{F}'_R = \sum \boldsymbol{F} = 0$,和力系对任意点的主矩 $\boldsymbol{M}_O = \sum \boldsymbol{M}_O(\boldsymbol{F}) = 0$,因此,式(3-3)成立;再证明充分性,在式(3-3)中,如第 2、3 式满足,则力系不可能简化为力偶,只可能简化为作用线过 A、B 两点的合力(图 3-1)或者平衡。而当进一步满足 $\sum F_x = 0$ 时,力系如有合力,此合力只能与 x 轴垂直,由附加条件,A、B 两点连线不能与 x 轴垂直。显然,不可能

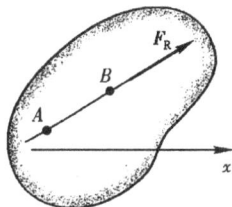

图 3-1

存在一个既通过 A、B 两点又与 x 相垂直的合力,故该力系是平衡的。

同理,也可以证明式(3-4)的充要性,读者可参照上述证明自行完成。

平面汇交系、平面力偶系和平面平行力系等特殊平面力系的平衡条件及平衡方程可以从平面力系的平衡条件及平衡方程中导出。

根据 2.1 节力系简化的几何法理论,平面汇交力系的合力是其力多边形的封闭边。因此,**平面汇交力系平衡的几何条件为力多边形自行封闭**。按一定比例画出平面汇交力系所对应的力多边形,并以力多边形的自行封闭为条件进行求解,可解出该力系的两个未知量。

例 3-1　如图 3-2(a)所示的小型回转起重机,自重 $G = 5\text{kN}$,起吊物块的重量 $P = 10\text{kN}$。求轴承 A、B 处的约束力。

解　取起重机连同物块为研究对象。由于主动力 $\boldsymbol{P}$、$\boldsymbol{G}$ 在起重机的同一平面内,颈轴承 A 的约束力 $\boldsymbol{F}_A$ 沿轴承径向;枢轴承 B 的约束力用两个正交分力 $\boldsymbol{F}_{Bx}$、

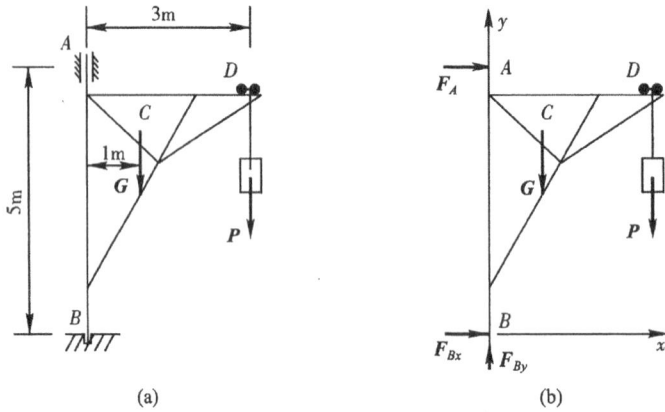

图 3-2

F_{By} 表示,受力图如图 3-2(b)所示。这是一个平面力系,未知量为 F_A、F_{Bx}、F_{By}。取坐标系如图,列写平衡方程

$$\sum M_B(\boldsymbol{F}) = 0, \qquad -F_A \times 5 - G \times 1 - P \times 3 = 0$$

$$F_A = -\frac{G+3P}{5} = -7(\text{kN})$$

$$\sum F_x = 0, \qquad F_{Bx} + F_A = 0$$

$$F_{Bx} = 7(\text{kN})$$

$$\sum F_y = 0, \qquad F_{By} - G - P = 0$$

$$F_{By} = G + P = 15(\text{kN})$$

F_A 为负值,说明画受力图时假设的 F_A 方向与实际方向相反。

例 3-2　如图 3-3(a)所示的水平梁 AB,A 端为固定铰连支座,B 端为一辊轴支座。梁长 $4a$,重 P,重心在梁中点 C。在梁的 AC 段上受均布载荷作用,载荷集度为 q,在梁的 BC 段上受力偶作用,力偶矩 $M = Pa$。试求 A 和 B 处的支座反力。

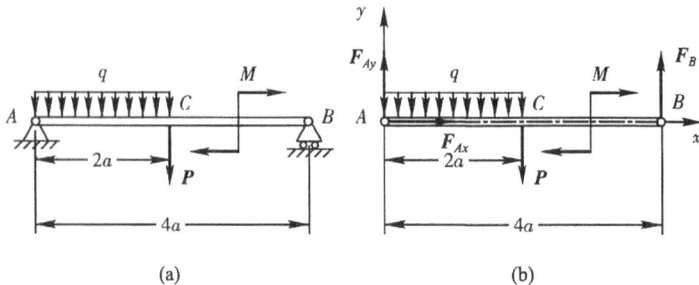

图 3-3

解　选梁 AB 为研究对象。

受力分析:它所受的主动力有集度为 q 的均布载荷,重力 P 和矩为 M 的力偶。受的约束力有铰链 A 的约束力 F_{Ax} 和 F_{Ay},辊轴支座约束力 F_B,其受力如图 3-3 (b)所示。

取坐标系如图,列写平衡方程

$$\sum F_x = 0 , \qquad F_{Ax} = 0 \qquad\qquad (1)$$

$$\sum F_y = 0 , \qquad F_{Ay} - q \cdot 2a - P + F_B = 0 \qquad\qquad (2)$$

$$\sum M_A(\boldsymbol{F}) = 0 , \qquad F_B \cdot 4a - M - P \cdot 2a - q \cdot 2a \cdot a = 0 \qquad\qquad (3)$$

由以上三式可解得

$$F_{Ax} = 0 , \qquad F_{Ay} = \frac{P}{4} + \frac{3}{2}qa , \qquad F_B = \frac{3}{4}P + \frac{1}{2}qa$$

讨论　这里独立的平衡方程只有三个,下面增写的力矩方程虽然不是独立的,但可校核上面计算的结果。例如,以 B 点为矩心,有

$$\sum M_B(\boldsymbol{F}) = 0 , \qquad -F_{Ay} \cdot 4a + q \cdot 2a \cdot 3a + P \cdot 2a - M = 0$$

将解得的结果代入上式中

$$-\left(\frac{P}{4} + \frac{3}{2}qa\right) \cdot 4a + q \cdot 2a \cdot 3a + P \cdot 2a - M = 0$$

如上式不满足,说明计算结果有误。

列写平衡方程时,应注意力偶的两力在任一轴上的投影之和恒等于零,对任一点之矩之和恒等于力偶矩。

例 3-3　立柱的 A 端是固定端约束,它所受的载荷如图 3-4(a)所示。求固定端的约束力。

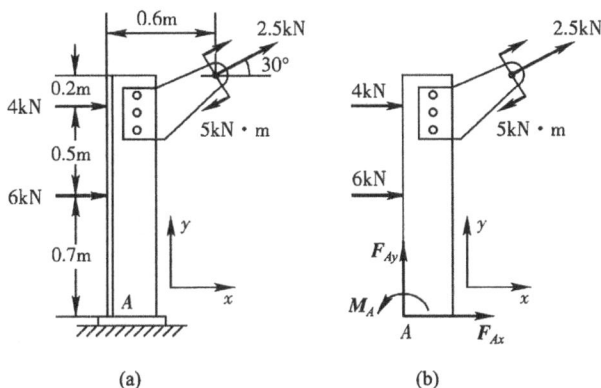

图 3-4

解 选立柱为研究对象。

受力分析:立柱除受图示给定的已知力外,还受固定端的约束力。

在主动力是平面力系的情况下,固定端的约束力是平面任意力系,将它们向 A 点简化,得到一个力和一个力偶,大小、方向和转向都未知,将此力用两个正交分力 F_{Ax} 和 F_{Ay} 表示,而力偶矩设为 M_A,立柱的受力图如图 3-4(b)所示,取坐标系如图,列写平衡方程

$$\sum F_x = 0, \qquad 4+6+2.5\cos30°+F_{Ax}=0$$

$$\sum F_y = 0, \qquad 2.5\sin30°+F_{Ay}=0$$

$$\sum M_A(\boldsymbol{F}) = 0, \qquad -4\times1.2-6\times0.7-5-2.5\cos30°\times1.4+2.5\sin30°$$
$$\times0.6+M_A=0$$

$$F_{Ax}=-12.2\text{kN}, \qquad F_{Ay}=-1.25\text{kN}, \qquad M_A=16.3\text{kN·m}$$

例 3-4 行走式起重机如图 3-5(a)所示。已知轨距 $b=3\text{m}$,起重机重 $P_1=500\text{kN}$,其作用线至右轨距离 $e=1.5\text{m}$,起吊最大载荷 $P_{\max}=210\text{kN}$,其作用线至右轨距离 $l=10\text{m}$。按设计要求,每个轨道的反力不得小于 50kN。求使起重机正常工作的平衡重 P_2 之值。设其作用线至左轨距离 $a=6\text{m}$。

解 起重机的平衡问题是平行力系的典型题目。与一般的平衡问题不同,起重机有向左和向右倾倒的两种趋势。根据题意,在这两种趋势下,每个轨道的反力均不得小于 50kN。满载时,考虑 A 处反力 $F_A\geqslant50\text{kN}$,可求出平衡重 P_2 的最小范围;当空载时,考虑 B 处反力 $F_B\geqslant50\text{kN}$,可求出 P_2 的最大范围。于是,保持起重机正常工作的 P_2 值应在上述两个范围之间。

选取起重机为研究对象,受力图如图 3-5(b)所示,为一平行力系,分别考虑下面两种情形。

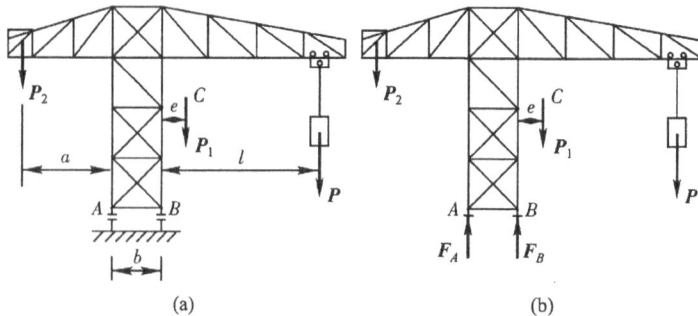

(a)

(b)

图 3-5

1) 满载,保证起重机不会向右倾翻的条件为

$$\sum M_B(\boldsymbol{F}) = 0, \qquad P_2(a+b) - F_A b - P_1 e - Pl = 0$$

又

$$F_A \geqslant 50$$

解得

$$P_2 \geqslant \frac{P_1 e + Pl + 50b}{a+b} = 333.3(\text{kN})$$

2) 空载,保证起重机不会向左倾翻的条件为

$$\sum M_A(\boldsymbol{F}) = 0, \qquad P_2 a + F_B b - P_1(b+e) = 0$$

又

$$F_B \geqslant 50$$

解得

$$P_2 \leqslant \frac{P_1(b+e) - 50b}{a} = 350.0(\text{kN})$$

因此,使起重机正常工作的平衡重 P_2 之值为

$$333.3(\text{kN}) \leqslant P_2 \leqslant 350(\text{kN})$$

3.2　物体系统的平衡、静定和静不定问题

3.1 节中的平衡方程是对一个刚体建立的。工程实际中还经常遇到多个相联系的物体所组成的系统的平衡问题。

物体系统平衡,是指组成该系统的每一个物体都处于平衡。因此,对于每一个物体,如受平面任意力系作用,均可写出三个独立的平衡方程。如系统由 n 个物体组成,则共有 $3n$ 个独立的平衡方程。若作用在物体上的是平面汇交力系或平面力偶系,则系统的平衡方程数目还会相应减少。如外部约束力和内部约束力的未知量数不超过独立平衡方程数目时,应用刚体的平衡条件可以求出全部未知量,这类平衡问题称为**静定问题**。反之,若未知约束力数目多于独立平衡方程数目,未知量不能由静平衡条件全部确定,这类平衡问题称为**静不定问题**。

问题是静定的或是静不定的,与物体所受的约束程度有关。在平面内任一自由刚体能做三个独立运动:沿两个互相垂直方向的平行移动和绕任一点的转动,我们称此刚体有三个自由度。如图 3-6(a)所示之梁 AB,在点 A 受铰链约束,就只能绕点 A 转动,即只有一个自由度,如果再在 B 处增加一辊轴支座,物体既不能移动,也不能转动,自由度为零。这种恰好限制刚体运动的约束,也是确保物体平衡所需的最少约束,这种情形称为**完全约束**。在平面情况下,完全约束有三个未知力,平面任意力系可提供三个独立平衡方程,因而问题是静定的(图 3-6(a)、(c))。

在工程实际中,考虑到物体的变形,为了提高结构的坚固性,常在完全约束的刚体上再增加约束,这种情形称为**多余约束**。多余约束的约束力数目多于独立平衡方程数,故问题是静不定的(图 3-6(b)、(d))。对于静不定问题,必须考虑物体因受力而产生的变形,写出变形协调方程之后才能求得全部未知量。理论力学中只研究静定问题,静不定问题将在材料力学和结构力学等课程中研究。

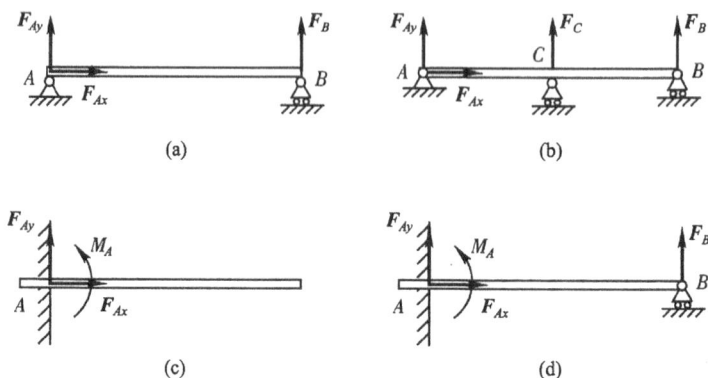

图 3-6

对于自由度未被完全限制的物体(或系统),它们仅在特殊力系作用下才有可能平衡,此时可列独立平衡方程数目超过未知约束力的数目,多余的方程用来确定平衡时主动力间的关系或求平衡位置。

在求解物体系统的平衡问题时,由于系统结构和连接的复杂性,往往取一次研究对象不能全部解得所求的未知量。研究对象的选取不同,解题的繁简程度有时相差甚大,因此,恰当地选择研究对象,是求解物体系统平衡问题的关键。但由于实际问题的多样性,又很难有一成不变的方法,大体上有以下几个原则可以遵循:

1) 系统内有 n 个物体,可取 n 次研究对象,最多列 $3n$ 个独立的平衡方程。

可以逐个选取每个物体为研究对象,也可以以某些物体的组合或整个系统为对象。不论以哪个(些)物体为对象,应取分离体并画其受力图。

2) 如果以整个系统为对象能求出部分或全部外约束力,应先取整体为研究对象。注意以整体为对象时不画内力。

3) 如需将系统拆开时,应恰当地选取某些物体的组合为研究对象,以尽量少暴露不需求的未知内力。将系统拆开后,注意物体之间的相互作用要符合作用力与反作用力性质。

4) 将系统拆开后,先从受有已知力的物体入手,所选研究对象未知力数最好不超过可列独立平衡方程数。在列写平衡方程时,应恰当选择矩心或投影轴,使得一个方程求解一个未知量,避免解联立方程。

例 3-5　结构如图 3-7(a)所示。绳子跨过滑轮,其端点受一大小为 2 000N 的水平力 **F** 作用,不计各件自重,求杆 AC 在 B 处受力。

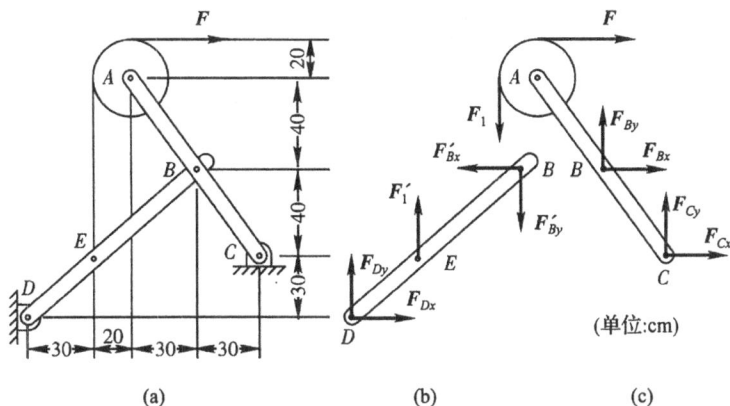

图 3-7

解　杆 AC 在 B 处受系统内 BD 杆的作用力,欲求此内力,须将系统拆开,才能把内力暴露出来求解。

1) 先选 AC 和滑轮的组合体为研究对象。注意 AC 与滑轮在 A 处的相互作用力为内力,不画内力。其受力图如图 3-7(c)所示。F_{Cx}、F_{Cy} 为不需求的未知力,故以点 C 为矩心,列写平衡方程

$$\sum M_C(\boldsymbol{F}) = 0, \qquad -F \cdot 100 - F_{Bx} \cdot 40 - F_{By} \cdot 30 + F_1 \cdot 80 = 0 \qquad (1)$$

2) 再以杆 BD 为研究对象。其受力图如图 3-7(b)所示。以 D 点为矩心,列写平衡方程

$$\sum M_D(\boldsymbol{F}) = 0, \qquad F'_{Bx} \cdot 70 - F'_{By} \cdot 80 + F'_1 \cdot 30 = 0 \qquad (2)$$

注意到 $F'_{Bx} = F_{Bx}$,$F'_{By} = F_{By}$,$F'_1 = F_1$,联立式(1)与(2)解得

$$F_{Bx} = -943.40(\text{N}), \qquad F_{By} = -75.47(\text{N})$$

讨论　将系统拆开后,销钉 B 可以放在 AC 上,也可放在 BD 上,问此两种情况下 AC 在 B 处受力是否相同,为什么?

例 3-6　结构如图 3-8(a)所示,不计各构件重量。物重 **P**,用绳子挂在销钉 C 上。求支座 A 的约束力及杆 AB 与 AC 在 A 处受力。

解　对整个系统而言,支座 A 的约束力是外力,而 AB 与 AC 在 A 端受销钉 A 的约束力是内力,因而本题既求外力又求内力。

1) 选整体为研究对象。除主动力 **P** 以外,A 处受支座给销钉的约束力 F_{Ax}、F_{Ay} 作用,B 处受光滑表面约束力 F_B 作用,共有三个未知量,受力如图 3-8(b)所

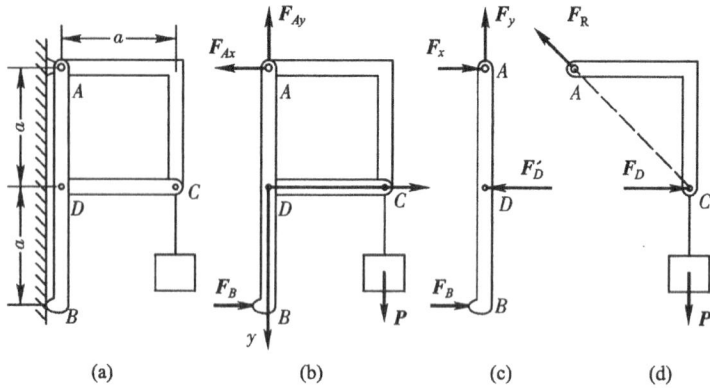

图 3-8

示,选坐标并列写平衡方程,有

$$\sum F_x = 0, \qquad -F_{Ax} + F_B = 0 \qquad (1)$$

$$\sum F_y = 0, \qquad -F_{Ay} + P = 0 \qquad (2)$$

$$\sum M_A(\boldsymbol{F}) = 0, \qquad -P \cdot a + F_B \cdot 2a = 0 \qquad (3)$$

由以上三个方程,可解得

$$F_{Ax} = \frac{P}{2}, \qquad F_{Ay} = P, \qquad F_B = \frac{P}{2}$$

2) 取 AB 为研究对象。在 A 端受销钉 A 的约束力 $\boldsymbol{F}_x$、$\boldsymbol{F}_y$ 作用,由于 DC 是二力杆,故在 D 处所受的约束力沿 DC 连线方向,受力如图 3-8(c)所示。列写平衡方程

$$\sum F_y = 0, \qquad F_y = 0 \qquad (4)$$

$$\sum M_D(\boldsymbol{F}) = 0, \qquad -F_x \cdot a + F_B \cdot a = 0 \qquad (5)$$

由式(5)知

$$F_x = F_B = \frac{P}{2}$$

3) 再以 AC、销钉 C 及重物的组合体为研究对象。由于 AC 为二力构件,故 AC 在 A 端所受销钉 A 的约束力 F_R 必沿 AC 连线方向。其受力如图 3-8(d)所示,列写平衡方程。

$$\sum F_y = 0, \qquad F_R \sin 45° - P = 0 \qquad (6)$$

解得 AC 在 A 端受力

$$F_R = \sqrt{2} P$$

所得结果表明,在 A 处支座给销钉的力,以及 AC 和 AB 在 A 端所受销钉的作用力,无论大小和方向均不相同,故如果销钉连接三个或多个物体,必须指明销钉放在哪个物体上。

例 3-7　如图 3-9(a)所示,水平梁由 AC 和 CD 两部分组成,它们在 C 处用铰链相连。梁的 A 端固定在墙上,在 B 处受辊轴支座支持。梁受线性分布载荷作用,其最大载荷集度 $q = \dfrac{2P}{a}$。力 P 作用在销钉 C 上。试求 A 和 B 处的约束反力。

解　本题求系统的外约束力。

1) 选整体为研究对象。其受力如图 3-9(b)所示。三角形分布载荷的合力大小等于三角形面积,即 $F = \dfrac{1}{2} \cdot 2a \cdot \dfrac{2P}{a} = 2P$,合力作用线至点 B 的距离为 $\dfrac{2a}{3}$。按图示坐标列写平衡方程,有

$$\sum F_x = 0, \qquad F_{Ax} = 0 \qquad\qquad (1)$$

$$\sum F_y = 0, \qquad F_{Ay} - F + F_B - P = 0 \qquad\qquad (2)$$

$$\sum M_A(\boldsymbol{F}) = 0, \qquad M_A - P \cdot 2a - F \cdot \left(a + \frac{4}{3}a \right) + F_B \cdot 3a = 0 \qquad (3)$$

以上三个方程包含四个未知量,需再选一次研究对象,解出 F_{Ay}、F_B 或 M_A 三个者中任何一个即可。

2) 选 DC 与销钉 C 的组合体为对象(图 3-9(c))。如图 3-9(d)所示比较,它所受的未知约束力最少,即有 $\boldsymbol{F}_{Cx}$、$\boldsymbol{F}_{Cy}$ 与 $\boldsymbol{F}_B$。其上作用的梯形分布载荷可看作是矩形载荷和三角形载荷的叠加,它们的合力大小分别为 $F_2 = \dfrac{P}{a} \cdot a = P$,$F_1 = \dfrac{1}{2} \cdot$

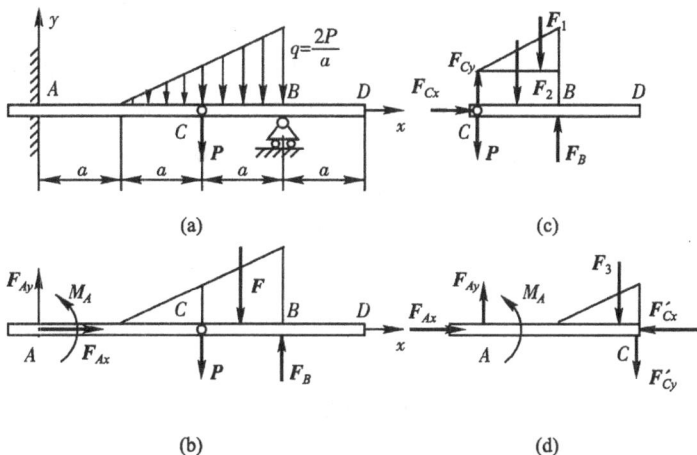

(a)　　　　(c)

(b)　　　　(d)

图 3-9

$a \cdot \dfrac{P}{a} = \dfrac{P}{2}$。列写平衡方程

$$\sum M_C(\boldsymbol{F}) = 0, \qquad -F_2 \cdot \frac{a}{2} - F_1 \cdot \frac{2}{3}a + F_B \cdot a = 0 \qquad (4)$$

解得

$$F_B = \frac{5P}{6}$$

将其式代入式(2)与式(3),解得

$$F_{Ay} = \frac{13P}{6}, \qquad M_A = \frac{25Pa}{6}$$

3.3　平面简单桁架的内力计算

桁架是由直杆彼此在端部连接而成的受力后几何形状不变的结构,在桥梁、建筑、航空及起重机械方面,有着广泛的应用。

若桁架所有杆件的轴线都在同一平面内,则称为**平面桁架**。桁架中各杆轴线的交点称为**节点**。

本节只研究**平面简单桁架**。这种桁架是以三角形框架为基础,每增加一个节点需增加两根杆件,如图 3-10 所示。

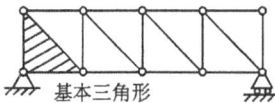

图 3-10

为了简化平面桁架的内力计算,工程中采用以下几个假设:

1) 各杆在端点彼此以光滑铰链连接。

2) 各杆轴线都是直线,并通过铰心。

3) 杆件重量不计。外载荷都作用在节点上,且各力作用线都在桁架平面内。

根据上述假设,桁架的各个杆件都是二力杆。因此,每个节点都受平面汇交力系作用。如构成桁架的节点数为 n,可列出 $2n$ 个独立的平衡方程。而 m 个杆的内力与支承的三个约束力相加,共有 $m+3$ 个未知量,如满足

$$2n = m + 3 \qquad (3\text{-}5)$$

则问题是静定的。平面简单桁架是静定桁架。

下面介绍两种计算桁架内力的方法:节点法和截面法。

1. 节点法

一般先求出桁架的支座反力。然后由未知量不多于两个的节点开始,逐一研究每一个节点的平衡,运用平面汇交力系的平衡条件,求出各杆的内力。现举例说明如下:

例 3-8　图 3-11(a)所示为一平面桁架,求各杆的内力。

解　由于节点 E 仅连接两根杆件且有已知载荷作用,故无须先求支座反力。可先从节点 E 入手,应用节点法求出全部杆件的内力。为方便起见,设各杆均受拉力。

1) 先取节点 E 为研究对象。销钉 E 除受主动力 P 作用外,还受 1、2 两根二力杆的约束力 F_1、F_2 作用,受力如图 3-11(d) 所示。按图示坐标列写平衡方程,有

$$\sum F_x = 0, \qquad -F_1\cos\alpha - F_2 = 0 \tag{1}$$

$$\sum F_y = 0, \qquad F_1\sin\alpha - P = 0 \tag{2}$$

联立上两式解得

$$F_1 = \frac{P}{\sin\alpha}, \qquad F_2 = -P\cot\alpha$$

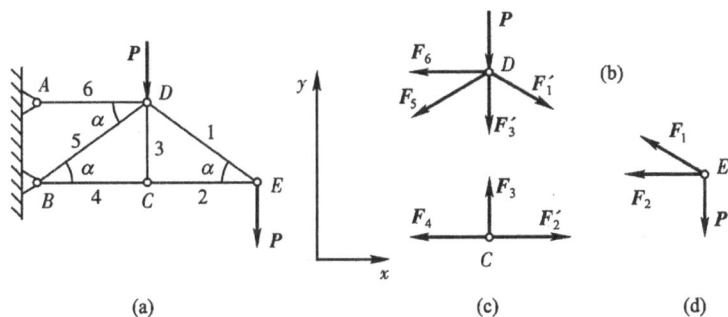

图 3-11

2) 取节点 C 为研究对象。销钉 C 受 2、3、4 各杆的约束力分别为 F_2', F_3, F_4。因为 $F_2' = F_2$,故此节点只有两个未知量。受力如图 3-11(c) 所示。列写平衡方程

$$\sum F_x = 0, \qquad -F_4 + F_2' = 0 \tag{3}$$

$$\sum F_y = 0, \qquad F_3 = 0 \tag{4}$$

由式(3)得

$$F_4 = F_2' = F_2 = -P\cot\alpha$$

3) 取节点 D 为研究对象。销钉 D 受 1、3、5、6 四杆的约束力分别为 F_1'、F_3'、F_5、F_6,受力如图 3-11(b) 所示。其中 $F_1' = F_1 = \dfrac{P}{\sin\alpha}$。列写平衡方程

$$\sum F_x = 0, \qquad -F_6 - F_5\cos\alpha + F_1'\cos\alpha = 0 \tag{5}$$

$$\sum F_y = 0, \qquad -P - F_5\sin\alpha - F_1'\sin\alpha = 0 \tag{6}$$

解得

$$F_5 = -\frac{2P}{\sin\alpha}, \qquad F_6 = 3P\cot\alpha$$

因假设各杆都受拉力,解出 F_1 与 F_6 为正值,F_2、F_4、F_5 为负值,故杆 1 与杆 6 受拉力,杆 2、4、5 受压力。杆 3 内力等于零,称为**零力杆**。

2. 截面法

如果只需求出个别几根杆的内力,则宜采用截面法。一般也先求出支座反力,然后选择适当截面,设想将桁架截开为两部分,取其一部分为研究对象,求出被截杆件的内力。因为平面任意力系的平衡方程只有三个,故一次被截断的杆件数不应超过三根。对于某些复杂的桁架,有时需要多次使用截面法或综合应用截面法和节点法才能求解。具体解法见下例。

例 3-9 求如图 3-12(a)所示屋顶桁架杆 11 的内力,已知 $F=10\text{kN}$。

解 1) 先以整体为研究对象求支座反力。受力如图 3-12(b)所示。按图示坐标列平衡方程

$$\sum F_x = 0, \qquad F_{Ax}=0 \tag{1}$$

$$\sum M_B(F) = 0, \qquad 8F+16F+20F-24F_{Ay}=0 \tag{2}$$

由式(2)解得

$$F_{Ay}=18.33(\text{kN})$$

2) 用截面Ⅰ-Ⅰ将 8、9、10 三杆截断,取桁架左半段为研究对象,设三杆均受拉力,受力图如图 3-12(c)所示。列写平衡方程

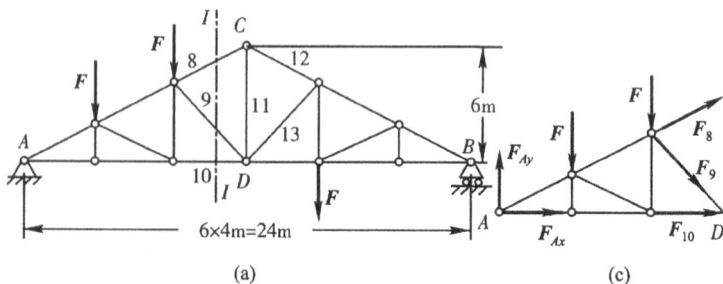

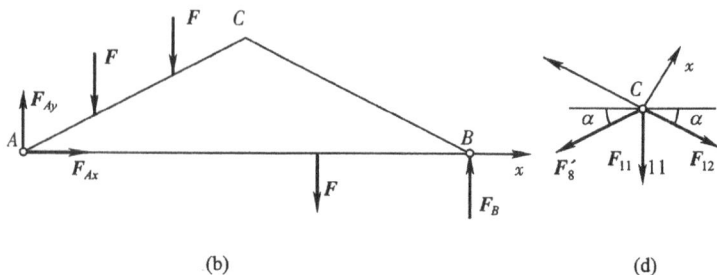

图 3-12

$$\sum M_D(\boldsymbol{F}) = 0$$

$$-6F_8 \cdot \cos\alpha - 12F_{Ay} + 4F + 8F = 0 \tag{3}$$

得

$$F_8 = -18.63(\text{kN})$$

3) 再取节点 C 为研究对象。受力图如图 3-12(d)所示。按图示坐标列写平衡方程

$$\sum F_x = 0, \qquad -F_8' \cdot \sin 2\alpha - F_{11} \cdot \cos\alpha = 0 \tag{4}$$

代入 $F_8' = F_8 = -18.63\text{kN}$,得

$$F_{11} = -F_8 \cdot 2\sin\alpha$$
$$= -(-18.63) \times 2 \times 0.447\,2$$
$$= 16.66(\text{kN})$$

3.4　摩　　擦

在以前各章讨论中,都假定物体接触表面完全光滑,也就是忽略摩擦的影响。而实际上许多问题不能忽略摩擦力的作用,如皮带传动是利用皮带与皮带轮之间的摩擦力传递运动;机床上的夹具依靠摩擦力来锁紧工件等。

有关摩擦的机制和摩擦力性质的研究,已形成一门新的学科——摩擦学。它涉及物体表面的弹塑性变化及润滑理论,表面物理和化学等许多问题。本章不去研究摩擦阻力产生的物理原因,而只讨论摩擦阻力所引起的力学现象。

按照接触物体之间的运动情况,摩擦分为滑动摩擦和滚动摩阻,我们主要讨论考虑滑动摩擦时物体及物体系统的平衡问题。

1. 静滑动摩擦力和静滑动摩擦定律

两物体相互接触,其间如有相对滑动趋势,但尚保持相对静止时,彼此作用着阻碍相对滑动的阻力,这种阻力称为**静滑动摩擦力**,简称**静摩擦力**。为了说明静摩擦力的特性,先来观察一个实验。如图 3-13 所示,在固定水平面放一重量为 $\boldsymbol{P}$ 的物块,该物块在重力 $\boldsymbol{P}$ 和约束力 $\boldsymbol{F}_N$(法向反力)的作用下平衡。另外作用一水平主动力 $\boldsymbol{F}$,并使 $\boldsymbol{F}$ 从零逐渐增大而不超过某一限度。我们发现在此过程中,物块能始终保持静止平衡。可见,在接触面间确实有与力 $\boldsymbol{F}$ 相平衡的、阻止物块滑动的摩擦力 $\boldsymbol{F}_s$ 存在,其方向与物体相对滑动趋势的方向相反。所以,静摩擦力就是平面对物块作用的切向约束反力,它与一般的约束反力一样,需用平衡方程确定它的大

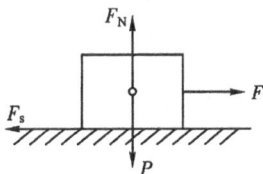

图 3-13

小,即

$$\sum F_x = 0, \qquad F_s = F$$

由上式可知,静摩擦力的大小随水平力 F 的增大而增大,这是静摩擦力和一般约束反力共同的性质。

但是,静摩擦力又与一般约束反力不同,它并不随力 F 的增大而无限度地增大。当力 F 的大小达到一定数值时,物块处于将要滑动、但尚未开始滑动的临界状态,这时,只要力 F 再增大一点,物块即开始滑动。这说明,当物块处于平衡的临界状态时,静摩擦力达到最大值,称为**最大静滑动摩擦力**,简称**最大静摩擦力**,以 F_{max} 表示。此后,如力 F 再继续增大,静摩擦力不再随之增大,这就是静摩擦力的特点。

综上所述可知,静摩擦力是物体相对约束物体在接触点处有滑动趋势时,约束作用于物体的切向反力。静摩擦力的方向与相对滑动趋势的方向相反,它的大小随主动力的情况而改变,但介于零与最大值之间,即

$$0 \leqslant F_s \leqslant F_{max} \tag{3-6}$$

前人经过多次实验证实,静摩擦力的最大值 F_{max} 与物体的法向反力 F_N 的大小成正比。这就是**静滑动摩擦定律**或**库仑摩擦定律**,即

$$F_{max} = f F_N \tag{3-7}$$

其中,无量纲比例系数 f 称为**静滑动摩擦系数**,它的值取决于材料的物理性质和表面情况。不同材料的静滑动摩擦系数在一般工程手册中均可查到,是由实验测定的,如表 3-1 所示。

表 3-1　常用材料的滑动摩擦系数

材料名称	静摩擦系数		动摩擦系数	
	无润滑	有润滑	无润滑	有润滑
钢-钢	0.15	0.1～0.12	0.15	0.05～0.1
钢-软钢	—	—	0.2	0.1～0.2
钢-铸铁	0.3	—	0.18	0.05～0.15
钢-青铜	0.15	0.1～0.15	0.15	0.1～0.15
软钢-铸铁	0.2	—	0.18	0.05～0.15
软钢-青铜	0.2	—	0.18	0.07～0.15
铸铁-青铜	—	—	0.15～0.2	0.07～0.15
青铜-青铜	—	0.1	0.2	0.07～0.1
铸铁-铸铁	—	0.18	0.15	0.07～0.12
皮革-铸铁	0.3～0.5	0.15	0.6	0.15
橡皮-铸铁	—	—	0.8	0.5
木材-木材	0.4～0.6	0.1	0.2～0.5	0.07～0.15

2. 动滑动摩擦定律

两物体相互接触,其接触表面之间有相对滑动时,彼此作用着阻碍相对滑动的阻力,称为**动滑动摩擦力**,简称**动摩擦力**。如制动、滑动轴承中的摩擦等,都是动摩擦问题。

由实践和实验结果,得出动滑动摩擦的基本定律:

1) 动摩擦力的方向与接触物体间相对速度的方向相反。

2) 动摩擦力与接触物体间的正压力成正比,即

$$F_{d} = f'F_{N} \tag{3-8}$$

其中,f' 是**动滑动摩擦系数**,它与接触物体的材料和表面状况,以及相对滑动速度的大小有关。在大多数情况下,f' 随相对滑动速度的增大而减小。当相对滑动速度不大时,可近似地认为是个常数。

3) 在一般情况下动滑动摩擦系数小于静滑动摩擦系数,即

$$f' < f$$

应该指出:动摩擦力与静摩擦力区别之点在于静摩擦力可取零到 $F_{max} = fF_{N}$ 之间的任意值。

3. 考虑滑动摩擦的平衡问题

考虑摩擦时,物体的平衡问题也是用平衡方程来解决,只是在受力分析中必须考虑摩擦力。这里要严格区分物体是处于一般的平衡状态还是临界的平衡状态。在一般平衡状态下,摩擦力 F 由平衡条件确定。大小应满足 $F_{s} \leqslant F_{max}$ 的条件,方向与相对滑动趋势的方向相反。

临界平衡状态下,摩擦力为最大值 F_{max},应该满足 $F_{s} = F_{max}$ 的关系式。

考虑摩擦的平衡问题,一般可分为下述三种类型:

1) 求物体的平衡范围。由于静摩擦力的值 F_{s} 可以随主动力而变化(只要满足 $F_{s} \leqslant F_{max}$)。因此在考虑摩擦的平衡问题中,物体所受主动力的大小或平衡位置允许在一定范围内变化。这类问题的解答往往是一个范围值,称为**平衡范围**。

2) 已知物体处于临界的平衡状态,需要求解主动力的大小或物体平衡时的位置(距离或角度)。应根据摩擦力的方向,利用补充方程 $F_{max} = fF_{N}$ 进行求解。

3) 已知作用在物体上的主动力,判断物体是否处于平衡状态并计算所受的摩擦力。此时可假定物体平衡,并假定摩擦力指向,由平衡方程进行计算,并根据不等式 $|F_{s}| \leqslant F_{max}$ 是否满足,来判断物体是否平衡。

例 3-10　斜面上放一重为 P 的物体如图 3-14(a)所示。斜面的倾斜角为 α,物体与斜面之间的摩擦角为 φ,且知 $\alpha > \varphi$。试求维持物体在斜面上静止时,水平推力 F 所允许的范围。

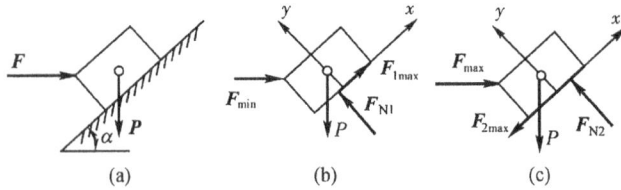

图 3-14

解 由经验可知,力 F 太小,物块将下滑;力 F 太大,物块将上滑,因此力 F 的数值应在一定范围内。

先求 F 的最小值。由于物块处于临界平衡状态,有向下滑动的趋势,所以摩擦力达到最大值,方向应沿斜面向上。物块受力如图 3-14(b)所示。由平衡方程

$$\sum F_x = 0, \qquad F_{min}\cos\alpha + F_{1max} - P\sin\alpha = 0$$

$$\sum F_y = 0, \qquad -F_{min}\sin\alpha + F_{N1} - P\cos\alpha = 0$$

及关于摩擦力的补充方程

$$F_{1max} = fF_{N1}$$

解得

$$F_{min} = P\frac{\tan\alpha - f}{1 + f\tan\alpha} = P\tan(\alpha - \varphi)$$

再求 F 的最大值。由于物块处于临界平衡状态,有向上滑动的趋势,所以摩擦力达到最大值,方向应沿斜面向下。物块受力如图 3-14(c)所示。同样根据平衡条件和摩擦定律列出

$$\sum F_x = 0, \qquad F_{max}\cos\alpha - F_{2max} - P\sin\alpha = 0$$

$$\sum F_y = 0, \qquad -F_{max}\sin\alpha + F_{N2} - P\cos\alpha = 0$$

$$F_{2max} = fF_{N2}$$

解得

$$F_{max} = P\frac{\tan\alpha + f}{1 - f\tan\alpha} = P\tan(\alpha + \varphi)$$

由此可知,要维持物块平衡时,力 F 的值应满足的条件是

$$P\tan(\alpha - \varphi) \leqslant F \leqslant P\tan(\alpha + \varphi)$$

这就是它的平衡范围。

例 3-11 如图 3-15 所示均质杆 OC 长 4m,重 $P_1 = 500N$;轮轴 $r = 0.1m$,$R = 0.3m$,重 $P_2 = 300N$,与杆 OC 及水平面接触处的摩擦系数分别为 $f_A = 0.4$,$f_B = 0.2$。

求拉动圆轮所需力 $\boldsymbol{F}$ 的最小值。

解 分别画出杆、轮的受力图,对杆 OC

$$\sum M_O(\boldsymbol{F}) = 0, \qquad 3F_{NA}' - 2P_1 = 0$$

$$F_{NA}' = 333(\text{N})$$

对轮

$$F_{NA} = F_{NA}'$$

$$\sum F_y = 0, \qquad F_{NB} - F_{NA} - P_2 = 0$$

$$F_{NB} = 633(\text{N})$$

补充方程

$$F_{Amax} = f_A F_{NA} = 0.4 \times 333 = 133(\text{N})$$

$$F_{Bmax} = f_B F_{NB} = 0.2 \times 633 = 127(\text{N})$$

若 A 点先滑动

$$\sum M_B(\boldsymbol{F}) = 0$$

$$F_{Amax}(0.1 + 0.3) - F(0.3 - 0.1) = 0$$

$$F = 266(\text{N})$$

若 B 点先滑动

$$\sum M_A(\boldsymbol{F}) = 0$$

$$F(0.1 \times 2) - F_{Bmax}(0.1 + 0.3) = 0$$

$$F = 254(\text{N})$$

所以 $F_{min} = 254\text{N}$。

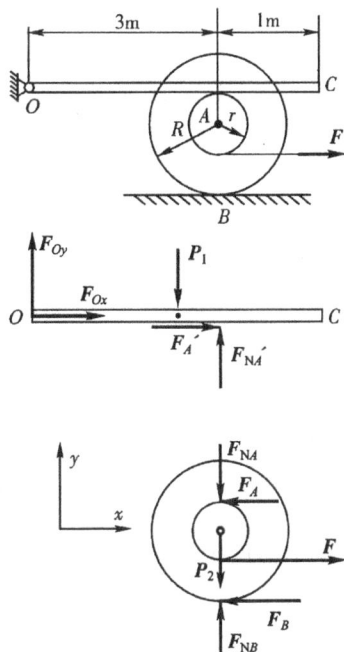

图 3-15

此即使圆轮运动的力 $\boldsymbol{F}$ 的最小值,此时 A 点不动,B 处发生滑动。

例 3-12 如图 3-16(a)所示,棱柱体重 $P = 480\text{N}$,置于水平面上,接触面间的静摩擦系数 $f = \dfrac{1}{3}$。棱柱上作用一力 $\boldsymbol{F}$。求使棱柱保持平衡的 $\boldsymbol{F}$ 力的大小。

解 棱柱体有两种失去平衡的方式:滑动与翻倒。当 $\boldsymbol{F}$ 力增大时,事先并不知道哪种先发生。所以,可分别假设先滑动或先翻倒,求出对应的 F_1 与 F_2,使物体保持平衡的 F 值为 $0 \leqslant F \leqslant (F_1, F_2)_{min}$。

选棱柱为研究对象,设其先滑动,处于临界平衡状态下的受力图如图 3-16(b)所示,得

$$\sum F_x = 0, \qquad F_1 \frac{4}{5} - F_{max} = 0$$

$$\sum F_y = 0, \qquad F_1 \frac{3}{5} - P + F_{N1} = 0$$

$$F_{max} = f F_{N1}$$

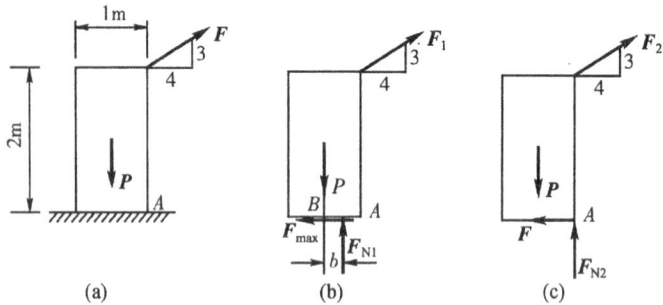

图 3-16

则

$$F_1 = \frac{1}{3}P = 160(\text{N})$$

再设棱柱先翻倒,其受力如图 3-16(c)所示

$$\sum M_A(\boldsymbol{F}) = 0, \qquad -F_2 \frac{4}{5} \times 2 + P \times \frac{1}{2} = 0$$

$$F_2 = \frac{5}{16}P = 150(\text{N})$$

因为 $F_2 < F_1$,所以棱柱先翻倒,保持棱柱平衡的 F 力大小为

$$0 \leqslant F \leqslant F_2 = 150(\text{N})$$

思 考 题

3-1　判断如思考题 3-1 图(a)、(b)所示的两个力系能否平衡? 它们的三力都汇交于一点,且各力都不等于零。

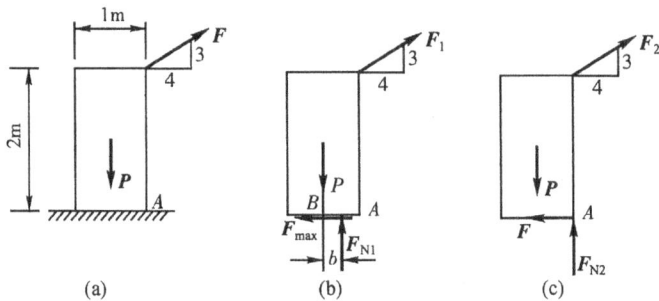

思考题 3-1 图

3-2　用解析法求解平面汇交力系的平衡问题时,x 轴与 y 轴是否一定要互相垂直? 当 x 与 y 轴不垂直时,建立的平衡方程

$$\sum F_x = 0, \qquad \sum F_y = 0$$

能满足力系的平衡条件吗？

3-3　如思考题 3-3 图所示力偶是否可用一个力来平衡？为什么图中所示轮子上的力偶（矩为 M）似乎与重物的重力 P 相平衡呢？

3-4　如思考题 3-4 图所示在刚体上 A、B、C、D 四点作用两个平面力偶（F_1, F_1'）和（F_2, F_2'），其力多边形封闭。试问刚体是否平衡？

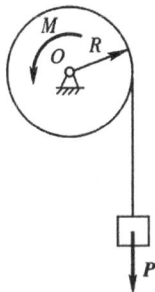

思考题 3-3 图

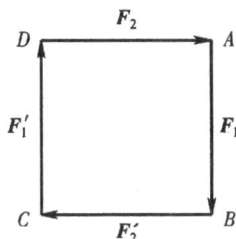

思考题 3-4 图

3-5　如思考题 3-5 图所示各图中，力或力偶对点 A 的矩都相等，问它们引起的支反力是否相同？

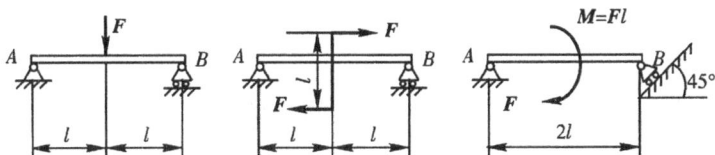

思考题 3-5 图

3-6　如思考题 3-6 图所示，轴 AB 上作用一主动力偶，矩为 M_1，齿轮的啮合半径 $R = 2r$。问当研究轴 AB 和 CD 的平衡问题时，①能否根据力偶矩是自由矢量为理由，将作用在轴 AB 上的矩为 M_1 的力偶搬移到轴 CD 上；②若在轴 CD 上作用矩为 M_2 的力偶使两轴平衡，问两力偶的矩的大小是否相等？为什么？

3-7　在刚体上 A、B、C 三点分别作用三个力 F_1、F_2、F_3，各力的方向如思考题 3-7 图所示，大小恰好与 $\triangle ABC$ 的边长成比例。问该力系是否平衡？为什么？

3-8　如思考题 3-8 图所示某一平面平行力系，若

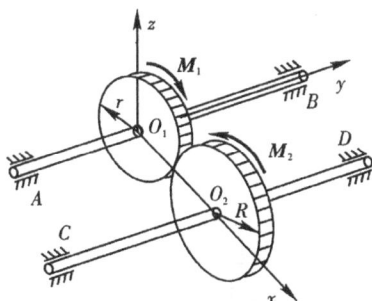

思考题 3-6 图

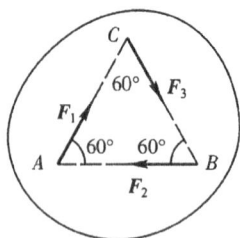

思考题 3-7 图

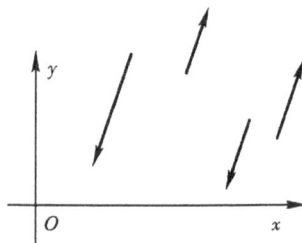

思考题 3-8 图

满足 $\sum F_x = 0$ 及 $\sum F_y = 0$，问此力系是否平衡？为什么？

3-9 如思考题 3-9 图所示三铰拱，在构件 BC 上分别作用一矩为 M 的力偶(思考题 3-9 图 (a))或力 F(思考题 3-9 图(b))。当求铰链 A、B、C 的约束力时，能否将力偶或力 F 分别移到构件 AC 上？为什么？

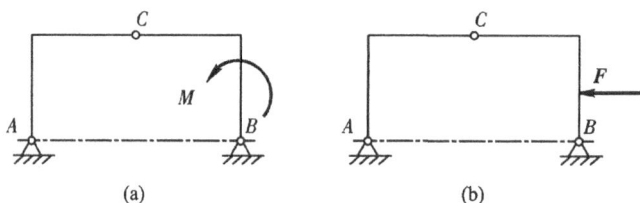

(a)   (b)

思考题 3-9 图

3-10 怎样判断静定和静不定问题？如思考题 3-10 图所示的三种情形中哪些是静定问题，哪些是静不定问题？为什么？

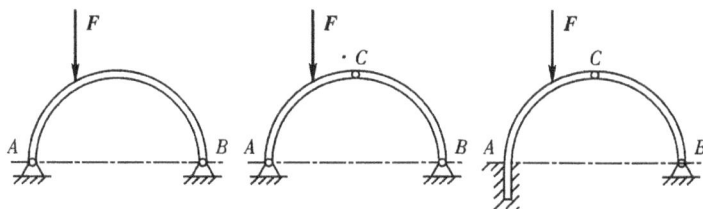

思考题 3-10 图

3-11 如思考题 3-11 图所示一桁架中杆件铰接的几种情况。设图(a)和(c)的节点上没有载荷作用。图(b)的节点 B 上受到外力 F 作用，该力作用线沿水平杆。问以上七根杆件中哪些杆的内力一定等于零？为什么？

3-12 用上题的结论，能否直接找出如思考题 3-12 图所示桁架中的零力杆？

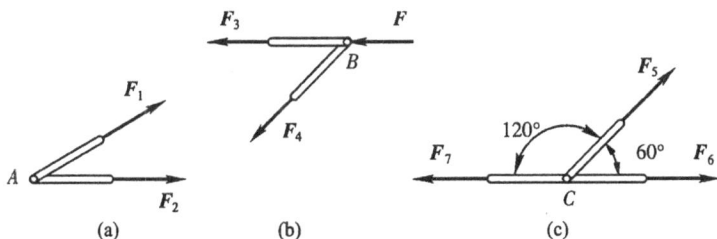

思考题 3-11 图

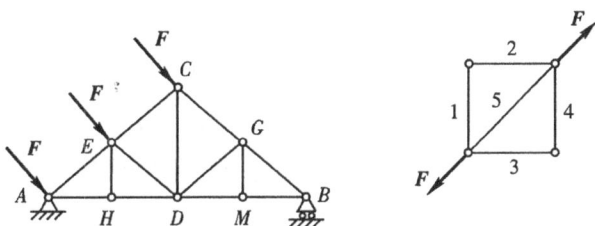

思考题 3-12 图

3-13 已知一物块重 $P=100N$,用 $F=500N$ 的力压在一铅直表面上,如思考题 3-13 图所示。其摩擦系数 $f=0.3$,求此时物块所受的摩擦力等于多少?

3-14 如思考题 3-14 图所示重为 P 的物体置于斜面上,已知摩擦系数为 f,且 $\tan\alpha<f$,问此物体能否下滑? 如果增加物体的重量或在物体上另加一重 P_1 的物体,问能否达到下滑的目的?

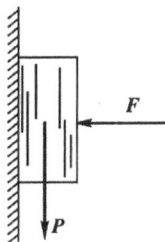

思考题 3-13 图

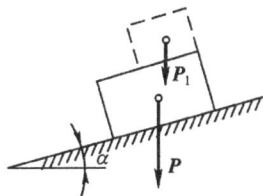

思考题 3-14 图

3-15 物块重 P,放置在粗糙的水平面上,接触处的摩擦系数为 f。要使物块沿水平面向右滑动,可沿 BO 方向施加推力 F_2(思考题 3-15 图(a)),也可沿 OA 方向施加拉力 F_1(思考题3-15图(b)),试问哪种方法省力?

3-16 汽车行驶时,前轮受汽车车身施加的一个向前推力 F(思考题 3-16 图(a)),而后轮受一主动力偶矩为 M(思考题 3-16 图(b))。试画出前、后轮的受力图。

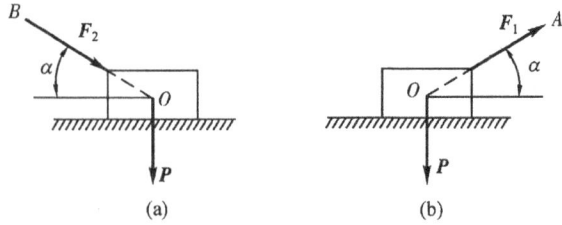

思考题 3-15 图

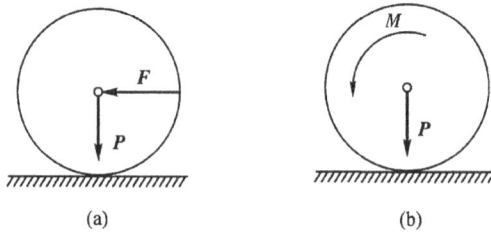

思考题 3-16 图

3-17　如思考题 3-17 图所示,试比较同样材料、在相同的光洁度和相同的皮带压力下 **F** 作用下平皮带与三角皮带的最大摩擦力。

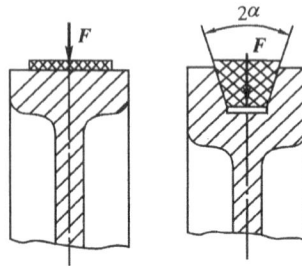

思考题 3-17 图

习　　题

3-1　如题 3-1 图所示,简易起重机用钢丝绳吊起重量 $P=2\text{kN}$ 的重物。不计杆件自重、摩擦及滑轮大小,A、B、C 三处简化为铰链连接,试求杆 AB 和 AC 所受的力。

3-2　如题 3-2 图所示,均质杆 AB 重为 P、长为 l,两端置于相互垂直的两光滑斜面上。已知一斜面与水平成角 α,求平衡时杆与水平所成的角 φ 及距离 OA。

3-3　构件的支承及载荷情况如题 3-3 图所示,求支座 A、B 的约束力。

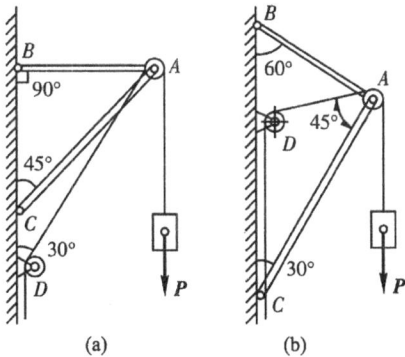

题 3-1 图

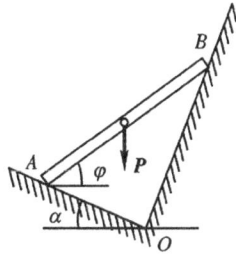

题 3-2 图

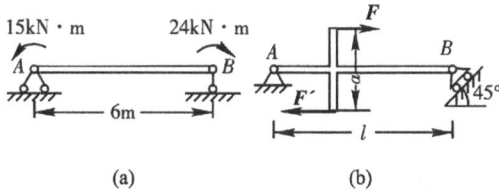

题 3-3 图

3-4　如题 3-4 图所示炼钢电炉的电极提升装置。设电极 HI 与支架总重 P，重心在 C 点，支架上三个导轮 A、B、E 可沿固定立柱滚动，提升钢丝绳系在 D 点。求电极被支架缓慢提升时钢丝绳的拉力及 A、B、E 三处的约束力。

3-5　杆 AB 重为 P、长为 $2l$，置于水平面与斜面上，其上端系一绳子，绳子绕过滑轮 C 吊起一重物 P_1，如题 3-5 图所示。各处摩擦均不计，求杆平衡时的 P_1 值及 A、B 两处的约束力。α、β 均为已知。

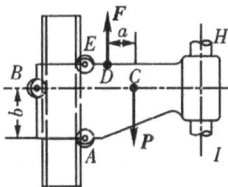

题 3-4 图

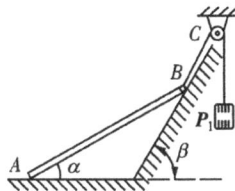

题 3-5 图

3-6　在大型水工试验设备中，采用尾门控制下游水位，如题 3-6 图所示。尾门 AB 在 A 端用铰链支持，B 端系以钢索 BE，绞车 E 可以调节尾门 AB 水平线的夹角 θ，因而也就可以调节下游的水位。已知 $\theta=60°$，$\varphi=15°$，设尾门 AB 长度 $a=1.2\mathrm{m}$、宽度 $b=1.0\mathrm{m}$、重为 $P=800\mathrm{N}$。求 A 端约束力和钢索拉力。

3-7　重物悬挂如题 3-7 图所示,已知 $P=1.8kN$,其他重量不计,求铰链 A 的约束力和杆 BC 所受的力。

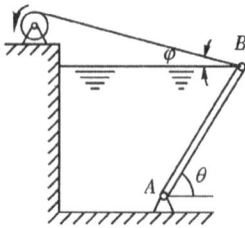

题 3-6 图

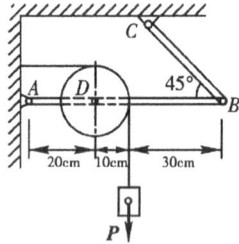

题 3-7 图

3-8　求如题 3-8 图所示各物体的支座反力,长度单位为 m。

3-9　如题 3-9 图所示铁路起重机,除平衡重 P_2 外的全部重量为 500kN,重心在两铁轨的对称平面内,最大起重量为 200kN。为保证起重机在空载和最大载荷时都不致倾倒,求平衡重 P_2 及其距离 x。

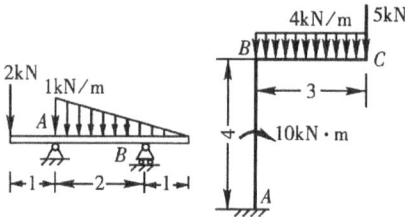

题 3-8 图

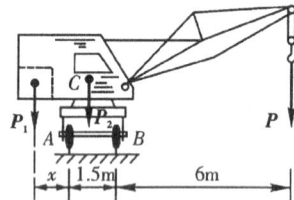

题 3-9 图

3-10　如题 3-10 图所示飞机起落架。设地面作用于轮子的支反力 F 是铅直方向,大于等于 30kN。试求铰链 A 和 B 的约束力,起落架本身重量忽略不计。

3-11　如题 3-11 图所示一火箭发射架。火箭重量 $P=1.5kN$,重心在 C 点。火箭被发射架撑臂 AB 上的油缸推举到图示发射的位置。发射架的重量 $P_1=8kN$,重心在 C' 点。C、C'、A 三点在一直线上,且与梁 DE 垂直。当 DE 在图示位置时,求油缸的推力和 E 铰的约束力。

3-12　如题 3-12 图所示在水平放置的直角三角板 ABC 上,作用着力偶矩 $M=2N\cdot m$ 的力偶和垂直于 BC 边的力 F。已知 $F=40N$,$AB=10cm$,$AC=20cm$,$BD=DC$,不计自重,试求各杆受力。

3-13　如题 3-13 图所示,飞机机翼上安装一台动力装置,作用在机翼 OA 上的气动力按梯形分布:$q_1=600N/cm$,$q_2=400N/cm$,机翼重 $P_1=45\ 000N$,动力装置重 $P_2=20\ 000N$,发动机螺旋桨的反作用力偶矩 $M=18\ 000N\cdot m$。求机翼处于平衡状态时,机翼根部固定端 O 受的力。尺寸单位为 cm。

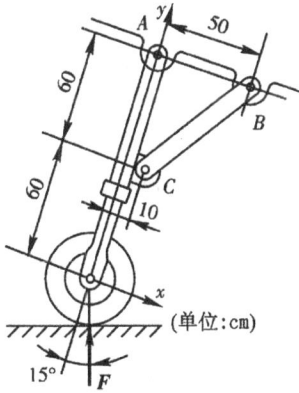

题 3-10 图

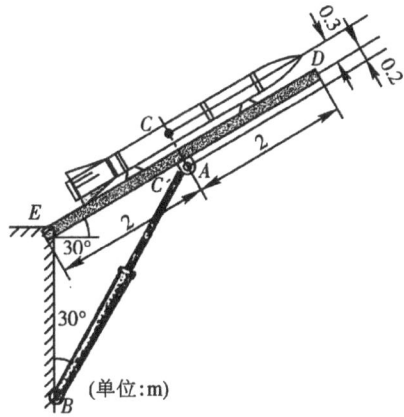

题 3-11 图

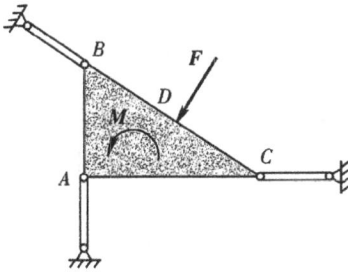

题 3-12 图

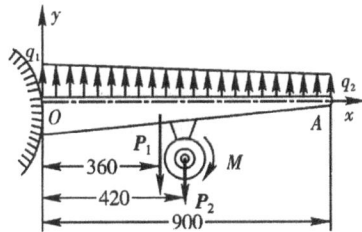

题 3-13 图

3-14　如题 3-14 图所示曲轴冲床简图,由轮 I、连杆 AB 和冲头 B 组成。A、B 两处为铰链连接。$OA=R$,$AB=l$。忽略摩擦和物体的自重,当 OA 在水平位置、冲压力为 F 时,求:①作用在轮 I 上的力偶矩 M 的大小;②轴承 O 处的约束反力;③连杆 AB 受的力;④冲头给导轨的侧压力。

3-15　如题 3-15 图所示汽车台秤简图。BCF 为整体台面,杠杆可绕 O 轴转动,B、C、D 均

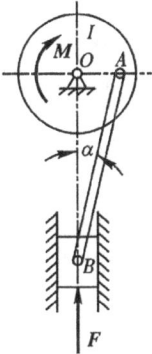

题 3-14 图

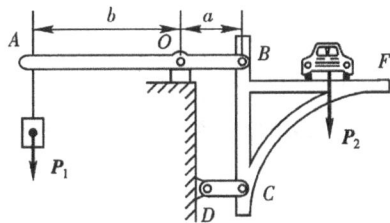

题 3-15 图

为铰链，DC 杆处于水平位置。试求平衡时砝码的重量 P_1 与被称汽车重量 P_2 的关系。

3-16 如题 3-16 图所示，组合梁由 AC 和 DC 两段铰接构成，起重机放在梁上。已知起重机重 $P_1=50$kN，重心在铅直线 EC 上，起重载荷 $P=10$kN。如不计梁重，求支座 A、D 处的约束反力。

3-17 由 AC 和 CD 构成的组合梁通过铰链 C 连接。它的支承和受力如题 3-17 图所示。已知均布载荷集度 $q=10$kN/m，力偶矩 $M=40$kN·m，不计梁重。求支座 A、B、D 的约束反力和铰链 C 处所受的力。

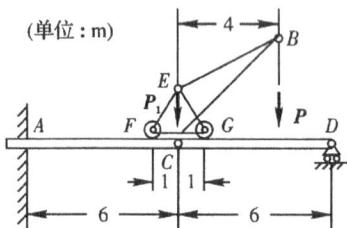

题 3-16 图

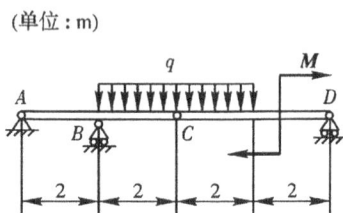

题 3-17 图

3-18 如题 3-18 图所示，无底的圆柱形空筒放在光滑的固定面上，内放两个重球，设每个球重为 P，半径为 r，圆筒的半径为 R。若不计各接触面的摩擦，不计圆筒厚度，求圆筒不致翻倒的最小重量 P_{1min}。

3-19 构架 ABC 由三杆 AB、AC 和 DF 组成，如题 3-19 图所示。杆 DF 上的销子 E 可在杆 AC 的槽内滑动。求在水平杆 DF 的一端作用铅直力 F 时杆 AB 上的点 A、D 和 B 所受的力。

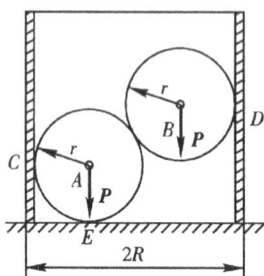

题 3-18 图

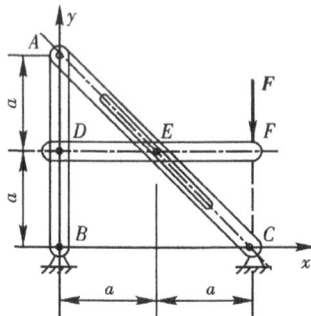

题 3-19 图

3-20 承重框架如题 3-20 图所示，A、D、E 均为铰链，各杆件和滑轮的重量略去不计，试求 A、D、E 点的约束力，长度单位为 mm。

3-21 如题 3-21 图所示一构架由杆 AB 和 BC 所组成。载荷 $P=20$kN，已知 $AD=DB=1$m，$AC=2$m，滑轮半径均为 30cm，各构件自重不计，求 A 和 C 处的约束力。

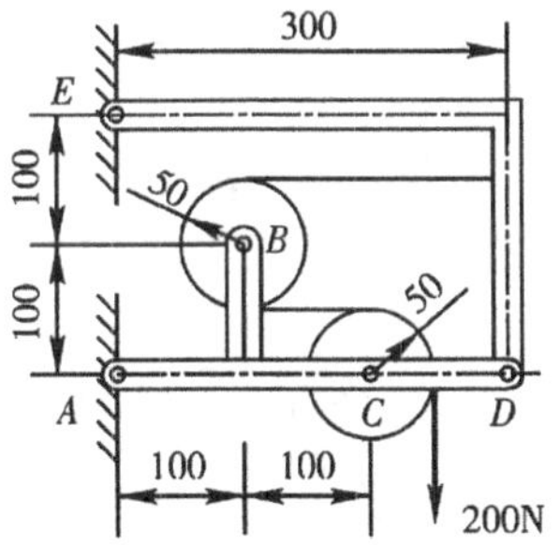

题 3-20 图

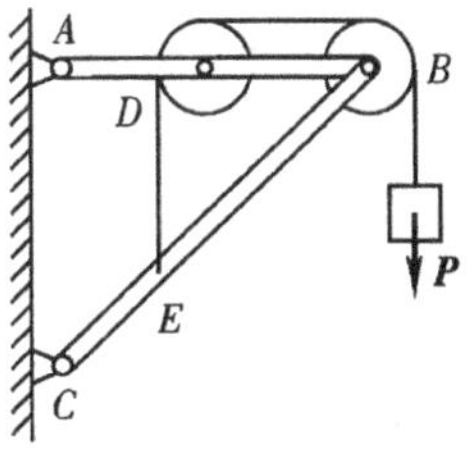

题 3-21 图

3-22　物体 P 重 1 200N,由三杆 AB、BC 和 CE 所组成的构架和滑轮 E 支持,如题 3-22 图所示。已知 AD=DB=2m,CD=DE=1.5m,不计杆和滑轮的重量。求支承 A 和 B 处的约束反力,以及杆 BC 的内力 F。

3-23　如题 3-23 图所示杆件结构受力 F 作用,D 端搁在光滑斜面上。已知 F=1kN,AC=1.6m,BC=0.9m,CD=1.2m,EC=1.2m,AD=2m。若 AB 水平、ED 铅垂,求 BD 杆的内力和支座 A 的反力。

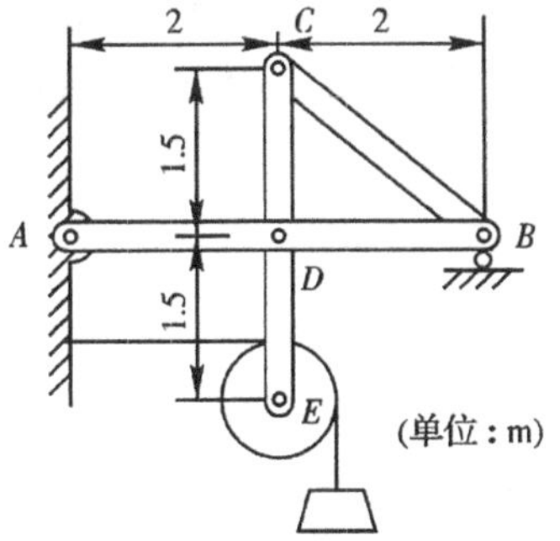

题 3-22 图

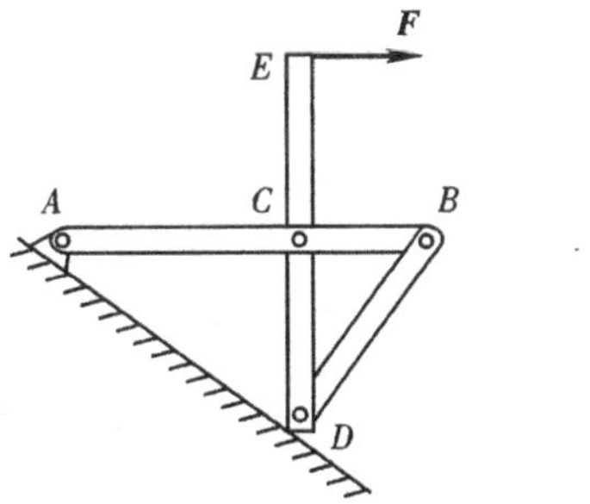

题 3-23 图

3-24　如题 3-24 图所示刚体系统中,AB=l,BC=CD=a,α=60°,F_1、F_2 分别为已知的铅垂与水平主动力,M 为已知主动力偶矩。不计各杆自重,求固定端 D 处的约束反力。

3-25　如题 3-25 图所示折梯由两个相同的部分 AC 和 BC 构成,这两部分各重 100N,在 C 点用铰链连接,并用绳子在 D、E 点互相连接。梯子放在光滑的水平地板上。今销钉 C 上悬挂 P=500N 的重物。已知 AC=BC=4m,DC=EC=3m,∠CAB=60°。求 AC、BC 在 C 处受力。

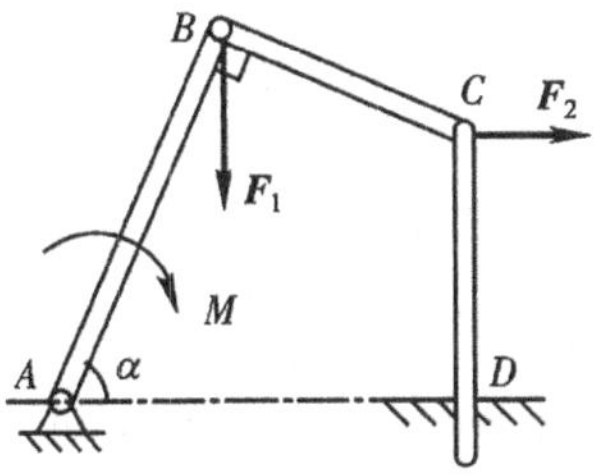

题 3-24 图

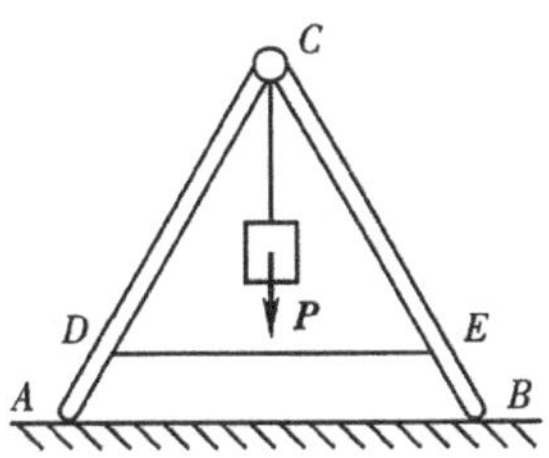

题 3-25 图

3-26 如题 3-26 图所示绳子一端系于销钉 B 上,绕过滑轮后,另一端受一大小为 $F=1\,200$ N 的拉力。求构件 $ABCD$ 在 B 处所受的约束力。不计各件自重。

3-27 如题 3-27 图所示求 CE 杆在 C 端受的约束力。各件自重略去不计。(重物质量 60kg)

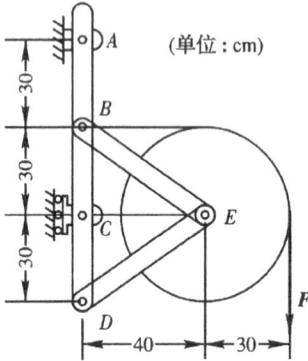

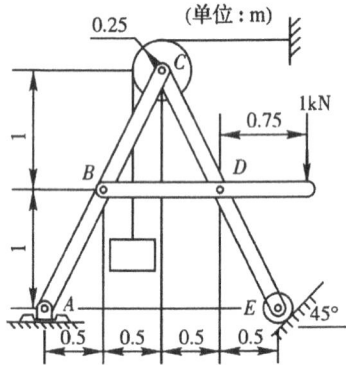

　　　　题 3-26 图　　　　　　　　　　　　　　　题 3-27 图

3-28 如题 3-28 图所示构架由梁 ABC、梁 CDE 与三根杆铰接而成,A 为插入端。均布载荷集度为 q,集中载荷 P 作用在销钉 C 上,力偶作用在 E 端,其矩为 M。不计各件自重。求 A 处的约束力。

3-29 平面桁架的载荷如题 3-29 图所示。求各杆的内力。

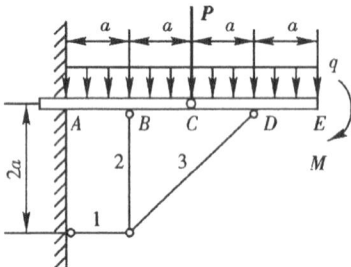

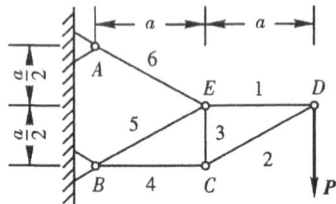

　　　题 3-28 图　　　　　　　　　　　　　　　　题 3-29 图

3-30 平面桁架的支座和载荷如题 3-30 图所示。ABC 为等边三角形,E、F 为两腰中点,又 $AD=DB$。求 CD 杆的内力 F。

3-31 平面桁架的支座和载荷如题 3-31 图所示,求 1、2 和 3 杆的内力。

3-32 如题 3-32 图所示重为 $P=981$N 的物体放在倾角为 20° 的斜面上,物体与斜面间的摩擦系数为 0.7,并受到 $F=100$N 的水平拉力。求斜面对物体的摩擦力。

3-33 如题 3-33 图所示半圆柱重 P,重心 C 到圆心 O 的距离为 $a=\dfrac{4R}{3\pi}$,其中 R 为圆柱体半径。如半圆柱体与水平面间的摩擦系数为 f,求半圆柱体刚被拉动时所偏过的角度 θ。

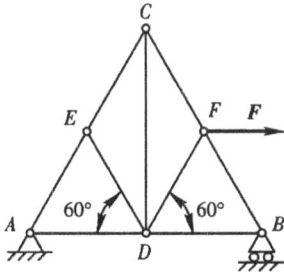

题 3-30 图

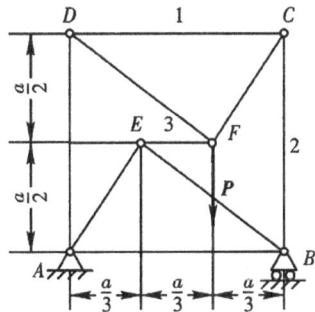

题 3-31 图

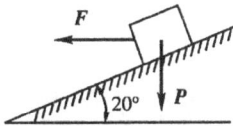

题 3-32 图

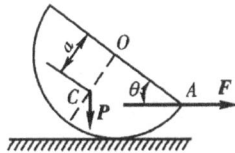

题 3-33 图

3-34　两物块 A 和 B 相叠地放在水平面上,如题 3-34 图(a)所示。已知 A 块重 $P_1=500\mathrm{N}$, B 块重 $P_2=200\mathrm{N}$,A 块和 B 块间的摩擦系数为 $f_1=0.25$,B 块和水平面间的摩擦系数 $f_2=0.2$。求拉动 B 块的最小力 F 的大小。若 A 块被一绳拉住,如题 3-34 图(b)所示,此最小力 F 之值应为多少?

(a)　　　　　　　　　　　　　　　　(b)

题 3-34 图

3-35　简易升降混凝土吊桶装置如题 3-35 图所示。混凝土和吊桶共重 25kN,吊桶与滑道间的摩擦系数为 0.3。分别求出重物匀速上升和下降时绳子的拉力。

3-36　如题 3-36 图所示梯子 AB 靠在墙上,其重为 $P=200\mathrm{N}$,梯长为 l,并与水平面交角 $\theta=60°$,已知接触面间的摩擦系数均为 0.25。今有一重 $P_1=650\mathrm{N}$ 的人沿梯上爬,问人所能达到的最高点 C 到 A 点的距离 S 应为多少?

3-37　如题 3-37 图所示一种夹紧装置,它能卡住绳索使之不能沿拉力 F 的方向移动。设绳沿铅垂线,凸轮圆弧中心为 O 点,A、B 为光滑销钉。在图示位置时,绳索与凸轮间的静摩擦系数至少应等于多少才能保证自锁?凸轮自重可略去不计。

3-38　有人想水平地执持一叠书,他用手在这叠书的两端加上压力 $F=225\mathrm{N}$,如题 3-38 图所示。如每本书的质量为 0.95kg,手与书之间的摩擦系数为 0.45,书与书之间的摩擦系数为 0.40。求可能执书的最大数目。

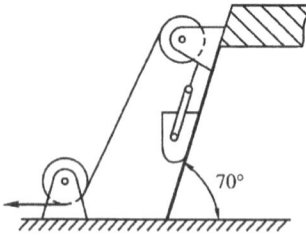

题 3-35 图

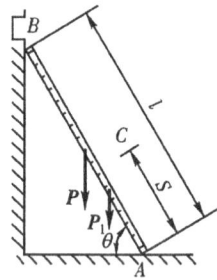

题 3-36 图

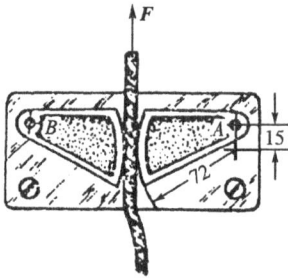

题 3-37 图

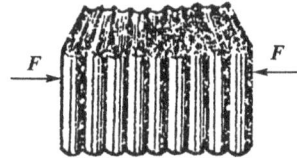

题 3-38 图

3-39 攀登电线杆用的脚套钩如题 3-39 图所示。设电杆的直径为 $d=30\text{cm}$，A、B 间垂直距离 $b=10\text{cm}$。若套钩与电杆间的静摩擦系数 $f=0.5$，试问保证套钩在电杆上不打滑时，脚踏力 F 到杆轴线的距离 l 应为多少？

3-40 如题 3-40 图所示压延机由两轮构成，两轮的直径各为 $d=50\text{cm}$，轮间的间隙为 $a=0.5\text{cm}$，两轮反向转动，如图上箭头所示。已知烧红的铁板与铸铁轮间的摩擦系数为 $f=0.1$，问能压延的铁板的厚度 b 是多少？

提示 欲使机器可操作，则铁板必须被两转动轮带动，亦即作用在铁板 A、B 处的法向反作用力和摩擦力的合力必须水平向右。

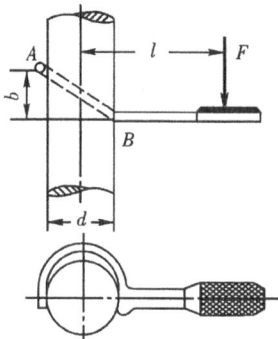

题 3-39 图

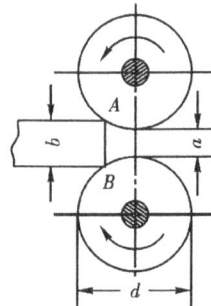

题 3-40 图

3-41　鼓轮 B 重 500N，放在墙角里，如题 3-41 图所示。已知鼓轮与水平地板间的摩擦系数为 0.25，则铅直墙壁假定是绝对光滑的。鼓轮上的绳索下端挂着重物。设半径 R＝20cm，r＝10cm，求平衡时重物 A 的最大重量。

3-42　如题 3-42 图所示一起重用的夹具由 ABC 和 DEF 两个相同的弯杆组成，并由杆 BE 连接，B 和 E 都是铰链，尺寸如图所示。试问要能提起重物，夹具与重物接触面处的摩擦系数 f 应为多大？

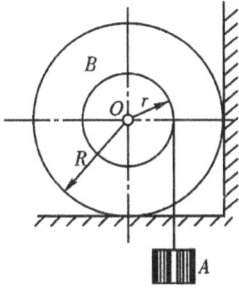

题 3-41 图

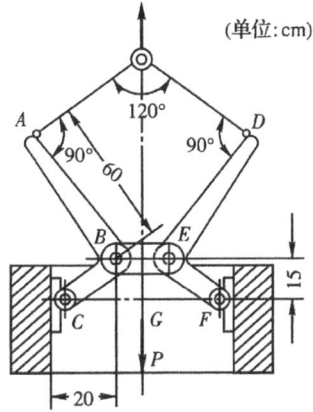

题 3-42 图

3-43　如题 3-43 图所示为升降机安全装置的计算简图。已知墙壁与滑块间的摩擦系数 f＝0.5，问机构的尺寸比例为多少方能确保安全制动？

3-44　如题 3-44 图所示砖夹的宽度为 25cm，曲杆 AGB 与 GCED 在 G 点铰接，尺寸如图所示。设砖重 P＝120N，提起砖的力 **F** 作用在砖夹的中心线上，砖夹与砖间的摩擦系数 f＝0.5，试求距离 b 为多大才能把砖夹起。

3-45　一重 210N 的轮子放置如题 3-45 图所示。在轮轴上绕有软绳并挂有重物 A。设接触处的摩擦系数均为 0.25，轮子半径为 200mm，轮轴半径为 100mm。求平衡时重物 A 的最大重量。

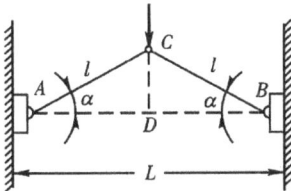

题 3-43 图

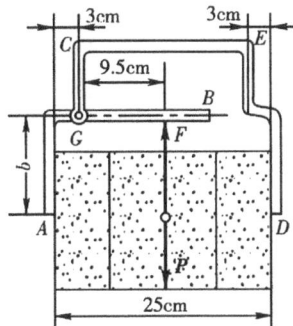

题 3-44 图

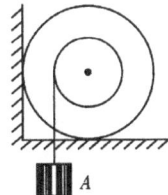

题 3-45 图

第二篇　构件的承载能力

在第一篇中,研究了刚体的静力学平衡问题,即**刚体静力学**。在刚体静力学中,忽略了物体的变形,将其抽象为**刚体**。事实上,任何固体受力后其内部的点与点之间,面与面之间都将产生相对运动,使其初始位置发生改变,从而导致物体本身几何形状和尺寸的改变。工程上把点或面相对位置的改变称为**位移**;把物体几何形状、尺寸的改变称为**变形**。

在本篇中,主要研究变形体的静力学平衡问题,即**变形体静力学**。在第一篇的基础上,深入到物体的内部,主要研究机械运动中**力与物体变形**之间的关系,以及**物体破坏**(失效)的问题,并认识机械运动在物体内部传递和转移时的基本规律。

第4章 变形体力学概述

4.1 变形体力学的任务

机械或工程结构都是由构件或零件组成的。当机械或工程结构工作时,任一构件都将受到外载荷的作用。在外载荷作用下构件的尺寸和形状将发生变化称为**变形**。当外载荷超过一定限度时,构件将发生**破坏**。为了保证机械或工程结构能正常工作,构件应有足够的能力负担起应当承受的载荷,构件的这种承载能力主要由以下三方面来衡量:

1) 构件应有足够的强度。例如,冲床的曲轴在工作冲压力作用下不应折断;储气罐或氧气瓶在规定压力下不应爆破,可见,所谓**强度是指构件在载荷作用下抵抗破坏的能力**。

2) 构件应有足够的刚度。例如,变速箱齿轮轴不应产生过大的变形,以免造成齿轮和轴承的不均匀磨损和产生噪音;对于机床的主轴,即使它有足够的强度,若变形过大,仍会影响工件的加工精度。因而,所谓**刚度是指构件在载荷作用下抵抗变形的能力**。

3) 构件应有足够的稳定性。有些细长直杆,如内燃机中的挺杆、千斤顶中的螺杆等,在压力作用下有被压弯的可能。为了保持其正常工作,要求这类杆件始终保持直线形式,亦即要求原有的直线平衡状态保持不变。所以,所谓**稳定性是指构件保持原有平衡状态的能力**。

在设计构件时,若构件的横截面尺寸过小,或截面形状不合理,或材料选用不当,则不能满足上述要求,从而影响机械或工程结构正常工作。反之,如构件的横截面尺寸过大,材料质量太高,虽满足了上述要求,但构件的承载能力难以充分发挥,这样,即浪费了材料,又增加了成本和重量。这里存在着安全与经济之间的矛盾。变形体力学的任务就在于力求合理地解决这种矛盾。确切地说:**变形体力学的任务就是在满足强度、刚度和稳定性的要求下,以最经济的代价,为构件确定合理的形状和尺寸,选择适宜的材料,为构件设计提供必要的理论基础和计算方法**。

在实际工程结构中,一般说来,构件都应有足够的强度、刚度和稳定性,但就某一个具体构件而言,对上述三项要求往往是有所侧重的。强度要求是大多数构件所必须满足的基本要求,刚度要求对于不同类型构件有不同的要求,而稳定性问题只是在一定的受力状态下才会发生。例如,氧气瓶以强度要求为主,车床主轴以刚度要求为主,而内燃机中的挺杆则以稳定性要求为主。此外,对于某些特殊构件,还往往有相反的要求。例如,为保证机器不致超载,当载荷到达某一极限值时,要求安全销立即破坏;又如车辆中的缓冲弹簧,在保证强度的要求下,力求有较大的变形,以发挥缓冲和减振作用。

研究构件的强度、刚度和稳定性时,应了解材料在外力作用下表现出的变形和破坏等方面的性能,即材料的机械性质(又称材料的力学性质),而材料的机械性质要由实验来测定。此外,经过简化得出的理论是否可信,还有一些尚无理论结果的问题,都需要借助实验方法来解决。所以,实验分析和理论研究是变形体力学解决问题的基本方法。

4.2　可变形固体的性质及其基本假设

各种构件一般均由固体材料制成。在刚体力学中,曾把物体抽象为刚体,这对研究其运动和平衡来说是必要的。而在变形体力学中,构件在外力作用下其变形是不可忽略的因素,必须将组成构件的材料视为可变形固体。变形固体的性质是多方面的,研究的角度不同,其侧重面也不同。研究构件的强度、刚度和稳定性时,常抓住一些与问题有关的主要因素,忽略一些次要因素,对变形固体做某些基本假设,把它抽象成理想模型。变形体力学中对变形固体做如下假设:

1) 连续性假设。认为组成固体的物质毫无空隙地充满了固体的几何空间。从物质结构来说,组成固体的粒子之间实际上并不连续,但它们之间所存在的空隙与构件的尺寸相比极其微小,可以忽略不计。这样就可以认为固体在其整个几何空间内是连续的。根据这一假设,物体内的一些物理量可以表示为各点坐标的连续函数,从而有利于建立相应的数学模型。

2) 均匀性假设。认为固体内各处的力学性质都是完全相同的。就工程上使用最多的金属来说,组成金属的各晶粒的力学性质并不完全相同而且是无规则的排列,但固体的力学性质是各晶粒力学性质的统计平均值,所以可以认为各部分的力学性质是均匀的。

3) 各向同性假设。认为固体在各个方向上的力学性质完全相同。具备这种属性的材料称为各向同性材料。就金属的单一晶粒来说,在不同方向上,其力学性质并不一样。但金属物体包含着数量极多的晶粒,而且各晶粒又是杂乱无章地排列的,这样,在各个方向上的力学性质就接近相同了。各种金属材料、玻璃等都可认为是各向同性材料。在今后的讨论中,一般都把固体假设为各向同性的。在各个方向上具有不同力学性质的材料,称为各向异性材料,如木材、胶合板等。

根据均匀性和各向同性假设,可以用一个参数描写各点在各个方向上的某种力学性能。

4) 小变形条件。固体因外力作用而引起的变形,按不同情况可能很小也可能

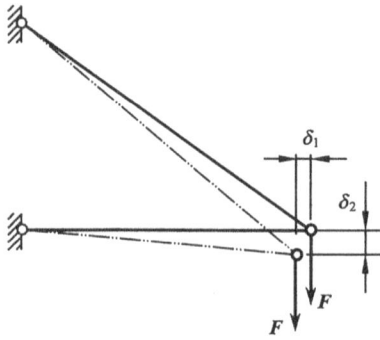

图 4-1

相当大。但变形体力学所研究的问题一般只限于其变形的大小远小于构件原始尺寸的情况。这样,在研究构件的平衡和运动时,就可忽略构件的变形,而按变形前的原始尺寸分析计算。在图 4-1 中,简易吊车的各杆因受力而变形,引起支架几何形状和外力位置的变化。但由于 δ_1 和 δ_2 都远小于吊车构件的尺寸,所以在计算各杆受力时,仍然可用吊车变形前的几何形状和尺寸。今后将经常使用小变形的概念以简化分析计算。至于构件变形过大,超出小变形条件,一般不在工程力学中讨论。

固体受力后将产生变形,当外力不超过某一限度时,外力解除后变形可完全消失,这种变形称为**弹性变形**。若力与变形之间服从线性规律且产生的变形为弹性变形,则称之为**线弹性变形**。当外力超过一定限度时,外力解除后仅有部分变形消失,其余部分变形不能消失而残留下来,称此残留变形为**塑性变形**,也称为**永久变形**或**残余变形**。工程力学主要是研究构件在线弹性范围内的内力、应力和变形问题。

4.3　内力、截面法和应力的概念

1. 内力的概念、截面法

物体因受力而变形,其内部各部分之间因相对位置改变而引起的相互作用就是内力。我们知道,即使不受外力,物体的各质点之间,依然存在着相互作用的力。变形体力学中的内力是指在外力作用下,上述相互作用力的变化量,所以是物体内部各部分之间因外力而引起的附加相互作用力,即"附加内力"。这样的内力随外力的增加而加大,到达某一限度时就会引起构件破坏,因而它与构件的强度是密切相关的。

在变形体力学中,求内力的方法称为**截面法**。具体求法如下:为了显示出构件在外力作用下 m-m 截面上的内力,用平面假想地把构件分成Ⅰ、Ⅱ两部分(图4-2(a))。任取其中的一部分,如Ⅱ,作为研

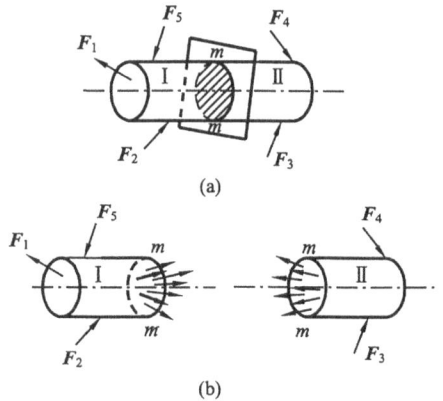

图 4-2

究对象。在部分 Ⅱ 上作用的外力有 F_3 和 F_4，欲使 Ⅱ 保持平衡，则 Ⅰ 必然有力作用于 Ⅱ 的 $m\text{-}m$ 截面上，以与 Ⅱ 所受外力平衡，如图 4-2(b)所示。根据作用与反作用定律可知，Ⅱ 必然也以大小相等、方向相反的力作用于 Ⅰ 上。上述 Ⅰ 与 Ⅱ 之间相互作用的力就是构件在 $m\text{-}m$ 截面上的内力。按照连续性假设，在 $m\text{-}m$ 截面上各处都有内力作用，所以内力是分布于截面上的一个分布力系。今后把这个分布内力系向截面上某一点简化后得到的主矢和主矩，称为截面上的内力。

对所研究的部分 Ⅱ 来说，外力 F_3、F_4 和 $m\text{-}m$ 截面上的内力保持平衡，根据平衡条件就可以确定 $m\text{-}m$ 截面上的内力。

上述求内力的截面法，可归纳为（**截、取、代、平**）四个步骤：

1）截：欲求构件某截面上的内力，就沿该截面假想地把构件截成两部分。

2）取：任取其中一部分为研究对象，并弃去另一部分。

3）代：以作用于该截面上的未知内力代替弃去部分对保留部分的作用。

4）平：建立保留部分的平衡方程，并根据平衡方程确定未知内力的大小和方向。

例 4-1　钻床如图 4-3(a)所示，试确定在 F 力作用下的 $m\text{-}m$ 截面上的内力。

解　1）截：沿 $m\text{-}m$ 截面假想地将构件截成两部分。

2）取：取上半部分为研究对象，如图 4-3(b)所示，并以截面形心 O 为原点选取图示坐标系。

3）代：由于外力将使上半部分沿 y 轴方向移动并绕 O 点转动，为使其保持平衡，在截面 $m\text{-}m$ 上代之以过 O 点的内力 F_N 和对 z 轴的力偶矩 M_z。

4）平：由平衡方程

$$\sum F_y = 0, \qquad F - F_N = 0$$

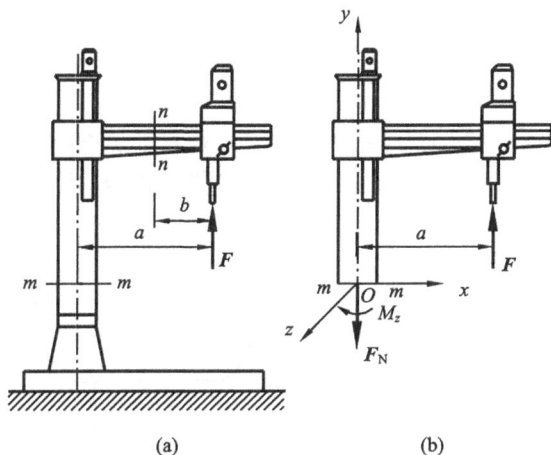

(a)　　　　　　　　　　　　(b)

图 4-3

$$\sum M_z = 0, \qquad F \cdot a - M_z = 0$$

求得内力 F_N 和 M_z 分别为

$$F_N = F$$

$$M_z = Fa$$

所得 F_N、M_z 均为正值,说明假设的内力方向正确。

同理,可求得 $n\text{-}n$ 截面上的内力为

$$F_{Qy} = F(向下)$$

$$M_z = Fb(顺时针)$$

应该注意的是,在使用截面法求内力之前,不可对外力使用力和力偶的可移性原理。即刚体力学中的力和力偶的可移性原理在变形体力学中研究杆件变形时是不能毫无条件应用的,其具体分析将在以后各章中讨论。

2. 应力的概念

前面所研究的内力是截面上分布内力系向形心及坐标轴简化的结果,它只能说明所研究部分的截面上内力和外力的平衡关系,但不能说明分布内力系在截面内某一点处的强弱程度。为此,我们引入内力集度的概念。设在如图 4-2 所示受力构件的 $m\text{-}m$ 截面上,围绕 C 点取微小面积 ΔA(图 4-4(a)),ΔA 上分布内力的合力为 ΔF。ΔF 的大小和方向与 C 点的位置和 ΔA 的大小有关,ΔF 与 ΔA 的比值为

$$p_m = \frac{\Delta F}{\Delta A}$$

p_m 是一个矢量,代表在 ΔA 范围内,单位面积上内力的平均集度,称为平均应力,随着 ΔA 的逐渐缩小,p_m 的大小和方向都将逐渐变化。当 ΔA 无限趋于零时,p_m 的极限为

$$p = \lim_{\Delta A \to 0} p_m = \lim_{\Delta A \to 0} \frac{\Delta F}{\Delta A} = \frac{dF}{dA}$$

称 p 为 $m\text{-}m$ 截面上 C 点的应力,它是分布内力系在 C 点的集度,反映内力系在 C 点处的强弱程度,p 是一个矢量,一般说既不与截面垂直,也不与截面相切。通常

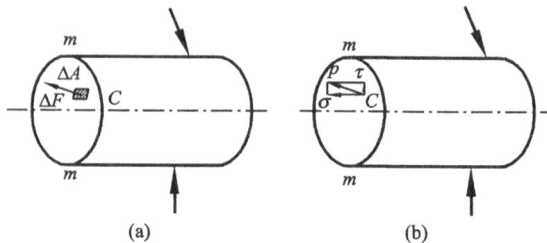

(a)　　　　　　　　　　(b)

图 4-4

把应力 p 分解成垂直于截面的分量 σ 和相切于截面的分量 τ（图 4-4(b)），并把 σ 称为正应力，τ 称为切应力。

在国际单位制中，应力的单位是牛/米²（N/m²），称为帕斯卡（Pascal）或简称为帕（Pa）。由于这个单位太小，使用不便，通常使用兆牛/米² ＝ 10^6 牛/米²，记为 MN/m² 或 MPa，吉牛/米² ＝ 10^9 牛/米²，记为 GN/m² 或 GPa。

4.4　变形与应变的概念

构件在外力作用下尺寸和形状都将发生改变，将此称为变形。构件在变形的同时，其上的点、面相对于初始位置也要发生变化，这种位置的变化称为位移。

为了研究构件截面上内力分布规律，就必须对构件内任一点处的变形做深入研究。为此，设想把构件分割成无数微小的正六面体（图 4-5(a)），此微小正六面体在各边缩小为无穷小时，称为**单元体**。构件变形后，其任一单元体棱边的长度及两棱边间夹角都将发生变化，把这些变形后的单元体组合起来，就形成变形后的构件形状，反映出构件的整体变形。

如图 4-5(a)所示从受力构件的某一点 C 周围取出的单元体中，与 x 轴平行的棱边 ab 的长度变化，称为 Δx 的绝对变形。其比值 $\varepsilon_{x,\mathrm{m}}$ 为

$$\varepsilon_{x,\mathrm{m}} = \frac{\Delta u}{\Delta x}$$

表示 ab 上每单位长度的平均伸长（或缩短），称为平均线应变或相对变形。当 Δx 趋近于零时，则 $\varepsilon_{x,\mathrm{m}}$ 的极限为

$$\varepsilon_x = \lim_{\Delta x \to 0} \frac{\Delta u}{\Delta x} = \frac{\mathrm{d}u}{\mathrm{d}x}$$

ε_x 即为 C 点处沿 x 方向的线应变或简称为应变，它表示一点处沿某一方向长度改变的程度。用完全相似的方法，可以定义该点处沿 y 方向和 z 方向的线应变 ε_y 和 ε_z。线应变的符号规定为：伸长的线应变为正，反之为负。

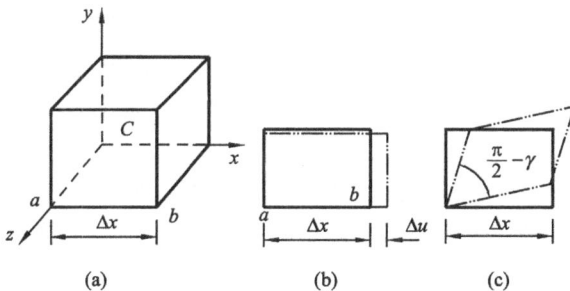

图 4-5

物体变形后,其任一单元体不但棱边的长度改变,而且原来相互垂直的两条棱边的夹角也将发生变化(图 4-5(c)),其改变量 γ 称为 C 点在 xy 平面内的角应变或切应变。切应变的符号规定为:原来是直角的角度增大时的切应变为正,反之为负。

线应变 ε 和角应变 γ 是度量构件内一点处变形程度的两个基本量。它们都是没有量纲的量。

4.5　构件的分类、杆件变形的基本形式

实际构件有各种不同的形状,通常把构件的形状进行某些简化,然后按构件的几何形状分类研究。构件大致上可以归纳为四类,即板、壳、块体和杆(图 4-6)。

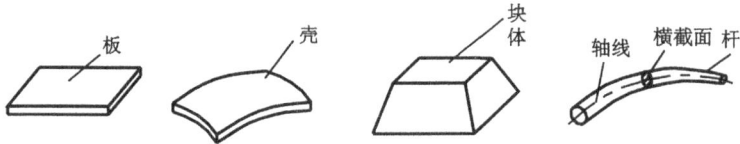

图 4-6

如果构件一个方向的尺度(厚度)远小于其他两个方向的尺度,就把平分这种构件厚度的面称为**中面**。中面为平面的这种构件称为**板**(或平板),中面为曲面的构件则称为**壳**。板和壳在石油、化工容器、船舶、飞机和现代建筑中用得很多。如果三个方向的尺度相差不多(属同量级),则称为**块体**。一些机械上的铸件,就是块体。板、壳和块体这类构件一般在弹性力学中讨论。

凡是一个方向的尺度远大于其他两个方向尺度的构件称为**杆**。垂直于杆件长度方向的截面,称为**横截面**,横截面中心的连线称为**轴线**。如果杆的轴线是直线时,则此杆称为**直杆**;轴线为曲线时,则称为**曲杆**。各横截面尺寸不变的杆,叫等截面杆,否则称为变截面杆,工程中比较常见的是等截面直杆,简称**等直杆**。**变形体力学所研究的主要对象就是等直杆**。工程上常见的很多构件都可以简化为杆件,如连杆、传动轴、立柱、丝杆、吊钩等。某些实际构件,如齿轮的轮齿、曲轴的轴颈等并不是典型的杆件,但在近似计算或定性分析中也可简化为杆。所以杆件是工程中最基本的构件。

杆件在各种外力作用下,可能发生各种各样的变形。但如果对杆件的变形仔细分析,就可以把杆件的变形归纳为四种基本变形中的一种,或者某几种基本变形的组合。这四种基本变形形式是:

1) 轴向拉伸或压缩。在一对大小相等、方向相反、作用线与杆件轴线重合的

外力 F 作用下,引起杆件沿轴线方向发生伸长或缩短,这种变形形式称为**轴向拉伸或压缩**。例如,如图 4-7(a)所示一简易吊车。在载荷 F 作用下,AC 杆受到拉伸(图 4-7(b)),而 BC 杆受到压缩(图 4-7(c)),起吊重物的钢索、桁架中的杆件、液压油缸的活塞杆等,它们的变形都属于轴向拉伸(或压缩)变形。

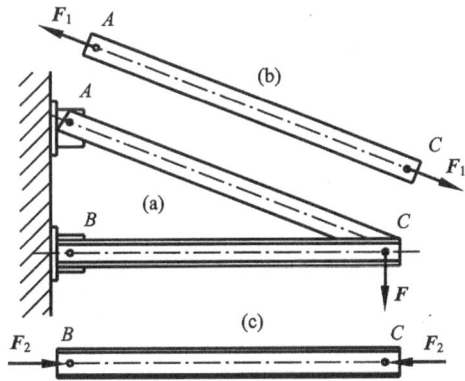

图 4-7

2) 剪切。在一对相距很近的大小相等,方向相反的横向外力 F 作用下,引起横截面沿外力作用方向发生相对错动,这种变形形式称为**剪切**(图 4-8)。例如,机械中常用的连接件——键、销钉、螺栓等都产生剪切变形。

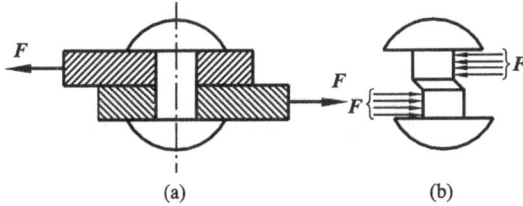

图 4-8

3) 扭转。在一对大小相等、转向相反、作用面垂直于杆轴线的外力偶矩作用下,引起任意两个横截面绕轴线相对转动,这种变形形式称为**扭转**。如图 4-9 所示汽车转向轴 AB,在工作时发生扭转变形,汽车的传动轴、电机和水轮机的主轴等,都是受扭杆件。

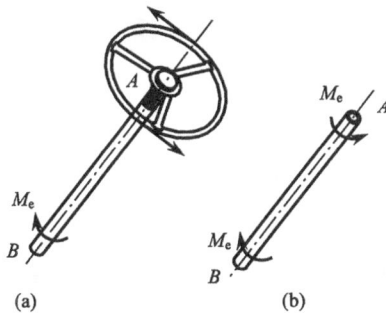

图 4-9

4) 弯曲。在一对大小相等、转向相反、作用面与杆的纵向平面重合的外力偶矩作用下,引起任意两横截面绕垂直杆轴线的轴发生相对转动,这种变形形式称为**纯弯曲**(图 4-10(a))。而如图 4-10(b)、(c)所示为火车轮轴的变形,它称为**横力弯曲**,这是工程中常见的弯曲变形。桥式起重机的大梁、各种心轴以及车刀等的变形,都属于弯曲变形。

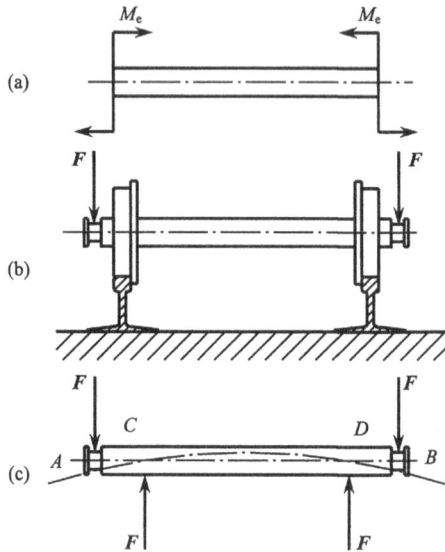

图 4-10

在工程实际中,还有一些杆件同时发生几种基本变形。例如,车床主轴工作时发生弯曲、扭转和压缩三种基本变形;钻床立柱同时发生拉伸和弯曲两种基本变形。这种情况称为组合变形。在本书中,首先讨论四种基本变形的强度及刚度计算,然后再讨论组合变形。

思　考　题

4-1　什么是构件的强度、刚度和稳定性?

4-2　什么是弹性变形、塑性变形和线弹性变形?

4-3　举例说明小变形原理及其在变形体力学中的应用。

4-4　变形体力学中内力的概念是什么? 确定内力的方法是什么? 简述截面法求内力的步骤。

4-5　一点处的应力是如何定义的? 在什么特殊条件下才能把应力理解为单位面积上的内力?

4-6　什么是线应变? 什么是切应变? 在什么条件下才能把线应变理解为单位长度的伸长或缩短?

习　题

4-1　求图示结构 $m\text{-}m$ 和 $n\text{-}n$ 两截面上的内力。

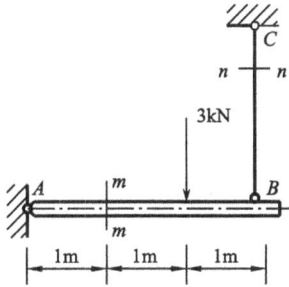

题 4-1 图

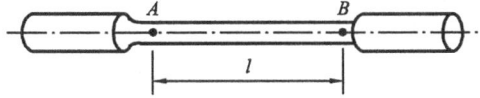

题 4-2 图

4-2　如题 4-2 图所示，拉伸试件上 A、B 两点的距离 l 称为标距。受拉力作用后，用变形仪量出两点距离的增量为 $\Delta l = 5 \times 10^{-2}$ mm。若 l 的原长为 $l = 100$ mm，试求 A、B 两点间的平均应变 $\varepsilon_{x,m}$。

4-3　如题 4-3 图所示转轴，轮子 2 的半径为 r，圆周力 F 垂直向下，已知输入的力偶矩为 M_e，试求截面 Ⅰ - Ⅰ 及 Ⅱ - Ⅱ 的内力。

4-4　如题 4-4 图所示三组受力构件中，图 (b)是把图(a)中的 F、M_e 移动的结果。试说明 F、M_e 移动后 A 端的反力有无变化？杆件各截面的内力有无变化？为什么？

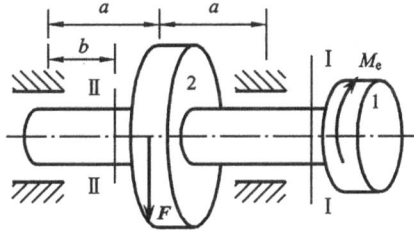

题 4-3 图

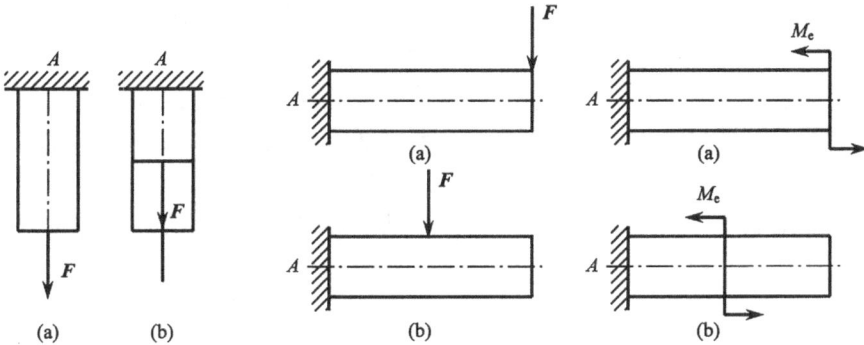

题 4-4 图

第 5 章　轴向拉伸和压缩

5.1　轴向拉伸和压缩的概念和实例

在工程实际中,我们会经常遇到承受拉伸或压缩的杆件。例如,液压传动机构中的活塞杆在油压和工作阻力作用下受拉(图 5-1(a)),内燃机的连杆在燃气爆发冲程中受压(图 5-1(b))。此外,如起重机钢索在起吊重物时,拉床的拉刀在拉削工件时,都承受拉伸;千斤顶的螺杆在顶起重物时,则承受压缩。至于桁架中的杆件,则不是受拉便是受压。

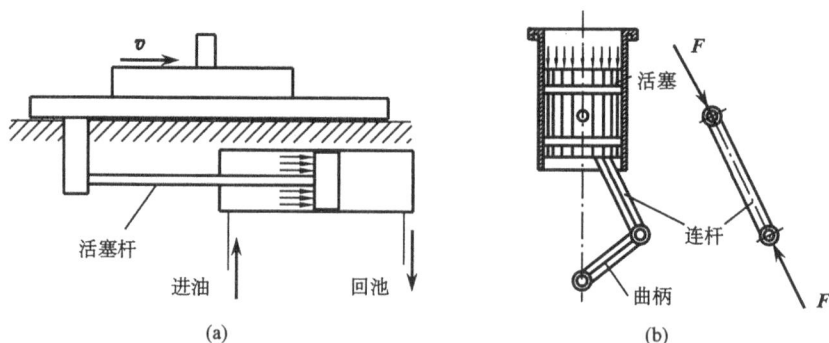

图 5-1

这些受拉或受压的杆件虽外形各有差异,加载方式也并不相同,但它们的共同特点是:**作用于杆件上的外力合力的作用线与杆件的轴线重合,杆件变形是沿着轴线方向的伸长或缩短。**所以,若把这些杆件的形状和受力情况简化(不考虑其端部的具体加载方式),都可以简化成如图 5-2 所示的受力简图。图中用虚线表示变形后的形状。

图 5-2

5.2　轴向拉伸或压缩时的内力和应力

5.2.1　横截面上的内力

为了确定拉(压)杆横截面上的内力,我们采用截面法(图 5-3)。即:

1) 截:假想地将杆件沿横截面 m-m 截成两部分(图 5-3(a))。

2) 取:取 m-m 截面左段(或右段)作为研究对象。

3) 代:在 m-m 截面上用分布内力的合力 $\boldsymbol{F}_N$ 代替其相互作用(图 5-3(b)、(c))。

4) 平:由 m-m 截面左段(或右段)的平衡条件 $\sum F_x = 0$,得

$$F_N - F = 0$$
$$F_N = F$$

平衡方程中 $\boldsymbol{F}_N$ 得正值,说明所设 $\boldsymbol{F}_N$ 的方向正确。

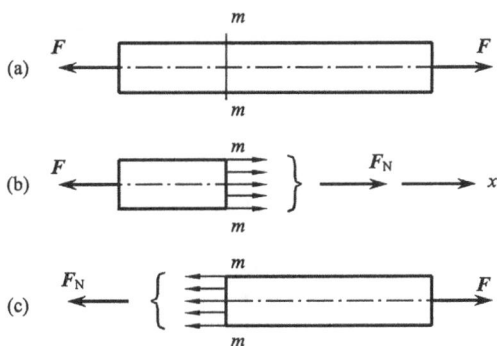

图 5-3

因为外力 $\boldsymbol{F}$ 的作用线与杆的轴线重合,分布内力的合力 $\boldsymbol{F}_N$ 的作用线也必然与杆的轴线重合,所以把轴向拉(压)杆的内力 $\boldsymbol{F}_N$ 称为**轴力**,并规定拉伸时的轴力为正,压缩时的轴力为负。

若沿杆件轴线作用的外力多于两个,则在杆件各部分的横截面上,其轴力将有所不同。为了形象直观地表示轴力沿杆件轴线的变化情况,可绘制出轴力随横截面位置变化的图线,称为**轴力图**。关于轴力图的绘制,下面用例题来说明。

例 5-1　如图 5-4(a)所示一双压手铆机。作用于活塞杆上的力分别简化为 $F_1 = 2.62\text{kN}$,$F_2 = 1.3\text{kN}$,$F_3 = 1.32\text{kN}$,计算简图如图 5-4(b)所示。这里 F_2 和 F_3 分别是以压强 p_2 和 p_3 乘以作用面积得出的。试求活塞杆横截面 1-1 和 2-2 上轴力,并绘制活塞杆的轴力图。

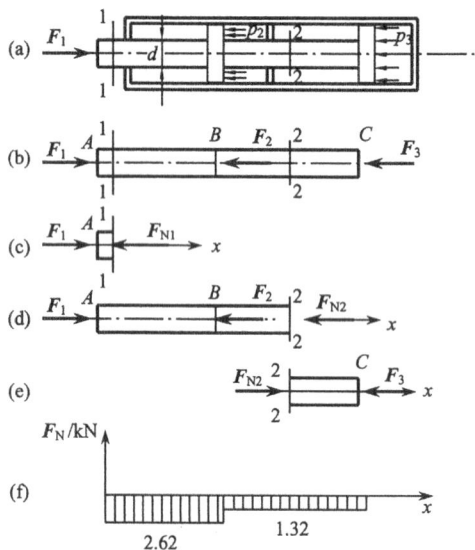

图 5-4

解 1)利用截面法求各横截面上的轴力。

沿截面 1-1 假想将活塞杆截成两段,取出左段,并画出其受力图(图 5-4(c))。用 F_{N1} 代替右段对左段的作用,为了保持左段的平衡,F_{N1} 和 F_1 必须大小相等,方向相反,而且共线,故截面 1-1 左边的一段受压,F_{N1} 为负。由左段的平衡方程 $\sum F_x = 0$,得

$$F_1 - F_{N1} = 0$$

由此确定了 F_{N1} 的数值是

$$F_{N1} = F_1 = 2.62(\text{kN})(\text{压力})$$

同理,可以计算横截面 2-2 上的轴力 F_{N2}。由截面 2-2 左段(图 5-4(d))的平衡方程 $\sum F_x = 0$,得

$$F_1 - F_2 - F_{N2} = 0$$
$$F_{N2} = F_1 - F_2 = 1.32(\text{kN}) \quad (\text{压力})$$

如果以截面 2-2 右段(图 5-4(e))为研究对象,则由平衡方程 $\sum F_x = 0$,得

$$F_{N2} - F_3 = 0$$
$$F_{N2} = F_3 = 1.32(\text{kN}) \quad (\text{压力})$$

所得结果与前面相同,但计算却比较简单。所以计算时应选取受力比较简单的一段作为研究对象。

2)绘制轴力图。

选取一个坐标系,其横坐标表示横截面的位置,纵坐标表示相应截面上的轴力,便可用图线表示出沿活塞杆轴线轴力变化的情况(图 5-4(f))。这种图线即为轴力图(F_N 图)。在轴力图中,将拉力绘在 x 轴的上侧,压力绘在 x 轴的下侧。这样,轴力图不仅显示出杆件各段内轴力的大小,而且还可表示出各段内的变形是拉伸还是压缩。

5.2.2　横截面上的应力

对于轴向拉(压)杆件,只知道横截面上的轴力并不能判断杆件是否有足够的强度。例如,用同一材料制成的粗细不同的两根杆,在相同的拉力作用下,两杆的轴力自然是相同的,但当拉力逐渐增大时,细杆必定先被拉断。这说明拉杆的强度

不仅与轴力的大小有关,而且还与横截面的面积有关。所以必须用横截面上的应力来比较和判断杆件强度。

在拉(压)杆的横截面上,与轴力 F_N 对应的应力是正应力 σ。根据连续性假设,横截面上到处都存在着内力。若以 A 表示横截面面积,则微分面积 dA 上的内力元素 σdA 组成一个垂直于横截面的平行力系,其合力就是轴力 F_N。于是得静力关系

$$F_N = \int_A \sigma dA \tag{a}$$

只靠式(a)的关系是不能确定应力 σ 的,只有知道 σ 在横截面上的分布规律后,才能完成上式的积分。

为了求得 σ 的分布规律,必须从研究杆件的变形入手。拉伸变形前,在等直杆的侧面画上垂直于杆轴线的直线 ab 和 cd(图 5-5)。拉伸变形后,发现 ab 和 cd 仍为直线,且仍然垂直于杆轴线,只是分别平行地移至 $a'b'$ 和 $c'd'$。根据这一现象,提出如下的假设:变形前原为平面的横截面,变形后仍保持为平面。这就是著名的**平面假设**。由这一假设可以推断,拉杆所有纵向纤维的伸长相等,又因材料是均匀的,各纵向纤维的性质相同,因

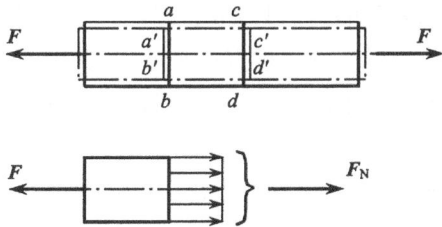

图 5-5

而其受力也就一样。所以,杆件横截面上的内力是均匀分布的,即在横截面上各点处的正应力都相等,σ 等于常量。于是由式(a)可得出

$$F_N = \int_A \sigma dA = \sigma \int_A dA = \sigma A$$

$$\sigma = \frac{F_N}{A} \tag{5-1}$$

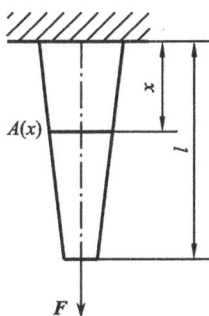

图 5-6

这就是拉杆横截面上正应力 σ 的计算公式。当 F_N 为压力时,它同样可用于压应力的计算。和轴力 F_N 的符号规则一样,规定拉应力为正,压应力为负。

关于式(5-1)的几点说明:

1) 使用式(5-1)时,要求外力的合力作用线必须与杆件轴线重合。

2) 若轴力沿轴线变化,可先作出轴力图,再由式(5-1)分别求出不同截面上的应力。

3) 若杆件横截面的尺寸也沿轴线缓慢变化时(图 5-6),式(5-1)可近似写成

$$\sigma(x) = \frac{F_N(x)}{A(x)}$$

其中, $\sigma(x)$、$F_N(x)$ 和 $A(x)$ 分别表示这些量都是横截面位置(坐标 x)的函数。

4) 因平面假设仅在轴向拉、压的均质等直杆距外力作用点稍远处才成立,故式(5-1)只在距外力作用点稍远处才适用。

5) 在外力作用点附近区域内,应力分布比较复杂,式(5-1)不适用。式(5-1)只能计算该区域内横截面上的平均应力,不能描述作用点附近应力的真实情况。这就引出杆端截面上外力作用方式不同,将有多大影响的问题。实际上,在外力作用区域内,外力分布方式有多种可能。如图 5-7(a)、(b)和(c)所示,杆端外力的作用方式就不同。但如果用与外力系静力等效的合力系来代替原力系,则除在原力系作用区域内有明显差别外,在离外力作用区域略远处(如距离约等于截面尺寸处),上述代替的影响就非常微小,可以忽略不计。这就是著名的**圣维南(Saint-Venant)原理**:若杆端两种载荷在静力学上是等效的,则离端部稍远处横截面上应力的差异甚微。根据这个原理,如图 5-7(a)、(b)和(c)所示杆件,虽然两端外力的分布方式不同,但由于它们是静力等效的,则除靠近杆件两端的部分区域外,在离两端略远处(约等于横截面的高度),三种情况的应力分布是完全一样的。所以,无论在杆件两端按哪种方式加力,只要其合力与杆件轴线重合,就可以把它们简化成相同的计算简图(图 5-2),在距杆端截面略远处都可用式(5-1)计算应力。

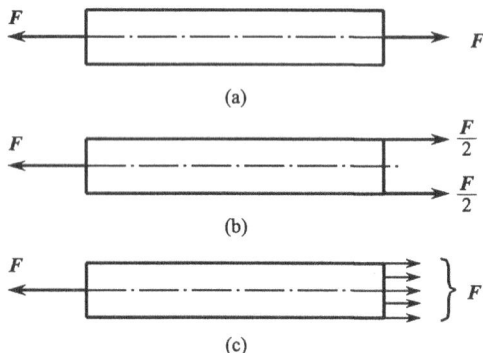

图 5-7

例 5-2 汽车离合器踏板如图 5-8 所示。踏板受到压力 $F_1 = 400N$,拉杆的直径 $D = 9mm$,杠杆臂长 $L = 330mm$,$l = 56mm$,试求拉杆横截面上的应力。

解 1) 求拉杆上的外力 $\boldsymbol{F}_2$ 及轴力 $\boldsymbol{F}_N$。

由 $\sum M_A = 0$ 有

$$F_1 L = F_2 l$$

$$F_2 = \frac{F_1 L}{l} = \frac{400\text{N} \times 330 \times 10^{-3}\text{m}}{56 \times 10^{-3}\text{m}} = 2\ 357(\text{N})$$

由截面法可知拉杆的轴力 $F_N = F_2$。

2）求横截面上的正应力。

横截面上的正应力为

$$\sigma = \frac{F_N}{A} = \frac{F_2}{A} = \frac{F_2}{\frac{\pi}{4} D^2}$$

$$= \frac{4 \times 2\ 357\text{N}}{\pi(9 \times 10^{-3}\text{m})^2}$$

$$= 37.1 \times 10^6(\text{Pa}) = 37.1(\text{MPa})$$

例 5-3　如图 5-9(a)所示一悬臂吊车,斜杆
AB 为直径 $d = 20$mm 的钢杆,载荷 $F = 15$kN。
当 F 移到 A 点时,求斜杆 AB 横截面上的应力。

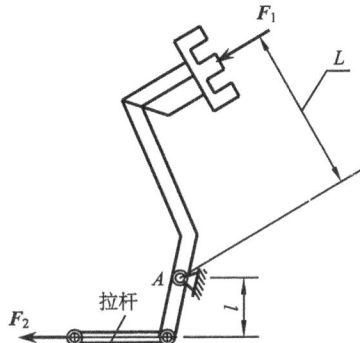

图 5-8

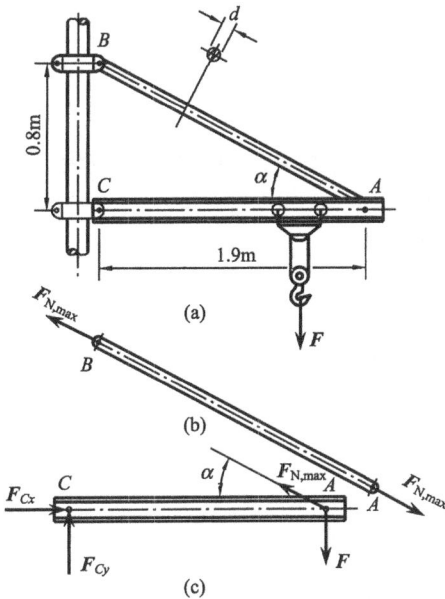

图 5-9

解　当载荷 F 移到 A 点时,斜杆
AB 受到的拉力最大,设其值为 $F_{N,\max}$,
根据横梁（图 5-9（c））的平衡条件
$\sum M_C = 0$,得

$$F_{N,\max} \sin\alpha \cdot AC - F \cdot AC = 0$$

$$F_{N,\max} = \frac{F}{\sin\alpha}$$

由三角形 ABC 求出

$$\sin\alpha = \frac{BC}{AB} = \frac{0.8}{\sqrt{0.8^2 + 1.9^2}} = 0.388$$

代入 $F_{N,\max}$ 的表达式,得

$$F_{N,\max} = \frac{F}{\sin\alpha} = \frac{15}{0.388} = 38.7(\text{kN})$$

斜杆 AB 的轴力为

$$F_N = F_{N,\max} = 38.7(\text{kN})$$

由此求得 AB 杆横截面上的应力为

$$\sigma = \frac{F_N}{A} = \frac{38.7 \times 10^3}{\frac{\pi}{4}(20 \times 10^{-3})^2}$$

$$= 123 \times 10^6(\text{Pa}) = 123(\text{MPa})$$

5.2.3　直杆轴向拉伸或压缩时斜截面上的应力

前面讨论了直杆轴向拉伸或压缩时横截面上正应力的计算,今后将用这一应

力作为强度计算依据。但对不同材料的实验表明,拉(压)杆的破坏并不都是沿横截面发生,有时却是沿斜截面发生的。为了更全面地研究拉(压)杆的强度,应进一步讨论斜截面上的应力。

设直杆的轴向拉力为 F(图 5-10(a)),横截面面积为 A,由式(5-1)可求得横截面上的正应力 σ 为

$$\sigma = \frac{F_N}{A} = \frac{F}{A} \tag{a}$$

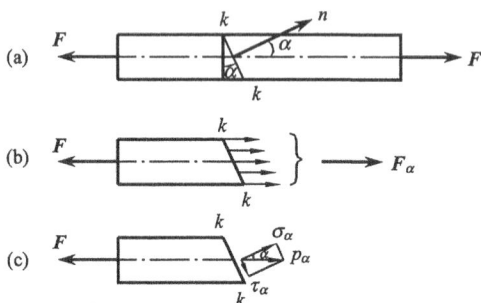

图 5-10

设与横截面成 α 角的斜截面 $k\text{-}k$ 的面积为 A_α,A 与 A_α 之间的关系应为

$$A_\alpha = \frac{A}{\cos\alpha} \tag{b}$$

由截面法可知,斜截面 $k\text{-}k$ 上的内力(图 5-10(b))为

$$F_\alpha = F$$

仿照证明横截面上正应力均匀分布的方法,可知斜截面上的应力 p_α 也是均匀分布的,于是有

$$p_\alpha = \frac{F_\alpha}{A_\alpha} = \frac{F}{A_\alpha} \tag{c}$$

由式(b)、式(c)可得

$$p_\alpha = \frac{F}{A}\cos\alpha = \sigma\cos\alpha \tag{d}$$

把应力 p_α 分解成垂直于斜截面的正应力 σ_α 和相切于斜截面的切应力 τ_α(图 5-10(c)),得到

$$\sigma_\alpha = p_\alpha\cos\alpha = \sigma\cos^2\alpha \tag{5-2}$$

$$\tau_\alpha = p_\alpha\sin\alpha = \frac{\sigma}{2}\sin 2\alpha \tag{5-3}$$

对切应力的符号作如下规定:绕保留部分内任一点成顺时针力矩的切应力为正,反之为负。

从式(5-2)、式(5-3)可见,σ_α 和 τ_α 都是 α 的函数,所以斜截面的方位不同,截面上的应力也就不同。下面讨论三种特殊情况:

1) 当 $\alpha=0°$时,斜截面即为垂直于轴线的横截面,其正应力达到最大值,切应力为零,即

$$\sigma_{max}\mid_{\alpha=0}=\sigma, \qquad \tau_\alpha\mid_{\alpha=0}=0$$

轴向拉(压)杆横截面上的正应力最大,切应力为零。

2) 当 $\alpha=45°$时,切应力 τ_α 达到最大值,等于最大正应力的 1/2,即

$$\sigma_\alpha\mid_{\alpha=45°}=\frac{\sigma}{2}, \qquad \tau_{max}\mid_{\alpha=45°}=\frac{\sigma}{2}$$

轴向拉(压)杆在 45°斜截面上切应力最大。

3) 当 $\alpha=90°$时,正应力 σ_α 和切应力 τ_α 均为零,即

$$\sigma_\alpha\mid_{\alpha=90°}=\tau_\alpha\mid_{\alpha=90°}=0$$

轴向拉(压)杆在平行于轴线的纵向截面上无任何应力。

5.3　材料在轴向拉伸和压缩时的力学性质

在对构件进行强度计算时,除计算其工作应力外,还应了解材料的力学性质。**所谓材料的力学性质(机械性质)主要是指材料在外力作用下表现出的变形和破坏方面的特性。**认识材料的力学性质主要是依靠实验的方法。

低碳钢和铸铁是工程中广泛使用的材料,其力学性质又比较典型,下面我们主要以低碳钢和铸铁为塑性和脆性材料的代表,介绍材料在拉伸和压缩时的力学性质。

在室温下,以缓慢平稳加载方式进行的试验,称为常温、静载试验,它是确定变形体力学性质的基本试验。

5.3.1　材料在拉伸时的力学性质

为了便于比较不同材料的试验结果,采用国家标准[①]统一规定的标准试件。在试件上取 l 长作为试验段称为标距,如图 5-11 所示,对圆截面试件,标距 l 与直径 d 有两种比例,即 $l=10d$ 和 $l=5d$,分别称为 10 倍试件和 5 倍试件;对于矩形截面试件,标距 l 与横截面面积 A 之间的关系规定为 $l=11.3\sqrt{A}$和 $l=5.65\sqrt{A}$,对于试件的形

图 5-11

———————————

① 中华人民共和国国家标准《金属拉伸试验试样》GB6397—1986。

状,加工精度,试验条件等在国家试验标准中都有具体规定。

试验时使试件受轴向拉伸,观察试件从开始受力到拉断的全过程,了解试件受力与变形之间的关系,以测定变形体力学性质的各项指标。

1. 低碳钢在拉伸时的力学性质

低碳钢一般是指含碳量在 0.3% 以下的碳素钢,把试件装在试验机上,然后缓慢加载。试验机的示力盘上指出一系列拉力 F 的数值,对应着每一个拉力 F,同时又可测出试件标距 l 的伸长量 Δl。以纵坐标表示拉力 F,横坐标表示伸长量 Δl。根据测得的一系列数据,作出表示 F 和 Δl 关系的曲线,如图 5-12 所示,称为拉伸图或 F-Δl 曲线。

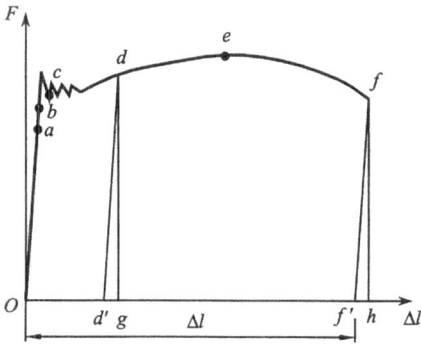 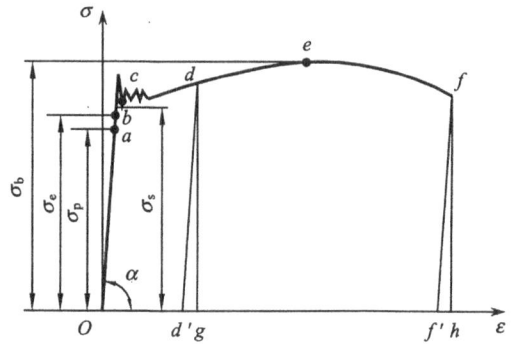

图 5-12　　　　　　　　　　　　　　　　图 5-13

F-Δl 曲线与试件的尺寸有关。为了消除试件尺寸的影响,把拉力 F 除以试件横截面的原始面积 A,得出试件横截面上的正应力 $\sigma = F/A$;同时,把伸长量 Δl 除以标距的原始长度 l,得到试件在工作段内的应变 $\varepsilon = \Delta l/l$。以 σ 为纵坐标,ε 为横坐标,作图表示 σ 与 ε 的关系(图 5-13),称为应力-应变图或 σ-ε 曲线。

根据试验结果,低碳钢的力学性质大致如下:

(1) 弹性阶段

在拉伸的初始阶段,σ 与 ε 的关系为直线 Oa,这表示在这一阶段内 σ 与 ε 成正比,即

$$\sigma \propto \varepsilon$$

或者把它写成等式

$$\sigma = E\varepsilon \tag{5-4}$$

这就是拉伸或压缩时的**胡克(Hooke)定律**。其中,E 为与材料有关的比例常数,称为**弹性模量**,它表示材料的弹性性质,是材料抵抗弹性变形的能力,E 的值可通过实验测定。因为应变 ε 没有量纲,故 E 的量纲与 σ 相同。由式(5-4),并从 σ-ε 曲

线的直线部分看出

$$E = \frac{\sigma}{\varepsilon} = \tan\alpha$$

所以 E 是直线 Oa 的斜率。直线 Oa 的最高点 a 所对应的应力,用 σ_p 来表示,称为**比例极限**。可见,当应力低于比例极限时,应力与应变成正比,材料服从胡克定律。

应力超过比例极限后,从 a 点到 b 点,σ 与 ε 之间的关系不再是直线,但变形仍然是弹性,即解除拉力后变形将完全消失。b 点所对应的应力是材料只出现弹性变形的极限值,称为**弹性极限**,用 σ_e 来表示。在 σ-ε 曲线上,a、b 两点非常接近,所以工程上对弹性极限和比例极限并不严格区分。因而也经常说,应力低于弹性极限时,应力与应变成正比,材料服从胡克定律。

在应力大于弹性极限后,如再解除拉力,则试件变形的一部分随之消失,但还遗留下一部分不能消失的变形,前者是弹性变形,而后者就是塑性变形或残余变形。

（2）屈服阶段

当应力超过 b 点增加到某一数值时,应变有非常明显的增加,而应力先是下降,然后做微小的波动,在 σ-ε 曲线上出现接近水平线的小锯齿形线段。这种应力基本保持不变,而应变显著增加的现象,称为**屈服或流动**。在屈服阶段内的最高应力和最低应力分别称为上屈服点和下屈服点。上屈服极限的数值与试件形状、加载速度等因素有关,一般是不稳定的。下屈服点则有比较稳定的数值,能够反应材料的性能,通常把下屈服点称为**屈服点**,用 σ_s 来表示。

表面磨光的试件屈服时,表面将出现与轴线大致成 45° 倾角的条纹（图 5-14）,这是由于材料内部晶格之间相对滑移而形成的,称为**滑移线**。因为拉伸时在与轴线成 45° 倾角的斜截面上,切应力为最大值,可见屈服现象的出现与最大切应力有关。

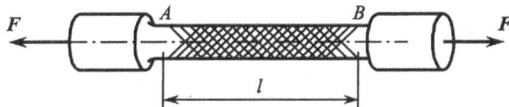

图 5-14

材料屈服时出现了显著的塑性变形,而构件出现塑性变形将影响机器的正常工作,所以屈服极限 σ_s 是衡量材料强度的重要指标。

（3）强化阶段

过屈服阶段后,材料又恢复了抵抗变形的能力,要使它继续变形必须增加拉力。这种现象称为材料的强化。如图 5-13 所示,强化阶段中的最高点 e 所对应的应力 σ_b,是材料所能承受的最大应力,称为**强度极限**。它是衡量材料强度的另一重要指标。在强化阶段中,试件的横向尺寸明显的缩小,其变形绝大部分是塑性变形。试件在前三个阶段中的变形是均匀的。

　　（4）局部变形阶段

　　过 e 点后，在试件的某一局部范围内，横向尺寸突然急剧缩小，形成**颈缩现象**（图 5-15）。由于在颈缩部分横截面面积迅速减小，使试件继续伸长所需的拉力也相应减小，在应力-应变图中，用横截面原始面积 A 算出的应力 $\sigma = F/A$ 随之下降，降落到 f 点，试件被拉断。

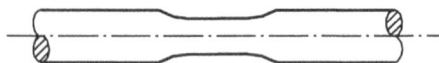

图 5-15

　　（5）伸长率和断面收缩率

　　试件拉断后，由于保留了塑性变形，试件长度由原来的 l 变为 l_1。用百分比表示的比值

$$\delta = \frac{l_1 - l}{l} \times 100\% \tag{5-5}$$

称为**伸长率**。塑性变形（$l_1 - l$）越大，δ 也就越大。因此，伸长率是衡量材料塑性的指标。低碳钢的伸长率很高，平均值约为 $20\% \sim 30\%$，这说明低碳钢的塑性性能很好。

　　工程上通常按伸长率的大小把材料分成两大类，$\delta \geqslant 5\%$ 的材料称为塑性材料，如碳钢、黄铜、铝合金等；而 $\delta < 5\%$ 的材料称为脆性材料，如灰铸铁、玻璃、陶瓷等。

　　原始横截面面积为 A 的试件，拉断后颈缩处的最小截面面积为 A_1，用百分比表示的比值

$$\Psi = \frac{A - A_1}{A} \times 100\% \tag{5-6}$$

称为**断面收缩率**。Ψ 也是衡量材料塑性的指标。

　　（6）卸载定律及冷作硬化

　　在低碳钢的拉伸试验中，如把试件拉到超过屈服点的 d 点（图 5-13），然后逐渐卸掉拉力，应力和应变关系将沿着斜直线 dd' 回到 d' 点，斜直线 dd' 近似平行于 Oa。这说明：在卸载过程中，应力和应变按直线规律变化，且在卸载过程中的弹性模量和加载时相同，这就是**卸载定律**。拉力完全卸掉后，在应力-应变图中，$d'g$ 表示消失了的弹性应变 ε_e，而 Od' 表示残余的塑性应变 ε_p，而且总应变 $\varepsilon = \varepsilon_e + \varepsilon_p$。

　　卸载后，如在短期内再次加载，则应力和应变大致上沿卸载时的斜直线 $d'd$ 变化，直到 d 点后，又沿曲线 def 变化。可见在再次加载时，直到 d 点以前材料的变形是弹性的，过 d 点后才开始出现塑性变形。比较如图 5-13 所示的 $Oabcdef$ 和 $d'def$ 两条曲线，可见在第二次加载时，其比例极限得到了提高，但塑性变形和伸长率却有所降低，这种现象称为**冷作硬化**。冷作硬化现象经退火后又可消除。

　　工程上常利用冷作硬化来提高材料的弹性极限，如起重用的钢索和建筑用的

钢筋,常用冷拔工艺以提高强度。又如对某些零件进行喷丸处理,使其表面发生塑性变形,形成冷硬层,以提高零件表面层的强度。但另一方面,零件初加工后,由于冷作硬化使材料变脆变硬,给下一步加工造成困难,且容易产生裂纹,往往就需要退火,以消除冷作硬化的影响。

2. 其他塑性材料在拉伸时的力学性质

工程上常用的塑性材料,除低碳钢外,还有中碳钢、某些高碳钢和合金钢、铝合金、青铜、、黄铜等。如图 5-16 所示是几种塑性材料的 σ-ε 曲线。其中有些材料,如 16Mn 钢和低碳钢一样,有明显的弹性阶段、屈服阶段、强化阶段和局部变形阶段。有些材料,没有屈服阶段和局部变形阶段,只有弹性阶段和强化阶段。

对于没有明显屈服阶段的塑性材料,通常以产生 0.2% 的塑性应变所对应的应力作为**条件屈服强度**,用 $\sigma_{0.2}$ 来表示(图 5-17)。

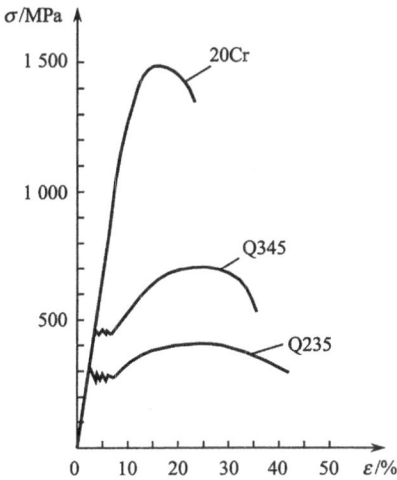

图 5-16

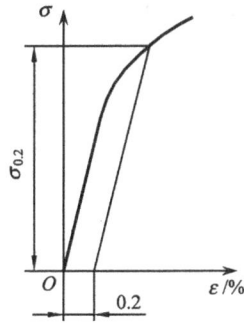

图 5-17

在各类碳素钢中,随含碳量的增加,屈服点和强度极限相应提高,但伸长率降低。例如,合金钢、工具钢等高强度钢,其屈服点较高,但塑性性质却较差。

3. 铸铁在拉伸时的力学性质

灰口铸铁拉伸时的应力-应变关系是一段微弯曲线,如图 5-18 所示,没有明显的直线部分,没有屈服和颈缩现象,拉断前的应力和应变都很小,伸长率也很小,是典型的脆性材料。

由于铸铁的 σ-ε 曲线没有明显的直线部分,弹性模量 E 的数值随应力的大小而变。但在工程中铸铁的拉应力不能很高,而在较低的拉应力下,则可近似地认为

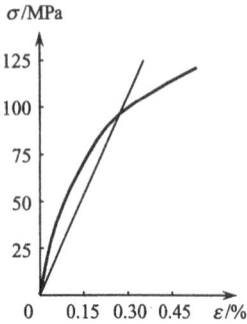

图 5-18

服从胡克定律。通常取 σ-ε 曲线的割线代替曲线的开始部分,并以割线的斜率作为弹性模量,称为**割线弹性模量**,如图 5-18 所示。

铸铁拉断时的最大应力即为强度极限。因为没有屈服现象,强度极限 σ_b 是衡量强度的唯一指标。铸铁等脆性材料的抗拉强度很低,所以不宜作为抗拉零件。

铸铁经球化处理成为球墨铸铁后,力学性质有显著变化,不但有较高的强度,还有较好的塑性性能。国内不少工厂成功地用球墨铸铁代替钢材制造曲轴、齿轮等零件。

5.3.2　材料在压缩时的力学性质

金属的压缩试件,一般制成很短的圆柱,以免被压弯。圆柱高度约为直径的 1.5～3 倍。混凝土、石料等则制成立方体。

低碳钢压缩时的 σ-ε 曲线如图 5-19 所示。试验表示:低碳钢压缩时的弹性模量 E 和屈服极限 σ_s 都与拉伸时大致相同。屈服阶段以后,试件越压越扁,横截面面积不断增大,试样抗压能力也继续增高,因而得不到压缩时的强度极限。由于可从拉伸试验测定低碳钢压缩时的主要性能,所以不一定要进行压缩试验。

铸铁压缩时的 σ-ε 曲线如图 5-20 所示。试件在较小的变形下突然破坏,破坏断面与轴线大致成 45°～55° 倾角,这表明试件沿斜截面因剪切而破坏。铸铁的抗压强度比它的抗拉强度高 4～5 倍。其他脆性材料,如混凝土、石料等,抗压强度也远高于抗拉强度。

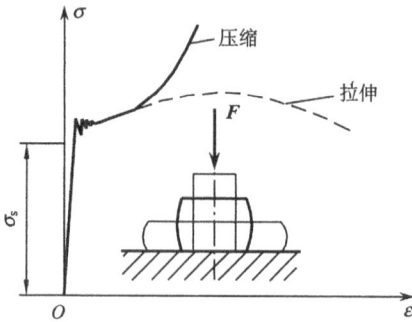

图 5-19

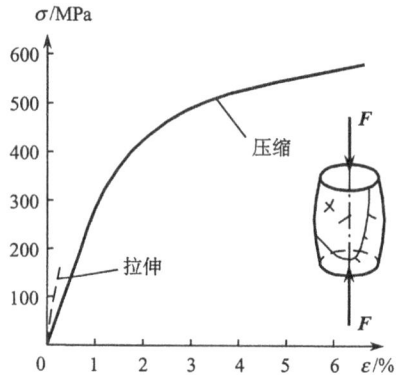

图 5-20

脆性材料抗拉强度低、塑性性能差,但抗压能力强,而且价格低廉,宜于作为抗压零件的材料。铸铁坚硬耐磨,易于浇铸成形状复杂的零部件,广泛应用于铸造机床床身、机座、缸体及轴承座等受压零部件。因此,其压缩试验比拉伸试验更为重要。

5.3.3　材料的塑性和脆性及其相对性

塑性材料和脆性材料是根据常温、静载下拉伸试验所得的伸长率的大小来区分的。在力学性质上的主要差别是:塑性材料的塑性指标较高,常用的强度指标是屈服点 σ_s(此时出现明显的塑性变形而不能正常工作),而且在拉伸和压缩时的屈服点值近似相同;脆性材料的塑性指标很低,其强度指标是强度极限 σ_b,而且拉伸强度极限很低,压缩强度极限很高。

材料是塑性的还是脆性的,并不是一成不变的,它是相对的。在常温、静载下具有良好塑性的材料,在低温、冲击载荷下可能表现出脆性性质。

随着材料科学的发展,许多材料都同时具有塑料材料和脆性材料的某些优点。汽车、拖拉机制造业中广泛采用工程塑料代替某些贵重的有色金属,不但降低了成本,而且减轻了车辆的自重。球墨铸铁、合金铸铁已广泛用于制造曲轴、连杆、变速箱、齿轮等重要部件。这些材料不但具有成本低、耐磨和易浇铸成型的优点,而且具有较高的强度和良好的塑性性能。几种常用材料的主要力学性质如表 5-1 所示。

表 5-1　几种常用材料的主要力学性质

材料名称	牌　　号	σ_s/ MPa	σ_b/ MPa	δ_5/%[①]	备　　注
普通碳素钢	Q215	215	335～450	26～31	对应旧牌号 A2
	Q235	235	375～500	21～26	对应旧牌号 A3
	Q255	255	410～550	19～24	对应旧牌号 A4
	Q275	275	490～630	15～20	对应旧牌号 A5
优质碳素钢	25	275	450	23	25 号钢
	35	315	530	20	35 号钢
	45	355	600	16	45 号钢
	55	380	645	13	55 号钢
低合金钢	15MnV	390	530	18	15 锰钒
	16Mn	345	510	21	16 锰
合金钢	20Cr	540	835	10	20 铬
	40Cr	785	980	9	40 铬
	30CrMnSi	885	1080	10	30 铬锰硅
铸钢	ZG200－400	200	400	25	—
	ZG270－500	270	500	18	—
灰铸铁	HT150	—	150[②]	—	σ_b 为 $\sigma_{t,b}$
	HT250	—	250	—	σ_b 为 $\sigma_{t,b}$
铝合金	2A12	274	412	19	硬铝

注:① δ 表示标距 $l=5d$ 标准试样的伸长率。

　　② σ_b 为拉伸强度极限。

5.4　许用应力、安全系数和强度条件

脆性材料制成的构件,在拉力作用下,当变形很小时就会突然断裂;塑性材料制成的构件,在拉断之前已出现明显的塑性变形,由于不能保持原有的形状和尺寸,已不能正常工作。因此,可以把断裂和出现明显的塑性变形统称为破坏,这些破坏现象都是强度不足造成的。因此,我们下面主要讨论轴向拉(压)时杆件的强度问题。

5.4.1　许用应力和安全系数

我们把材料破坏时的应力称为**极限应力**,用 σ_u 表示。脆性材料断裂时的应力是强度极限 σ_b。因此,对于脆性材料取强度极限 σ_b 作为极限应力;塑性材料屈服时出现明显的塑性变形,此时的应力是屈服点,所以,对于塑性材料取屈服点 σ_s 为其极限应力。

为了保证构件有足够的强度,构件在载荷作用下,最大的实际工作应力显然应低于其极限应力,而在强度计算中,为了保证构件正常、安全地工作并具有必要的强度储备,把极限应力除以一个大于 1 的系数,并将结果称为**许用应力**,用[σ]表示,即

$$[\sigma] = \frac{\sigma_u}{n} = \begin{cases} \dfrac{\sigma_s}{n_s} & \text{塑性材料} \qquad (5-7) \\[2ex] \dfrac{\sigma_b}{n_b} & \text{脆性材料} \qquad (5-8) \end{cases}$$

其中,大于 1 的系数 n_s 或 n_b 称为**安全系数**。

安全系数不能简单理解为安全倍数,因为安全系数一方面考虑给构件必要的强度储备,如构件工作时可能遇到不利的工作条件和意外事故,构件的重要性及损坏时引起后果的严重性等。另一方面考虑在强度计算中有些量本身就存在着主观认识和客观实际间的差异,如材料的均匀程度、载荷的估计是否准确,实际构件的简化和计算方法的精确程度,对减轻自重和提高机动性的要求等。可见在确定安全系数时,要综合考虑到多方面的因素,对具体情况要作具体分析,很难作统一的规定。不过,人类对客观事物的认识总是逐步地从不完善趋向完善,随着原材料质量的日益提高,制造工艺和设计方法的不断改进,对客观世界认识的不断深化,安全系数的选择必将日益趋向合理。

许用应力和安全系数的具体数据,有关业务部门有一些规范可供参考。目前一般机械制造中,在静载的情况下,对塑性材料可取 $n_s = 1.2 \sim 2.5$;对于脆性材料,由于其均匀性较差,且破坏突然发生,有更大的危险性,所以,取 $n_b = 2 \sim 3.5$,

甚至取到 3～9。

5.4.2　强度条件及其应用

为了保证构件安全可靠地正常工作,必须使构件内最大工作应力不超过材料的许用应力,即

$$\sigma_{\max} \leqslant [\sigma] \tag{5-9}$$

式(5-9)称为**强度条件**。对于轴向拉压等直杆,式(5-9)可简写为

$$\sigma_{\max} = \frac{F_{N,\max}}{A} \leqslant [\sigma] \tag{5-10}$$

强度条件是判别构件是否满足强度要求的准则。这种强度计算的方法是工程上普遍采用的许用应力法。运用这一强度条件可以解决以下三类强度计算问题。

1) 强度校核。若已知构件尺寸、载荷及材料的许用应力,则可用强度条件式(5-10),校核构件是否满足强度要求。

2) 设计截面。若已知构件所受的载荷及材料的许用应力,则可由强度条件式(5-10),得

$$A \geqslant \frac{F_{N,\max}}{[\sigma]}$$

由此确定出构件所需要的横截面面积。

3) 确定许可载荷。若已知构件的尺寸和材料的许用应力,可由强度条件式(5-10),得

$$F_{N,\max} \leqslant A[\sigma]$$

由此可以确定构件所能承担的最大轴力,进而确定结构的许可载荷。

下面我们用例题说明上述三种类型的强度计算问题。

例 5-4　铸工车间吊运铁水包的吊杆的横截面尺寸如图 5-21 所示。吊杆材料的许用应力 $[\sigma]=80MPa$。铁水包自重为 8kN,最多能容 30kN 重的铁水。试校核吊杆的强度。

解　因为总载荷由两根吊杆来承担,故每根吊杆的轴力应为

$$F_N = \frac{F}{2} = \frac{1}{2}(30+8) = 19(kN)$$

吊杆横截面上的应力是

$$\sigma = \frac{F_N}{A} = \frac{19 \times 10^3}{25 \times 50 \times 10^{-6}}$$

$$= 15.2 \times 10^6 (Pa)$$

$$= 15.2 (MPa)$$

因为

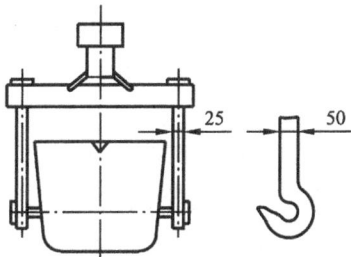

图 5-21

$$\sigma < [\sigma]$$

故吊杆满足强度条件。

例5-5　某冷镦机的曲柄滑块机构如图 5-22(a)所示，镦压时连杆 AB 接近水平位置，镦压力 F=3.78MN。连杆横截面为矩形，高与宽之比 h/b=1.4(图 5-22(b))，材料的许用应力[σ]=90MPa，试设计截面尺寸 h 和 b。

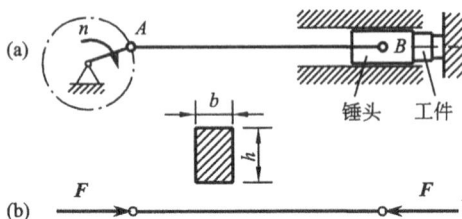

图 5-22

解　由于镦压时连杆近于水平，连杆所受压力近似等于镦压力 F，则轴力为

$$F_N = F = 3.78(\text{MN})$$

根据强度条件式(5-10)，即

$$\sigma = \frac{F_N}{A} \leqslant [\sigma]$$

所以

$$A \geqslant \frac{F_N}{[\sigma]} = \frac{3.78}{90} = 420 \times 10^{-4}(\text{m}^2) = 420(\text{cm}^2)$$

注意到连杆截面为矩形，且 h=1.4b，故

$$A = bh = 1.4b^2 = 420(\text{cm}^2)$$

$$b = \sqrt{\frac{420}{1.4}} = 17.32(\text{cm})$$

$$h = 1.4b = 1.4 \times 17.32 = 24.3(\text{cm})$$

本例的许用应力较低，这主要是考虑工作时有比较强烈的冲击作用。

例5-6　一个三角架(图 5-23(a))，斜杆 AB 由二根 80×80×7 等边角钢组成，横杆 AC 由二根 10 号槽钢组成，材料为 Q235 钢，许用应力[σ]=120MPa，α=30°，求结构的许可载荷 F。

解　1) 确定各杆的内力。围绕 A 点将 AB、AC 两杆截开得分离体，如图 5-23(b)所示，在这里我们假设 F_{N1} 为拉力，F_{N2} 为压力。由平衡条件，得

$$\sum F_y = 0, \qquad F_{N1} = \frac{F}{\sin 30°} = 2F(\text{拉})$$

$$\sum F_x = 0, \qquad F_{N2} = F_{N1}\cos 30° = \sqrt{3}F = 1.732F(\text{压})$$

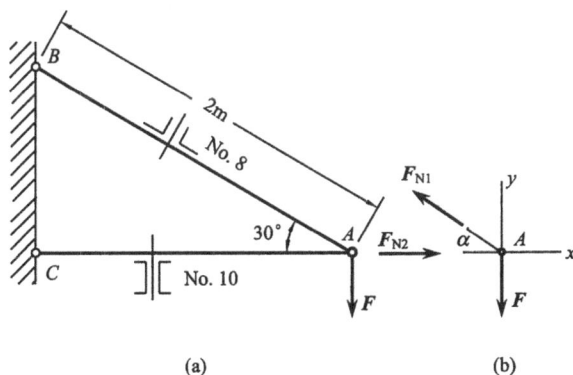

图 5-23

2) 计算许可轴力。由书末附录 C 的型钢表查得斜杆 80×80×7 等边角钢横截面面积 $A_1=10.86×2=21.7\mathrm{cm}^2$，横杆 10 号槽钢横截面面积 $A_2=12.74×2=25.48\mathrm{cm}^2$。由强度条件式(5-10)可得

$$F_{N1} \leqslant A_1[\sigma] = 21.7×10^{-4}×120×10^6$$
$$= 260×10^3\mathrm{N} = 260(\mathrm{kN})$$
$$F_{N2} \leqslant A_2[\sigma] = 25.48×10^{-4}×120×10^6 = 306(\mathrm{kN})$$

3) 计算结构的许可载荷。由以上计算结果，可得许可载荷为

$$F_1 = \frac{F_{N1}}{2} \leqslant 130(\mathrm{kN})$$

$$F_2 = \frac{F_{N2}}{1.732} \leqslant 176.5(\mathrm{kN})$$

因此，为了保证结构能正常工作，其许可载荷必须取 F_1 和 F_2 中较小的一个，即

$$[F] = \min\{F_1,F_2\} = 130(\mathrm{kN})$$

即结构的许可载荷 $[F]=130\mathrm{kN}$。

5.5　轴向拉伸或压缩时的变形

5.5.1　纵向变形和横向变形

杆件在轴向拉伸（或压缩）时，产生轴向伸长（或缩短），其横向尺寸也相应地发生缩小（或增大），前者称为纵向变形，后者称为横向变形。

设等直杆的原长为 l（图 5-24），横截面面积为 A，在轴向拉力 F 作用下，长度由 l 变为 l_1，轴向伸长量为

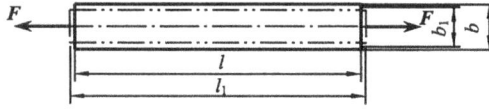

图 5-24

$$\Delta l = l_1 - l$$

杆件沿轴线方向的线应变为

$$\varepsilon = \frac{\Delta l}{l}$$

若杆件变形前的横向尺寸为 b，变形后为 b_1，则横向线应变为

$$\varepsilon' = \frac{\Delta b}{b} = \frac{b_1 - b}{b}$$

实验结果表明：当应力不超过比例极限时，横向应变 ε' 与纵向应变 ε 之比的绝对值是一个常数，即

$$\mu = \left| \frac{\varepsilon'}{\varepsilon} \right|$$

常数 μ 称为**横向变形系数或泊松**（Poisson）**比**，是一个没有量纲的量。

因为当杆件轴向伸长时，则横向缩小；而轴向缩短时，则横向增大。所以 ε' 和 ε 的符号是相反的，且有以下关系

$$\varepsilon' = -\mu\varepsilon$$

泊松比 μ 和弹性横量 E 一样，是材料固有的弹性常数，如表 5-2 所示摘录了几种常用材料的 E 和 μ 的值。

表 5-2　几种常用材料的 E 和 μ 的约值

材 料 名 称	E/GPa	μ
碳　　　钢	196～216	0.24～0.28
合　金　钢	186～206	0.25～0.30
灰　铸　铁	78.5～157	0.23～0.27
铜及其合金	72.6～128	0.31～0.42
铝　合　金	70	0.33

5.5.2　胡克定律

在 5.3 节中指出：当应力不超过材料的比例极限时，应力与应变成正比，这就是**胡克定律**。即

$$\sigma = E \cdot \varepsilon$$

将 $\sigma = F_N/A$ 和 $\varepsilon = \Delta l/l$ 代入上式,得

$$\Delta l = \frac{F_N l}{EA} \tag{5-11}$$

这是胡克定律的另一种表达式。它表示:当应力不超过比例极限时,杆件的伸长 Δl 与轴力 F_N 和杆件原长 l 成正比,与横截面面积 A 成反比。以上结果同样可以用于轴向压缩的情况。

从式(5-11)还可以看出,对于长度相同,受力相等的杆件,EA 越大则变形 Δl 越小,所以 EA 称为杆件的**抗拉(或抗压)刚度**。

关于式(5-11)的几点说明:

1) 当杆件的轴力 F_N、横截面面积 A 和弹性模量 E 沿杆轴线分段为常数时,则在每一段上应用式(5-11),然后叠加。即

$$\Delta l = \sum_{i=1}^{n} \frac{F_{Ni} l_i}{E_i A_i} \tag{5-12}$$

2) 当杆件的轴力 $F_N(x)$ 或横截面面积 $A(x)$ 沿轴线是连续变化时,可先在微段 dx 上应用式(5-11),然后积分。即

$$\Delta l = \int_l \frac{F_N(x)\mathrm{d}x}{EA(x)} \tag{5-13}$$

例 5-7　如图 5-25(a)所示钢杆,已知 $F_1 = 50\mathrm{kN}$,$F_2 = 20\mathrm{kN}$,$l_1 = 120\mathrm{mm}$,$l_2 = l_3 = 100\mathrm{mm}$,横截面面积 $A_{1-1} = A_{2-2} = 500\mathrm{mm}^2$,$A_{3-3} = 250\mathrm{mm}^2$,材料的弹性模量 $E = 200\mathrm{GPa}$。求 B 截面的水平位移和杆内最大纵向线应变。

解　1) 计算各段轴力,并画出轴力图。

用截面法,可分别求出杆件各段的轴力为

$$F_{N1} = -30(\mathrm{kN})$$

$$F_{N2} = 20(\mathrm{kN})$$

$$F_{N3} = 20(\mathrm{kN})$$

其轴力图如图 5-25(b)所示。

2) 计算 B 截面的水平位移。

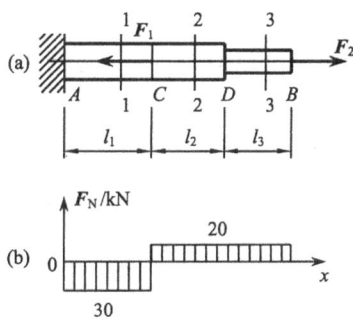

图 5-25

B 截面水平位移是由各段纵向变形引起的,因此 AB 杆的纵向变形量即为 B 截面的水平位移。如图 5-25 所示,杆件各段的轴力及横截面面积分段为常数,故此由式(5-12)可得

$$\Delta l = \sum_{i=1}^{3} \frac{F_{Ni} l_i}{E_i A_i} = \Delta l_1 + \Delta l_2 + \Delta l_3$$

而

$$\Delta l_1 = \frac{F_{N1} l_1}{E A_1} = \frac{-30 \times 10^3 \times 120 \times 10^{-3}}{200 \times 10^9 \times 500 \times 10^{-6}} = -3.6 \times 10^{-5} (\text{m})$$

$$\Delta l_2 = \frac{F_{N2} l_2}{E A_2} = \frac{20 \times 10^3 \times 100 \times 10^{-3}}{200 \times 10^9 \times 500 \times 10^{-6}} = 2.0 \times 10^{-5} (\text{m})$$

$$\Delta l_3 = \frac{F_{N3} l_3}{E A_3} = \frac{20 \times 10^3 \times 100 \times 10^{-3}}{200 \times 10^9 \times 250 \times 10^{-6}} = 4.0 \times 10^{-5} (\text{m})$$

所以 B 截面水平位移是杆件各段纵向变形的总和,即

$$\Delta_B = \Delta l = \Delta l_1 + \Delta l_2 + \Delta l_3 = 0.024 (\text{mm})$$

3) 计算杆内最大纵向线应变。

由于杆件内各段轴力,横截面面积分段为常数,故各段的变形互不相同,其纵向应变也不相同。各段的纵向应变分别为

$$\varepsilon_1 = \frac{\Delta l_1}{l_1} = \frac{-3.6 \times 10^{-5}}{120 \times 10^{-3}} = -3.0 \times 10^{-4}$$

$$\varepsilon_2 = \frac{\Delta l_2}{l_2} = \frac{2.0 \times 10^{-5}}{100 \times 10^{-3}} = 2.0 \times 10^{-4}$$

$$\varepsilon_3 = \frac{\Delta l_3}{l_3} = \frac{4.0 \times 10^{-5}}{100 \times 10^{-3}} = 4.0 \times 10^{-4}$$

因此,杆内最大纵向线应变为

$$\varepsilon_{max} = \varepsilon_3 = 4.0 \times 10^{-4}$$

例 5-8　等直杆 AB 在集中力 F 和自重作用下,如图 5-26(a)所示,已知杆的横截面面积为 A,材料的弹性模量为 E,材料单位体积重量为 ρ,试求等直杆 AB 内最大正应力和总伸长量。

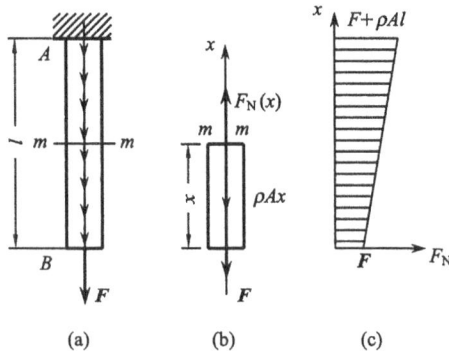

图 5-26

解　1) 计算杆内任一横截面的轴力,并画出轴力图。

杆件在自重和 F 力作用下,各截面的轴力是变化的。为此,在距下端为 x 的

任一截面 m-m 上假想的截开,并取下半部分为研究对象,如图 5-26(b)所示,由平衡方程可得

$$F_N(x) = F + \rho A x$$

由此可见 $F_N(x)$ 是 x 的线性函数,其轴力图为一斜直线(图 5-26(c)),最大轴力发生在固定端,其值为

$$F_{N,max} = F + \rho A l$$

最大正应力发生在最大轴力所在截面,其值为

$$\sigma_{max} = \frac{F_{N,max}}{A} = \frac{F}{A} + \rho l$$

2) 计算总伸长量。

由于轴力沿杆轴线是连续变化的,因此,应用胡克定律式(5-13),可得总伸长量为

$$\Delta l = \int_l \frac{F_N(x)\mathrm{d}x}{EA} = \int_0^l \frac{(F + \rho A x)\mathrm{d}x}{EA} = \frac{Fl}{EA} + \frac{\rho l^2}{2E}$$

5.6　轴向拉伸或压缩时的弹性变形能

5.6.1　变形能的概念和功能原理

弹性体在外力作用下将发生弹性变形,外力将在相应的位移上做功。与此同时,外力所做的功将转变为储存在弹性体内的能量。当外力逐渐减小时,变形也逐渐恢复,弹性体又将释放出储存的能量而做功。这种在外力作用下,因弹性变形而储存在弹性体内的能量称为**弹性变形能**或**应变能**。例如,内燃机气阀开启时,气阀弹簧因受摇臂压力作用发生压缩变形而储存能量,当压力逐渐减小时,弹簧变形逐渐恢复,弹簧又释放出能量为关闭气阀而做功。

如果忽略变形过程中的其他能量(如热能、动能等)的损失,可以认为储存在弹性体内的变形能 U 在数值上等于外力所做的功 W,即

$$U = W$$

这就是**功能原理**。

5.6.2　轴向拉伸(或压缩)杆的变形能和比能

现在我们讨论直杆轴向拉伸或压缩时的变形能计算。设受拉杆件上端固定(图 5-27(a)),作用于下端的拉力 F 缓慢地由零增加到 F,在应力小于比例极限的范围内,拉力 F 与伸长 Δl 的关系是一条斜直线,如图 5-27(b)所示,在逐渐加力的过程中,当拉力为 F_1 时,杆件的伸长为 Δl_1。如果再增加一个 $\mathrm{d}F_1$,杆件相应的变形增量为 $\mathrm{d}(\Delta l_1)$。于是,已经作用于杆件上的 F_1 因位移 $\mathrm{d}(\Delta l_1)$ 而做功,且所做的

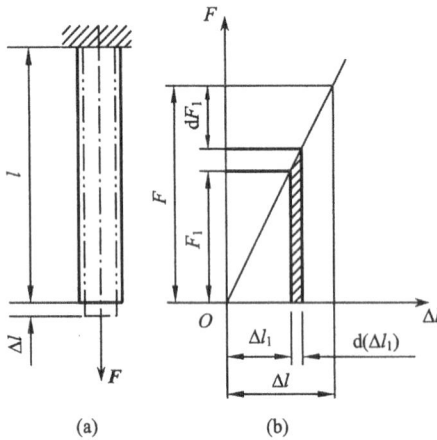

图 5-27

功为

$$\mathrm{d}W = F_1 \mathrm{d}(\Delta l_1)$$

容易看出 $\mathrm{d}W$ 等于如图 5-27(b)所示画阴影线部分的微分面积。把拉力 F 看作是一系列 $\mathrm{d}F_1$ 的积累,则拉力 F 所做的总功 W 应为上述微分面积的总和。即 W 等于 F-Δl 曲线下面的面积。因为在弹性范围内,F-Δl 曲线为一斜直线,故有

$$W = \frac{1}{2} F \Delta l$$

根据功能原理,外力 F 所做的功在数值上等于杆件内部储存的变形能。因此拉杆的弹性变形能 U 为

$$U = W = \frac{1}{2} F \Delta l$$

由胡克定律 $\Delta l = \dfrac{F_N l}{EA}$ 及 $F_N = F$,弹性变形能 U 应为

$$U = W = \frac{1}{2} F_N \Delta l = \frac{F_N^2 l}{2EA} \tag{5-14}$$

变形能的单位和外力功的单位相同,都是焦耳(J)。

若杆的轴力 F_N,截面面积 A 和材料弹性模量 E 分段为常数或连续变化,则变形能的计算公式(5-14)可写成下式

$$U = \sum_{i=1}^{n} \frac{F_{Ni}^2 l_i}{2E_i A_i} \tag{5-15}$$

$$U = \int_0^l \frac{F_N^2(x) \mathrm{d}x}{2EA(x)} \tag{5-16}$$

当拉(压)杆内各点的应力是均匀的,则每一个单位体积内储存的变形能都相同。以杆件的体积 V 除变形能 U 得单位体积所储存的变形能为

$$u = \frac{U}{V} = \frac{\frac{1}{2} F \Delta l}{Al} = \frac{1}{2} \sigma \varepsilon \tag{5-17}$$

其中,u 称为**比能**或能密度,其单位是焦耳/米³,记为 J/m³。

例 5-9 简易起重机如图 5-28 所示。BD 杆为无缝钢管,外径 90mm,壁厚 2.5mm,杆长 $l=3$m,弹性模量 $E=210$GPa。BC 是两条横截面积为 171.82mm² 的钢索,弹性模量 $E_1=177$GPa,$F=30$kN。若不考虑立柱的变形,试求 B 点的垂直位移。

解　从三角形 BCD 中解出 BC 和 CD 的长度分别为

$$BC = l_1 = 2.20(\text{m}), \qquad CD = 1.55(\text{m})$$

算出 BC 和 BD 两杆的横截面面积分别为

$$A_1 = 2 \times 171.82 = 344(\text{mm}^2)$$

$$A = \frac{\pi}{4}(90^2 - 85^2) = 687(\text{mm}^2)$$

由 BD 杆的平衡条件,求得钢索 BC 的拉力为

$$F_{N1} = 1.41F$$

BD 杆的压力为

图 5-28

$$F_{N2} = 1.93F$$

把简易起重机看作是由 BC 和 BD 两杆组成的简单弹性杆系,当载荷 F 从零开始缓慢地作用于杆系上时,F 与 B 点垂直位移 δ 的关系是线性的,F 所做的功为

$$W = \frac{1}{2}F\delta$$

F 所做的功在数值上应等于杆系的变形能,亦即等于 BC 和 BD 两杆变形能的总和。故

$$\frac{1}{2}F\delta = \frac{F_{N1}^2 l_1}{2E_1 A_1} + \frac{F_{N2}^2 l}{2EA} = \frac{(1.41F)^2 \times 2.20}{2 \times 177 \times 10^9 \times 344 \times 10^{-6}} + \frac{(1.93F)^2 \times 3}{2 \times 210 \times 10^9 \times 687 \times 10^{-6}}$$

由此求得

$$\delta = \left(\frac{1.41^2 \times 2.20}{177 \times 10^9 \times 344 \times 10^{-6}} + \frac{1.93^2 \times 3}{210 \times 10^9 \times 687 \times 10^{-6}} \right)F$$

$$= 14.93 \times 10^{-8}F = 4.48 \times 10^{-3}(\text{m})$$

5.7　拉伸、压缩静不定问题

5.7.1　静不定的概念

在前面所研究的杆系问题中,支反力或内力等未知力都可由静力平衡方程求得,这种单凭静力平衡方程就能确定出全部未知力的问题称为静定问题(图5-29),而相应的结构称为**静定结构**。

为了提高结构的强度和刚度,有时需要在静定结构基础之上增加一些约束,如图 5-30 所示。此结构是如图 5-29 所示静定结构基础上增加 AC 杆后成为三杆汇交桁架。这样一来,此结构未知力的数目就超过了可能列出独立的平衡方程数目。因此,也就无法单凭静力平衡方程求得全部未知力。**这种单凭静力平衡方程不能确定出全部未知力的问题称为静不定问题或超静定问题。相应的结构称为静不定**

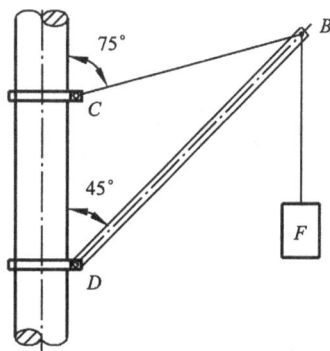

结构，而把超过独立平衡方程数目的未知力个数称为静不定次数。

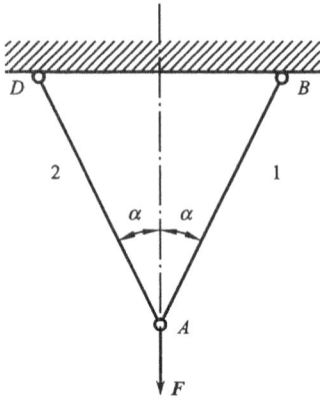
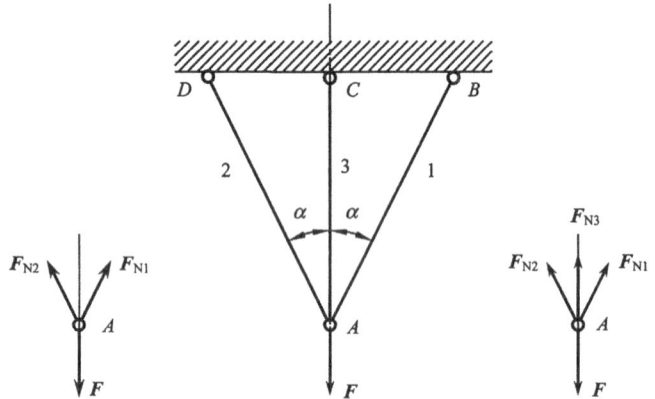

图 5-29   图 5-30

5.7.2 静不定问题的解法

由静不定问题的定义可知，所谓静不定问题就是未知力数目多于独立平衡方程的数目。因此，求解静不定问题的关键就是要建立补充方程，使得平衡方程数目加上补充方程数目正好等于未知力数目，从而使问题得到解决。

下面通过例题来说明静不定问题的解法和步骤。

例 5-10 由三根杆组成的结构如图 5-31(a)所示。设 1、2 两杆的长度，横截面面积及材料均相同，即：$l_1 = l_2$，$A_1 = A_2$，$E_1 = E_2$，3 杆的长度为 l，横截面面积为 A_3，弹性模量为 E_3，1、2 两杆与 3 杆的夹角均为 α。试求在 **F** 力作用下三根杆的轴力。

解 如图 5-31(a)所示，我们不难看出，在 **F** 力作用下，A 点必然下降。又由于 1、2 两杆抗拉(压)刚度相同且左、右对称，故 A 点必沿铅垂方向下降。为此，我们假设结构变形如图 5-31(c)所示。由变形图可知，这时三根杆都伸长，以 A 点为研究对象，其受力图如图 5-31(b)所示。此时三根杆的轴力均为拉力。则：

1) 平衡方程。如图 5-31(b)所示的受力图，可得

$$\sum F_x = 0, \qquad F_{N1} \sin\alpha - F_{N2} \sin\alpha = 0 \tag{a}$$

$$\sum F_y = 0, \qquad F_{N3} + F_{N1} \cos\alpha + F_{N2} \cos\alpha - F = 0 \tag{b}$$

在式(a)、式(b)中包含有 F_{N1}、F_{N2}、F_{N3} 三个未知力，故此为一次静不定。

2) 变形几何方程。如图 5-31(c)所示的变形图，可明显看出

$$\Delta l_3 \cos\alpha = \Delta l_1 = \Delta l_2 \tag{c}$$

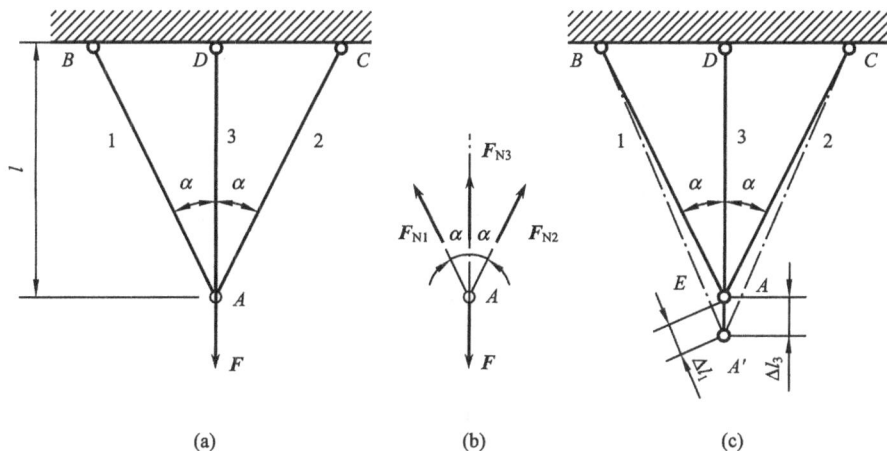

图 5-31

3) 物理方程。根据内力和变形之间的物理关系,即胡克定律,可得

$$\Delta l_1 = \frac{F_{N1} l_1}{E_1 A_1}, \qquad \Delta l_2 = \frac{F_{N2} l_2}{E_2 A_2}, \qquad \Delta l_3 = \frac{F_{N3} l_3}{E_3 A_3} \qquad (d)$$

将式(d)代入式(c)中,即得所需的补充方程

$$\frac{F_{N3} l}{E_3 A_3} \cos\alpha = \frac{F_{N1} \dfrac{l}{\cos\alpha}}{E_1 A_1} \qquad (e)$$

将式(a)、式(b)、式(e)三式联立求解,可得

$$F_{N1} = F_{N2} = \frac{F}{2\cos\alpha + \dfrac{E_3 A_3}{E_1 A_1 \cos^2\alpha}} \qquad (f)$$

$$F_{N3} = \frac{F}{1 + 2 \dfrac{E_1 A_1}{E_3 A_3} \cos^3\alpha} \qquad (g)$$

上述的解题方法和步骤,对一般静不定问题都是适用的。可总结归纳如下:

1) 根据静力学平衡条件列出所有的独立平衡方程。

2) 根据变形协调条件列出变形几何方程。

3) 根据力与变形间的物理关系建立物理方程。

4) 将物理方程代入几何方程中,得到补充方程,然后与平衡方程联立求解。

例 5-11 如图 5-32(a)所示一平行杆系 1、2、3 悬吊着横梁 AB(AB 梁可视为刚体),在横梁上作用着载荷 **F**,如果杆 1、2、3 的长度、截面面积、弹性模量均相同,分别设为 l、A、E。试求 1、2、3 三杆的轴力。

解 在载荷 **F** 作用下,假设一种可能变形,如图 5-32(b)所示,则此时杆 1、2、

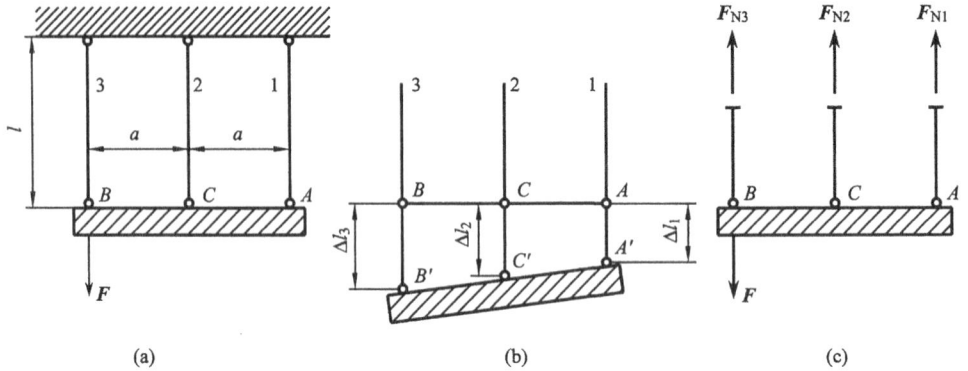

图 5-32

3 均伸长,其伸长量分别为 Δl_1、Δl_2、Δl_3,与之相对应,杆 1、2、3 的轴力分别为拉力,如图 5-32(c)所示。根据如图 5-32(b)、(c)所示,可得:

1) 平衡方程

$$\sum F_y = 0, \qquad F_{N1} + F_{N2} + F_{N3} - F = 0 \tag{h}$$

$$\sum M_B = 0, \qquad F_{N1} \cdot 2a + F_{N2} \cdot a = 0 \tag{i}$$

在式(h)、式(i)两式中包含着 F_{N1}、F_{N2}、F_{N3} 三个未知力,故为一次超静定。

2) 变形几何方程

$$\Delta l_1 + \Delta l_3 = 2\Delta l_2 \tag{j}$$

3) 物理方程

$$\Delta l_1 = \frac{F_{N1} l}{EA}, \qquad \Delta l_2 = \frac{F_{N2} l}{EA}, \qquad \Delta l_3 = \frac{F_{N3} l}{EA} \tag{k}$$

将式(k)代入式(j)中,即得所需的补充方程

$$\frac{F_{N1} l}{EA} + \frac{F_{N3} l}{EA} = 2 \frac{F_{N2} l}{EA} \tag{l}$$

将式(h)、式(i)、式(l)三式联立求解,可得

$$F_{N1} = -\frac{F}{6}, \qquad F_{N2} = \frac{F}{3}, \qquad F_{N3} = \frac{5F}{6} \tag{m}$$

由此例题可以看出,假设各杆的轴力是拉力还是压力,要以假设的变形关系图中所反映的杆是伸长还是缩短为依据,两者之间必须一致。即**变形与内力的一致性**。

在以上两例题中,假设一种可能变形,它不是唯一的,只要与结构的约束不发生矛盾即可;可是变形一旦假设后,其各杆的内力一定要与其变形保持为一致性。

5.7.3 装配应力

在机械制造和结构工程中,零件或构件尺寸在加工过程中存在微小误差是难以避免的。这种误差在静定结构中,只不过造成结构几何形状的微小改变,不会引起内力的改变(图 5-33(a))。但对静不定结构,加工误差却往往要引起内力。如图 5-33(b)所示结构中,3 杆比原设计长度短了 δ,若将三根杆强行装配在一起,必然导致 3 杆被拉长,1、2 杆被压短,最终位置如图 5-33(b)所示双点划线。这样,装配后 3 杆内引起拉应力,1、2 杆内引起压应力。这种在未加载之前因装配而引起的应力称为**装配应力**。

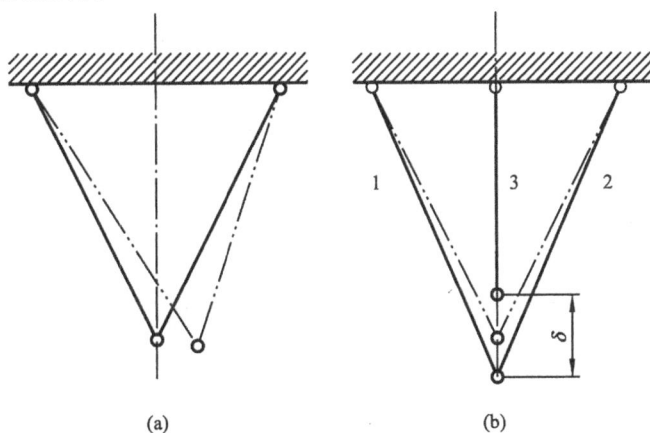

图 5-33

装配应力的计算方法与解静不定问题的方法相同。

例 5-12 如图 5-34(a)所示结构,设 1、2 两杆材料、横截面面积和长度均相同,即 $E_1 = E_2, A_1 = A_2, l_1 = l_2$,3 杆的横截面面积为 A_3,弹性模量为 E_3,杆长设计长度为 l,但在加工时,3 杆的实际尺寸比设计长度短了一个 $\delta(\delta \ll l)$,试求将三杆强行装配在一起后,各杆所产生的装配应力。

解 由于 3 杆比原设计长度短了 δ,若将三根杆强行装配在一起,则必然导致 3 杆被拉长,而 1、2 杆被压短,如图 5-34(a)中双点划线所示。这时三根杆的受力如图 5-34(b)所示,即 1、2 两杆所受压力,3 杆所受拉力。因此,可得:

1) 平衡方程

$$\sum F_x = 0, \qquad F_{N1}\sin\alpha - F_{N2}\sin\alpha = 0 \tag{a}$$

$$\sum F_y = 0, \qquad F_{N3} - F_{N1}\cos\alpha - F_{N2}\cos\alpha = 0 \tag{b}$$

2) 变形几何方程。如图 5-34(a)所示

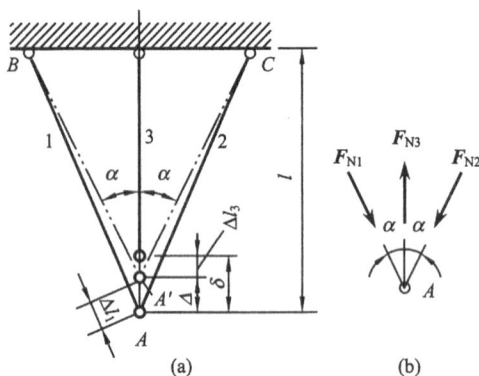

图 5-34

$$\Delta l_3 + \Delta = \Delta l_3 + \frac{\Delta l_1}{\cos\alpha} = \delta \qquad\qquad (c)$$

3) 物理方程

$$\Delta l_1 = \frac{F_{N1}l_1}{E_1 A_1} = \frac{F_{N1}\dfrac{l}{\cos\alpha}}{E_1 A_1}, \qquad \Delta l_3 = \frac{F_{N3}l_3}{E_3 A_3} = \frac{F_{N3}l}{E_3 A_3} \qquad (d)$$

注意在计算 Δl_3 时,杆 3 的原长为 $l-\delta$,但由于 $\delta \ll l$,故以 l 代替 $l-\delta$。

将式(d)代入式(c),再与式(a)、式(b)两式联立求解,可得

$$F_{N1} = F_{N2} = \frac{F_{N3}}{2\cos\alpha}$$

$$F_{N3} = \frac{E_3 A_3 \delta}{l\left(1 + \dfrac{E_3 A_3}{2E_1 A_1 \cos^3\alpha}\right)}$$

将 F_{N1}、F_{N2}、F_{N3} 值分别除以杆的截面面积,即可得到三杆的装配应力。如三根杆的材料、截面面积都相同,设 $E=200\text{GPa}$,$\alpha=30°$,$\delta/l=1/1\,000$,则可计算出 $\sigma_1 = \sigma_2 = 65.3\text{MPa}(\text{压})$,$\sigma_3 = 112.9\text{MPa}(\text{拉})$。

从以上计算结果中可看出,制造误差 δ/l 虽很小,但装配后仍要引起相当大的装配应力。因此,装配应力的存在对于结构往往是不利的,工程中要求制造时保证足够的加工精度来降低有害的装配应力。但有时却又要利用它,如机械制造中的紧配合就是根据需要有意识地使其产生适当的装配应力。

5.7.4　温度应力

温度变化将引起物体的膨胀或收缩。静定结构由于可以自由变形,温度均匀变化时不会引起构件的内力变化,也就不会引起应力。但对静不定结构,由于它具有多余约束,温度变化将引起内力的改变,从而引起应力。这种由于温度变化而引

起的应力称为**温度应力**或**热应力**。计算温度应力的方法与解静不定问题的方法相同。不同之处在于杆件的变形应包括弹性变形和由温度引起的变形两部分。

例 5-13 如图 5-35 所示 AB 为一装在两个刚性支承间的杆件。设杆 AB 长为 l，横截面面积为 A，材料的弹性模量为 E，线膨胀系数为 α。试求温度升高 ΔT 时杆内的温度应力。

解 温度升高以后，杆将伸长（图 5-35(b)），但因刚性支承的阻挡，使杆不能伸长，这就相当于在杆的两端加了压力。设两端的压力为 F_1 和 F_2。

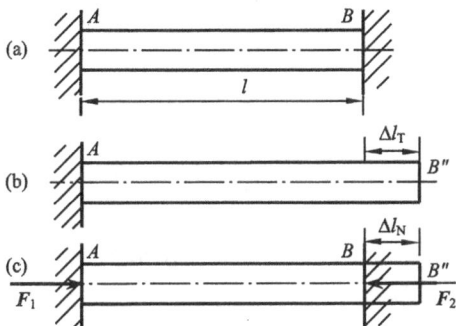

图 5-35

1）平衡方程

$$F_1 = F_2 = F \qquad (a)$$

两端压力虽相等，但 F 值未知，故为一次超静定。

2）变形几何方程。因为支承是刚性的，故与这一约束情况相适应的变形谐调条件是杆的总长度不变，即 $\Delta l = 0$。但杆的变形包括由温度引起的变形和轴向压力引起的弹性变形两部分，故变形几何方程为

$$\Delta l = \Delta l_T - \Delta l_N = 0 \qquad (b)$$

其中，Δl_T 表示由温度升高引起的变形，Δl_N 表示由轴力 $F_N (F_N = F)$ 引起的弹性变形。这两个变形都取绝对值。

3）物理方程。利用线膨胀定律和胡克定律，可得

$$\Delta l_T = \alpha \cdot \Delta T \cdot l, \qquad \Delta l_N = \frac{F_N l}{EA} \qquad (c)$$

将式(c)代入式(b)，可得温度内力 F_N 为

$$F_N = \alpha \cdot E \cdot A \cdot \Delta T \qquad (d)$$

由此得温度应力为

$$\sigma = \frac{F_N}{A} = \alpha \cdot E \cdot \Delta T \qquad (e)$$

结果为正,说明假定杆受轴向压力是正确的。故该杆温度应力是压应力。

若杆的材料是钢,其 $\alpha=12.5\times10^{-6}1/℃$,$E=200\mathrm{GPa}$,当温度升高 $\Delta T=40℃$

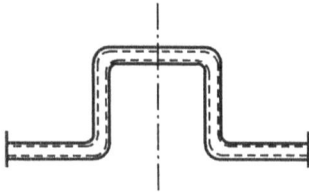

图 5-36

时,杆内温度应力由式(e)算得为

$$\sigma = \alpha \cdot E \cdot \Delta T = 12.5 \times 10^{-6} \times 200 \times 10^{9} \times 40$$
$$= 100 \times 10^{6}\mathrm{Pa} = 100(\mathrm{MPa}) \qquad (压应力)$$

由此数字可见温度应力是比较严重的。

为了避免过高的温度应力,在钢轨铺设时必须留有空隙;在热力管道中有时要增加伸缩节,如图 5-36 所示。

5.7.5　静不定结构的特点

1) 在静不定结构中,各杆的内力与该杆的刚度及各杆的刚度比值有关,任一杆件刚度的改变都将引起各杆内力的重新分配。

2) 温度变化或制造加工误差都将引起温度应力或装配应力。

3) 静不定结构的强度和刚度都有所提高。

5.8　应力集中的概念

1. 应力集中现象和理论应力集中系数

等截面直杆受轴向拉伸或压缩时,横截面上的应力是均匀分布的。但由于实际需要,有些零件必须有切口、切槽、油孔、螺纹、轴肩等,以致在这些部位上截面尺寸发生突然变化。实验结果和理论分析表明,在零件尺寸突然改变处的横截面上,应力并不是均匀分布的。例如,开有圆孔和带有切口的板条(图 5-37),当其受轴向拉伸时,在圆孔和切口附近的局部区域内,应力将急剧的增加,但在离开这一区域稍远处,应力就迅速降低而趋于均匀。这种因杆件外形突然变化而引起局部应力急剧增大的现象,称为**应力集中**。

设发生应力集中的截面上的最大应力为 $\sigma_{\max}$,同一截面上的平均应力为 σ_{m},则比值

$$\alpha = \frac{\sigma_{\max}}{\sigma_{\mathrm{m}}} \tag{5-18}$$

称为**理论应力集中系数**。它反映了应力集中的程度,是一个大于 1 的系数。实验结果表明:截面尺寸改变得越急剧,角越尖,孔越小,应力集中的程度就越严重。因此,在设计构件时应尽可能避免带尖角的孔和槽,在阶梯轴的轴肩处要用圆弧过渡,以减缓应力集中。

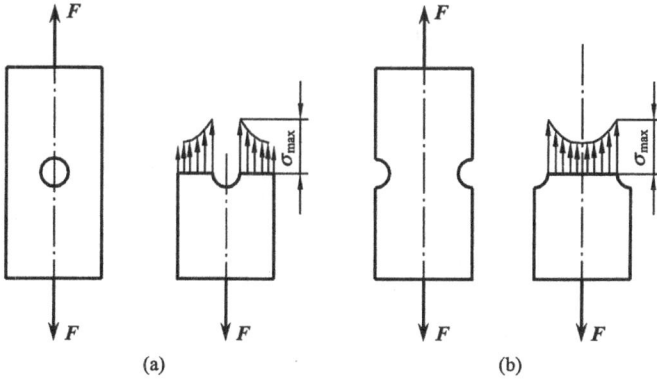

图 5-37

2. 应力集中对构件强度的影响

在静载荷(载荷从零缓慢增加到一定值后保持恒定)作用下,应力集中对构件
强度的影响随材料性质而异,因为不同材料对应力集中的敏
感程度不同。塑性材料制成的构件在静载荷下可以不考虑
应力集中的影响。因为塑性材料有屈服阶段,当局部最大应
力达到屈服点 σ_s 时,应力不再增大。继续增加的外力由截面
上尚未屈服的材料来承担,使截面上其他点的应力相继增大
到屈服点(图 5-38)。这就使截面上应力趋于平均,降低了应
力不均匀程度,限制了最大应力的数值。而脆性材料制成的
构件即使在静载荷作用下,也应考虑应力集中对强度的影
响。因为脆性材料没有屈服阶段,应力集中处的最大应力一
直增加到强度极限 σ_b ,在该处首先产生裂纹,直至断裂破坏。

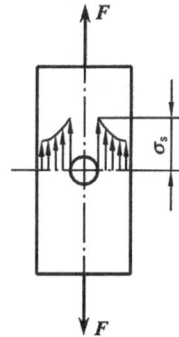

图 5-38

但对灰铸铁,其内部组织的不均匀性和缺陷是产生应力集中的主要因素,而构件外
形或截面尺寸改变所引起的应力集中就成为次要因素,对构件的强度不一定造成
明显的影响。因此,在设计灰铸铁构件时,可以不考虑局部应力集中对强度的
影响。

在动载荷(载荷随时间变化)作用下,不论是塑性材料还是脆性材料,都应考虑
应力集中对构件强度的影响,它往往是构件破坏的根源。

思　考　题

5-1　有一直杆,其两端在力 **F** 作用下处于平衡(思考题 5-1(a)图),如果对该杆应用静力学
中"力的可传性原理",可得另外两种受力情况,如思考题 5-1(b)、(c)图所示。试问:

1) 对于图示的三种受力情况,直杆的变形是否相同?

2) 力的可传性原理是否适用于变形体?、

5-2 如思考题 5-2 图所示,试辨别下列杆件哪些属于轴向拉伸或轴向压缩。

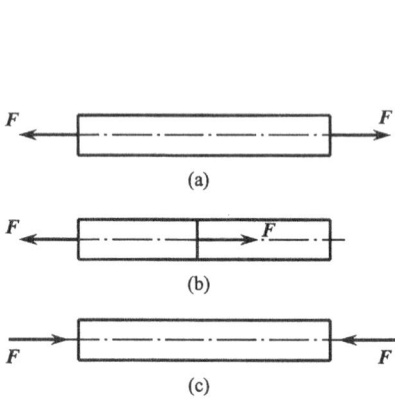

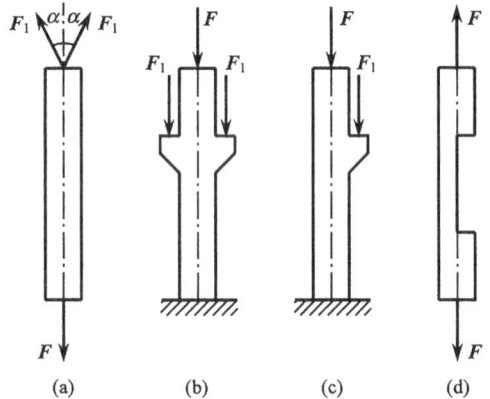

思考题 5-1 图 　　　　　　　　　　　思考题 5-2 图

5-3 何谓截面法?试叙述用截面法确定杆件内力的方法和步骤。

5-4 一拉杆由钢和铝两种材料组成,如思考题 5-4 图所示。设其横截面面积分别为 A_1 和 A_2,试求截面 1-1 和 2-2 的轴力。由计算结果是否可得出结论:轴力与材料、截面尺寸无关?

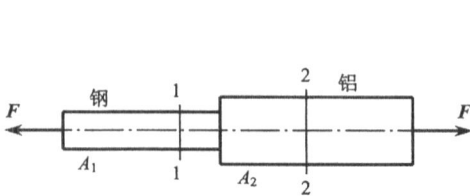

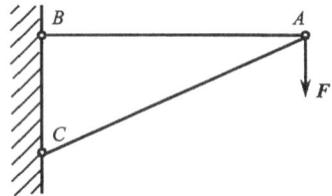

思考题 5-4 图 　　　　　　　　　　　思考题 5-5 图

5-5 如思考题 5-5 图所示托架,若 AB 杆的材料选用铸铁,AC 杆的材料选用低碳钢。分析这样选材是否合理?为什么?

5-6 如思考题 5-6 图所示 σ-ε 曲线中的三种材料 1、2、3,指出①哪种材料的强度高? ②哪种材料的刚度大(在弹性范围内)? ③哪种材料的塑性好?

5-7 什么是条件屈服强度?如思考题 5-7 图所示确定 $\sigma_{0.2}$ 的方法对不对?如果不对,应该怎样改正?

5-8 如何理解许用应力、安全系数、工作应力、极限应力的物理意义?

5-9 拉、压胡克定律有几种表达式?其应用条件是什么?

5-10 泊松比 μ、弹性模量 E 和杆件截面的抗拉、压刚度 EA 的物理意义是什么?

5-11 两杆材料不同,但其横截面面积 A、长度 l 及轴力均相同,试问两杆的应力是否相等?强度是否相同?绝对变形是否相等?

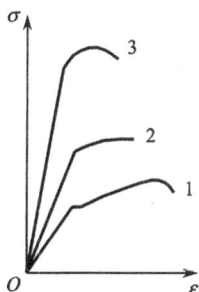

思考题 5-6 图

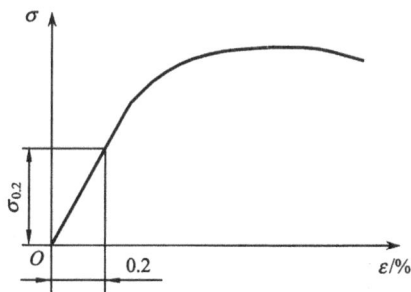

思考题 5-7 图

5-12 钢的弹性模量 $E_1＝200\mathrm{GPa}$,铝的弹性模量 $E_2＝71\mathrm{GPa}$,试比较在同一应力下哪种材料的应变大? 在同一应变下哪种材料的应力大?

5-13 灰铸铁试件在拉伸时沿( )方向破坏,是最大( )应力所致使之( )坏;在压缩时沿( )方向破坏,是最大( )应力所致使之( )坏。从而说明灰铸铁抗压、抗剪、抗拉性能间的关系。

5-14 杆件在轴向拉、压时,其横截面变形前为平面,变形后仍为平面,而且横截面的形状和大小也不变。这种说法对不对? 为什么?

5-15 材料为低碳钢的拉伸试件,加载至强化阶段的某一点 f 后卸载,试指出图中代表弹性变形和塑性变形的阶段。材料的应力-应变图如思考题 5-15 图(b)所示,试指出图中哪一线段表示伸长率?

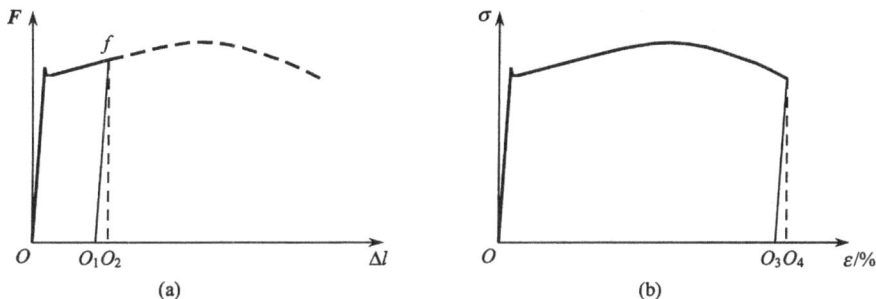

思考题 5-15 图

习 题

5-1 试求如题 5-1 图所示各杆 1-1、2-2、3-3 截面上的轴力,并作轴力图。

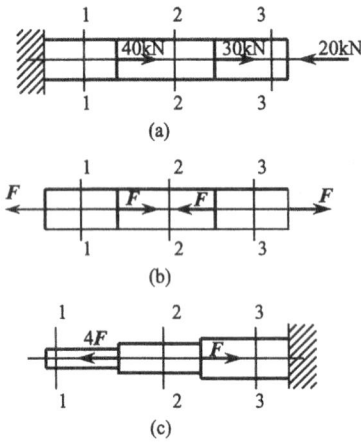

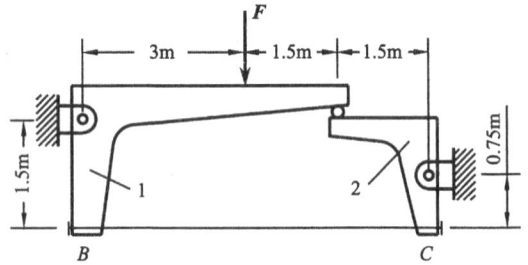

题 5-1 图　　　　　　　　　　　　题 5-2 图

5-2 如题 5-2 图所示结构中,若钢拉杆 BC 的横截面直径为 10mm,$F=7.5$kN,试求拉杆内的应力。设由 BC 连接的 1 和 2 两部分均为刚体。

5-3 作用于如题 5-3 图所示零件上的拉力为 $F=38$kN,试问零件内最大拉应力发生于哪个截面上? 并求其值。

5-4 如题 5-4 图所示一吊环螺钉,其外径 $d=48$mm,内径 $d_1=42.6$mm,吊重 $F=50$kN。求螺钉横截面上的应力。

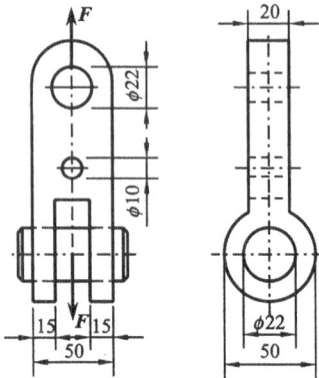

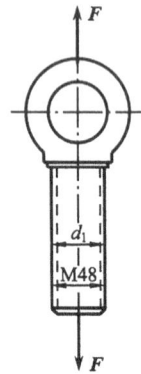

题 5-3 图　　　　　　　　　　　　题 5-4 图

5-5 如题 5-5 图所示液压缸盖与缸体采用 6 个螺栓连接。已知油缸内径 $D=350$mm,油压 $p=1$MPa,若螺栓材料的许用应力为 $[\sigma]=40$MPa,求螺栓的内径。

5-6 直径为 1cm 的圆杆,在拉力 $F=10$kN 的作用下,试求最大切应力,并求与横截面夹角为 $\alpha=30°$ 的斜截面上的正应力及切应力。

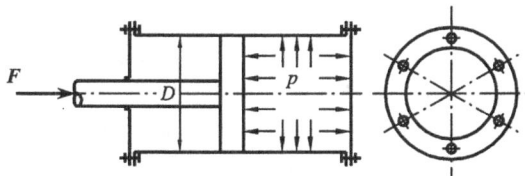

题 5-5 图

5-7 汽车离合器踏板如题 5-7 图所示。已知踏板受到压力 $F＝400N$,拉杆 1 的直径 $D＝9mm$,杠杆臂长 $L＝330mm$,$l＝56mm$,拉杆的许用应力 $[\sigma]＝50MPa$,校核拉杆 1 的强度。

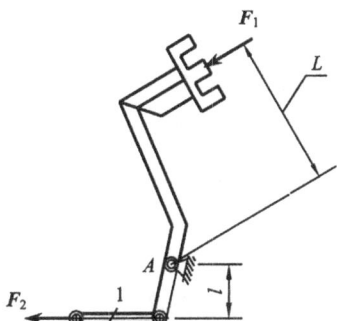

题 5-7 图

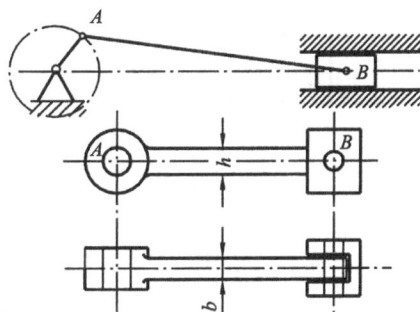

题 5-8 图

5-8 冷镦机的曲柄滑块机构如题 5-8 图所示。镦压工件时连杆接近水平位置,承受的镦压力 $F＝1\ 100kN$。连杆是矩形截面,高度 h 与宽度 b 之比为:$h/b＝1.4$。材料为 45 号钢,许用应力 $[\sigma]＝58MPa$,试确定截面尺寸 h 及 b。

5-9 如题 5-9 图所示简易吊车中,BC 为钢杆,AB 为木杆。木杆 AB 的横截面面积 $A_1＝100cm^2$,许用应力 $[\sigma]_1＝7MPa$;钢杆 BC 的横截面面积 $A_2＝6cm^2$,许用拉应力 $[\sigma]_2＝160MPa$。试求许可吊重 F。

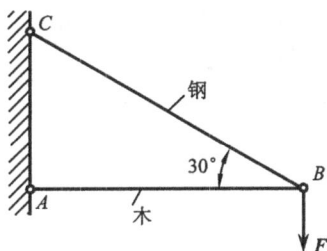

题 5-9 图

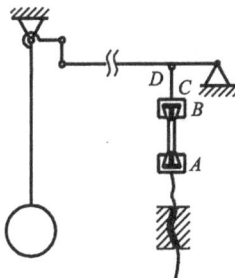

题 5-10 图

5-10 某拉伸试验机的结构示意图如题 5-10 图所示。设试验机的 CD 杆与试件 AB 材料同为低碳钢,其 $\sigma_p＝200MPa$,$\sigma_s＝240MPa$,$\sigma_b＝400MPa$。试验机最大拉力为 $100kN$。

1) 用这一试验机作拉断试验时,试件直径最大可达多大?

2) 若设计时取试验机的安全系数 $n=2$,则 CD 杆的截面面积为多少?

3) 若试件直径 $d=1$cm,今欲测弹性模量 E,则所加载荷最大不能超过多少?

5-11 某铣床工作台进给油缸如题 5-11 图所示,缸内工作油压 $p=2$MPa,油缸内径 $D=75$mm,活塞杆直径 $d=18$mm。已知活塞杆材料的许用应力 $[\sigma]=50$MPa,试校核活塞杆的强度。

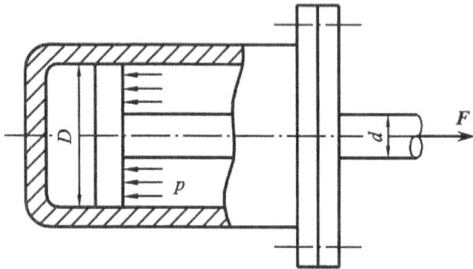

题 5-11 图

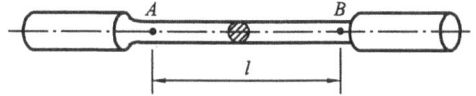

题 5-12 图

5-12 如题 5-12 图所示一钢试件,$E=200$GPa,比例极限 $\sigma_p=200$MPa,直径 $d=1.0$cm,在标距 $l=10$cm 之内用放大 500 倍的引伸仪测量变形,试问:当引伸仪上的读数为伸长 2.5cm 时,则试件沿轴线方向的线应变 ε、横截面上的应力 σ 及所受拉力 F 各为多少?

5-13 如题 5-13 图所示变截面直杆。已知:$A_1=8$cm^2,$A_2=4$cm^2,$E=200$GPa,求杆的总伸长 Δl。

5-14 如题 5-14 图所示结构中 CF 为刚体,BC 为铜杆,DF 为钢杆,两杆的横截面积分别为 A_1、A_2,弹性模量为 E_1、E_2。如要求 CF 始终保持水平位置,求 x 大小。

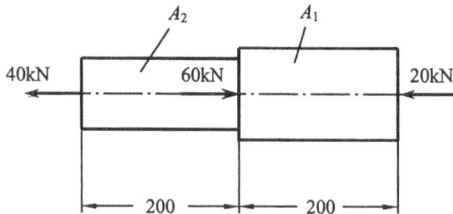

题 5-13 图

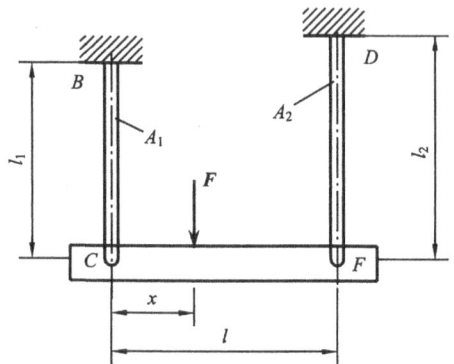

题 5-14 图

5-15 钢制受拉杆件如题 5-15 图所示。横截面面积 $A=200$mm^2,$l=5$m,$F=32$kN,单位体积的重量为 76.5kN/m^3。如不计自重,试计算杆件的变形能 U 和比能 u。如考虑自重影响,试计算杆件的变形能,并求比能的最大值。设 $E=200$GPa。

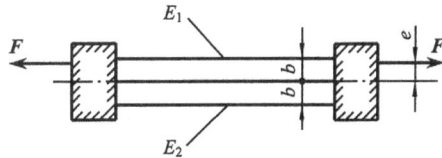

题 5-15 图　　　　　　　　　　　　　　　　题 5-16 图

5-16　如题 5-16 图所示两根材料不同但截面尺寸相同的杆件,同时固定连接于两端的刚性板上,且 $E_1 > E_2$。若使两杆都为均匀拉伸,试求拉力 F 的偏心距 e。

5-17　如题 5-17 图所示木制短柱的四角用四个 $40 \times 40 \times 4$ 的等边角钢加固。已知角钢的许用应力 $[\sigma]_{\text{钢}} = 160\text{MPa}$,$E_{\text{钢}} = 200\text{GPa}$;木材的许用应力 $[\sigma]_{\text{木}} = 12\text{MPa}$,$E_{\text{木}} = 10\text{GPa}$。试求许可载荷 F。

5-18　如题 5-18 图所示阶梯形钢杆的两端在 $t_1 = 5℃$ 时被固定,杆件上下两段的横截面面积分别是 $A_{\text{上}} = 5\text{cm}^2$,$A_{\text{下}} = 10\text{cm}^2$。当温度升高至 $t_2 = 25℃$ 时,试求杆内各部分的温度应力。设钢材的线膨胀系数 $\alpha = 12.5 \times 10^{-6} 1/℃$,$E = 200\text{GPa}$。

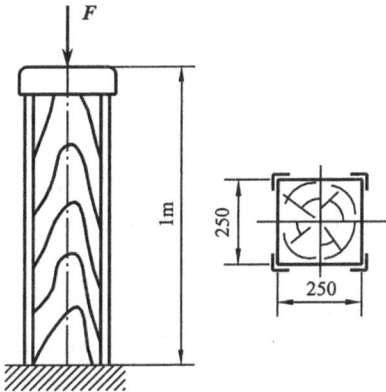

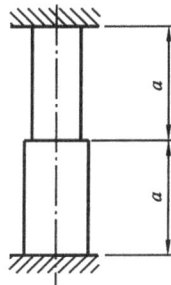

题 5-17 图　　　　　　　　　　　　　　　题 5-18 图

5-19　如题 5-19 图所示钢杆 1、2、3 的截面面积 $A = 2\text{cm}^2$,长度 $l = 1\text{m}$,弹性模量 $E = 200\text{GPa}$,若在制造时杆 3 短了 $\delta = 0.08\text{cm}$,试计算安装后杆 1、2、3 中的内力。

5-20　如题 5-20 图所示一阶梯形杆,其上端固定,下端与刚性底面留有空隙 $\Delta = 0.08\text{mm}$。上段是铜的,$A_1 = 40\text{cm}^2$,$E_1 = 100\text{GPa}$;下段是钢的,$A_2 = 20\text{cm}^2$,$E_2 = 200\text{GPa}$。在两段交界处,受向下的轴向载荷 F,问①F 力等于多少时,下端空隙恰好消失;②$F = 500\text{kN}$ 时,各段内的应力值。

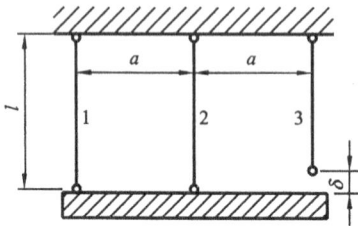

题 5-19 图

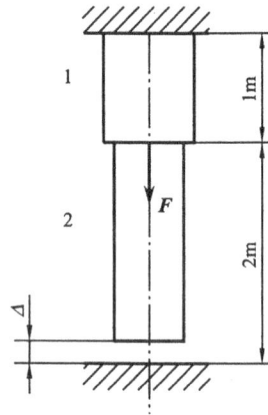

题 5-20 图

5-21　如题 5-21 图所示阶梯形钢杆,在温度 $T_0=15℃$ 时两端固定在绝对刚硬的墙壁上。当温度升高至 55℃时,求杆内的最大应力。已知 $E=200GPa,\alpha=125\times10^{-7}1/℃,A_1=2cm^2$, $A_2=1cm^2$。

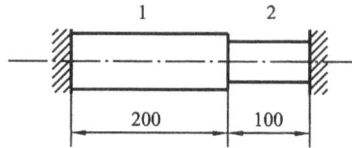

题 5-21 图

5-22　如题 5-22 图所示梁 AB 悬于钢杆 1、2 上,并受载荷 $F=20kN$ 作用,杆 1 与杆 2 的截面面积各为 $A_1=2cm^2,A_2=1cm^2$。若 AB 梁的重量及变形均略去不计,求当温度升高 100℃时,两钢杆内的应力。已知 $a=50cm,E=200GPa,\alpha=125\times10^{-7}1/℃$。

5-23　如题 5-23 图所示结构 CD 为刚性杆,AB 为直径 $d=20mm$ 的圆截面钢杆,其弹性模量 $E=200GPa,a=1m$,现测得 AB 杆的纵向线应变 $\varepsilon=7\times10^{-4}$,求此时载荷 F 的数值及 D 截面的竖向位移 Δ_D 值。

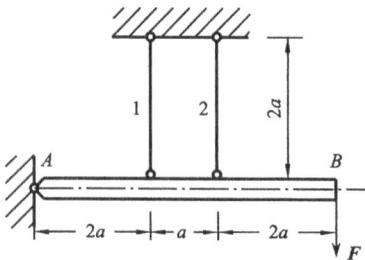

题 5-22 图

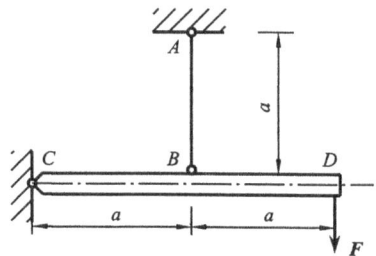

题 5-23 图

第6章 扭转和剪切

6.1 扭转的概念和实例

在工程中经常会遇到一些承受扭转的构件,以汽车转向轴为例(图 6-1),轴的上端受到经由方向盘传来的力偶作用,下端则又受到来自转向器的阻抗力偶作用。再以攻丝时丝锥的受力情况为例(图 6-2),通过铰杠把力偶作用于丝锥的上端,丝锥下端则受到工件的阻抗力偶作用。这些实例都是在杆件的两端作用两个大小相等、方向相反,且作用平面垂直于杆件轴线的力偶,致使杆件的任意两个横截面都发生绕轴线的相对转动,这就是**扭转变形**。

图 6-1

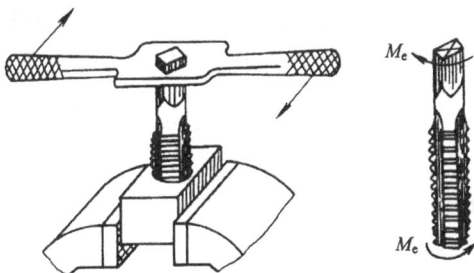

图 6-2

工程实际中有很多构件,如车床的光杆、搅拌机轴、汽车传动轴等都是受扭构件。还有一些轴类零件,如电动机主轴、水轮机主轴、机床传动轴等除扭转变形外还有弯曲变形,属于组合变形。工程中把以扭转为主要变形的杆件称为轴,圆形截面的轴称为圆轴。

本章主要研究圆轴扭转,这是工程中最常见的情况又是扭转中最简单的问题。对于非圆截面杆的扭转,则只作简单的介绍。

6.2 外力偶矩的计算、扭矩和扭矩图

6.2.1 外力偶矩的计算

在研究轴的强度和刚度时,应该先研究作用于轴上的外力偶矩和横截面上的内力,进而研究其应力和变形。

作用于轴上的外力偶矩往往不是直接给出的,给出的经常是轴所传送的功率

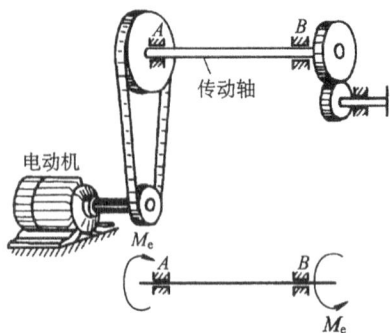

图 6-3

和轴的转速。如图 6-3 所示的传动系统中，由电动机的转速和功率，可以求出传动轴 AB 的转速及通过皮带轮输入的功率。功率由皮带轮传到 AB 轴上，再经右端的齿轮输送出去。设通过皮带轮给 AB 轴输入的功率为 P 千瓦（把千瓦记为 kW），因为 $1kW = 1\,000\,N \cdot m/s$，所以输入 P 个 kW 就相当于在每秒钟内输入数量为

$$W = P \times 1\,000 (\text{N} \cdot \text{m}) \tag{a}$$

的功。电动机是通过皮带轮以力偶矩 M_e 作用于 AB 轴上的，若 AB 轴的转速为每分钟 n 转，则力偶矩 M_e 在每秒内完成的功应为

$$W = M_e \times 2\pi \times \frac{n}{60} (\text{N} \cdot \text{m}) \tag{b}$$

因为 M_e 所完成的功也就是经皮带轮给 AB 轴输入的功，所以式（a）、式（b）两式应该相等，这样得出计算外力偶矩 M_e 的公式为[①]

$$\{M_e\}_{\text{N·m}} = 9\,549 \frac{\{P\}_{\text{kW}}}{\{n\}_{\text{r/min}}} \tag{6-1}$$

6.2.2　横截面上的内力

作用于轴上的所有外力偶矩都已知时，即可用截面法研究横截面上的内力。如图 6-4(a)所示圆轴，求 $n\text{-}n$ 截面上的内力。先假想地将轴沿 $n\text{-}n$ 截面截开，取部分 I 为研究对象（图 6-4(b)），根据部分 I 应处于平衡状态的要求，在截面 $n\text{-}n$ 上应代替一个内力偶矩 M_x，由部分 I 的平衡条件 $\sum M_x = 0$ 可求出

$$M_x - M_e = 0$$

即

$$M_x = M_e$$

M_x 称为截面 $n\text{-}n$ 上的扭矩，它是 I、II 两部分在 $n\text{-}n$ 截面上相互作用的分布内力系的合力偶矩。

如果取部分 II 为研究对象（图 6-4(c)），仍可得到 $M_x = M_e$ 的结果，其方向则与前者相反。为了使无论用部分 I 或部分 II 求出的同一截面上的扭矩大小相等且符号相同，把扭矩 M_x 的符号规定如下：按右手螺旋法则把 M_x 表示为矢量（图 6-5 (a)、(b)），当矢量方向与截面外法线方向一致时，M_x 为正；反之为负。根据这一规则，对于如图 6-4 所示截面 $n\text{-}n$ 上的扭矩 M_x，无论取部分 I 或部分 II 来研究，都

---

① 这是国家标准GB3101—93中规定的数值方程式的表示方法。

是正的。

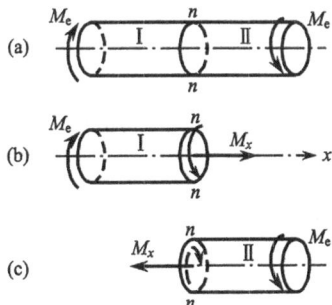

图 6-4

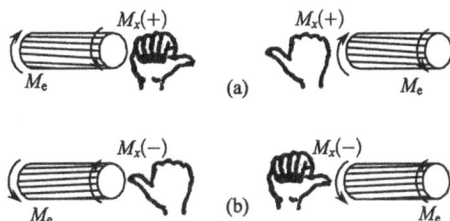

图 6-5

6.2.3　扭矩图

　　若作用于轴上的外力偶多于两个,则轴上每一段的扭矩值也不相同。为了清楚的表示各横截面上的扭矩沿轴线的变化情况,通常以横坐标表示截面的位置,纵坐标表示相应截面上的扭矩大小,从而得到扭矩随截面位置而变化的图线,称为扭矩图。下面举例说明扭矩的计算和扭矩图的绘制。

　　例 6-1　传动轴如图 6-6(a)所示,主动轮 A 输入功率 $P_A = 50\text{kW}$,从动轮 B、C、D 输出功率分别为 $P_B = P_C = 15\text{kW}$, $P_D = 20\text{kW}$,轴的转速为 $n = 300\text{r/min}$。试画出轴的扭矩图。

　　解　按式(6-1)算出作用于各轮上的外力偶矩

$$M_{eA} = 9\ 549 \times \frac{50}{300}$$

$$= 1\ 591.5(\text{N} \cdot \text{m})$$

$$M_{eB} = M_{eC} = 9\ 549 \times \frac{15}{300}$$

$$= 477.5(\text{N} \cdot \text{m})$$

$$M_{eD} = 9\ 549 \times \frac{20}{300}$$

$$= 636.5(\text{N} \cdot \text{m})$$

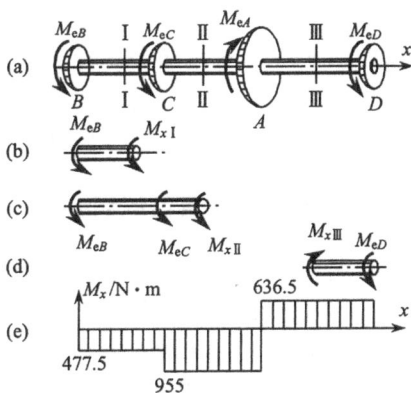

图 6-6

　　从受力情况看出,轴在 BC、CA、AD 三段内,各截面上的扭矩是不相等的。现在用截面法,根据平衡方程计算各段内的扭矩。

　　在 BC 段内,以 M_{xI} 表示截面 I-I 上的扭矩,并任意地把 M_{xI} 的方向假设为

如图 6-6(b)所示。由平衡方程

$$M_{xI} + M_{eB} = 0$$

得

$$M_{xI} = -M_{eB} = -477.5(\text{N} \cdot \text{m})$$

等号右边的负号只说明,如图 6-6(b)所示对 M_{xI} 所假定的方向与截面 I - I 上的实际扭矩相反。按照扭矩的符号规定,与如图 6-6(b)所示假设的方向相反的扭矩是负的。在 BC 段内各截面上的扭矩不变,皆为 -477.5N · m。所以在这一段内扭矩图为一水平线(图 6-6(e))。同理,在 CA 段内,如图 6-6(c)所示得

$$M_{xII} + M_{eC} + M_{eB} = 0$$
$$M_{xII} = -M_{eC} - M_{eB} = -955(\text{N} \cdot \text{m})$$

在 AD 段内(图 6-6(d))

$$M_{xIII} - M_{eD} = 0$$
$$M_{eIII} = M_{eD} = 636.5(\text{N} \cdot \text{m})$$

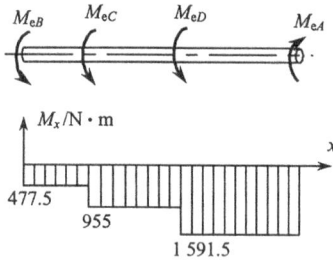

图 6-7

根据所得数据,把各截面上的扭矩沿轴线变化的情况,如图 6-6(e)所示表示出来,就是扭矩图。从图 6-6(e)中看出,最大扭矩发生于 CA 段内,且 $M_{x,\max} = 955$N · m。

对同一根轴,若把主动轮 A 安置于轴的一端,如放在右端,则轴的扭矩图将如图 6-7 所示。这时,轴内最大扭矩为 $M_{x,\max} = 1\ 591.5$N · m。可见,传动轴上主动轮和从动轮安置的位置不同,轴所承受的最大扭矩也就不同。两者相比,显然如图 6-6(a)所示布局比较合理。

6.3　薄壁圆筒的扭转、纯剪切

6.3.1　薄壁圆筒扭转时的切应力

如图 6-8(a)所示为一等厚薄壁圆筒,其厚度 t 远小于平均半径 r。受扭前在表面上用圆周线和纵向线画成方格(图 6-8(a)),扭转变形后(图 6-8(b)),由于截面 n-n 对截面 m-m 的相动转动,使方格左、右两边发生相对错动,但两边之间的距离不变,圆筒的半径长度也不变。这表明,圆筒横截面和包含轴线的纵向截面上都无正应力,在横截面上只有相切于截面的切应力 τ,它组成与外力偶矩 M_e 相平衡的内力系。因筒壁很薄,可认为沿厚度 t 切应力不变。又因在同一圆周上各点情况完全相同,切应力也就相等(图 6-8(c))。根据方格两边相对错动的变形情况可知。切应力方向应垂直于半径。这样,横截面上内力系对 x 轴的力矩是

$$2\pi rt \cdot \tau \cdot r = 2\pi r^2 t\tau$$

由 m-m 截面以左部分的平衡方程 $\sum M_x = 0$，

得

$$M_e = 2\pi r^2 t\tau$$

由此求出

$$\tau = \frac{M_e}{2\pi r^2 t} \qquad (6\text{-}2)$$

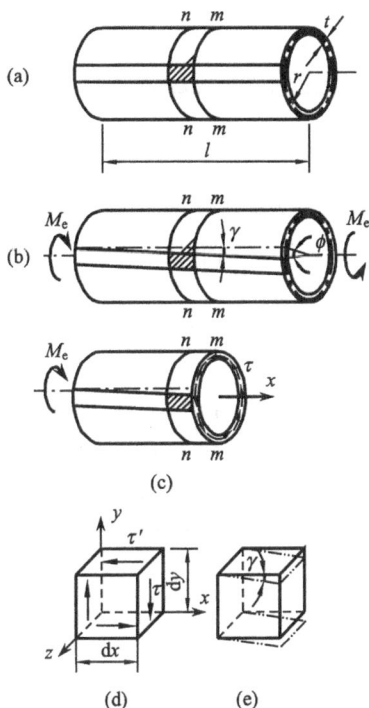

图 6-8

6.3.2　切应力互等定理

　　用相邻两个横截面和两个纵向面从圆筒中取出边长分别为 $\mathrm{d}x$、$\mathrm{d}y$ 和 t 的单元体（图 6-8(d)），单元体左、右两侧面是圆筒横截面的一部分，其上只有切应力 τ，且大小相等方向相反，τ 值可由式(6-2)计算，于是组成一个力偶矩为 $(\tau t\mathrm{d}y)\mathrm{d}x$ 的力偶。为保持平衡，单元体的上、下两个侧面上必须有切应力 τ'，并组成力偶以与力偶 $(\tau t\mathrm{d}y)\mathrm{d}x$ 相平衡。由 $\sum F_x = 0$ 知，上、下两个面上存在着大小相等、方向相反的切应力 τ'，于是组成力偶矩为 $(\tau' t\mathrm{d}x)\mathrm{d}y$ 的力偶。由平衡方程 $\sum M_z = 0$，得

$$(\tau t\mathrm{d}y)\mathrm{d}x = (\tau' t\mathrm{d}x)\mathrm{d}y$$

于是求得

$$\tau = \tau' \qquad (6\text{-}3)$$

　　式(6-3)表明：在两个相互垂直的平面上，切应力必然成对存在，且数值相等；两者都垂直于两个平面的交线，方向则共同指向或共同背离这一交线。这就是**切应力互等定理**。

6.3.3　剪切胡克定律

　　如图 6-8(d)所示单元体的四个侧面上，只有切应力而无正应力，这种情况称为**纯剪切**。纯剪切单元体的相对两侧面将发生微小的相对错动（图 6-8(e)），使原来互相垂直的两个棱边的夹角改变了一个微量 γ，这正是 4.4 节中定义的切应变。从如图 6-8(a)所示，γ 正是表面纵向线变形后的倾角。若 φ 为圆筒两端的相对扭转角，l 为圆筒的长度，则切应变 γ 应为

$$\gamma = \frac{r\varphi}{l} \qquad (\text{a})$$

根据薄壁圆筒的扭转试验可得扭转时的 M_e-φ 图(图 6-9(a)),再根据 M_e-φ 图可由式(a)绘出 τ-γ 图(图 6-9(b))。如图 6-9(b)所示:当切应力低于材料的剪切比例极限时,切应力 τ 与切应变 γ 成正比,这就是**剪切胡克定律**,其解析式可以写成

$$\tau = G\gamma \tag{6-4}$$

其中,比例常数 G 称为材料的**剪切弹性模量**。因为 γ 没有量纲,G 的量纲与 τ 相同。钢材的 G 值约为 80GPa。

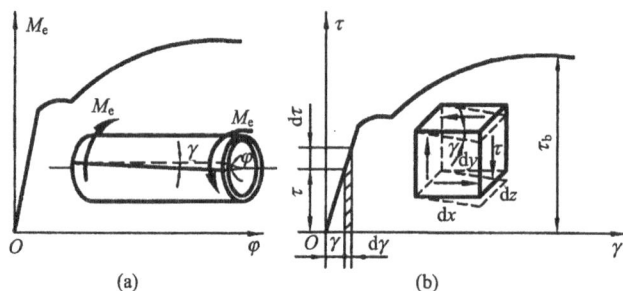

图 6-9

至此,我们已经引用了表示材料弹性性质的三个弹性常数,即弹性模量 E、泊松比 μ 和剪切弹性模量 G。对各向同性材料,可以证明三者之间存在下列关系

$$G = \frac{E}{2(1+\mu)} \tag{6-5}$$

三个弹性常数 E、G、μ 中,只要知道任意两个,第三个即可由式(6-5)确定。

6.4　圆轴扭转时的应力与强度条件

6.4.1　圆轴扭转时横截面上的应力

圆轴扭转时,根据截面法可以求出任意横截面上的扭矩 M_x。下面我们来研究圆轴扭转时横截面上的应力。由平衡条件可知,横截面上的应力必然组成该截面上的内力。如果知道应力在横截面上的分布规律,就能够求出每一点的应力。但对于实心轴来说,不能像薄壁圆筒扭转那样认为截面上的应力沿壁厚均匀分布,所以只利用横截面上的应力组成扭矩不可能找到应力的分布规律。因此求解应力的问题是静不定问题,就是要综合研究变形几何关系、物理关系和静力关系来求解。

1. 变形几何关系

为了观察圆轴的扭转变形,在圆轴表面画上许多纵向线和周向线,形成许多小

方格(图 6-10(a)),在外力偶矩 M_e 作用下,轴表面的变形情况和薄壁圆筒扭转时一样,各圆周线绕轴线相对地转了一个角度,但大小、形状和相邻圆周线间的距离都不变。在小变形情况下,纵向线仍近似地是直线,只是倾斜了一个微小的角度。变形前表面上的方格变形后错动为菱形(图 6-10(b))。

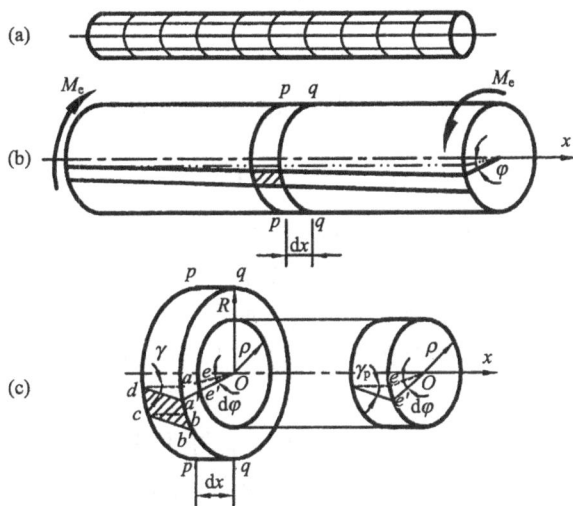

图 6-10

　　根据观察到的变形现象,可作下述基本假设:变形前为平面的横截面,变形后仍为平面,且形状和大小都不变,变形后半径仍保持为直线,且相邻两截面间距不变,只是任意两横截面绕轴线相对地旋转了一个角度。这就是圆轴扭转的**刚性平面假设**。根据这一假设导出的应力和变形的计算公式符合试验结果,且与弹性力学一致,说明此假设是正确的。

　　如图 6-10(b)所示,φ 表示圆轴两端截面的相对转角,称为**扭转角**。用相邻的横截面 p-p 和 q-q 从轴中取出长为 dx 微段,并放大为如图 6-10(c)所示。若两截面间相对扭转角为 $d\varphi$,则根据平面假设,横截面 q-q 像刚性平面一样,相对于 p-p 绕轴线旋转了一个 $d\varphi$ 角度,半径 Oa 转到 Oa'。于是,表面方格 $abcd$ 的 ab 边相对于 cd 边发生了微小的错动,错动的距离是

$$aa' = Rd\varphi$$

因而引起原为直角 $\angle adc$ 角度发生改变,改变量为

$$\gamma = \frac{\overline{aa'}}{\overline{ad}} = R \cdot \frac{d\varphi}{dx} \tag{a}$$

这就是圆截面边缘上 a 点处的切应变。显然,γ 发生在垂直于半径 Oa 的平面内。

　　同理,可求得如图 6-10(c)所示的距圆心为 ρ 处的切应变为

$$\gamma_\rho = \rho \frac{\mathrm{d}\varphi}{\mathrm{d}x} \tag{b}$$

与 γ 一样，γ_ρ 也发生在垂直于半径 Oa 的平面内。在式（a）、式（b）两式中，$\mathrm{d}\varphi/\mathrm{d}x$ 是扭转角 φ 沿 x 轴的变化率。对于一给定的截面来说，它是常量。因此，式（b）表明，横截面上任意点的切应变与该点到圆心的距离 ρ 成正比。

2. 物理关系

以 τ_ρ 表示横截面上距圆心为 ρ 处的切应力，则由剪切胡克定律可得

$$\tau_\rho = G\gamma_\rho = G\rho \frac{\mathrm{d}\varphi}{\mathrm{d}x} \tag{6-6}$$

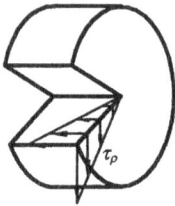

图 6-11

这表明，横截面上任意点的切应力 τ_ρ 与该点到圆心的距离 ρ 成正比。因为 γ_ρ 发生于垂直于半径的平面内，所以 τ_ρ 也与半径垂直。如再注意到切应力互等定理，则在纵向截面和横截面上，沿半径切应力的分布如图 6-11 所示。

这里虽然已经求得了表示切应力分布规律的式（6-6），但因式中 $\mathrm{d}\varphi/\mathrm{d}x$ 尚未求出，所以仍然无法用它计算切应力，这就要利用静力关系来解决。

3. 静力关系

在横截面上取微分面积 $\mathrm{d}A$，则 $\mathrm{d}A$ 上的微内力 $\tau_\rho\mathrm{d}A$ 对圆心的力偶为 $\rho\tau_\rho\mathrm{d}A$（图 6-12），通过积分得到横截面上内力系对圆心的力偶矩为 $\int_A \rho\tau_\rho\mathrm{d}A$，由平衡方程可知，该力偶矩就是该横截面上的扭矩 M_x，即

图 6-12

$$M_x = \int_A \rho\tau_\rho\mathrm{d}A \tag{c}$$

将式（6-6）代入式（c）中，并注意到 $\mathrm{d}\varphi/\mathrm{d}x$ 为常数，于是有

$$M_x = \int_A \rho\tau_\rho\mathrm{d}A = G\frac{\mathrm{d}\varphi}{\mathrm{d}x}\int_A \rho^2\mathrm{d}A \tag{d}$$

用 I_P 表示式（d）中的积分，即

$$I_P = \int_A \rho^2\mathrm{d}A \tag{e}$$

并称 I_P 为**横截面对圆心的极惯性矩**，它只与横截面的尺寸有关。这样式（d）可写成

$$\frac{\mathrm{d}\varphi}{\mathrm{d}x} = \frac{M_x}{GI_P} \tag{6-7}$$

将式(6-7)代入式(6-6)中,得

$$\tau_\rho = \frac{M_x \rho}{I_P} \tag{6-8}$$

式(6-8)即为横截面上距圆心为 ρ 的任意点处的切应力计算公式。

显然,在圆截面的边缘上,ρ 达到最大值 R,这时得切应力的最大值

$$\tau_{\max} = \frac{M_x R}{I_P} \tag{f}$$

引用记号

$$W_P = \frac{I_P}{R} \tag{g}$$

W_P 称为**抗扭截面模量**(系数),则最大切应力公式可写成

$$\tau_{\max} = \frac{M_x}{W_P} \tag{6-9}$$

式(6-8)和式(6-9)是以平面假设为基础导出的。试验结果表明,只有对等截面圆轴,平面假设才是正确的,所以式(6-9)只适用于等直圆杆,此外,在导出式(6-9)时使用了胡克定律,因而公式只适用于 $\tau_{\max}$ 低于剪切比例极限的情况。

在导出式(6-8)和式(6-9)时,引进了截面极惯性矩 I_P 和抗扭截面模量 W_P,现在我们来计算这两个量。

对于实心圆轴(图 6-13),在横截面内取环形微分面积 dA,代入式(e)中,得

$$I_P = \int_A \rho^2 \, dA = \int_0^R \rho^2 \cdot 2\pi\rho d\rho$$

$$= \frac{\pi R^4}{2} = \frac{\pi D^4}{32} \tag{6-10}$$

其中,D 为圆截面的直径。由此求出

$$W_P = \frac{I_P}{R} = \frac{\pi R^3}{2} = \frac{\pi D^3}{16} \tag{6-11}$$

对于空心圆轴(图 6-14),由于空心部分没有内力,所以积分也不应包括空心部分,于是有

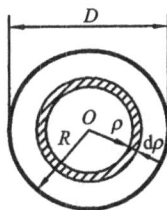

图 6-13

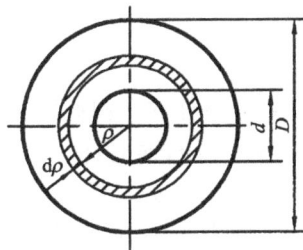

图 6-14

$$I_P = \int_A \rho^2 \, dA = \int_{d/2}^{D/2} \rho^2 \cdot 2\pi\rho d\rho$$

$$= \frac{\pi}{32}(D^4 - d^4) = \frac{\pi D^4}{32}(1 - \alpha^4) \tag{6-12}$$

$$W_P = \frac{I_P}{D/2} = \frac{\pi}{16D}(D^4 - d^4)$$

$$= \frac{\pi D^3}{16}(1 - \alpha^4) \tag{6-13}$$

其中,$\alpha = d/D$,d 和 D 分别为空心圆截面的内径和外径。

6.4.2 圆轴扭转时斜截面上的应力

在第 5 章研究拉、压杆件的斜截面应力时,我们用一斜截面把杆件假想地截开,然后按平衡条件找出斜截面应力与横截面应力的关系。但现在用这种办法研究实心圆轴扭转时的斜截面应力是不行的,因为轴向拉、压时杆件横截面上的应力是均匀分布的,而圆轴扭转时横截面应力是非均匀分布的。因此,我们采用单元体的研究方法,即围绕圆轴的某一点切出一个单元体(正六面体)。由于边长是无限小,所以单元体各个侧面上的应力可视为均匀分布,这样就可以用截面法研究其斜截面上的应力了。

从圆轴表层 A 点取出一单元体(图 6-15)。该单元体的左、右侧面属于圆轴的横截面,上、下侧面属于径向平面,而单元体的前、后侧面属于半径相差极小的两个圆柱面。由切应力互等定理可知,单元体的左、右、上、下四个侧面作用着相等的切应力 τ,而前、后面没有应力作用,故此单元体处于纯剪状态。

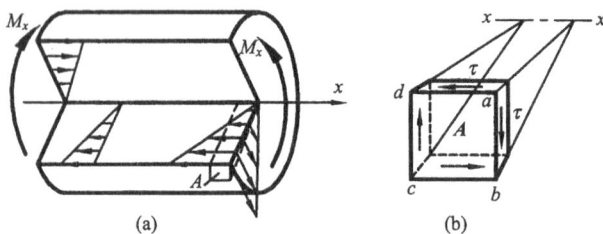

图 6-15

过此单元体任取一斜截面 de(图 6-16(a)),它的外法线 n 与 x 方向成 α 角,并规定从 x 轴转到 n,逆时针的 α 为正反之为负。为求 de 面上的应力,假想沿 de 切开,然后弃去上部 $abed$,保留下部 dce(图 6-16(b))。保留部分的 dc、ce 面上作用着已知的切应力 τ,de 面上作用着未知的正应力 σ_α 和切应力 τ_α。选坐标轴 n 和 t,它们分别与 de 面垂直和平行。设 de 面的面积为 dA,则 dc 面和 ce 面的面积分别是 $dA\cos\alpha$ 和 $dA\sin\alpha$,则由 $\sum F_n = 0$,得

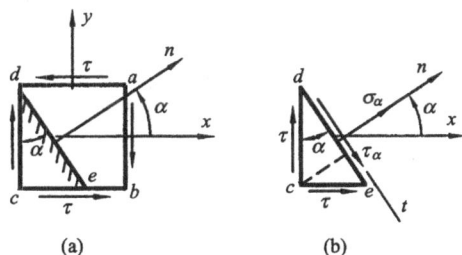

图 6-16

$$(\tau dA\cos\alpha)\sin\alpha + (\tau dA\sin\alpha)\cos\alpha + \sigma_\alpha dA = 0$$

化简为

$$\sigma_\alpha = -\tau\sin2\alpha \qquad (6\text{-}14)$$

同理，由 $\sum F_t = 0$ 得

$$\tau_\alpha = \tau\cos2\alpha \qquad (6\text{-}15)$$

式(6-14)和式(6-15)就是圆轴扭转时任意斜截面上应力的计算公式。

下面对式(6-14)和式(6-15)进行一些讨论：

1）圆轴扭转时任一斜截面上的应力 σ_α、τ_α 随斜截面方位角 α 而改变。因此，在某些截面上 σ_α 或 τ_α 取极值，这对分析扭转破坏是有意义的。

2）在 $\alpha=0°$ 和 $\alpha=90°$ 的截面（横截面和纵向面）上，$\sigma_\alpha=0$，$\tau_\alpha=\tau_{max}=\tau$ 达到极值。即圆轴扭转时，横截面和纵向截面上作用着最大切应力（图 6-17）。

3）在 $\alpha=\pm45°$ 的斜截面上，切应力 $\tau_\alpha=0$，正应力 σ_α 达到极值，即

$$\begin{cases} \sigma_{+45°} = \sigma_{min} = -\tau \\ \sigma_{-45°} = \sigma_{max} = \tau \end{cases}$$

两斜截面的正应力，一个是拉应力，一个是压应力，其绝对值均为 τ（图 6-17）。如图 6-17 所示，我们再取 1234 单元体，则该单元体的侧面上作用着正应力的极值。

4）根据上述讨论，即可说明材料在扭转试验中的破坏现象。低碳钢试件扭转时沿横截面破坏，是横截面上最大切应力作用的结果；铸铁试件扭转时大约沿 45° 螺旋线断裂，这是最大拉应力作用的结果（图 6-18）。

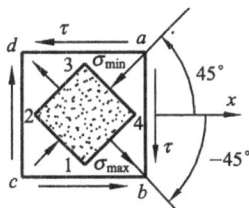

图 6-17

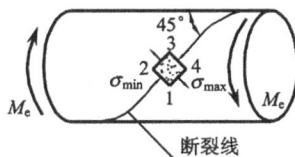

图 6-18

6.4.3　圆轴扭转时的强度条件

建立圆轴扭转强度条件时,应使轴内的最大工作切应力不超过材料的许用切应力,故强度条件为

$$\tau_{\max} \leqslant [\tau] \tag{6-16}$$

对于等直圆轴,最大扭转切应力一定发生在 $M_{x,\max}$ 截面上的最外边缘各点,这时式(6-16)可写成

$$\tau_{\max} = \frac{M_{x,\max}}{W_P} \leqslant [\tau] \tag{6-17}$$

对于变截面轴,如阶梯轴、圆锥形杆等,由于 W_P 不是常量,所以,最大切应力 $\tau_{\max}$ 不一定发生在最大扭矩 $M_{x,\max}$ 所在截面。这时要综合考虑 M_x 和 W_P,求出 $\tau = M_x / W_P$ 的极值。

根据圆轴扭转时的强度条件,同样可以解决强度计算中的三类问题,即:强度校核、设计截面和求许可载荷。

在静载荷的情况下,扭转许用切应力 $[\tau]$ 与许用拉应力 $[\sigma]$ 之间有如下的关系:

钢材

$$[\tau] = (0.5 \sim 0.6)[\sigma]$$

铸铁

$$[\tau] = (0.8 \sim 1.0)[\sigma_t]$$

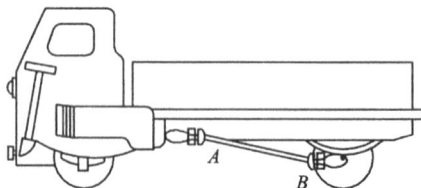

图 6-19

例 6-2　某汽车的主传动轴 AB(图 6-19)用优质碳素钢的电焊钢管制成,钢管外径 $D=76$mm,壁厚 $t=2.5$mm,轴传递的转矩 $M_e=1.98$kN·m,材料的许用切应力 $[\tau]=100$MPa,试求:①校核轴的扭转强度;②若将空心轴改为强度相同的实心轴,试求设计轴的直径,并比较实心轴和空心轴的重量。

解　1) 校核空心轴的强度。

由题意可知

$$M_x = M_e = 1.98(\text{kN} \cdot \text{m})$$

$$\alpha = \frac{d}{D} = \frac{D-2t}{D} = \frac{76-2 \times 2.5}{76} = 0.935$$

$$I_P = \frac{\pi D^4}{32}(1-\alpha^4) = 77.1(\text{cm}^4)$$

$$W_P = \frac{\pi D^3}{16}(1-\alpha^4) = 20.3(\text{cm}^3)$$

由强度条件式(6-17)可得

$$\tau_{\max} = \frac{M_{x,\max}}{W_P} = \frac{1.98 \times 10^3}{20.3 \times 10^{-6}} = 97.5(\text{MPa}) < [\tau]$$

所以 AB 轴满足强度条件。

2) 设计实心圆轴直径 D_1。

因两轴强度相等,故实心圆轴的最大切应力也应等于 97.5MPa,即

$$\tau_{\max} = \frac{M_x}{W_P} = \frac{1.98 \times 10^3}{\frac{\pi}{16}D_1^3} = 97.5 \times 10^6(\text{Pa})$$

则有

$$D_1 = \sqrt[3]{\frac{1.98 \times 10^3 \times 16}{\pi \times 97.5 \times 10^6}} = 0.046\ 9(\text{m}) = 46.9(\text{mm})$$

3) 比较两轴的重量。

因两轴的材料、长度均相同,故两轴重量之比即为两轴横截面面积之比,即

$$\frac{A_{\text{空}}}{A_{\text{实}}} = \frac{\frac{\pi}{4}(D^2 - d^2)}{\frac{\pi}{4}D_1^2} = \frac{76^2 - 71^2}{46.9^2} = 0.334$$

可见在载荷相同的条件下,空心轴的重量只为实心轴的 33%。采用空心轴可减轻重量和节约材料。这是因为横截面上切应力沿半径按线性规律分布,圆心附近的应力很小,材料没有充分发挥作用。若把轴心附近的材料向边缘移置而作成空心轴,则 I_P 和 W_P 都增大了,可提高轴的强度。从强度的观点看,空心截面是轴的合理截面,而且在工程中已得到广泛应用。在汽车、飞机及其他行走机械中采用空心轴,还可以减轻重量,提高运行速度。当然,在设计中是否采用空心截面,还要考虑到结构要求,制造加工成本等许多因素。

6.5 圆轴扭转时的变形与刚度条件

6.5.1 两横截面间绕轴线的相对扭转角

由式(6-7)可知

$$\mathrm{d}\varphi = \frac{M_x}{GI_P}\mathrm{d}x \tag{a}$$

其中,$\mathrm{d}\varphi$ 表示相距为 $\mathrm{d}x$ 的两横截面之间的相对扭转角。沿轴线 x 积分,即可求得相距为 l 的两横截面之间绕轴线的相对扭转角为

$$\varphi = \int_l \mathrm{d}\varphi = \int_0^l \frac{M_x}{GI_P}\mathrm{d}x \tag{b}$$

当两截面之间的扭矩 M_x 为常数,且圆轴为等直轴,则式(b)化为

$$\varphi = \frac{M_x l}{GI_P} \tag{6-18}$$

其中,GI_P 称为圆轴的**抗扭刚度**,GI_P 越大,扭转角 φ 越小。

当轴在各段的扭矩 M_x 或极惯性矩 I_P 分段为常数时,可分段计算各段的相对扭转角,然后代数叠加,因此式(6-18)变为

$$\varphi = \sum_{i=1}^{n} \frac{M_{xi} l_i}{GI_{Pi}} \tag{6-19}$$

当扭矩或横截面沿轴线 x 连续变化时,可先求 $\mathrm{d}x$ 微段的相对扭转角 $\mathrm{d}\varphi$,然后积分求得长为 l 的两截面间相对扭转角,即

$$\varphi = \int_0^l \frac{M_x(x)\mathrm{d}x}{GI_P(x)} \tag{6-20}$$

6.5.2 刚度条件

有些轴,为了能正常工作,除要求满足强度条件外,还应将其变形限制在一定范围内,即要求具有一定的刚度。例如,发动机的凸轮轴扭转角过大会影响气阀的开、闭时间;车床主轴的扭转变形过大,将引起主轴的扭转振动,从而影响工件的加工精度和表面粗糙度。所以,轴类零件还应满足刚度条件。一般来说,凡是精度要求较高或需要限制振动的机械,都要考虑轴的刚度。因为扭转角 φ 与轴的长度 l 有关,为了消除长度的影响,用扭转角 φ 对 x 的变化率 $\theta = \mathrm{d}\varphi/\mathrm{d}x$ 来表示轴扭转变形的程度,称为**单位长度的扭转角**,单位为弧度/米(rad/m)。由式(6-7)可知

$$\theta = \frac{\mathrm{d}\varphi}{\mathrm{d}x} = \frac{M_x}{GI_P} \tag{6-21}$$

轴类零件扭转的刚度条件是限制最大的单位长度扭转角不得超过许用单位长度扭转角 $[\theta]$,即

$$\theta_{\max} \leqslant [\theta] \tag{6-22}$$

工程中 $[\theta]$ 的单位习惯上用度/米,记为 °/m。因此,用式(6-21)得到的扭转角的单位是弧度/米,必须乘以 $180/\pi$ 转换为度/米。对于等直圆轴,刚度条件式(6-22)可写为

$$\theta_{\max} = \frac{M_{x,\max}}{GI_P} \times \frac{180}{\pi} \leqslant [\theta] \tag{6-23}$$

各种轴类零件的 $[\theta]$ 值可从有关规范的手册中查到。利用圆转扭转的刚度条件式(6-23),同样可以用来解决工程中的三类计算,即:设计截面尺寸、计算许可载荷以及刚度校核。

例 6-3 如图 6-20 所示,传动轴其转速为每分钟 208 转,主动轮 A 输入的功率 $P_A = 6\mathrm{kW}$,两从动轮 B、C 输出的功率分别为 $P_B = 4\mathrm{kW}$,$P_C = 2\mathrm{kW}$。轴的许用

切应力$[\tau]=30\mathrm{MPa}$,许用扭转角$[\theta]=$
$1°/\mathrm{m}$,剪切弹性模量$G=80\mathrm{GPa}$。试按强
度条件和刚度条件设计轴的直径d。

解　1) 计算外力偶矩、画扭矩图

$$M_{eA}=9\ 549\ \frac{P_A}{n}=9\ 549\times\frac{6}{208}$$

$$=275.4(\mathrm{N}\cdot\mathrm{m})$$

$$M_{eB}=9\ 549\ \frac{P_B}{n}=9\ 549\times\frac{4}{208}$$

$$=183.6(\mathrm{N}\cdot\mathrm{m})$$

图 6-20

$$M_{eC}=9\ 549\ \frac{P_C}{n}=9\ 549\times\frac{2}{208}=91.8(\mathrm{N}\cdot\mathrm{m})$$

用截面法可求出 BA 和 AC 段内的扭矩,其扭矩图如图 6-20(b)所示,最大扭
矩为 $M_{x,\max}=183.6\mathrm{N}\cdot\mathrm{m}$。

2) 根据强度条件设计直径 d_1。

由强度条件式(6-17),可知

$$\tau_{\max}=\frac{M_{x,\max}}{W_P}=\frac{M_{x,\max}}{\dfrac{\pi d^3}{16}}\leqslant[\tau]$$

故求得

$$d_1\geqslant\sqrt[3]{\frac{16M_{x,\max}}{\pi[\tau]}}=\sqrt[3]{\frac{16\times183.6}{\pi\times30\times10^6}}=31.5\times10^{-3}(\mathrm{m})$$

3) 根据刚度条件设计直径 d_2。

由刚度条件式(6-23),可知

$$\theta_{\max}=\frac{M_{x,\max}}{GI_P}\times\frac{180}{\pi}=\frac{M_{x,\max}}{G\cdot\dfrac{\pi d_2^4}{32}}\times\frac{180}{\pi}\leqslant[\theta]$$

故求得

$$d_2\geqslant\sqrt[4]{\frac{32M_{x,\max}\times180}{G\pi^2[\theta]}}=\sqrt[4]{\frac{32\times183.6\times180}{80\times10^9\times\pi^2\times1}}=34\times10^{-3}(\mathrm{m})$$

为了同时满足强度和刚度要求,传动轴的直径应取两者中较大的一个,即

$$d=\max\{d_1,d_2\}=34\times10^{-3}(\mathrm{m})=34(\mathrm{mm})$$

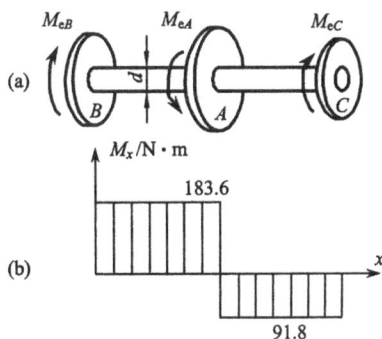

6.6　非圆截面杆扭转的概念

6.6.1　非圆截面杆和圆截面杆扭转时的区别

在工程上还可能遇到非圆截面杆的扭转,如农业机械用方形截面作传动轴,曲

轴的曲柄作成矩形截面的。

我们知道,圆轴受扭后横截面仍保持为平面。而非圆截面杆受扭后,横截面由原来的平面变为曲面(图 6-21),这一现象称为**截面翘曲**。它是非圆截面杆扭转的一个重要特征。对于非圆截面杆的扭转,平面假设已不成立。因此,圆轴扭转时的应力,变形公式对非圆截面杆均不适用。

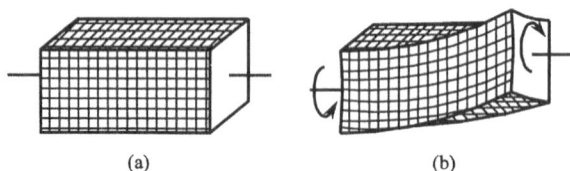

图 6-21

非圆截面杆件的扭转可分为自由扭转和约束扭转。等直杆在两端受扭转力偶矩作用,且其翘曲不受任何限制的情况,属于**自由扭转**。这种情况下杆件各横截面的翘曲程度相同,纵向纤维的长度无变化,故横截面上没有正应力而只有切应力。如图 6-22(a)所示即为工字钢的自由扭转。若由于约束条件或受力条件的限制,造成杆件各横截面的翘曲程度不同,这势必引起相邻两截面间纵向纤维的长度改变,于是横截面上除切应力外还有正应力。这种情况称为**约束扭转**。如图 6-22(b)所示即为工字钢约束扭转的示意图。像工字钢、槽钢等薄壁杆件,约束扭转时横截面上的正应力往往是相当大的。但一些实体杆件,如截面为矩形或椭圆形的杆件,因约束扭转而引起的正应力数值很小,与自由扭转并无太大差别。

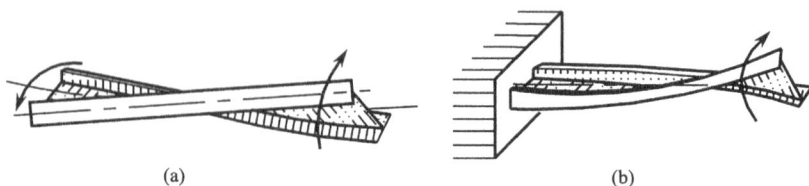

图 6-22

6.6.2　矩形截面杆的扭转

根据切应力互等定理可以证明,杆件扭转时横截面上切应力的分布具有以下两个特点:

1. 横截面上边缘各点的切应力方向都与截面周边相切

因为边缘各点的切应力如不与周边相切,总可以分解为:边界切线方向的分量

τ_t 和法线方向的分量 τ_n(图 6-23)。根据切应力互等定
理，τ_n 应与杆件自由表面上的切应力 τ_n' 相等，但自由表
面上不可能有 τ_n'，故 $\tau_n = \tau_n' = 0$。因此，周边各点只能有
沿边界切线方向的切应力 τ_t。

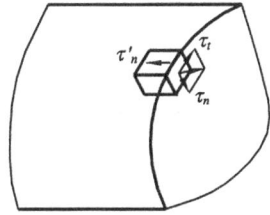

图 6-23

2. 横截面凸角处的切应力一定为零

如果凸角处有切应力（图

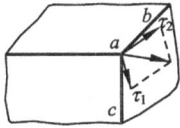

图 6-24

6-24），则可分解为沿 ab 边和 ac 边法线分量 τ_1 和 τ_2。同
上证明，τ_1 和 τ_2 皆应等于零，故凸角处的切应力一定
为零。

根据横截面切应力与内力
M_x 之间的关系，可以确定周边
各点切应力 τ 的方向，即切应力 τ 对轴心之矩应和截面
上内扭矩 M_x 的方向一致。

非圆截面杆的自由扭转，一般在弹性力学中讨论。
根据弹性力学得出矩形截面杆扭转时，横截面上切应
力分布如图 6-25 所示。边缘各点的切应力形成与边
界相切的顺流。四个角点上的切应力等于零。最大切
应力发生于矩形长边的中点。其具体计算公式这里不
再介绍，需要时可查阅有关资料。

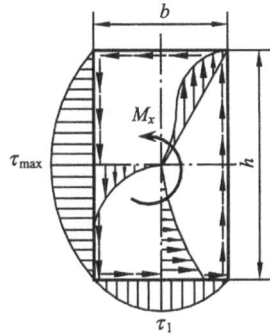

图 6-25

6.7　剪切和挤压的实用计算

6.7.1　剪切构件的受力和变形特点

在工程中，机械和结构物的各组成部分通常用螺栓（图 6-26(a)）、键（图 6-27
(a)）、销钉、铆钉等连接件来连接。这类构件的**受力特点是**：作用于构件两侧面上
外力的合力大小相等，方向相反且作用线相距很近（图 6-26(b)，图 6-27(b)）；其**变
形特点是**：位于两力间的截面（剪切面）发生相对错动（图 6-26(c)，图 6-27(c)）。

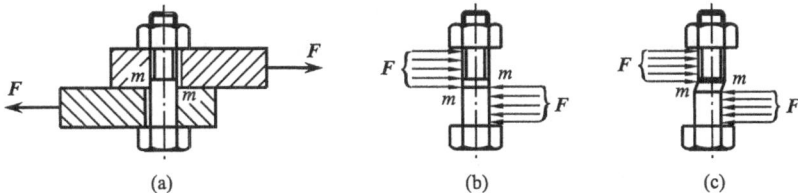

(a)　　　　　　　　　　(b)　　　　　　　　　　(c)

图 6-26

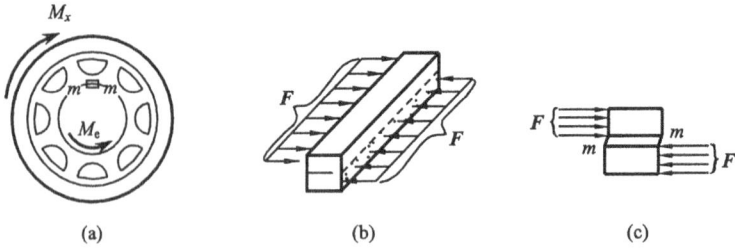

图 6-27

这种变形形式称为**剪切变形**。

如图 6-26(c)和图 6-27(c)所示,剪切变形只发生在受剪构件的某一局部,而且外力也作用在此局部附近,因此,其受力和变形都比较复杂。在设计计算中对这类构件采用实用计算方法。这种方法是根据剪切破坏的实际情况,作出较为粗略的,大体上能反映实际情况的假设,从而导出简单实用的近似计算公式。

6.7.2　剪切的实用计算

有两块钢板用螺栓连接的结构(图 6-28(a)),当钢板受拉力 F 时,螺栓的受力简图如图 6-28(b)所示,当外力 F 增大到一定值时,螺栓可能沿 m-m 截面被剪断,这个截面称为**剪切面**。为了校核螺栓在剪切面上的强度,首先根据截面法确定剪

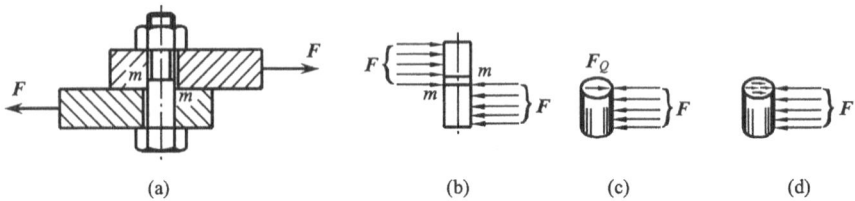

图 6-28

切面上的内力。为此,沿 m-m 截面将螺栓假想截开,取下半部分为研究对象(图 6-28(c)),用平行于截面 m-m 的剪力 F_Q 代替上半部分的作用,根据平衡条件得

$$F_Q = F$$

假定剪力 F_Q 所对应的**切应力在剪切面上均匀分布**(图 6-28(d)),则剪切面上的切应力为

$$\tau = \frac{F_Q}{A} \tag{6-24}$$

其中,A 为剪切面面积。

因此,**剪切强度条件**为

$$\tau = \frac{F_Q}{A} \leqslant [\tau] \tag{6-25}$$

式(6-25)中许用切应力[τ]采用下述方法来确定:取与实际工作构件完全相同的试件(材料、尺寸、受力情况、装配方法都相同),由剪切试验测得剪断试件时剪力 F_{Qb},按切应力均匀分布的式(6-24)求得剪切强度极限 $\tau_b = F_{Qb}/A$,再除以适当的安全系数即可得到[τ]。各种材料的[τ]可以从有关设计规范中查到。

根据以上强度条件,便可进行强度计算。应该指出,实际问题中,有些零件往往有两个剪切面,这种情况称为**双剪切**,其强度计算方法与前述方法相同,只是在两个剪切面上都有剪力。如图 6-29(a)所示的活塞销,就有两个剪切面(图 6-29(b)),每个剪切面上的剪力 $F_Q = F/2$,此时剪切面上的切应力为

图 6-29

$$\tau = \frac{F_Q}{A} = \frac{F}{2A}$$

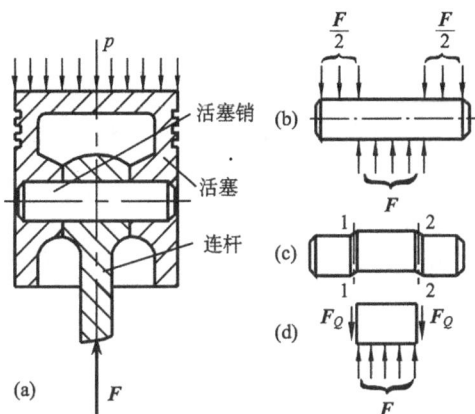

6.7.3　挤压的实用计算

在外力作用下,连接件和被连接构件之间,由于接触面较小而传递的压力较大,这就可能把连接件的接触面压成局部塑性变形,这种破坏方式称为**挤压破坏**。

如图 6-30 所示的钢板铆钉孔被压成长圆孔的情况,铆钉也可能被压成扁圆柱。所以对连接构件除进行剪切强度计算外,还应进行挤压强度计算。

如图 6-30 所示的挤压面上,应力分布一般比较复杂,工程上也采用实用计算的方法。假定在挤压面上应力均匀分布,以 F_{bs} 表示挤压面上的挤压力,以 A_{bs} 表示挤压面积,于是挤压面上的挤压应力为

$$\sigma_{bs} = \frac{F_{bs}}{A_{bs}} \tag{6-26}$$

相应的挤压强度条件是

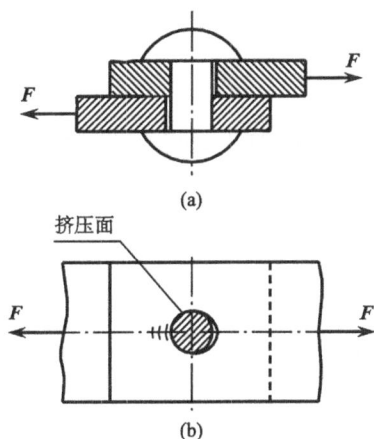

图 6-30

$$\sigma_{bs} = \frac{F_{bs}}{A_{bs}} \leqslant [\sigma_{bs}] \tag{6-27}$$

其中，$[\sigma_{bs}]$ 为材料的许用挤压应力，可以从有关设计规范中查到。

当连接件与被连接构件的接触面为平面，如图 6-27 所示的键连接，A_{bs} 就是接触面的面积；当接触面为圆柱面（如螺栓、销钉和铆钉与孔间的接触面）时，挤压应力的分布如图 6-31 所示，最大应力在圆柱面的中点。实用计算中，以圆孔或圆钉的直径平面面积 td（如图 6-31(b)所示画阴影线的面积）除挤压力 F_{bs} 所得应力大致与实际最大应力接近。因此，这时 A_{bs} 取为 td。

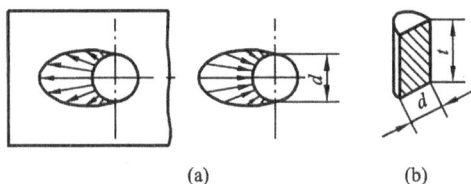

图 6-31

例 6-4　如图 6-32(a)所示齿轮用平键与轴连接（图中只画出了轴与键，没有画出齿轮）。已知轴的直径 $d=70\text{mm}$，键的尺寸为 $b \times h \times l = 20\text{mm} \times 12\text{mm} \times 100\text{mm}$，传递的扭转力偶矩 $M_e = 2\text{kN} \cdot \text{m}$，键的许用应力 $[\tau] = 60\text{MPa}$，$[\sigma_{bs}] = 100\text{MPa}$。试校核键的强度。

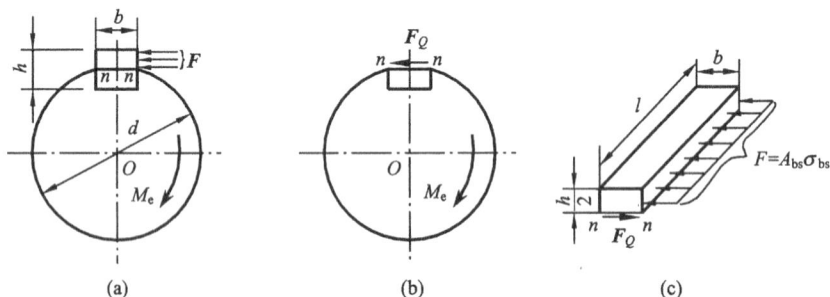

图 6-32

解　1）首先校核键的剪切强度。将平键沿 n-n 截面分成两部分，并把 n-n 以下部分和轴作为一个整体来考虑（图 6-32(b)）。因为假设在 n-n 截面上切应力均匀分布，故 n-n 截面上的剪力 F_Q 为

$$F_Q = A\tau = bl\tau$$

对轴心取矩，由平衡方程 $\sum M_O = 0$，得

$$F_Q \cdot \frac{d}{2} = bl\tau \cdot \frac{d}{2} = M_e$$

故有

$$\tau = \frac{2M_e}{bld} = \frac{2 \times 2\,000}{20 \times 100 \times 70 \times 10^{-9}} = 28.6 \times 10^6 (\text{Pa}) = 28.6 (\text{MPa}) < [\tau]$$

可见平键满足剪切强度条件。

2) 其次校核键的挤压强度。考虑键在 n-n 截面以上部分的平衡(图 6-32(c)),在 n-n 截面上的剪力 $F_Q = bl\tau$,右侧面上的挤压力为

$$F_{bs} = A_{bs}\sigma_{bs} = \frac{h}{2}l\sigma_{bs}$$

投影于水平方向,由平衡方程得

$$F_Q = F_{bs} \text{ 或 } bl\tau = \frac{h}{2}l\sigma_{bs}$$

由此求得

$$\sigma_{bs} = \frac{2b\tau}{h} = \frac{2 \times 20 \times 28.6}{12} = 95.3(\text{MPa}) < [\sigma_{bs}]$$

故平键也满足挤压强度条件。

例 6-5　两轴以凸缘相连接(图 6-33(a)),沿直径 $D = 150$mm 的圆周上对称地分布着四个连接螺栓来传递力偶 M_e。已知 $M_e = 2\,500$N · m,凸缘厚度 $h = 10$mm,螺栓材料为 Q235 钢,许用切应力 $[\tau] = 80$MPa,许用挤压应力 $[\sigma_{bs}] = 200$MPa。试设计螺栓的直径。

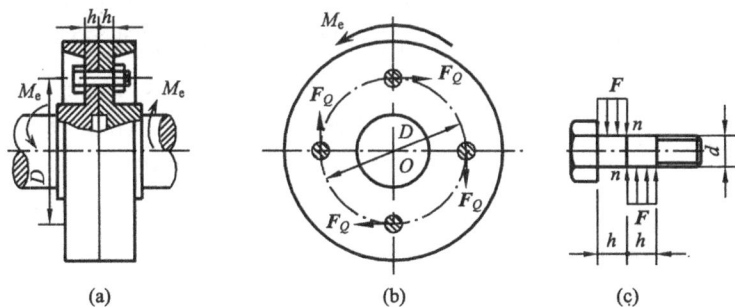

图 6-33

解　1) 螺栓受力分析。

因螺栓对称排列,故每个螺栓受力相同。假想沿凸缘接触面切开,考虑右边部分的平衡(图 6-33(b)),由 $\sum M_e = 0$,有

$$M_e - 4 \times F_Q \times \frac{D}{2} = 0$$

则

$$F_Q = \frac{M_e}{2D} = \frac{2\,500}{2 \times 15 \times 10^{-2}} = 8\,330(\text{N})$$

F_Q 为螺栓受剪面 n-n(图 6-33(c))的剪力。凸缘传给螺栓的作用力 $F = F_Q$。

2) 设计螺栓直径。

根据式(6-25),可得

$$\tau = \frac{F_Q}{A} = \frac{8\,330}{\frac{\pi}{4}d^2 \times 10^{-4}} \leqslant 80 \times 10^6$$

则有

$$d_1 \geqslant 1.15(\text{cm})$$

螺栓承受的挤压力 $F_{bs} = F = 8\,330\text{N}$,挤压面面积 $A_{bs} = hd$,则根据式(6-43),可得

$$\sigma_{bs} = \frac{F_{bs}}{A_{bs}} = \frac{8\,330}{1 \times d \times 10^{-4}} \leqslant 200 \times 10^6$$

则有

$$d_2 \geqslant 0.417(\text{cm})$$

所以螺栓直径应选取较大的,即 $d = \max\{d_1, d_2\} = 11.5\text{mm}$。

一部机器在工作中难免发生超载现象,机器的主要零件将面临破坏危险,这时最好只破坏不贵重的零件或次要零件,也就是把某个次要零件的强度设计成整个机器中最薄弱的环节。当机器超载时,由于这个零件破坏,使载荷不能继续增加以保全其他主要零部件,如轴、齿轮等。下面列举的安全销就是按这种考虑设置的。

例 6-6 如图 6-34 所示车床光杠的安全销。已知 $D = 21\text{mm}$,安全销材料为 45 号钢,剪切强度极限 $\tau_b = 360\text{MPa}$。为保证光杠安全,传递的力矩 M_e 不能超过 $120\text{N} \cdot \text{m}$。试设计安全销直径。

解 安全销有两个受剪面 m-m 和 n-n,受剪面上的剪力 F_Q 组成一力偶,其力偶臂为 D,所以 $F_Q = M_e/D$,按剪断条件,

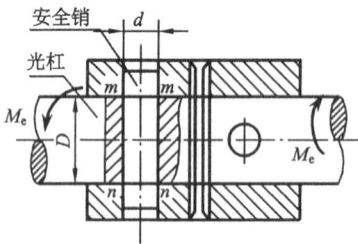

图 6-34

切应力应超过剪切强度限

$$\tau = \frac{F_Q}{A} = \frac{M_e/D}{\pi d^2/4} \geqslant \tau_b$$

$$d \leqslant \sqrt{\frac{4M_e}{\pi D \tau_b}} = \sqrt{\frac{4 \times 120}{\pi \times 2.1 \times 10^{-2} \times 360 \times 10^6}} = 4.5 \times 10^{-3}(\text{m}) = 4.5(\text{mm})$$

思 考 题

6-1 圆轴扭转的受力特点与变形特点是什么?

6-2 扭矩符号是如何规定的?

6-3 剪切的受力特点与变形特点是什么?

6-4 用切应力互等定理证明如思考题 6-4 图所示截面上 1、2 两点的切应力必为零及 3、4 点的切应力必与周边相切。

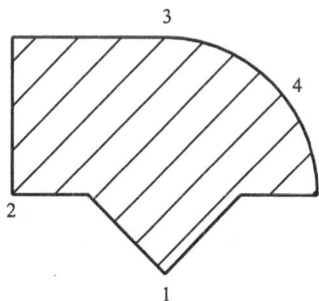

思考题 6-4 图

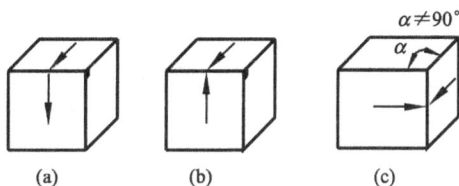

思考题 6-5 图

6-5 如思考题 6-5 图所示单元体上的切应力是否符合切应力互等定理？为什么？

6-6 一空心圆轴的截面尺寸如思考题 6-6 图所示，它的极惯性矩 I_P 和抗扭截面模量 W_P 是否可按下式计算

$$I_P = \frac{\pi D^4}{32} - \frac{\pi d^4}{32}, \qquad W_P = \frac{\pi D^3}{16} - \frac{\pi d^3}{16}$$

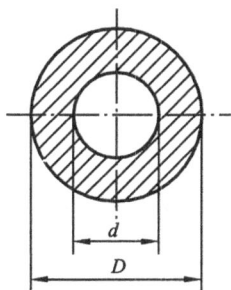

思考题 6-6 图

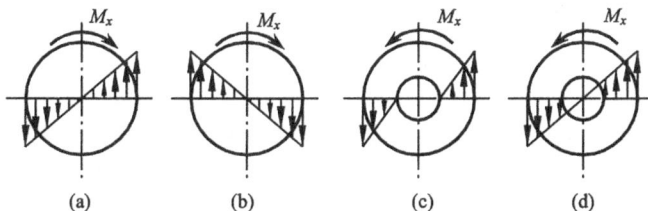

思考题 6-7 图

6-7 如思考题 6-7 所示，图中所画切应力分布图是否正确？M_x 为圆轴横截面上的扭矩。

6-8 直径 d 和长度 l 都相同，而材料不同的两根轴，在相同的扭矩作用下，它们的最大剪应力 $\tau_{\max}$ 是否相同？扭转角 φ 是否相同，为什么？

6-9 试从应力分布的角度说明空心圆轴比实心圆轴能更充分地发挥材料的作用。

6-10 非圆截面杆扭转与圆轴扭转的本质区别是什么？

6-11 为什么一般减速箱中的低速轴均比高速轴的直径大？

习　题

6-1 作如题 6-1 图所示各圆轴的扭矩图。

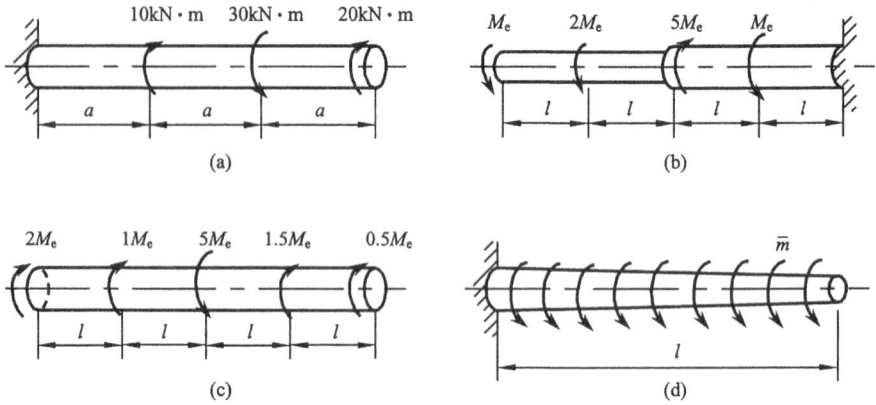

题 6-1 图

6-2 求如题 6-2 图所示圆轴 1-1 和 2-2 截面的扭矩。从强度的观点看,三个轮子怎样布置才比较合理?

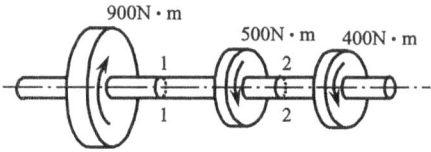

题 6-2 图

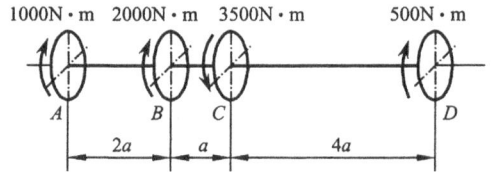

题 6-3 图

6-3 如题 6-3 图所示,已知传动轴的直径 $d=10\mathrm{cm}$,材料的剪切弹性模量 $G=80\mathrm{GPa}$,试:①画扭矩图;②求 $\tau_{\max}$,发生在何处? ③求 C、D 二截面间的扭转角 φ_{CD} 与 A、D 二截面间的扭转角 φ_{AD}。已知 $a=0.5\mathrm{m}$。

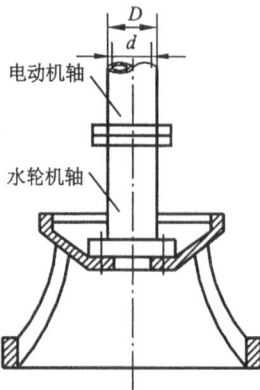

题 6-4 图

6-4 发电量为 15 000kW 的水轮机主轴如题 6-4 图所示。$D=550\mathrm{mm}$,$d=300\mathrm{mm}$,正常转速 $n=250\mathrm{r/min}$。材料的许用切应力 $[\tau]=50\mathrm{MPa}$。试校核水轮机主轴的强度。

6-5 如题 6-5 图所示 AB 轴的转速 $n=120\mathrm{r/min}$,从 B 轮输入功率 $P=40\mathrm{kW}$,此功率的一半通过锥形齿轮传给垂直轴 C,另一半由水平轮 H 输出。已知 $D_1=60\mathrm{cm}$,$D_2=24\mathrm{cm}$,$d_1=10\mathrm{cm}$,$d_2=8\mathrm{cm}$,$d_3=6\mathrm{cm}$,$[\tau]=20\mathrm{MPa}$。试对各轴进行强度校核。

6-6 如题 6-6 图所示阶梯形圆轴直径分别为 $d_1=4\mathrm{cm}$,$d_2=7\mathrm{cm}$,轴上装有三个皮带轮。已知由轮 3 输入的功率为 $P_3=30\mathrm{kW}$,轮 1 输出的功率为 $P_1=13\mathrm{kW}$,轴做匀速转动,$n=200\mathrm{r/min}$,材料的剪切许用应力 $[\tau]=60\mathrm{MPa}$,$G=$

80GPa,许用扭转角$[\theta]=2°/m$。试校核轴的强度和刚度。

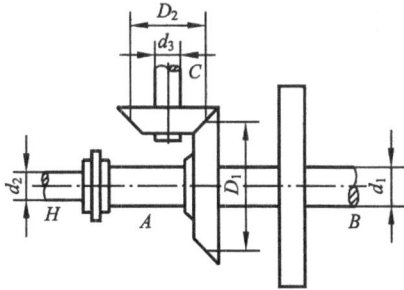

题 6-5 图

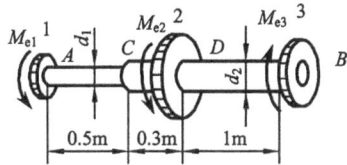

题 6-6 图

6-7　如题 6-7 图所示绞车同时由两人操作,若每人加在手柄上的力都是 $F=200N$,已知轴的许用剪应力$[\tau]=40MPa$,试按强度条件初步估算 AB 轴的直径,并确定最大起重量 G。

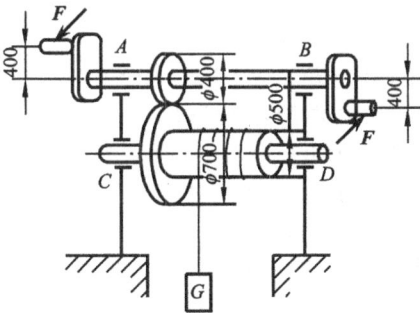

题 6-7 图

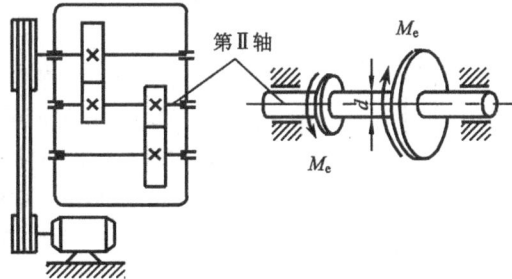

题 6-8 图

6-8　机床变速箱第Ⅱ轴如题 6-8 图所示,轴所传递的功率为 $P=5.5kW$,转速 $n=200r/min$,材料为 45 号钢,$[\tau]=40MPa$,试按强度条件初步设计轴的直径。

6-9　如题 6-9 图所示,实心轴和空心轴通过牙嵌式离合器连接在一起。已知轴的转速 $n=100r/min$,传递的功率 $P=7.5kW$,材料的许用应力$[\tau]=40MPa$。试选择实心轴直径 d_1 和内外径比值为 1/2 的空心轴的外径 D_2。

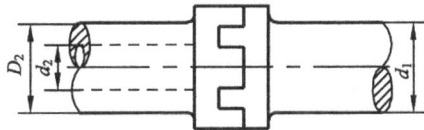

题 6-9 图

6-10　桥式起重机如题 6-10 图所示。若传动轴传递的力偶矩 $M_e=1.08kN\cdot m$,材料的许用应力$[\tau]=40MPa$,$G=80GPa$,同时规定$[\theta]=0.5°/m$。试设计轴的直径。

6-11　如题 6-11 图所示传动轴的转速为 $n=500r/min$,主动轮 1 输入功率 $P_1=367.75kW$,从动轮 2、3 分别输出功率 $P_2=147.1kW$,$P_3=220.65kW$。已知$[\tau]=70MPa$,$[\theta]=1°/m$,$G=80GPa$;①试确定 AB 段的直径 d_1 和 BC 段的直径 d_2;②若 AB 和 BC 两段选用同一直径,试确定直径 d;③主动轮和从动轮应如何安排才比较合理?

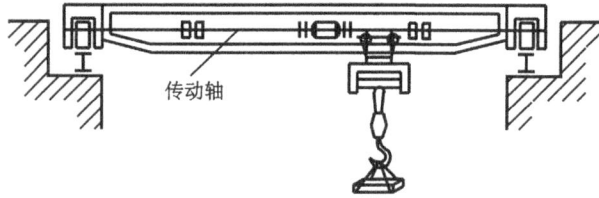

题 6-10 图

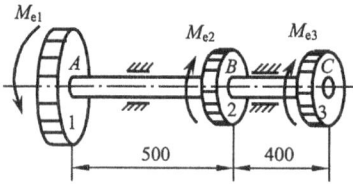

题 6-11 图

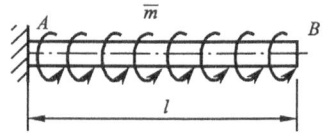

题 6-12 图

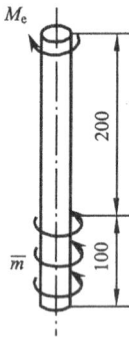

题 6-13 图

6-12 如题 6-12 图所示圆截面杆 AB 的左端固定,承受一集度为 $\overline{m}$ 的均布力偶矩作用。试导出计算截面 B 的扭转角的公式。

6-13 如题 6-13 图所示钻头横截面直径为 20mm,在顶部受均匀的阻抗扭矩 $\overline{m}$(N·m/m)的作用,许用切应力$[\tau]=70$MPa。①求许可的 M_e;②若 $G=80$GPa,求上端对下端的相对扭转角。

6-14 如题 6-14 图所示螺钉在拉力 F 作用下。已知材料的剪切许用应力$[\tau]$和拉伸许用应力$[\sigma]$之间的关系约为:$[\tau]=0.6[\sigma]$。试求螺钉直径 d 与钉头高度 h 的合理比值。

6-15 木榫接头如题 6-15 图所示。已知 $a=b=12$cm,$h=35$cm,$c=4.5$cm,$F=40$kN。试求接头的剪切和挤压应力。

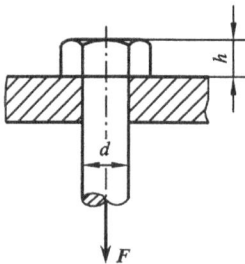

题 6-14 图

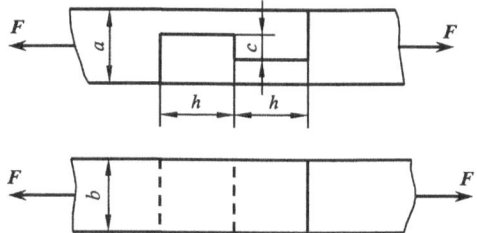

题 6-15 图

6-16 如题 6-16 图所示,已知钢板厚度 $t=10$mm,其剪切极限应力为 $\tau_u=300$MPa。若用冲床将钢板冲出直径 $d=25$mm 的孔,问需要多大的冲剪力?

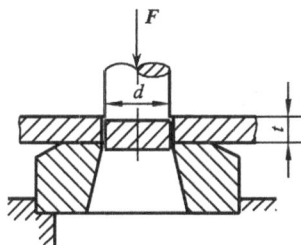

题 6-16 图

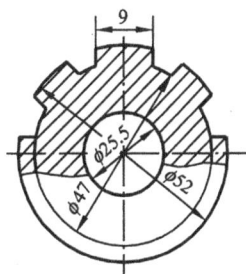

题 6-17 图

6-17 如题 6-17 图所示机床花键轴有八个齿。轴与轮的配合长度 $l=60mm$，外力偶矩 $M_e=4kN \cdot m$。轮与轴的挤压许用应力为 $[\sigma_{bs}]=140MPa$，试校核花键轴的挤压强度。

6-18 一带肩杆件如题 6-18 图所示。若杆材料的 $[\sigma]=160MPa,[\tau]=100MPa,[\sigma_{bs}]=320MPa$，试求许可载荷。

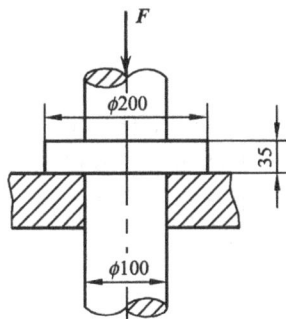

题 6-18 图

第7章 平面弯曲

7.1 平面弯曲静定梁的基本形式

7.1.1 平面弯曲的概念和实例

在工程中经常遇到像桥式起重机的大梁(图 7-1(a)),火车轮轴(图 7-1(b))等杆件,它们的受力特点是:作用于这些杆件上的外力都垂直于杆件的轴线,外力偶的作用平面通过或半行于轴线;变形特点是:使杆件轴线的曲率发生变化,相邻两横截面之间产生垂直轴线的相对转动。这种形式的变形称为**弯曲变形**。工程上习惯把以弯曲为主要变形的杆称为**梁**。梁是一种常见的构件,在各类工程结构中都占有重要地位。某些杆件,如图 7-1(c)所示镗刀杆等,在载荷作用下,不但有弯曲变形,还有扭转等变形。当我们讨论其弯曲变形时,仍然把这类杆件作为梁来处理。

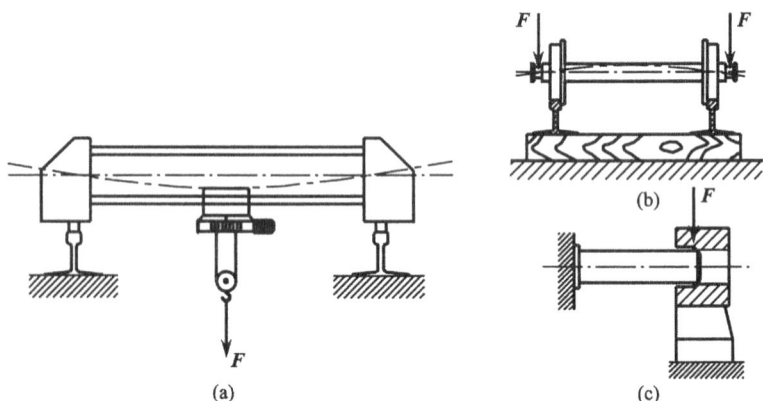

图 7-1

工程中经常使用的梁其横截面都至少有一根对称轴(图 7-2(a)),此对称轴与梁的轴线所组成的平面称为梁的纵向对称面。上面提到的桥式起重机大梁,火车轮轴等都有这种纵向对称面。当作用于梁上的所有外力都在纵向对称面内时(图 7-2(b)),弯曲变形后的轴线也是位于这个对称面内的一条平面曲线。这种载荷作用平面与弯曲变形所在平面(变形前后的轴线所组成的面)相重合或平行的弯曲称为**平面弯曲**,它是弯曲问题中最常见,而且是最基本的情况。

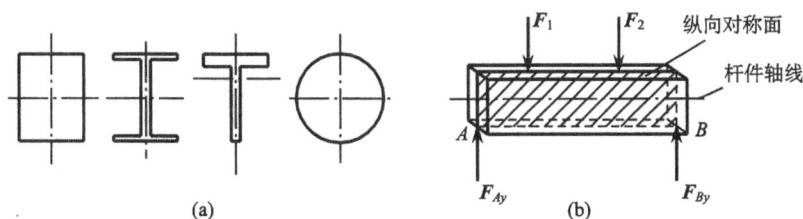

图 7-2

本章主要讨论平面弯曲时横截面上的内力、应力和变形问题。

7.1.2 静定梁的基本形式

梁的支座和载荷有各种情况,比较复杂,必须作一些简化才能得出计算简图。下面就支座及载荷的简化分别进行讨论。

梁支座的结构虽然各不相同,但根据它所能提供的约束反力,可简化为以下三种典型形式。

1. 支座的几种基本形式

1) 固定铰支座。如图 7-3(a)所示的板弹簧的右端,板弹簧只能绕销轴 B 转动,而不允许有水平和竖直方向的移动,故简化为固定铰支座。

2) 可动铰支座。如图 7-3(a)所示的板弹簧,它的左端可绕销轴 A 转动,也允许有微小水平位移(因销轴 A 本身也可绕销轴 C 转动),但铅垂方向的位移受到约束,故把它简化为可动铰支座。

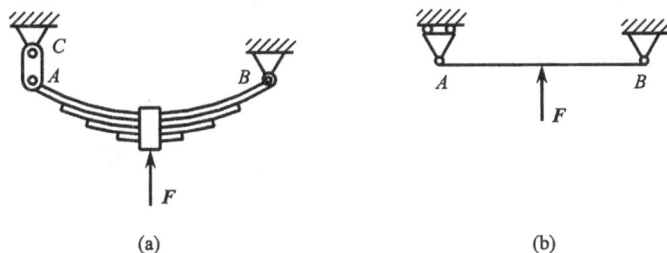

图 7-3

板弹簧的简化结果如图 7-3(b)所示。这种一端为固定铰支座,一端为可动铰支座的梁称为**简支梁**。梁支座间的距离称为梁的跨度。如图 7-1(b)所示的火车轮轴的简化结果如图 7-4 所示,这种两端(或一端)伸出支座之外的梁,称为**外伸梁**。

3) 固定端。如图 7-5(a)所示冲床的轴承架为一悬臂,其左端与机体铸成一体,因此,悬臂左端接近于绝对固定,即不允许悬臂在固接处有相对移动,也不允许有相对转动,这种形式的支座称为固定支座,或简称为固定端(图 7-5(b))。这种一端为固定端,另一端为自由端的梁,称为**悬臂梁**。

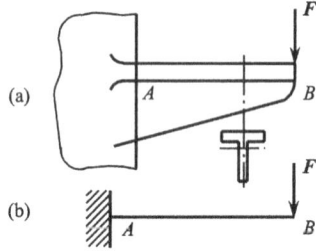

图 7-4　　　　　　　　　　　　　　　　　图 7-5

2. 载荷的简化

作用在梁上的外力是各种各样的,经简化和抽象归纳起来可分为集中力、集中力偶和分布力。

当外力作用的范围远小于梁轴线长度时,可将外力看作是作用于一点处的集中力,如火车车轮对钢轨的压力;若外力的作用是在一定范围内时,如房梁的自重作用,水对水坝的作用等(图 7-6(a)、(b)),这些外力都是沿着梁轴线方向分布作用的,其分布范围与梁的轴线长度是同一数量级,故不能简化成集中力,而必须抽象为分布力。分布力又可以分为均匀分布和任意函数分布,工程中最常见是均匀分布和线性分布(图 7-6(a)、(b))。分布力的集度 q 常用单位是牛顿/米(N/m)或千牛顿/米(kN/m)。

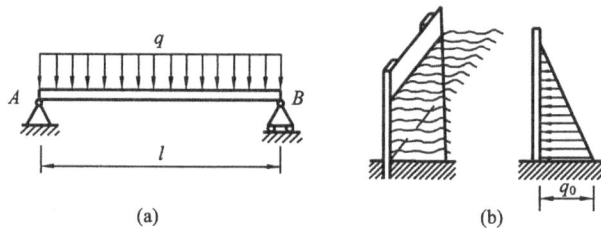

图 7-6

3. 静定梁的基本形式

经过对支座和载荷的简化,可得到各种不同形式梁的计算简图,其基本形式有简支梁(图 7-3(b)),外伸梁(图 7-4)和悬臂梁(图 7-5(b))。

以上三种梁,其支座反力皆可用刚体静力学平衡方程来确定,故统称为**静定梁**。至于支座反力不能完全由刚体静力学平衡方程确定的,则称为静不定梁或超静定梁。

7.2 平面弯曲时梁横截面上的内力

7.2.1 剪力和弯矩

为了计算梁的应力和变形,首先应该确定梁在外力作用下任意横截面上的内力。为此,应先根据平衡条件求得静定梁在载荷作用下的全部反力。当作用在梁上的全部载荷(包括外力和支座反力)均为已知时,用截面法就可以求出任意截面上的内力。

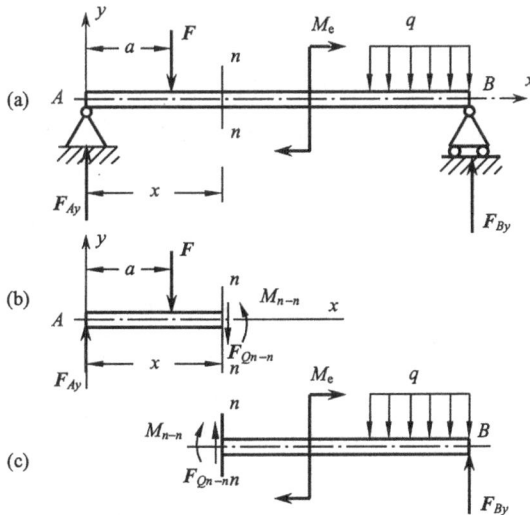

图 7-7

现以如图 7-7(a)所示的简支梁为例,设 F、M_e 和 q 为作用于梁上的载荷,F_{Ay} 和 F_{By} 为支反力。根据求内力的截面法,为了显示出任一横截面上的内力,沿截面 n-n 假想地把梁分成两部分,并取左段为研究对象(图 7-7(b)),由于原来的梁处于平衡状态,所以梁的左段仍应处于平衡状态。作用在左段上的力,除外力 F 和 F_{Ay} 外,在截面 n-n 上还有右段对它作用的内力(图 7-7(b)),把这些内力和左段上的外力投影于 y 轴,其总和应等于零。一般来说,这就要求 n-n 截面上有一个与横截面相切的内力 F_{Qnn},且由 $\sum F_y = 0$ 得

$$F_{Ay} - F - F_{Q\text{-}n} = 0$$

$$F_{Q\text{-}n} = F_{Ay} - F \tag{a}$$

其中，$F_{Q\text{-}n}$ 称为横截面 $n\text{-}n$ 上的**剪力**，它是与横截面相切的分布内力系的合力。若把左段上的所有外力和内力对截面 $n\text{-}n$ 的形心 O 取矩，其力矩总和应等于零。一般来说，这就要求在截面 $n\text{-}n$ 上有一个内力偶矩 M_{nn}，由 $\sum M_O = 0$，得

$$M_{nn} + F(x-a) - F_{Ay} \cdot x = 0$$

$$M_{nn} = F_{Ay} \cdot x - F(x-a) \tag{b}$$

其中，M_{nn} 称为横截面 $n\text{-}n$ 上的**弯矩**，它是与横截面垂直的分布内力系的合力偶矩。剪力和弯矩同为梁横截面上的内力。

从式(a)、式(b)两式还可以看出，在数值上，剪力 F_{Qnn} 等于截面 $n\text{-}n$ 以左所有外力在垂直于梁轴线方向（y 轴）上投影的代数和，在方向上与外力投影和的方向相反；弯矩 M_{nn} 等于截面 $n\text{-}n$ 以左所有外力对截面形心 O 力矩的代数和，在方向上与外力对形心 O 的力矩代数和相反。所以，内力 F_{Qnn} 和 M_{nn} 可根据截面 $n\text{-}n$ 左侧的外力来计算。

如取右段为研究对象（图 7-7(c)），用相同的方法也可以求得截面 $n\text{-}n$ 上的内力 F_{Qnn} 和 M_{nn}，且在数值上，剪力 F_{Qnn} 等于截面 $n\text{-}n$ 以右所有外力在垂直于梁轴线上投影的代数和，弯矩 M_{nn} 等于截面 $n\text{-}n$ 以右所有外力对截面形心 O 力矩的代数和。因为剪力和弯矩是左段与右段在截面 $n\text{-}n$ 上相互作用的内力，所以，右段作用于左段的剪力 F_{Qnn} 和弯矩 M_{nn} 在数值上必然等于左段作用于右段的剪力 F_{Qnn} 和弯矩 M_{nn}，但方向相反。亦即，无论用截面 $n\text{-}n$ 左侧的外力，还是用截面 $n\text{-}n$ 右侧的外力来计算剪力 F_{Qnn} 和弯矩 M_{nn}，其数值都是相等的，但方向相反。

为了使上述两种算法得到的同一截面上的剪力和弯矩不仅数值相同而且符号也一致，把剪力和弯矩的符号规则与梁的变形联系起来，规定如下：如图 7-8(a)所示变形情况下，即截面 $n\text{-}n$ 的左段相对右段向上相对错动时截面 $n\text{-}n$ 上的剪力规定为正；或剪力绕保留部分顺时针方向为正，反之为负（图 7-8(b)）。如图 7-8(c)所示变形情况下，即在截面 $n\text{-}n$ 处弯曲变形向下凸时，截面 $n\text{-}n$ 上的弯矩规定为

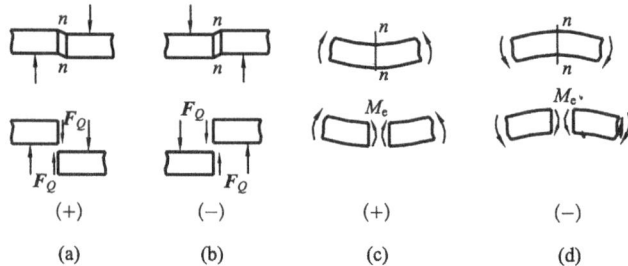

图 7-8

正;或使梁的上表面纤维受压时的弯矩为正,反之为负(图 7-8(d))。

在平面弯曲中,设任意横截面的剪力为 F_Q,弯矩为 M。

按上述关于符号的规定,任意截面上的剪力和弯矩,无论根据这个截面左侧或右侧的外力来计算,所得结果的数值和符号都是一样的。另外,还可以得到下述两个规律:

1) 横截面上的剪力,在数值上等于作用在此截面任一侧(左侧或右侧)梁上所有外力在 y 轴上投影的代数和。

2) 横截面上的弯矩,在数值上等于作用在此横截面任一侧(左侧或右侧)梁上所有外力对该截面形心力矩的代数和。

为了使所求得的剪力和弯矩的符号符合上述规定,按此规律列剪力计算式时,凡截面左侧梁上所有向上的外力,或截面右侧梁上所有向下的外力,都将产生正的剪力,故均取正号;反之为负。在列弯矩计算式时,凡截面左侧梁上外力对截面形心之矩为顺时针转向,或截面右侧外力对截面形心之矩为逆时针转向,都将产生正的弯矩,故均取正号;反之为负。这个规则可以概括为**"左上右下,剪力为正;左顺右逆,弯矩为正"**的口诀。

利用上述规律,在求弯曲内力时,可不再列出平衡方程,而是直接根据截面左侧或右侧梁上的外力来确定横截面上的剪力和弯矩,从而简化了求内力的计算步骤。

例 7-1　如图 7-9 所示简支梁受集中力 $F=ql$、集中偶 $M_e=ql^2/8$ 和均布载荷 q 作用。试求 D 截面上的剪力和弯矩。

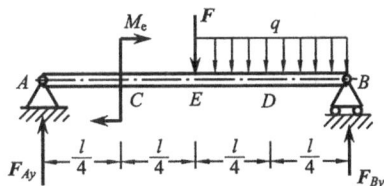

图 7-9

解　由整个梁的静力平衡方程

$$\sum M_B = 0,$$

$$F \cdot \frac{l}{2} + \frac{l}{2}q \cdot \frac{l}{4} - M_e - F_{Ay}l = 0$$

$$\sum M_A = 0, \qquad F_{By} \cdot l - M_e - F \cdot \frac{l}{2} - \frac{ql}{2} \cdot \frac{3}{4}l = 0$$

求得梁支反力为

$$F_{Ay} = \frac{1}{2}ql, \qquad F_{By} = ql$$

为求 D 截面上的剪力和弯矩,假想在 D 截面截开,取左段梁为研究对象,根据左段梁上的外力,可直接求得

$$F_{QD} = F_{Ay} - F - \frac{ql}{4} = \frac{1}{2}ql - ql - \frac{ql}{4} = -\frac{3}{4}ql$$

$$M_D = F_{Ay} \cdot \frac{3}{4}l + M_e - F \cdot \frac{l}{4} - \frac{ql}{4} \cdot \frac{l}{8} = \frac{7}{32}ql^2$$

7.2.2　剪力方程和弯矩方程　剪力图和弯矩图

从上面的讨论看出,一般情况下,梁横截面上的剪力和弯矩随截面位置不同而变化。若以横坐标 x 表示横截面在梁轴线上的位置,则各横截面上的剪力和弯矩皆可表示为 x 的函数,即

$$F_Q = F_Q(x), \qquad M = M(x)$$

上面的函数表达式分别称为梁的**剪力方程**和**弯矩方程**。

与绘制轴力图或扭矩图一样,我们也用图线表示梁的各横截面上剪力 F_Q 和弯矩 M 沿轴线变化的情况。绘图时以平行于梁轴线的横坐标 x 表示横截面的位置,以纵坐标表示相应横截面上的剪力或弯矩的数值。这种图线分别称为**剪力图**和**弯矩图**。下面用例题说明列出剪力方程和弯矩方程以及绘制剪力图和弯矩图的方法。

例 7-2　一简支梁 AB 受均布载荷 q 作用(图 7-10(a))。列出梁的剪力方程和弯矩方程,并作剪力图和弯矩图。

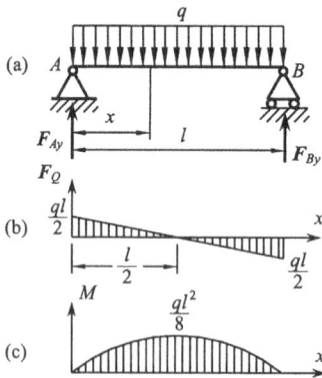

图 7-10

解　1) 求支反力。

对于简支梁,无论从哪边列方程总要遇到支反力。因此,必须先求出支反力。

由于结构的对称性,显然有

$$F_{Ay} = F_{By} = \frac{ql}{2}$$

2) 列剪力方程和弯矩方程。

在距 A 端 x 处截取左段梁列方程

$$F_Q(x) = \frac{ql}{2} - qx \qquad (0 < x < l) \quad (a)$$

$$M(x) = \frac{ql}{2}x - \frac{qx^2}{2} \qquad (0 \leqslant x \leqslant l) \quad (b)$$

3) 作剪力图、弯矩图。

由式(a)可知,剪力图是一斜直线,只要确定出两点即可定出这一斜直线(图 7-10(b))。

由式(b)可知,弯矩图是一抛物线,至少要三点才能定出这条曲线。为此,计算三个特殊点

$$x = 0, \qquad M(0) = 0$$

$$x = l, \qquad M(l) = 0$$

另外要看其有没有极值,为此对 $M(x)$ 求导

$$M'(x) = \frac{ql}{2} - qx$$

令 $M'=0$,得

$$x = \frac{l}{2}, \qquad M\left(\frac{l}{2}\right) = \frac{ql^2}{8}$$

即可画出 M 图(图 7-10(c))。

例 7-3 如图 7-11(a)所示简支梁受集中力 F 作用。试列出它的剪力方程和弯矩方程,并作剪力图和弯矩图。

解 1) 求支反力。

由整体的静力平衡方程 $\sum M_B = 0$,

$\sum M_A = 0$,求得支反力为

$$F_{Ay} = \frac{Fb}{l}, \qquad F_{By} = \frac{Fa}{l}$$

2) 列 F_Q、M 方程。

以梁的左端点为坐标原点,选取坐标系如图 7-11(a)所示,集中力作用于 C 点,梁在

图 7-11

AC 和 CB 两段内的剪力和弯矩不能用同一方程来表示,应分段考虑。在 AC 段内取距原点为 x 的任意横截面,截面以左只有外力 F_{Ay},则该截面上的 F_Q 和 M 分别为

$$F_Q(x) = F_{Ay} = \frac{Fb}{l} \qquad (0 < x < a) \tag{c}$$

$$M(x) = F_{Ay} \cdot x = \frac{Fb}{l}x \qquad (0 \leqslant x \leqslant a) \tag{d}$$

这就是在 AC 段内的剪力方程和弯矩方程。如在 CB 段内取距左端为 x 的任意横截面,则截面以左有 F_{Ay} 和 F 两个外力,截面上的剪力和弯矩是

$$F_Q(x) = F_{Ay} - F = -\frac{Fa}{l} \qquad (a < x < l) \tag{e}$$

$$M(x) = F_{Ay} \cdot x - F(x-a) = \frac{Fa}{l}(l-x) \qquad (a \leqslant x \leqslant l) \tag{f}$$

3) 作 F_Q、M 图。

由式(c)可知,在 AC 段内梁的任意横截面上的剪力皆为常数 Fb/l,且符号为正,所以在 AC 段($0<x<a$)内,剪力图是在 x 轴上方且平行于 x 轴的直线(图 7-11(b));同理,可以根据式(e)作 CB 段的剪力图。从剪力图看出,当 $a<b$ 时,最大剪力为 $|F_Q|_{max} = Fb/l$。

由式(d)可知,在 AC 段内弯矩是 x 的一次函数,所以弯矩图是一条斜直线,只要确定其上任意两点,就可以确定这条直线。例如,$M(0)=0$,$M(a)=Fab/l$。连接这两点就得到 AC 段内的弯矩图(图 7-11(c));同理,可以根据式(f)作 CB 段内

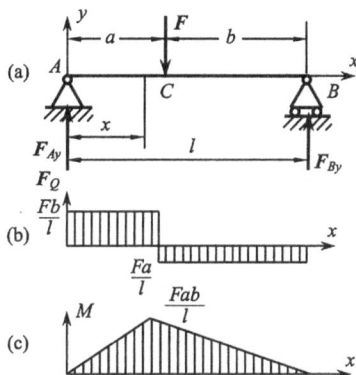

的弯矩图。从弯矩图看出，最大弯矩发生在截面 C 上，且 $|M|_{max}=Fab/l$。

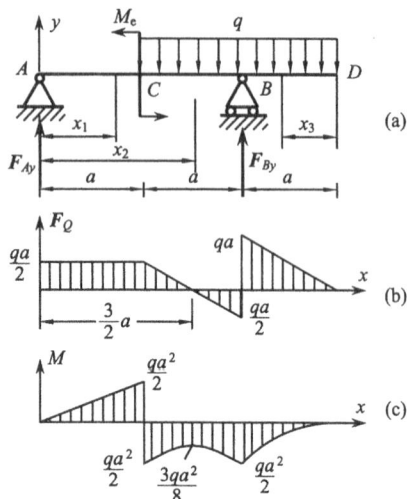

图 7-12

例 7-4　列出如图 7-12(a)所示外伸梁的剪力方程和弯矩方程，并作出剪力图和弯矩图，已知 $M_e=qa^2$。

解　1) 求支反力

$$F_{Ay}=\frac{qa}{2},\qquad F_{By}=\frac{3qa}{2}$$

2) 列 F_Q、M 方程

需分三段：

AC 段

$$F_{Q1}(x_1)=\frac{qa}{2}\qquad(0<x_1\leqslant a)$$

$$M_1(x_1)=\frac{qa}{2}x_1\qquad(0\leqslant x_1<a)$$

CB 段

$$F_{Q2}(x_2)=\frac{qa}{2}-q(x_2-a)\qquad(a\leqslant x_2<2a)$$

$$M_2(x_2)=\frac{qa}{2}x_2-qa^2-\frac{q(x_2-a)^2}{2}\qquad(a<x_2\leqslant 2a)$$

BD 段

$$F_{Q3}(x_3)=qx_3\qquad(0\leqslant x_3<a)$$

$$M_3(x_3)=-\frac{qx_3^2}{2}\qquad(0\leqslant x_3\leqslant a)$$

3) 作 F_Q、M 图。

先作 F_Q 图。AC 段 F_{Q1} 为常数，F_Q 图为水平线，一点即可定，$F_{Q1}(0)=qa/2$；CB 段为斜直线，找边界的两点，$F_{Q2}(a)=qa/2$，$F_{Q2}(2a)=-qa/2$，连接两点；BD 段也为斜直线，$F_{Q3}(0)=0$，$F_{Q3}(a)=qa$，连接两点，作出 F_Q 图(图 7-12(b))。

再作 M 图。AC 段为斜直线，$M_1(0)=0$，$M_1(a)=qa^2/2$，连接两点；CB 段为抛物线，$M_2(a)=-qa^2/2$，$M_2(3a/2)=-3qa^2/8$，$M_2(2a)=-qa^2/2$，连接三点；BD 段也为抛物线，因未越过 $F_Q=0$ 点，M_3 不变号，两点即可定，$M_3(0)=0$，$M_3(a)=-qa^2/2$，连接两点，并为上凸曲线，作出 M 图(图 7-12(c))。

从以上几个例题中可以看出，在集中力作用截面两侧，剪力有一突然变化，变化的数值就等于集中力。在集中力偶作用截面两侧，弯矩有一突然变化，变化的数值就等于集中力偶矩。这种现象的出现，使之在集中力和集中力偶矩作用处的横截面上，剪力和弯矩没有确定的数值。但事实上并非如此。这是因为：所谓集中力不可能"集中"作用于一点，它实际上是分布于一个微段 Δx 内的分布力经简化后

得出的结果(图 7-13(a))。若在 Δx 范围
内把载荷看作是均布的,则剪力将连续地
从 F_{Q1} 变到 F_{Q2}(图 7-13(b))。对集中力
偶作用的截面,也可做同样的解释。

图 7-13

以上介绍了绘制梁的剪力图和弯矩图
的一般方法,即根据剪力方程和弯矩方程
绘制剪力图和弯矩图。该方法同样适用于
折杆内力图的绘制。

某些机器的机身或机架的轴线,是由几段直线组成的折线,如液压机机身、钻
床床架、轧钢机机架等。这种机架的每两个组成部分在其连接处夹角不变,即两部
分在连接处不能有相对转动,这种连接称为刚节点。如图 7-14(a)所示的节点 A
即为刚节点,各部分由刚节点连接成的框架结构称为**刚架**。平面刚架任意横截面
上的内力,一般有剪力、弯矩和轴力。支反力和内力可由静力平衡方程确定的刚架
称为静定刚架。下面我们用例题说明静定刚架弯矩图的绘制。至于轴力图或剪力
图,需要时也可按相似的方法绘制。

例 7-5 作如图 7-14(a)所示刚架的弯矩图。

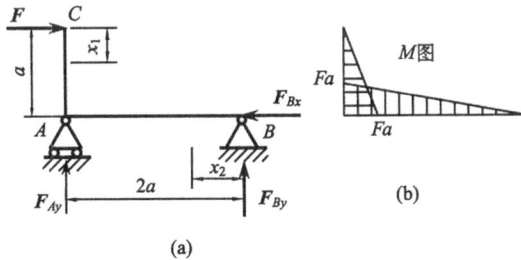

图 7-14

解 1)求支反力

$$F_{Ay} = \frac{F}{2}, \qquad F_{Bx} = F, \qquad F_{By} = \frac{F}{2}$$

2)列出弯矩方程

$$M_1(x_1) = -Fx_1 \qquad (0 \leqslant x_1 \leqslant a)$$

$$M_2(x_2) = \frac{F}{2}x_2 \qquad (0 \leqslant x_2 < 2a)$$

3)作弯矩图。

在作刚架的弯矩图时,约定把弯矩图画在杆件弯曲变形凹入的一侧,亦即画在
纤维受压的一侧(实际上直梁的弯矩图就是画在纤维受压一侧)。因弯矩方程为线

性函数，M 图为斜直线，对于 CA 段，显然右侧受压，AB 段可按直梁来确定，作出 M 图(图 7-14(b))。

可以看出，在平面刚架的刚节点处，两侧的弯矩 M 值是相等的。

7.2.3 分布载荷集度、剪力和弯矩间的关系及其应用

在 7.2.2 各例题中，若将 $M(x)$ 的表达式对 x 取导数，就得到剪力 $F_Q(x)$；如再将 $F_Q(x)$ 的表达式对 x 取导数，则得到分布载荷的集度 $q(x)$。如例 7-2 中，将式(b)对 x 求导便得式(a)，式(a)对 x 求导，得 $-q$。这一现象并不是偶然的。实际上，在分布载荷集度、剪力和弯矩之间存在着一些普遍的导数关系。下面我们就来推导出这些普遍关系。

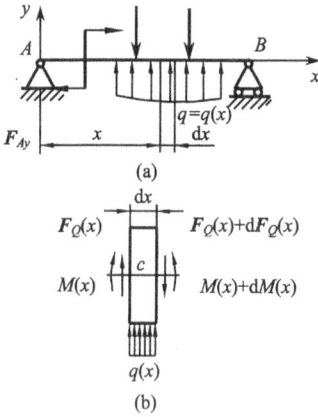

图 7-15

考虑如图 7-15(a)所示在载荷作用下的梁。以梁的左端为坐标原点，选取坐标系如图 7-15 所示。梁上分布载荷的集度 $q(x)$ 是 x 的连续函数，并将向上作用的分布载荷 $q(x)$ (与 y 轴方向一致)规定为正。从梁中取出长为 dx 的微段，并放大为如图 7-15(b)所示。微段左边截面上的剪力和弯矩分别是 $F_Q(x)$ 和 $M(x)$。当坐标有一增量 dx 时，$F_Q(x)$ 和 $M(x)$ 的相应增量分别是 $dF_Q(x)$ 和 $dM(x)$。所以，微段右边截面上的剪力和弯矩分别为 $F_Q(x) + dF_Q(x)$ 和 $M(x) + dM(x)$。根据符号规则，微段 dx 上的各内力皆为正值，且在 dx 微段内没有集中力和集中力偶。由于梁处于平衡状态，故截出的一段也应处于平衡状态。这样，根据平衡方程 $\sum F_y = 0$，得

$$F_Q(x) - [F_Q(x) + dF_Q(x)] + q(x) \cdot dx = 0$$

由此导出

$$\frac{dF_Q(x)}{dx} = q(x) \tag{7-1}$$

再由平衡方程 $\sum M_C = 0$，得

$$M(x) + dM(x) - M(x) - F_Q(x)dx - q(x) \cdot dx \cdot \frac{dx}{2} = 0$$

略去二阶微量 $q(x) \cdot dx \cdot dx/2$，又可得到

$$\frac{dM(x)}{dx} = F_Q(x) \tag{7-2}$$

将式(7-2)再对 x 取导数，并利用式(7-1)，即可得到

$$\frac{\mathrm{d}^2 M(x)}{\mathrm{d}x^2} = q(x) \tag{7-3}$$

式(7-1)、式(7-2)和式(7-3)表示了直梁的 $q(x)$，$F_Q(x)$ 和 $M(x)$ 之间的导数关系。

根据上述导数关系，容易得出下面一些推论。这些推论对绘制或校核剪力图和弯矩图是很有帮助的。

1) 在梁的某一段内，若无分布载荷作用，即 $q(x)=0$，由 $\mathrm{d}F_Q(x)/\mathrm{d}x = q(x) = 0$ 可知，在这一段内 $F_Q(x)$ = 常数，即剪力图是平行于 x 轴的直线。由 $\mathrm{d}M(x)/\mathrm{d}x = F_Q(x)$ = 常数可知，$M(x)$ 是 x 的一次函数(当 $F_Q(x)=0$，$M(x)$ = 常数)，弯矩图是斜直线(当 $F_Q(x)=0$ 时，弯矩图为水平线)。

2) 在梁的某一段内，若作用均布载荷，即 $q(x)$ = 常数，则由 $\mathrm{d}^2 M(x)/\mathrm{d}x^2 = \mathrm{d}F_Q(x)/\mathrm{d}x = q(x)$ = 常数，可知在这一段内 $F_Q(x)$ 是 x 的一次函数，$M(x)$ 是 x 的二次函数。因而剪力图是斜直线，弯矩图是二次抛物线。

若均布载荷 $q(x)$ 是向下作用的，则因向下的 $q(x)$ 为负，故 $\mathrm{d}^2 M(x)/\mathrm{d}x^2 = q(x) < 0$，这表明弯矩图应为向上凸的抛物线；反之，若均布载荷 $q(x)$ 是向上作用的，则弯矩图应为向下凸的抛物线。

3) 在梁的某一截面上，若 $\mathrm{d}M(x)/\mathrm{d}x = F_Q(x) = 0$，则在这一截面上弯矩取极值(极大值或极小值)，即弯矩的极值发生在剪力为零的截面上。

4) 利用导数关系式(7-1)和式(7-2)，设 $q(x)$ 及 $F_Q(x)$ 在 x_1 与 x_2 之间是连续函数，经积分得

$$F_Q(x_2) - F_Q(x_1) = \int_{x_1}^{x_2} q(x)\,\mathrm{d}x \tag{7-4}$$

$$M(x_2) - M(x_1) = \int_{x_1}^{x_2} F_Q(x)\,\mathrm{d}x \tag{7-5}$$

式(7-4)、式(7-5)表明，对于如图 7-15 所示的坐标系，当 $x_2 > x_1$ 时，任意两截面上的剪力之差，等于该两截面间载荷图的面积；任意两截面上的弯矩之差，等于该两截面间剪力图的面积。以上所述的关系，亦称为**"面积增量法"**，此方法可用于剪力图和弯矩图的绘制与校核。

5) 在集中力作用截面的左、右两侧，剪力图有一突然变化，变化量为集中力的数值；在集中力偶作用的左、右两侧，弯矩图有一突然变化，变化量为集中力偶矩的数值。

现将上述的均布载荷、剪力和弯矩之间的关系以及剪力图、弯矩图的一些特征汇总整理为表7-1，以供参考。注意表 7-1 中所述的规律要求从左向右绘制剪力图和弯矩图。

在 7.2.2 节中我们介绍了绘制剪力图和弯矩图的基本方法，即根据剪力方程和弯矩方程绘制剪力图和弯矩图。但是，当梁上作用的载荷很多时，相应的剪力方程和弯矩方程就要分成许多段来考虑，这样一来，要想绘制出该梁的剪力图和弯矩

图,就必须写出各段上的剪力方程和弯矩方程,从而使得绘制剪力图和弯矩图的工作量大大增加。下面,我们通过例题来介绍一下,利用 $q(x)$,$F_Q(x)$ 和 $M(x)$ 间的微分关系及如表 7-1 所示的剪力图和弯矩图的特征,在不写出梁各段的剪力方程和弯矩方程的情况下,直接绘制剪力图和弯矩图。

表 7-1　梁在均布载荷、集中力和集中力偶作用下剪力图和弯矩图的特征

梁上外力情况	无载荷作用段	有均布载荷作用段	集中力 F 作用截面	集中力偶矩 M_e 作用截面
梁上外力情况				
剪力方程	常　　数	一次函数	无定义	有定义
剪力图的特征	与轴线平行的直线 $\oplus$ 或 $\ominus$(或为零)	斜直线 q 向下作用,F_Q 图向下斜\ q 向上作用,F_Q 图向上斜/	有突变,突变值为 F,突变方向与 F 的作用方向一致 $\overline{C}\llcorner$ 或 $C\ulcorner$	左右无变化 ——·—— C
弯矩方程	一次函数(或为常数)	二次函数	有定义	无定义
弯矩图的特征	斜直线/ 或\ (或——)	二次抛物线 q 向下,M 图向上凸; q 向上,M 图向下凸; 即:q: ↓　M: ⌒ 　　　q: ↑　M: ⌣	有折角 ∨ 或 ∧	有突变,突变值为 M_e, 突变方向为: M_e 顺时针,M 图向上突变; M_e 逆时针,M 图向下突变
剪力图与弯矩图之间的关系	F_Q 图为正,M 图递增; F_Q 图为负,M 图递减; F_Q 图为零,M 图不增不减为水平线	F_Q 图为正,M 图递增; F_Q 图为负,M 图递减; F_Q 图由正变负,在 $F_Q=0$ 的截面,M 图取极大值; F_Q 图由负变正,在 $F_Q=0$ 的截面,M 图取极小值		

例 7-6　作如图 7-16(a)所示外伸梁的剪力图和弯矩图,并求 $|F_Q|_{max}$ 和 $|M|_{max}$,设 $M_e=ql^2$。

解　由静力平衡方程,求得支反力为

$$F_{Ay}=2ql, \qquad F_{By}=-2ql$$

根据梁所受的外力,将该梁分为四段,即 CA、AD、DB 和 BE。再根据表 7-1 可知:在 CA 和 BE 两段,剪力图为斜直线,弯矩图为二次抛物线;在 AD 和 DB 两段剪力图为水平线,弯矩图为斜直线,在 A、B 两截面,有集中力 F_{Ay}、F_{By} 作用,故剪力图有突变;在 D 截面,有集中力偶矩 M_e 作用,故弯矩图有突变。各截面的坐

标值可根据

$$F_Q(x_2) - F_Q(x_1) = \int_{x_1}^{x_2} q(x)\,dx$$

$$M(x_2) - M(x_1) = \int_{x_1}^{x_2} F_Q(x)\,dx$$

来确定。最后,从左至右,就可作出全梁的剪力图和弯矩图,如图 7-16(b)、(c)所示。从图中可知,$|F_Q|_{max} = ql$,$|M|_{max} = \frac{1}{2}ql^2$。

在例 7-6 中,我们可以看出:该梁所承受的载荷对于 D 截面是反对称载荷,则剪力图对于 D 截面是正对称,而弯矩

图 7-16

图对于 D 截面是反对称。同理可证明:若梁所承受的载荷对某一截面是对称,则剪力图对该截面是反对称,而弯矩图对该截面是对称。

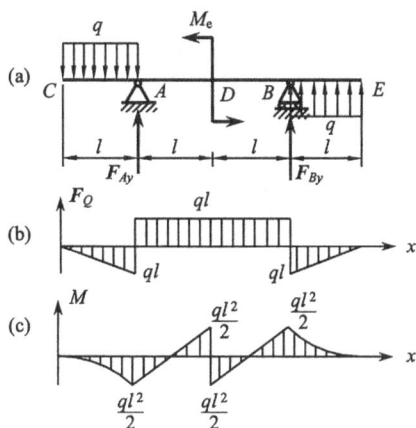

7.3　平面弯曲时梁的应力及强度计算

7.3.1　纯弯曲及其变形

为了解决弯曲强度问题,就必须首先研究其梁横截面上的应力分布规律及其计算方法。

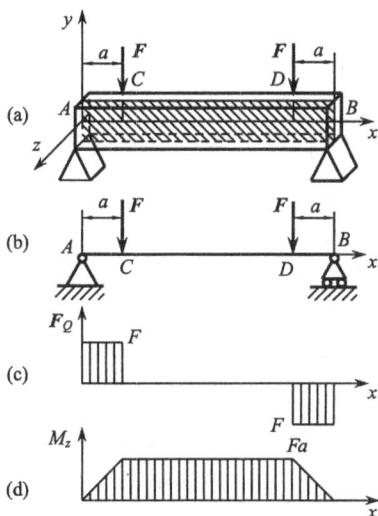

图 7-17

我们已知,平面弯曲(设在 xy 平面内)时梁横截面上一般作用有两种内力——剪力 F_Q 和弯矩 M_z。根据内力与应力之间的基本关系可知,横截面上的弯矩 M_z 要求该面上一定有正应力 σ,因为只有 σ 才能组成 M_z;同理,横截面上的剪力 F_Q 则要求该面上一定有切应力 τ。

如图 7-17(a)所示,简支梁上的两个外力 F 对称地作用于梁的纵向对称面内,其计算简图、剪力图和弯矩图分别如图 7-17(b)、(c)和(d)所示。从图中看出,在 AC 段和 DB 段内,梁的各个横截面上既有弯矩又有剪力,因而在横截面上既有正应力又有切应力,这种情况称为**横力弯曲**。在 CD 段

内,梁的各个横截面上剪力等于零,而弯矩为常量,这时在横截面上就只有正应力而无切应力,这种情况称为**纯弯曲**。例如,如图 7-1(b)所示,火车轮轴在两个车轮之间的一段就是纯弯曲。纯弯曲是弯曲理论中最基本的情况。

为了分析纯弯曲的变形规律,可通过实验并观察其变形现象。实验前,在梁的侧面上作纵向线$\overline{aa}$和$\overline{bb}$,并作垂直于纵向线的横向线$\overline{mm}$和$\overline{nn}$(图 7-18(a)),然后使梁发生纯弯曲变形。变形后纵向线$\overline{aa}$和$\overline{bb}$变成圆弧线$\widehat{aa}$和$\widehat{bb}$(图 7-18(b)),但横向线$\overline{mm}$和nn仍保持为直线,它们相对旋转一个角度后,仍然垂直于圆弧线$\widehat{aa}$和$\widehat{bb}$。根据这样的实验结果,可以假设:**变形前原为平面的梁的横截面变形后仍保持为平面,且仍然垂直于变形后的梁轴线**,这就是弯曲变形的**平面假设**。

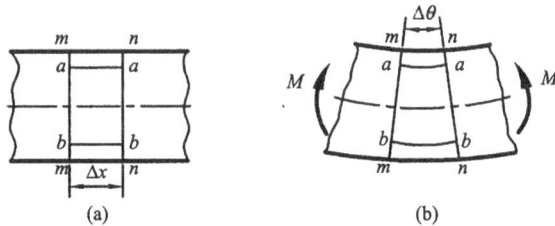

图 7-18

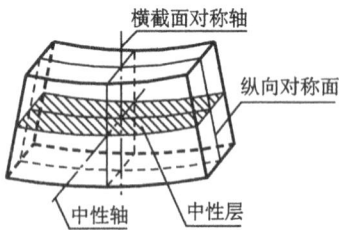

图 7-19

设想梁是由无数层纵向纤维组成的。发生弯曲变形后,如发生如图 7-19 所示下凸的弯曲。必然要引起靠近底面的纤维伸长,靠近顶面的纤维缩短。因为横截面仍保持为平面,所以沿截面高度应由底面纤维的伸长连续地逐渐变为顶面纤维的缩短,中间必定有一层纤维的长度不变,这一层纤维称为**中性层**。中性层与横截面的交线称为**中性轴**。在中性层上、下两侧的纤维,如一侧伸长,则另一侧必缩短。显然,中性轴把横截面分成两个区域,其中一个区域受到拉伸,而另一个区域受到压缩,这就形成了各横截面在弯曲中绕中性轴发生转动。由于梁上的载荷都作用于梁的纵向对称面内,梁的整体变形应对称于纵向对称面,就是要求中性轴与纵向对称面垂直。

此外,根据实验结果,假设:**各纵向纤维之间并无相互作用的正应力,即梁的所有纵向纤维都是单向拉伸或压缩**。

以上研究了纯弯曲变形的规律,根据以上假设得到的理论结果,在长期的实践中,符合实际情况,经得住实践的检验,且与弹性理论的结果相一致。

7.3.2　纯弯曲时梁横截面上的正应力

同推导圆轴扭转时横截面上的切应力公式一样,为了研究纯弯曲时梁横截面上的正应力,同样需要从几何、物理和静力三个方面入手。

1. 变形几何关系

设纯弯曲变形前和变形后如图 7-20(a)和(b)所示。以梁横截面的纵向对称轴为 y 轴,且向下为正(图 7-20(c)),以 z 轴为中性轴,但中性轴的位置尚待确定。根据平面假设,变形前相距 dx 的两个横截面,变形后相对旋转了一个角度 $d\theta$,并仍保持为平面。

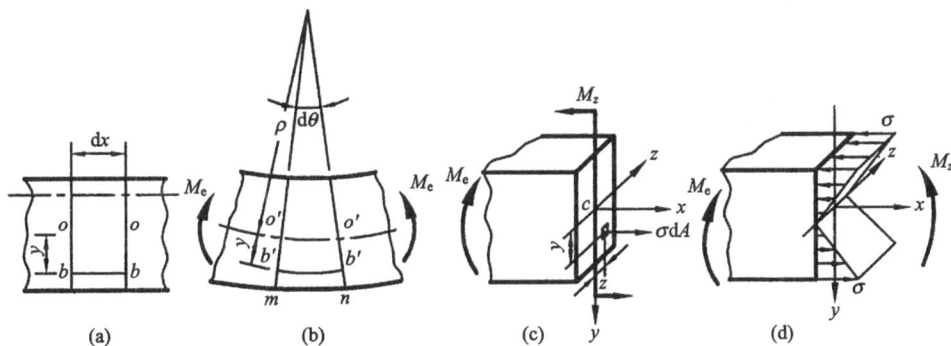

图 7-20

这就使得距中性层为 y 的纵向纤维 $\overline{bb}$ 的长度变为

$$\widehat{bb} = (\rho + y)d\theta$$

这里 ρ 为中性层的曲率半径。纤维 $\overline{bb}$ 的原长为 dx,且有 $\overline{bb} = dx = \overline{oo}$。

因为变形前、后中性层纤维 $\overline{oo}$ 的长度不变,故有

$$\overline{bb} = dx = \overline{oo} = \widehat{o'o'} = \rho d\theta$$

根据应变的定义,求得纤维 $\overline{bb}$ 的应变为

$$\varepsilon = \frac{\widehat{b'b'} - \overline{bb}}{\overline{bb}} = \frac{(\rho + y)d\theta - \rho d\theta}{\rho d\theta} = \frac{y}{\rho} \qquad (a)$$

可见,只要平面假设成立,则纵向纤维的线应变与它到中性层的距离成正比。

2. 物理关系

因纵向纤维之间无正应力,每一纤维都是单向拉伸或压缩,且假设材料拉伸及压缩的弹性模量相等 $(E_t = E_c = E)$,则当应力不超过比例极限时,由胡克定律得

$$\sigma = E\varepsilon = E\frac{y}{\rho} \tag{b}$$

这表明:在横截面上,任意点的正应力与该点到中性轴的距离成正比,其分布规律如图 7-20(d)所示。

3. 静力关系

上面虽已找到了应变和应力的分布规律,但其中的曲率半径及中性轴位置尚未确定,它们可通过静力关系求出。

如图 7-20(c)所示,考虑微面积 dA 上的微内力 σdA,它构成垂直于横截面的空间平行力系,故可能组成三个内力分量,即平行于 x 轴的轴力 F_N;对 y 轴和 z 轴的力偶矩 M_y 和 M_z,它们分别为

$$F_N = \int_A \sigma dA, \qquad M_y = \int_A z\sigma dA, \qquad M_z = \int_A y\sigma dA$$

在纯弯曲情况下,截面的轴力 F_N 及绕 y 轴的矩 M_y 均为零,而绕 z 轴的矩 M_z 即是横截面的弯矩 M_z,因此有

$$F_N = \int_A \sigma dA = 0 \tag{c}$$

$$M_y = \int_A z\sigma dA = 0 \tag{d}$$

$$M_z = \int_A y\sigma dA = M_z \tag{e}$$

将式(b)代入式(c),得

$$F_N = \int_A \sigma dA = \int_A E\frac{y}{\rho}dA = \frac{E}{\rho}\int_A y dA = \frac{E}{\rho}S_z = 0 \tag{f}$$

因 $E/\rho \neq 0$,故必有 $S_z = 0$,即**整个截面对中性轴的静矩为零**。因此,**中性轴(z 轴)通过截面形心**。

将式(b)代入式(d),得

$$M_y = \int_A z\sigma dA = \int_A z\frac{E}{\rho}y dA = \frac{E}{\rho}\int_A yz dA = \frac{E}{\rho}I_{yz} = 0 \tag{g}$$

由于 y 轴是横截面的对称轴,必然有 $I_{yz} = 0$,所以式(g)是自然满足的。

将式(b)代入式(e),得

$$M_z = \int_A y\sigma dA = \frac{E}{\rho}\int_A y^2 dA = \frac{E}{\rho}I_z$$

由此可得

$$\frac{1}{\rho} = \frac{M_z}{EI_z} \tag{7-6}$$

其中,$1/\rho$ 是梁轴线变形后的曲率。式(7-6)表明:曲率 $1/\rho$ 与横截面上的弯矩 M_z

成正比,与 EI_z 成反比,故称 EI_z **为截面的抗弯刚度。**

将式(7-6)代入式(b),得

$$\sigma = \frac{M_z \cdot y}{I_z} \qquad (7\text{-}7)$$

这就是纯弯曲时横截面上正应力的计算式。

其中,M_z 为截面的弯矩;y 为欲求应力点至中性轴的距离;I_z 为截面对中性轴的惯性矩。

一般用式(7-7)计算正应力时,M_z 与 y 均代以绝对值,而正应力的拉、压由观察弯曲变形直接判定。因为,以中性层为界,梁在凸出的一侧受拉,在凹入的一侧受压。

需要说明的是:在导出式(7-6)和式(7-7)时,为了方便,把梁截面画成矩形,但在推导过程中,并未涉及矩形截面的几何特征。所以,只要梁有一纵向对称面,且载荷作用于这个平面内,公式就可适用。

7.3.3 横力弯曲时梁横截面上的正应力弯曲正应力强度条件

横力弯曲在工程中是常见的,这时由于横截面上剪力 F_Q 和弯矩 M_z 的同时存在,使横截面上不仅有正应力 σ,而且有切应力 τ。由于 τ 的存在,使横截面在变形之后不再保持为平面。吴家龙在《弹性力学》的精确分析表明:只要梁的跨度与截面高度之比大于或等于 $5(l/h \geqslant 5)$,仍用式(7-7)来计算横力弯曲时的 σ 不会引起值得考虑的误差,因此,横力弯曲的一般条件下仍可用式(7-7)来进行计算。

为了建立弯曲强度条件,需要计算危险点的最大工作正应力,可分别讨论如下。

1. 塑性材料

一般由于其抗拉和抗压强度相等,故只需计算其 $|\sigma|_{max}$。据式(7-7),有

$$|\sigma|_{max} = \frac{|M_z|_{max} \cdot |y|_{max}}{I_z}$$

其中,$|M_z|_{max}$ 所在截面常称为梁的危险截面;而离中性轴最远的 $|y|_{max}$ 处便称为横截面上的危险点。

若令

$$\frac{I_z}{|y|_{max}} = W_z \qquad (7\text{-}8)$$

则构件的最大工作正应力

$$|\sigma|_{max} = \frac{|M_z|_{max}}{W_z} \qquad (7\text{-}9)$$

称 W_z **为抗弯截面系数**,它与截面的几何形状有关,其量纲为[长度]³。

若截面是高为 h、宽为 b 的矩形(图 7-21(a)),则当 z 轴是中性轴时

$$W_z = \frac{I_z}{|y|_{max}} = \frac{bh^3/12}{h/2} = \frac{bh^2}{6} \qquad (7\text{-}10)$$

当 y 轴是中性轴时

$$W_y = \frac{I_y}{|z|_{max}} = \frac{hb^3/12}{b/2} = \frac{hb^2}{6} \qquad (7\text{-}11)$$

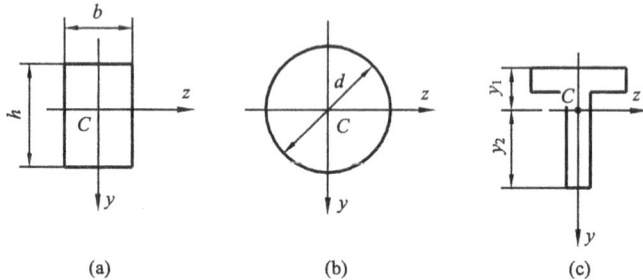

图 7-21

若截面是直径为 d 的圆形(图 7-21(b)),则

$$W_y = W_z = \frac{\pi d^4/64}{d/2} = \frac{\pi d^3}{32} \qquad (7\text{-}12)$$

一些常见型钢截面的 W 值可由本书末的附录表查出。

2. 脆性材料

由于其抗拉强度和抗压强度不同,所以当中性轴是对称轴时,只需计算危险截面上的最大工作拉应力 $\sigma_{t,max}$ 即可,其计算公式与式(7-9)相同。若中性轴是非对称轴时,一般需要分别计算其最大工作拉应力 $\sigma_{t,max}$ 和最大工作压应力 $|\sigma_c|_{max}$。若其弯矩图中同时有正、负弯矩,则应分别取其 $M_{z,max}$ 及 $|-M_z|_{max}$ 作为危险截面,取中性轴两侧边缘点为危险点。如对如图 7-21(c)所示的截面,若 y_1 为受拉边边缘点到中性轴的距离,y_2 为受压边边缘点到中性轴的距离,则构件的最大工作正应力

$$\sigma_{t,max} = \frac{|M_z|_{max} \cdot y_1}{I_z} \qquad (7\text{-}13)$$

$$|\sigma_c|_{max} = \frac{|M_z|_{max} \cdot y_2}{I_z} \qquad (7\text{-}14)$$

弯曲正应力强度条件:

塑性材料

$$\sigma_{max} = \frac{|M_z|_{max}}{W_z} \leqslant [\sigma] \qquad (7\text{-}15)$$

脆性材料

$$\sigma_{t,max} = \frac{|M_z|_{max} \cdot y_1}{I_z} \leqslant [\sigma_t] \tag{7-16}$$

$$|\sigma_c|_{max} = \frac{|M_z|_{max} \cdot y_2}{I_z} \leqslant [\sigma_c] \tag{7-17}$$

其中的许用应力$[\sigma]$应据弯曲实验来测定破坏时的极限应力σ_u,再除以规定的安全系数n来获得,其数值稍高于同材料在轴向拉、压时的许用值。工程中常取轴向拉、压时的许用应力作为相同材料的弯曲许可应力,这是偏于安全和保守的。

有了强度条件,就可用来进行截面尺寸设计、校核强度及求许可载荷的计算,其一般计算步骤是:

1) 根据梁平面弯曲的受力情况作受力简图,并作出其M_z图,由此确定危险截面。

2) 根据截面形状及尺寸确定形心位置,再据载荷作用平面确定中性轴位置,计算对中性轴的I_z,确定危险点的y_{max}或计算W_z。

3) 根据强度条件求所需结果。

例 7-7　螺栓压板夹紧装置如图 7-22(a)所示。已知板长 $3a=150$mm,压板材料的弯曲许用应力$[\sigma]=140$MPa。试计算压板传给工件的最大允许压紧力 F。

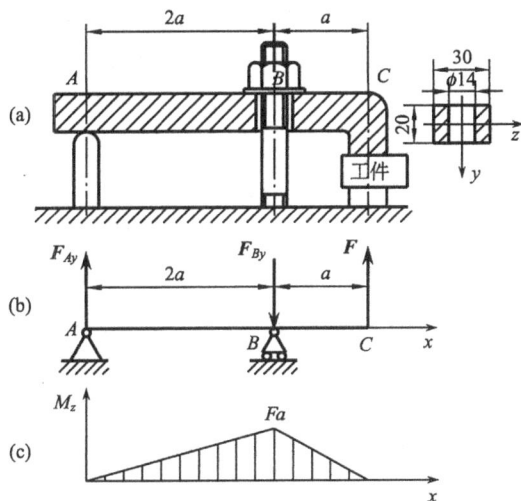

图 7-22

解　压板可简化为如图 7-22(b)所示的外伸梁。由梁的外伸部分 BC 可以求得截面 B 的弯矩为 $M_{Bz}=Fa$。此外又知 A、C 两截面上弯矩等于零,由此作出弯矩图如图 7-22(c)所示。最大弯矩在截面 B 上,且

$$M_{z,\max} = M_{Bz} = Fa$$

根据截面 B 的尺寸可求得

$$I_z = \frac{3 \times 2^3}{12} - \frac{1.4 \times 2^3}{12} = 1.07(\text{cm}^4)$$

$$W_z = \frac{I_z}{y_{\max}} = \frac{1.07}{1} = 1.07(\text{cm}^3)$$

中性轴 z 是对称轴,其位置如图 7-22 所示。

据强度条件式(7-15)有

$$\sigma_{\max} = \frac{M_{z,\max}}{W_z} \leqslant [\sigma]$$

于是有

$$Fa \leqslant W_z[\sigma]$$

$$F \leqslant \frac{W_z[\sigma]}{a} = \frac{1.07 \times (10^{-2})^3 \times 140 \times 10^6}{5 \times 10^{-2}} = 3\ 000(\text{N}) = 3(\text{kN})$$

所以根据压板的强度,最大压紧力不应超过 3kN。

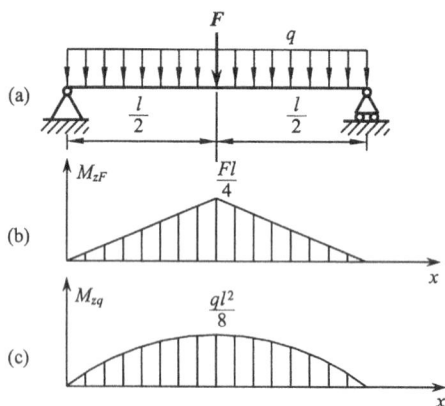

图 7-23

例 7-8　如图 7-23(a)所示为简易天车的计算简图,天车起重量为 $G_1 = 50$kN,电葫芦自重 $G_2 = 6.5$kN,q 为梁的自重。跨度 $l = 10$m,梁的许用应力 $[\sigma] = 140$MPa,试选择一合适的工字钢截面。

解　由于在没有选定工字钢型号之前,梁的自重是未知的。可以这样来处理:考虑到在一般机械中,梁的自重与其承受的载荷相比要小得多,因此可先按 $F = G_1 + G_2$ 来初选截面,然后再按 G_1、G_2、q 共同作用时来校核强度。

由 F 作用而引起的 M_z 图(图 7-23(b))。其最大弯矩

$$M_{zF,\max} = \frac{Fl}{4} = \frac{1}{4} \times (50 + 6.5) \times 10$$

$$= 141.25(\text{kN} \cdot \text{m})$$

只考虑此弯矩的强度条件为

$$\sigma_{\max} = \frac{M_{zF,\max}}{W_z} \leqslant [\sigma]$$

所以

$$W_z \geqslant \frac{M_{zF,\max}}{[\sigma]}$$

$$= \frac{141.25 \times 10^3}{140 \times 10^6} = 1.009 \times 10^{-3}(\text{m}^3) = 1\,009(\text{cm}^3)$$

根据工字钢的型钢表,取一个比 $W_z=1\,009\text{cm}^3$ 稍大的工字钢,由附录 C 查得 40a 工字钢的 $W_z=1\,090\text{cm}^3$,其自重 $q=67.6\text{kg/m}$。自重 q 引起的弯矩图(图 7-23 (c))。

$$M_{zq} = \frac{ql^2}{8} = \frac{1}{8} \times 67.6 \times 10 \times 10^2 = 8.45 \times 10^3(\text{N} \cdot \text{m}) = 8.45(\text{kN} \cdot \text{m})$$

中央截面的总弯矩为

$$M_{z\text{总}} = M_{zF,\max} + M_{zq} = 149.7(\text{kN} \cdot \text{m})$$

故考虑自重后的总应力为

$$\sigma_{\max} = \frac{M_{z\text{总}}}{W_z} = \frac{149.7 \times 10^3}{1\,090 \times 10^{-6}} = 137.34(\text{MPa}) < [\sigma]$$

即梁的强度满足要求,可选用 40a 工字钢。

例 7-9　T 形截面铸铁梁的载荷和截面尺寸如图 7-24(a)所示。$F_1=9\text{kN}$,$F_2=4\text{kN}$ 铸铁的许用拉应力为 $[\sigma_t]=30\text{MPa}$,许用压应力为 $[\sigma_c]=160\text{MPa}$。已知截面对形心轴 z 的惯性矩为 $I_z=763\text{cm}^4$,且 $|y_1|=52\text{mm}$。试校核梁的强度。

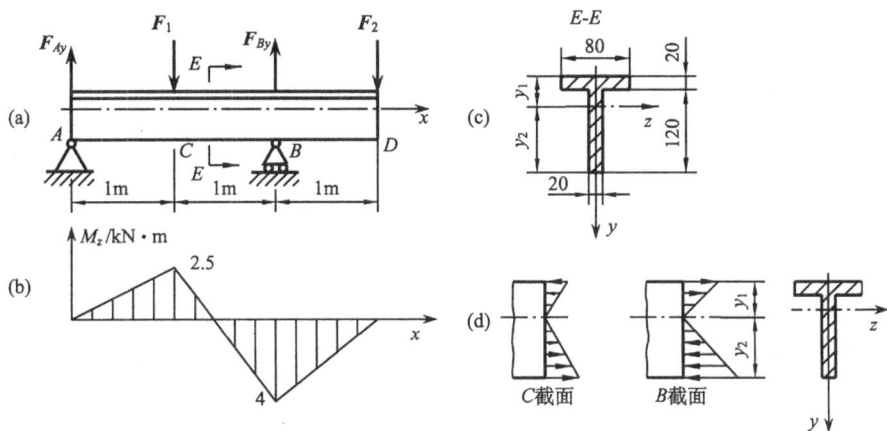

图 7-24

解　由静力平衡方程求出梁的支反力为

$$F_{Ay} = 2.5\text{kN}, \qquad F_{By} = 10.5\text{kN}$$

作弯矩图(图 7-24(b))。最大正弯矩在截面 C 处,$M_C=2.5\text{kN} \cdot \text{m}$。最大负弯矩在截面 B 处,$M_B=-4\text{kN} \cdot \text{m}$。

由于此时中性轴是不对称的,材料是铸铁,所以要对 B、C 截面分别进行校核。

对 B 截面,因为是负弯矩,中性轴上部受拉、下部受压(图 7-24(c)),且由式(7-13)、式(7-14)有

$$\sigma_{t,max} = \frac{|M_{Bz}| \cdot y_1}{I_z} = \frac{4 \times 10^3 \times 52 \times 10^{-3}}{763 \times (10^{-2})^4} = 27.2(\text{MPa})$$

$$|\sigma_c|_{max} = \frac{|M_{Bz}| \cdot y_2}{I_z} = \frac{4 \times 10^3 \times (120 + 20 - 52) \times 10^{-3}}{763 \times (10^{-2})^4} = 46.2(\text{MPa})$$

对 C 截面,虽然 $M_{Cz} < |M_{Bz}|$,但 M_{Cz} 是正弯矩,其 $\sigma_{t,max}$ 发生于截面的下边缘各点,而这些点到中性轴的距离却比较远,因而就有可能发生比 B 截面还要大的拉应力,其数值为

$$\sigma_{t,max} = \frac{M_{Cz} \cdot y_2}{I_z} = \frac{2.5 \times 10^3 (120 + 20 - 52) \times 10^{-3}}{763 \times (10^{-2})^4} = 28.8(\text{MPa})$$

从以上结果看出,无论是 $\sigma_{t,max}$ 还是 $|\sigma_c|_{max}$ 均未超过相应的许用应力,故满足强度条件。

7.3.4　横力弯曲时梁横截面上的切应力弯曲切应力强度条件

横力弯曲时,梁横截面上既有弯矩又有剪力,因而横截面上既有正应力又有切应力。在弯曲问题中,一般说正应力是强度计算的主要因素,但在某些情况下,如跨长较短截面较窄而高的梁,其切应力就可能有相当大的数值,这时还有必要进行切应力的强度校核。

分析弯曲切应力不同于分析弯曲正应力,切应力的分布规律与其横截面的形状有密切关系,下面讨论几种工程中常见截面的弯曲切应力。

1. 矩形截面梁

设一高为 h 宽为 b 的矩形截面梁(图 7-25),在横力弯曲下,若 $h>b$,由切应力互等定理,可对横截面上切应力的分布作如下假设:

1)横截面上任一点处的切应力 τ 的方向平行剪力 F_Q。

2)切应力沿截面宽度 b 均匀分布,即离中性轴等距的各点的切应力相等。

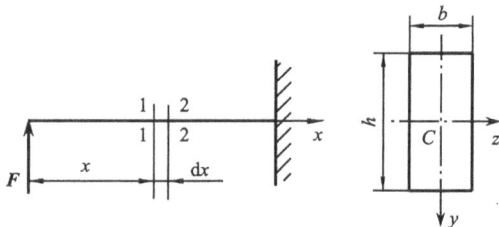

图 7-25

首先用横截面 1-1 和 2-2 从如图 7-25 所示梁中取长为 dx 的微段(图 7-26(a))。该两截面上的剪力 F_Q 相等,而弯矩却不相同。相应地在这两个截面上由弯矩引起的正应力也不相同,其分布图如图 7-26(b)所示。再在距中性轴为 y 处,将此微段梁沿平行中性层的平面截开,研究其下边部分(7-26(c))。此微块的受力情况:前、后及底面均为自由表面;左、右两侧的正应力相应的法向内力 F_{N1}、F_{N2},且 $F_{N2}>F_{N1}$(图 7-26(d)),在其顶面必有切应力 τ' 相应的剪力 dF_x;由互等定理可知,左、右面上必有切应力 τ,且 $\tau=\tau'$(图 7-26(e))。

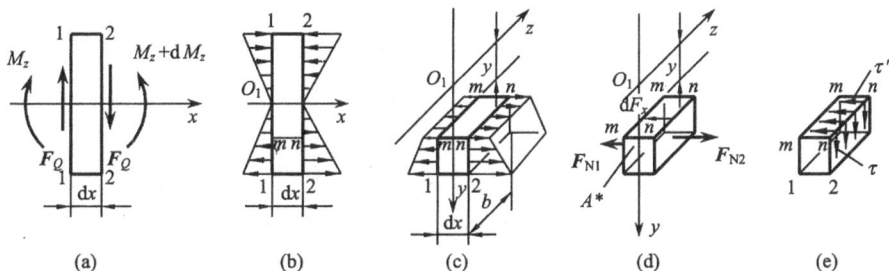

图 7-26

由平衡方程 $\sum F_x=0$,即

$$F_{N2}-F_{N1}-dF_x=0 \tag{a}$$

其中,1-1 面上的法向内力

$$F_{N1}=\int_{A^*}\sigma dA=\int_{A^*}\frac{M_z y_1}{I_z}dA=\frac{M_z}{I_z}\int_{A^*}y_1 dA=\frac{M_z}{I_z}S_z^*$$

其中

$$S_z^*=\int_{A^*}y_1 dA \tag{c}$$

是横截面的部分面积 A^* 对中性轴的静矩,也就是距中性轴为 y 的横线 $\overline{mm}$(图 7-27)以下的面积对中性轴的静矩。同理,可求得 2-2 面上的法向内力

$$F_{N2}=\frac{(M_z+dM_z)}{I_z}S_z^*$$

在顶面 $\overline{mm}$、$\overline{nn}$ 上,切向内力系的合力为

$$dF_x=\tau'b dx$$

将 F_{N1}、F_{N2} 和 dF_x 代入式(a),得

$$\frac{(M_z+dM_z)}{I_z}S_z^*-\frac{M_z}{I_z}S_z^*-\tau'b dx=0$$

简化后有

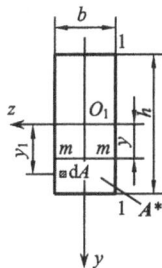

图 7-27

$$\tau' = \frac{\mathrm{d}M_z}{\mathrm{d}x}\frac{S_z^*}{I_z b}$$

由式(7-2)，$\dfrac{\mathrm{d}M_z}{\mathrm{d}x}=F_Q$，于是上式化为

$$\tau' = \frac{F_Q S_z^*}{I_z b}$$

由 $\tau=\tau'$，即得矩形截面梁横截面上距中性轴为 y 的各点处切应力计算公式为

$$\tau = \frac{F_Q S_z^*}{I_z b} \tag{7-18}$$

其中，F_Q 为横截面上的剪力；I_z 为整个横截面对中性轴 z 的惯性矩；b 为横截面上所求切应力处的宽度；S_z^* 为横截面上切应力 τ 所在横线至边缘部分的面积对中性轴的静矩。

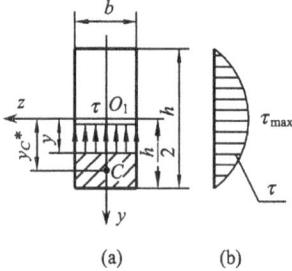

图 7-28

为了具体地说明矩形截面梁的切应力沿横截面高度的分布规律，可以将静矩 S_z^* 用坐标 y 表示。由图 7-27 面积 A^* 对 z 轴的静矩 $S_z^* = \displaystyle\int_{A^*} y_1 \mathrm{d}A$ ，如图 7-28(a)所示可表示为

$$S_z^* = A^* y_C^* = b\left(\frac{h}{2}-y\right)\left(\frac{h}{2}+y\right)\frac{1}{2}$$

$$= \frac{b}{2}\left(\frac{h^2}{4}-y^2\right) \tag{d}$$

将式(d)代入式(7-18)，可得

$$\tau = \frac{F_Q}{2I_z}\left(\frac{h^2}{4}-y^2\right) \tag{e}$$

式(e)表明，矩形截面梁的切应力 τ 沿截面高度方向按二次抛物线规律变化(图 7-28(b))。当 $y=\pm h/2$ 时，即在横截面的上、下边缘处，$\tau=0$；当 $y=0$ 时，即在中性轴上，切应力有最大值，其值为

$$\tau_{\max} = \frac{F_Q}{2I_z}\frac{h^2}{4} = \frac{F_Q h^2}{8 \times \dfrac{bh^3}{12}} = \frac{3}{2}\frac{F_Q}{bh}$$

或写成

$$\tau_{\max} = \frac{3}{2}\frac{F_Q}{A} \tag{7-19}$$

其中，$A=bh$ 为矩形截面的面积。此式说明，横力弯曲时矩形截面梁横截面上的最大切应力值为平均切应力的 1.5 倍。

2. 工字型截面梁

　　如图 7-29(a)所示,其上、下的水平矩形称为翼缘,中间的垂直矩形称为腹板,设剪力 F_Q 沿 y 轴方向。

　　1) 腹板的弯曲切应力。仍可应用矩形截面梁弯曲切应力的公式。在腹板上 $\tau_{腹}$ 沿其高度也是按抛物线规律分布的,如图 7-29(b)所示。最大切应力发生在中性轴上。

　　对于工程上常用的标准工字钢,其 $I_z/S_{z\ max}^*$ 的数值可直接由型钢表得出。因此,这时只需将此比值代入式(7-18)便可算出 τ_{max},即

$$\tau_{max} = \frac{F_Q S_{z\ max}^*}{I_z d}$$

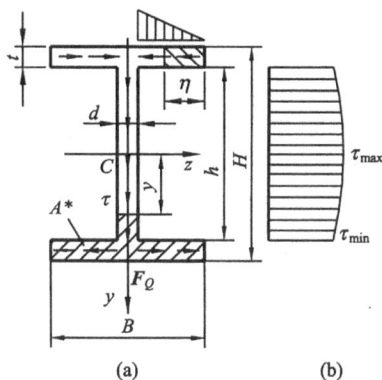

图 7-29

　　若将如图 7-29(b)所示的腹板切应力分布图的面积乘以腹板的厚度 d,这便是腹板上切应力的合力,即 $\int_{-h/2}^{h/2} \tau d dy$。对于标准的工字型钢,此积分约等于$(0.95\sim0.97)F_Q$。也就是说,弯曲时腹板承担了剪力 F_Q 的绝大部分。进一步分析表明,由于 τ_{max} 与 τ_{min} 的差别并不大,可认为,腹板上的弯曲切应力是近似地平均分布的。即

$$\tau_{腹} \approx \frac{F_Q}{hd} = \frac{F_Q}{A_{腹}}$$

　　2) 翼缘的弯曲切应力。在翼缘上,有与翼缘周边相切(即水平方向)的 τ,沿翼缘某一厚度 t,可假定该水平切应力是平均分布的,这样,仍可用式(7-18)来进行计算,即有

$$\tau_{翼} = \frac{F_Q S_z^*}{I_z t}$$

其中,t 为翼缘厚度;S_z^* 如图 7-29(a)所示翼缘上所示阴影面积对中性轴的静矩。$\tau_{翼}$ 的分布规律如图 7-29(a)所示。

　　若将翼缘和腹板上的切应力方向都画出来,则整个横截面上的 τ 组成切应力流,如图 7-29(a)所示。

　　翼缘的水平切应力小于腹板内的切应力,而其正应力却大于腹板的正应力,故翼缘承担了截面上弯矩的主要部分。

3. 弯曲切应力强度条件

现在来讨论弯曲切应力的强度条件。一般来说,τ_{max} 发生在 F_{Qmax} 所在截面的中性轴上,即

$$\tau_{max} = \frac{F_{Qmax} S_{z\ max}^*}{I_z b} \tag{7-20}$$

其中,$S_{z\ max}^*$ 为中性轴以下或以上横截面面积对中性轴的静矩;b 为中性轴处的截面厚度。

由于在中性轴上各点的正应力为零,故中性轴各点处的应力状态为纯剪切,其强度条件为

$$\tau_{max} \leqslant [\tau] \tag{7-21}$$

并不是所有情况下都要进行弯曲切应力的强度校核。这是因为据 $\mathrm{d}M_z/\mathrm{d}x = F_Q(x)$ 可知,M_z 与梁长度的关系总是比 F_Q 和梁长的关系高一个量级。当 l/h(梁跨度与截面高度之比)较大时,M_z 便是主要的而 F_Q 是次要的。只有在以下条件下才需要对切应力进行强度校核。

1)短梁和集中力离支座较近的梁。

2)木梁。

3)经焊接、铆接或胶合而成的梁,对焊缝、铆钉或胶合面等一般还要据弯曲剪应力进行剪切强度计算。

4)薄壁截面梁或非标准的型钢截面。

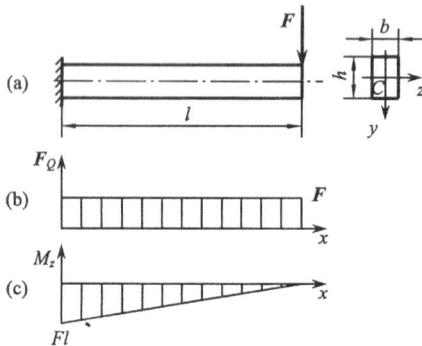

图 7-30

例 7-10　如图 7-30(a)所示矩形截面悬臂梁,在自由端受集中力 F。设 F、b、h、l 均为已知,求 σ_{max}/τ_{max}。

解　作梁的 F_Q、M_z 图(图 7-30(b)、(c))。由 7-30(c)图知,σ_{max} 发生在固定端的上边缘点,且有

$$\sigma_{max} = \frac{M_{z,max}}{W_z} = \frac{Fl}{\frac{bh^2}{6}} = \frac{6Fl}{bh^2}$$

τ_{max} 发生在任一横截面的中性轴上,据式(7-19)有

$$\tau_{max} = \frac{3}{2} \frac{F_Q}{bh} = \frac{3}{2} \frac{F}{bh}$$

故

$$\frac{\sigma_{max}}{\tau_{max}} = \frac{\dfrac{6Fl}{bh^2}}{\dfrac{3}{2}\dfrac{F}{bh}} = 4\frac{l}{h}$$

当 $l/h=5$，则 $\sigma_{max}/\tau_{max}=20$。意味着此时的弯曲切应力强度是次要的。

例 7-11　如图 7-31(a)所示为由两个相同材料的矩形截面重叠而成的梁。设工作时两重叠梁间无摩擦力，因而能各自独立弯曲。如图 7-31(b)所示则在靠自由端处有一直径为 d 的坚固螺栓，因而能使重叠梁成为一整体而弯曲。求两种情况下的最大弯曲正应力及如图 7-31(b)所示情况下螺栓横截面上的剪力。

解　因两叠梁的材料及尺寸均相同，故在 F 力作用下，每梁的弯曲变形应相同，因而各梁在自由端受到的外力均应为 $F/2$。即对其中任一个梁的固定端处，有 $M_{max}^{(a)}=Fl/2$，而 $\sigma_{max}^{(a)}$ 为

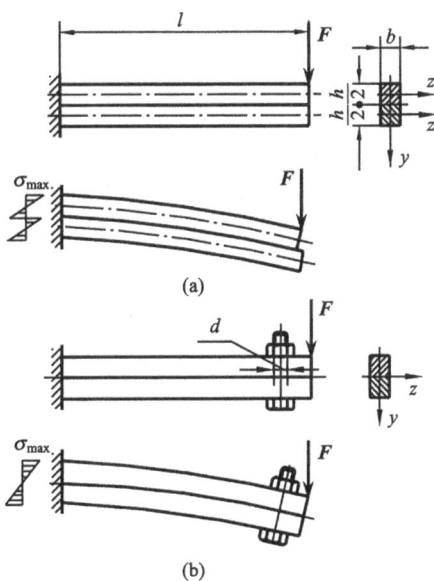

图 7-31

$$\sigma_{max}^{(a)} = \frac{M_{max}^{(a)}}{W_z} = \frac{\dfrac{Fl}{2}}{\dfrac{b\left(\dfrac{h}{2}\right)^2}{6}} = \frac{12Fl}{bh^2}$$

其应力分布如图 7-31(a)所示。

如图 7-31(b)所示情况，因为是作为一整体而弯曲，故有 $M_{max}^{(b)}=Fl$；其 $\sigma_{max}^{(b)}$ 为

$$\sigma_{max}^{(b)} = \frac{M_{max}^{(b)}}{W_z} = \frac{Fl}{\dfrac{bh^2}{6}} = \frac{6Fl}{bh^2}$$

其应力分布情况如图 7-31(b)所示。

比较两种情况下的 σ_{max} 知 $\sigma_{max}^{(a)}/\sigma_{max}^{(b)}=2$，可见图 7-31(b)形式具有更好的抗弯能力。

下面来求图 7-31(b)情况下螺钉的剪力 F_{Qx}。

由于图 7-31(b)情况下梁是作为一个整体而弯曲，故在横截面的中性轴处(即两层接合处)有垂直于中性轴的 τ_{max}，即

$$\tau_{max} = \frac{3}{2}\cdot\frac{F_Q}{A} = \frac{3}{2}\frac{F}{bh}$$

根据切应力互等定理，在中性层面上(即两叠梁的接触面)，也应作用有均匀分布的 τ_{max}，它的合力(水平方向)应与螺栓横截面上的剪力 F_{Qx} 相平衡，即

$$F_{Qx} = \tau_{max}\cdot bl = \frac{3}{2}\frac{F}{bh}\cdot bl = \frac{3}{2}\frac{Fl}{h}$$

7.3.5　提高梁弯曲强度的主要措施

在工程实际中,常提出这样的问题:为了节省材料或减轻梁的自重,如何以较少的材料消耗使梁获得较高的强度?

由于平面弯曲时,在一般情况下弯曲正应力是控制梁强度的主要因素。设梁在 xy 平面内弯曲,z 轴为中性轴,根据弯曲正应力的强度条件

$$\sigma_{\max} = \frac{M_{z,\max}}{W_z} \leqslant [\sigma]$$

可知,为了提高弯曲强度,可从合理安排受力情况以减少 $M_{z\max}$ 及合理设计截面形状以提高 W_z 两方面着手,下面分别进行讨论。

1. 合理安排梁的受力情况

(1) 合理设计和布置支座

对于长度为 l 且在均布载荷作用下的梁,分别考虑如图 7-32(a)、(b)、(c)所示的悬臂梁、简支梁及外伸梁,则其产生的最大弯矩明显不同。

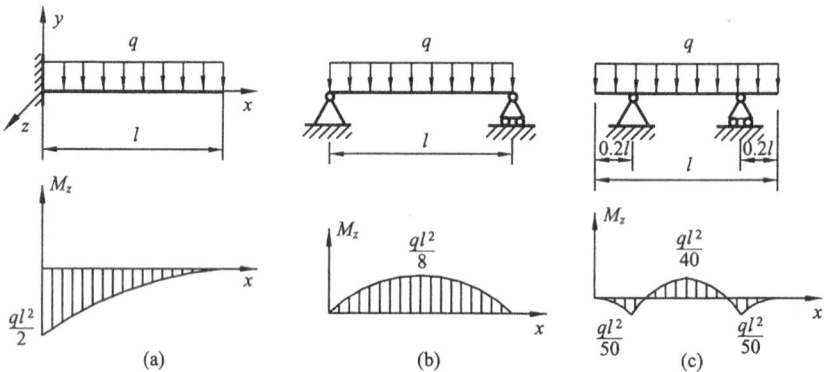

图 7-32

对图 7-32(a)得

$$M_{z,\max} = \frac{1}{2}ql^2 = 0.5ql^2$$

对图 7-32(b)得

$$M_{z,\max} = \frac{1}{8}ql^2 = 0.125ql^2$$

对图 7-32(c)得

$$M_{z,\max} = \frac{1}{40}ql^2 = 0.025ql^2$$

可见,此时简支梁的最大弯矩是悬臂梁的 1/4,而两端伸出 0.2l 的外伸梁的最大弯矩是简支梁的 1/5,因此合理设计支座并恰当安排支座的位置,便可有效地提高梁的承载能力。如图 7-33 所示锅炉筒体,其支座均设置为外伸梁形式,就是应用了以上分析的道理。

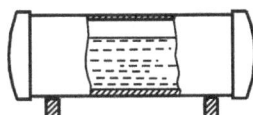

图 7-33

(2) 将集中载荷适当分散

如图 7-34(a)所示在梁中点受集中力 F 作用的简支梁,其最大弯矩为 $Fl/4$;若在梁上增加一根副梁,将 F 分为到支座距离为 $l/4$ 的两个集中力(图 7-34(b)),则其最大弯矩仅为 $Fl/8$,减少了一半。同样,若将载荷 F 按均布载荷作用于梁上(图 7-32(b)),也可降低最大弯矩,因而提高了梁的承载能力。

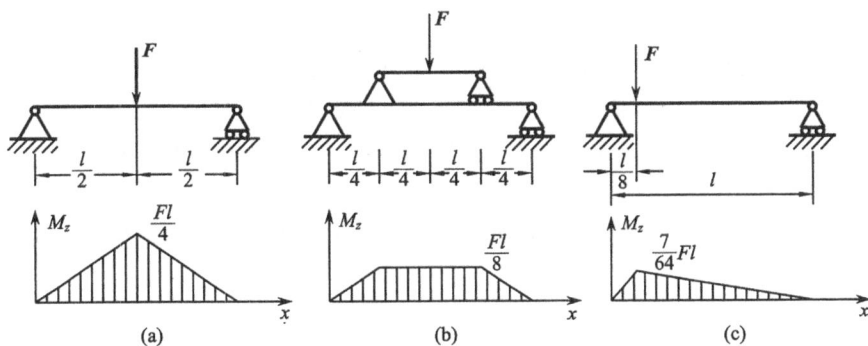

图 7-34

(3) 集中载荷尽量靠近支座

如将如图 7-34(a)所示的作用在梁中点的集中力 F 安置在距左端为 $l/8$ 处(图 7-34(c)),则其最大弯矩减小到 $7Fl/64$,因而也就提高了梁的抗弯强度。

2. 合理的截面设计

梁的合理截面形状应该是:在不加大横截面面积的条件下,尽量使 W_z 大一些,即应使比值 W_z/A 大一些,则这样的截面就既合理,又经济。例如,对圆形(直径为 d)、正方形(边长为 a)及矩形(高为 h,宽为 b)三种截面,其 W_z/A 的比值分别求得:

圆　形

$$\frac{W_z}{A} = \frac{\pi d^3}{32} \Big/ \left(\frac{\pi d^2}{4}\right) = 0.125d$$

正方形

$$\frac{W_z}{A} = \frac{a^3}{6}/a^2 = 0.167a$$

矩 形

$$\frac{W_z}{A} = \frac{bh^2}{6}/(bh) = 0.167h$$

当三者面积相等时,$0.125d < 0.167a$,$a < h$,故矩形截面比正方形截面合理,而正方形截面又比圆形截面合理。因为一方面根据弯曲正应力的分布规律,距中性轴越远,则正应力越大,因此,作用于梁上的载荷主要是由梁上远离中性层的材料来承担,而在中性层附近的材料却没有充分发挥其作用。故合理的截面应该是将较多的材料分布到离中性轴较远的地方,而在中性层附近只需留有少量材料。圆形截面恰恰不符合以上规则,而矩形截面却要好 些;另一方面,从截面的几何性质来看,由于有较多的材料分布在离中性轴较远的地方,就使截面对中性轴的惯性矩增加,其 W_z 值也就提高了。

根据以上的分析,若将矩形截面中在中性轴附近的材料移置到距中性轴较远处(图 7-35(a)、(b)),使截面成为工字形及槽形,则它们又要比矩形截面更为合理。因此工程上一些主要承受弯曲的截面常用工字形及槽形等截面。

同样,若将圆形截面改作成同面积的空心圆截面(图 7-36(a));将正方形及矩形截面改成同面积的箱形截面(图 7-36(b)),同样可有效地提高梁的抗弯强度。

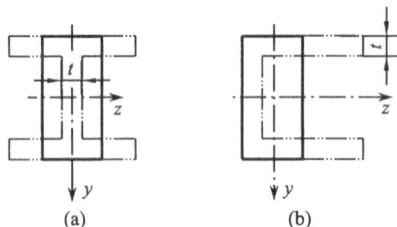

图 7-35

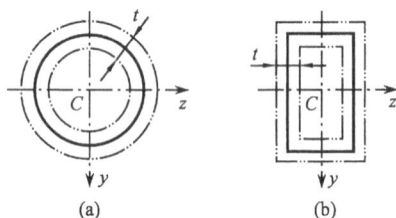

图 7-36

需要注意:在提高 W_z 的过程中,不可将矩形截面的宽度取得太小;也不可将空心圆、工字形、箱形及槽形截面的壁厚 t 取得太小,否则可能出现失稳的问题。另外对于矩形、工字形及槽形等截面,由于截面对两个形心主轴的惯性矩是不相等的,所以还有一个合理的安放问题。正确的安放位置应该是使载荷作用平面垂直于 I_{max} 所在的轴(图 7-35 所示的 z 轴)。

合理的截面形状还与材料的特性有关。对于抗拉与抗压强度相同的大部分塑性材料,应使截面的中性轴对称,这样就使截面上距中性轴两边最远点处受到的拉、压应力数值相等,因而同时达到许用应力值。而对于抗拉、压强度不同的脆性材料,则宜采用中性轴偏于受拉一侧的截面形状,如图 7-37 所示的截面,对这些截

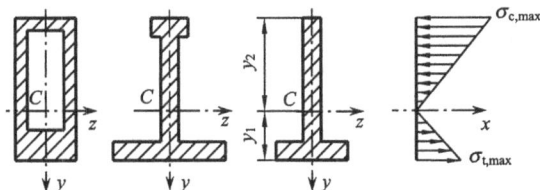

图 7-37

面,如使

$$\frac{\sigma_{t,max}}{\sigma_{c,max}} = \frac{M_{z,max} \cdot y_1}{I_z} \bigg/ \frac{M_{z,max} \cdot y_2}{I_z} = \frac{y_1}{y_2} = \frac{[\sigma_t]}{[\sigma_c]}$$

即应使截面上距中性轴最小距离的边缘点受到的是拉应力,而中性轴另一侧则受到压应力,且应使 $\sigma_{t,max}$ 及 $\sigma_{c,max}$ 同时达到各自的许用应力时,这样的截面才是合理的。

3. 等强度梁的概念

在进行梁的强度计算时,一般是根据危险截面上的 $M_{z,max}$ 来设计 W_z,然后取其他各横截面的尺寸和形状都和危险截面相等,这就是通常的等截面梁。等截面梁各个截面的最大应力并不相等,这是因为除危险截面外的其他截面上作用的弯矩 $M_z(x)$ 都要小于 $M_{z,max}$,故其最大应力也就小于危险截面上的 σ_{max}。因而在载荷作用下,只有 $M_{z,max}$ 作用面上的 σ_{max} 才可能达到或接近材料的许用应力 $[\sigma]$,而梁的其他截面的材料便没有充分发挥作用。为了节约材料,减轻梁的自重,可把其他截面的抗弯截面系数 $W_z(x)$ 作得小一些,如使各横截面上危险点的应力都同时达到许用应力,则称该梁为**等强度梁**。

等强度梁的截面是沿轴线变化的,所以是变截面梁。变截面梁横截面上的正应力仍可近似地用等截面梁的公式来计算,故根据等强度梁的要求,应有

$$\sigma_{max} = \frac{M_z(x)}{W_z(x)} = [\sigma]$$

即

$$W_z(x) = \frac{M_z(x)}{[\sigma]} \qquad (7-22)$$

下面以如图 7-38(a)所示中点受集中力 F 作用的简支梁为例来说明等强度梁的计算。

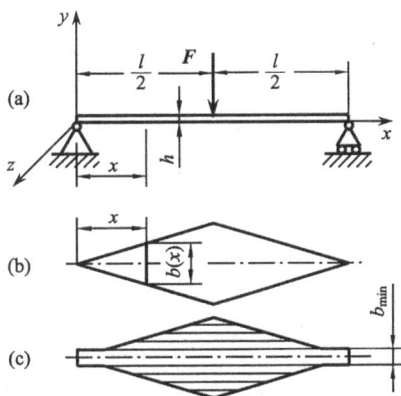

图 7-38

设梁的截面为矩形,其高度 h 在全长保持不变,而宽度 b 是截面位置 x 的函数,即 $b=b(x)$。材料弯曲的正应力的许用应力为 $[\sigma]$,切应力的许用应力为 $[\tau]$。由于载荷是对称的,故只需考虑梁一半长度的计算即可。由式(7-22)得

$$W_z(x) = \frac{b(x)h^2}{6} = \frac{M_z(x)}{[\sigma]} = \frac{\dfrac{F}{2}x}{[\sigma]}$$

有

$$b(x) = \frac{3F}{[\sigma]h^2}x \qquad\qquad (a)$$

据式(a)得出的截面宽度 $b(x)$ 如图 7-38(b)所示,此时梁的两端,其宽度为零,这显然是不符合实际的。因为在靠近支座的两端,尽管弯矩很小,但截面承受的剪力 $F_Q=F/2$,因此,剪切强度成为决定截面尺寸的主要控制因素。设据剪切强度条件所需要的最小截面宽度为 $b_{\min}$,则

$$\tau_{\max} = \frac{3}{2} \cdot \frac{F_Q}{A} = \frac{3}{2} \times \frac{\dfrac{F}{2}}{b_{\min}h} = [\tau]$$

由此得

$$b_{\min} = \frac{3F}{4h[\tau]} \qquad\qquad (b)$$

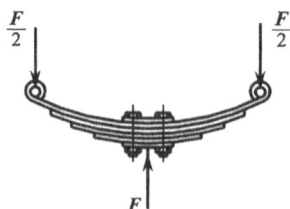

考虑式(b)后的截面宽度如图 7-38(c)所示。

将如图 7-38(c)所示的等强度梁按虚线切成若干狭条,再将各狭条叠置起来,并使其略微拱起,这就成为汽车及其他行走车辆上经常使用的叠板弹簧,如图 7-39 所示。

等强度梁不但使梁的重量减轻,而且使之产生的变形比等截面梁要大,因而有良好的减振性能,这正是叠板弹簧所要求的。

图 7-39

以上所述的矩形截面等强度梁是按照宽度变化而高度不变来计算的。若按 $b=$ 常数,高度 $h=h(x)$ 来进行计算,则用完全相同的方法可求得

$$h(x) = \sqrt{\frac{3Fx}{b[\sigma]}} \qquad (c)$$

$$h_{\min} = \frac{3F}{4b[\tau]} \qquad (d)$$

由式(c)、式(d)两式所确定的

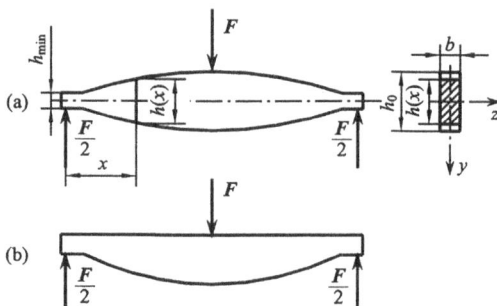

图 7-40

等强度梁高度变化情况如图 7-40(a)所示。工程上特别是厂房建筑中广泛使用的"鱼腹梁"(图 7-40(b))便是按照等宽变高的方法设计出来的等强度梁。

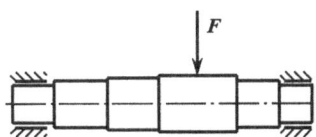

图 7-41

工程上常见的阶梯轴(图7-41)也近似地满足等强度的要求。

7.4　平面弯曲梁的变形及刚度计算

7.4.1　工程实例

在工程实际中,对某些受弯杆件除有强度要求外,还要对其变形有限制,即要求其具有一定的**刚度**。如图 7-42 所示车床主轴为例,其变形过大,将影响齿轮的啮合和轴承的配合,造成磨损不匀,产生噪声,降低寿命,而且还会影响加工精度。又如图 7-43 所示吊车大梁,当变形过大时,将使梁上小车行走困难,出现爬坡现象,而且还会引起梁的严重振动。

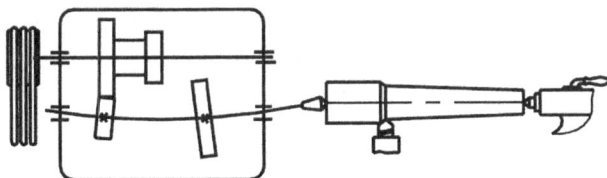

图 7-42

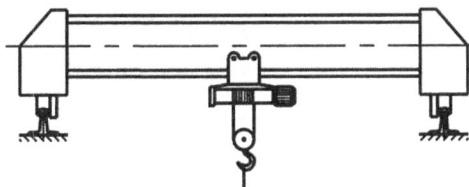

图 7-43

可以看出,弯曲变形是有害的。有些变形虽然在弹性范围内,但其超过了允许数值,造成构件不能正常工作。所以,对弯曲变形造成的危害要加以控制。

工程中虽然常常要限制弯曲变形,要求弹性变形不能过大,但在有些情况下,常常又要利用弯曲变形达到某些目的。如图 7-44 所示汽车上的叠板弹簧,需要较大的变形,才能起到缓冲、减振作用。再如图 7-45 所示弹簧扳手,要有较大的弯曲变形,才可能使测出的扭转力矩更加准确。

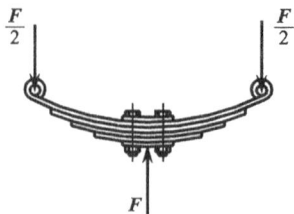

图 7-44

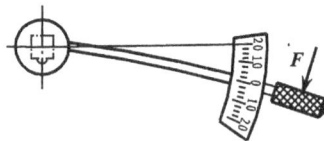

图 7-45

可见,弯曲变形又是有利的。在工程实际中,我们要利用弯曲变形有利的一面,同时要对有害的一面加以控制。

弯曲变形的计算除用于解决弯曲刚度问题外,还用于求解静不定结构和振动问题。

7.4.2　表示弯曲变形的物理量及其关系

杆件轴线的曲率发生变化称为弯曲变形。现以直杆为例,设梁在 xy 平面内产生弯曲变形,定义平面弯曲时衡量弯曲变形的物理量。

1. 挠度

为了表示弯曲变形,以变形前梁的轴线为 x 轴,垂直向上的轴为 y 轴(图7-46)。若 xy 平面为梁的主形心惯性平面,且载荷作用在该平面内则为平面弯曲,

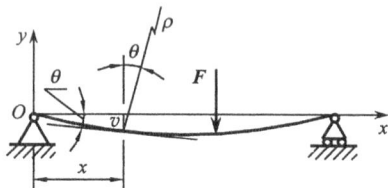

图 7-46

故变形后梁的轴线将成为 xy 平面内的一条曲线,称为**挠曲线。v 代表坐标为 x 的横截面的形心沿 y 轴方向的位移,称为挠度。**在如图 7-45 所示坐标系中,规定向上的挠度为正。这样挠曲线的方程可以写成

$$v = f(x) \tag{7-23}$$

在工程实际问题中,梁的挠度 v 一般都远小于跨度,故挠曲线是一条非常平坦的曲线,所以任一横截面的形心在 x 方向的位移一般情况下可以略去不计。

2. 转角

在弯曲变形的过程中,**梁的横截面相对其原来位置所转过的角度 θ,称为该截面的转角。**在图示坐标系下,规定逆时针的转角为正。

3. 挠度、转角间的关系

挠度和转角是度量弯曲变形的两个基本量。根据平面假设,梁的横截面在变形前垂直于 x 轴,弯曲变形后仍垂直于挠曲线。所以,截面转角 θ 就是挠曲线的法线与 y 轴的夹角,它应与挠曲线的倾角(挠曲线切线与 x 轴的夹角)相等。又因挠曲线是一条非常平坦的曲线,故 θ 很小(工程中 $\theta \approx 1° \sim 2°$),因而有

$$\theta \approx \tan\theta = \frac{\mathrm{d}v}{\mathrm{d}x} = f'(x) \tag{7-24}$$

即截面转角 θ 近似地等于挠曲线上与该截面对应点切线的斜率。

7.4.3　挠曲线的微分方程　刚度条件

1. 挠曲线的近似微分方程

(1) 从力学方面
纯弯曲时中性层的曲率为

$$\frac{1}{\rho} = \frac{M}{EI}$$

横力弯曲时

$$\frac{1}{\rho(x)} = \frac{M(x)}{EI} \tag{a}$$

(2) 从数学方面

$$\frac{1}{\rho} = \pm \frac{\dfrac{\mathrm{d}^2 v}{\mathrm{d}x^2}}{\left[1 + \left(\dfrac{\mathrm{d}v}{\mathrm{d}x}\right)^2\right]^{3/2}}$$

因为 $\mathrm{d}v/\mathrm{d}x$ 的数值很小,在上式右边的分母中,$(\mathrm{d}v/\mathrm{d}x)^2$ 与 1 相比可以略去不计,故有近似式

$$\frac{1}{\rho} = \pm \frac{\mathrm{d}^2 v}{\mathrm{d}x^2} \tag{b}$$

(3) 综合力学、数学两方面
由式(a)、式(b)两式,得

$$\pm \frac{\mathrm{d}^2 v}{\mathrm{d}x^2} = \frac{M(x)}{EI} \tag{c}$$

根据弯矩符号的规定,当挠曲线下凸时,M 为正(图 7-47),另一方面,在我们所选定的坐标系中向下凸的曲线的二阶导数 $\mathrm{d}^2 v/\mathrm{d}x^2$ 也为正。反之,当挠曲线向上凸时,M 为负,而 $\mathrm{d}^2 v/\mathrm{d}x^2$ 也为负。所以,式(c)等号两端的符号是一致的,这样,可将式(c)写成

$$\frac{\mathrm{d}^2 v}{\mathrm{d}x^2} = \frac{M(x)}{EI} \tag{7-25}$$

这就是**挠曲线的近似微分方程**。

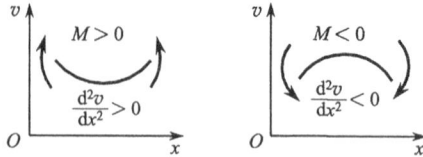

图 7-47

2. 梁弯曲的刚度条件

工程中根据不同的需要,常应限制梁的最大挠度和最大转角(或特定截面的挠度和转角)使其不超过某一规定数值。即

$$| f |_{\max} \leqslant [f] \tag{7-26}$$

$$| \theta |_{\max} \leqslant [\theta] \tag{7-27}$$

其中,$| f |_{\max}$ 和 $| \theta |_{\max}$ 为梁的最大挠度和最大转角;$[f]$ 和 $[\theta]$ 则为规定的许可挠度和转角,这便是梁的**刚度条件**。

7.4.4　用积分法求弯曲变形

1. 两次积分

对于等直梁,EI 为常数,式(7-3)可写成 $EIv''(x) = M(x)$。两边乘以 $\mathrm{d}x$,积分得转角方程为

$$EI\theta(x) = EIv'(x) = \int M(x)\mathrm{d}x + C \tag{a}$$

再乘以 $\mathrm{d}x$,积分得挠曲线方程为

$$EIv(x) = \int [\int M(x)\mathrm{d}x]\mathrm{d}x + Cx + D \tag{b}$$

其中,C、D 为积分常数。

2. 确定积分常数的条件

当梁仅需列出一段挠曲线方程时,将出现两个积分常数,当梁需列出 n 段方程时,将出现 $2n$ 个积分常数,必须写出 $2n$ 个确定积分常数的条件才能完全确定挠度和转角方程。

（1）支撑条件

在梁的支座处，挠度和转角是已知的。

1）刚性支撑。刚性支撑即认为支座处的变形相对梁的变形可以不计。如在如图 7-48(a)所示的固定端支撑处，其挠度和转角均应为零；在如图 7-48(b)所示的铰链支撑处，挠度应等于零。

2）弹性支撑。当支座为弹簧（图 7-49(a)）或为杆件（图 7-49(b)），这时支座处的变形是不能略去。不过，这些弹性支撑处的变形根据梁的受力情况是可以求出的。

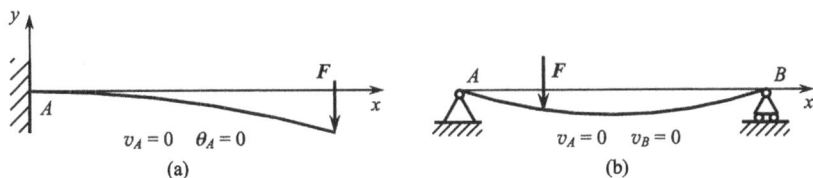

图 7-48

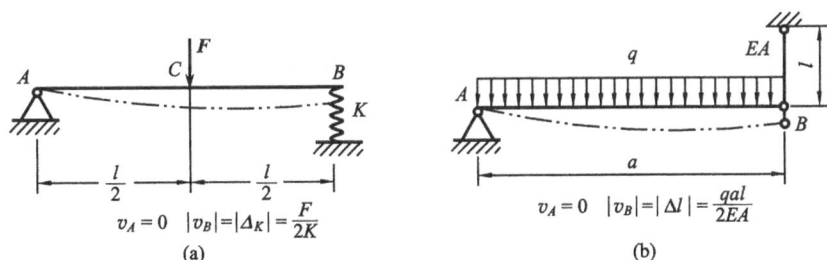

图 7-49

（2）连续条件

1）挠度连续。挠曲线应该是一条连续光滑的曲线，即其挠度是连续的，不应有如图 7-50(a)所示 C 截面左右挠度不等的情况。

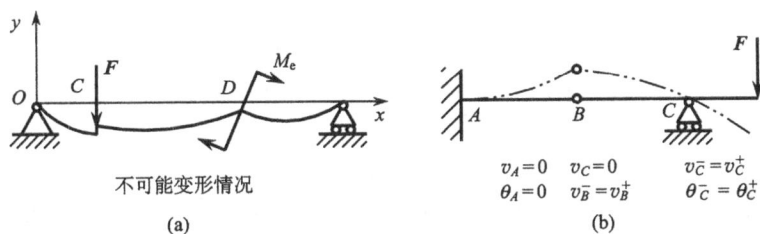

图 7-50

2) 转角连续。同一截面的转角应是相等的,即转角应是连续的,挠曲线是光滑的。不能有如图 7-50(a)所示 D 截面左右转角不等的情况。

注意 对于具有中间铰的组合梁,在中间铰左右两截面的挠度依然应相等,但转角可不等(图 7-50(b))。

支撑条件和连续条件统称为**边界条件**,根据全部的边界条件就可以确定出全部的积分常数,即可求出**挠度方程**和**转角方程**,这种求梁挠度和转角的方法称为**积分法**。

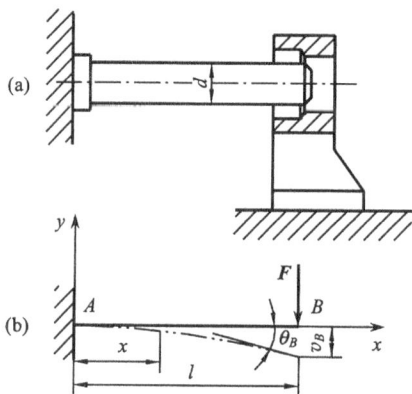

图 7-51

例 7-12 如图 7-51(a)所示镗刀在工件上镗孔。为保证镗孔精度,镗刀杆的弯曲变形不能过大。设径向切削力 $F=200\mathrm{N}$,镗刀杆直径 $d=10\mathrm{mm}$,外伸长度 $l=50\mathrm{mm}$。材料的弹性模量 $E=210\mathrm{GPa}$。求镗刀杆上安装镗刀头的截面 B 的转角和挠度。

解 镗刀杆可简化为悬臂梁(图7-51(b))。选取坐标系如图,任意截面上的弯矩为

$$M(x) = -F(l-x)$$

由式(7-25),得挠曲线近似微分方程

$$EIv'' = M(x) = -F(l-x) \tag{c}$$

积分得

$$EIv' = \frac{1}{2}Fx^2 - Flx + C \tag{d}$$

$$EIv = \frac{1}{6}Fx^3 - \frac{1}{2}Flx^2 + Cx + D \tag{e}$$

下面确定积分常数 C、D。

在固定端 A,转角和挠度均应等于零,即 $x=0$ 时

$$v_A = 0 \tag{f}$$

$$v'_A = \theta_A = 0 \tag{g}$$

把边界条件式(f)、式(g)两式分别代入式(d)、式(e)两式,得

$$C = EI\theta_A = 0$$

$$D = EIv_A = 0$$

再将所得的积分常数 C 和 D 代回式(d)、式(e)两式,得转角方程和挠曲线方程分别为

$$EIv' = \frac{1}{2}Fx^2 - Flx$$

$$EIv = \frac{1}{6}Fx^3 - \frac{1}{2}Flx^2$$

将 $x=l$ 代入上两式,就得截面 B 的转角和挠度分别为

$$\theta_B = v'_B = -\frac{Fl^2}{2EI} \qquad (\circlearrowright)$$

$$f_B = v_B = -\frac{Fl^3}{3EI} \qquad (\downarrow)$$

θ_B 为负,表示截面 B 的转角是顺时针的;f_B 为负,表示 B 点的挠度是向下的。

由 θ_B 及 f_B 的表达式可看出,为了减少 θ_B 及 f_B 以提高镗孔的精度,首先应尽量减小镗杆的伸出长度 l;其次,镗杆的直径应取得较大以提高 I 数值;而镗孔时的加工量不宜过大以使 F 较小。

若令 $F=200\text{N}, E=210\text{GPa}, l=50\text{mm}, d=10\text{mm}$,由

$$I = \frac{\pi d^4}{64} = \frac{\pi}{64} \times 10^4 = 491(\text{mm}^4)$$

得出

$$\theta_B = -0.002\ 42\text{rad}$$

$$f_B = -0.080\ 5\text{mm}$$

请读者结合工程实际对其结果进行讨论。

例 7-13　试讨论在均布载荷作用下,简支梁的弯曲变形(图 7-52)。

解　由对称性可知,梁的支反力相等,且为

$$F_{Ay} = F_{By} = \frac{1}{2}ql$$

则任意横截面上的弯矩为

$$M(x) = F_{Ay}x - \frac{1}{2}qx^2 = \frac{1}{2}qlx - \frac{1}{2}qx^2$$

故挠曲线近似微分方程为

$$EIv'' = M(x) = \frac{1}{2}qlx - \frac{1}{2}qx^2$$

将挠曲线近似微分方程进行积分,得

$$EIv' = \frac{1}{4}qlx^2 - \frac{1}{6}qx^3 + C$$

$$EIv = \frac{1}{12}qlx^3 - \frac{1}{24}qx^4 + Cx + D$$

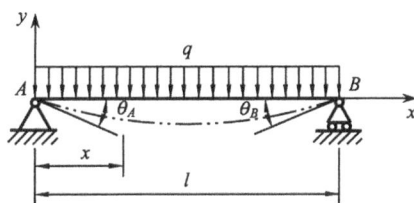

图 7-52

C、D 由以下边界条件来确定

当 $x=0$ 时,　　$v_A=0$

当 $x=\dfrac{l}{2}$ 时,　　$v'\left(\dfrac{l}{2}\right)=0$(根据对称性)

把以上两个边界条件分析代入 v 和 v' 的表达式中,可以求出

$$C = -\frac{ql^3}{24}, \qquad D = 0$$

于是得转角方程及挠度方程为

$$EIv' = EI\theta = \frac{ql}{4}x^2 - \frac{q}{6}x^3 - \frac{ql^3}{24}$$

$$EIv = \frac{ql}{12}x^3 - \frac{q}{24}x^4 - \frac{ql^3}{24}x$$

由于梁中点转角为零,即 $\frac{\mathrm{d}v}{\mathrm{d}x}\big|_{x=\frac{l}{2}} = 0$,故最大挠度发生在梁中点,即

$$f_{\max} = v\,|_{x=\frac{l}{2}} = -\frac{5ql^4}{384EI}$$

最大转角发生在 B、A 两截面,它们数值相等,符号相反,且为

$$\theta_{\max} = \theta_B = -\theta_A = \frac{ql^3}{24EI}$$

在以上两个例题中,弯矩方程只需一个表达式,故在积分时只出现两个积分常数 C 和 D。并且可以看出,此时 C 和 D 具有明显的力学意义,即分别是坐标原点处的转角和挠度的 EI 倍。

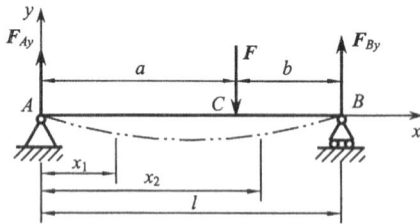

图 7-53

例 7-14　内燃机中的凸轮轴或某些齿轮轴,可以简化成在集中力 F 作用下的简支梁。如图 7-53 所示,试讨论这一简支梁的弯曲变形。

解　利用平衡方程,求得支反力为

$$F_{Ay} = \frac{Fb}{l}, \qquad F_{By} = \frac{Fa}{l}$$

根据载荷情况,应分两段列出弯矩方程:

AC 段

$$M_1 = \frac{Fb}{l}x_1 \qquad (0 \leqslant x_1 \leqslant a)$$

CB 段

$$M_2 = \frac{Fb}{l}x_2 - F(x_2 - a) \qquad (a \leqslant x_2 \leqslant l)$$

由此,挠曲线的近似微分方程也应分成两段来积分。在 CB 段积分时,为了能使确定积分常数的运算得到简化,对含有 $(x_2 - a)$ 一项应以 $(x_2 - a)$ 为自变量,而不要把括号打开。最终积分结果如下:

AC 段$(0 \leqslant x_1 \leqslant a)$		CB 段$(a \leqslant x_2' \leqslant l)$	
$EIv''_1 = M_1 = \dfrac{Fb}{l} x_1$		$EIv''_2 = M_2 = \dfrac{Fb}{l} x_2 - F(x_2 - a)$	
$EIv'_1 = \dfrac{Fb}{l} \dfrac{x_1^2}{2} + C_1$	(h)	$EIv'_2 = \dfrac{Fb}{l} \dfrac{x_2^2}{2} - F \dfrac{(x_2-a)^2}{2} + C_2$	(j)
$EIv_1 = \dfrac{Fb}{l} \dfrac{x_1^3}{6} + C_1 x_1 + D_1$	(i)	$EIv_2 = \dfrac{Fb}{l} \dfrac{x_2^3}{6} - F \dfrac{(x_2-a)^3}{6} + C_2 x_2 + D_2$	(k)

以上积分中出现的四个积分常数,需要四个条件来确定。由于挠曲线应该是一条光滑连续的曲线,因此,在 AC 和 CB 两段的交界截面 C 处,两段应有相同的转角和挠度,即

$$x_1 = x_2 = a \text{ 时}, \qquad v'_1 = v'_2, \qquad v_1 = v_2$$

在式(h)、式(i)、式(j)和式(k)诸式中,令 $x_1 = x_2 = a$,并利用上述的连续性条件,可得

$$C_1 = C_2, \qquad D_1 = D_2$$

此外,梁在 A、B 两端的边界条件为

$$x_1 = 0 \text{ 时}, \qquad v_1 = 0 \tag{l}$$

$$x_2 = l \text{ 时}, \qquad v_2 = 0 \tag{m}$$

将式(l)代入式(i),得

$$D_1 = D_2 = 0$$

将式(m)代入式(k),得

$$C_1 = C_2 = \frac{-Fb}{6l}(l^2 - b^2)$$

把所求得的四个积分常数代回式(h)、式(i)、式(j)、式(k)四式,得转角方程和挠度方程如下:

AC 段$(0 \leqslant x_1 \leqslant a)$		CB 段$(a \leqslant x_2 \leqslant l)$	
$EIv'_1 = -\dfrac{Fb}{6l}(l^2 - b^2 - 3x_1^2)$	(n)	$EIv'_2 = -\dfrac{Fb}{6l}\left[(l^2 - b^2 - 3x_2^2) + \dfrac{3l}{b}(x_2-a)^2\right]$	(p)
$EIv_1 = -\dfrac{Fbx_1}{6l}(l^2 - b^2 - x_1^2)$	(o)	$EIv_2 = -\dfrac{Fb}{6l}\left[(l^2 - b^2 - x_2^2)x_2 + \dfrac{l}{b}(x_2-a)^3\right]$	(q)

最大转角:在式(n)中令 $x_1 = 0$,在式(p)中令 $x_2 = l$,得梁在 A、B 两端的截面转角分别为

$$\theta_A = -\frac{Fb(l^2 - b^2)}{6EIl} = -\frac{Fab(l+b)}{6EIl}$$

$$\theta_B = \frac{Fab(l+a)}{6EIl}$$

当 $a > b$ 时,θ_B 为最大转角。

最大挠度:当 $\theta=\mathrm{d}v/\mathrm{d}x=0$ 时,v 有极值,所以应首先确定转角 θ 为零的截面位置。因 θ_A 为负,又有式(p)中令 $x_2=a$,可求得截面 C 的转角为

$$\theta_C = \frac{Fab}{3EIl}(a-b)$$

如 $a>b$,则 θ_C 为正。根据挠曲线的光滑连续性,$\theta=0$ 的截面必然在 AC 段内。令式(n)等于零,得

$$\frac{Fb}{6l}(l^2-b^2-3x_0^2)=0$$

$$x_0 = \sqrt{\frac{l^2-b^2}{3}} \tag{r}$$

x_0 即为挠度取最大值的截面位置。以 x_0 代入式(o),求得最大挠度为

$$f_{\max} = v_1 \mid_{x_1=x_0} = -\frac{Fb}{9\sqrt{3}EIl}\sqrt{(l^2-b^2)^3} \tag{s}$$

当集中力 F 作用于跨度中点时,$a=b=l/2$,由式(r)得 $x_0=l/2$,即最大挠度发生于跨度中点,据式(s)得其值为 $f_{\max}=\dfrac{Fl^3}{48EI}$,这由挠曲线的对称性也可直接看出。另一种极端情况是集中力 F 无限接近于右端支座,以致 b^2 与 l^2 相比可以省略。于是由式(r)及式(s)两式,得

$$x_0 = \frac{l}{\sqrt{3}} = 0.577l$$

$$f_{\max} = -\frac{Fbl^2}{9\sqrt{3}EI}$$

可见即使在这种极端情况下,其最大挠度仍发生在跨度中点附近。故可以用跨度中点的挠度来近似地代替最大挠度。在式(o)中令 $x=l/2$,求得跨度中点的挠度为

$$f_{l/2} = -\frac{Fb}{48EI}(3l^2-4b^2)$$

在上述极端情况下,集中力 F 无限靠近支座 B,则有

$$f_{l/2} \approx -\frac{Fb}{48EI}3l^2 = -\frac{Fbl^2}{16EI}$$

这时用 $f_{l/2}$ 代表 $f_{\max}$ 所引起的误差为

$$\Delta = \frac{f_{\max}-f_{l/2}}{f_{\max}} = 2.65\%$$

可见在简支梁中,只要挠曲线上无拐点便可用跨度中点的挠度来代替最大挠度,且不会引起很大误差。

积分法的优点是可以求得转角和挠度的普遍方程。但当只需要确定某些特殊截面的转角和挠度时,积分法就显得过于麻烦。为此,将梁在某些简单载荷作用下

的变形列入表7-2中,以便直接查用,而且利用这些表格,使用叠加法,还可比较方便地解决一些弯曲变形问题。

表 7-2　梁在简单载荷作用下的变形

序号	梁 的 简 图	挠曲线方程	端截面转角	最 大 挠 度
1		$v=-\dfrac{M_{e}x^{2}}{2EI}$	$\theta_{B}=-\dfrac{M_{e}l}{EI}$	$f_{B}=-\dfrac{M_{e}l^{2}}{2EI}$
2		$v=-\dfrac{Fx^{2}}{6EI}(3l-x)$	$\theta_{B}=-\dfrac{Fl^{2}}{2EI}$	$f_{B}=-\dfrac{Fl^{3}}{3EI}$
3		$v=-\dfrac{Fx^{2}}{6EI}(3a-x)\ (0\leqslant x\leqslant a)$ $v=-\dfrac{Fa^{2}}{6EI}(3x-a)\ (a\leqslant x\leqslant l)$	$\theta_{B}=-\dfrac{Fa^{2}}{2EI}$	$f_{B}=-\dfrac{Fa^{2}}{6EI}(3l-a)$
4		$v=-\dfrac{qx^{2}}{24EI}(x^{2}-4lx+6l^{2})$	$\theta_{B}=-\dfrac{ql^{3}}{6EI}$	$f_{B}=-\dfrac{ql^{4}}{8EI}$
5		$v=-\dfrac{M_{e}x}{6EIl}(l-x)(2l-x)$	$\theta_{A}=-\dfrac{M_{e}l}{3EI}$ $\theta_{B}=\dfrac{M_{e}l}{6EI}$	$x=(1-\dfrac{1}{\sqrt{3}})l$ $f_{\max}=-\dfrac{M_{e}l^{2}}{9\sqrt{3}EI}$ $x=\dfrac{l}{2},f_{l/2}=-\dfrac{M_{e}l^{2}}{16EI}$
6		$v=-\dfrac{M_{e}x}{6EIl}(l^{2}-x^{2})$	$\theta_{A}=-\dfrac{M_{e}l}{6EI}$ $\theta_{B}=\dfrac{M_{e}l}{3EI}$	$x=\dfrac{l}{\sqrt{3}}$ $f_{\max}=-\dfrac{M_{e}l^{2}}{9\sqrt{3}EI}$ $x=\dfrac{l}{2},f_{l/2}=-\dfrac{M_{e}l^{2}}{16EI}$
7		$v=\dfrac{M_{e}x}{6EIl}(l^{2}-3b^{2}-x^{2})$ $(0\leqslant x\leqslant a)$ $v=\dfrac{M_{e}}{6EIl}[-x^{3}+3l(x-a)^{2}$ $+(l^{2}-3b^{2})x]\ (a\leqslant x\leqslant l)$	$\theta_{A}=\dfrac{M_{e}}{6EIl}(l^{2}-3b^{2})$ $\theta_{B}=\dfrac{M_{e}}{6EIl}(l^{2}-3a^{2})$	—

序号	梁 的 简 图	挠曲线方程	端截面转角	最 大 挠 度
8		$v=-\dfrac{Fx}{48EI}(3l^2-4x^2)$ $\left(0\leqslant x\leqslant\dfrac{l}{2}\right)$	$\theta_A=-\theta_B=-\dfrac{Fl^2}{16EI}$	$f=-\dfrac{Fl^3}{48EI}$
9		$v=-\dfrac{Fbx}{6EIl}(l^2-x^2-b^2)$ $(0\leqslant x\leqslant a)$ $v=-\dfrac{Fb}{6EIl}\left[\dfrac{l}{b}(x-a)^3\right.$ $\left.+(l^2-b^2)x-x^3\right]$ $(a\leqslant x\leqslant l)$	$\theta_A=-\dfrac{Fab(l+b)}{6EIl}$ $\theta_B=\dfrac{Fab(l+a)}{6EIl}$	设 $a>b$,在 $x=\sqrt{\dfrac{l^2-b^2}{3}}$ 处, $f_{\max}=-\dfrac{Fb(l^2-b^2)^{3/2}}{9\sqrt{3}EIl}$ 在 $x=\dfrac{l}{2}$ 处, $f_{l/2}=-\dfrac{Fb(3l^2-4b^2)}{48EI}$
10		$v=-\dfrac{qx}{24EI}(l^3-2lx^2+x^3)$	$\theta_A=-\theta_B=-\dfrac{ql^3}{24EI}$	$f=-\dfrac{5ql^4}{384EI}$

7.4.5　用叠加法求弯曲变形

在弯曲变形很小,且材料服从胡克定律的情况下,挠曲线近似微分方程式(7-25)是弯矩的线性函数,弯矩与载荷的关系也是线性的。因此,对应于几种不同的载荷,弯矩可以叠加,因而方程式(7-25)的解也可叠加,即:**当梁上同时作用几个载荷时,可分别求出每一载荷单独作用时引起的变形,然后把所得的变形叠加,即为这些载荷共同作用时的变形。这就是计算弯曲变形的叠加法。**

例 7-15　桥式起重大梁在自重 q 及吊重 F 作用下,其计算简图如图 7-54(a)所示。试求大梁跨度中点的挠度和 A 截面的转角。

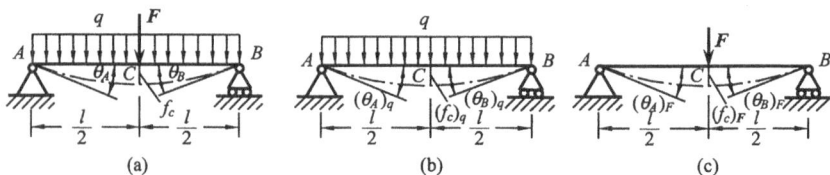

图 7-54

解 大梁的变形是均布载荷 q 和集中力 F 共同引起的。在均布载荷 q 单独作用下(图 7-54(b)),大梁跨度中点的挠度和 A 截面的转角由表 7-2 第 10 栏查得为

$$(f_C)_q = -\frac{5ql^4}{384EI}, \qquad (\theta_A)_q = -\frac{ql^3}{24EI}$$

在集中力 F 单独作用下(图 7-54(c)),大梁跨度中点 C 处的挠度和 A 截面的转角由表 7-2 第 8 栏查得为

$$(f_C)_F = -\frac{Fl^3}{48EI}, \qquad (\theta_A)_F = -\frac{Fl^2}{16EI}$$

将载荷 q(图 7-54(b))和集中力 F(图 7-54(c))单独作用引起的变形叠加,得如图 7-54(a)所示大梁跨度中点的挠度和 A 截面的转角分别为

$$f_C = (f_C)_q + (f_C)_F = -\frac{5ql^4}{384EI} - \frac{Fl^3}{48EI} \qquad (\downarrow)$$

$$\theta_A = (\theta_A)_q + (\theta_A)_F = -\frac{ql^3}{24EI} - \frac{Fl^2}{16EI} \qquad (\searrow)$$

例 7-16 一简支梁受力如图 7-55(a)所示,求跨度中点 C 的挠度。

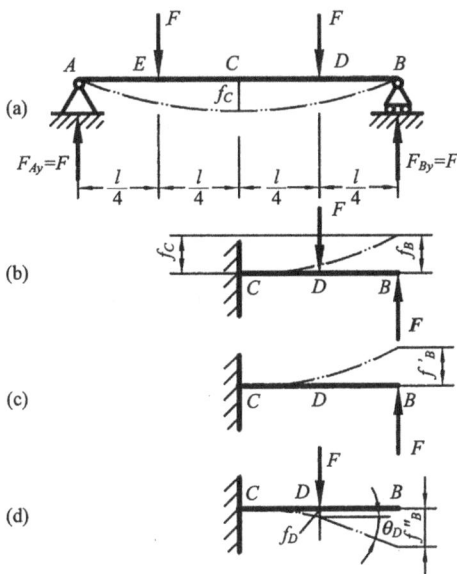

图 7-55

解 此题若用积分法求解,需要分三段积分,故计算起来是比较烦琐的。现在我们用叠加法求解。

由变形的对称性看出,跨度中点截面 C 的转角为零,挠曲线在 C 点的切线是水平的。故可以把梁的 CB 段看成是悬臂梁(图 7-55(b)),自由端 B 的挠度 $|f_B|$

也就等于原来 AB 梁的跨度中点挠度 $|f_C|$,而 $|f_B|$ 可用叠加法求出。

由叠加原理可知,如图 7-55(b)所示两个载荷共同作用下引起的 B 点挠度。等于两个载荷分别单独作用时,引起 B 点挠度的代数和(图 7-55(c)、(d))。

由表 7-2 第 2 栏可知,由作用在 B 点载荷所引起 B 点挠度为

$$f'_B = \frac{F\left(\frac{l}{2}\right)^3}{3EI} = \frac{Fl^3}{24EI} \qquad (\uparrow)$$

由作用在 D 点载荷所引起 B 点的挠度为

$$f''_B = f_D + \theta_D \cdot \frac{l}{4}$$

$$= \frac{F\left(\frac{l}{4}\right)^3}{3EI} + \frac{F\left(\frac{l}{4}\right)^2}{2EI} \cdot \frac{l}{4} = \frac{5Fl^3}{384EI} \qquad (\downarrow)$$

叠加 f'_B 和 f''_B ,得 B 点最终挠度为

$$f_B = f'_B - f''_B = \frac{11Fl^3}{384EI} \qquad (\uparrow)$$

因此有

$$|f_C| = |f_B| = \frac{11Fl^3}{384EI}$$

显然 C 点挠度向下。

7.4.6　提高梁弯曲刚度的主要措施

从挠曲线的近似微分方程及其积分可以看出,弯曲变形与弯矩 M 的大小、梁的长度 l 、横截面的抗弯刚度 EI 等有关。所以要提高弯曲刚度,就应该从考虑以上各因素入手。

1. 改善结构形式,减小弯矩的数值

（1）合理设计和布置支座

弯矩是引起弯曲变形的主要因素,所以,减小弯矩数值也就提高了弯曲刚度。例如皮带轮采用卸荷装置(图 7-56)后,皮带拉力经滚动轴承传给箱体,它对传动轴不再引起弯矩,也就消除了它对传动轴弯曲变形的影响。

对于如图 7-57(a)所示的简支梁,若使两端支座内移 $2l/9$,使成为如图 7-57(b)所示的外伸梁,则由于梁内弯矩的减小。使 f_{max} 由 $\frac{5ql^4}{384EI}$ 降至 $\frac{0.11ql^4}{384EI}$,因而显著地提高了梁的刚度。保存于巴黎的国际标准米尺,就是按这种方式而安放的。

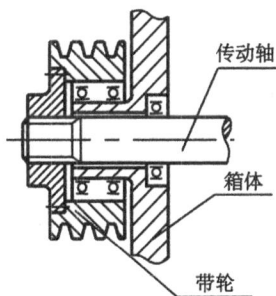

图 7-56

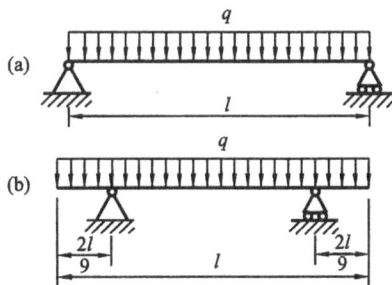

图 7-57

（2）将集中载荷适当分散

在工程实际中，能把集中力变成分布力，也可以取得减小弯矩降低弯曲变形的效果。例如，简支梁在跨度中点作用集中力 F 时，最大挠度为 $f_{max}=\dfrac{Fl^3}{48EI}$（表 7-2 第 8 栏）；如果将集中力 F 代以均布载荷，且使 $ql=F$，则最大挠度为 $f_{max}=\dfrac{5Fl^3}{384EI}$，仅为集中力 F 作用时的 62.5%。

作用于梁上的集中力，应尽量靠近支座，以减小弯矩，降低弯曲变形。

（3）尽量缩小跨度

缩小跨度是减小弯曲变形的有效方法。以上的例子表明，在集中力作用下，挠度与跨度 l 的三次方成正比。如跨度缩短一半，则挠度减为原来的 1/8，故刚度的提高是非常显著的。所以工程上对镗刀杆（例 7-12）的外伸长度都有一定的规定，以保证镗孔的精度要求。在长度不能缩短的情况下，可采取增加支承的方法来提高刚度。例如，前面提到的镗刀杆，若外伸部分过长，可在端部加装尾架（图 7-58）。车削细长工件时，除了用尾顶针外，有时还用中心架（图 7-59）或跟刀架。工件或传动轴增加支承后，都将使这些杆件由原来的静定梁变为静不定梁。

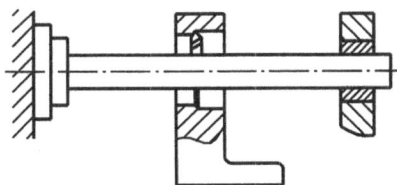

图 7-58

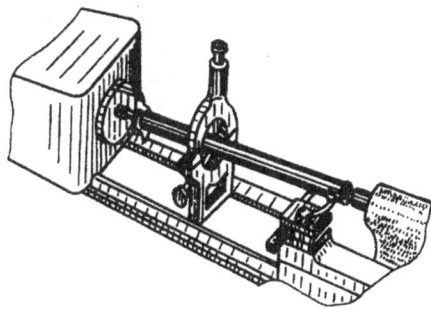

图 7-59

2. 选择合理的截面形状

在提高梁强度的措施中,关于采用合理截面形状的讨论,基本上对提高梁的刚度也适用,主要是指面积不变的情况下,增大 I 的数值。

3. 合理选材

弯曲变形还与材料的弹性模量 E 有关。对于 E 值不同的材料来说,E 值越大弯曲变形越小。但因为各种钢材的弹性模量 E 大致相同,所以为提高弯曲刚度而采用高强度钢材并不会达到预期的效果。

7.5　简单弯曲静不定问题

7.5.1　概述

前面曾讨论过简单的拉、压静不定问题,对于什么是静不定问题、工程中静不定问题的形成以及简单静不定问题的解法、静不定问题的特点等都有了基本的了解。

1. 弯曲静不定问题

工程中的静不定问题种类繁多,这里只研究简单弯曲静不定问题,如图 7-60(a)所示卧式铣床刀杆。铣刀杆工作时绕轴转动,考虑其横向弯曲时,由于左端与刚度很大的主轴以锥孔紧密配合,且用螺杆拉紧,刀杆与主轴之间在受力平面内不能发生相对转动和移动,因此铣刀杆左端可简化为固定端。铣刀杆右端的轴承可简化为一简支端。这样,得到铣刀杆的受力简图如图 7-60(b)所示。此梁的有效静力平衡方程只有 3 个,而未知反力有 4 个,这种未知反力数目超过有效的静力平

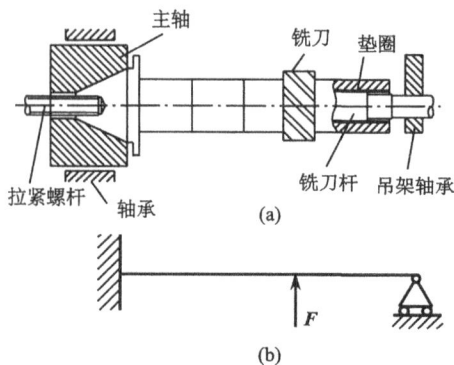

图 7-60

衡方程数目的梁称静不定梁,这类问题也称弯曲静不定问题。

不论是什么类型的静不定结构,都是由于约束(包括外部约束和内部约束)数目过多(对维持静力平衡而言)造成的。因此,从约束入手便可建立统一的求解方法。

2. 静不定的次数

未知力的个数与独立平衡方程个数之差,称为**静不定次数。**静不定次数即为求解全部未知力所需补充方程的个数。显然判定静不定次数是求解静不定问题的前提。

常用判定静不定次数的方法是,拆去"多余"约束到静定结构,那么拆去"多余"约束的个数即为静不定的次数。

3. 静不定结构的求解方法

前面已讨论了简单拉、压静不定问题的求解方法,即必须同时考虑**静力平衡条件、变形协调条件**和**物理条件**三方面才能解出全部的未知力。

在结构分析中,通常采用**力法**和**位移法**两种基本求解方法。力法是以未知力(约束反力或内力)作为基本未知量;位移法是以未知位移作为基本未知量。解出基本未知量以后,再求其他的未知量。

与此相似,变形体力学对静不定结构的分析中也通常采用力法和位移法。力法和位移法出发点不同,但其基本原则是相同的,即都要同时考虑变形协调(变形和位移)关系,建立几何方程;考虑物理(力与变形)关系,建立物理方程;考虑静力(外力与内力)关系,建立平衡方程。这三方面的综合,若以未知力为基本未知量便称为力法。若以未知位移为基本未知量便称为位移法,这里仅讨论力法。

7.5.2　变形比较法

用力法解静不定问题时,建立了以多余未知力表示的补充方程,这相当于在静定基上外载荷和多余约束力共同引起去掉多余约束处的变形条件,这种方法又称为**变形比较法。**对于简单(一次)静不定问题,特别是当结构有弹性多余约束、制造误差、轴承间隙、温度变化等特殊情况时,可查表 7-2 计算位移,用变形比较法建立多余约束处的变形条件,往往是比较方便的。下面举例说明具体的求解过程和要注意的问题。

例 7-17　如图 7-61(a)所示悬臂梁的抗弯刚度 $EI = 30 \times 10^3 \mathrm{N} \cdot \mathrm{m}^2$,$l = 750\mathrm{mm}$。弹簧刚度 $K = 175 \times 10^3 \mathrm{N/m}$。若梁与弹簧间有空隙 $\delta = 1.25\mathrm{mm}$,当集中力 $F = 450\mathrm{N}$ 作用于梁的自由端时,试问:弹簧将分担多大的力?

解　1) 分析问题的类型。

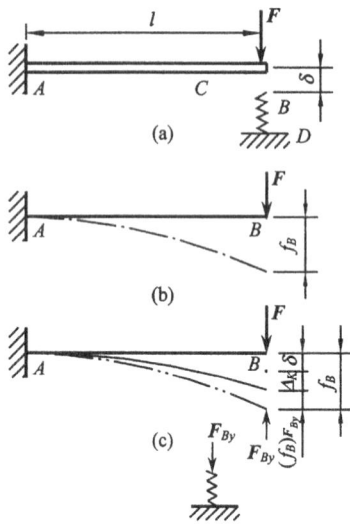

图 7-61

设端部没有弹簧(图 7-61(b)),则在 F 力作用下 AB 梁 B 点的挠度为(可查表 7-2)

$$f_B = \frac{Fl^3}{3EI} = \frac{450 \times 0.75^3}{3 \times 30 \times 10^3} = 2(\text{mm}) > \delta$$

所以,当有弹簧时为一次静不定问题。

2)分析 B 处的变形情况。

画出 AB 梁变形后的最终位置曲线(图7-61(c)中实线部分)。设弹簧所受到的力为 F_{By},使梁在 B 端产生的变形为 $(f_B)_{F_{By}}$,而弹簧产生的变形为 Δ_K,则由图可知 B 处的变形协调条件为

$$f_B = \delta + \Delta_K + (f_B)_{F_{By}}$$

3)考虑物理关系建立补充方程

$$f_B = \frac{Fl^3}{3EI}, \qquad \Delta_K = \frac{F_{By}}{K}, \qquad (f_B)_{F_{By}} = \frac{F_{By}l^3}{3EI}$$

代入变形协调条件中,整理有

$$F_{By} = \frac{Fl^3 - 3EI\delta}{\dfrac{3EI}{K} + l^3}$$

$$= \frac{450 \times 0.75^3 - 3 \times 30 \times 10^3 \times 1.25 \times 10^{-3}}{\dfrac{3 \times 30}{175} + 0.75^3} = 82.6(\text{N})$$

例 7-18 某建筑物中的双跨梁(图 7-62(a))。已知 q、l、EI 为常数,求支座反力。

解 1)显然结构属一次静不定。

2)去掉 C 支座以 F_{Cy} 代之(图7-62(b))。

3)应用变形比较法,C 处的变形协调条件为

$$|f_{Cq}| = |f_{CF_{Cy}}|$$

4)可查表 7-2 计算挠度(图 7-62(c)),图(7-62(d)),得

$$f_{Cq} = \frac{-5q(2l)^4}{384EI},$$

$$f_{CF_{Cy}} = \frac{F_{Cy}(2l)^3}{48EI}$$

则

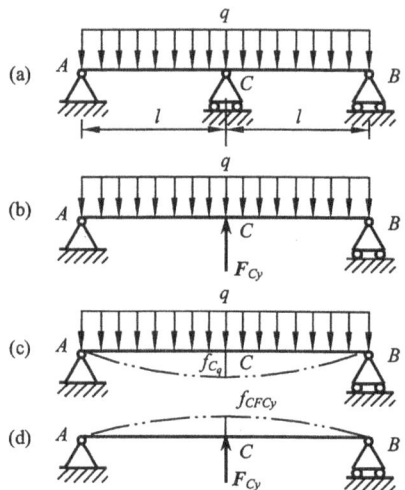

图 7-62

$$\left|\frac{5q(2l)^4}{384EI}\right| = \left|\frac{F_{Cy}(2l)^3}{48EI}\right|$$

$$F_{Cy} = 1.25ql(\uparrow)$$

5）依平衡方程求得 $F_{Ay}=F_{By}=0.375ql(\uparrow)$。

注意　变形比较法中位移要理解为由变形引起位移线段的长度，即不考虑位移的正、负，应视位移的绝对值。

思 考 题

7-1　何谓平面弯曲？它有什么特点？发生平面弯曲的充分条件是什么？

7-2　怎样理解在集中力作用截面，剪力图有突变？在集中力偶作用截面，弯矩图有突变？

7-3　载荷集度 q、剪力 F_Q 和弯矩 M 三者之间的导数关系是如何建立的？其物理意义和几何意义是什么？在建立上述关系时，载荷集度与坐标轴的取向有何意义？

7-4　若结构正对称，载荷也正对称，则剪力图和弯矩图有什么对称关系？若结构正对称，载荷反对称，则剪力图和弯矩图有什么对称关系？

7-5　何谓中性层？何谓中性轴？其位置如何确定？

7-6　截面形状及尺寸完全相同的两根静定梁，一根为钢材，另一根为木材，若两梁所受的载荷也相同，问它们的内力图是否相同？横截面上的正应力分布规律是否相同？两梁对应点处的纵向线应变是否相同？

7-7　纯弯曲时的正应力公式的应用范围是什么？它可推广应用于什么情况？

7-8　一简支梁的矩形空心截面系由钢板折成，然后焊成整体。试问如思考题 7-8 图(a)、(b)、(c)所示三种焊缝中，哪种最好？哪种最差？为什么？

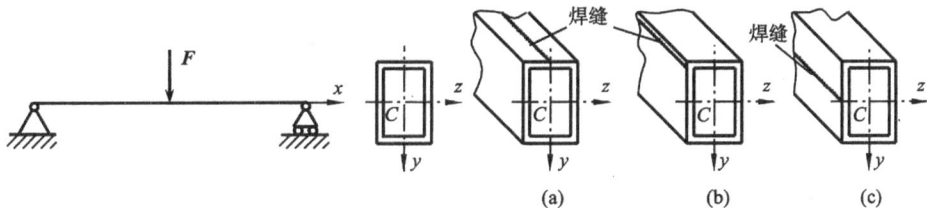

思考题 7-8 图

7-9　设梁的横截面如思考题 7-9 图所示，试问此截面对 z 轴的惯性矩和抗弯截面系数是否可按下式计算，为什么？

$$I_z = \frac{BH^3}{12} - \frac{bh^3}{12}, \qquad W_z = \frac{BH^2}{6} - \frac{bh^2}{6}$$

7-10　对于如思考题 7-10 图所示的正方形截面，为什么说只要横向力 F 过形心，梁就产生平面弯曲？当 α 角不同时其弯曲正应力 $\sigma_{\max}$ 是否相等？

7-11　如思考题 7-11 图所示，写出下列各梁确定积分常数的全部条件。（K 为弹簧刚度）

7-12　如思考题 7-12 图所示各梁的抗弯刚度 EI_z 均为常数。试分别画出其挠曲线的大致形状。

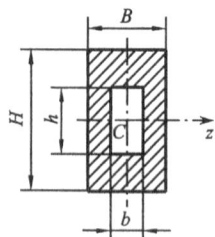

思考题 7-9 图

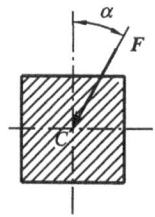

思考题 7-10 图

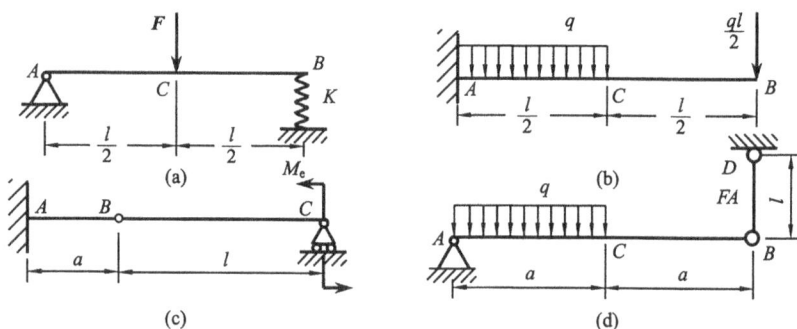

思考题 7-11 图

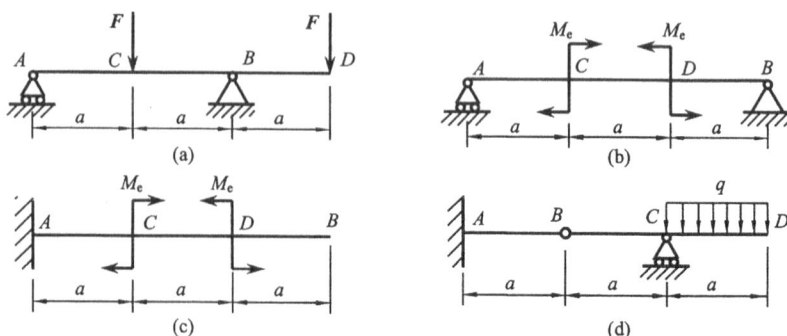

思考题 7-12 图

7-13　梁的变形与弯矩有什么关系? 正弯矩产生正挠度,负弯矩产生负挠度;弯矩最大的地方挠度最大,弯矩为零的地方挠度为零。这种说法对吗?

7-14　两悬臂梁,其横截面和材料均相同,在梁的自由端作用有大小相等的集中力,但一梁的长度为另一梁的二倍,试问长梁自由端的挠度和转角各为短梁的几倍?

7-15　从公式 $1/\rho = M/(EI_z)$ 来看,在纯弯曲情况下梁的曲率是常数,挠曲线应是一段圆弧,但从表 7-1(1)中所表示的纯弯曲梁的挠曲线的方程来看,却是一段抛物线? 为什么?

7-16　若梁上某一横截面上的弯矩 $M=0$,则该截面的转角 θ 和挠度 v 也等于零,这种说法对否?

7-17　静不定结构中存在"多余"约束,为什么不去掉? 这种"多余"意味着什么?

7-18　静不定结构的次数与补充方程有何关系?

7-19　静不定结构与静定结构相比,最主要的特点是什么?

习　　题

7-1　已知如题 7-1 图所示各梁的 q、F、M_e 和尺寸 a,试求:①列出梁的剪力方程和弯矩方程;②作剪力图和弯矩图;③指出 $|F_Q|_{max}$ 和 $|M|_{max}$。

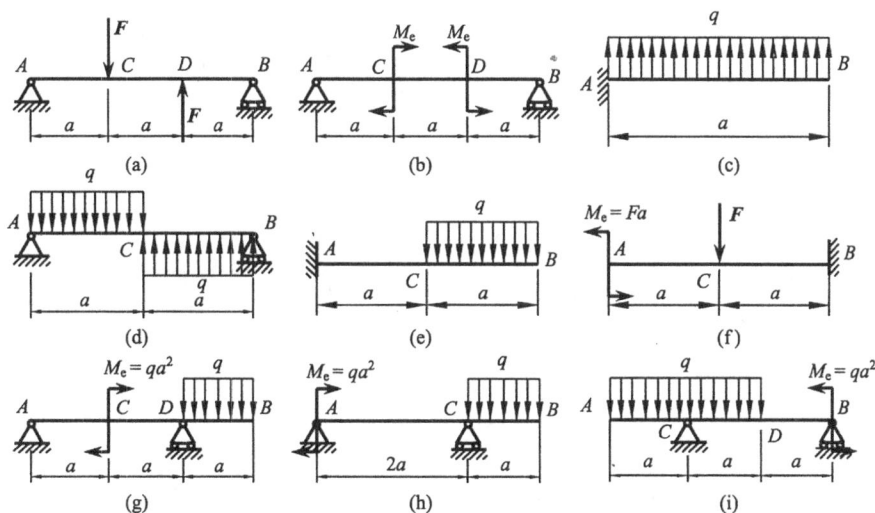

题 7-1 图

7-2　求如题 7-2 图所示各梁中指定截面上的内力。设 1-1、2-2、3-3 各截面无限趋近于梁上 A、B、C、D 各截面,其中,F、q、a 均为已知。

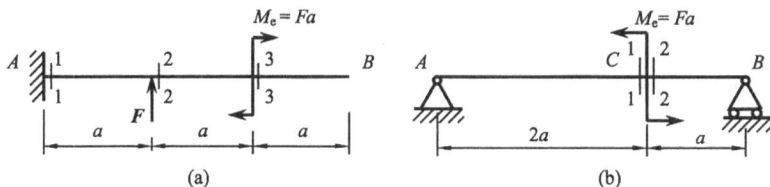

题 7-2 图

7-3　作如题 7-3 图所示多跨(带梁间铰)静定梁的剪力图和弯矩图,并设 $F=qa$,$M_e=qa^2$。

7-4　利用 $q(x)$、$F_Q(x)$ 和 $M(x)$ 之间的关系,直接作如题 7-4 图所示各梁的剪力图和弯矩图。

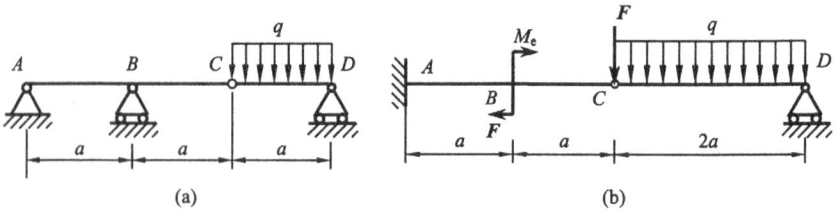

题 7-3 图

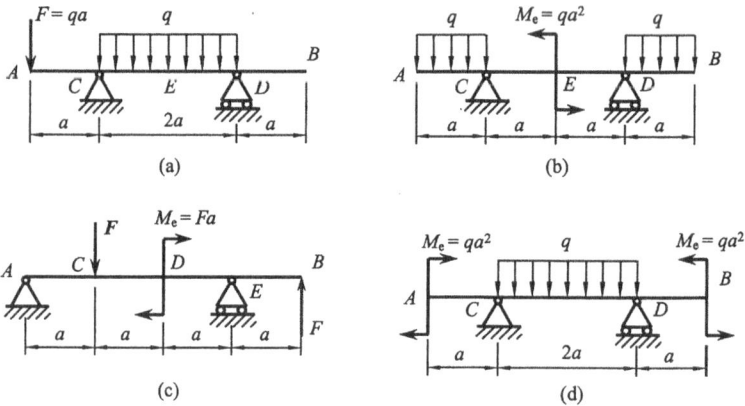

题 7-4 图

7-5　梁的尺寸及受力如题 7-5 图所示,试讨论:①集中力 $F=qa$ 分别作用在梁间铰 D 的左侧、右侧或正好作用在铰上,对梁的剪力图和弯矩图有何影响? ②集中力偶 $M_e=qa^2$ 分别作用在梁间铰 D 的左侧、右侧,对梁的剪力图和弯矩图有何影响?

7-6　如题 7-6 图所示载荷 F 无冲击地在梁上移动,试求:①F 在任意位置时的支座反力;②$|F_Q|_{max}$、$|M|_{max}$ 的值及其所发生的位置。

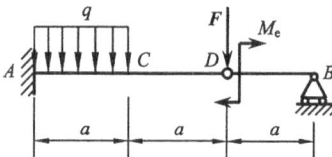

题 7-5 图

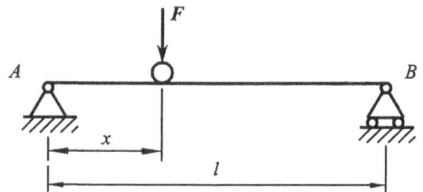

题 7-6 图

7-7　作如题 7-7 图所示刚架的弯矩图。

7-8　把直径 $d=1mm$ 的钢丝绕在直径为 2m 的卷筒上,试计算该钢丝中产生的最大应力。设 $E=200GPa$。

7-9　如题 7-9 图所示简支梁承受均布载荷,$q=2kN/m$,$l=2m$。若分别采用截面面积相等

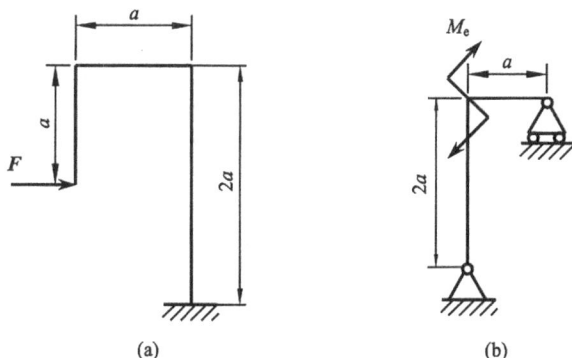

题 7-7 图

的实心和空心圆截面,且 $D_1=40mm,d_2/D_2=3/5$,试分别计算它们的最大正应力。并问空心截面比实心截面的最大正应力减小了百分之几?

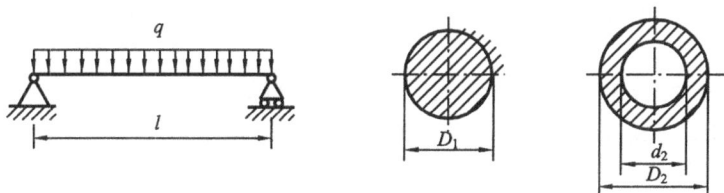

题 7-9 图

7-10 某起重机大梁 AB 的跨度 $l=16m$。原来按起重量 $F=100kN$ 设计,如题 7-10(a)图所示。今欲吊运 $F_1=150kN$ 的重物,为此将 F_1 分为两个相等的力,并分别施加于距两端为 x 处(题 7-10(b)图)。试求 x 的最大值是多少? 设大梁自重及弯曲切应力强度均不予考虑。

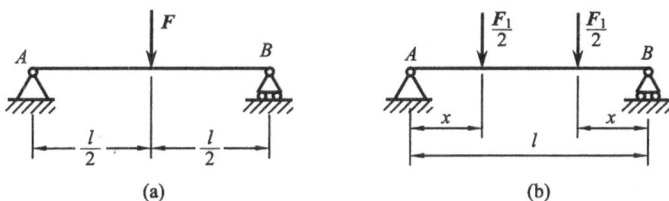

题 7-10 图

7-11 如题 7-11 图(a)所示简支梁在中点受 F 力作用时其 σ_{max} 正好等于材料的许用应力 $[\sigma]$。今 $F_1>F$。但使 F_1 按均布载荷作用于 b 的长度上(题 7-11 图(b))。求 b 的最小值是多少? 最大的 F_1 是多少?

7-12 由三块材料相同的木板胶合而成的悬臂梁如题 7-12 图所示,$F=3kN,l=1m$。试求胶合面 1、2 上的切应力和总的剪力。

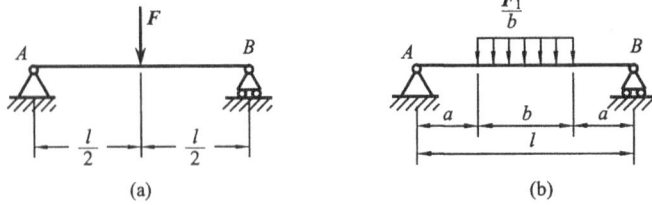

题 7-11 图

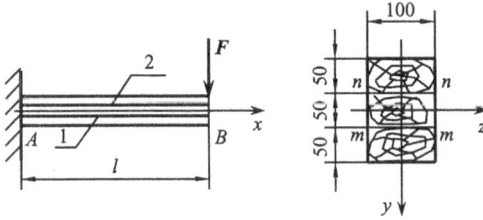

题 7-12 图

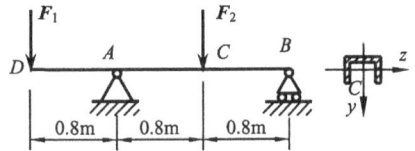

题 7-13 图

7-13 一外伸梁如题 7-13 图所示,梁为 16a 号槽钢所制成,$F_1=3\mathrm{kN}$,$F_2=6\mathrm{kN}$。试求梁的最大拉应力和最大压应力,并指出其所作用的截面和位置。

7-14 由 50a 号工字钢制成的简支梁如题 7-14 图所示,$q=30\mathrm{kN/m}$。已知 $[\sigma]=80\mathrm{MPa}$,$[\tau]=50\mathrm{MPa}$,试校核其弯曲强度。

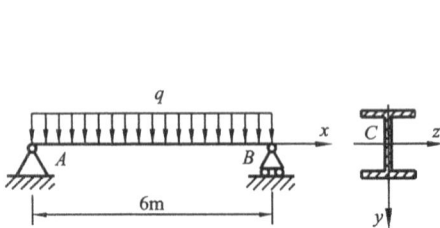

题 7-14 图

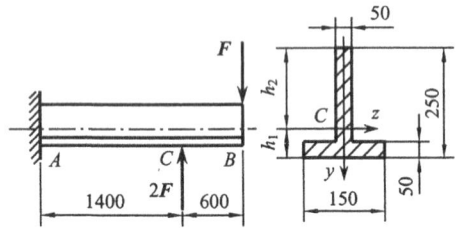

题 7-15 图

7-15 ⊥形截面铸铁悬臂梁,尺寸及载荷如题 7-15 图所示。若材料的拉伸许用应力$[\sigma_t]=40\mathrm{MPa}$,压缩许用应力$[\sigma_c]=160\mathrm{MPa}$,截面对形心轴 z 的惯性矩 $I_z=10\ 180\mathrm{cm}^4$,$h_1=9.64\mathrm{cm}$,试计算该梁的许可载荷$[F]$。

7-16 试计算如题 7-16 图所示 16 号工字形梁截面内的最大正应力和最大切应力。$F_1=10\mathrm{kN}$,$F_2=20\mathrm{kN}$。

7-17 如题 7-17 图所示起重机下的梁由两根工字钢组成,起重机自重 $G=50\mathrm{kN}$,起重量 $F=10\mathrm{kN}$。许用应力$[\sigma]=160\mathrm{MPa}$,$[\tau]=100\mathrm{MPa}$,$l=10\mathrm{m}$,$a=4\mathrm{m}$,$b=1\mathrm{m}$。若暂不考虑梁的自重,试按正应力强度条件选定工字钢型号,然后再按切应力强度条件进行校核。

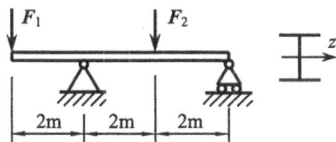

题 7-16 图

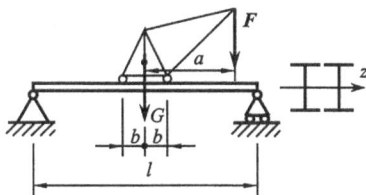

题 7-17 图

7-18　如题 7-18 图所示一受均布载荷的外伸钢梁，已知 $q=12\text{kN/m}$，$l=2\text{m}$，材料的许用应力 $[\sigma]=160\text{MPa}$。试选择此梁的工字钢型号。

7-19　由三根材料相同的木板胶合而成的外伸梁截面尺寸如题 7-19 图所示，$l=1\text{m}$，$b=100\text{mm}$，$h=50\text{mm}$。若胶合面上的许用切应力为 $[\tau]_{胶}=0.34\text{MPa}$，木材的许用弯曲正应力为 $[\sigma]=10\text{MPa}$，许用切应力为 $[\tau]=1\text{MPa}$，载荷 F 可在 AC 内无冲击移动，试求许可载荷 $[F]$。

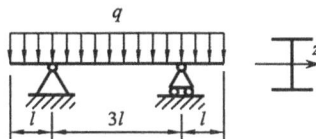

题 7-18 图

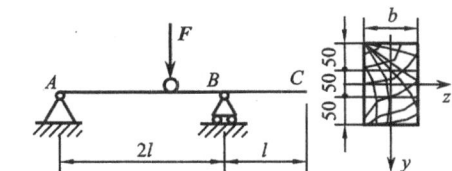

题 7-19 图

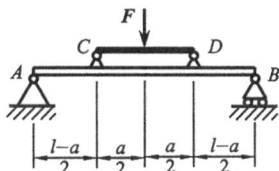

题 7-20 图

7-20　如题 7-20 图所示为改善载荷分布，在主梁 AB 上安置辅助梁 CD。设主梁和辅梁的抗弯截面模量分别为 W_1 和 W_2，材料相同，试求辅梁的合理长度 a。

7-21　如题 7-21 图所示梁由两根 36a 工字钢铆接而成。铆钉的间距为 $s=150\text{mm}$，直径 $d=20\text{mm}$，许用切应力 $[\tau]=90\text{MPa}$。梁横截面上的剪力 $F_Q=40\text{kN}$。试校核铆钉的剪切强度。

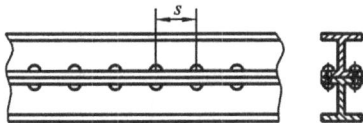

题 7-21 图

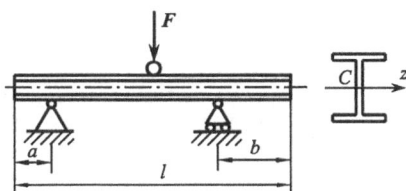

题 7-22 图

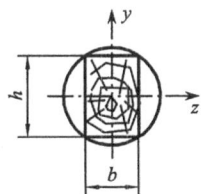

题 7-23 图

7-22　如题 7-22 图所示在 No.18 工字梁上作用着可移动的载荷 F。为提高梁的承载能力，试确定 a 和 b 的合理数值及相应的许可载荷。设 $[\sigma]=160\text{MPa}$，$l=12\text{m}$。

7-23　如题 7-23 图所示我国营造法式中，对矩形截面梁给出的尺寸比例是 $h:b=3:2$。试用弯曲正应力强度证明：从圆木锯出的矩形截面梁,上述尺寸比例接近最佳比值。

7-24　在均布载荷作用下的等强度悬臂梁,其横截面为矩形,且宽度 b＝常量。试求截面高度 h 沿梁轴线的变化规律。

7-25　用积分法求如题 7-25 图所示各梁的挠曲线方程,A 截面转角 θ_A 及跨度中点挠度 $f_{l/2}$。设 EI＝常数。

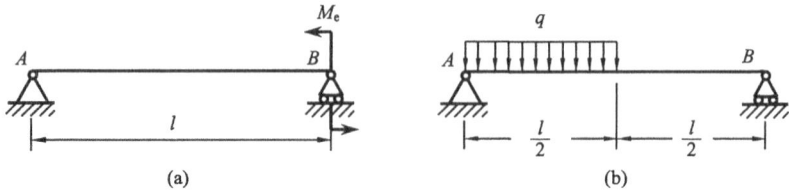

题 7-25 图

7-26　如题 7-26 图所示用叠加法求外伸梁在外伸端 A 处的挠度和转角。设 EI＝常数。

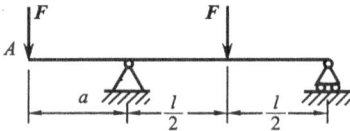

题 7-26 图

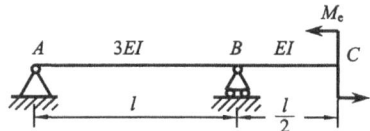

题 7-27 图

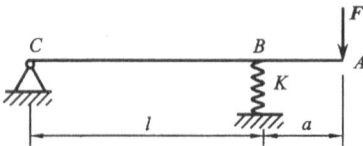

题 7-28 图

及 θ_B,已知 EI＝常数,$M_e = ql^2/2$。

7-27　阶梯状变截面的外伸梁如题 7-27 图所示。试用叠加法求外伸端的挠度。

7-28　如题 7-28 图所示梁 B 截面置于弹簧上,弹簧刚度为 K,求 A 点处挠度,梁的 EI＝常数。

7-29　用叠加法求如题 7-29 图所示梁的 f_A

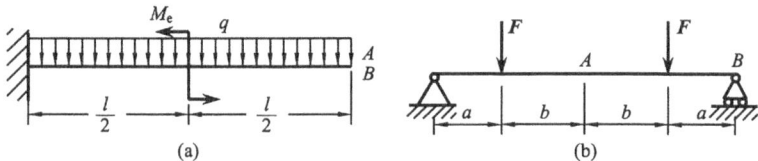

题 7-29 图

7-30　用叠加法求如题 7-30 图所示梁的最大挠度和转角。

7-31　如题 7-31 图所示,有两个相距为 $l/4$ 的活动载荷 F 缓慢地在长为 l 的等截面简支梁上移动,试确定梁中央处的最大挠度 f_{max}。

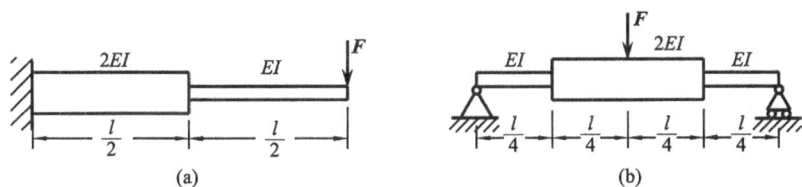

题 7-30 图

7-32　如题 7-32 图所示一滚轮在梁上滚动，欲使其在梁上恰好走一条水平线，问需把梁预先弯成什么形状？（设 $EI=$ 常数）

7-33　如题 7-33 图所示桥式起重机的最大起吊载荷为 $F=20\text{kN}$，起重机大梁为 No. 32a 工字钢，$E=200\text{GPa}$，$l=8.76\text{m}$，规定 $[f]=l/500$。校核大梁的刚度。

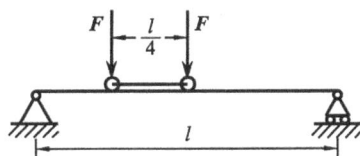

题 7-31 图

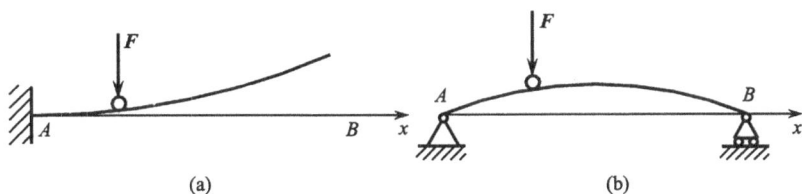

题 7-32 图

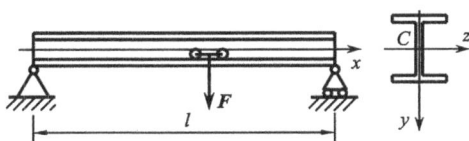

题 7-33 图

7-34　试求如题 7-34 图所示各等直梁的支反力，并作梁的剪力图和弯矩图，设 $EI=$ 常数。

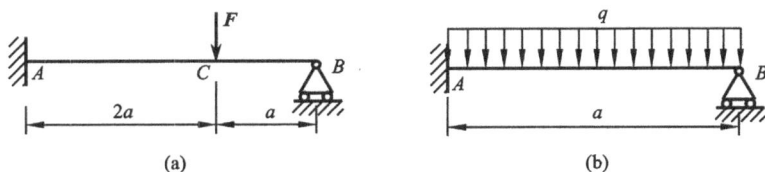

题 7-34 图

7-35 如题 7-35 图所示,二悬臂梁 AB 与 AC 在 C 处相接触。二梁 EI 相同,求在 F 力作用下接触点 C 处的反力及 B 点的挠度。

7-36 如题 7-36 图所示,悬臂梁 AD 和 BE 的抗弯刚度同为 $EI = 24 \times 10^6 \, \mathrm{N \cdot m^2}$,由钢杆 CD 相连接。CD 杆 $l = 5\mathrm{m}$,$A = 3 \times 10^{-4} \, \mathrm{m^2}$,$E = 200\mathrm{GPa}$。若 $F = 50\mathrm{kN}$,试求悬臂梁 AD 在 D 点的挠度。

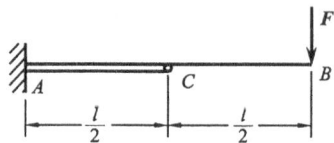

题 7-35 图

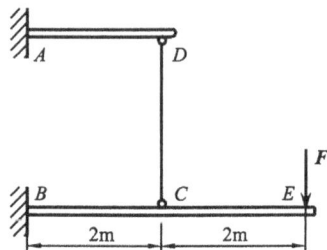

题 7-36 图

第8章 应力 应变分析 强度理论
及组合变形构件的强度计算

8.1 概 述

8.1.1 问题的提出

让我们先从一个实例看问题的提出。

T形截面梁(图 8-1(a)),在对其 B-B 截面进行强度计算时,根据其面上的应力分布(图 8-1(c))可建立如下强度条件式

$$\sigma_{t,max} \leqslant [\sigma_t]$$

$$\sigma_{c,max} \leqslant [\sigma_c]$$

$$\tau_{max} \leqslant [\tau]$$

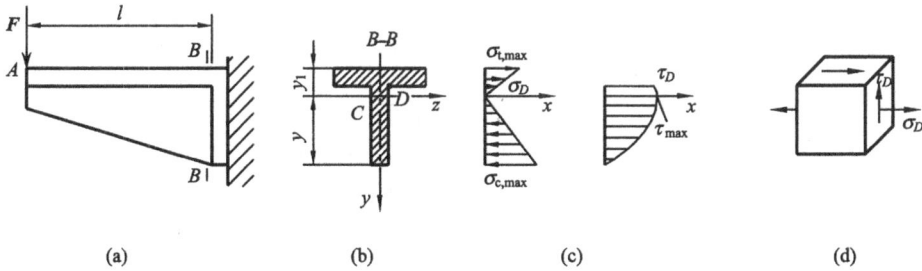

图 8-1

现在来考察此截面上翼缘与腹板交界处的 D 点(图 8-1(b))。根据横力弯曲的公式,可计算出该点的正应力 σ_D、切应力 τ_D。在 D 点取出一个单元体画出其面上的应力(图 8-1(d))。该点同时存在正应力和切应力,不能用单向拉压和纯剪下建立的强度条件,而该点的正应力比最大正应力小不多少,切应力比最大切应力也稍小一点,故该点也可能是危险点。而该点的强度如何计算呢? 这就是我们提出的问题之一。

另外,对一些构件和材料的破坏现象,也常需通过研究其所有面的应力情况,才能解释其破坏原因。例如,低碳钢拉伸试验,加力达到屈服阶段时,为什么会在试件表面沿与试件轴线成 45°方向上出现滑移线? 又如铸铁扭转时、压缩时都会在与轴线大致成 45°方向上出现破坏,其破坏的原因一样吗?

再有,在测定构件应力的实验应力分析中,都会遇到相应的问题。

要解决这些问题,就必须研究受力构件中某一点处各不同截面上的应力变化情况,从而知道在哪一点并在什么方向上有最大的正应力,最大线应变,又在哪一点什么方向上有最大切应力等。通过对构件和材料破坏点处的应力情况分析,就可以知道是什么应力导致其破坏,对破坏的现象做出充分的解释,同时根据强度理论建立复杂应力状态的强度条件,解决组合变形构件的强度计算。

8.1.2　应力状态的概念

1. 一点处的应力状态

一般情况下杆件横截面上各点的应力是不相同的,如圆轴扭转时横截面上的切应力沿半径线性分布,横力弯曲时横截面上既有切应力又有正应力,而且都是非均匀分布的。通过构件内某一点处的各斜截面上的应力也是不同的。

所谓"一点处的应力状态"就是指**过一点不同方向面上应力的集合**。"应力状态分析"就是应用平衡方程,**分析过一点处不同面上应力的全部情况**,从而确定应力极值的大小及作用方位。

2. 应力状态的研究方法

为了研究受力构件内一点处的应力状态,可以围绕该点截取一个**单元体**,单元体的各个面都认为是过同一点的不同截面。由于单元体各边长皆为无穷小量,故**单元体各面上的应力可视为均匀分布,且单元体任一对平行平面上的应力可认为是相等的。**

从受力构件中截取的单元体,要使其三对平行平面上的应力是可求的。前面研究了基本变形横截面上的应力。因此,所取单元体中的一对平行平面通常是构件的两个**横截面**。若取出的单元体三对平行平面上的应力均为已知的,称为**原始单元体。**

取原始单元体,计算出各面上的应力是应力分析的前提,要解决构件的强度问题,总要在受力构件中取出危险点进行应力分析。例如,圆轴扭转时其表面上任意点 D(图 8-2(a))为危险点,取出的单元体(图 8-2(b)或(c)),其面上的 $\tau_D = \tau_{max} = M_x/W_P$。

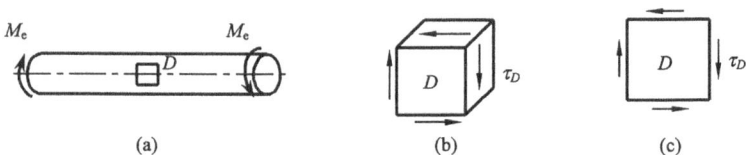

图 8-2

又如取出如图 8-3(a)所示杆件危险点的单元体如图 8-3(b)或(c)所示。面上的应力都是可以根据基本变形应力计算公式求出的。

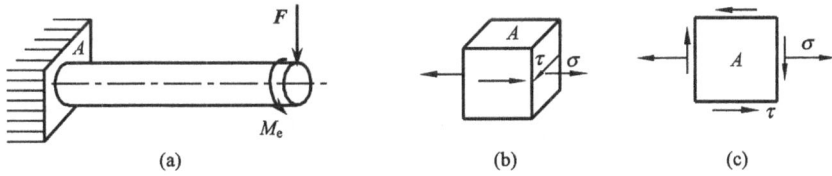

图 8-3

有时为了分析杆内的应力分布规律,可能要取出某些指定点的单元体。如图 8-4 所示的横力弯曲下的矩形截面梁,其上 1~5 各点的应力状态可用如图 8-4 所示的单元体表示。

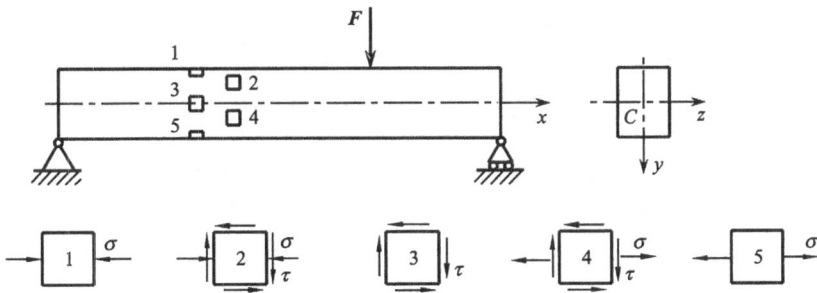

图 8-4

由于杆件本身是平衡的,截取出的单元体仍然是平衡的,再对单元体截取一部分依然应是平衡的,这样,可通过截面法求出单元体任意面上的应力,从而确定该点处的应力状态。

3. 主平面、主应力、应力状态分类

在一般情况下,表示一点处的应力状态的原始单元体在其各面上同时存在 σ 和 τ。当单元体面上没有 τ,该面称为**主平面**;主平面上的 σ,称为**主应力**。

可以证明:通过受力构件内任意一点处一定存在有三个互相垂直的主平面,相应的三个主应力通常用 σ_1、σ_2、σ_3 表示,三者的顺序按代数值大小排列,即 $\sigma_1 \geqslant \sigma_2 \geqslant \sigma_3$。由三个主平面组成的单元体称**主单元体**。

为了研究方便,常将应力状态分为三类:

1) 单向应力状态。只有一个主应力不为零的应力状态。

2) 二向应力状态。有两个主应力不为零的应力状态。

3) 三向应力状态。三个主应力均不为零的应力状态。

单向应力状态称简单应力状态,二向、三向称复杂应力状态。单向、二向又称**平面应力状态**,三向称**空间应力状态**。单向应力状态已在前面研究过,这里重点讨论二向应力状态,对三向应力状态只讨论特殊情况。

8.2　应力分析

8.2.1　二向应力状态分析的解析法

在受力构件中取出二向应力状态的最一般情况(图 8-5(a)),由于是平面应力状态,如图 8-5(b)所示。已知应力分量 σ_x、σ_y、τ_{xy} 和 τ_{yx}。

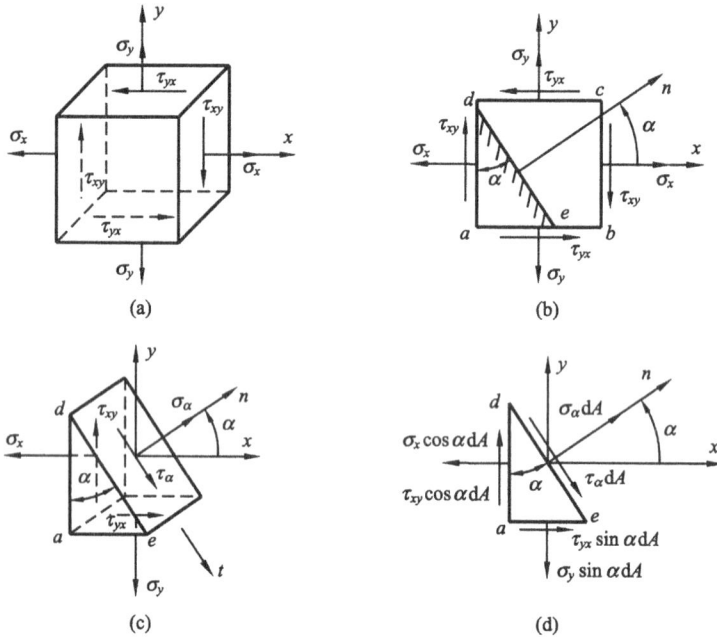

图 8-5

1. 求任意平行于 z 轴的斜截面上的应力

取任意斜截面 ed,其外法线 n 与 x 轴的夹角为 α。根据截面法,截面 ed 把单元体分成两部分,下面研究 aed 部分的平衡(图 8-5(c))。

斜截面 ed 上的应力用正应力 σ_α 和切应力 τ_α 表示。若 ed 面的面积为 dA(图 8-5(d)),则 ae 和 ad 面的面积分别为 $dA\sin\alpha$ 和 $dA\cos\alpha$。把作用于 aed 部分上的力投影于 ed 面的外法线 n 和切线 t 的方向,则得到平衡方程为

$$\sum F_n = 0, \qquad \sigma_a \mathrm{d}A + (\tau_{xy}\mathrm{d}A\cos\alpha)\sin\alpha - (\sigma_x\mathrm{d}A\cos\alpha)\cos\alpha$$
$$+ (\tau_{yx}\mathrm{d}A\sin\alpha)\cos\alpha - (\sigma_y\mathrm{d}A\sin\alpha)\sin\alpha = 0$$

$$\sum F_t = 0, \qquad \tau_a \mathrm{d}A - (\tau_{xy}\mathrm{d}A\cos\alpha)\cos\alpha - (\sigma_x\mathrm{d}A\cos\alpha)\sin\alpha$$
$$+ (\tau_{yx}\mathrm{d}A\sin\alpha)\sin\alpha + (\sigma_y\mathrm{d}A\sin\alpha)\cos\alpha = 0$$

根据切应力互等定理，τ_{xy} 和 τ_{yx} 在数值上相等。用 τ_{xy} 代换 τ_{yx} 并简化上式，得

$$\sigma_a = \frac{\sigma_x + \sigma_y}{2} + \frac{\sigma_x - \sigma_y}{2}\cos2\alpha - \tau_{xy}\sin2\alpha \tag{8-1}$$

$$\tau_a = \frac{\sigma_x - \sigma_y}{2}\sin2\alpha + \tau_{xy}\cos2\alpha \tag{8-2}$$

式(8-1)、式(8-2)表明，斜截面上的应力 σ_a、τ_a 都是 α 的函数。若已知单元体互相垂直面上的应力 σ_x、σ_y、τ_{xy}，则该点处任意平行于 z 轴的斜面上的应力就完全确定了。

注意 式(8-1)、式(8-2)是根据力的平衡而得到的，而不是应力的平衡。

2. 求平面内的极值正应力确定该点处的主应力

由于 σ_a、τ_a 都是 α 的函数，必存在极值。若求正应力的极值，将式(8-1)对 α 求导数，得

$$\frac{\mathrm{d}\sigma_a}{\mathrm{d}\alpha} = -2\left(\frac{\sigma_x - \sigma_y}{2}\sin2\alpha + \tau_{xy}\cos2\alpha\right) \tag{a}$$

若 $\alpha = \alpha_0$ 时使导数 $\mathrm{d}\sigma_a/\mathrm{d}\alpha = 0$，则在 α_0 所确定的截面上正应力即为极大值或极小值，把 α_0 代入式(a)并令其等于零，得到

$$\frac{\sigma_x - \sigma_y}{2}\sin2\alpha + \tau_{xy}\cos2\alpha = 0 \tag{b}$$

由此得到

$$\tan2\alpha_0 = -\frac{2\tau_{xy}}{\sigma_x - \sigma_y} \tag{8-3}$$

由式(8-2)可求出相差 $90°$ 的两个角度 α_0，它们确定两个互垂平面，其中一个是极大正应力所在平面，另一个是极小正应力所在平面。比较式(8-2)和式(b)可见，满足式(b)的 α_0 恰好使 τ_a 等于零。也就是说，切应力等于零的平面上，正应力为极大值或极小值。因为切应力为零的平面为主平面，故正应力的极值为主应力。将式(8-3)代入式(8-1)，即可求出 xOy 平面内的极大、极小正应力为

$$\begin{matrix}\sigma_{\max}\\\sigma_{\min}\end{matrix} = \frac{\sigma_x + \sigma_y}{2} \pm \sqrt{\left(\frac{\sigma_x - \sigma_y}{2}\right)^2 + \tau_{xy}^2} \tag{8-4}$$

注意 式(8-4)中的 $\sigma_{\max}$ 并不一定是第一主应力 σ_1；$\sigma_{\min}$ 也并不一定是第三主应力 σ_3。要根据具体问题来确定其是第几主应力。

由式(8-4)及式(8-3)即可在已知 σ_x、σ_y、τ_{xy} 的情况下求得一点处主应力的大小和主平面位置。对于平面应力状态,将求得的 σ_{max}、σ_{min} 与另一已知零主应力按代数值排序,即 $\sigma_1 \geqslant \sigma_2 \geqslant \sigma_3$,即可确定三个主应力。

3. 求平面内极值切应力

由式(8-2)可确定切应力的极值及其所在平面位置。为此将式(8-2)对 α 求导数

$$\frac{\mathrm{d}\tau_\alpha}{\mathrm{d}\alpha} = (\sigma_x - \sigma_y)\cos2\alpha - 2\tau_{xy}\sin2\alpha$$

若 $\alpha = \alpha_1$ 时能使 $\mathrm{d}\tau_\alpha/\mathrm{d}\alpha = 0$,则在 α_1 所确定的斜截面上切应力为极大值或极小值。把 α_1 代入上式,并令其等于零,得

$$(\sigma_x - \sigma_y)\cos2\alpha_1 - 2\tau_{xy}\sin2\alpha_1 = 0$$

由此可得

$$\tan2\alpha_1 = \frac{\sigma_x - \sigma_y}{2\tau_{xy}} \tag{8-5}$$

由式(8-5)可解出两个相差 $90°$ 的角度 α_1,从而确定两个互垂平面,其上分别作用着极大和极小切应力。根据切应力互等定理,这两个极值切应力大小相等,符号相反。将式(8-5)代入式(8-2)可求得**平面内切应力的极大、极小值**为

$$\begin{matrix} \tau_{max} \\ \tau_{min} \end{matrix} = \pm\sqrt{\left(\frac{\sigma_x - \sigma_y}{2}\right)^2 + \tau_{xy}^2} \tag{8-6}$$

注意　式(8-6)中 τ_{max}、τ_{min} 仅表示是平面内的极大、极小切应力,并不一定是单元体的最大、最小切应力。至于单元体的最大、最小切应力必须通过三向(空间)应力状态分析(下节)才能研究清楚。

4. 讨论

1)比较式(8-3)和式(8-5)可见

$$\tan2\alpha_0 = -\frac{1}{\tan2\alpha_1}$$

所以有

$$2\alpha_1 = 2\alpha_0 \pm \frac{\pi}{2}, \qquad \alpha_1 = \alpha_0 \pm \frac{\pi}{4}$$

即**极大和极小切应力所在平面与主平面的夹角为 45°**。

2)如通过单元体取两个互相垂直的斜截面,其外法线与 x 轴的夹角分别为 α 和 $\alpha + 90°$,根据式(8-1)有

$$\sigma_\alpha = \frac{\sigma_x + \sigma_y}{2} + \frac{\sigma_x - \sigma_y}{2}\cos2\alpha - \tau_{xy}\sin2\alpha$$

$$\sigma_{\alpha+90°} = \frac{\sigma_x + \sigma_y}{2} - \frac{\sigma_x - \sigma_y}{2}\cos2\alpha + \tau_{xy}\sin2\alpha$$

将两式相加便得

$$\sigma_\alpha + \sigma_{\alpha+90°} = \sigma_x + \sigma_y$$

上式说明，单元体的任意两个互垂截面上，正应力之和是一常数。

3）根据式(8-2)可得出两个互相垂直的斜截面上的切应力有

$$\tau_{\alpha+90°} = -\tau_\alpha$$

该式即是切应力互等定理。

8.2.2　二向应力状态分析的图解法

1. 原理

二向应力状态下求任意斜截面上的应力式(8-1)、式(8-2)可以看作是以 α 为参数的参数方程，为消去 α，将式(8-1)、式(8-2)改写成

$$\sigma_\alpha - \frac{\sigma_x + \sigma_y}{2} = \frac{\sigma_x - \sigma_y}{2}\cos2\alpha - \tau_{xy}\sin2\alpha$$

$$\tau_\alpha = \frac{\sigma_x - \sigma_y}{2}\sin2\alpha + \tau_{xy}\cos2\alpha$$

将以上两式等号两边平方，然后相加得到

$$\left(\sigma_\alpha - \frac{\sigma_x + \sigma_y}{2}\right)^2 + \tau_\alpha^2 = \left(\frac{\sigma_x - \sigma_y}{2}\right)^2 + \tau_{xy}^2 \tag{c}$$

因为 σ_x、σ_y、τ_{xy} 皆为已知量，所以式(c)是一个以 σ_α 和 τ_α 为变量的圆周方程。若以 σ 为横坐标，τ 为纵坐标，则圆心的横坐标为 $\frac{\sigma_x + \sigma_y}{2}$，纵坐标为零，圆周的半径为

$\sqrt{\left(\frac{\sigma_x - \sigma_y}{2}\right)^2 + \tau_{xy}^2}$，此圆称为**应力圆**。

应力圆最早由德国工程师莫尔(Otto Mohr，1835～1918)引入，故又称为**莫尔圆**。

2. 应力圆的作法

用图解法求解问题时须先作出应力圆。现以如图 8-6(a)所示二向应力状态为例说明应力圆的作法。

1）取 σ-τ 直角坐标系(图 8-6(b))。

2）按一定的比例尺取 $\overline{OA} = \sigma_x$，$\overline{AD} = \tau_{xy}$，确定 D 点。D 点的横坐标和纵坐标代表单元体上以 x 为法线的平面上的正应力和切应力。

3）按同样方法取 $\overline{OB} = \sigma_y$，$\overline{BD'} = \tau_{yx}$，确定 D' 点。D' 点的横坐标和纵坐标代表

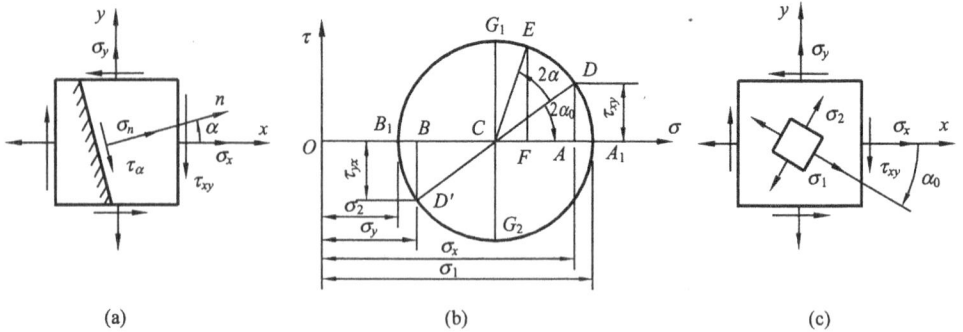

图 8-6

单元体上以 y 为法线的平面上的正应力和切应力。τ_{yx} 为负,D' 的纵坐标也为负。

4）连接 D、D',与横坐标交于 C 点,以 C 点为圆心,$\overline{CD}$ 为半径作圆,此圆即为应力圆。

由于圆心 C 点的纵坐标为零,且 $\triangle CAD = \triangle CBD'$,显然横坐标 $\overline{OC}$ 和圆的半径 $\overline{CD}$ 分别为

$$\overline{OC} = \frac{1}{2}(\overline{OA} + \overline{OB}) = \frac{\sigma_x + \sigma_y}{2} \tag{d}$$

$$\overline{CD} = \sqrt{(\overline{CA^2} + \overline{AD^2})} = \sqrt{\left(\frac{\sigma_x - \sigma_y}{2}\right)^2 + \tau_{xy}^2} \tag{e}$$

完全符合理论分析中的式(c),所以这一圆周就是上面所提到的应力圆。

3. 应力圆的应用

（1）利用应力圆确定二向应力状态下单元体斜截面上的应力

设要确定如图 8-6(a)所示单元体斜截面上的应力。因为由 x 轴到斜截面法线 n 的夹角为反时针转向 α 角,所以在应力圆周上,从 D 点(它代表以 x 轴为法线的面上的应力)也按反时针方向转 2α 的圆心角得到 E 点(图 8-6(b)),则 E 点的坐标就代表以 n 为法线的斜截面上的应力 σ_α 和 τ_α。

（2）利用应力圆确定二向应力状态下的主应力和主平面位置

如图 8-6(b)所示应力圆周上的 A_1 点的横坐标(正应力)大于所有其他点的横坐标,而该点纵坐标(切应力)为零,所以 A_1 点代表最大的主应力,即

$$\sigma_{\max} = \overline{OA_1} = \overline{OC} + \overline{CA_1}$$

同理,B_1 点代表最小的主应力,即

$$\sigma_{\min} = \overline{OB_1} = \overline{OC} - \overline{CB_1}$$

注意到 OC 由式(d)求得,而 CA_1 和 CB_1 都是应力圆的半径,故有

$$\sigma_{\max} \atop \sigma_{\min}} = \frac{\sigma_x + \sigma_y}{2} \pm \sqrt{\left(\frac{\sigma_x - \sigma_y}{2}\right)^2 + \tau_{xy}^2}$$

这就是式(8-4),由此确定了主应力的大小。

确定主平面位置。因为在应力圆周 D 点(代表单元体上法线为 x 轴的平面)到 A_1 点所对圆心角为顺时针转 $2\alpha_0$,所以在单元体上由 x 轴也顺时针量取 α_0,这就确定了 σ_1 的所在主平面的法线位置(图 8-6(c))。根据 α 的符号规定,顺时针的 α_0 是负的,$\tan 2\alpha_0$ 也应负值。由图 8-6(b)可以看出

$$\tan 2\alpha_0 = -\frac{\overline{AD}}{\overline{CA}} = -\frac{2\tau_{xy}}{\sigma_x - \sigma_y}$$

这就是式(8-3),因而确定了主平面的位置。

(3) 利用应力圆确定平面内极值切应力及其所在平面

应力圆上 G_1 和 G_2 两点的纵坐标分别是平面内极大和极小值(图 8-6(b)),即代表平面内极大和极小切应力。因为 $\overline{CG_1}$ 和 $\overline{CG_2}$ 都是应力圆的半径,故有

$$\tau_{\max} \atop \tau_{\min}} = \pm \sqrt{\left(\frac{\sigma_x - \sigma_y}{2}\right)^2 + \tau_{xy}^2}$$

在应力圆上由 A_1 点到 G_1 点所对应的圆心角为反时针转 $\pi/2$,所以在单元体上,由 σ_1 所在主平面的法线到 $\tau_{\max}$ 所在平面的法线应为逆时针的 $\pi/4$。这就确定了平面内极值切应力所在的平面。

4. 应力圆与单元体对应关系

由式(c)可知,应力圆圆周上任一点的坐标都代表单元体内某一相应平面上的应力。因此,应力圆圆周上的点与单元体相应的面有着一一对应关系。根据这些关系可得出一些推论,有助于我们用图解法进行应力分析。

1) 点面对应。应力圆上某一点的横、纵坐标值对应着单元体上相应截面上的正应力和切应力。

推论横坐标上的交点即为平面内的极大、极小正应力(主应力),且

$$\sigma_{\max} \atop \sigma_{\min}} = 圆心坐标 \pm 圆的半径$$

推论纵坐标的最大、最小值即为平面内的极大、极小切应力,且

$$\tau_{\max} \atop \tau_{\min}} = \pm 圆的半径$$

2) 二倍角对应。应力圆上半径转过的角度等于单元体相应面转过角度的两倍。

推论单元体上相互垂直的两平面对应着应力圆直径的两个端点。

3) 转向对应。应力圆半径端点的转动方向与单元体相应面转动的方向是相

同的。

例 8-1 在横力弯曲(图 8-1)、弯扭组合(图 8-3)以及拉(压)扭组合变形中,常遇到如图 8-7(a)所示的应力状态。设 σ 及 τ 为已知,试确定主应力及主平面位置。

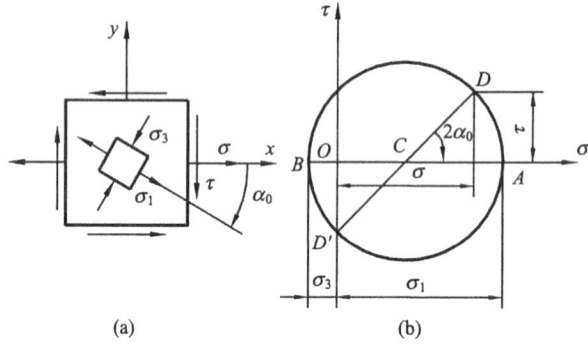

图 8-7

解 1)根据解析法求主应力。

已知 $\sigma_x = \sigma, \sigma_y = 0, \tau_{xy} = \tau, \tau_{yx} = -\tau$。由式(8-4)可以求出

$$\begin{aligned}\sigma_{\max} \\ \sigma_{\min}\end{aligned} = \frac{\sigma}{2} \pm \sqrt{\left(\frac{\sigma}{2}\right)^2 + \tau^2}$$

显然有

$$\sigma_1 = \frac{\sigma}{2} + \sqrt{\left(\frac{\sigma}{2}\right)^2 + \tau^2}$$

$$\sigma_2 = 0$$

$$\sigma_3 = \frac{\sigma}{2} - \sqrt{\left(\frac{\sigma}{2}\right)^2 + \tau^2}$$

由公式(8-3)可求出

$$\tan 2\alpha_0 = -\frac{2\tau}{\sigma}.$$

由此可确定主平面位置。画出主单元体如图 8-7(a)所示。

2)根据图解法求主应力。

由已知条件在 $\sigma\tau$ 坐标系中作应力圆如图 8-7(b)所示。在图上可以求出 $\overline{OA} = \sigma_1, \overline{OB} = \sigma_3, \angle DCA = 2\alpha_0$。

3)讨论。

对于这种应力状态,不论 σ 是拉应力还是压应力,也不论 τ 是正的还是负的,总有 $\sigma_{\max} > 0, \sigma_{\min} < 0$,即 $\sigma_2 \equiv 0$。这种应力状态在以后的分析中经常用到。

例 8-2 用图解法求单向拉伸应力状态(图 8-8(a))与轴线成 45°面上的应力。

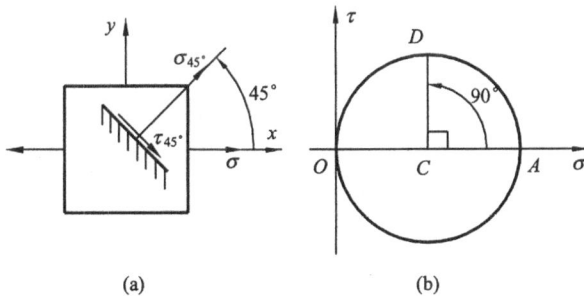

图 8-8

解 1) 作应力圆。

单向应力状态可以看作是二向应力状态的特殊情况。在单元体中以 x 轴为法线的平面上的应力为 $\sigma_x = \sigma, \tau_{xy} = 0$,如图 8-8(b)所示,由 A 来代表;以 y 轴为法线的平面上的应力为 $\sigma_y = 0, \tau_{yx} = 0$,如图 8-8(b)所示,由原点 O 来代表。以 $\overline{OA}$ 为直径作圆即为单向拉伸的应力圆。

2) 求 45°面上应力。

在单元体中由 x 轴逆时针转 45°,在应力圆中,应从 A 点沿圆周按逆时针方向量取圆心角 90°,以确定 D 点。D 点的坐标即为所求面上的应力。这里显然有

$$\sigma_{45°} = \frac{\sigma}{2}, \qquad \tau_{45°} = \frac{\sigma}{2}$$

其均为正值,其方向如图 8-8(a)所示。

例 8-3 用图解法求纯切应力状态(图 8-9(a))与轴线成 ±45°面上的应力。

解 1) 作应力圆。

由 $\sigma_x = 0, \tau_{xy} = \tau$ 得到 D 点;由 $\sigma_y = 0, \tau_{yx} = -\tau$ 得到 D' 点,以 $\overline{DD'}$ 为直径作圆

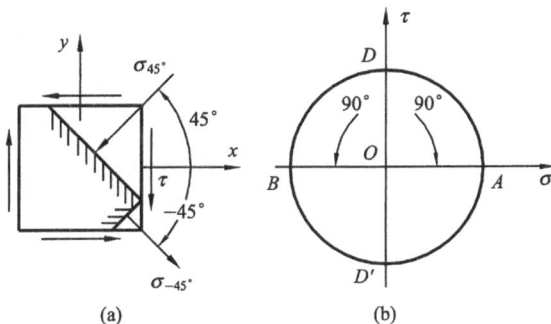

图 8-9

得纯切应力状态下的应力圆(图 8-9(b))。可见为圆心在坐标原点的圆。

2) 求 ±45° 面上的应力。

D 点代表以 x 轴为外法线的平面,在单元体中由 x 轴逆时针转 45°,在应力圆中,应从 D 点沿圆周按逆时针方向量取圆心角 90°,以确定 B 点,B 点的坐标即为 45° 面上的应力,显然有 $\sigma_{45°} = -\tau$,$\tau_{45°} = 0$;在单元体中由 x 轴顺时针转 45°(即 $\alpha = -45°$),在应力圆中,应从 D 点沿圆周按顺时针方向量取圆心角 90° 以确定 A 点,A 点的坐标即为 -45° 面上的应力,显然有 $\sigma_{-45°} = \tau$,$\tau_{-45°} = 0$。

3) 讨论。

从应力圆上可以看出,单元体上 ±45° 面上的应力所对应应力圆上的点均为横轴上的点,显然都为主应力,即

$$\sigma_1 = \sigma_{max} = \sigma_{-45°} = \tau$$
$$\sigma_2 = 0$$
$$\sigma_3 = \sigma_{min} = \sigma_{45°} = -\tau$$

还可以看出,切应力取得极值的点(D、D')正好在纵轴上,且 $\tau_{max} = \tau$,$\tau_{min} = -\tau$。此时显然有正应力为零。可见,纯切应力状态是一种非常特殊的二向应力状态。

5. 工程应用

横力弯曲梁中的主应力及其分析在工程设计中起着重要的作用。

以如图 8-10(a)所示矩形截面梁为例,研究梁内各点主应力及其方向的变化规律。

如图 8-10(a)所示的梁上任取一横截面 m-m,在其上取 1、2、3、4、5 五个点。根据该截面上的剪力和弯矩可以算出横截面上各点的正应力和切应力,因而得到 5 个点处的原始单元体,如图 8-10(b)所示。再根据图解法分别画出各点处的应力圆,如图 8-10(c)所示。单元体 1 和 5 分别是单向压、拉应力状态,其主应力方向分别与梁的轴线平行和垂直;单元体 3 是纯剪切应力状态。根据应力圆可确定各点处的主应力方向并画出各主单元体(图 8-10(b))。沿截面高度自下而上,主应力 σ_1 的方向由水平方向逐渐变到竖直

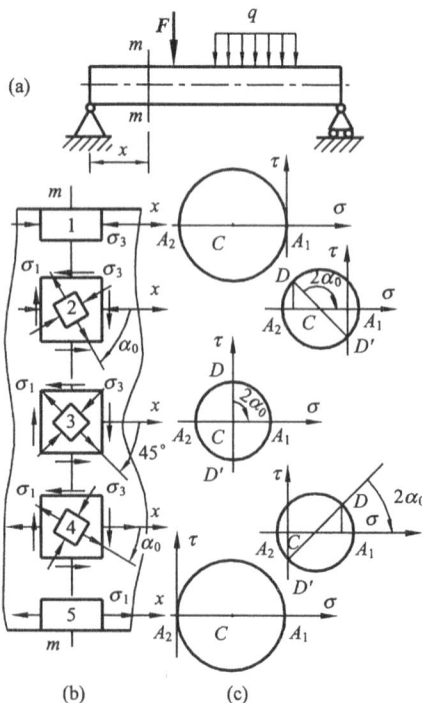

图 8-10

方向,而 σ_3 的方向则由竖直方向变到水平方向。

　　在求出梁截面上一点主应力方向后,把其中一个主应力方向延长与相邻横截面相交,求出交点的主应力方向,再将其延长与下一个相邻横截面相交。依此类推,我们将得到一条折线,它的极限将是一条曲线。在这样的曲线上,任一点的切线即代表该点主应力方向,这种曲线称之为**主应力迹线**。经过每一点都有两条主应力迹线。如图

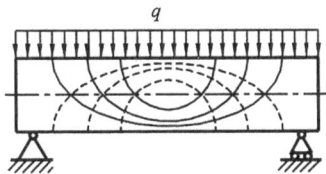

图 8-11

8-11 所示,即为均布载荷作用下梁内的两组主应力迹线,实线为主拉应力迹线,虚线为主压应力迹线。在钢筋混凝土梁中,钢筋的作用是抵抗拉伸,因而应使钢筋尽可能地沿主拉应力迹线的方向放置。

8.2.3　三向应力状态分析

　　当三个主应力均不为零时,即为三向应力状态。当单元体六个面上都有正应力和切应力时为三向应力状态的最一般情况,这种应力状态工程中少见。这里只研究三向应力状态的特殊情况,即**已知一个主应力的三向应力状态**。

　　1. 三向应力状态的应力圆

　　单向、二向(平面)应力状态也有三个主应力,只是其中有两个(或一个)主应力等于零。

　　现考察三个主平面为已知及三个主应力($\sigma_1 \geqslant \sigma_2 \geqslant \sigma_3$)均不为零的情况。现在用三种特殊的平面切割单元体,因为平行于 σ_1 各斜截面上的应力不受 σ_1 的影响,只与 σ_2 和 σ_3 有关,此时斜截面及单元体的应力状态如图 8-12(a)所示。其所对应的应力圆可由主应力 σ_2 和 σ_3 画出,如图 8-12(d)所示的 B_1C_1 圆,此圆周上的各点坐标就代表了与主应力 σ_1 平行的所有斜截面上的应力。同样,与 σ_2 平行的各斜截面上的应力(图 8-12(b))可以用如图 8-12(d)所示的 B_1A_1 圆来表示;与 σ_3 平行的各斜截面上的应力(图 8-12(c))可用如图 8-12(d)所示的 C_1A_1 圆来表示。

　　进一步研究表明,不平行于各主应力方向的任意斜截面上的应力应该在如图 8-12(d)所示三个圆周之间画阴影线的区域之内,某一点 D 的横坐标即为该面上的正应力,纵坐标即为该面上的切应力。

　　事实上,只要知道任一点处的三个主应力 σ_1、σ_2、σ_3,便可在 $\sigma\tau$ 坐标系中以 A_1C_1、C_1B_1、A_1B_1 为直径画出三个相应的应力圆。

　　对于平面应力状态也可画出三个相应的应力圆,只不过有时存在点圆和重合圆罢了。

　　例如对于纯切应力状态(图 8-13(a)),已知三个主应力 $\sigma_1 = \tau$,$\sigma_2 = 0$,$\sigma_3 = -\tau$,

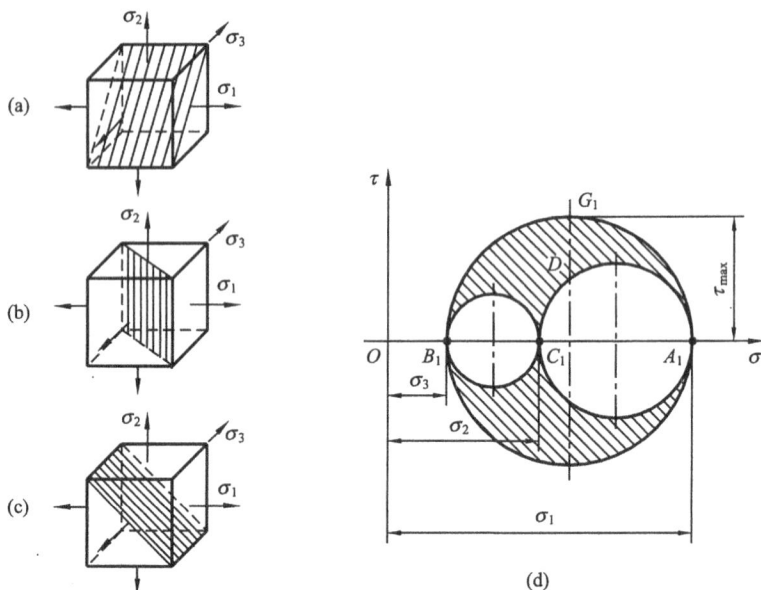

图 8-12

画出三个应力圆如图 8-13(b)所示。

又如单向拉伸(图 8-14(a)),已知三个主应力 $\sigma_1=\sigma,\sigma_2=\sigma_3=0$,画出三个应力圆如图 8-14(b)所示,其中 σ_1 与 σ_2 组成的圆和 σ_1 与 σ_3 组成的圆相重合,而 σ_2、σ_3 组成点圆。

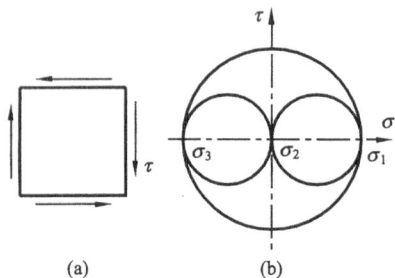

图 8-13

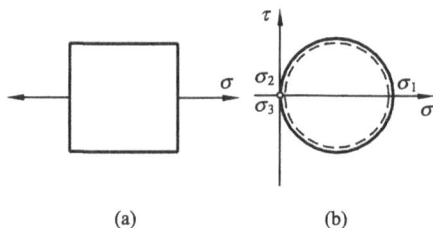

图 8-14

2. 一点处的最大正应力和最大切应力

如图 8-12(d)所示的三向应力状态应力圆的阴影线区域内,任何点的横坐标都小于 A_1 点的横坐标并大于 B_1 点的横坐标,因而三向应力状态下正应力的最大

和最小值为

$$\sigma_{\max} = \sigma_1$$
$$\sigma_{\min} = \sigma_3 \tag{8-7}$$

如图 8-12(d)所示三个应力圆的半径分别给出了图 8-12(a)、(b)、(c)三种情况下的极值切应力 $\tau_{12} = \dfrac{\sigma_1 - \sigma_2}{2}$、$\tau_{23} = \dfrac{\sigma_2 - \sigma_3}{2}$ 和 $\tau_{13} = \dfrac{\sigma_1 - \sigma_3}{2}$。而三向应力状态下的最大切应力应该是图中最大的圆周上 G_1 点的纵坐标 τ_{13}，即

$$\tau_{\max} = \frac{\sigma_1 - \sigma_3}{2} \tag{8-8}$$

它是如图 8-12(b)所示的平行于 σ_1 和 σ_3 所在平面的夹角为 45°。显然，式(8-8)表示三个应力圆中最大圆的半径，即为**单元体的最大切应力**(一点处的最大切应力)。可见，前面讨论的平面内的极值切应力并不一定是一点处的最大切应力，只有当平面内的极值正应力为 σ_1 和 σ_3 时，所对应的平面内的极值切应力才为单元体的最大切应力。

3. 应用二向应力分析的结论求解三向应力特殊问题

所谓三向应力特殊问题，即在单元体中已知一个主应力(主平面)的情况。

如图 8-15 所示为三向应力状态的特殊情况，设 σ_z 为不等于零的已知主应力。由前面的分析可知，若用平行 σ_z 的平面切割单元体，此截面上的应力与 σ_z 无关，只取决于 xOy 平面的应力，这样，可在 xOy 平面内应用二向应力分析的式(8-4)求得该平面内的两个极值正应力(主应力)，然后将已知的主应力 σ_z 与求出的 $\sigma_{\max}$、$\sigma_{\min}$ 按 $\sigma_1 \geqslant \sigma_2 \geqslant \sigma_3$ 排序，即可定出三个主应力。再按式(8-8)即可求出 $\tau_{\max}$。

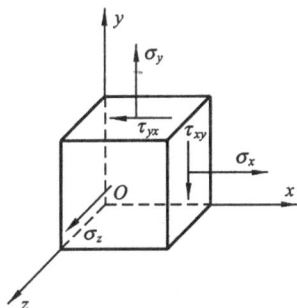

图 8-15

例 8-4　某单元体的应力状态如图 8-16(a)所示(应力单位为 MPa)，试求主应力、最大切应力，画出其应力圆草图。

解　1) 求三个主应力。

因左、右平面上无切应力，即为主平面，其上正应力 $\sigma_z = 60\text{MPa}$ 为主应力。在 xy 平面内，$\sigma_x = 0$，$\sigma_y = -70\text{MPa}$，$\tau_{xy} = -50\text{MPa}$ 由二向应力状态解析法中的式(8-4)有

$$\begin{aligned} \sigma_{\max} \\ \sigma_{\min} \end{aligned} = \frac{\sigma_x + \sigma_y}{2} \pm \sqrt{\left(\frac{\sigma_x - \sigma_y}{2}\right)^2 + \tau_{xy}^2}$$

$$= \frac{0 + (-70)}{2} \pm \sqrt{\left(\frac{0 - (-70)}{2}\right)^2 + (-50)^2} = \begin{aligned} 26 \\ -96 \end{aligned}(\text{MPa})$$

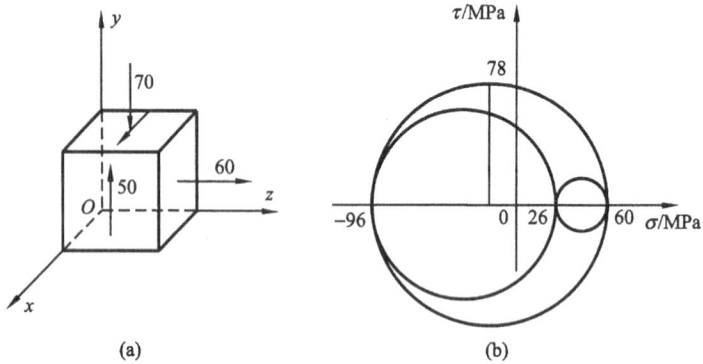

图 8-16

按主应力的记号规定 $\sigma_1 \geqslant \sigma_2 \geqslant \sigma_3$，将 σ_{max}、σ_{min} 与 σ_z 排序，得三个主应力 $\sigma_1 = 60\text{MPa}$，$\sigma_2 = 26\text{MPa}$，$\sigma_3 = -96\text{MPa}$。

2）求最大切应力。

由式（8-8）得

$$\tau_{max} = \frac{\sigma_1 - \sigma_3}{2} = \frac{60 - (-96)}{2} = 78(\text{MPa})$$

3）作三向应力圆草图。

由已知的三个主应力 $\sigma_1 = 60\text{MPa}$，$\sigma_2 = 26\text{MPa}$，$\sigma_3 = -96\text{MPa}$，可在 σ 轴上得到三个点，两两构成一个圆，即可得到三向应力状态下的应力圆草图（图 8-16(b)）。显然最大切应力为三个应力圆中最大圆的半径。

4）讨论。

也可以在 xy 平面内（图 8-17(a)）用应力圆解法求出正应力的极值，即主应力 $\sigma_{max} = 26\text{MPa}$、$\sigma_{min} = -96\text{MPa}$，而 $\sigma_z = 60\text{MPa}$ 是一个主应力，即在 σ 轴上的点。三

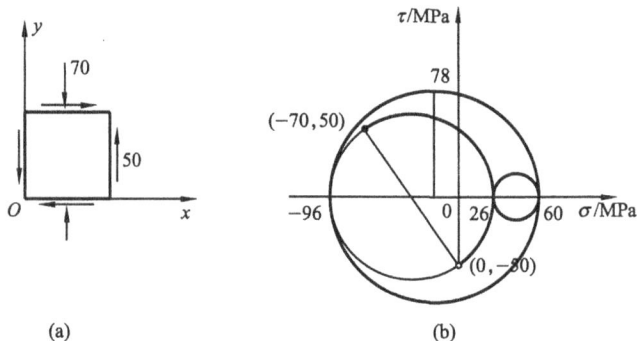

图 8-17

个主应力两两构成应力圆(图 8-17(b)),显然有 $\sigma_1=60\text{MPa}$,$\sigma_2=26\text{MPa}$,$\sigma_3=-96\text{MPa}$,最大圆的半径即为 $\tau_{\max}=78\text{MPa}$。

8.3　应力应变分析、广义胡克定律

在单向拉、压时,线弹性范围内的应力与应变关系是

$$\sigma=E\varepsilon \qquad\qquad (a)$$

这就是单向应力状态下的胡克定律。同时,轴向线应变 ε 和横向线应变 ε' 之间的关系是

$$\varepsilon'=-\mu\varepsilon \qquad\qquad (b)$$

在纯剪切情况下,切应力不超过比例极限时,切应力和切应变之间也服从剪切胡克定律

$$\tau=G\gamma \qquad\qquad (c)$$

本节将研究复杂应力状态下应力与应变之间的关系,称为**广义胡克定律**。

8.3.1　广义胡克定律

普遍情况下,描述一点处应力状态需要 18 个应力分量(图 8-18(a))。考虑到切应力互等定理和两平行平面上的正应力相等,这 18 个应力分量独立的只有 6 个。这种普遍情况可以看作是三组单向拉伸和三组纯剪切的组合(图 8-18(b))。**对于各向同性材料,当变形很小且在线弹性范围内可以证明线应变 ε_x、ε_y、ε_z 只与正应力 σ_x、σ_y、σ_z 有关;切应变 γ_{xy}、γ_{yz}、γ_{zx} 只与切应力 τ_{xy}、τ_{yz}、τ_{zx} 有关。**这样,我们就可以利用式(a)、式(b)、式(c)三式求出各应力分量各自对应的应变,然后再进行叠加。例如,x 方向的线应变为

$$\varepsilon_x=\frac{\sigma_x}{E}-\mu\frac{\sigma_y}{E}-\mu\frac{\sigma_z}{E}=\frac{1}{E}[\sigma_x-\mu(\sigma_y+\sigma_z)]$$

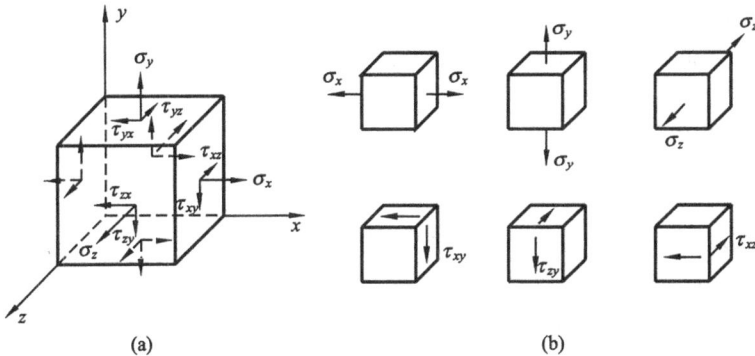

(a)　　　　　　　　　　(b)

图 8-18

用同样方法可求出 y 和 z 方向的线应变 ε_y 和 ε_z。最后得到

$$\varepsilon_x = \frac{1}{E}[\sigma_x - \mu(\sigma_y + \sigma_z)]$$

$$\varepsilon_y = \frac{1}{E}[\sigma_y - \mu(\sigma_z + \sigma_x)] \qquad (8\text{-}9)$$

$$\varepsilon_z = \frac{1}{E}[\sigma_z - \mu(\sigma_x + \sigma_y)]$$

至于切应变和切应力之间的关系仍然如式(c)所表示,且与正应力分量无关。这样,在 xy、yz、zx 三个面内的切应变分别是

$$\gamma_{xy} = \frac{\tau_{xy}}{G}, \qquad \gamma_{yz} = \frac{\tau_{yz}}{G}, \qquad \gamma_{zx} = \frac{\tau_{zx}}{G} \qquad (8\text{-}10)$$

式(8-9)和式(8-10)称为**广义胡克定律**。

当单元体周围的 6 个面皆为主平面时,x、y、z 的方向分别与 σ_1、σ_2、σ_3 的方向一致,这时

$$\sigma_x = \sigma_1, \qquad \sigma_y = \sigma_2, \qquad \sigma_z = \sigma_3$$
$$\tau_{xy} = 0, \qquad \tau_{yz} = 0, \qquad \tau_{zx} = 0$$

所以,用主应力和相应应变来表达的广义胡克定律为

$$\left. \begin{array}{l} \varepsilon_1 = \dfrac{1}{E}[\sigma_1 - \mu(\sigma_2 + \sigma_3)] \\[2mm] \varepsilon_2 = \dfrac{1}{E}[\sigma_2 - \mu(\sigma_3 + \sigma_1)] \\[2mm] \varepsilon_3 = \dfrac{1}{E}[\sigma_3 - \mu(\sigma_1 + \sigma_2)] \end{array} \right\} \qquad (8\text{-}11)$$

$$\gamma_{xy} = \gamma_{yz} = \gamma_{zx} = 0 \qquad (8\text{-}12)$$

式(8-12)表明,在三个坐标平面内的切应变等于零,故坐标 x、y、z 的方向就是主应变的方向,也就是主应变和主应力的方向是重合的。式(8-11)中的 ε_1、ε_2、ε_3 都是主应变,用实测的方法求出其值后,将其代入广义胡克定律即可解出主应力。由于主应力 $\sigma_1 \geqslant \sigma_2 \geqslant \sigma_3$,必有主应变 $\varepsilon_1 \geqslant \varepsilon_2 \geqslant \varepsilon_3$。

上述广义胡克定律只适用于小变形范围内的各向同性线弹性材料。

8.3.2 体积应变与应力分量间的关系

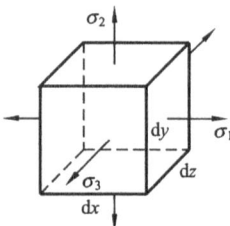

图 8-19

如图 8-19 所示为主单元体,边长分别是 dx、dy 和 dz。

变形前六面体的体积为

$$V = dx\,dy\,dz$$

变形后六面体的三个棱边分别变为

$$dx + \varepsilon_1 dx = (1 + \varepsilon_1)dx$$

$$dy + \varepsilon_2 dy = (1 + \varepsilon_2)dy$$

$$dz + \varepsilon_3 dz = (1 + \varepsilon_3) dz$$

于是变形后的体积为

$$V_1 = (1 + \varepsilon_1)(1 + \varepsilon_2)(1 + \varepsilon_3) dx dy dz$$

展开上式并略去含有高阶微量的各项,得

$$V_1 = (1 + \varepsilon_1 + \varepsilon_2 + \varepsilon_3) dx dy dz$$

单位体积改变为

$$\theta = \frac{V_1 - V}{V} = \varepsilon_1 + \varepsilon_2 + \varepsilon_3$$

θ 也称为**体积应变**。将式(8-11)代入上式并整理后得

$$\theta = \varepsilon_1 + \varepsilon_2 + \varepsilon_3 = \frac{1 - 2\mu}{E}(\sigma_1 + \sigma_2 + \sigma_3) \tag{8-13}$$

将上式改写成以下形式

$$\theta = \frac{3(1 - 2\mu)}{E} \cdot \frac{(\sigma_1 + \sigma_2 + \sigma_3)}{3} = \frac{\sigma_m}{K} \tag{8-14}$$

其中,$K = \dfrac{E}{3(1 - 2\mu)}$ 称为**体积弹性模量**;$\sigma_m = \dfrac{\sigma_1 + \sigma_2 + \sigma_3}{3}$ 为三个主应力的平均值。

式(8-14)说明:

1) 体积应变 θ 只与三个主应力之和有关,三个主应力之间的比例对 θ 并无影响。所以,无论是作用三个不相等的主应力,或是代之以它们的平均应力 σ_m,体积应变仍然是相同的。

2) 体积应变 θ 与切应力无关。

3) 体积应变 θ 与三个主应力的平均值 σ_m 成正比,也称为**体积胡克定律**。

8.3.3　广义胡克定律的应用

广义胡克定律在工程中得到广泛的应用。根据广义胡克定律,已知应变分量可以求应力分量,已知应力也可求应变分量。事实上,只要取互相正交的三个坐标轴 x、y、z,在式(8-9)中的六个分量 σ_x、σ_y、σ_z、ε_x、ε_y、ε_z,只要已知任意三个量都可以求出另外三个量。

例8-5　直径 $d = 2$cm 的实心圆轴(图 8-20(a)),在外力偶矩 M_e 的作用下,测得轴的表面上某点 A 处与轴线成 $-45°$ 方面的线应变 $\varepsilon_{-45°} = 5 \times 10^{-4}$,试求外力矩 M_e 的大小。设材料的弹性模量 $E = 200$GPa,泊松比 $\mu = 0.25$。

解　圆轴受扭转时,从轴表面上 A 点取出单元体(图 8-20(b)),属纯切应力状态。在与轴线成 $\pm 45°$ 方向是特殊的平面,由前面的分析可知

$$\sigma_{-45°} = \tau, \qquad \sigma_{45°} = -\tau$$

而由广义胡克定律有

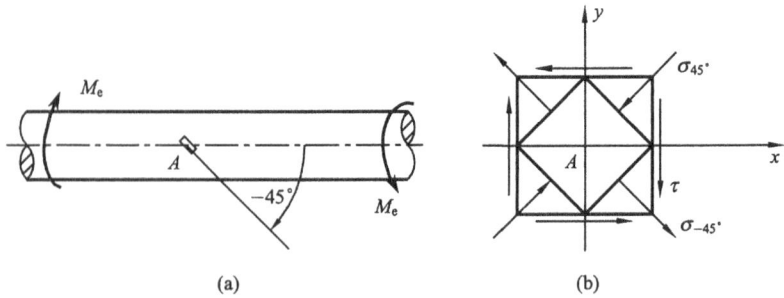

图 8-20

$$\varepsilon_{-45°} = \frac{1}{E}[\sigma_{-45°} - \mu(\sigma_{45°} + 0)] = \frac{1+\mu}{E}\tau$$

即

$$\tau = \frac{E}{1+\mu}\varepsilon_{-45°}$$

而 τ 为圆轴扭转时横截面上边缘处的最大切应力,其值为

$$\tau = \frac{M_x}{W_P} = \frac{M_e}{W_P}$$

即

$$M_e = W_P\tau = \frac{\pi d^3}{16} \cdot \frac{E}{1+\mu}\varepsilon_{-45°} = \frac{\pi \times 2^3 \times 10^{-6} \times 200 \times 10^9 \times 5 \times 10^{-4}}{16 \times (1+0.25)}$$
$$= 125.6(\text{N} \cdot \text{m})$$

例 8-6 单元体各面上的应力大小及方向如图 8-21(a)所示。应力单位为 MPa,材料的 $E=200\text{GPa}$,$\mu=0.25$,试求 $\varepsilon_{max}=$?

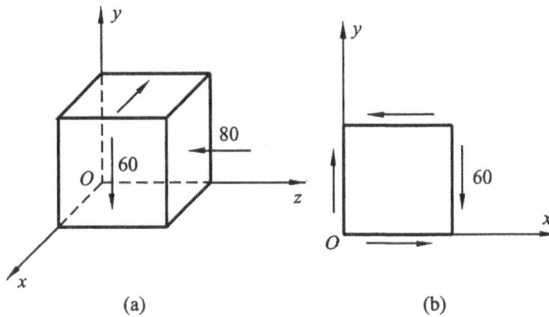

图 8-21

解 根据 $\varepsilon_{max} = \varepsilon_1 = \frac{1}{E}[\sigma_1 - \mu(\sigma_2 + \sigma_3)]$ 显然,只要求出主应力,即可求得 ε_{max}。

该点为特殊的三向应力状态,已知一个主应力 $\sigma_z = -80\text{MPa}$,在 xy 平面内为纯切应力状态,应用解析法或图解法都可求得 xy 平面内的两个极值正应力,即

$$\sigma_{\max} = 60(\text{MPa})$$

$$\sigma_{\min} = -60(\text{MPa})$$

按 $\sigma_1 \geqslant \sigma_2 \geqslant \sigma_3$,显然有

$$\sigma_1 = \sigma_{\max} = 60(\text{MPa})$$

$$\sigma_2 = \sigma_{\min} = -60(\text{MPa})$$

$$\sigma_3 = \sigma_z = -80(\text{MPa})$$

代入有

$$\varepsilon_{\max} = \varepsilon_1 = \frac{1}{E}\big[\sigma_1 - \mu(\sigma_2 + \sigma_3)\big]$$

$$= \frac{1}{200 \times 10^9}\big[60 - 0.25(-60 - 80)\big] \times 10^6$$

$$= 4.75 \times 10^{-4}$$

8.4 复杂应力状态的变形比能

在单向拉、压应力状态中,当应力不超过比例极限,应力与应变为线性关系,得到变形比能的计算公式为

$$u = \frac{1}{2}\sigma\varepsilon \tag{a}$$

8.4.1 三向应力状态变形比能

在三向应力状态下,弹性体的变形能与外力所做的功在数值上仍相等。**它只取决于外力和变形的最终值,而与加力次序无关。**设单元体的三个主应力 σ_1、σ_2、σ_3 同时由零开始按比例增加到最终值,在线弹性情况下,每一主应力与相应的主应变 ε_1、ε_2、ε_3 之间仍保持线性关系,因而与每一主应力相应的比能仍可按式(a)计算。于是三向应力状态下的比能是

$$u = \frac{1}{2}\sigma_1\varepsilon_1 + \frac{1}{2}\sigma_2\varepsilon_2 + \frac{1}{2}\sigma_3\varepsilon_3 \tag{8-15}$$

注意式(8-15)不是叠加法,因为式中主应变 ε_1、ε_2、ε_3 不是由于主应力 σ_1、σ_2、σ_3 的单独作用,而是三个主应力共同作用下产生的。利用式(8-9),将式(8-15)中的主应变用主应力表示,可得到三向应力状态变形比能的表达式为

$$u = \frac{1}{2E}\big[\sigma_1^2 + \sigma_2^2 + \sigma_3^2 - 2\mu(\sigma_1\sigma_2 + \sigma_2\sigma_3 + \sigma_3\sigma_1)\big] \tag{8-16}$$

8.4.2　体积改变比能与形状改变比能

变形比能的计算不满足叠加原理,但可以证明,一般情形下,物体变形时,同时包含了体积改变和形状改变。而且总变形比能包含着相互独立的两种变形比能,即

$$u = u_v + u_d \tag{8-17}$$

其中,u_v 表示由体积改变而储存的比能,称为**体积改变比能**;u_d 表示由形状改变而储存的比能称为**形状改变比能**。u 表示单元体的全部比能。

设如图 8-22(a)所示单元体的三个主应力 σ_1、σ_2、σ_3 不相等,其主应力表示为图 8-22(b)和图 8-22(c)两组应力分量之和。显然,如图 8-22(b)所示单元体只有体积改变而如图 8-22(c)所示单元体只有形状改变。根据式(8-16)可以得到如图 8-22(b)所示单元体的体积改变比能为

$$u_v = \frac{1}{2E}[3\sigma_m^2 - 2\mu(3\sigma_m^2)] = \frac{1-2\mu}{6E}(\sigma_1 + \sigma_2 + \sigma_3)^2 \tag{8-18}$$

由式(8-17)、式(8-18)可得到图(8-22(c))单元体的形状改变比能为

$$u_d = u - u_v = \frac{1+\mu}{6E}[(\sigma_1 - \sigma_2)^2 + (\sigma_2 - \sigma_3)^2 + (\sigma_3 - \sigma_1)^2] \tag{8-19}$$

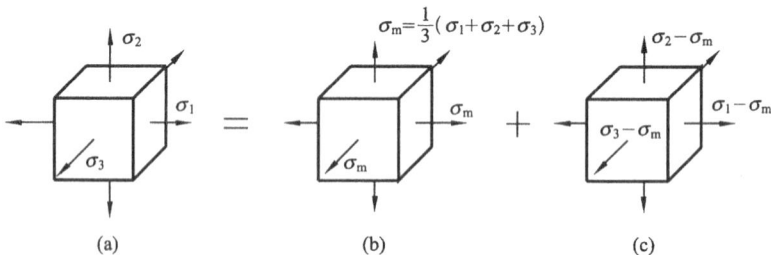

图 8-22

例 8-7　证明各向同性线弹性材料的三个弹性常数 E、G、μ 间的关系式为 $G = \dfrac{E}{2(1+\mu)}$。

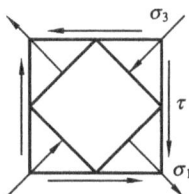

证明　取如图 8-23 所示纯剪切单元体,按纯剪切计算变形比能为

$$u = \frac{1}{2}\tau\gamma = \frac{\tau^2}{2G}$$

而该单元体的三个主应力为

$$\sigma_1 = \tau, \qquad \sigma_2 = 0, \qquad \sigma_3 = -\tau$$

图 8-23　　按复杂应力状态下的变形比能公式(8-16),得到变形比能为

$$u = \frac{1}{2E}[\sigma_1^2 + \sigma_2^2 + \sigma_3^2 - 2\mu(\sigma_1\sigma_2 + \sigma_2\sigma_3 + \sigma_3\sigma_1)] = \frac{1+\mu}{E}\tau^2$$

按两种方法计算的变形比能应相等,即

$$\frac{\tau^2}{2G} = \frac{1+\mu}{E}\tau^2$$

则

$$G = \frac{E}{2(1+\mu)}$$

证毕。

8.5　强度理论

8.5.1　概述

前面通过拉、压试验和纯剪切试验得到了单向应力状态和纯切应力状态材料失效的极限应力,建立了单向拉、压正应力强度条件和纯剪切应力强度条件。但工程上的构件受力是多种多样的,危险点所处的状态也不仅是单向和纯剪状态,工程上,不可能对各种各样的受力构件都去做实验,这样就无法直接根据复杂应力状态下的实验结果建立其强度条件。

1. 强度理论的提出

材料的失效形式不仅与材料性能有关,而且与材料所处的应力状态有关。相同材料不同受力状态下材料的失效形式不同;相同受力状态不同材料的失效形式也不一样。

长期以来,通过不断地试验、实践和分析研究材料在各种情况下的失效现象,探索材料的失效规律,从而对失效的原因做一些假说,即**无论何种材料,也无论何种应力状态,只要失效形式相同,便是相同的失效原因引起的**。从而可利用单向拉伸下的实验结果,建立复杂应力状态下的强度条件。这种关于材料破坏规律的假说,称为**强度理论**。

2. 材料的强度失效形式

材料在常温、静载下的强度失效形式主要是断裂和屈服(流动)两种基本形式。

通过对材料断裂或屈服的原因进行分析,直接应用单向拉伸的实验结果,建立材料在各种应力状态下的断裂和屈服失效的判据,从而建立相应的强度条件。

3. 强度理论的发展

强度理论既然是一些推测材料破坏原因的假说,其正确与否,适用于什么情况,都必须经过生产实践来检验。我们这里只介绍工程中常用的几种强度理论,这些强度理论在常温、静载下,适用于均匀、连续、各向同性的材料。目前,强度理论远不止以下将介绍的几种,现有的各种强度理论还不能说已经圆满地解决了所有的强度问题,在这方面仍有待于研究、发展。

8.5.2 四种常用强度理论

材料破坏的主要形式有两种(屈服与断裂)。相应地强度理论也分成两类:一类是解释断裂破坏的,有最大拉应力理论和最大伸长线应变理论;另一类是解释屈服破坏的,有最大切应力理论和形状改变比能理论。下面分别介绍。

1. 第一类破坏——断裂破坏理论

(1) 最大拉应力理论(第一强度理论)

这一理论认为最大拉应力是引起断裂的主要因素,即认为无论是什么应力状态,只要最大拉应力达到与材料性质有关的某一极限值,材料就发生断裂破坏。由于最大拉应力的极限值与应力状态无关,于是就可用单向应力状态的实验确定这一极限值。单向拉伸只有 $\sigma_1(\sigma_2 = \sigma_3 = 0)$,而当 σ_1 达到强度极限 σ_b 时,材料发生断裂。于是,根据这一理论得到的断裂准则为

$$\sigma_{max} = \sigma_1 = \sigma_b \qquad \text{(a)}$$

将极限应力 σ_b 除以安全系数 n_b,得到许用应力 $[\sigma]$,所以按第一强度理论建立的强度条件是

$$\sigma_1 \leqslant [\sigma] \qquad \text{(8-20)}$$

铸铁等脆性材料在单向拉伸时,断裂发生于拉应力最大的横截面,脆性材料的扭转也是沿拉应力最大的斜截面发生断裂。这些都与最大拉应力理论相符,但这一理论没有考虑其他两个应力的影响,而且对于没有拉应力的应力状态也无法应用。

(2) 最大伸长线应变理论(第二强度理论)

这一理论认为最大伸长线应变是引起断裂的主要因素,即认为无论是什么应力状态,只要最大伸长线应变 ε_1 达到与材料性质有关的某一极限值,材料就发生断裂破坏。ε_1 的极限值既然与应力状态无关,就可由单向拉伸实验来确定。设单向拉伸直到断裂仍可用胡克定律计算应变,则拉断时最大伸长线应变的极限值就为 $\varepsilon_u = \sigma_b/E$。于是,根据这一理论得到的断裂准则为

$$\varepsilon_1 = \frac{\sigma_b}{E} \qquad \text{(b)}$$

由广义胡克定律

$$\varepsilon_{max} = \varepsilon_1 = \frac{1}{E}[\sigma_1 - \mu(\sigma_2 + \sigma_3)]$$

代入式(b)得到断裂准则为

$$\sigma_1 - \mu(\sigma_2 + \sigma_3) = \sigma_b$$

将 σ_b 除以安全系数 n_b 得到许用应力$[\sigma]$,于是,按第二强度理论建立的强度条件是

$$\sigma_1 - \mu(\sigma_2 + \sigma_3) \leqslant [\sigma] \tag{8-21}$$

石料或混凝土等脆性材料受轴向压缩时,如在试验机与试块的接触面上加添润滑剂以减小摩擦力的影响,试块将沿平行于压力的方向裂开,裂开的方向也就是垂直于 ε_1 的方向。铸铁在拉、压二向应力状态且压应力较大时,试验结果也与这一理论接近。但在一般情况下,它并不比第一强度理论更符合实验结果,而且计算也不及前者简单。对某些脆性材料如岩石等,虽然第二强度理论与实验结果大致相符,但未被金属材料的试验所证实。

2. 第二类破坏——屈服破坏理论

(1) 最大切应力理论(第三强度理论)

这一理论认为最大切应力是引起材料屈服的主要因素,即认为无论是什么应力状态,只要最大切应力 τ_{max} 达到与材料性质有关的某一极限值,材料就发生屈服。在单向拉伸下,当 45°截面上 $\tau_{max} = \sigma_s/2$ 时出现屈服,可见, $\sigma_s/2$ 就是导致屈服的最大切应力的极限值。因为此极限值与应力状态无关,所以不论什么应力状态,只要 τ_{max} 达到 $\sigma_s/2$,材料就出现屈服。而在一般情况下, $\tau_{max} = (\sigma_1 - \sigma_3)/2$,于是得到屈服准则(也称屈雷斯卡准则)为

$$\frac{\sigma_1 - \sigma_3}{2} = \frac{\sigma_s}{2} \tag{c}$$

或

$$\sigma_1 - \sigma_3 = \sigma_s$$

将 σ_s 除以安全系数得到$[\sigma]$。因此,第三强度理论所建立的强度条件是

$$\sigma_1 - \sigma_3 \leqslant [\sigma] \tag{8-22}$$

最大切应力理论较为满意地解释了塑性材料的屈服现象。如低碳钢拉伸时,沿与轴线成 45°方向出现滑移线,是沿材料内部这一方向滑移的痕迹,而沿此方向的斜面上切应力也恰为最大值。塑性材料钢和铜的薄管试验都证明了屈服准则,即上面分析的关系是正确的。由于第三强度理论概念明确,形式简单,与试验结果又大致吻合,所以在机械工程中得到广泛应用。但此理论忽略了中间应力 σ_2 的影响。因而所得结果与第四强度理论相比,有一定误差,而与实验结果相比则偏于安全。

(2) 形状改变比能理论(第四强度理论)

这一理论认为形状改变比能是引起屈服的主要因素,即认为无论是什么应力

状态,只要形状改变比能 u_d 达到与材料性质有关的某一极限值,材料就发生屈服。单向拉伸下屈服应力为 σ_s,相应的形状改变比能由式(8-19)求出为 $(1+\mu)(2\sigma_s^2)/(6E)$,这就是导致屈服的形状改变比能的极限值。任意应力状态下,只要形状改变比能 u_d 达到上述极限值,材料便发生屈服破坏,故形状改变比能的屈服准则(也称密赛斯准则)为

$$u_d = \frac{1+\mu}{6E}(2\sigma_s^2) \tag{d}$$

在任意应力状态下,由式(8-19)有

$$u_d = \frac{1+\mu}{6E}[(\sigma_1 - \sigma_2)^2 + (\sigma_2 - \sigma_3)^2 + (\sigma_3 - \sigma_1)^2]$$

代入式(d)整理后得到屈服准则为

$$\sqrt{\frac{1}{2}[(\sigma_1 - \sigma_2)^2 + (\sigma_2 - \sigma_3)^2 + (\sigma_3 - \sigma_1)^2]} = \sigma_s$$

把 σ_s 除以安全系数得许用应力 $[\sigma]$,于是按第四强度理论所建立的强度条件是

$$\sqrt{\frac{1}{2}[(\sigma_1 - \sigma_2)^2 + (\sigma_2 - \sigma_3)^2 + (\sigma_3 - \sigma_1)^2]} \leqslant [\sigma] \tag{8-23}$$

几种塑性材料如钢、铜、铝的薄管试验表明,第四强度理论的屈服准则与实验资料相当吻合,比第三强度理论更符合试验结果,工程中应用也比较广泛。

8.5.3 相当应力及强度条件

综合以上四个强度理论的强度条件,可把四个强度理论的强度条件写成以下统一的形式

$$\sigma_r \leqslant [\sigma]$$

其中,σ_r 称为**相当应力**,它是由三个主应力按一定形式组合而成的。四个强度理论的相当应力分别为

$$\left. \begin{array}{l} \sigma_{r1} = \sigma_1 \\ \sigma_{r2} = \sigma_1 - \mu(\sigma_2 + \sigma_3) \\ \sigma_{r3} = \sigma_1 - \sigma_3 \\ \sigma_{r4} = \sqrt{\frac{1}{2}[(\sigma_1 - \sigma_2)^2 + (\sigma_2 - \sigma_3)^2 + (\sigma_3 - \sigma_1)^2]} \end{array} \right\} \tag{8-24}$$

8.5.4 强度理论的选择及应用

一般来说,处于复杂应力状态并在常温、静载下的脆性材料(铸铁、石料、混凝土、玻璃等)多发生断裂破坏,所以通常采用第一或第二强度理论。而塑性材料(碳钢、铜、铝等)则多发生屈服破坏,所以应该采用第三或第四强度理论。

在大多数情况下根据材料来选择强度理论是合适的。但材料的脆性和塑性还

与应力状态有关,如三向拉伸或压缩应力状态,将会影响材料产生不同的破坏形式,因此,也要注意到在少数特殊情况下,还须按可能发生的破坏形式和应力状态选择适宜的强度理论。例如,在三向拉伸且三个主应力值很接近时,不论是脆性材料还是塑性材料,都会发生断裂破坏,应该选用第一或第二强度理论;而在三向压缩且三个主应力很接近时,不管是什么材料则都将出现塑性变形,应选用第三或第四强度理论。此外,像铸铁这类脆性材料,在二向拉伸以及在二向拉、压应力状态且拉应力较大时,宜选用第一强度理论;而在二向拉、压应力状态且压应力较大时,宜选用第二强度理论。

例 8-8　由 Q235 钢制成的蒸汽锅炉(图 8-24(a)),壁厚 $t=10\mathrm{mm}$,内径 $D=1\mathrm{m}$。蒸汽压力 $p=3\mathrm{MPa}$,$[\sigma]=160\mathrm{MPa}$,试校核其强度。

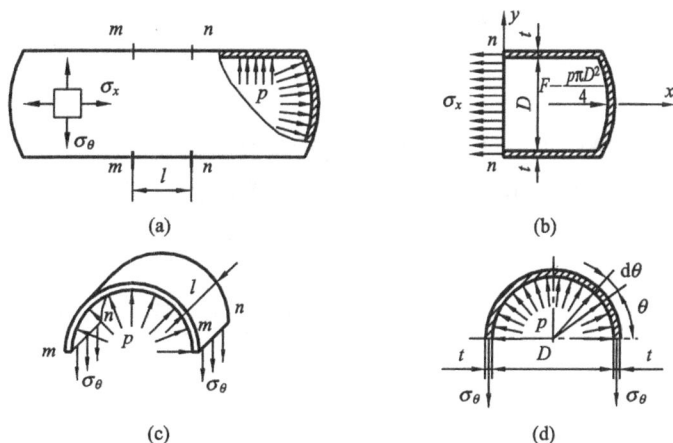

图 8-24

解　1) 应力分析。

圆筒在内压 p 作用下,内壁存在垂直内壁的**径向应力** $\sigma_r=-p$;在横截面上将产生沿轴线(x 方向)的**轴向应力** σ_x;在纵截面上将产生沿着圆周的切线(θ 方向)的**环向应力** σ_θ。

当这类圆筒 $D/t\gg1$ 时,可看作薄壁圆筒,可认为 σ_x、σ_θ 沿容器厚度均匀分布。

用横截面将容器截开(图 8-24(b)),由 $\sum F_x=0$,有

$$\sigma_x(\pi Dt)-p\cdot\frac{\pi D^2}{4}=0$$

$$\sigma_x=\frac{pD}{4t}$$

取出 l 段,用纵截面将其截开(图 8-24(c)),由 $\sum F_y=0$(图 8-24(d)),有

$$\sigma_\theta(2tl)-pDl=0$$

$$\sigma_\theta = \frac{pD}{2t}$$

可见环向应力 σ_θ 是轴向应力 σ_x 的两倍。按主应力记号规定

$$\sigma_1 = \sigma_\theta = \frac{pD}{2t} = \frac{3 \times 10^6 \times 1}{2 \times 10 \times 10^{-3}} = 150 (\text{MPa})$$

$$\sigma_2 = \sigma_x = \frac{pD}{4t} = \frac{3 \times 10^6 \times 1}{4 \times 10 \times 10^{-3}} = 75 (\text{MPa})$$

$$\sigma_3 = \sigma_r = -p = -3 (\text{MPa})$$

2）强度计算。

对 Q235 钢这类塑性材料,应采用第三(或第四)强度理论。

由第三强度理论有

$$\sigma_{r3} = \sigma_1 - \sigma_3 = 150 - (-3) = 153 (\text{MPa}) < [\sigma]$$

可见锅炉满足强度条件。

3）讨论。

这里是取内壁的点(三向应力状态)进行强度计算的,但对于薄壁容器,σ_r 与 σ_x 和 σ_θ 相比甚小,而且 σ_r 自内壁沿壁厚方向逐渐减小至外壁时为零,因此,也可在外壁上取点,忽略 σ_r 的作用,按二向应力进行计算,引起的误差是极小的。

8.6　组合变形构件的强度计算

8.6.1　概述

前面分别研究了构件在拉伸(压缩)、扭转、剪切和弯曲四种基本变形的强度和刚度问题。在工程实际问题中,单纯属于某一种基本变形的情况是很少的,多数情况是两种或两种以上基本变形的组合。例如,如图 8-25(a)所示一小型铆钉机机身,工作时在 F 力作用下立柱将同时产生拉伸与弯曲变形的组合(图 8-25(b))。又如,如图 8-26(a)所示的传动轴,皮带紧边张力为 F_1,松边张力为 F_2,简化后 $F = F_1 + F_2$,$M_e = (F_1 - F_2)R$,得到如图 8-26(b)所示弯曲与扭转变形的组合。

构件在外力作用下同时产生两种或两种以上基本变形的情况称为组合变形。 这里将讨论各种组合变形下构件的强度计算问题。

一般情况下,对组合变形构件进行强度计算时,均满足材料服从胡克定律和小变形条件。因此,力的独立作用原理是成立的,即任一载荷作用下所产生的应力都不受其他载荷的影响。也就是说,所求内力、应力、应变和位移等与外力成线性关系,因而满足叠加原理的条件。

处理组合变形问题的基本方法是将组合变形分解为几种基本变形,分别考虑在每一种基本变形下所发生的应力和变形,然后再叠加起来进行应力分析,选择适

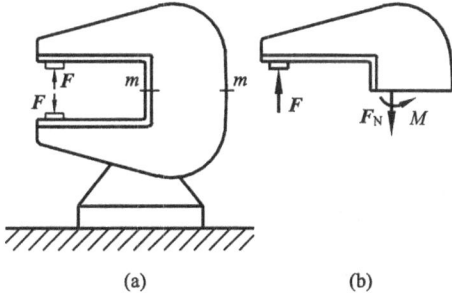

图 8-25

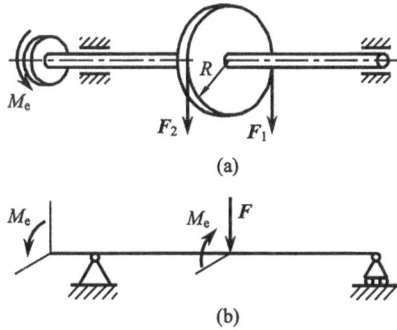

图 8-26

当的强度理论进行强度计算。

对组合变形构件进行强度计算的一般步骤为：

1) **外力分析。** 首先将作用于构件上的外力向力作用所在截面的弯曲中心处平移或沿形心主惯性轴方向分解，从而把外力分成几组，使每组外力作用只产生一种基本变形。

2) **内力分析。** 计算构件在每一种基本变形时的内力，作出内力图，从而确定危险截面的位置。

3) **应力分析。** 根据危险截面上内力的大小和方向确定应力分布规律，画出应力分布图，从而确定危险截面上危险点的位置，并画出危险点的应力状态。

4) **强度计算。** 根据危险点的应力状态和构件的材料，分析其破坏的形式，选择相应的强度理论进行强度计算。

8.6.2　斜弯曲（两向弯曲）

在第 7 章中我们讨论了平面弯曲时梁的强度和刚度计算问题。但在工程结构中，很多弯曲问题并非满足平面弯曲的条件。例如，屋架上的檩条（图 8-27（a））及其放大图（图 8-27（b）），外力与形心主轴 y 成一角度 φ。在这种情况下，变形后梁的轴线将不再位于外力所在的平面内，这种弯曲变形称为**斜弯曲**。

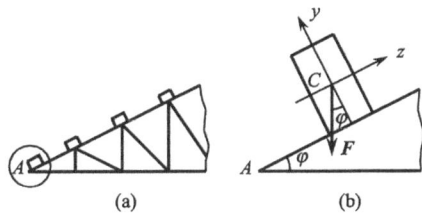

图 8-27

现以矩形截面梁为例，说明斜弯曲时应力和变形的分析方法。

如图 8-28(a)所示为一长为 l 的矩形截面悬臂梁，在梁的自由端平面内受一载荷 F 作用，此力通过截面形心（即弯曲中心），但与形心主轴 y 成一角度 φ。现讨论梁的应力和变形。

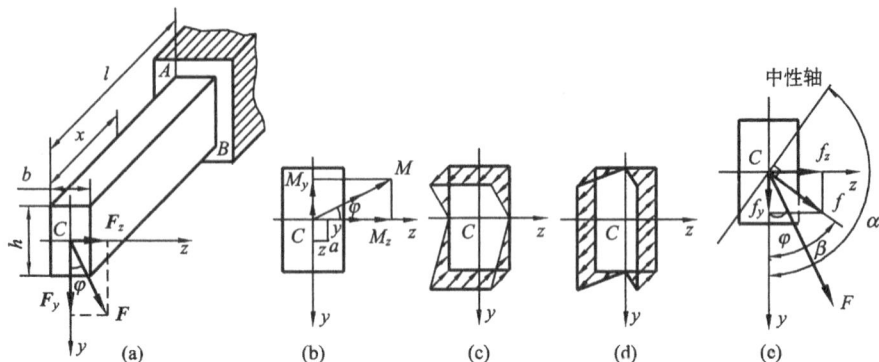

图 8-28

1. 外力分解

分别以截面的两个对称轴为 y 轴和 z 轴(形心主轴),将集中力 F 沿 y 轴和 z 轴分解,得

$$F_y = F\cos\varphi, \qquad F_z = F\sin\varphi$$

于是,力 F 的作用可用两个分力 F_y 和 F_z 来代替。而每一个分力单独作用时,都将产生平面弯曲,这样,斜弯曲就可以看作是两个互相垂直平面内的两个平面弯曲的组合。

应用叠加原理,分别计算出这两个平面弯曲在某截面上的正应力(切应力较小,均略去),然后将它们叠加即可得出斜弯曲时在该截面上总的正应力。

2. 内力计算

在距自由端为 x 处的横截面上,由分力 F_y、F_z 单独作用时所产生的弯矩(绝对值)分别为

$$M_z = F_y x = Fx\cos\varphi = M\cos\varphi$$
$$M_y = F_z x = Fx\sin\varphi = M\sin\varphi$$

其中,$M = Fx$ 为 F 力作用引起 x 截面上的合成弯矩(图 8-28(b))。

3. 应力计算(任意截面上任意点应力的计算)

在 x 截面上取任意点 a,如图 8-28(b)所示。在分力 F_y 单独作用下以 z 轴为中性轴,截面在 z 轴以上部分为受拉区,以下部分为受压区,a 点的正应力为

$$\sigma' = -\frac{M_z y}{I_z}$$

应力 σ' 沿截面高度 h 方向的分布规律如图 8-28(c)所示。

同理,在分力 F_z 单独作用下,以 y 轴为中性轴,截面在 y 轴右侧部分为受压区,左侧部分为受拉区,a 点的正应力为

$$\sigma'' = -\frac{M_y z}{I_y}$$

应力 σ'' 沿截面宽度 b 方向的分布规律如图 8-28(d)所示。可以看出 σ' 和 σ'' 均为垂直于横截面的正应力,根据叠加原理,σ' 和 σ'' 的代数和即为 a 点由集中力 F 引起的正应力,即

$$\sigma = \sigma' + \sigma'' = -\frac{M_z y}{I_z} - \frac{M_y z}{I_y}$$

将 $M_z = M\cos\varphi, M_y = M\sin\varphi$ 代入,有

$$\sigma = -M\left(\frac{y\cos\varphi}{I_z} + \frac{z\sin\varphi}{I_y}\right) \tag{8-25}$$

其中,I_y、I_z 分别为横截面对 y 轴及 z 轴的惯性矩,y、z 表示 a 点的坐标值。

式(8-25)为斜弯曲时计算任意横截面上任意点应力的一般公式。在具体问题中,σ' 和 σ'' 是拉应力还是压应力可根据杆件的变形来确定。

4. 强度计算

进行强度计算时,需首先确定危险截面和危险截面上危险点的位置。对如图 8-28(a)所示悬臂梁来说,在固定端处 M_y 和 M_z 同时到达最大值,这显然就是危险截面。至于危险点,应是 M_y 和 M_z 引起的正应力同时到达最大值的点。如图 8-28(a)所示固定端截面的 A 点和 B 点就是这样的危险点,其中 A 点有最大拉应力

$$\sigma_{t,max} = \frac{M_{z,max} y_{max}}{I_z} + \frac{M_{y,max} z_{max}}{I_y} = \frac{M_{z,max}}{W_z} + \frac{M_{y,max}}{W_y}$$

B 点有最大压应力

$$|\sigma_c|_{max} = \frac{M_{z,max} y_{max}}{I_z} + \frac{M_{y,maz} z_{max}}{I_y} = \frac{M_{z,max}}{W_z} + \frac{M_{y,max}}{W_y}$$

由于危险点处于单向应力状态,又由矩形截面的对称性,即

$$|\sigma_c|_{max} = \sigma_{t,max}$$

则限制最大拉应力不超过许用应力就是斜弯曲的强度条件,即

$$\sigma_{t,max} \leqslant [\sigma]$$

因为梁截面是具有外棱角的矩形,所以危险点的位置易于确定。对没有外棱角的截面,要先确定截面中性轴的位置,然后才能定出危险点的位置。

5. 中性轴位置的确定

中性轴是横截面上正应力等于零的各点的连线,这条连线叫作零线,其位置可

由应力 $\sigma = 0$ 的条件确定。由式(8-25)可见,应力 σ 是坐标 y、z 的函数,若设中性轴上各点的坐标为(y_0, z_0),则有

$$\sigma = -M\left(\frac{\cos\varphi}{I_z}y_0 + \frac{\sin\varphi}{I_y}z_0\right) = 0$$

因为 $M \neq 0$,则

$$\frac{\cos\varphi}{I_z}y_0 + \frac{\sin\varphi}{I_y}z_0 = 0 \tag{8-26}$$

可见中性轴是通过截面形心的一条斜直线(图 8-28(e))。设中性轴与 y 轴的夹角为 α,则中性轴的斜率为

$$\tan\alpha = \frac{z_0}{y_0} = -\frac{I_y}{I_z}\cot\varphi \tag{8-27}$$

因为对矩形截面 $I_y \neq I_z$,即 $\tan\alpha \cdot \tan\varphi \neq -1$,由此可见 **$F$ 力的作用方向与中性轴不垂直**。

中性轴把截面划分成拉伸和压缩两个区域,当截面形状没有明显的外棱角时(图 8-29),为找出最大拉应力、最大压应力的作用点,可在截面周边上作平行于中性轴的切线,切点 A、B 就是距中性轴最远的点,也就是危险点。

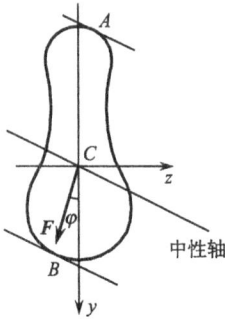

图 8-29

6. 变形的计算

梁在斜弯曲时的变形也可按叠加原理来计算。仍以上述矩形截面悬臂梁为例,自由端的形心因 F_y 引起的垂直位移为

$$f_y = \frac{F_y l^3}{3EI_z} = \frac{Fl^3\cos\varphi}{3EI_z}$$

f_y 沿 y 轴的正向。同理,F_z 引起的水平位移为

$$f_z = \frac{F_z l^3}{3EI_y} = \frac{Fl^3\sin\varphi}{3EI_y}$$

f_z 也沿 z 轴的正向。自由端因集中力 F 而引起的总挠度 f 应是 f_y 和 f_z 的矢量和(图 8-28(e)),其大小为

$$f = \sqrt{f_y^2 + f_z^2} = \frac{Fl^3}{3E}\sqrt{\left(\frac{\cos\varphi}{I_z}\right)^2 + \left(\frac{\sin\varphi}{I_y}\right)^2} \tag{a}$$

设总挠度 f 与 y 轴的夹角为 β,则

$$\tan\beta = \frac{f_z}{f_y} = \frac{I_z}{I_y}\tan\varphi \tag{b}$$

可见,在一般情况下,$I_y \neq I_z$,则 $\beta \neq \varphi$。这再次表明**变形后梁的挠曲线与集中力 F 不在同一纵向平面内**,所以称为"斜"弯曲。有些截面,如圆形、正方形等截面,其 $I_y = I_z$,于是有 $\tan\beta = \tan\varphi$,即 $\beta = \varphi$,表明变形后梁的挠曲线与集中力 F 仍在同一

纵向平面内,即为平面弯曲。所以,对这类截面的梁来说,只要横向力作用于通过截面形心的任何一个纵向平面内,它总是发生平面弯曲,而不会产生斜弯曲。

另外,比较式(8-27)、式(b)有,$\tan\alpha \cdot \tan\beta = -1$,即 α 角和 β 角相差 $\pi/2$,故中性轴仍然垂直于总挠度 f 所在平面。

例 8-9　如图 8-30 所示桥式起重吊车的大梁为 25a 工字钢,$[\sigma] = 160\text{MPa}$,$l = 4\text{m}$,$F = 20\text{kN}$,行进时由于惯性使载荷 F 偏离纵向对称面一个角度 φ,若 $\varphi = 15°$,试校核梁的强度,并与 $\varphi = 0°$ 的情况进行比较。

解　由于力 F 通过截面弯心但不与形心主轴平行(重合),而是与 y 轴成 φ 的夹角,故梁为斜弯曲情形。

当小车走到梁跨中点时,大梁处于最不利的受力状态,而这时跨度中点截面的弯矩最大是危险截面。将 F 沿 y 轴及 z 轴分解为

图 8-30

$$F_y = F\cos\varphi, \qquad F_z = F\sin\varphi$$

分力 F_y、F_z 使梁在两个互相垂直平面内产生平面弯曲,最大弯矩值分别为

$$M_{y,\max} = \frac{F_z l}{4} = \frac{Fl}{4}\sin\varphi = \frac{1}{4} \times 20 \times 4 \times \sin15°$$
$$= 5.18(\text{kN} \cdot \text{m})$$
$$M_{z,\max} = \frac{F_y l}{4} = \frac{Fl}{4}\cos\varphi = \frac{1}{4} \times 20 \times 4 \times \cos15°$$
$$= 19.3(\text{kN} \cdot \text{m})$$

显然,危险点为跨度中点截面上 A、B 两点,点 A 上为最大压应力,点 B 上为最大拉应力,且数值相等。只需计算最大拉应力的数值,即

$$\sigma_{\max} = \frac{M_{y,\max}}{W_y} + \frac{M_{z,\max}}{W_z}$$

由型钢表查得 25a 工字钢的两个抗弯截面模量分别为 $W_y = 48.3\text{cm}^3$,$W_z = 402\text{cm}^3$,故有

$$\sigma_{\max} = \frac{M_{y,\max}}{W_y} + \frac{M_{z,\max}}{W_z} = \frac{5.18 \times 10^3}{48.3 \times 10^{-6}} + \frac{19.3 \times 10^3}{402 \times 10^{-6}}$$
$$= 155(\text{MPa}) < [\sigma] = 160(\text{MPa})$$

满足强度要求。

从结果可以看出,应力的数值较大,若载荷 F 不偏离梁的纵向对称面,即 $\varphi = 0°$,将发生平面弯曲,梁跨中点截面的最大拉应力为

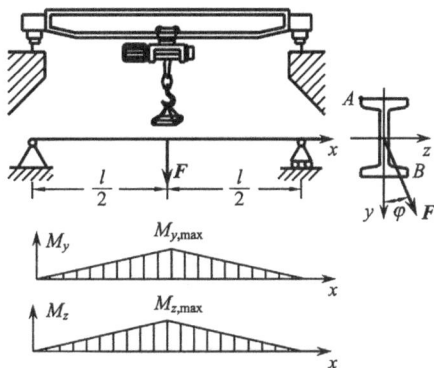

$$\sigma_{max} = \frac{M_{max}}{W_z} = \frac{\dfrac{Fl}{4}}{W_z} = \frac{20 \times 10^3 \times 4}{4 \times 402 \times 10^{-6}} = 50 (\text{MPa})$$

由此可见,载荷偏离一个较小的角度 φ,就使梁内的应力是正常工作时的 3 倍。这是因为工字钢的 W_y 和 W_z 相差很大,因此,对于 W_y、W_z 相差较大的梁,避免发生斜弯曲是非常必要的。对承受斜弯曲变形的梁,最好作成箱形截面梁。

例 8-10　分别求如图 8-31(a)、(b)所示梁内的最大正应力。

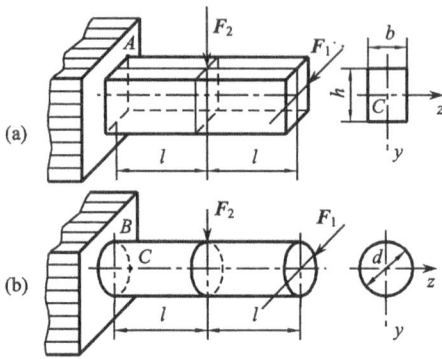

(a)

(b)

图 8-31

解　如图 8-31(a)危险点为固定端上 A 点,F_1、F_2 引起的弯矩分别为

$$M_{y,max} = 2F_1 l, \qquad M_{z,max} = F_2 l$$

并同时在 A 点引起最大拉应力

$$\sigma_{max} = \frac{M_{y,max}}{W_y} + \frac{M_{z,max}}{W_z} = \frac{2F_1 l}{hb^2/6} + \frac{F_2 l}{bh^2/6}$$

$$= \frac{6l}{bh}\left(\frac{2F_1}{b} + \frac{F_2}{h}\right)$$

对于图 8-31(b),危险截面仍为固定端,但 $M_{z,max}$ 引起的最大应力点为 B 点,$M_{y,max}$ 引起的最大应力点为 C 点。这两点不是同一点,不能用前面的方法计算,应求合成弯矩,即

$$M_{max} = \sqrt{M_{y,max}^2 + M_{z,max}^2}$$

对圆截面来说,因合成弯矩 M_{max} 在固定端引起平面弯曲,危险点仍为边缘上的点,因此,最大拉应力值为

$$\sigma_{max} = \frac{M_{max}}{W} = \frac{\sqrt{M_{y,max}^2 + M_{z,max}^2}}{W} = \frac{32}{\pi d^3}\sqrt{(2F_1 l)^2 + (F_2 l)^2} = \frac{32l}{\pi d^3}\sqrt{4F_1^2 + F_2^2}$$

需要特别注意的是:必须是同一点的"量"才能叠加。例如,如图 8-31(b)所示圆截面杆件在两个平面内弯曲时,就不能按上述矩形截面的方法计算,因两个弯矩引起最大应力点不是同一个点。必须先找到危险截面,然后求出危险截面上的合成弯矩后再按平面弯曲问题处理。

8.6.3　拉伸(压缩)与弯曲的组合、偏心拉伸(压缩)

1. 拉伸(压缩)与弯曲的组合

当外力 F 位于梁的纵向对称面 xOy 内,但不垂直轴线,而与轴线 x 成一角度 φ 时(图 8-32(a)),可将外力 F 沿 x 轴和 y 轴分解,水平力将使梁产生拉伸(压缩),垂直力将使梁产生平面弯曲,这就是**拉伸(压缩)与弯曲的组合变形**,是工程中常见的一种变形情况。

　　对于一般的梁,抗弯刚度都比较大,弯曲变形很小,原始尺寸原理(小变形条件)仍可以应用,轴向力因弯曲变形而产生的附加弯矩可以忽略。这样,轴向力就只引起拉伸(压缩)变形,外力与杆件内力和应力的关系仍然是线性的,而且在横截面上轴向力只引起正应力,弯矩引起的也为正应力(由于横力弯曲引起的切应力很小,可以略去)。这样,任意点的应力状态为单向应力状态,由叠加原理,拉伸(压缩)与弯曲组合引起的正应力即为由轴向力引起的正应力与弯矩引起的正应力的代数叠加。

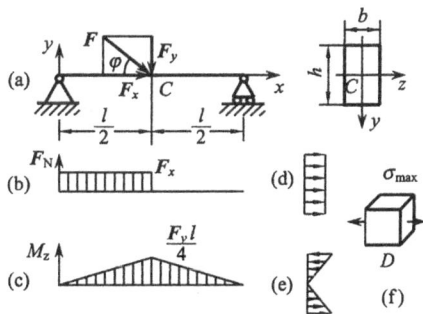

图 8-32

　　对如图 8-32(a)所示梁,由轴力图(图 8-32(b))、弯矩图(图 8-32(c))可知,危险截面为 C 截面稍左侧。由轴力引起的应力分布图(图 8-32(d))、弯矩引起的应力分布图(图 8-32(e))可知,危险点为下边缘任意点如 D 点,其应力状态如图 8-32(f)所示,最大正应力值为

$$\sigma_{\max} = \frac{F_N}{A} + \frac{M_{z,\max}}{W_z} \tag{8-28}$$

由于危险点为单向应力状态,强度计算即与斜弯曲问题相同,即

$$\sigma_{t,\max} \leqslant [\sigma_t]$$
$$\sigma_{c,mxa} \leqslant [\sigma_c]$$

对于抗拉、抗压强度相同的塑性材料,如低碳钢,可只验算构件上的应力绝对值最大处的强度。

2. 偏心拉伸(压缩)

　　当构件上载荷的作用线与轴线平行,但不通过横截面形心的载荷(图 8-33(a))称为**偏心载荷**。如图 8-25(a)所示铆钉机立柱受到的就是偏心载荷。杆件的变形称为偏心拉伸(压缩)。

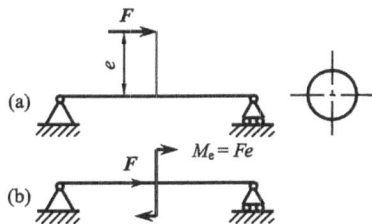

　　研究这种偏心载荷首先要进行力系简化,应用静力等效原理,把载荷移到研究部分的形心,得到一个轴向力和一个附加的引起弯曲的力偶矩(图 8-33(b)、图 8-25(b))。因此,偏心拉伸(压缩)实际上就是拉伸(压缩)和弯曲变形的组合。这样,对于拉伸(压缩)与弯曲组合的公式及强度计算方法均适用于偏心拉伸(压缩)时的情况,这里不再重述。

图 8-33

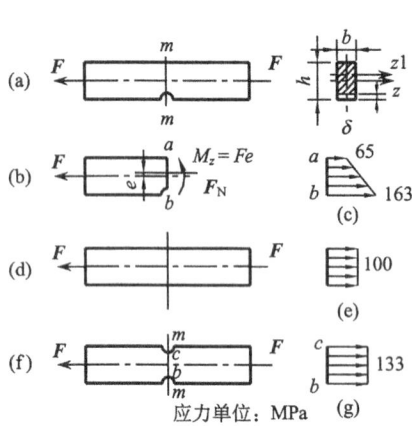

图 8-34

例 8-11 带有一缺口的矩形杆如图 8-34(a)所示,已知 $h=8$cm, $b=4$cm,缺口深 $\delta=1$cm,拉力 $F=320$kN,材料的许用应力 $[\sigma]=150$MPa,如不考虑应力集中的影响,试校核其强度。

解 1) 外力分析。

由于截面 $m\text{-}m$ 处有一缺口,因而外力 F 对该截面形成偏心拉伸作用。设偏心距为 e(图 8-34(b)),其值为

$$e=\frac{h}{2}-\frac{(h-\delta)}{2}=\frac{\delta}{2}=0.5(\text{cm})$$

2) 内力分析。

用截面法将杆沿 $m\text{-}m$ 面切开(图 8-34(b)),由平衡条件可求出该截面上内力:

轴力

$$F_N=F=320(\text{kN})$$

弯矩

$$M_{z1}=Fe=320\times0.5\times10^{-2}=1.6(\text{kN}\cdot\text{m})$$

3) 应力分析。

由轴力 F_N 和弯矩 M_{z1} 的作用,在 $m\text{-}m$ 截面上的 a、b 两点将产生最小拉应力和最大拉应力,即

$$\sigma_{t,min}=\frac{F_N}{A_1}-\frac{M_{z1}}{W_{z1}}=\frac{F}{b(h-\delta)}-\frac{Fe}{\dfrac{b(h-\delta)^2}{6}}$$

$$=\frac{320\times10^3}{4\times10^{-2}\times(8-1)\times10^{-2}}-\frac{320\times10^3\times5\times10^{-3}}{\dfrac{1}{6}\times4\times10^{-2}\times(8-1)^2\times10^{-4}}$$

$$=114\times10^6-49\times10^6=65(\text{MPa})$$

$$\sigma_{t,max}=\frac{F_N}{A_1}+\frac{M_{z1}}{W_{z1}}=114\times10^6+49\times10^6=163(\text{MPa})$$

$m\text{-}m$ 截面上的应力分布如图 8-34(c)所示。由图可知,此时中性轴已不过截面形心,且随 e 的减小中性轴到形心距离不断加大。

4) 强度计算。

由于杆件在 b 点处应力最大,即应验算该点处的强度。

$$\sigma_{t,max}=163(\text{MPa})>[\sigma]=150(\text{MPa})$$

所以,杆件的强度不足。

5) 讨论。

如果杆件没有缺口(图 8-34(d)),则横截面上只有轴力引起的均布正应力(图

8-34(e)),其值为

$$\sigma = \frac{F_N}{A} = \frac{F}{bh} = \frac{320 \times 10^3}{4 \times 8 \times 10^{-4}} = 100(\text{MPa}) < [\sigma] = 150(\text{MPa})$$

可见强度足够。

如工程需要一定要开缺口,可在杆件上再切一缺口并使两缺口处于对称位置(图 8-34(f)),这时外力 F 对 $m\text{-}m$ 截面的作用将是轴向拉伸,于是最大拉应力为

$$\sigma_{t,\max} = \frac{F_N}{A} = \frac{F}{b(h-2\delta)} = \frac{320 \times 10^3}{4 \times 10^{-2} \times (8 - 2 \times 1) \times 10^{-2}}$$
$$= 133(\text{MPa}) < [\sigma] = 150(\text{MPa})$$

这时,$m\text{-}m$ 截面上的应力分布如图 8-34(g)所示,其强度也是满足的。

通过此例说明,避免偏心载荷是提高构件承载能力的一项重要措施。在工程中,对某些构件开槽、打孔时尽可能使其对称,以免由偏心载荷造成构件强度的下降。

8.6.4　扭转与弯曲的组合

1. 圆轴扭转与一个平面弯曲的组合

扭转与弯曲的组合是机械工程中最为常见,也是非常重要的一种组合变形情况。现以电机轴的外伸段为例,讨论杆件受扭转与弯曲组合时的强度计算。电机轴的外伸端装一皮带轮(图 8-35),两边的皮带拉力不等,设松边和紧边的拉力分别为 F_1 和 F_2($F_2 > F_1$),轮的自重暂不考虑。

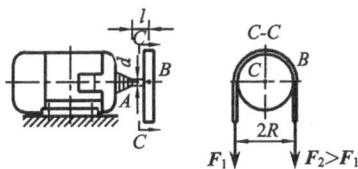

图 8-35

(1) 外力分析

先把皮带拉力 F_1 和 F_2 分别向作用面的截面形心 C 平移,即在 B 截面得到一个作用在 C 点的竖直力和一个作用在 B 截面的力偶,即

$$F = F_1 + F_2$$
$$M_e = (F_2 - F_1)R$$

然后画出 AB 轴的受力简图(图 8-36(a))。力偶 M_e 使轴发生扭转,力 F 使轴在 xy 面内发生弯曲,所以 AB 轴受扭转与弯曲的组合作用。

(2) 内力分析

画内力图寻找危险截面。根据受力简图,作出扭矩图(图 8-36(b))和弯矩图(图 8-36(c))(横向力 F 引起剪力一般可略去)。由两个内力图可看出,固定端 A 截面是轴的

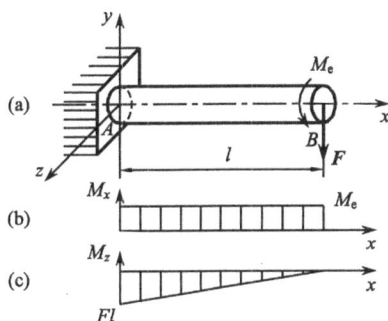

图 8-36

危险截面。危险截面上的弯矩和扭矩值(均取绝对值)分别为

$$M_{z,\max} = Fl, \qquad M_{x,\max} = M_e$$

(3) 应力分析

分析危险截面上的应力分布及大小确定危险点。为确定危险截面 A 上的危险点,画出 A 截面上的应力分布图(图 8-37 (a))。由于弯曲时的中性轴是 z 轴,距 z 轴最远的 D_1、D_2 两点分别有最大拉应力和最大压应力,其值为

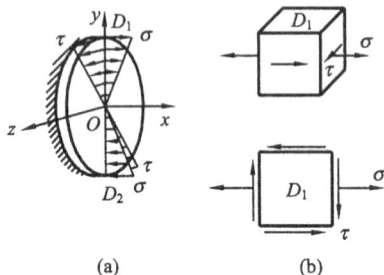

图 8-37

$$\sigma = \frac{M_z}{W_z} \qquad \text{(a)}$$

由于扭转产生的切应力在周边上有最大值

$$\tau = \frac{M_x}{W_P} \qquad \text{(b)}$$

故 D_1 和 D_2 点的正应力 σ 和切应力 τ 同时达到最大值,所以是危险截面 A 上的危险点。D_1 和 D_2 点应力数值相等,但作用方向不同。因此只在 D_1 点取出单元体即可,其应力状态如图 8-37(b)所示。

(4) 强度计算

危险点 D_1、D_2 均属二向应力状态,因此必须根据强度理论建立强度条件。因为材料的破坏形式不仅取决于危险点的应力状态,还与材料的性质有关,所以,对于塑性材料来说,应采用第三强度理论或第四强度理论。由于塑性材料的抗拉和抗压强度是相等的,则危险点 D_1 和 D_2 中只需校核一点(如 D_1 点)的强度即可,首先求 D_1 点的主应力。由主应力公式有

$$\begin{cases} \sigma_{\max} \\ \sigma_{\min} \end{cases} = \frac{\sigma}{2} \pm \sqrt{\left(\frac{\sigma}{2}\right)^2 + \tau^2} = \frac{\sigma}{2} \pm \frac{1}{2}\sqrt{\sigma^2 + 4\tau^2} \qquad \text{(c)}$$

显然

$$\left. \begin{aligned} \sigma_1 &= \sigma_{\max} = \frac{\sigma}{2} + \frac{1}{2}\sqrt{\sigma^2 + 4\tau^2} \\ \sigma_2 &= 0 \\ \sigma_3 &= \sigma_{\min} = \frac{\sigma}{2} - \frac{1}{2}\sqrt{\sigma^2 + 4\tau^2} \end{aligned} \right\} \qquad \text{(d)}$$

按第三强度理论,强度条件为

$$\sigma_{r3} = \sigma_1 - \sigma_3 \leqslant [\sigma]$$

将式(d)中的主应力代入上式,整理得

$$\sigma_{r3} = \sqrt{\sigma^2 + 4\tau^2} \leqslant [\sigma] \qquad (8\text{-}29)$$

将式(a)、式(b)代入,并注意对圆截面有 $W_P = 2W_z = 2W$(W 为圆截面对任意形心

轴的抗弯截面系数),于是对于塑性材料制成的圆轴,在扭转与弯曲组合变形下的强度条件为

$$\sigma_{r3} = \frac{1}{W}\sqrt{M^2 + M_x^2} \leqslant [\sigma] \tag{8-30}$$

若按第四强度理论,强度条件为

$$\sigma_{r4} = \sqrt{\frac{1}{2}\left[(\sigma_1 - \sigma_2)^2 + (\sigma_2 - \sigma_3)^2 + (\sigma_3 - \sigma_1)^2\right]} \leqslant [\sigma]$$

将式(d)中的主应力代入上式,得出

$$\sigma_{r4} = \sqrt{\sigma^2 + 3\tau^2} \leqslant [\sigma] \tag{8-31}$$

将式(a)、式(b)代入得圆轴在扭转与弯曲组合变形下,按第四强度理论计算的强度条件为

$$\sigma_{r4} = \frac{1}{W}\sqrt{M^2 + 0.75M_x^2} \leqslant [\sigma] \tag{8-32}$$

注意:式(8-30)、式(8-32)只适用于受扭转与弯曲组合的圆轴(实心或空心截面)。式中的 M、M_x 为危险截面上的弯矩、扭矩。

2. 圆轴扭转与两个平面弯曲的组合

圆轴在两个平面内发生平面弯曲与扭转的组合(图 8-38(a))。对圆形截面的轴而言,包含轴线的任意纵向面都是纵向对称面,所以只要弯矩作用面通过圆形截面的轴线均产生平面弯曲。这里 q 引起垂直平面内的弯曲(M_y 图),F 力引起水平平面内的弯曲(M_z 图)。另外,轴还受扭矩(M_x 图),如图 8-38 所示,危险截面显然为固定端的 A 截面。内力分别求得:

扭矩

$$M_x = M_e$$

xz 平面内的弯矩

$$M_{y,\text{max}} = \frac{ql^2}{2}$$

xy 平面内的弯矩

$$M_{z,\text{max}} = Fl$$

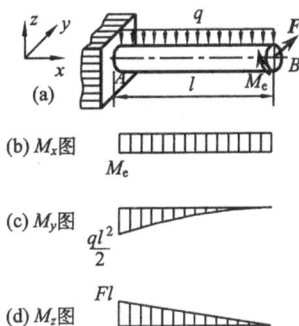

图 8-38

而 M_y 引起的正应力危险点为上、下边缘两点,M_z 引起的正应力危险点为前、后两点。对圆截面轴,把 M_y 和 M_z 合成后,**合成弯矩作用面仍然为纵向对称面,即为平面弯曲**(图 8-39(a))。这时,扭矩 M_x 与合成弯矩 M 产生扭转与弯曲的组合,仍可按圆轴扭转与弯曲组合的公式计算。

在危险截面上,扭矩 M_x 产生的切应力在周边达到最大值

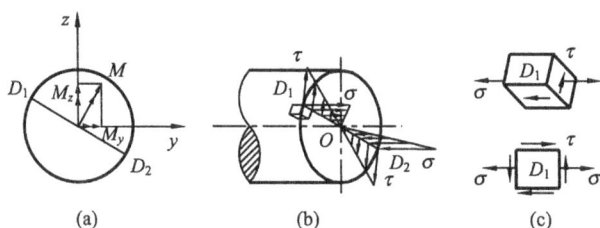

图 8-39

$$\tau = \frac{M_x}{W_P}$$

合成弯矩 M 要用矢量合成的方法求出

$$M = \sqrt{M_y^2 + M_z^2}$$

而合成弯矩 M 引起的弯曲正应力,在 D_1 和 D_2 点上达到最大值,其值为

$$\sigma = \frac{M}{W}$$

沿截面的直径 D_1D_2,切应力和正应力的分布如图 8-39(b)所示。显然 D_1、D_2 点为危险点,D_1 点处的应力状态如图 8-39(c)所示。这和前面讨论过的扭转与弯曲组合的应力状态相同,因此,对塑性材料,若采用第三强度理论,其应力的计算式为

$$\sigma_{r3} = \sqrt{\sigma^2 + 4\tau^2} = \sqrt{\left(\frac{M}{W}\right)^2 + 4\left(\frac{M_x}{W_P}\right)^2} = \frac{1}{W}\sqrt{M_y^2 + M_z^2 + M_x^2}$$

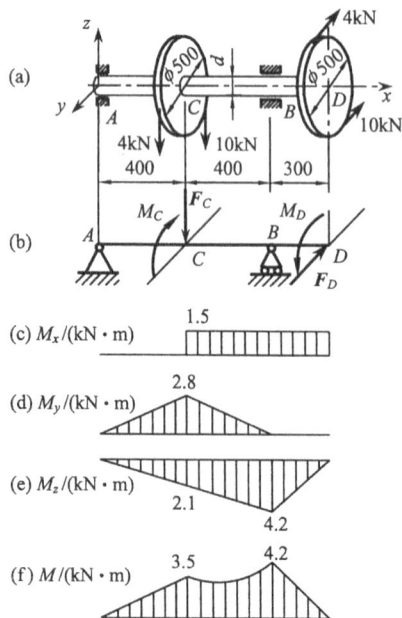

图 8-40

例 8-12　传动轴 AD 如图 8-40(a)所示,已知 C 轮上的皮带拉力方向都是铅直的,D 轮上的皮带拉力方向都是水平的,轴的材料为 45 号优质碳素钢,许用应力 $[\sigma] = 120$MPa,不计自重,试选择实心轴的直径 d。

解　1) 外力分析。

将两个轮子上的皮带拉力向轮心 C、D 点简化,可得轴 AD 的受力简图(图 8-40(b))。其中

$F_C = F_D = 10 + 4 = 14$(kN)

$M_C = M_D = (10 - 4) \times 25 = 150$(kN·cm)
　　　　$= 1.5$(kN·m)

由图可知,轴的变形为扭转和两个互相垂直平面的平面弯曲的组合。

2) 内力分析。

根据外力作用分别作出轴 AD 的扭矩图 M_x(图 8-40(c))和两个互相垂直平面上

的弯矩图 M_y、M_z(图 8-40(d)、(e)),然后将每一截面上的两个弯矩 M_y,M_z 按矢量合成,可得合成弯矩 M,即

$$M = \sqrt{M_y^2 + M_z^2}$$

各截面的合成弯矩 M 并不一定在同一平面内,但对圆截面来说,不论 M 的方向如何,都将产生平面弯曲,而且在计算最大弯曲正应力时,只用其合成弯矩的大小而无需考虑它的方向。因此,可将各截面的合成弯矩按其数值绘制在一个平面上而不会影响强度计算的结果,合成弯矩图如图 8-40(f)所示。可以证明,合成弯矩 M 不是直线便是凹形的曲线。所以只需计算各极值弯矩截面的合成弯矩,找出最大值来确定出危险截面,而合成弯矩图 M 一般不需画出。

由扭矩图(图 8-40(c))和合成弯矩图(图 8-40(f))可知,B 截面为危险截面,在该截面上的弯矩和扭矩值分别为

$$M = 4.2(\text{kN} \cdot \text{m})$$
$$M_x = 1.5(\text{kN} \cdot \text{m})$$

3) 设计截面尺寸。

对塑性材料可采用第三强度理论计算。圆轴扭转和弯曲组合的强度条件为

$$\sigma_{r3} = \frac{1}{W}\sqrt{M^2 + M_x^2} \leqslant [\sigma]$$

$$W \geqslant \frac{1}{[\sigma]}\sqrt{M^2 + M_x^2}$$

$$\frac{\pi d^3}{32} \geqslant \frac{1}{[\sigma]}\sqrt{M^2 + M_x^2}$$

$$d \geqslant \sqrt[3]{\frac{32}{\pi[\sigma]}\sqrt{M^2 + M_x^2}}$$

$$= \sqrt[3]{\frac{32}{3.14 \times 120 \times 10^6}\sqrt{4.2^2 + 1.5^2} \times 10^3}$$

$$= 72.3 \times 10^{-3}(\text{m})$$

取 $d = 74\text{mm}$。

也可以按第四强度理论来设计,留给读者去比较。

对圆截面杆在任意两平面内的平面弯曲,总可以将其分解为互相垂直平面内的两个平面弯曲变形,然后如同上述的方法求解。

另外,还有圆轴扭转与拉伸(压缩)的组合;圆轴扭转与弯曲、拉伸(压缩)的组合等。

注意　某些承受扭转与弯曲组合变形的杆件,其截面并非圆形,例如,曲轴曲柄的截面就是矩形的,计算方法也就略有不同,这里不再介绍,需要时可查阅有关资料。

思　考　题

8-1　什么叫一点处的应力状态? 为何要研究一点处的应力状态? 怎样来研究一点处的应

力状态？

8-2 什么叫主平面、主应力？主应力与正应力有什么区别？

8-3 在单元体中，在最大正应力所作用的平面上有无切应力？在最大切应力所作用的平面上有无正应力？

8-4 在单元体中，最大切应力作用平面与主平面间的相互位置存在什么关系？

8-5 广义胡克定律的适用条件是什么？

8-6 如思考题 8-6 图所示应力圆(a)、(b)、(c)都表示什么应力状态？

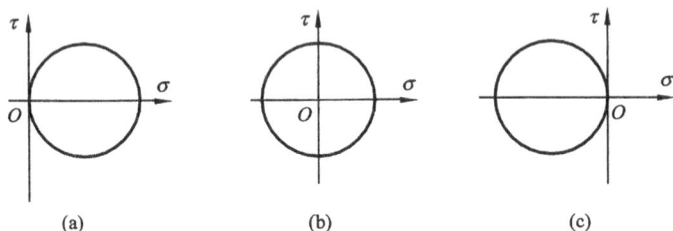

思考题 8-6 图

8-7 根据应力圆说明以下结论：①切应力互等定理；②主应力是正应力的极值；③$\tau_{max} = \dfrac{\sigma_1 - \sigma_3}{2}$ 其所在平面与主平面成 45°角。

8-8 什么是强度理论？为什么要建立强度理论？建立强度理论的依据是什么？说明各强度理论的应用范围。

8-9 说明冬季自来水管因结冰胀裂，但管内冰却没被压坏的原因。

8-10 矩形截面外伸梁，在 F 力作用下发生平面弯曲。试取出如思考题 8-10 图所示各点的单元体，画出应力状态。

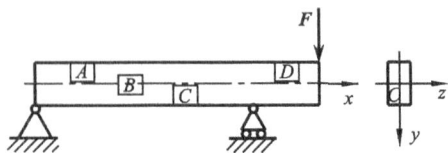

思考题 8-10 图

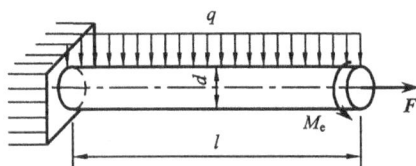

思考题 8-11 图

8-11 取出如思考题 8-11 图所示杆件危险点的单元体，画出应力状态。

8-12 构件受力如思考题 8-12 图所示。①确定危险截面和其上危险点的位置；②用单元体表示各危险点处的应力状态，并写出各应力的计算公式。

8-13 应力圆与单元体一一对应关系是什么？

8-14 分别画出单向拉伸、单向压缩、纯切应力状态所对应的应力圆。

8-15 用应力圆分别表示出低碳钢、铸铁试件在拉、压、扭试验中破坏面所对应的破坏点的位置。

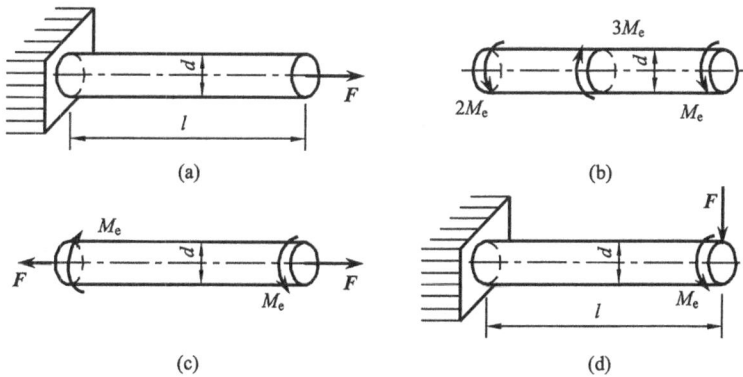

思考题 8-12 图

8-16 材料的三个弹性常数之间的关系 $G = \dfrac{E}{2(1+\mu)}$ 成立的条件是什么?

8-17 如思考题 8-17 图所示单元体各为几向应力状态?（应力单位为 MPa）

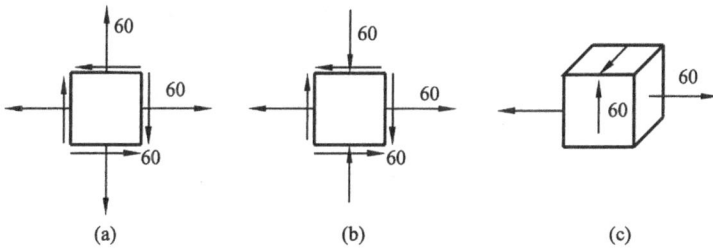

思考题 8-17 图

8-18 什么叫组合变形?当构件处于组合变形时,其强度计算的理论依据是什么?

8-19 在组合变形问题的分析过程中,在哪些情况下将力向一点简化;在哪些情况下将力分解;又在什么情况下需求合成弯矩?

8-20 斜弯曲与平面弯曲二者的区别是什么?

8-21 什么是偏心拉伸或压缩?它与轴向拉伸或压缩有何区别?它与拉弯组合有何区别?

习 题

8-1 求如题 8-1 图所示各单元体的主应力和最大切应力之值（应力单位为 MPa）。

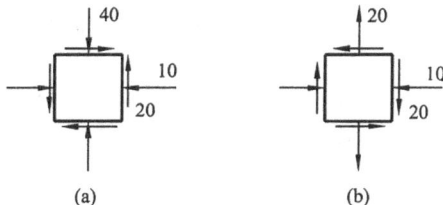

题 8-1 图

8-2 先求如题 8-2 图(a)、(b)所示单元体 45°面上的应力,然后根据叠加法求如题 8-2 图 (c)所示单元体 45°面上的应力(应力单位为 MPa)。

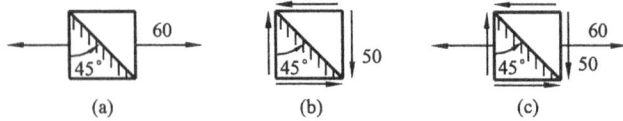

题 8-2 图

8-3 一圆轴受力如题 8-3 图所示,已知固定端截面上的最大弯曲正应力 $\sigma=40$MPa,最大扭转切应力 $\tau=30$MPa。①用单元体画出 A、B、C、D 各点处的应力状态;②求 A 点的主应力和最大切应力。

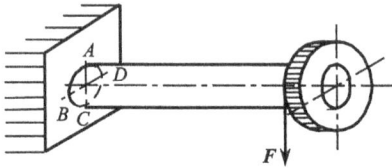

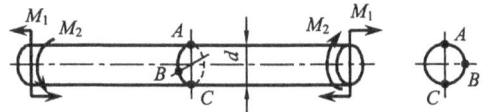

题 8-3 图　　　　　　　　　　　　　　题 8-4 图

8-4 如题 8-4 图所示圆轴受弯扭组合变形,$M_1=M_2=150$N·m,$d=50$mm。①画出 A、B、C 三点的单元体;②计算 A、B 点的主应力值。

8-5 矩形截面梁的尺寸及受力如题 8-5 图所示,$F=256$kN,$l=1$m,$h=200$mm,$b=120$mm。求:①画出 n-n 面上五个点的原始单元体;②用图解法画出五个点的主单元体。

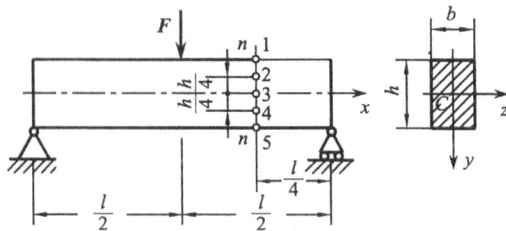

题 8-5 图

8-6 如题 8-6 图所示单元体,已知 $\sigma_x=120$MPa,$\tau_{xy}=60$MPa,材料 $\mu=0.25$。如果 $\varepsilon_y=0$,求 σ_y。

8-7 某点应力状态如题 8-7 图所示,画出应力圆草图。并指出单元体 45°面上应力所对应力圆上的点。并在单元体上标出正应力、切应力的方向(应力单位:MPa)。

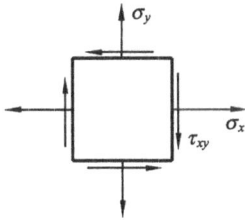

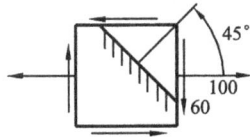

题 8-6 图   题 8-7 图

8-8 如题 8-8 图所示受力杆件中，已知 $F=20kN, M_e=0.8kN \cdot m$，直径 $d=40mm$。试求外表面上 B 点的主应力。

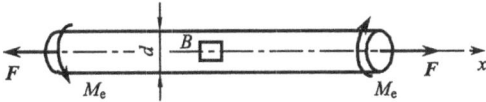

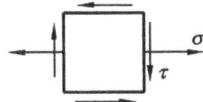

题 8-8 图   题 8-9 图

8-9 如题 8-9 图所示为某危险点的应力状态，已知 $\sigma=50MPa, \tau=20MPa, E=200GPa$，$\mu=0.3$，求最大线应变。

8-10 求如题 8-10 图所示各应力状态的主应力和最大切应力（应力单位为 MPa），并画出相应的三向应力圆。

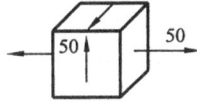

(a)   (b)   (c)

题 8-10 图

8-11 一直径 $d=2cm$ 的实心圆轴，在轴的两端加力矩 $M_e=126N \cdot m$。在轴的表面上某点 A 处测出沿与轴线成 $45°$方向的线应变 $\varepsilon_{45°}=5.0\times10^{-4}$，试求此圆轴的剪切弹性模量 G。

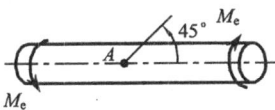

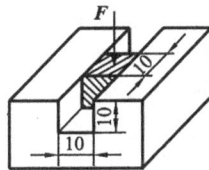

题 8-11 图   题 8-12 图

8-12　如题 8-12 图所示槽形刚体内，放置一边长为 10mm 的正立方体铝块，铝块与槽壁间紧密接触无间隙。铝的弹性模量 $E=70$GPa，$\mu=0.33$，当铝块上表面受到压力 $F=6$kN 时，求其三个主应力及主应变。

8-13　设有悬臂梁，载荷作用如题 8-13 图所示，当截面分别为(a)矩形；(b)正方形；(c)圆形时，分别求最大正应力。

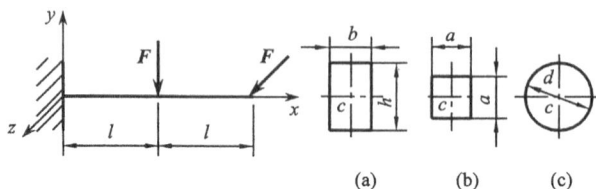

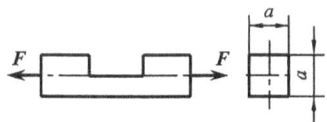

　　　　　　　题 8-13 图　　　　　　　　　　　　　　　　　题 8-14 图

8-14　正方形截面杆上有一切槽(题 8-14)，使横截面面积减少了一半，求切槽处的最大拉应力是未切槽时的几倍？

8-15　斜杆 AB 的横截面为边长 10cm 的正方形(题 8-15)，若 $F=3$kN，试求其最大拉应力和最大压应力。

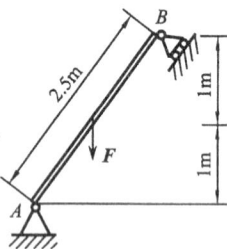

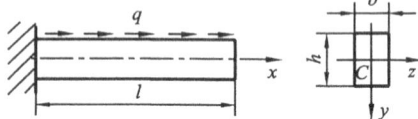

　　　　题 8-15 图　　　　　　　　　　　　　　　　　题 8-16 图

8-16　矩形截面杆尺寸如题 8-16 图所示，杆上表面受水平方向均布载荷作用，载荷集度(单位长度所受的力)为 q，材料的弹性模量为 E，求最大拉应力及下表面纤维总长度的改变量。

8-17　如题 8-17 图所示起重机，最大吊重 $G=8$kN，若 AB 杆为工字钢，材料为 Q235 钢，$[\sigma]=100$MPa，试选择工字钢型号。

8-18　如题 8-18 图所示结构，折杆 AB 与直杆 BC 的横截面面积均为 $A=42$cm²，$W_y=W_z=420$cm³，$[\sigma]=100$MPa。求此结构的许可载荷$[F]$。

8-19　如题 8-19 图所示传动轴，直径 $d=80$mm，转速 $n=110$r/min，传递的功率 $P=11.77$kW，皮带轮直径 $D=660$mm，紧边皮带拉力为松边的三倍。设许用应力$[\sigma]=70$MPa，试按第三强度理论计算外伸臂长度的许可值$[l]$。

8-20　如题 8-20 图所示电动机的功率 $P=9.8$kW，其轴的转速 $n=800$r/min，皮带传动轮的直径 $D=25$cm，其重 $G=700$N 皮带拉力 $F_1=2F_2$，轴伸出段长度 $l=1.2$m，材料为 Q235 钢，$[\sigma]=100$MPa。试选择轴的直径 d。

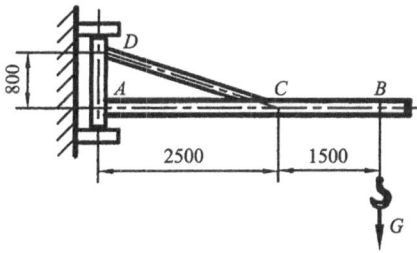

题 8-17 图

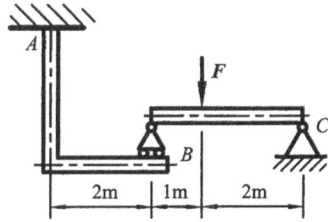

题 8-18 图

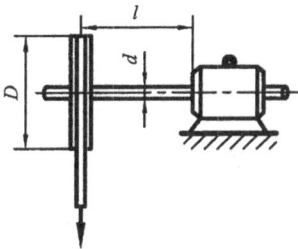

题 8-19 图

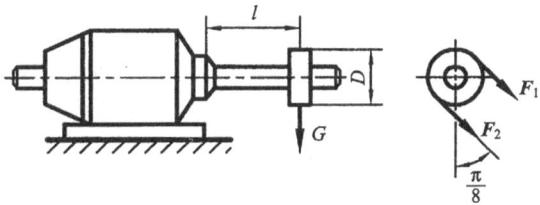

题 8-20 图

8-21　如题 8-21 图所示某精密磨床砂轮轴。已知电动机功率 $P=3\mathrm{kW}$，转子转速 $n=1\,400\mathrm{r/min}$，转子重量 $G_1=101\mathrm{N}$。砂轮直径 $D=250\mathrm{mm}$，砂轮重量 $G_2=275\mathrm{N}$。磨削力 $F_y:F_z=3:1$，砂轮轴直径 $d=50\mathrm{mm}$，材料为轴承钢，$[\sigma]=60\mathrm{MPa}$。①试用单元体表示出危险点的应力状态，并求出主应力和最大切应力；②校核轴的强度。

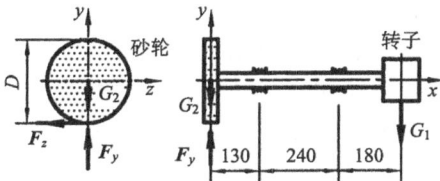

题 8-21 图

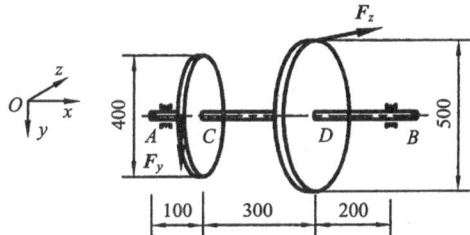

题 8-22 图

8-22　一等直钢轴尺寸受力如题 8-22 图所示。轴材料的许用应力 $[\sigma]=60\mathrm{MPa}$，若轴传递的功率 $P=18.38\mathrm{kW}$，转速 $n=120\mathrm{r/min}$，试求设计轴的直径。

第 9 章 压杆稳定

9.1 稳定的概念

9.1.1 问题的提出

前面几章我们讨论了杆件的强度和刚度问题。在工程实际中,杆件除了由于强度、刚度不够而不能正常工作之外,还有一种破坏形式就是失稳现象。先看一个实例,有一根 3cm×0.5cm 矩形截面木杆,其压缩强度极限 $\sigma_{cb}=40MPa$,承受轴向压力,如图 9-1(a)所示。根据实验可知,当杆很短时(高为 3cm 左右),将它压坏所需的压力 F_1 为

$$F_1 = \sigma_{cb}A = 40 \times 10^3 \times 3 \times 0.5 \times 10^{-4} = 6(kN)$$

但若杆较长时(如 1m),事实上只要用 $F_2=27.8N$ 的压力(可用后面的公式验证)就会使杆突然产生显著的弯曲变形而丧失其工作能力(图 9-1(b))。在此例中,F_1 与 F_2 的数值相差很远,这说明,细长压杆的承载能力并不取决于其轴向压缩时的抗压强度,而是与它受压时突然变弯有关。细长杆受压时,其轴线不能维持原有直线形式的平衡状态而突然变弯这一现象称为丧失稳定,或称**失稳**。

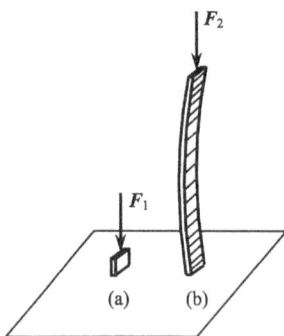

图 9-1

压杆失稳不仅使压杆本身失去了承载能力,而且会因局部构件的失稳而导致整个结构的破坏。这种破坏是突然发生的,往往会给工程结构或机械带来极大的损害。历史上由此造成的严重事故屡见不鲜,所以在设计受压构件时,必须保证它们具有**足够的稳定性**。

在工程实际中,有许多受压的构件是需要考虑其稳定性的。例如,千斤顶的丝杆(图 9-2(a));内燃机配气机构中的挺杆(图 9-2(b)),在它推动摇臂打开气阀时,就受压力作用;又如内燃机、空气压缩机、蒸汽机的连杆也是受压杆件(图 9-2(c));还有桁架结构中的受压杆、建筑物中的柱等都存在着稳定性的问题。

当然,失稳的现象并不限于压杆,如狭长的矩形截面梁在最大抗弯刚度平面内弯曲时,也会因载荷过大而突然向侧面扭曲而偏离原有的平衡位置(图 9-3(a));受外压作用的薄壁圆环,当外压过大时,其形状可能突然变成椭圆形(图 9-3(b));薄壁圆筒承受轴向压力或扭转时,也会丧失稳定而出现局部褶皱的现象等,这些也

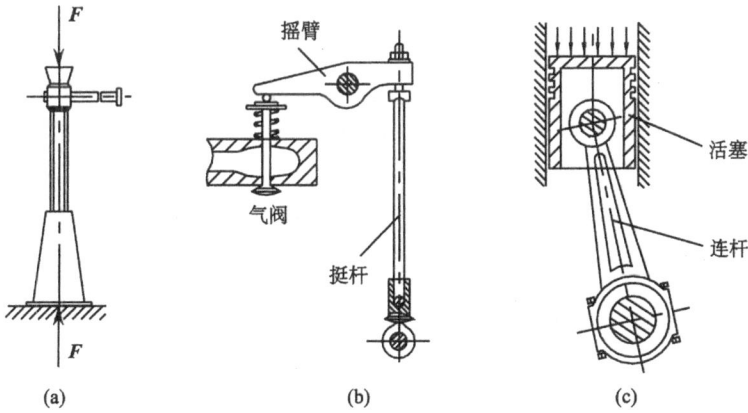

图 9-2

都属稳定性不够或失稳问题。

本章主要研究中心受压直杆（柱）的稳定问题，对于其他形式的稳定问题，可参阅有关专著。

9.1.2 平衡的稳定性

任何物体的平衡状态都有稳定和不稳定的区别，为了弄清这一概念，我们借助于刚性小球的三种平衡状态来说明。

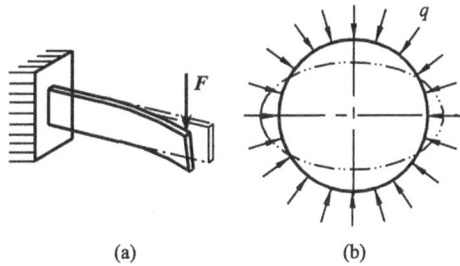

图 9-3

第一种状态，小球在凹面内 O 点处于平衡状态（图 9-4(a)）。如果小球受到轻微的干扰，使其偏离原来的平衡位置，当外加干扰去掉后，小球经过几次摆动，仍旧回到原来的平衡位置。我们称小球原来的平衡状态是**稳定平衡**。

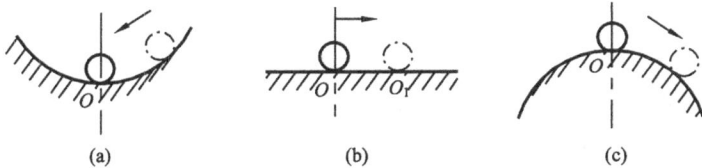

图 9-4

第二种状态，小球在凸面顶点 O 处于平衡状态（图 9-4(c)），此时，只要对小球稍加干扰，小球将继续下滚，不再回到原来的平衡位置，我们称小球原来的平衡状态是**不稳定平衡**。

第三种状态，小球在光滑的水平面上 O 点处于平衡状态（图 9-4(b)）。小球在受到外力干扰偏离原来位置后,去掉外加干扰,小球将在新的位置 O_1 再次处于平衡,我们称小球原来的平衡状态是**随遇平衡**。

总之,要判别小球在原有位置 O 处的平衡状态是否稳定,必须对处于原有平衡状态的小球施加外界的干扰力,使小球从原有平衡位置处稍有偏离,然后再考察它是否有恢复的趋势或继续偏离的趋势,以区分小球原来所处的平衡是稳定的还是不稳定的。而随遇平衡是从稳定平衡变为不稳定平衡的过渡状态,我们称其是从稳定平衡到不稳定平衡之间的**临界状态**。

9.1.3　弹性压杆稳定平衡的临界力

对承受轴向压力的弹性直杆来说,其直线平衡状态也有是否稳定的问题。取一根下端固定、上端自由的**理想压杆**(由均质材料制成;杆轴线为直线且外力作用方向与轴线重合;无初曲率。),如图 9-5(a)所示,在轴向压力 F 由小变大的过程中,可以观察到压杆的两种平衡状态。

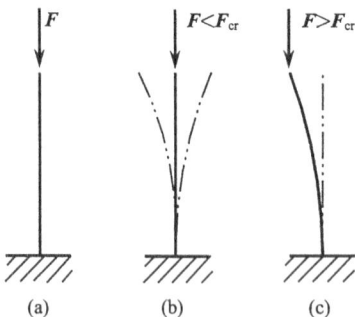

图 9-5

1) $F < F_{cr}$ (图 9-5(b))。这时是直线下的平衡,且加上横向干扰后,使之弯曲。只要干扰去掉,杆仍回到原先直线状态,故原先直线状态下的平衡是稳定的。

2) $F > F_{cr}$ (图 9-5(c))。这时是弯曲状态下的平衡,且加上横向干扰后使之回到原有直线状态。只要干扰去掉,杆仍回到弯曲状态下的平衡,故原先直线状态下的平衡是不稳定的。

使杆在微弯状态下平衡的最小载荷 $F = F_{cr}$ 便是其临界载荷,简称为**临界力**,用 F_{cr} 表示。

它是压杆在直线形式下平衡时的最大压力;也是微弯状态下平衡时的最小压力;或是由直线下的平衡过渡到微弯状态下平衡的临界压力。对于一个具体的压杆(材料、尺寸、约束等情况均已确定)来说,临界力 F_{cr} 是一个确定的数值。压杆的临界状态也是一种随遇平衡状态。因此,根据杆件所受的实际压力是小于、大于该压杆的临界力,就能判定该压杆所处的平衡状态是稳定还是不稳定的。可见,设法求出压杆的临界力是解决压杆稳定问题的关键所在。

9.2　细长压杆的临界力

9.2.1　根据压杆在微弯状态下的挠曲线近似微分方程求临界力

实验表明,压杆的临界力与压杆两端的支撑情况有关。下面分别讨论几个典型支座的细长压杆的临界力计算方法。

1. 两端铰支压杆的临界力

如图 9-6(a)所示细长直杆 AB,长为 l,两端为刚性的球铰支座。设该杆在 x-y 平面内抗弯刚度最小,其值为 EI_{min}。两端的压力 F 沿杆的轴线作用,当压力 $F=F_{cr}$ 时,压杆处于临界平衡状态。在微小的横向干扰之后,压杆即在微弯的状态下处于平衡。

令距 A 为 x 处的截面挠度为 v,则由图 9-6(b)可知,该截面的弯矩为(对所取坐标系来说)

$$M(x) = -F_{cr}v \tag{a}$$

注意,这时的平衡是据微弯状态下的轴线来列出的(即原始尺寸原理已不适用)。式中 F_{cr} 是个不考虑正负号的量。在选定的坐标系中,当 v 为正值时 $M(x)$ 为负值,反之,当 v 为负值时 $M(x)$ 将为正值。为了使等式两边的符号一致,所以在式(a)的右端加上了负号。

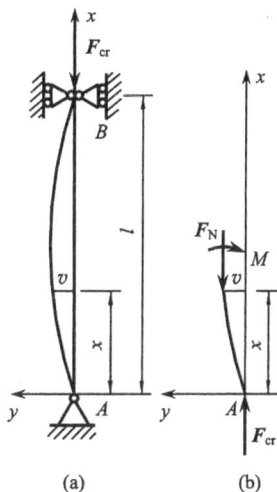

图 9-6

另一方面,根据弯曲理论,当截面的应力不超过比例极限时,在小变形情况下,挠曲线近似微分方程为

$$EIv'' = M(x)$$

即

$$EIv'' = -F_{cr}v \tag{b}$$

这里 $-F_{cr}v$ 是颠覆力矩,EIv'' 是恢复力矩,$-F_{cr}v = EIv''$ 则平衡。

在上式中,令

$$K^2 = \frac{F_{cr}}{EI} \tag{c}$$

则式(b)可写为

$$v'' + K^2v = 0 \tag{d}$$

这是一个二阶齐次常微分方程,其通解为

$$v = C_1 \sin Kx + C_2 \cos Kx \tag{e}$$

其中,C_1 和 C_2 是两个待定的积分常数。另外从式(c)可见,因为 F_{cr} 值还未知,所以 K 也是一个待定值。

杆端的约束情况提供了两个边界条件:①当 $x=0$ 时,$v=0$,可确定 $C_2=0$;②当 $x=l$ 时,$v=0$,得到 $v=C_1\sin Kl=0$,即 $C_1=0$ 或 $\sin Kl=0$。

若取 $C_1=0$,则由式(e)可知 $v \equiv 0$,即压杆轴线上各点处的挠度都等于零,表明杆没有弯曲,这与杆在微弯状态保持平衡的前提相矛盾,因此,只能取 $\sin Kl = 0$。满足这一条件的 Kl 值为

$$Kl = n\pi \qquad (n = 0, 1, 2\cdots)$$

由此得到

$$K = \sqrt{\frac{F_{cr}}{EI}} = \frac{n\pi}{l}$$

$$F_{cr} = \frac{n^2\pi^2 EI}{l^2} \tag{f}$$

式(f)表明,压杆的临界力在理论上是多值的,但有实际意义的只是其中的最小值。若取 $n = 0$,则 $F_{cr} = 0$,与讨论情况不符,所以应取 $n = 1$,相应的临界力为

$$F_{cr} = \frac{\pi^2 EI}{l^2} \tag{9-1}$$

式(9-1)即为两端铰支细长压杆的临界力计算公式,这一公式是由著名数学家欧拉(L. Euler)最先导出的,故通常称为**两端铰支细长压杆的欧拉公式**。

由公式可知,临界力与杆的抗弯刚度 EI 成正比,与杆长 l 的平方成反比。

2. 几点讨论和说明

1) 压杆总是在抗弯能力最弱的纵向平面内首先失稳,因此,当杆端各个方向的约束相同时(如球形铰支),欧拉公式中的 I 值应取压杆横截面的最小惯性矩 I_{min}。

2) 在式(9-1)所决定的临界力 F_{cr} 作用下,由 $Kl = n\pi$,令 $n = 1$ 得 $K = \pi/l$,这时式(e)为

$$v = C_1 \sin Kx = C_1 \sin \frac{\pi}{l} x \tag{g}$$

式(g)表明,两端铰支压杆的挠曲线是条半波的正弦曲线。式中的常数 C_1 是压杆跨长中点处的挠度,是一个任意微小数值。实际上,C_1 值是可以确定的,如果用挠曲线的精确微分方程

$$\frac{v''}{[1 + (v')^2]^{\frac{3}{2}}} = \frac{M(x)}{EI} = -\frac{F_{cr}}{EI}$$

可以导出当 $F \geqslant F_{cr}$ 时 C_1 与 F 之间一一对应的函数关系,从而可以确定 C_1 的数值。且由精确微分方程所得出的 F_{cr} 与以上所得式(9-1)是相同的。但从设计的角度来看,目的是要确定压杆在直线状态下稳定平衡的临界力,对失稳时的最大挠度 v_{max} 并不感兴趣,而采用近似微分方程确定临界力使得计算很简单。

3) 欧拉公式是压杆在理想的条件下得出的,即把实际压杆抽象化为"轴向中心受压直杆"时,可以找到最大挠度 v_{max} 与轴向压力 F 之间的理论关系,如图 9-7 所示的 OAB 曲线。该曲线表明,当压力 F 超过 F_{cr} 时压杆才开始挠曲,并且 F 值

的微小增加将带来挠度的迅速增长。实际上,由于压杆轴线不可避免地存在着初曲率,外力作用线不可能毫无偏差地与杆的轴线相重合以及压杆材料的不均匀性等各种因素的影响,压杆在较小的载荷作用下就开始弯曲了,只是当 F 值低于 F_{cr} 时,弯曲增大比较缓慢,当 F 值接近 F_{cr} 时,弯曲增长很快,如图 9-7 所示的 OD 曲线。在小挠度的情况下,如果压杆越接近理想模型的情况,则实际曲线 OD 与理论曲线 OAB 将越为靠

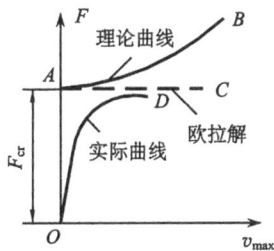

图 9-7

近,也都接近代表欧拉解的水平线 AC。所以,在小变形情况下由欧拉公式确定临界力才有实际意义。

依此类推,可对任意支撑情况的细长压杆,根据边界条件,设出其在微弯平衡下的挠曲线,利用挠曲线的微分方程,求出其计算临界力的欧拉公式。

9.2.2　根据压杆在微弯状态下的挠曲线波形比较求临界力

以两端铰支压杆为例,在推导欧拉公式的过程中,如果将 $K=n\pi/l$ 中的 n 分别取 $2,3,4,\cdots$ 各值,则得

$$K = \frac{2\pi}{l}, \quad \frac{3\pi}{l}, \quad \frac{4\pi}{l}, \cdots$$

对应有

$$v = C_1 \sin\frac{2\pi}{l}x, \quad C_1 \sin\frac{3\pi}{l}x, \quad C_1 \sin\frac{4\pi}{l}x, \cdots$$

$$F_{cr} = \frac{4\pi^2 EI}{l^2}, \quad \frac{9\pi^2 EI}{l^2}, \quad \frac{16\pi^2 EI}{l^2}, \cdots$$

可见,挠曲线将分别具有二、三、四、…个半波的正弦曲线,挠曲线形状如图 9-8(a)所示,杆的正弦曲线拐点越多,所对应的临界力就越大。

但实际上,只有在挠曲线的拐点处存在约束(图 9-8(b)、(c)、(d)),压杆的失稳状态才有可能出现上述挠曲线形状。

从上面推导公式的过程可知,临界力同压杆微弯状态的挠曲线形状有关。杆端约束不同,自然会影响到挠曲线的形状及临界力的计算公式,但是,不论杆端具有何种约束条件,都可依照两端铰支压杆临界力公式的推导方法,导出

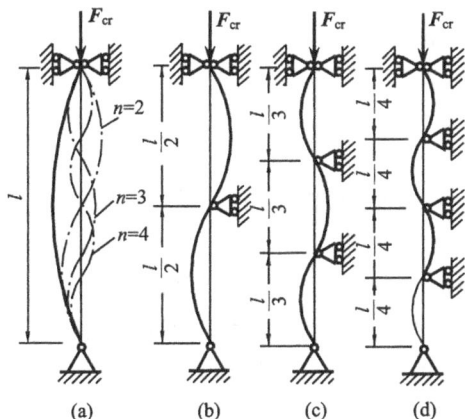

图 9-8

相应的临界力的计算公式。即在 l 段内有一个半波的正弦曲线,挠曲线方程 $v = C_1 \sin(\pi x/l)$,临界力 $F_{cr} = \pi^2 EI/l^2$。同时,我们看出压杆的临界力与挠曲线的波形有关,可以用比较简单的类比波形的方法导出几种常见约束条件下压杆的临界力计算公式。

1. 两端固定压杆的临界力

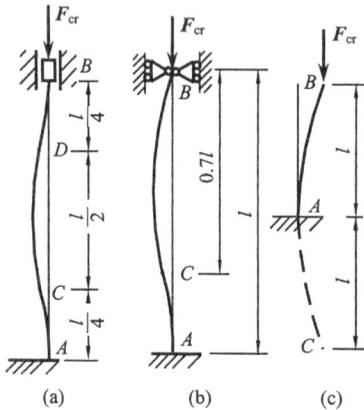

图 9-9

根据边界条件和结构的对称性设出其在微弯状态下平衡的挠曲线形状(图 9-9(a))。距两端各为 $l/4$ 的 C、D 两点的弯矩等于零(当 $x = l/4$ 或 $3l/4$ 时,$M = 0$),即 C、D 点是曲线的两个拐点。因而可以把这两点看作铰链,居于中间的 $l/2$ 长度内的挠曲线是正弦曲线的半波。也就是说,杆长为 l 的两端固定压杆的临界力与长度为 $l/2$ 的两端铰支压杆的临界力是相等的。在此情况下,仍可用两端铰支欧拉公式(9-1)计算,只是把该式中的 l 改变成现在的 $l/2$,即

$$F_{cr} = \frac{\pi^2 EI}{\left(\dfrac{l}{2}\right)^2} \qquad (9\text{-}2)$$

2. 一端固定、一端铰支压杆的临界力

根据边界条件设出其微弯状态下平衡的挠曲线(图 9-9(b))。对这种情况,C 为拐点,可近似地把大约长为 $0.7l$ 的 BC 部分看作是两端铰支压杆。应用两端铰支欧拉公式(9-1),则有

$$F_{cr} \approx \frac{\pi^2 EI}{(0.7l)^2} \qquad (9\text{-}3)$$

3. 一端固定、一端自由压杆的临界力

根据边界条件设出其微弯状态下平衡的挠曲线(图 9-9(c))。如果用镜面反影的方法,将该压杆的挠曲线对固定端反影,即可得到半波长为 $2l$ 的正弦波曲线(图 9-9(c))。将其与两端铰支压杆形象地加以类比,显然杆长为 l 的一端固定、一端自由压杆的临界力应与杆长为 $2l$ 的两端铰支压杆的临界力是相等的,也就是相当于在 $2l$ 长内产生半个正弦波。由式(9-1)可得出相应的临界力为

$$F_{cr} = \frac{\pi^2 EI}{(2l)^2} \qquad (9\text{-}4)$$

9.2.3　欧拉公式的普遍形式

从以上四种典型支撑压杆的临界力公式可以看出,不论是公式推导法还是波形比较法,所得到的欧拉公式可以统一写成

$$F_{cr} = \frac{\pi^2 EI}{(\mu l)^2} \qquad (9-5)$$

这就是**欧拉公式的普遍形式**。其中,μ 称为**长度系数**,与压杆的约束条件有关,与正弦半波的个数成反比;乘积 μl 称为**相当长度**,即压杆挠曲线正弦曲线的半波长度。可以看出,杆端约束越强,正弦半波的个数越多,则 μ 值越小,临界力就越大。

为了便于查阅,现将常用的几种不同约束条件下的长度系数 μ 值列于表 9-1 内。

表 9-1　几种典型压杆的长度系数 μ

杆端约束情况	两端铰支	两端固定	一端固定一端铰支	一端固定一端自由
挠曲线形状				
μ	1	0.5	0.7	2

应该指出,表 9-1 所列举的各种情况,长度系数 μ 值都是按理想的约束情况下确定的。实际上,在工程中杆端的约束情况是极复杂的,有时很难简单地将其归结为哪一种理想约束情况,这就要看实际约束性质与哪种理想约束相近,或介于哪两种约束情况之间来定出 μ 值的大小。在设计规范中,对其长度系数 μ 都做了相应的规定,可参阅有关设计规范的规定。

9.3　欧拉公式的适用范围、经验公式

9.3.1　临界应力和柔度的概念

把压杆的临界力除以压杆的横截面面积,所得到的应力称为**临界应力**,用 σ_{cr}

表示,即

$$\sigma_{cr} = \frac{F_{cr}}{A} = \frac{\pi^2 E}{(\mu l)^2} \frac{I}{A} \tag{a}$$

因为 $i = \sqrt{I/A}$ 为截面的惯性半径,是一个与截面形状和尺寸有关的几何量,将此关系式代入式(a),得

$$\sigma_{cr} = \frac{\pi^2 E}{(\mu l)^2} i^2 = \frac{\pi^2 E}{\left(\dfrac{\mu l}{i}\right)^2} \tag{b}$$

引入符号 λ,令其值为

$$\lambda = \frac{\mu l}{i} \tag{9-6}$$

则临界应力为

$$\sigma_{cr} = \frac{\pi^2 E}{\lambda^2} \tag{9-7}$$

式(9-7)为欧拉公式的另一种形式。其中,$\lambda = \mu l / i$ 称为**压杆的柔度**(或长细比)是一个无量纲的量,它集中反映了压杆约束、截面尺寸和形状及压杆长度对临界应力的影响。从式(9-7)可以看出,压杆的临界应力与柔度的平方成反比,柔度越大,则压杆的临界应力越低,压杆越容易失稳。因此,在压杆稳定问题中,柔度 λ 是一个重要的参数。当压杆的长度、截面、约束条件一定时,压杆的柔度是一个完全确定的量。

9.3.2 欧拉公式的适用范围

临界应力公式是在临界力公式(欧拉公式)的基础上导出的,是用应力形式表示的欧拉公式,用此公式来讨论其适用范围是很方便的。

欧拉公式是由挠曲线近似微分方程推导出来的,而挠曲线近似微分方程又是以胡克定律为基础的,因此,欧拉公式只有在临界应力不超过材料的比例极限时才是有效的。其应用范围应为

$$\sigma_{cr} = \frac{\pi^2 E}{\lambda^2} \leqslant \sigma_p \tag{c}$$

或记作

$$\lambda^2 \geqslant \frac{\pi^2 E}{\sigma_p} \tag{d}$$

由式(d)可求得对应于比例极限 σ_p 的柔度值 λ_p 为

$$\lambda_p = \pi \sqrt{\frac{E}{\sigma_p}} \tag{9-8}$$

于是,欧拉公式的应用范围又可表示为

$$\lambda \geqslant \lambda_p \tag{9-9}$$

能满足上述条件的压杆称为**大柔度杆**或**细长杆**。因此,只有当压杆为大柔度杆时,用欧拉公式求得的临界应力才是正确的。

由临界应力公式可知,压杆的临界应力随柔度而变化,二者的关系可用一曲线来表示。如图 9-10 所示的坐标系中,σ_{cr}-λ 曲线称**欧拉双曲线**。由图上可以表明欧拉公式的适用范围,即曲线上的实线部分 CD 才是适用的,而虚线部分 FC 是不适用的,因为对应于该部分的应力已超过了比例极限 σ_p。

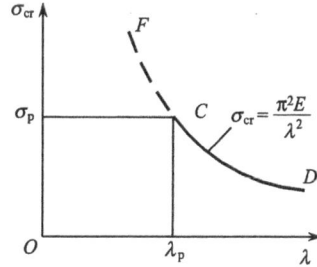

从式(9-8)可知,λ_p 仅取决于压杆材料的力学性质,只与弹性模量 E 和比例极限 σ_p 有关。对于常用的 Q235 钢,$E=206\mathrm{GPa}$,$\sigma_p=200\mathrm{MPa}$,则

$$\lambda_p = \pi\sqrt{206\times10^9/(200\times10^6)}\approx100$$

也就是说,用 Q235 钢制成的压杆,其柔度 $\lambda\geqslant\lambda_p=100$ 时,才能用欧拉公式来计算临界应力。对于其他材料也可算出相应的 λ_p 值。

9.3.3 中、小柔度杆的临界应力

在工程实际中也经常遇到柔度小于 λ_p 的压杆,称**中、小柔度杆**或**非细长杆**。这类压杆的临界应力已经超过了材料的比例极限 σ_p,欧拉公式已不再适用,对于这样的压杆目前多采用建立在实验基础上的经验公式。经验公式有直线公式和抛物线公式,这里只介绍直线公式。

直线公式

压杆的临界应力 σ_{cr} 与压杆柔度 λ 存在如下直线关系

$$\sigma_{cr} = a - b\lambda \tag{9-10}$$

上述关系在 σ_{cr}-λ 坐标系中用斜线 BC 表示(图 9-11)。其中,λ 为压杆的实际柔度;a 和 b 是与材料性质有关的常数,其单位都是 MPa。几种材料的 a、b 参考值可从表 9-2 中查得。

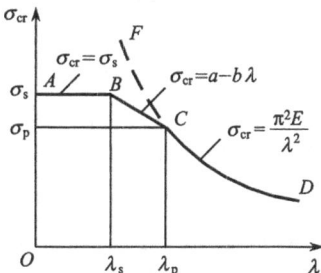

图 9-11 塑性材料临界应力总图

表 9-2 直线公式的系数 a、b 参考值

材 料 σ_s、σ_b/MPa	a/MPa	b/MPa
Q235($\sigma_s=235$、$\sigma_b\geqslant372$)	304	1.12
优质碳钢($\sigma_s=306$、$\sigma_b\geqslant471$)	461	2.57
硅钢($\sigma_s=353$、$\sigma_b\geqslant510$)	578	3.74
铸铁	332	1.45
松木	28.7	0.19

　　上述经验公式也有一个适用范围,即应力不能超过材料的压缩极限应力 σ_{cu}。因为当 $\sigma_{cr} = \sigma_{cu}$ 时,压杆将因强度不够而失效。对于由塑性材料制成的压杆,则要求其临界应力不超过材料的屈服点 σ_s。即

$$\sigma_{cr} = a - b\lambda \leqslant \sigma_s$$

或

$$\lambda \geqslant \frac{a - \sigma_s}{b}$$

由上式即可求得对应于屈服点 σ_s 的柔度值 λ_s 为

$$\lambda_s = \frac{a - \sigma_s}{b} \tag{9-11}$$

即为应用直线经验公式的柔度最低值(图 9-11),也就是说当压杆的实际柔度 $\lambda \geqslant \lambda_s$ 时,直线公式才适用。对于 Q235 钢,$\sigma_s = 235\text{MPa}$,$a = 304\text{MPa}$,$b = 1.12\text{MPa}$,可求得

$$\lambda_s = \frac{304 - 235}{1.12} \approx 60$$

　　柔度 λ 在 λ_s 和 λ_p 之间(即 $\lambda_s \leqslant \lambda \leqslant \lambda_p$)的压杆称为**中柔度杆**或**中长杆**。对 Q235 钢,中柔度杆的 λ 在 60～100 之间。实验表明,这种压杆的破坏性质接近于大柔度杆,也有较明显的失稳现象。

　　柔度较小($\lambda < \lambda_s$)的压杆称为**小柔度杆**或**短粗杆**。对 Q235 钢来说,小柔度杆的 λ 在 0～60 之间。实验表明,这种压杆当应力达到屈服点 σ_s 时破坏,破坏时很难观察到失稳现象。这说明小柔度杆是因强度不足而破坏的,应该以屈服点 σ_s 作为极限应力;若在形式上作为稳定问题考虑,则可以认为临界力 $\sigma_{cr} = \sigma_s$,如图 9-11所示水平直线段 AB。对于脆性材料(如铸铁)制成的压杆,则应取压缩强度极限 σ_{cb} 作为小柔度杆的临界应力。

　　相应于大、中、小柔度的三类压杆,其临界应力与柔度关系组成了**临界应力总图**。塑性材料的临界应力总图如图 9-11 所示。从图上明显地看出,小柔度杆的临界应力与 λ 无关,属强度问题;而大、中柔度杆的临界应力 σ_{cr} 则随 λ 的增加而减小。临界应力总图之内是既不发生强度破坏,又不发生失稳破坏的安全区域。

　　最后,需要说明的是临界力的大小是由压杆整体的变形所决定的。压杆上因存在钉孔或沟、槽等而造成的局部削弱对临界力的影响很小。因此,在求压杆的临界应力时,不论是用欧拉公式,还是用经验公式,一律采用未削弱的横截面形状和尺寸进行计算,而对局部削弱的横截面处一般还要进行其强度的校核。

　　例 9-1　如图 9-12(a)、(b)所示两根压杆,材料均为 Q235 钢,$E = 206\text{GPa}$。图 9-12(a)中杆为圆截面,直径 $d = 16\text{cm}$,杆长 $l_a = 500\text{cm}$,两端为球铰支;图 9-12(b)中杆为矩形截面,边长 $b = 20\text{cm}$,$h = 30\text{cm}$,杆长 $l_b = 900\text{cm}$,两端固定。试分别计算两杆的临界力和临界应力。

解 1) 求图 9-12(a)杆的临界力、临界应力。

先计算图 9-12(a)中杆的柔度，以判定杆的类型。

将 $\mu_a=1$，$l_a=500\text{cm}$，$i_a=d/4=4\text{cm}$，代入柔度公式有

$$\lambda_a=\frac{\mu_a l_a}{i_a}=\frac{1\times500}{4}=125$$

对 Q235 钢，$\lambda_p\approx100$，$\lambda_a=125>\lambda_p$，故图 9-12 (a)杆为大柔度杆。用欧拉公式计算临界应力，有

$$\sigma_{cr}=\frac{\pi^2 E}{\lambda_a^2}=\frac{3.14^2\times206\times10^9}{125^2}=130(\text{MPa})$$

临界力为

$$F_{cr}=\sigma_{cr}A=\sigma_{cr}\frac{\pi d^2}{4}=130\times10^6\times\frac{3.14\times16^2\times10^{-4}}{4}$$

$$=2.61\times10^6(\text{N})=2.61\times10^3(\text{kN})$$

2) 求图 9-12(b)杆的临界力、临界应力。

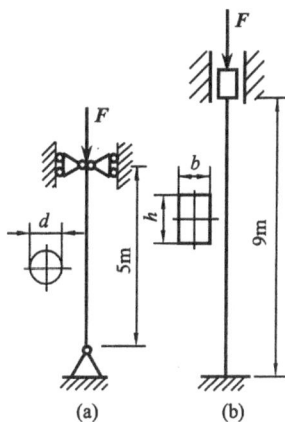

图 9-12

将 $\mu_b=0.5$，$l_b=900\text{cm}$，$i_{b\min}=\sqrt{\dfrac{I_{\min}}{A}}=\dfrac{b}{2\sqrt{3}}=5.77\text{cm}$ 代入柔度公式有

$$\lambda_b=\frac{\mu_b l_b}{i_{b\min}}=\frac{0.5\times900}{5.77}=78$$

此时 $\lambda_b<\lambda_p$，对 Q235 钢，$\lambda_s=60$，$\lambda_s<\lambda_b<\lambda_p$，故图 9-12(b)杆为中柔度杆。应用直线公式，查表 9-2，$a=304\text{MPa}$，$b=1.12\text{MPa}$，代入公式有

$$\sigma_{cr}=a-b\lambda_b=304-1.12\times78=216.6(\text{MPa})$$

临界力为

$$F_{cr}=\sigma_{cr}A=\sigma_{cr}bh=216.6\times10^6\times2\times3\times10^{-2}$$

$$=12.996\times10^6(\text{N})$$

$$\approx13\times10^3(\text{kN})$$

例 9-2 如图 9-13 所示截面面积为 $12\text{cm}\times20\text{cm}$ 的矩形木柱，长度 $l=700\text{cm}$，两端为销轴连接。在最大刚度平面弯曲时可视为两端铰支（图 9-13(a)）；在最小刚度平面内弯曲时可视为两端固定（图 9-13(b)）。木材的 $\sigma_p=20\text{MPa}$，$E=10\text{GPa}$，求木柱的临界力和临界应力。

解 1) 先计算两个主惯性平面内的柔度值，然后根据柔度判别木柱在哪个平面内失稳。

在最大刚度平面（$\mu_y=1$）

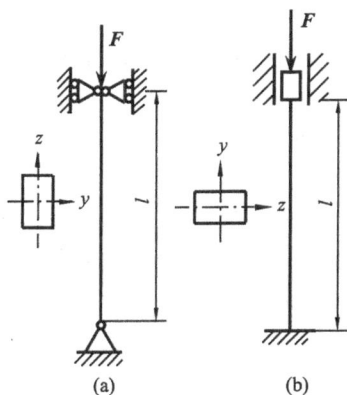

图 9-13

$$I_y=\frac{12\times20^3}{12}(\text{cm}^4)，\qquad i_y=\sqrt{\frac{I_y}{A}}=5.77(\text{cm})$$

$$\lambda_y = \frac{\mu_y l}{i_y} = \frac{1 \times 700}{5.77} = 121$$

在最小刚度平面($\mu_z = 0.5$)

$$I_z = \frac{20 \times 12^3}{12} (\text{cm}^4), \qquad i_z = \sqrt{\frac{I_z}{A}} = 3.46 (\text{cm})$$

$$\lambda_z = \frac{\mu_z l}{i_z} = \frac{0.5 \times 700}{3.46} = 101$$

由于 $\lambda_y > \lambda_z$,故木柱在最大刚度平面内失稳。

2) 计算临界应力、临界力。

由式(9-8),有 $\lambda_p = \pi \sqrt{\dfrac{E}{\sigma_p}} = \pi \sqrt{\dfrac{10 \times 10^9}{20 \times 10^6}} = 70.2$,因为 $\lambda_y = 121 > \lambda_p$,故用欧拉公式计算

$$\sigma_{cr} = \frac{\pi^2 E}{\lambda_y^2} = \frac{3.14^2 \times 10 \times 10^9}{121^2} = 6.73 (\text{MPa})$$

$$F_{cr} = \sigma_{cr} A = 6.73 \times 10^6 \times 12 \times 20 \times 10^{-4} = 161 \times 10^3 (\text{N}) = 161 (\text{kN})$$

9.3.4　关于失稳方向的讨论

由以上两例可以看出:

1) 如果压杆在各纵向截面约束都相同,而压杆截面的主形心惯性矩 I 也都相同(图 9-12(a)),则压杆在哪个方向失稳是随机的。

2) 如果压杆在两个互相垂直的主形心惯性平面(最大最小刚度平面)内约束相同,而压杆截面的两个主形心惯性矩 I 并不相同(图 9-12(b)),则要取 I_{min} 来计算,压杆一定在 I_{min} 平面内失稳。

3) 若压杆在两个互相垂直的主形心惯性平面内的约束不同,当压杆截面的两个主形心惯性矩 I 相同时,压杆定在 μ_{max} 方向失稳(习题 9-5);当压杆截面的两个主形心惯性矩 I 也不相同(例 9-2),则要取 λ_{max} 计算,压杆一定在 λ_{max} 平面内失稳。

9.4　压杆的稳定校核

根据以上几节的讨论,对各种柔度的压杆都可以求出临界压力 F_{cr}。对于工程实际中的压杆,要使其不丧失稳定而正常工作,必须使压杆所承受的轴向压力 F 小于该压杆的临界载荷 F_{cr}。为了使其具有足够的稳定性,还必须将临界力除以适当的规定安全系数 n_{st},于是,压杆的稳定条件为

$$F \leqslant \frac{F_{cr}}{n_{st}} \tag{9-12}$$

但在工程计算中,常把稳定条件式(9-12)改写成

$$n = \frac{F_{cr}}{F} \geqslant n_{st} \tag{9-13}$$

其中,F 为压杆的工作压力;F_{cr} 为压杆的临界载荷;n 为压杆的工作稳定安全系数;n_{st} 为压杆的规定稳定安全系数。利用式(9-13)进行稳定校核的方法称为**安全系数法**。

　　一般规定稳定安全系数 n_{st} 比强度安全系数要高,这是因为一些难以避免的因素,如杆件的初弯曲、压力的偏心、材料的不均匀和约束情况的非理想等都严重地影响压杆的稳定性,降低了临界压力的数值。而同样的这些因素,对杆件强度的影响就不那么严重。同时,柔度越大,上述因素的影响也越大,所以 n_{st} 值也将随柔度 λ 的增大而提高。再有,规定的稳定安全系数还与压杆的工作条件有关,对不同的情况可查阅有关设计规范的规定。另外,由压杆的失稳破坏特点所决定。因为压杆的失稳破坏是整体的,突然的,造成的危害是严重的,而强度破坏常是局部的,因此,规定稳定安全系数较强度安全系数要大。现将几种常用钢制压杆的规定安全系数列于表 9-3,详细数据可在设计手册或规范中查到。

　　与强度条件类似,压杆的稳定条件同样可以解决三类问题:

1) 校核压杆的稳定性。

2) 确定许用载荷。

3) 利用稳定条件设计截面尺寸。

　　需要指出,利用稳定条件设计截面

表 9-3　规定稳定安全系数 n_{st}

钢制压杆	n_{st}
金属结构中的压杆	1.8～3.0
矿山和冶金设备中的压杆	4～8
机床的丝杠	2.5～4
磨床油缸活塞杆	4～6
高速发动机挺杆	2～5

尺寸时,由于 λ 与截面尺寸有关,而必须由 λ 定出是哪类压杆,才能选择正确的公式。因此,往往采取试算法,即先由欧拉公式确定截面尺寸,然后再检查是否满足使用欧拉公式的条件。

　　例 9-3　如图 9-14(a)所示一转臂起重机架 ABC,其中 AB 为空心杆,$D = 76\text{mm}$,$d = 68\text{mm}$,BC 为实心杆,$D_1 = 20\text{mm}$。材料均为 Q235 钢,取强度安全系数 $n=1.5$,稳定安全系数 $n_{st}=4$。最大起重量 $G=20\text{kN}$,试校核此结构。

　　解　1) 校核 AB 杆的稳定性。

　　由图 9-14(b)可知,AB 杆受压,存在稳定性问题,首先计算柔度。

　　已知 $\mu=1$,$l=2.5\text{m}$,得

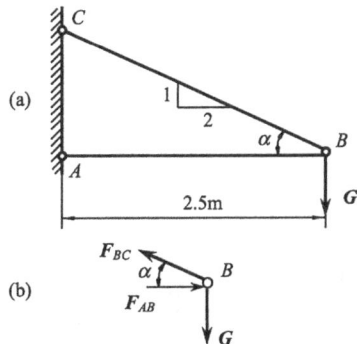

图 9-14

$$i = \sqrt{\frac{I}{A}} = \frac{D}{4}\sqrt{1 + \left(\frac{d}{D}\right)^2} = \frac{76}{4}\sqrt{1 + \left(\frac{68}{76}\right)^2} = 25.5 \text{(mm)}$$

则

$$\lambda = \frac{\mu l}{i} = \frac{1 \times 2.5 \times 10^3}{25.5} = 98$$

对 Q235 钢，$\lambda_p = 100$，$\lambda_s = 60$。所以

$$\lambda_s < \lambda < \lambda_p$$

故 AB 杆为中柔度杆。由直线经验公式并查表 9-2 有

$$\sigma_{cr} = a - b\lambda$$

$$F_{cr} = (a - b\lambda)A$$

$$= (304 - 1.12 \times 98) \times 10^6 \times \frac{3.14(76^2 - 68^2) \times 10^{-6}}{4}$$

$$= 175.6 \times 10^3 \text{(N)} = 175.6 \text{(kN)}$$

$$n = \frac{F_{cr}\tan\alpha}{G} = \frac{175.6 \times \frac{1}{2}}{20} = 4.39 > n_{st} = 4$$

AB 杆满足稳定条件。

2) 校核 BC 杆的强度。

由图 9-14(b)可知，BC 杆受拉，存在强度问题

$$F_{NBC} = \frac{G}{\sin\alpha} = \frac{20}{0.447} = 44.7 \text{(kN)}$$

$$\sigma_{BC} = \frac{F_{NBC}}{A_{BC}} = \frac{44.7 \times 10^3}{\dfrac{\pi \times 2^2 \times 10^{-4}}{4}} = 142.4 \text{(MPa)}$$

查表 5-1，取 $\sigma_s = 235\text{MPa}$

$$[\sigma] = \frac{\sigma_s}{n} = \frac{235}{1.5} = 156.6 \text{(MPa)}$$

由于 $\sigma_{BC} < [\sigma]$，故 BC 杆满足强度条件，故此结构是安全的。

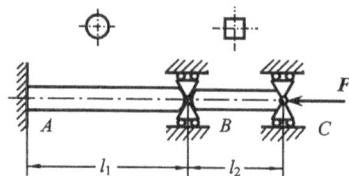

图 9-15

例 9-4　如图 9-15 所示组合结构中，AB 为圆截面杆，直径 $d = 80\text{mm}$，A 端固定，B 端球铰，BC 为正方形截面杆，边长 $a = 70\text{mm}$，C 端亦为球铰。AB 杆和 BC 杆可各自独立发生变形，两杆材料均为 Q235 钢，$E = 206\text{GPa}$。已知 $l_1 = 4.5\text{m}$，$l_2 = 3\text{m}$，规定稳定安全系数 $n_{st} = 2.5$，试确定此结构的许可载荷 $[F]$。

解　1) 计算 AB 杆的临界力和许可载荷。

① 计算 AB 杆柔度。

对于 AB 杆，$\mu=0.7$，$l_1=4.5\mathrm{m}$，$i=\sqrt{I/A}=d/4=80/4=20\mathrm{mm}$，故

$$\lambda_{AB}=\frac{\mu l}{i}=\frac{0.7\times4.5\times10^3}{20}=157.5$$

对于 Q235 钢，$\lambda_p\approx100$，因 $\lambda>\lambda_p$，所以 AB 杆为大柔度杆。

② 计算 AB 杆的临界力。

由于 $\lambda>\lambda_p$，由欧拉公式计算其临界力

$$F_{cr}=\sigma_{cr}\cdot A=\frac{\pi^2E}{\lambda^2}\cdot\frac{\pi d^2}{4}=\frac{3.14^3\times206\times10^9\times8^2\times10^{-4}}{157.5^2\times4}$$

$$=4.12\times10^5(\mathrm{N})=412(\mathrm{kN})$$

③ 计算 AB 杆的许可载荷

$$[F]_{AB}=\frac{F_{cr}}{n_{st}}=\frac{412}{2.5}=164.8(\mathrm{kN})$$

2) 计算 BC 杆的临界力和许可载荷。

① 计算 BC 杆的柔度。

对于 BC 杆，$\mu=1$，$l_2=3\mathrm{m}$，$i=\sqrt{\dfrac{I}{A}}=\dfrac{a}{2\sqrt{3}}=\dfrac{70}{2\sqrt{3}}=20.2\mathrm{mm}$，故

$$\lambda_{BC}=\frac{\mu l}{i}=\frac{1\times3\times10^3}{20.2}=148.5>\lambda_p$$

因此 BC 杆也是大柔度杆。

② 计算 BC 杆的临界力。

由欧拉公式有

$$F_{cr}=\sigma_{cr}\cdot A=\frac{\pi^2E}{\lambda^2}\cdot a^2=\frac{3.14^2\times206\times10^9\times7^2\times10^{-4}}{148.5^2}=451.2(\mathrm{kN})$$

③ 计算 BC 杆的许可载荷。

$$[F]_{BC}=\frac{F_{cr}}{n_{st}}=180.5(\mathrm{kN})$$

3) 确定结构的许可载荷。

综合以上两杆的许可载荷，取其小者作为结构的许可载荷，即

$$[F]=\min\{[F]_{AB},[F]_{BC}\}=164.8(\mathrm{kN})$$

9.5　提高压杆稳定性的措施

要想提高压杆的稳定性,就得设法提高压杆的临界力。压杆的临界力是从稳定状态过渡到不稳定状态的极限载荷。临界力数值越高,则压杆的稳定性越好。因此,如果想提高压杆的稳定性,就需从影响临界力的因素出发,探讨提高压杆稳定性的措施,设法提高其临界力的数值。

从临界力或临界应力的公式可以看出,影响临界力的主要因素不外乎如下四个方面:压杆的截面形状、压杆的长度、支撑情况及材料性质。下面分别就各影响因素来讨论提高压杆稳定性的措施。

9.5.1　选择合理的压杆截面形状

由临界应力公式 $\sigma_{cr} = \pi^2 E / \lambda^2$ 和经验公式 $\sigma_{cr} = a - b\lambda$ 或 $\sigma_{cr} = c - d\lambda^2$ 都可以看出,柔度 λ 越小,临界应力越高。而由公式 $\lambda = \mu l / i = \mu l \sqrt{A/I}$ 来看,在压杆长度、约束以及横截面面积不变的情况下,增大惯性矩 I(即惯性半径 i)就能减小 λ,从而提高临界压力。可从以下几方面来考虑:

1) 在截面面积不变的情况下,可采用空心截面杆或采用型钢制成的组合截面杆。如将图 9-16(a)所示截面改为图 9-16(b)所示截面显然是一种合理的设计。工程建筑物中的柱和桥梁桁架中的压杆常用这类截面。但是,需要注意,不能过分追求增大 I 值而使空心截面杆壁太薄,引起局部失稳;也不能使组合截面中各型钢之间距离过大,在此种情况下,各型钢作为独立的压杆,存在局部失稳问题,稳定性反而降低。要用足够的且尺寸较大的连接板(缀条)把分开放置的型钢连成一个整体(图 9-17),使其局部和整体的稳定性尽可能接近。

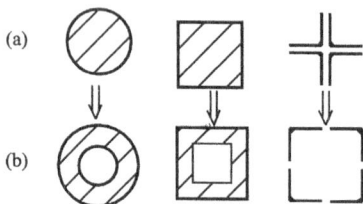

图 9-16

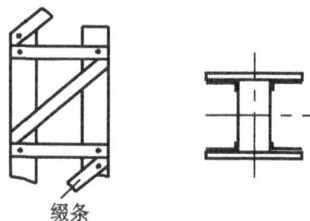

缀条

图 9-17

2) 如果压杆在各个纵向平面内的约束相同,即相当长度 μl 相同,应使截面对任一形心轴的 i 相等,或接近相等。这时,可采用圆形、环形或正方形之类的截面,使压杆在任一纵向平面内的柔度 λ 都相等或接近相等,从而使在任一纵向平面内有相等或接近相等的稳定性。对于用型钢组合截面的压杆,也应尽量采取措施,使其 $I_y = I_z$。如图 9-18 所示的用二槽钢组成的压杆,将二槽钢拉开合理的距离,使 $I_y = I_z$,方案(b)、(c)较之(a)更为合理。

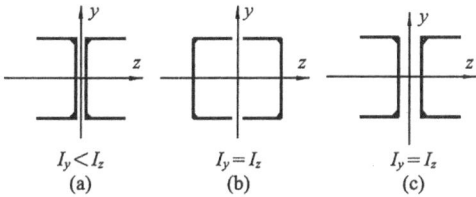

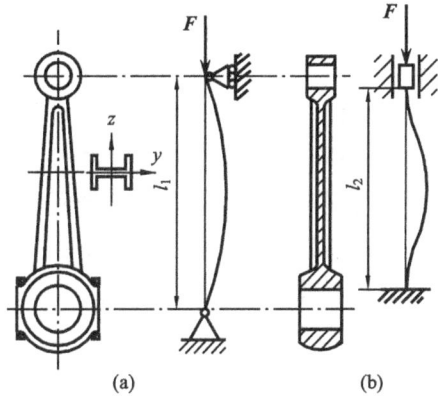

$I_y < I_z$	$I_y = I_z$	$I_y = I_z$
(a)	(b)	(c)

图 9-18

图 9-19

3) 若压杆在两互相垂直的主平面内支撑不同,即长度系数 μ 不相同,可采用矩形、工字形等 $I_y \neq I_z$ 的截面,使压杆在两个方向的柔度值相等或接近,从而使压杆在两个方向的稳定性相同或接近。例如,发动机的连杆,在摆动平面内,可简化为两端铰支座(图 9-19(a)),$\mu_1 = 1$;在垂直于摆动平面的平面内,可简化为两端固定(图 9-19(b)),$\mu_2 = 1/2$。为使在两个主惯性平面内的柔度接近相等,将连杆截面制成工字形,使连杆截面对两个主形心惯性轴 z 和 y 有不同的 i_z 和 i_y,且 $i_z > i_y$ 使得在两个主惯性平面内的柔度 $\lambda_1 = \mu_1 l_1 / i_z$ 和 $\lambda_2 = \mu_2 l_2 / i_y$ 接近相等。因 $\mu_1 = 1$,$\mu_2 = 1/2$,故 $i_z = \sqrt{I_z/A} \approx 2i_y = 2\sqrt{I_y/A}$,$I_z = 4I_y$,这样,连杆在两个主惯性平面内仍然可以有接近相等的稳定性。

9.5.2 尽量减小压杆长度

由于临界力 F_{cr} 与杆长 l 的平方成反比,因此,在结构允许的情况下,应尽量减小压杆长度 l,这样可显著地提高压杆的稳定性。如果结构不允许减小杆长,也可用增加中间支座的办法使其减小跨长,达到提高稳定性的目的。如图 9-20 所示两端铰支压杆的中点增加一个支撑,其临界力可增为原来的四倍。在大型车床的丝杆上设有数个中间支撑,其中一个重要的目的就是为了提高它的稳定性。

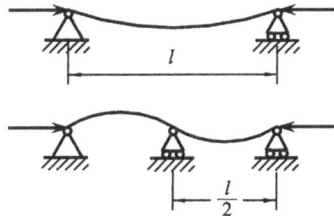

图 9-20

9.5.3 改善压杆的约束条件

从前边的讨论可以看出,杆端约束的类型决定着长度系数 μ 的数值,而 F_{cr} 与 μ 的平方成反比,约束的刚性越强,μ 值就越小,临界力就越大。因此,通过增加约束刚性,可以达到提高稳定性的目的。如把两端铰支压杆改为两端固定,压杆的临界力将增大三倍。又如滑动轴承的长短对轴的约束也是不同的,滑动轴承较长,则约束接近固定端;轴承较短,则约束接近铰支。工程上规定,当轴承长 $l>3d$,按固定端考虑;当 $l<1.5d$,按铰支考虑。因此,在条件允许的情况下,适当地增加轴承长度也可提高压杆稳定性。对于用型钢组合的截面,连板与杆件焊接、铆接或用螺栓连接,都要保证具有足够的强度和刚度,保证不产生相对位移。为确保安全,往往把这些连接处都抽象为铰支。

9.5.4 合理选择压杆材料

1)对于大柔度杆($\lambda \geqslant \lambda_p$),由欧拉公式

$$F_{cr} = \frac{\pi^2 EI}{(\mu l)^2} \quad \text{和} \quad \sigma_{cr} = \frac{\pi^2 E}{\lambda^2}$$

可以看出,临界压力与材料性质有关的量仅为弹性模量 E。显然,选择弹性模量 E 值较大的材料可以提高细长压杆的临界力。但必须注意,由于各种钢材的 E 大致相等,约 $200 \sim 210$GPa 左右,因此,试图用优质钢代替普通钢来改善细长压杆的稳定性将无济于事,只会造成材料的浪费。

2) 对于中柔度杆,在经验公式

$$\sigma_{cr} = a - b\lambda \quad \text{或} \quad \sigma_{cr} = c - d\lambda^2$$

中 a、b、c、d 系数却与材料的屈服点 σ_s、强度极限 σ_b 有关。而各种钢材的 σ_s、σ_b 相差很大,材料强度越高,a、c 值越大,临界应力也越高。因此,对于中柔度压杆,选用高强度钢,将有助于提高压杆的稳定性。

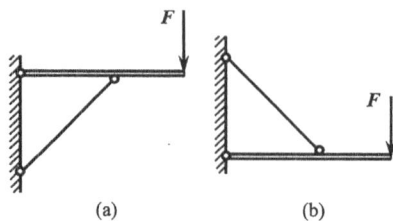

图 9-21

3) 对于小柔度杆,其破坏的主要因素是强度问题,而优质钢材的强度高,因此,对于小柔度杆选用高强度钢可提高杆件的强度。

除以上几个方面外,有时甚至可以改变结构布局,将压杆改为拉杆。如将图 9-21(a)所示的托架改成图 9-21(b)的形式,即改变了结构的受力情况。

总之,对一个具体的压杆,要注意结构的特点,从以上几方面出发,抓住其主要的方面,以最经济、有效的措施来提高压杆的临界力。

思 考 题

9-1 构件的强度、刚度和稳定性有什么区别?

9-2 什么叫物体的稳定平衡、不稳定平衡和随遇平衡?

9-3 何谓压杆的稳定性? 压杆的平衡状态(形式)有几种?

9-4 压杆失稳所产生的弯曲变形与梁在横向力作用下产生的弯曲变形在性质上有何区别?

9-5 临界力的物理意义是什么? 它与哪些因素有关?

9-6 选择压杆的合理截面形状有怎样的原则?

9-7 如思考题 9-7 图所示,在对压杆进行稳定计算时,怎样判别压杆在哪个平面内失稳?设图示各种截面形状的中心受压直杆,两端均为球铰,杆长相同,试判断它们失稳时将绕截面的哪一个轴?

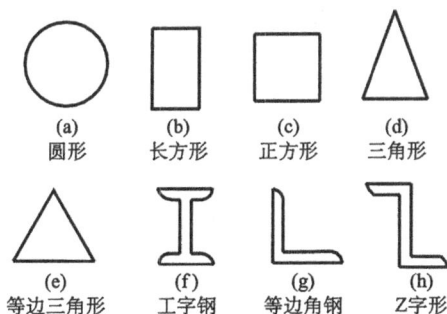

(a) 圆形　(b) 长方形　(c) 正方形　(d) 三角形
(e) 等边三角形　(f) 工字钢　(g) 等边角钢　(h) Z字形

思考题 9-7 图

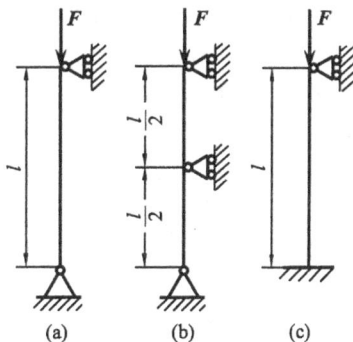

(a)　(b)　(c)

思考题 9-8 图

9-8 如思考题 9-8 图所示三根细长杆,除约束情况不同外,其他条件完全相同,试问哪根杆最易失稳? 哪根杆最不易失稳?

9-9 对于细长压杆,其临界应力越大,它的稳定性就越好;临界应力越小,稳定性就越差。这种说法对否?

习 题

9-1 三根圆截面压杆,直径均为 $d=160\text{mm}$,材料为 Q235 钢,$E=200\text{GPa}$,$\sigma_s=235\text{MPa}$,$\sigma_p=200\text{MPa}$,两端均为铰支,长度分别为 l_1、l_2 和 l_3,且 $l_1=2l_2=4l_3=5\text{m}$。试求各杆的临界力 F_{cr}。

9-2 如题 9-2 图所示空心圆截面压杆,两端固定,压杆材料为 Q235 钢,$E=200\text{GPa}$,$\lambda_p=100$。设截面的内外径之比 $\alpha=d/D=1/2$,试求:①压杆为大柔度杆时,杆长与外径 D 的最小比值,以及此时的临界载荷;②若改此压杆为实心圆截面杆,而杆的材料、长度、杆端约束及临界载荷不改变,求此杆与空心圆截面杆的重量比。

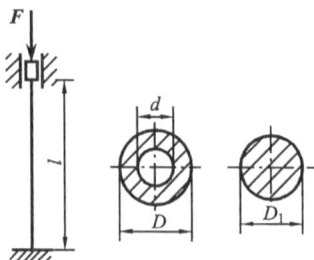
题 9-2 图

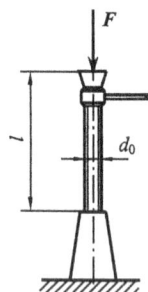
题 9-3 图

9-3　如题 9-3 图所示一起重螺杆，最大承重量 $F=100\text{kN}$，丝杆内径 $d_0=69\text{mm}$，顶起高度 $l=80\text{cm}$，丝杆材料为 Q235 钢，取稳定安全系数 $n_{st}=3.5$，试对起重螺杆进行稳定校核（在计算惯性矩时用螺纹内径，螺纹影响可略去）。

9-4　如题 9-4 图所示正方形桁架，五根杆均为直径 $d=5\text{cm}$ 的圆截面杆，杆长 $a=1\text{m}$，材料为 Q235 钢，$E=200\text{GPa}$，$\sigma_p=200\text{MPa}$，$\sigma_s=240\text{MPa}$。①试求结构的临界载荷；②若载荷 F 方向相反，结构的临界载荷又为何值？

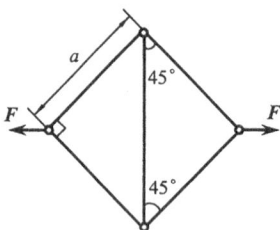
题 9-4 图

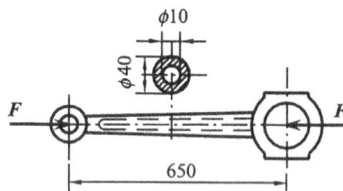
题 9-5 图

9-5　如题 9-5 图所示某活塞式空气压缩机连杆承受的最大压力 $F=80\text{kN}$，材料为 16Mn 钢。取稳定安全系数 $n_{st}=4$，试校核连杆的稳定性。从稳定的观点看，连杆截面是否合理？可做怎样改进？

9-6　如题 9-6 图所示托架中，CD 杆视为刚性杆，AB 杆直径 $d=40\text{mm}$，长度 $l=800\text{mm}$，材料为 Q235 钢。①试求托架的临界载荷 F_{cr}；②若已知 $F=60\text{kN}$，AB 杆规定的稳定安全系数 $n_{st}=2$，试校核托架的稳定性。

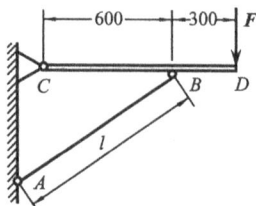
题 9-6 图

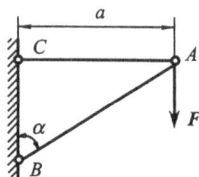
题 9-7 图

9-7　如题 9-7 图所示托架,如长度 a 和细长压杆 AB 的截面保持不变,试根据稳定性计算 α 为何值时托架承载能力最大。

9-8　某内燃机挺杆为空心圆截面,$D=10\text{mm}$,$d=7\text{mm}$,两端都是球形支座。挺杆承受载荷 $F=1.4\text{kN}$,材料为 Q235 钢,$E=206\text{GPa}$,杆长 $l=45.6\text{cm}$,取规定稳定安全系数 $n_{st}=3$,校核挺杆的稳定性。

9-9　如题 9-9 图所示压杆两端用柱形铰连接(在 xy 平面内,视为两端铰支,在 xz 平面内,视为两端固定)。杆的横截面为 $b \times h$ 的矩形截面。已知压杆材料为 Q235 钢,$E=200\text{GPa}$,$\sigma_p=200\text{MPa}$,试求①当 $b=40\text{mm}$,$h=60\text{mm}$,$l=2.4\text{m}$ 时,压杆的临界载荷;②若使压杆在 xy、xz 两个平面内失稳的可能性相同,求 b 与 h 的比值。

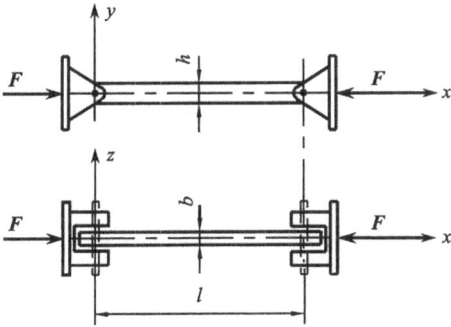

题 9-9 图

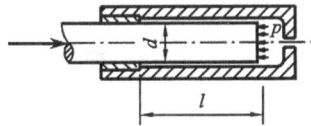

题 9-10 图

9-10　某水压机工作台油缸柱塞如题 9-10 图所示。已知油压 $p=32\text{MPa}$,柱塞直径 $d=120\text{mm}$,伸入油缸的最大行程 $l=1.6\text{m}$,材料为 45 号优质碳素钢,$E=210\text{GPa}$。试求柱塞的工作安全系数。

9-11　如题 9-11 图所示某轧钢车间使用的螺旋推钢机。推杆由丝杆通过螺母带动。已知推杆横截面直径 $d=13\text{cm}$,材料为 Q275 钢。当推杆全部推出时,前端可能有微小侧移,故简化为一端固定、一端自由的压杆,这时推杆的伸出长度为最大值,且 $l_{max}=3\text{m}$,取稳定安全系数 $n_{st}=4$,试校核压杆的稳定性。

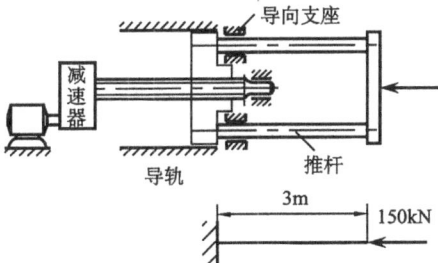

题 9-11 图

题 9-12 图

9-12　如题 9-12 图所示矩形截面杆两端固定。$l=5m$,材料为 Q235 钢,$E=200GPa$,线膨胀系数 $\alpha=1.25\times10^{-5}(1/℃)$,当温度为 0℃时,没有初压力,问:①当 $t=20℃$时,稳定的安全系数为多少? ②当温度升到多少时,结构将失稳?

9-13　如题 9-13 图所示万能铣床工作台升降丝杆的内径为 22mm,螺距 $s=5mm$。工作台升至最高位置时,$l=500mm$。丝杆钢材的 $E=210GPa$,$\sigma_s=300MPa$,$\sigma_p=260MPa$。若伞齿轮的传动比为 1/2,即手轮旋转一周丝杆旋转半周,且手轮半径为 10cm,手轮上作用的最大圆周力为 200N,试求丝杆的工作安全系数。

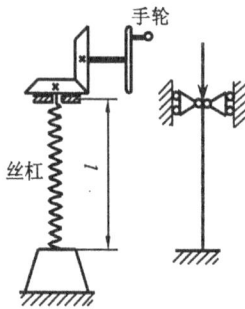

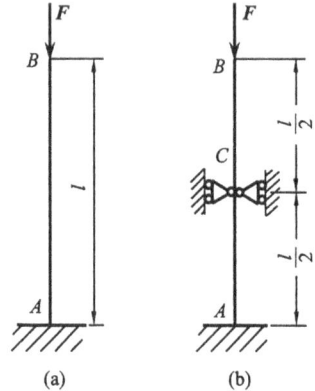

　　　　　题 9-13 图　　　　　　　　　　　　　　题 9-14 图

9-14　压杆的 A 端固定、B 端自由(题 9-14 图(a))。为提高其稳定性,在中点增加铰支座 C(题 9-14 图(b))。试求加强后压杆的欧拉公式,并与加强前的压杆进行比较。

第三篇 运 动 学

运动学是研究物体运动几何性质的科学。在运动学中我们只研究物体运动的几何性质(轨迹、运动方程、速度和加速度),暂不考虑影响物体运动的物理因素。我们采用两种方法——建立运动方程和运动分解、合成的方法来研究物体的运动。

物质的运动是绝对的,但我们对某个物体运动规律的描述却是相对的。因为任何一个物体在空间的位置和运动情况,必须选取另一个物体作为参考的物体才能确定,这个参考的物体称为**参考体**,与参考体固结的坐标系称为**参考坐标系**,简称**参考系**,它表示一个无限的空间,以它为标准来描述某物体的运动。例如,选太阳和某些恒星组成的参考坐标系来描述某行星的运动。显然,从不同的参考系描述同一物体的运动会得到完全不同的结果。例如,从等速直线行驶的车厢上自由落下一石块,以车厢为参考系可看到石块沿铅垂线降落;如以地球为参考系,此石块做抛物线运动。

在运动学中将研究点和刚体的运动。点是指无大小、无质量、在空间中占有确定位置的几何点。点和刚体都是实际物体的抽象化,物体究竟抽象为何种模型,应由研究问题性质来决定。当物体的几何尺寸和形状在运动过程中不起主要作用时,物体的运动可简化为点的运动。例如,空中的飞机,当我们研究其飞行轨迹时,可以不考虑它各部分的相对运动和整体的转动,这样就简化为点的运动。在研究飞机的滚转、偏航和俯仰等运动姿态时,就应把它简化为刚体。

动力学研究物体的机械运动与作用力之间的关系。动力学研究的对象是质点和质点系(包括刚体),与运动学不同,在动力学中必须考虑研究对象自身的惯性。因此,质点指具有一定质量的几何点。在实际问题中并不是所有的物体都可以抽象为单个质点。当物体不能抽象为单个质点时,可把它看成质点系。质点系是指许多(有限个或无限个)相互联系的质点所组成的系统。刚体可看作是由无限个质点组成的,而其中任意两质点间的距离都保持不变的系统,故称为不变质点系。机构、流体(包括液体和气体)等则称为可变质点系。动力学的内容包括质点动力学和质点系动力学两大部分。

动力学的知识在工程技术中应用及其广泛,如高速转动的机械、车辆、火箭及宇宙飞行器等的动力计算,都要用到动力学的理论。随着现代科学技术的发展动力学也形成了许多新的分支。如分析动力学、刚体动力学、机械动力学和多体系统动力学。可见动力学的应用范围和研究领域正在不断扩大。

第 10 章　运动学基础知识

本章首先研究点的运动的描述方法,依次为矢径法、直角坐标法和自然法。其次研究刚体的两类简单运动——刚体平动和绕固定轴的转动。

10.1　矢　径　法

1. 点的运动方程

设动点 M 在空间做曲线运动,选一个坐标系 $Oxyz$,则点 M 在任一瞬时的位置可用其位置矢量,即点 O 到点 M 的矢量 $r = \overrightarrow{OM}$ 唯一确定(图 10-1)。点 M 运动时,矢径的大小和方向随时间而变化,是时间 t 的单值连续函数,即

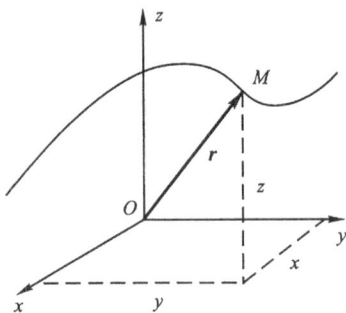

$$r = r(t) \tag{10-1}$$

式(10-1)称为点的矢量形式的运动方程。

点 M 运动时,其矢径端点在空间描绘出的一条连续曲线称为**矢径端图**,它就是点的运动**轨迹**。

图 10-1

2. 点的速度

点的速度是描述点的运动快慢和方向的物理量。

点的速度等于其矢径 r 对时间的一阶导数,沿轨迹的切线,并与点运动方向一致。

$$v = \frac{\mathrm{d}r}{\mathrm{d}t} = \dot{r} \tag{10-2}$$

在国际单位制中,速度的单位为米/秒(m/s)。

3. 点的加速度

点的加速度是描述点的速度大小和方向变化的物理量。

点的加速度等于其速度对时间的一阶导数,或等于其矢径对时间的二阶导数。

$$a = \dot{v} = \ddot{r} \tag{10-3}$$

在国际单位制中,加速度单位为米/秒²(m/s²)。

10.2　直角坐标法

1. 点的运动方程

动点 M 每一瞬时的位置亦可以用其坐标 x、y、z 唯一地确定(图 10-1)。当点运动时,坐标 x、y、z 都是时间 t 的单值连续函数,可写成

$$\left.\begin{array}{l} x=f_1(t) \\ y=f_2(t) \\ z=f_3(t) \end{array}\right\} \tag{10-4}$$

式(10-4)表示点在直角坐标系中运动规律,称为**点的直角坐标形式的运动方程**。也可以视为以时间 t 为参变量的空间曲线方程,从式(10-4)中消去时间 t,就得到点的轨迹方程。它与矢径 $\boldsymbol{r}$ 的关系为

$$\boldsymbol{r}(t)=x(t)\boldsymbol{i}+y(t)\boldsymbol{j}+z(t)\boldsymbol{k} \tag{10-5}$$

例 10-1　曲柄连杆机构如图 10-2 所示,设曲柄 OA 长 r,绕 O 轴匀速转动,曲柄与 x 轴的夹角 $\varphi=\omega t$,连杆 AB 长 l,B 端用销钉与滑块 B 相连,求滑块 B 的运动方程。

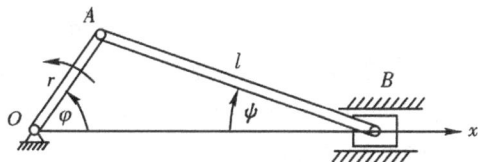

图 10-2

解　研究滑块 B 的运动,其坐标为

$$x=r\cos\varphi+l\cos\psi$$

由 $\sin\psi=\dfrac{r}{l}\sin\varphi$,令 $\lambda=\dfrac{r}{l}$（通常 $\lambda<\dfrac{1}{4}$）,据二项式定理

$$\sqrt{1-(\lambda\sin\varphi)^2}=1-\frac{1}{2}\lambda^2\sin^2\varphi-\frac{1}{8}\lambda^4\sin^4\varphi-\cdots$$

此式代入 x 表达式中,有

$$\begin{aligned} x &= r\cos\varphi+l\sqrt{1-\lambda^2\sin^2\varphi} \\ &= r\cos\varphi+l\left[1-\frac{1}{2}\lambda^2\sin^2\varphi\right] \\ &= r\left[\cos\omega t+\frac{1}{4}\cdot\frac{r}{l}\cos2\omega t\right]+l\left[1-\frac{1}{4}\left(\frac{r}{l}\right)^2\right] \end{aligned}$$

曲柄连杆滑块机构常用来实现转动与平动的转换。例如,锯床、牛头刨、往复式水泵等,就是利用它把主动件的旋转运动转换为从动件的直线往复运动;又如内燃机和蒸汽机等,则利用它把主动件的直线往复运动转换为从动件的旋转运动。

2. 点的速度和加速度

点做空间运动时,将式(10-5)对时间求一阶导数,得到点的速度为

$$\boldsymbol{v}=\dot{x}(t)\boldsymbol{i}+\dot{y}(t)\boldsymbol{j}+\dot{z}(t)\boldsymbol{k} \tag{10-6}$$

速度可写成投影式

$$\boldsymbol{v}=v_x\boldsymbol{i}+v_y\boldsymbol{j}+v_z\boldsymbol{k}$$

两式相比较,有

$$v_x=\dot{x},\qquad v_y=\dot{y},\qquad v_z=\dot{z}$$

因此,点的速度在直角坐标中的投影等于动点对应坐标对时间的一阶导数。

速度 $\boldsymbol{v}$ 可由其投影完全确定,其大小为

$$v=\sqrt{v_x{}^2+v_y{}^2+v_z{}^2}$$

其方向余弦为

$$\cos(\boldsymbol{v},\boldsymbol{i})=\frac{v_x}{v},\qquad \cos(\boldsymbol{v},\boldsymbol{j})=\frac{v_y}{v},\qquad \cos(\boldsymbol{v},\boldsymbol{k})=\frac{v_z}{v}$$

为求加速度,将式(10-6)对时间求一阶导数

$$\boldsymbol{a}=\ddot{x}(t)\boldsymbol{i}+\ddot{y}(t)\boldsymbol{j}+\ddot{z}(t)\boldsymbol{k} \tag{10-7}$$

加速度投影式

$$\boldsymbol{a}=a_x\boldsymbol{i}+a_y\boldsymbol{j}+a_z\boldsymbol{k}$$

因此,点的加速度在直角坐标中的投影等于动点对应坐标对时间的二阶导数。

加速度 $\boldsymbol{a}$ 可由其投影完全确定,形式与速度类似。

例 10-2　半径为 R 的圆轮 A 在水平直线上纯滚动,轮心做匀速直线运动,速度为 $\boldsymbol{v}_0$;试求轮缘上任意一点 M 的轨迹、运动方程、速度及加速度。

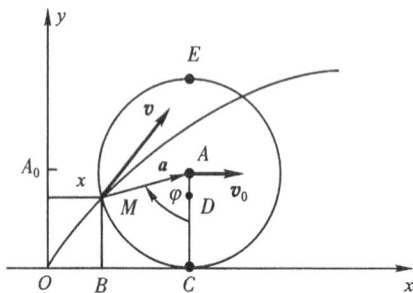

图 10-3

解　取坐标 Oxy 如图 10-3 所示。令 $t=0$ 时,M 点位于点 O,轮心 A 位于 A_0 点,设 t 时刻,轮心 A 和 M 点位于图示位置。由于轮纯滚动,得

$$OC=\overset{\frown}{MC}=A_0A=v_0t$$

$$\overset{\frown}{MC}=\varphi R$$

故

$$\varphi=\frac{v_0t}{R},\qquad \dot{\varphi}=\frac{v_0}{R},\qquad \ddot{\varphi}=0$$

建立运动方程,M 点的坐标为

$$x=OC-BC=R\varphi-R\sin\varphi$$

$$y=MB=R(1-\cos\varphi)$$

这就是轨迹的参数方程,称为**旋轮线**或**摆线**,若将 $\varphi=\varphi(t)$ 代入,则称为**旋轮线运动方程**。

计算速度,其投影为

$$v_x=\dot{x}=R(1-\cos\varphi)\dot{\varphi}$$

$$v_y=\dot{y}=R\sin\varphi\,\dot{\varphi}$$

M 点速度大小和方向为

$$v = 2R\sin\frac{\varphi}{2}\dot{\varphi} = MC \cdot \dot{\varphi}$$

$$\cos(\boldsymbol{v}, \boldsymbol{i}) = \frac{v_x}{v} = \sin\frac{\varphi}{2} = \cos\left(\frac{\pi}{2} - \frac{\varphi}{2}\right) = \cos\angle EMD$$

这说明速度大小等于点 M 至车轮最低点的距离乘以角速度,指向(或背向)车轮最高点。

计算加速度,其投影为

$$a_x = \ddot{x} = R\dot{\varphi}^2\sin\varphi, \qquad a_y = \ddot{y} = R\dot{\varphi}^2\cos\varphi$$

其大小为 $a = R\dot{\varphi}^2 = \dfrac{v_0^2}{R}$,指向轮心 A。

10.3 自 然 法

1. 点的运动方程

当点的运动轨迹已知时,利用轨迹曲线自身参数来定义坐标的方法称为**自然法**。设动点 M 沿已知轨迹做曲线运动,如图 10-4 所示,在轨迹上任取点 O 为原点,沿轨迹设定正负方向和单位长度,则点 M 的位置可由弧长 $\overset{\frown}{OM}$ 确定,并根据动点在点 O 哪一边加上相应的正负号。这种带正负号的弧长,称为动点 M 的**弧坐标**,用 s 表示,是一个代数量。当点 M 运动时,其弧坐标是时间 t 的单值连续函数,即

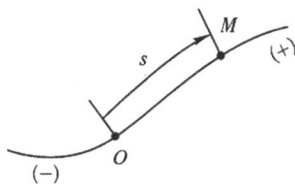

$$s = f(t) \tag{10-8}$$

称为**点的弧坐标形式的运动方程**。

图 10-4

2. 自然轴系

现在介绍曲线的密切平面和曲率半径的概念。设有一条空间光滑曲线,用 $\boldsymbol{\tau}$ 表示曲线在点 M 处的切线单位矢量,指向弧坐标正向;又用 $\boldsymbol{\tau}_1$ 表示邻近点 M_1 处的切线单位矢量。将 $\boldsymbol{\tau}_1$ 平移至点 M 处,$\boldsymbol{\tau}$ 与 $\boldsymbol{\tau}_1$ 决定一个平面,记为 P 平面,$\boldsymbol{\tau}$ 与 $\boldsymbol{\tau}_1$ 夹角为 $\Delta\theta$;当 $\Delta s \rightarrow 0$ 时,P 平面绕矢量 $\boldsymbol{\tau}$ 转动,其极限位置称为在点 M 处曲线的**密切平面**。曲线在点 M 处附近极微小的弧段可以看成是密切平面内的平面曲线;平面曲线的密切平面就是曲线所在平面,如图 10-5 所示。

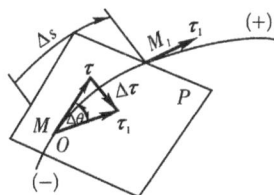

图 10-5

为描述曲线在点 M 处的弯曲程度,我们引入曲率

的概念。定义曲线在点 M 处的**曲率**

$$\kappa = \lim_{\Delta s \to 0} \left| \frac{\Delta \theta}{\Delta s} \right| = \left| \frac{\mathrm{d}\theta}{\mathrm{d}s} \right|$$

其倒数 ρ 称为点 M 处的**曲率半径**,有

$$\rho = \frac{1}{\kappa} = \left| \frac{\mathrm{d}s}{\mathrm{d}\theta} \right| \tag{10-9}$$

我们在轨迹曲线上每一点预先建立一个自然轴系。

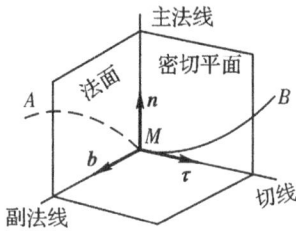

图 10-6

在点 M 处首先引出**切线单位矢量 $\boldsymbol{\tau}$**,在密切平面内,引入一个垂直于 $\boldsymbol{\tau}$ 的指向曲线内凹一侧的单位矢量 $\boldsymbol{n}$,称为**主法线单位矢量**;再定义 $\boldsymbol{b} = \boldsymbol{\tau} \times \boldsymbol{n}$,$\boldsymbol{b}$ 称为**副法线单位矢量**。这三个单位矢量组成的正交轴系,称为**自然轴系**,如图 10-6 所示。由于曲线形状不同,曲线上每一点都有它的自然轴系。

3. 点的速度

从瞬时 t 到 $t + \Delta t$,动点沿轨迹由位置 M 运动到位置 M_1,位移为 $\Delta \boldsymbol{r}$,弧坐标增量为 Δs。因为当 $\Delta s \to 0$ 时(无论 Δs 是正是负),$\dfrac{\Delta \boldsymbol{r}}{\Delta s}$ 始终与 $\boldsymbol{\tau}$ 指向相同,且

$$\left| \frac{\mathrm{d}\boldsymbol{r}}{\mathrm{d}s} \right| = \lim_{\Delta s \to 0} \left| \frac{\Delta \boldsymbol{r}}{\Delta s} \right| = 1$$

所以

$$\frac{\mathrm{d}\boldsymbol{r}}{\mathrm{d}s} = \boldsymbol{\tau}$$

动点的速度可写为

$$\boldsymbol{v} = \frac{\mathrm{d}\boldsymbol{r}}{\mathrm{d}t} = \frac{\mathrm{d}\boldsymbol{r}}{\mathrm{d}s} \frac{\mathrm{d}s}{\mathrm{d}t} = v\boldsymbol{\tau} \tag{10-10}$$

其中,$v = \dot{s}$ 称为速度代数值,上式表明速度 $\boldsymbol{v}$ 总沿轨迹切线,若 $v > 0$,点沿弧坐标正向运动。

4. 点的加速度

将公式(10-10)对时间 t 求一阶导数,有

$$\boldsymbol{a} = \frac{\mathrm{d}\boldsymbol{v}}{\mathrm{d}t} = \frac{\mathrm{d}}{\mathrm{d}t}(v\boldsymbol{\tau}) = \frac{\mathrm{d}v}{\mathrm{d}t}\boldsymbol{\tau} + v\frac{\mathrm{d}\boldsymbol{\tau}}{\mathrm{d}t}$$

上式中动点加速度写成两项。其中前一项以 $\boldsymbol{a}_\tau$ 表示,方向沿切线,称为**切向加速度**,功能是描述速度大小变化

$$a_\tau = a_\tau \boldsymbol{\tau} = \frac{\mathrm{d}v}{\mathrm{d}t}\boldsymbol{\tau} \tag{10-11}$$

当 a_τ 与 v 同号时,速度绝对值随时间增大,点做加速运动;反之,点做减速运动。由此可得结论:**切向加速度反映点的速度大小随时间变化规律,其值等于速度代数值对时间的一阶导数,其方向沿轨迹切线。**

后一项以 a_n 表示,描述切线单位矢量 $\boldsymbol{\tau}$(即速度方向)随时间变化,有

$$v\frac{\mathrm{d}\boldsymbol{\tau}}{\mathrm{d}t} = v\frac{\mathrm{d}\boldsymbol{\tau}}{\mathrm{d}\theta}\cdot\frac{\mathrm{d}\theta}{\mathrm{d}s}\cdot\frac{\mathrm{d}s}{\mathrm{d}t} = v^2\frac{\mathrm{d}\theta}{\mathrm{d}s}\cdot\frac{\mathrm{d}\boldsymbol{\tau}}{\mathrm{d}\theta} = \frac{v^2}{\rho}\cdot\frac{\mathrm{d}\boldsymbol{\tau}}{\mathrm{d}\theta}$$

因为当 $\Delta s \to 0$ 时,$\Delta\boldsymbol{\tau}$ 在密切平面内,如图 10-5 所示,$\boldsymbol{\tau}$ 与 $\Delta\boldsymbol{\tau}$ 夹角是 $90° - \frac{\Delta\theta}{2}$,无论 $\Delta\theta$ 是正是负,当 $\Delta\theta \to 0$ 时,$\Delta\boldsymbol{\tau}$ 垂直于 $\boldsymbol{\tau}$ 且指向曲线内凹一侧,又因为 $\boldsymbol{\tau}$ 长度为 1,$|\Delta\boldsymbol{\tau}| \approx |\Delta\theta|$,故

$$\frac{\mathrm{d}\boldsymbol{\tau}}{\mathrm{d}\theta} = \lim_{\Delta\theta \to 0}\frac{\Delta\boldsymbol{\tau}}{\Delta\theta} = \boldsymbol{n}$$

于是有

$$a_n = v\frac{\mathrm{d}\boldsymbol{\tau}}{\mathrm{d}t} = \frac{v^2}{\rho}\boldsymbol{n} \tag{10-12}$$

因为这项加速度沿主法线 $\boldsymbol{n}$ 的方向,称为**法向加速度**,它反映点的速度方向的改变,其大小等于速度代数值的平方除以曲率半径,指向与主法线正向一致。

加速度在密切平面内,它的大小

$$a = \sqrt{a_n^2 + a_\tau^2}$$

它与主法线夹角的正切

$$\tan\alpha = \frac{a_\tau}{a_n}$$

副法线方向上加速度为零:$a_b = 0$。

若 a_τ 为常量,则称动点做**匀变速运动**。设 $t = 0$ 时,速度为 v_0,弧坐标为 s_0,匀变速运动有以下关系

$$v = v_0 + a_\tau t$$
$$s = s_0 + v_0 t + \frac{1}{2}a_\tau t^2$$
$$v^2 - v_0^2 = 2a_\tau(s - s_0) \tag{10-13}$$

除时间 t 外,上式各量均为代数量。

我们称动点在 $t = 0$ 时刻的位置和速度为**运动初始条件**。

点的运动学要解决的问题是,若已知运动方程,可以通过诸公式求得该点的速度和加速度;若已知动点切向加速度的表达式和运动初始条件,亦可通过积分法求出点的速度和运动方程。

例 10-3　列车沿半径 $R=1\,000$m 的圆弧轨道做匀加速运动。设初速为零,经过 120s 后,速度达到 15m/s。求起点和 $t=120$s 时的加速度。

解　由于列车沿圆弧轨道做匀加速运动, $a_\tau=$ 常数,于是由公式(10-12)得

$$v=a_\tau t$$

当 $t=120$s 时, $v=15$m/s,代入上式,有

$$a_\tau=\frac{v}{t}=\frac{15}{120}=0.125(\text{m/s}^2)$$

在起点 $v=0$, $a_n=0$,列车只有切向加速度

$$a_\tau=0.125(\text{m/s}^2)$$

在 $t=120$s 时, $a_\tau=0.125$m/s²,有

$$a_n=\frac{v^2}{R}=\frac{15^2}{1\,000}=0.225(\text{m/s}^2)$$

描述点运动的方法很多,除我们以上研究的三种坐标法之外,还有极坐标、柱坐标和球坐标等。

10.4　刚体的平动

在运动过程中,刚体上任一直线始终与其初始位置保持平行,这种运动称为刚体平动。 例如,电梯的升降运动、揉茶机揉桶的运动等都是刚体平动。

现在观察刚体平动时,其体内各点运动特征。在刚体内任选两点 A 和 B,矢径分别为 r_A 和 r_B,则两条矢端曲线就是点 A 和点 B 的轨迹。

$$r_A=r_B+\overrightarrow{BA} \tag{10-14}$$

当刚体平动时,线段 BA 的长度和方向都不变,所以 $\overrightarrow{BA}$ 是常矢量,只要把点 B 的轨迹沿 $\overrightarrow{BA}$ 方向平行搬移一段距离 BA,就能与点 A 的轨迹完全重合,如图 10-7 所示。

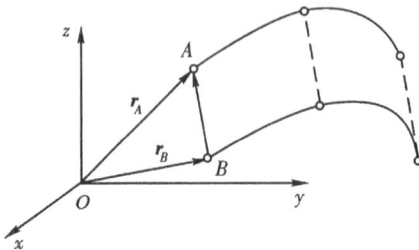

图 10-7

把式(10-14)对时间分别取两次导数,有

$$v_A=v_B \tag{10-15}$$

$$a_A=a_B \tag{10-16}$$

因为点 A 和点 B 是任选的,因此得出结论:**刚体平动时,其上各点轨迹形状相同;在每一瞬时,各点速度相等,各点加速度相等。**

上述结论告诉我们:只要知道刚体上某一点的运动,如重心或连接点的运动,就可决定其他点的运动,从而决定刚体的运动。因此,研究平动刚体的运动,可以归结为研究刚体内一个点的运动,即归结为点的运动学问题。

10.5 刚体绕定轴的转动

刚体运动时,其上有两点保持不动,则这种运动称为刚体绕定轴的转动,简称刚体转动。通过这两个固定点的直线,称为刚体的转轴。

设 z 为转轴,先定出正方向,如图 10-8 所示。通过轴 z 作一个固定平面 A,通过轴 z 再做一个与刚体固结在一起的转动平面 B,这两个平面之间夹角 φ,称为刚体的**转角**,它是一个代数量,以弧度为单位,自 z 轴正向往负端看,逆时针转动为正。当刚体转动时,转角确定了刚体位置,是时间 t 的单值连续函数,即

$$\varphi = f(t) \tag{10-17}$$

这个方程称为**刚体转动方程**。刚体转动时,只要一个参变量就可以决定它的位置,这种刚体运动,我们说它有一个**自由度**。

图 10-8

为度量刚体转动的快慢与转向,我们引出角速度的概念。定义转角 φ 对时间 t 的一阶导数,称为**刚体的角速度**,即

$$\omega = \frac{\mathrm{d}\varphi}{\mathrm{d}t} = \dot{\varphi} \tag{10-18}$$

角速度是一个代数量,单位为弧度/秒(rad/s)。当 $\mathrm{d}\varphi > 0$ 时,$\omega > 0$;当刚体逆时针转动时,转角 φ 增大,角速度取正值,用逆时针弧形箭头表示角速度的转向,代表了刚体的转动方向。

角速度对时间 t 的一阶导数,称为**刚体的角加速度**,即

$$\alpha = \frac{\mathrm{d}\omega}{\mathrm{d}t} = \ddot{\varphi} \tag{10-19}$$

角加速度亦是代数量,单位为弧度/秒²(rad/s²)。

工程上常用转速表示转动的快慢。转速是每分钟转过的圈数,用 n 表示,单位是转/分(r/min 或 rpm),转速与角速度换算关系为

$$\omega = \frac{n\pi}{30}$$

10.6 转动刚体上各点速度和加速度

刚体定轴转动时,刚体上任一点 M 都做圆周运动,圆心在转轴 O 上,圆周的半径等于该点到转轴的垂直距离,称为转动半径 R。当刚体转动 φ 角时,点 M 弧坐标 $s = R\varphi(t)$,这是点 M 沿圆周的运动方程(图 10-9)。

将 $s = R\varphi(t)$ 对时间取一阶导数,有

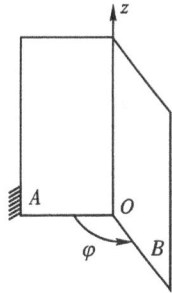

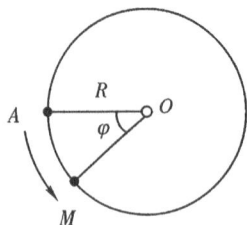

图 10-9

$$\frac{\mathrm{d}s}{\mathrm{d}t} = R\frac{\mathrm{d}\varphi}{\mathrm{d}t}$$

$$v = R\omega \tag{10-20}$$

转动刚体上任一点速度的大小等于转动半径与角速度乘积,沿圆周切线且指向与角速度转向一致。

切向加速度为

$$a_\tau = \frac{\mathrm{d}v}{\mathrm{d}t} = R\frac{\mathrm{d}\omega}{\mathrm{d}t} = R\alpha \tag{10-21}$$

转动刚体上任一点切向加速度的大小等于转动半径与角加速度乘积,沿切线方向,指向与角加速度转向一致。

法向加速度为

$$a_n = \frac{v^2}{\rho} = \frac{(R\omega)^2}{R} = \omega^2 R \tag{10-22}$$

转动刚体上任一点法向加速度大小等于转动半径乘以角速度的平方,其方向沿转动半径且指向转轴。

加速度的大小和方向

$$a = \sqrt{a_n^2 + a_\tau^2} = R\sqrt{\alpha^2 + \omega^4}$$

$$\tan\beta = \frac{|a_\tau|}{a_n} = \frac{|\alpha|}{\omega^2} \tag{10-23}$$

图 10-10 是加速转动(左)和减速转动(右)时点 M 的速度和加速度。

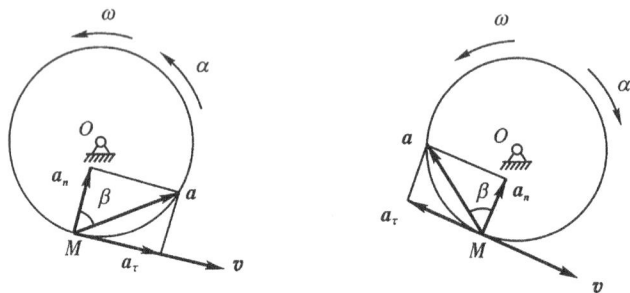

图 10-10

例 10-4　图 10-11 表示一对外啮合的圆柱齿轮。设主动轮 I 角速度 ω_1,角加速度 α_1,两齿轮节圆半径分别为 r_1、r_2,齿数 z_1、z_2,试求从动轮 II 的角速度 ω_2,角加速度 α_2。

解　齿轮外啮合传动相当两轮的节圆相切做无滑动滚动,切点 A 和切点 B 称为啮合点,在每一瞬时啮合点无滑动,因此速度相等。

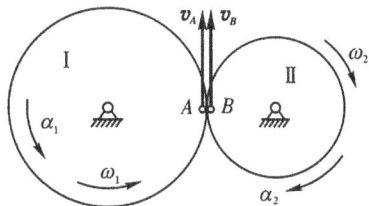

图 10-11

$$v_A = v_B$$

$$\omega_1 r_1 = \omega_2 r_2$$

对时间 t 求一阶导数,有

$$\alpha_1 r_1 = \alpha_2 r_2$$

$$a_A^\tau = a_B^\tau \qquad a_A^n \neq a_B^n$$

工程中常把主动轮与从动轮角速度之比称为传动比,用 i_{12} 表示,有

$$i_{12} = \frac{\omega_1}{\omega_2} = \frac{\alpha_1}{\alpha_2} = \frac{r_2}{r_1} = \frac{z_2}{z_1} \tag{10-24}$$

上述结论对齿轮内啮合传动、无滑动的皮带轮传动同样适用:**啮合点速度相等,切向加速度相等,但法向加速度不相等。**

思 考 题

10-1 点做曲线运动时,点的位移、路程和弧坐标有何异同?

10-2 $\dfrac{\mathrm{d}v}{\mathrm{d}t}$ 和 $\dfrac{\mathrm{d}v}{\mathrm{d}t}$,$\dfrac{\mathrm{d}r}{\mathrm{d}t}$ 和 $\dfrac{\mathrm{d}r}{\mathrm{d}t}$ 有何异同?

10-3 点 M 沿螺线自外向内运动,如思考题 10-3 图所示,走过的弧长与时间的一次方成正比;问点的加速度是越来越大,还是越来越小?

10-4 如思考题 10-4 图所示,物体沿抛物线 ABC 运动,B 点最高,试分析加速运动及减速运动阶段。

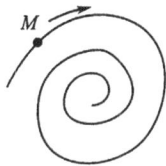

思考题 10-3 图

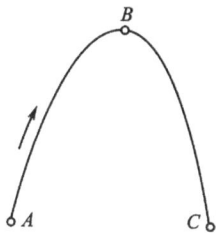

思考题 10-4 图

10-5 有人说:"刚体转动时,角加速度为正,表示加速转动。"对吗?为什么?

10-6 泊松公式中 r 满足什么条件?

10-7 手表的时针、分针、秒针的角速度各是多少?

10-8 如思考题 10-8 图所示悬挂重物的绳绕在鼓轮上。当重物上升时,绳上点 C 与轮上的点 C' 接触,问这两点的速度和加速度是否相同? 当重物下降时又如何? 为什么?

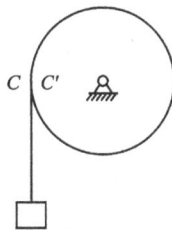

思考题 10-8 图

习 题

10-1 已知点的运动方程，求其轨迹方程，并自起始位置计算弧长，求出自然形式的运动方程。

①$x=v_0 t\cos\alpha$，$y=v_0 t\sin\alpha$；

②$x=2\cos2t^2$，$y=2\sin2t^2$。

10-2 椭圆规尺如题 10-2 图所示，已知 $OC=AC=CB=l$，$CM=\lambda$，曲柄绕轴 O 转动的角速度 ω 为常量，当开始时曲柄水平向右。求尺上点 M 的运动轨迹和运动方程。

10-3 如题 10-3 图所示，杆 AB 长 l，以等角速度 ω 绕点 B 转动，其转动方程为 $\varphi=\omega t$；而与杆连接的滑块 B 按规律 $s=a+b\sin\omega t$ 沿水平线运动，其中 a 和 b 均为常数。求点 A 的轨迹。

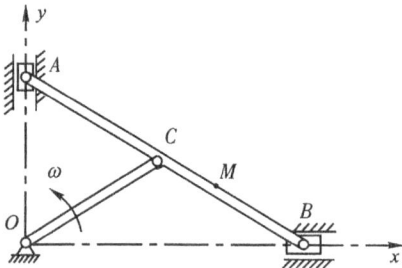

题 10-2 图

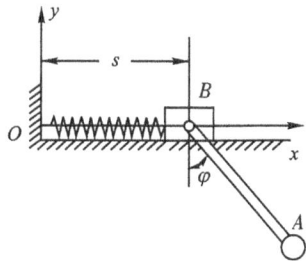

题 10-3 图

10-4 如题 10-4 图所示，跨过滑轮 C 的绳子一端挂有重物 B，另一端 A 被人拉着沿水平方向运动，其速度 $v_0=1\mathrm{m/s}$，而点 A 到地面的距离保持常量 $h=1\mathrm{m}$。如滑轮离地面的高度 $H=9\mathrm{m}$，其半径忽略不计，当运动开始时，重物在地面上 D 处，绳 AC 段在铅直位置 EC 处。求重物 B 上升的运动方程和速度，以及重物 B 到达滑轮处所需的时间。

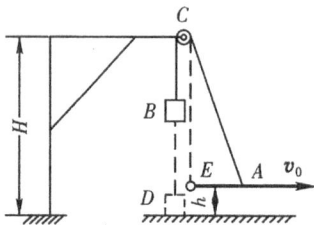

题 10-4 图

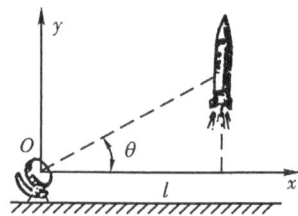

题 10-5 图

10-5 如题 10-5 图所示雷达在距离火箭发射台为 l 的 O 处，观察铅直上升的火箭发射，测得角 θ 的规律为 $\theta=kt$（k 为常数）。试写出火箭的运动方程并计算当 $\theta=\dfrac{\pi}{6}$ 时，火箭的速度和加速度。

10-6 如题 10-6 图所示，半圆形凸轮以等速 $v_0=1\mathrm{cm/s}$ 沿水平方向向左运动，而使活塞杆

AB 沿铅直方向运动。当运动开始时,活塞杆 A 端在凸轮的最高点上。如凸轮的半径 $R=8cm$,求活塞 B 相对于地面和相对于凸轮的运动方程和速度,并作出其运动图和速度图。

10-7　杆 AB 以等角速度 ω 绕点 A 转动,并带动套在水平杆 OC 上的小环 M 运动,如题 10-7 图所示。运动开始时,杆 AB 在铅直位置,设 $OA=h$,求:①小环 M 沿杆 OC 滑动的速度;②小环 M 相对于杆 AB 运动的速度。

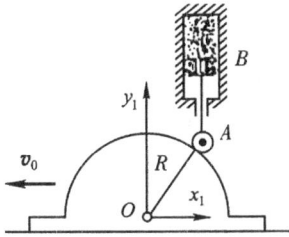
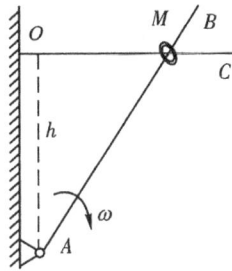

题 10-6 图　　　　　　　　　　　　　題 10-7 图

10-8　如题 10-8 图所示,摇杆机构的滑杆 AB 以等速 u 向上运动,试建立摇杆 OC 上点 C 的运动方程,并求此点在 $\varphi=\dfrac{\pi}{4}$ 时的速度大小。假定初始瞬时 $\varphi=0$,摇杆长 $OC=a$,距离 $OD=l$。

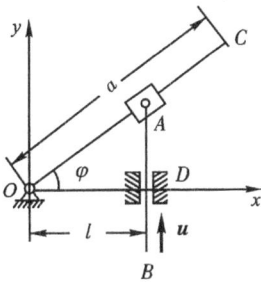
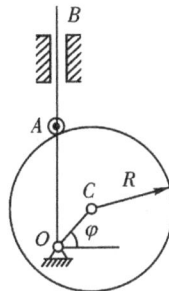

题 10-8 图　　　　　　　　　　　　　題 10-9 图

10-9　如题 10-9 图所示,偏心凸轮半径为 R,绕 O 轴转动,转角 $\varphi=\omega t$(ω 为常量),偏心距 $OC=e$,凸轮带动顶杆 AB 沿铅垂直线做往复运动。试求顶杆的运动方程和速度。

10-10　如题 10-10 图所示,套管 A 由绕过定滑轮 B 的绳牵引而沿导杆 A 上升,滑轮中心到导杆距离为 l,滑轮尺寸不计。设绳索以等速 v_0 拉下,求套管 A 的速度和加速度(以距离 x 表示)。

10-11　在题 10-11 图所示四连杆机构中,曲柄长 $OA=DB=r$(mm),连杆长 $AB=OD$,设 $AM=c$mm,且曲柄 OA 每 4 秒钟匀速转一周,试求连杆上点 M 的轨迹、速度和加速度。

10-12　如题 10-12 图所示,摇杆滑道机构中的滑块 M 同时在固定的圆弧槽 BC 中和摇杆 OA 的滑道中滑动。如弧 BC 的半径为 R,摇杆 OA 的轴 O 在通过弧 BC 的圆周上。摇杆绕 O 轴

以等角速度 ω 转动,当运动开始时,摇杆在水平位置。试分别用直角坐标法和自然法给出点 M 的运动方程,并其速度和加速度。

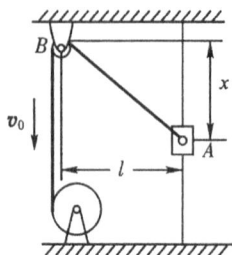

题 10-10 图

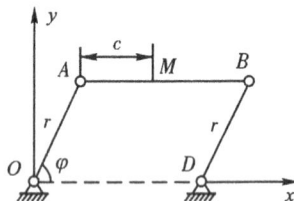

题 10-11 图

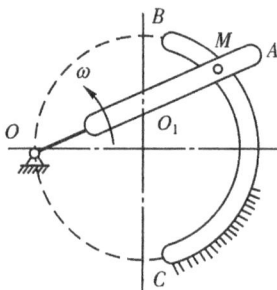

题 10-12 图

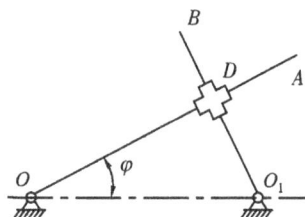

题 10-13 图

10-13 如题 10-13 图所示,OA 和 O_1B 两杆分别绕 O 和 O_1 轴转动,用十字形滑块 D 将两杆连接。在运动过程中,两杆保持相交成直角。已知:$OO_1=a$;$\angle AOO_1=\varphi=kt$,其中 k 为常数。求滑块 D 的速度和相对于 OA 的速度。

10-14 如题 10-14 图所示,点沿半径为 R 的圆周做等加速运动,初速度为零。如点的加速度与切线间的夹角为 α,并以 β 表示点走过的弧 s 所对的圆心角,试证:$\tan\alpha=2\beta$。

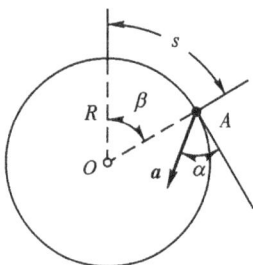

题 10-14 图

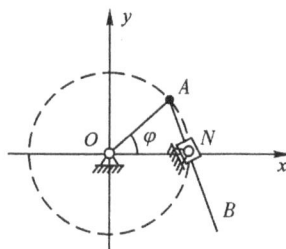

题 10-15 图

10-15　曲柄 OA 长 r,在平面内绕 O 轴转动,如题 10-15 图所示。杆 AB 通过固定于点 N 的套筒与曲柄 OA 铰接于点 A。设 $\varphi=\omega t$,杆 AB 长 l,试求点 B 的运动方程、速度和加速度。

10-16　揉茶机的揉桶由三个曲柄支持,曲柄的支座 A、B、C 与支轴 a、b、c 都恰成等边三角形,如题 10-16 图所示。三个曲柄长度相等,均长 $l=15\text{cm}$,并以相同的转速 $n=45\text{r/min}$ 分别绕其支座转动。求揉桶中心点 O 的速度和加速度。

10-17　已知题 10-17 图所示机构的尺寸如下:$O_1A=O_2B=AM=r=0.2\text{m}$;$O_1O_2=AB$。如轮 O_1 按 $\varphi=15\pi t$ rad 的规律转动,求当 $t=0.5\text{s}$ 时,杆 AB 上点 M 的速度和加速度。

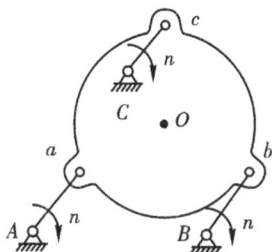

题 10-16 图

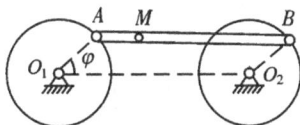

题 10-17 图

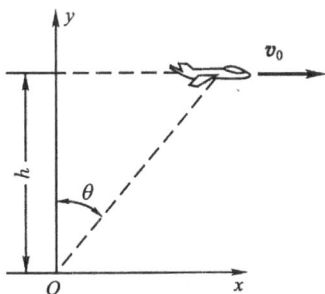

题 10-18 图

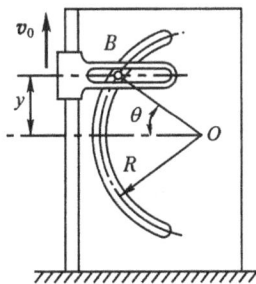

题 10-19 图

10-18　如题 10-18 图所示,飞机高度为 h,以匀速度 v_0 沿水平线飞行,一雷达 O 与飞机在同一铅垂平面内,雷达发射的电波与铅垂线成 θ 角,求雷达跟踪时转动角速度 ω 和角加速度 α 与 h、θ、v_0 的关系。

10-19　如题 10-19 图所示,带有水平滑槽的套杆可沿固定板的铅垂导轨运动,从而带动销钉 B 沿半径 $R=200\text{mm}$ 的圆弧滑槽运动。已知套杆以匀速度 $v_0=2\text{m/s}$ 铅垂向上运动,求当 $y=100\text{mm}$ 时,线段 OB 的角加速度 $\ddot{\theta}$。

10-20　如题 10-20 图所示,升降机由半径 $R=500\text{mm}$ 的鼓轮带动,已知升降机的运动方程为 $x=50t^2$,t 以秒计,x 以毫米计。求鼓轮的角速度和角加速度。

10-21　如题 10-21 图所示,齿条由两个节圆半径 $r=250\text{mm}$ 的齿轮带动。在某一瞬时,齿条具有向右的加速度 $a_A=0.5\text{m/s}^2$,齿轮节圆上任一点的加速度 $a=3\text{m/s}^2$。试求该瞬时齿条的

速度 v_A。

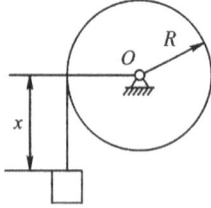

题 10-20 图

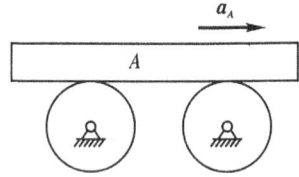

题 10-21 图

10-22　如题 10-22 图所示,皮带轮边缘上一点 A 以 $0.5\mathrm{m/s}$ 的速度运动,皮带轮内另一点 B 以 $0.1\mathrm{m/s}$ 的速度运动,两点到轮轴距离相差 $0.2\mathrm{m}$。求皮带轮的角速度和直径 D。

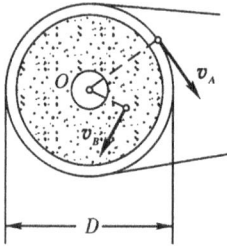

题 10-22 图

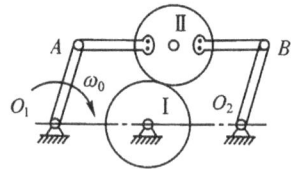

题 10-23 图

10-23　如题 10-23 图所示,长均为 $2r$ 的两平行曲柄 O_1A 和 O_2B 以匀角速度 ω_0 分别绕轴 O_1 和 O_2 转动。固连于连杆 AB 上的齿轮 Ⅱ 带动同样大小的齿轮 Ⅰ 做定轴转动。$AB /\!/ O_1O_2$,试求齿轮 Ⅰ 节圆上任一点加速度的大小。

10-24　机构如题 10-24 图所示,假定 AB 杆以匀速 u 运动,开始时 $\varphi=0$;试求当 $\varphi=\dfrac{\pi}{4}$ 时,摇杆 OC 的角速度和角加速度。

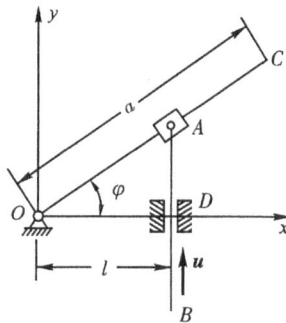

题 10-24 图

10-25　如题 10-25 图所示，一飞轮绕固定轴 O 转动，其轮缘上任一点的加速度在某段运动过程中与轮半径的交角恒为 $60°$，当运动开始时，其转角 φ_0 等于零，角速度为 ω_0。求飞轮的转动方程以及角速度与转角关系。

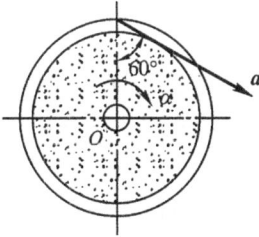

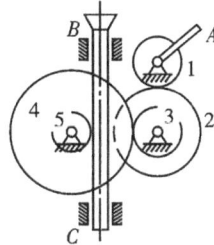

题 10-25 图　　　　　　　　　　　题 10-26 图

10-26　如题 10-26 图所示，仪表机构中，齿轮 1、2、3 和 4 的齿数分别为 $z_1=6, z_2=24, z_3=8$ 和 $z_4=32$，齿轮 5 的半径为 4cm。如齿条 BC 移动 1cm，求和齿轮 1 固结在一起的指针 A 转过的角度 φ。

第 11 章　点的合成运动

对任何物体运动的描述都是相对的,从不同参考系来描述同一物体的运动会有不同结果,但相互又有联系。本章将讨论这些不同运动之间的关系,只限于研究一个动点相对两个不同参考系的运动之间的关系。

本章将提出一种有效的运动分析方法,即运动的分解和合成的方法。设动点相对于某参考系做复杂运动,相对另一个参考系则可能做简单的运动,应用合成法能够把点的复杂运动分解为某些简单运动;或者将某些简单运动合成来求得复杂运动的规律,从而使一些问题的研究得以简化。本章的概念和方法,在理论上和实际应用中都有重要意义。

11.1　绝对运动、相对运动、牵连运动

现在来观察沿直线轨道滚动的车轮,其轮缘上点 M 的运动轨迹,对于地面上的观察者来说,点的轨迹是旋轮线;但是对于车厢上的观察者来说,点的轨迹是一个圆周。这样,轮缘上点 M 的复杂的旋轮线运动就可以视为两个简单运动的合成:点 M 相对车厢做圆周运动,同时车厢又相对地面做刚体平动。

为了叙述方便,我们引入以下概念。

习惯上把固定在地球上的参考系称为**定参考系**,以 $Oxyz$ 坐标表示;相对于地球运动的参考系称为**动参考系**,以 $O_1x_1y_1z_1$ 表示,定系和动系各表示一个无限的空间。由于选定了两个参考系,就出现了三种运动:

动点相对于定参考系的运动,称为**绝对运动**。在绝对运动中,动点的轨迹、速度和加速度,称为**点的绝对轨迹、点的绝对速度**和**绝对加速度**,后两者用 v_a 和 a_a 表示。

动点相对于动参考系的运动,称为**相对运动**。动点在相对运动中的轨迹、速度和加速度,称为动点的**相对轨迹、点的相对速度**和**相对加速度**,分别用 v_r 和 a_r 表示。

动参考系相对定参考系的运动,称为**牵连运动**,牵连运动是动参考系的运动,实际上是刚体的运动,空间的运动,它可能做**平动、转动**或其他较复杂的运动。在任意瞬时,动参考系上与动点位置重合的点,称为动点的**重合点**,我们定义:重合点相对定参考系的速度和加速度,称为**动点的牵连速度**和**动点的牵连加速度**,分别用 v_e 和 a_e 表示。动点是我们研究的点,它相对动参考系运动着,重合点是动参考系

上的几何点,在研究时刻,动点与重合点位置重合。

现在举例说明如何建立相对轨迹和绝对轨迹的关系。

例 11-1　用车刀切削工件的直径端面。车刀刀尖 M 沿水平轴 x 做往复运动,如图 11-1 所示。设 Oxy 为定系,刀尖的运动方程为 $x = b\sin\omega t$。工件以等角速度 ω 逆时针转动,求车刀在工件端面切出的痕迹。

解　根据题意,需求车刀刀尖 M 相对于工件的轨迹方程。

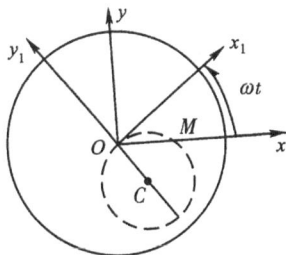

图 11-1

取刀尖 M 为动点,动系固结于工件端面上。则点 M 在动系 Ox_1y_1 中坐标 x_1, y_1 与定系 Oxy 中坐标 x 的关系为

$$x_1 = x\cos\omega t$$
$$y_1 = -x\sin\omega t$$

将点 M 绝对运动方程代入上式,有

$$x_1 = b\sin\omega t\cos\omega t = \frac{1}{2}b\sin 2\omega t$$

$$y_1 = -b\sin^2\omega t = -\frac{b}{2}(1 - \cos 2\omega t)$$

上式就是车刀刀尖相对工件端面运动方程。

从上式消去时间 t 得到刀尖的相对轨迹方程

$$x_1^2 + \left(y_1 + \frac{b}{2}\right)^2 = \left(\frac{b}{2}\right)^2$$

可见,车刀切痕是一个半径为 $\frac{b}{2}$ 的圆,圆心 C 在动坐标 Oy_1 轴上,$OC = \frac{b}{2}$。

从上述例题可见,已知绝对运动方程求相对运动方程或已知相对运动方程求绝对运动方程,只要将动点相对两个坐标系的坐标进行变换就可解决。

11.2　点的速度合成定理

现在我们研究点的三种速度关系。

取定参考系 $Oxyz$,设动点 M 在相对运动中的轨迹为曲线 AB。为容易理解,设想 AB 为一根不变形金属线,动参考系固定于此线上,而将动点视为沿金属线滑动的小圆环,如图 11-2 所示。

在瞬时 t,动点位于曲线的点 M,经过间隔 Δt 后,动参考系运动到新位置 $A'B'$;动点绝对轨迹为 $\overparen{MM'}$,曲线 $\overparen{MM_1}$ 是重合点 M_1 的轨迹,曲线 $\overparen{M_1M'}$ 是相对轨迹。相应的矢量 $\overrightarrow{MM'}$、$\overrightarrow{MM_1}$ 和 $\overrightarrow{M_1M'}$ 分别是在 Δt 时间内动点 M 的绝对位移、重合

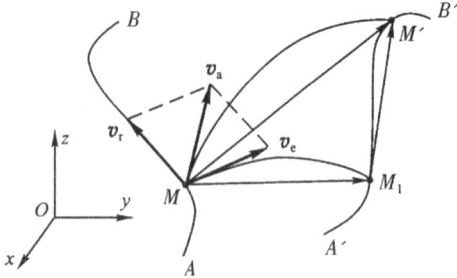

图 11-2

点位移和 M 点的相对位移。由图中矢量三角形可见

$$\overrightarrow{MM'} = \overrightarrow{MM_1} + \overrightarrow{M_1M'}$$

以 Δt 除以上式,并令 $\Delta t \rightarrow 0$,取极限

$$\lim_{\Delta t \to 0} \frac{\overrightarrow{MM'}}{\Delta t} = \lim_{\Delta t \to 0} \frac{\overrightarrow{MM_1}}{\Delta t} + \lim_{\Delta t \to 0} \frac{\overrightarrow{M_1M'}}{\Delta t}$$

此即

$$\boldsymbol{v}_a = \boldsymbol{v}_e + \boldsymbol{v}_r \qquad (11\text{-}1)$$

式(11-1)称为**点的速度合成定理,在任一瞬时,动点的绝对速度等于其牵连速度和相对速度的矢量和**。即动点的绝对速度可由其牵连速度和相对速度所构成的平行四边形对角线来确定,这个平行四边形称为**速度合成图**,包含三种速度大小和方向共六个要素,若已知其中四个要素,就能求出其余两个未知要素。

应用点的速度合成定理时,动点、动参考系的选择是关键,为将动点运动分解为简单的相对运动和牵连运动,动点、动系不能选在同一个刚体上。推证中,对动参考系的运动未加任何限制,因此,该定理对任何形式的牵连运动都适用。

例 11-2 刨床急回机构如图 11-3 所示。曲柄 OA 的一端 A 与套管用铰链连接,当曲柄 OA 以匀角速度 ω 转动时,套管 A 在摇杆 O_1B 上滑动,并带动摇杆 O_1B 绕固定的轴 O_1 摆动。设曲柄长 $OA = r$,求曲柄水平时,摇杆 O_1B 的角速度 ω_1。φ 角已知。

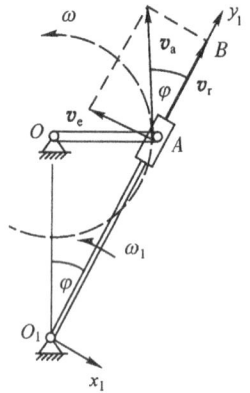

图 11-3

解 取曲柄端点 A 为动点,亦即套管 A 为动点,将动系固结于摇杆 O_1B。

点 A 的绝对轨迹是圆周,相对轨迹是直线 O_1B,而牵连运动是摇杆 O_1B 绕轴 O_1 摆动。

$\boldsymbol{v}_a$ 的大小和方向已知,$\boldsymbol{v}_r$ 方向已知,重合点 A' 是摇杆 O_1B 上被套管 A 套住的那一点,其速度方向垂直于 O_1B,已知四个要素,作出速度合成图。可以求出

$$v_e = v_a \sin\varphi = \omega r \sin\varphi$$

设摇杆角速度为 ω_1,则重合点 A' 的速度

$$v_e = O_1A \cdot \omega_1 = \frac{r\omega_1}{\sin\varphi}$$

由此求出摇杆瞬时角速度

$$\omega_1 = \omega \sin^2\varphi$$

转向如图 11-3 所示。

例 11-3　如图 11-4 所示,某船以 40km/h 的速度向右前进,一架直升机以 20km/h 的速度垂直上升,求直升机相对于该船的速度。

解　取直升机为动点,要求相对该船速度,为此把船视为动参考体,建立一个动参考系 $O_1x_1y_1$,可假想船包括船上空某空间,随船一起运动,因此,飞机的牵连速度就是空间上重合点的速度,即船速。

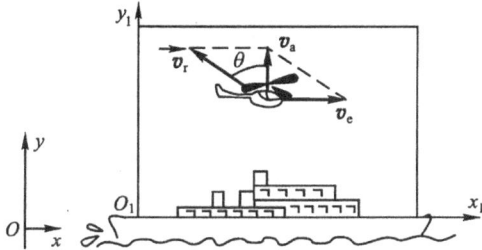

图 11-4

根据速度合成定理,现已知绝对速度和牵连速度的大小和方向,可绘出速度合成图,据此,计算 v_r 的大小和方向

$$v_r = \sqrt{v_a^2 + v_e^2} = 44.72(\text{km/h})$$

$$\tan\theta = \frac{v_e}{v_a} = 2, \qquad \theta = 63.4°$$

本例飞机的绝对运动可看成相对船的运动与船牵连运动合成的结果。船真的牵连着直升机吗? 这时牵连只能按定义理解,不是及物动词。

例 11-4　如图 11-5 所示,半径 R 的半圆凸轮以匀速 v 向左平动,推动杆 OA 转动,当 $\angle AOD = \theta$ 时,求杆 OA 的角速度 ω。

解　取凸轮圆心 D 为动点,将动系固结在杆 OA 上,相对轨迹为一条直线(平行 AO),绝对速度大小、方向均已知,牵连运动是整个平面随杆 OA 以角速度 ω 绕 O 轴转动,因此 v_e 垂直向上。

$$v_e = OD \cdot \omega = \frac{R\omega}{\sin\theta}$$

作速度合成图,可见

$$\frac{v_e}{v_a} = \tan\theta, \qquad v_e = v\tan\theta, \qquad v_r = \frac{v}{\cos\theta}$$

$$\omega = \frac{v}{R}\sin\theta\tan\theta$$

转向如图 11-5 所示。

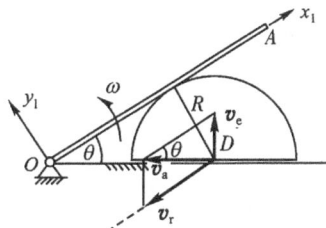

图 11-5

11.3　牵连运动是平动时点的加速度合成定理

　　加速度合成问题较为复杂,结果与牵连运动形式有关,本节讨论牵连运动为平动的情况。

　　设如图 11-6 所示中动参考系 $O_1x_1y_1z_1$ 相对定系 $Oxyz$ 做平动。根据运动学理论,动点 M 的相对速度和相对加速度分别为

$$\boldsymbol{v}_{\mathrm{r}} = \dot{x}_1\boldsymbol{i} + \dot{y}_1\boldsymbol{j} + \dot{z}_1\boldsymbol{k}$$

$$\boldsymbol{a}_{\mathrm{r}} = \ddot{x}_1\boldsymbol{i} + \ddot{y}_1\boldsymbol{j} + \ddot{z}_1\boldsymbol{k}$$

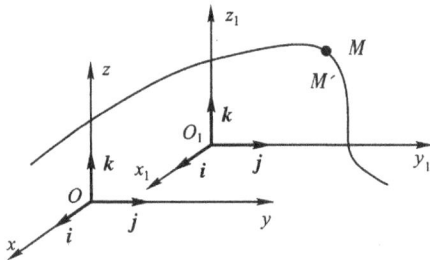

图 11-6

牵连运动为平动,$\boldsymbol{v}_{\mathrm{e}} = \boldsymbol{v}_M = \boldsymbol{v}_{O_1}$,由速度合成定理

$$\boldsymbol{v}_{\mathrm{a}} = \boldsymbol{v}_{\mathrm{e}} + \boldsymbol{v}_{\mathrm{r}}$$
$$= \boldsymbol{v}_{O_1} + \dot{x}_1\boldsymbol{i} + \dot{y}_1\boldsymbol{j} + \dot{z}_1\boldsymbol{k}$$

　　对时间 t 取一阶导数,有

$$\boldsymbol{a}_{\mathrm{a}} = \boldsymbol{a}_{O_1} + \ddot{x}_1\boldsymbol{i} + \ddot{y}_1\boldsymbol{j} + \ddot{z}_1\boldsymbol{k}$$
$$\boldsymbol{a}_{\mathrm{a}} = \boldsymbol{a}_{\mathrm{e}} + \boldsymbol{a}_{\mathrm{r}} \tag{11-2}$$

这就是动系平动时点的加速度合成定理,即动系平动时,点的绝对加速度等于点的牵连加速度和相对加速度的矢量和。

　　例 11-5　水平直杆 AB 在半径为 r 的固定圆周上以匀速 u 向下平动。试求套在该直杆和圆周交点处的小环 M 的速度和加速度(表为 φ 的函数)。

　　解　取小环 M 为动点,将动系固结在杆 AB 上,速度合成图如图 11-7(a)所示。

$$v_{\mathrm{a}} = \frac{v_{\mathrm{e}}}{\sin\varphi} = \frac{u}{\sin\varphi}$$

　　因为杆 AB 匀速平动 $v_{\mathrm{e}} = u$,$a_{\mathrm{e}} = 0$,加速度合成定理成为

$$\boldsymbol{a}_{\mathrm{a}}^n + \boldsymbol{a}_{\mathrm{a}}^\tau = \boldsymbol{a}_{\mathrm{r}}$$

加速度合成图如图 11-7(b)所示,由

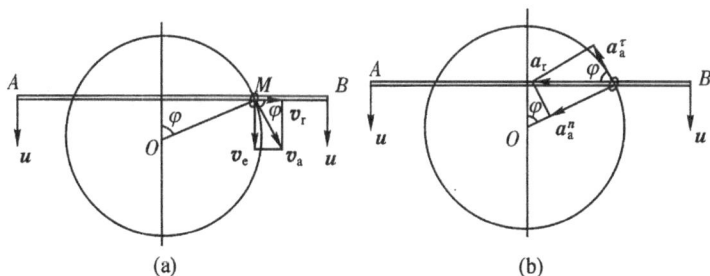

图 11-7

$$a_a^n = \frac{v_a^2}{r}, \qquad a_r \sin\varphi = a_a^n,$$

$$a_r = \frac{a_a^n}{\sin\varphi} = \frac{u^2}{r\sin^3\varphi}$$

知小环 M 的绝对加速度等于相对加速度。

思　考　题

11-1　如思考题 11-1 所示曲柄连杆滑块机构中,已知 $AB=BC=l$,曲柄 AB 以匀角速度 ω 转动,图示瞬时 $\varphi=30°$,取滑块 C 为动点,动系固结于曲柄,如何画出速度合成图?

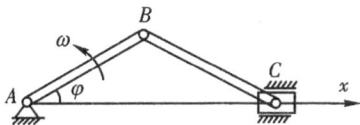

思考题 11-1

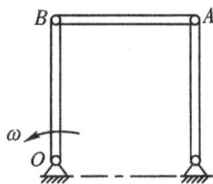

思考题 11-2

11-2　如思考题 11-2 所示,三个长度为 l 的平面四连杆机构,已知杆 OB 以角速度 ω 逆向转动,求图示瞬时,销钉 A 相对于杆 OB 的速度。

习　题

11-1　如题 11-1 图所示,光点 M 沿 y 轴做谐振动,其运动方程为:$x=0,y=a\cos(kt+\beta)$,如将点 M 投影到感光记录纸上,此纸以等速 v_0 向左运动。求点 M 在记录纸上的轨迹。

11-2　如题 11-2 图所示,动点 M 沿圆盘直径 AB 以匀速 v 运动,开始时动点 M 在 O 点,若圆盘以匀角速度 ω 绕 O 轴转动,试求动点 M 的绝对轨迹。

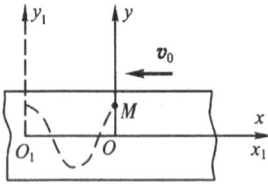

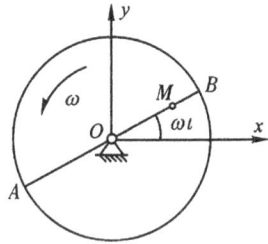

题 11-1 图　　　　　　　　　　　　　　　题 11-2 图

11-3　如题 11-3 图(a)和(b)所示的两种机构中,已知 $O_1O_2=a$,图(a)中,杆 O_1A 的角速度 ω_0,求图示位置时杆 O_2B 的角速度;图(b)中,杆 O_1B 的角速度 ω_0,求图示瞬时杆 O_2A 的角速度。

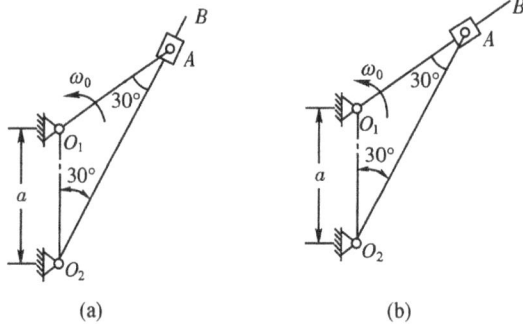

(a)　　　　　　　　　　　　　　　(b)

题 11-3 图

11-4　矿砂从传送带 A 落到另一传送带 B 上,其绝对速度为 $v_1=4\text{m/s}$,方向与铅直线成 30°角,如题 11-4 图所示。设传送带 B 与水平面成 15°角,其速度为 $v_2=2\text{m/s}$。求此时矿砂对于传送带 B 的相对速度。并问当传送带 B 的速度为多大时,矿砂的相对速度才能与它垂直?

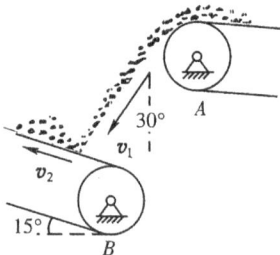

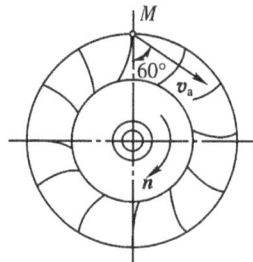

题 11-4 图　　　　　　　　　　　　　题 11-5 图

11-5　水流在水轮机工作轮入口处的绝对速度 $v_a=15\text{m/s}$,并与铅直直径成 $\alpha=60°$ 角,如题 11-5 图所示。工作轮的半径 $R=2\text{m}$,转速 $n=30\text{r/min}$。为避免水流与工作轮叶片相冲击,叶片应恰当地安装,以使水流对工作轮的相对速度与叶片相切。求在入口处水流对工作轮的相对速度的大小和方向。

11-6　如题 11-6 图所示,内圆磨床砂轮直径 $d=60\text{mm}$,转速 $n_1=10\,000\text{r/min}$;工件孔径 $D=80\text{mm}$,转速 $n_2=500\text{r/min}$,转向与 n_1 相反。求磨削时砂轮与工件接触点之间的相对速度。

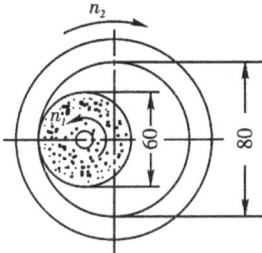

题 11-6 图

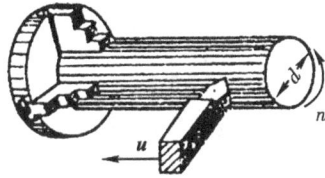

题 11-7 图

11-7　如题 11-7 图所示,车床主轴转速 $n=30\text{r/min}$,工件的直径 $d=3\text{cm}$,为使工件上螺纹的升角 $\alpha=11.98°$,求车刀横向走刀速度 u。

11-8　如题 11-8 图所示谷物联合收获机的拨禾轮传动机构在铅垂面的投影是平行四连杆机构。曲柄 $OA=O_1B=570\text{mm}$,转速为 $n=36\text{r/min}$,收获机前进速度 $v=2\,000\text{m/h}$。试求 $\varphi=60°$ 时,杆 AB 端点 M 的水平速度和铅垂速度。

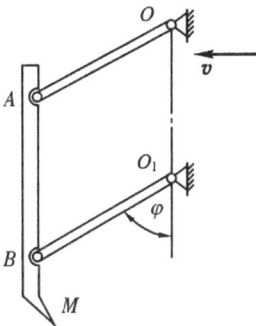

题 11-8 图

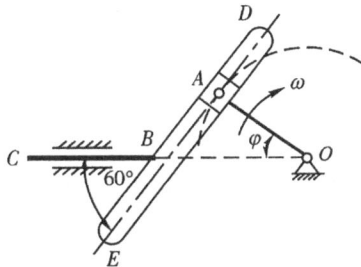

题 11-9 图

11-9　如题 11-9 图所示曲柄滑道机构中,曲柄长 $OA=r$,并以等角速度 ω 绕 O 轴转动。装在水平杆 BC 上的滑槽 DE 与水平线成 $60°$ 角。求当曲柄与水平线的交角分别为 $\varphi=30°$、$60°$ 时,杆 BC 的速度。

11-10　如题 11-10 图所示曲柄滑道机构中,杆 BC 水平,而杆 DE 保持铅直。曲柄长 $OA=10\text{cm}$,并以等角速度 $\omega=20\text{rad/s}$ 绕 O 轴转动,通过滑块 A 使杆 BC 做往复运动。求当曲柄与水平线间的交角分别为 $\varphi=0°$、$30°$、$90°$ 时,杆 BC 的速度。

11-11 如题 11-11 图所示，摇杆机构的滑杆 AB 以等速 u 向上运动，初瞬时摇杆 OC 水平。摇杆长 $OC=a$，距离 $OD=l$。求当 $\varphi=\dfrac{\pi}{4}$ 时点 C 的速度。

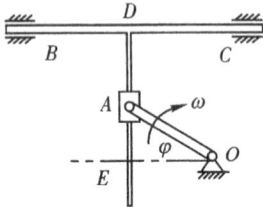

题 11-10 图

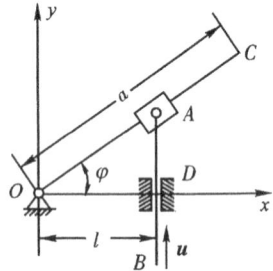

题 11-11 图

11-12 如题 11-12 图所示，摇杆 OC 绕 O 轴转动，经过固定在齿条 AB 上的销子 K 带动齿条平动，而齿条又带动半径为 10cm 的齿轮 D 绕固定轴转动。如 $l=40$cm，摇杆的角速度 $\omega=0.5$rad/s，求当 $\varphi=30°$ 时，齿轮的角速度。

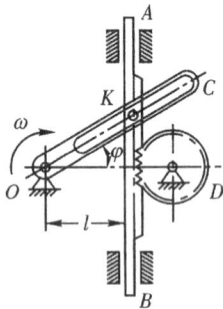

题 11-12 图

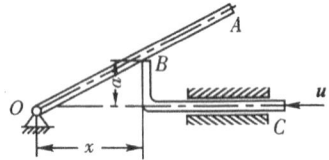

题 11-13 图

11-13 如题 11-13 图所示，杆 OA 长 l，由推杆 BC 推动而在画面内绕 O 点转动，假定推杆 BC 的速度为 u，其弯头长为 a，试求端点 A 的速度（表示为由推杆至点 O 的距离 x 的函数）。

11-14 如题 11-14 图所示曲柄滑道机构中，曲柄长 $OA=10$cm，绕 O 轴转动，在图示瞬时，$\omega=1$rad/s，$\alpha=1$rad/s^2，$\angle AOB=60°$，求导杆上点 C 的加速度。

11-15 如题 11-15 图所示，铰接平行四边形机构中，$O_1A=O_2B=10$cm，杆 O_1A 以匀角速度 $\omega=2$rad/s 绕 O_1 轴转动。杆 AB 上有一套筒 C，此筒与杆 CD 相铰接。求当 $\varphi=60°$ 时，杆 CD 的速度和加速度。

11-16 半径为 R 的半圆形凸轮 D 以等速 u_0 沿水平向右运动，带动从动杆 AB 沿铅直方向上升，如题 11-16 图所示。求 $\varphi=30°$ 时杆 AB 相对于凸轮的速度和加速度。

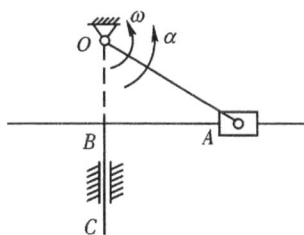

题 11-14 图

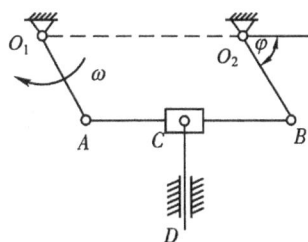

题 11-15 图

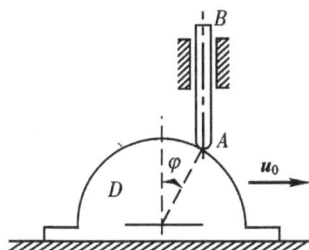

题 11-16 图

第 12 章　刚体的平面运动

刚体平面运动是工程中常见的运动。本章将以刚体两种简单运动为基础,应用运动合成与分解的方法,对刚体平面运动进行分析。**刚体运动时,刚体上任意一点与某一固定平面始终保持相等的距离,这种运动称为刚体平面运动。**行星齿轮机构中动齿轮的运动,沿直线轨道滚动的车轮的运动等,都是刚体平面运动。

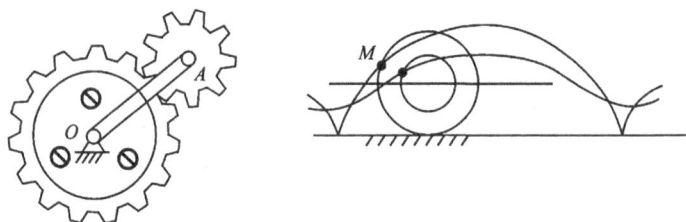

图 12-1

12.1　刚体平面运动方程

设刚体做平面运动,固定平面为 L_0,如图 12-2 所示。过刚体上任一点 M 我们作一个与 L_0 平面平行的平面 L,在刚体上截出一个平面图形 S,显然,平面图形 S 各点都在平面 L 内运动。过点 M 作平面图形 S 的垂线交刚体上点 M_1 与点 M_2,刚体运动时,直线 M_1M_2 作平动,所以其上各点速度和加速度都等于 M 点的速度和加速度。由此推知,为研究刚体上各点的运动特征,只须研究平面图形 S 在自身平面 L 内的运动。这样,刚体平面运动可简化为平面图形 S 在自身平面内的运动。

设平面图形 S 在自身平面内运动(在此平面上取坐标系 Oxy),如图 12-3 所示。为确定其位置,只须确定图形上任一线段 AB 的位置。线段 AB 的位置又可由点 A 的坐标和线段 AB 与 Ox 轴夹角 φ 所确定。或者说,只须三个独立的变量就可以完全确定图形的位置,我们说图形在平面内运动有三个自由度。当图形运动时,坐标 x_A、y_A 和角 φ 都是时间 t 的单值连续函数,即有

$$\left. \begin{array}{l} x_A = f_1(t) \\ y_A = f_2(t) \\ \varphi = f_3(t) \end{array} \right\} \tag{12-1}$$

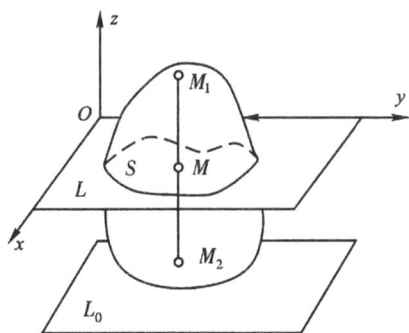

图 12-2

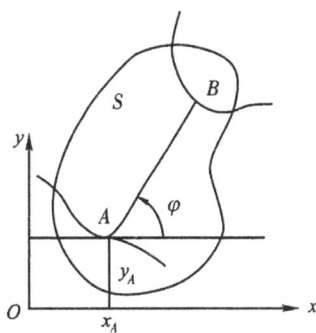

图 12-3

式(12-1)称为**图形 S 的运动方程**,也就是**刚体平面运动的运动方程**。若已知刚体的平面运动方程,就能确定刚体在任一瞬时的位置和刚体上任一点的运动规律。

12.2　刚体平面运动分解为平动和转动

观察运动方程(12-1),若令 x_A,y_A 为常量,即点 A 不动,图形绕点 A 做转动;若令 φ 为常量,即图形不转动,图形在平面内做平动。这提示我们:图形的平面运动可以分解为转动和平动。

设平面图形 AB(图 12-4 中的矩形)在位置Ⅰ,做一次平面运动达到任意位置Ⅱ(矩形 A_1B_1)。这个运动可以由两次运动来合成,我们进行如下实验:任选点 A 为基点,先让图形随 A 点平动到虚线位置,点 A 与 A_1 重合,再让图形绕点 A_1 转一个角度 φ,就实现了这个运动。也可以先绕点 A 转过角度 φ,再随点 A 做平动,实现这个平面运动。我们得出结论:**平面图形的任意平面运动可以分解为随基点的一次平动和绕基点的一次转动**。当然,真实运动时,平动与转动是同时连续发生。

我们定义,平面图形上任意一条直线与原始位置夹角 φ 为平面图形的**转角 φ**,单位弧度,逆转为正;图形角速度 $\omega=\dot{\varphi}$,图形角加速度 $\alpha=\dot{\omega}=\ddot{\varphi}$。

现在讨论选取不同的基点对图形运动分解的影响。

设图形由位置Ⅰ运动到位置Ⅱ,如图 12-5 所示。我们分别取图形上 A 点与 B 点为基点来分解运动。若取 A 为基点,则图形随同 A 做平动位移 Δr_1 到位置 A_1B_2,再绕基点 A_1 转过角 $\Delta\varphi_1$ 到达 A_1B_1 位置。同样,若取 B 为基点,则图形随同 B 做平动位移 Δr_2 到位置 A_2B_1,再绕基点 B_1 转过角 $\Delta\varphi_2$ 到位置 A_1B_1。上述讨论表明:由于图形上各点运动规律不同,选不同的基点,其平动规律也不同,与基点的选择有关。然而图形的转动却与基点的选择无关,由图可见,绕基点 A_1 的转

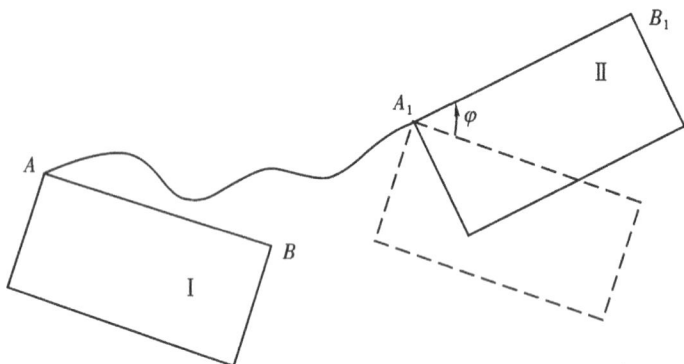

图 12-4

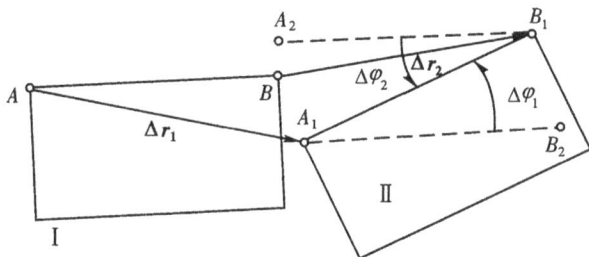

图 12-5

角 $\Delta\varphi_1$ 与绕基点 B_1 的转角 $\Delta\varphi_2$ 大小相等,转向相同,即 $\Delta\varphi_1 = \Delta\varphi_2$。因而图形绕不同基点转动的角速度 ω 和角加速度 α 都相同。

刚体平面运动分解为平动和转动时,其平动规律与基点选择有关;而转动规律与基点选择无关,角速度 ω 和角加速度 α 属于平面图形。

12.3 平面图形上各点的速度分析——基点法

既然平面图形的运动可以由随同基点的平动和绕基点 A 的转动来合成,图形上任一点的运动也可以由这两种运动来合成,因而可用速度合成定理来分析。

设某瞬时图形角速度为 ω,点 A 速度为 $\boldsymbol{v}_A$,取点 A 为基点,分析任一点 B 的速度(图 12-6)。取点 B 为动点,以基点 A 为原点建立一个平动坐标系为动系,这样牵连运动是随基点的平动,相对运动是点 B 随图形一起绕基点 A 的转动,据点的速度合成定理,点 B 的速度为

$$\boldsymbol{v}_A = \boldsymbol{v}_e + \boldsymbol{v}_r$$

$$\boldsymbol{v}_B = \boldsymbol{v}_A + \boldsymbol{v}_{BA} \tag{12-2}$$

由此得出结论:**刚体做平面运动时,在任一瞬时,任一点的速度等于基点的速度和该点绕基点转动的速度的矢量和。**$\boldsymbol{v}_{BA}$ 是点 B 绕基点 A 转动的速度,其大小 $v_{BA} = \omega \cdot AB$,$\boldsymbol{v}_{BA} \perp BA$,指向由角速度 ω 转向确定。

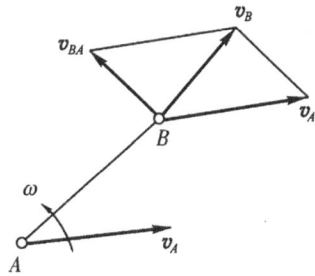

图 12-6

用速度合成公式(12-2)分析平面图形上各点速度的方法称为**基点法**,它是分析刚体平面运动速度的基本方法。应用时,三个速度各有大小和方向两个要素,共有六个要素。其中$\boldsymbol{v}_{BA}$的方向总是已知的,它垂直于线段 AB,这个矢量方程可求解两个未知量。

矢量方程(12-2)表明平面图形上任意两点的速度关系,把该式向 AB 连线方向投影,有

$$(\boldsymbol{v}_B)_{AB} = (\boldsymbol{v}_A)_{AB} \tag{12-3}$$

即**点 B 的速度和点 A 的速度在这两点连线上的投影相等。**这一个结论反映了刚体上两点间距离保持不变,适合于刚体做各种运动,称为**刚体速度投影定理。**

公式(12-2)亦可用矢量积表示为

$$\boldsymbol{v}_B = \boldsymbol{v}_A + \boldsymbol{\omega} \times \overrightarrow{AB} \tag{12-4}$$

其中,取 $\boldsymbol{k}$ 垂直于平面图形,$\boldsymbol{\omega} = \omega \boldsymbol{k}$,证明留给读者。

例 12-1　如图 12-7 所示,椭圆规尺的端点 A 以速度$\boldsymbol{v}_A$匀速沿水平轴向左运动,$AB = l$,试求端点 B 的速度和规尺的角速度(φ 为已知)。

解　规尺做平面运动,以点 A 为基点,研究点 B 的速度,有

$$\boldsymbol{v}_B = \boldsymbol{v}_A + \boldsymbol{v}_{BA}$$

在点 B 作出速度合成图,此图应把$\boldsymbol{v}_B$画在平行四边形对角线上。由几何关系可知

$$v_B = v_A \cot\varphi$$

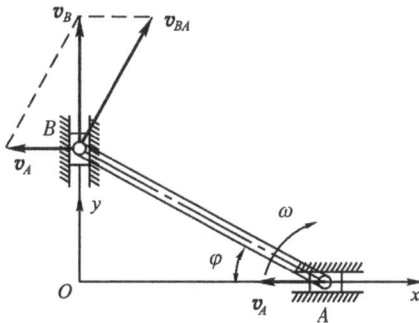

图 12-7

$$v_{BA} = \frac{v_A}{\sin\varphi}$$

但 $v_{BA} = \omega \cdot l$，因此有

$$\omega = \frac{v_{BA}}{l} = \frac{v_A}{l\sin\varphi} \qquad (\omega \text{ 顺时针转向})$$

本题也可用速度投影定理来求 $\boldsymbol{v}_B$。

将点 A 和点 B 速度在规尺方向投影

$$v_A\cos\varphi = v_B\sin\varphi$$

由此求得，$v_B = v_A\cot\varphi$，指向上方。

例 12-2 半径为 R 的车轮，沿直线轨道做无滑动的滚动。已知轮轴 O 以速度 $\boldsymbol{v}_0$ 前进，求轮缘上 A、B 和 D 点的速度（图 12-8）。

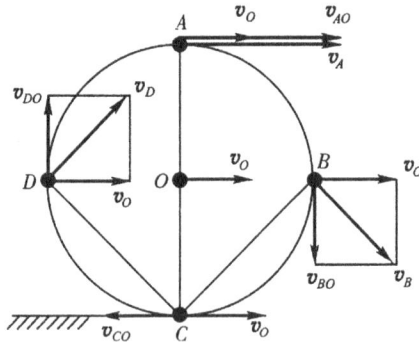

图 12-8

解 选轮轴 O 为基点，先研究 C 点的速度，有

$$\boldsymbol{v}_C = \boldsymbol{v}_0 + \boldsymbol{v}_{CO}$$

可知 $v_{CO} = \omega R$，$\boldsymbol{v}_C = 0$，故

$$v_O = \omega R, \qquad \omega = \frac{v_O}{R}$$

现在，求点 D 的速度。以轮轴 O 为基点，研究点 D 的速度，有

$$\boldsymbol{v}_D = \boldsymbol{v}_0 + \boldsymbol{v}_{DO}$$

作速度合成图，由 $v_D = \omega R = v_O$，求得

$$v_D = \sqrt{2}\,v_O$$

再求轮缘最高点 A 的速度，仍以轮轴 O 为基点，有 $\boldsymbol{v}_A = \boldsymbol{v}_0 + \boldsymbol{v}_{AO}$，即

$$v_A = v_O + v_{AO} = 2v_O \qquad (\text{指向右方})$$

同理，可求出点 B 速度（略）。

12.4　平面图形上各点的速度分析
——速度瞬心法

若取速度为零的点为基点,则速度分析可以简化。

定理　在一般情况(指角速度非零)下,在每一瞬时,平面图形上都唯一地存在一个速度为零的点。

证明　设有一个平面图形 S(图 12-9),取图形上的点 A 为基点,它的速度为 v_A,图形的角速度为 ω,过点 A 作 v_A 的垂线 AN,垂线任一点 M 的速度为

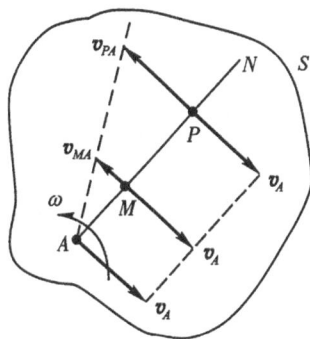

图 12-9

$$v_M = v_A + v_{MA}$$

由图上看出,v_A 与 v_{MA} 指向相反,故其大小为

$$v_M = v_A - \omega \cdot AM$$

由上式可知,随点 M 的位置不同,v_M 的大小也不同,那么总可以找到一点 P,这点速度为零。如令

$$AP = \frac{v_A}{\omega}$$

则

$$v_P = v_A - AP \cdot \omega = 0$$

于是定理得证。在图示瞬时,平面图形上速度等于零的点称为**瞬时速度中心**,简称为**速度瞬心**。

根据上述定理,在每一瞬时总可找到瞬时速度中心 P,选取点 P 为基点,则任一点 B 的速度为

$$v_B = v_P + v_{BP} = v_{BP} \tag{12-5}$$

由此得出结论:**平面图形上任一点的速度等于该点随图形绕速度瞬心转动的速度**。就速度而言,平面运动可以视为绕速度瞬心的转动。综上所述,如果已知速度瞬心的位置和图形角速度,则图形上各点速度可以完全确定。

确定速度瞬心常用下列方法:

1)当平面图形沿固定曲线做无滑动的滚动时,图形与固定曲线接触点 P 就是速度瞬心(图 12-8)。

2)已知两点 A、B 的速度方向,速度瞬心 P 的位置应在速度的垂线上,据此可以找到速度瞬心(图 12-10)。

在某一瞬时,若图形上两点 A、B 的速度相等,即 $v_A = v_B$,如图 12-11 所示,这

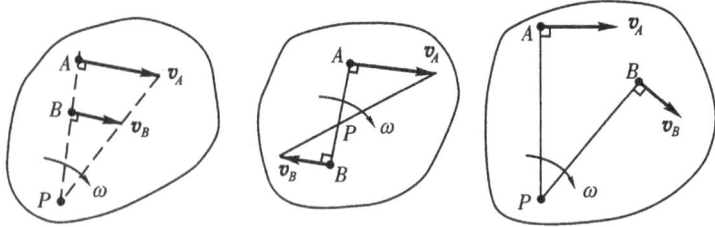

图 12-10

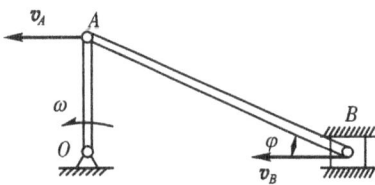

图 12-11

种平面运动的特殊情况称为**瞬时平动**。此时连杆上点 A 和点 B 的速度垂线相互平行,图形的速度瞬心在无穷远处。以点 A 为基点,研究点 B 的速度,可知图形瞬时角速度等于零,由此可推出各点速度都相等。

例 12-3　钢材剪床机构如图 12-12 所示,长为 r 的曲柄 OA 以匀角速度 ω_0 绕轴 O 转动,$AB=DB=BE=l$;当曲柄与水平线夹 30°角时,连杆 AB 处于水平位置,摇杆 BD 与垂直线夹 30°角,求剪刀 E 的速度。

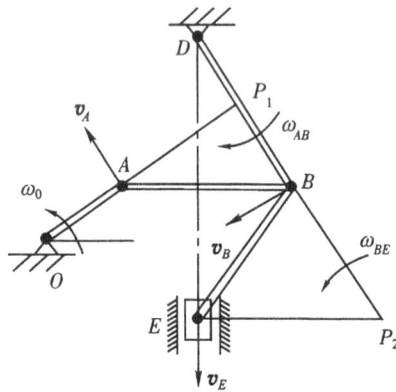

图 12-12

解　首先研究做平面运动的杆 AB,分别作 v_A 和 v_B 的垂线交于 P_1 点,它是杆 AB 的速度瞬心,有

$$\omega_{AB} \cdot AP_1 = v_A = \omega_0 r$$

$$\omega_{AB} \cdot BP_1 = v_B$$

求出 $v_B = \dfrac{\sqrt{3}}{3} r\omega_0$。

再研究连杆 BE 的运动，分别作v_B和v_E的垂线，交于点 P_2，是速度瞬心，有

$$v_E = \omega_{BE} \cdot l$$
$$v_B = \omega_{BE} \cdot l$$

求出剪刀 E 速度 $v_E = \dfrac{\sqrt{3}}{3} r\omega_0$，指向下方。

应该明确，每个平面图形有各自的速度瞬心和角速度，不可混淆。

12.5　平面图形上各点的加速度分析——基点法

现在用合成法分析平面图形上各点的加速度。

设平面图形上点 A 的加速度为a_A，角速度 ω 及角加速度α，如图 12-13 所示，研究任意点 B 的加速度。平面图形上点 B 的运动可视为随基点 A 的平动和绕基点 A 的转动，所以加速度等于随基点 A 平动的加速度和绕基点 A 转动的加速度的矢量和

$$a_B = a_A + a_{BA}^n + a_{BA}^\tau \qquad (12\text{-}6)$$

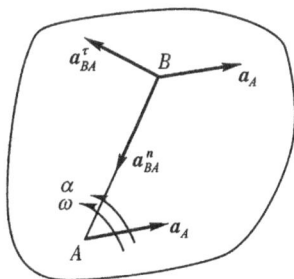

图 12-13

其中，a_{BA}^n 指向基点 A，$a_{BA}^n = \omega^2 \cdot AB$，$a_{BA}^\tau \perp AB$，指向与角加速度 α 绕基点 A 转向一致，$a_{BA}^\tau = \alpha \cdot AB$。

即平面图形上任一点的加速度等于基点的加速度与该点随平面图形绕基点转动的法向加速度与切向加速度的矢量和。应用公式(12-6)分析图形的加速度的方法称为**基点法**。矢量方程中有 8 个要素，因为 a_{BA}^n 和 a_{BA}^τ 方向总是已知的，还要找出 4 个要素，通常先做速度分析，将 a_B^n 或 a_{BA}^n 的大小求出，最后通过投影式求解方程。

若平面图形上某一点的加速度为零，则称此点为**加速度瞬心**，因不易求出，故较少采用。刚体做平面运动时，令 $\boldsymbol{\omega} = \omega\boldsymbol{k}$，$\boldsymbol{\alpha} = \alpha\boldsymbol{k}$，则公式(12-6)可写成矢量积形式

$$a_B = a_A + \boldsymbol{\omega} \times (\boldsymbol{\omega} \times \overrightarrow{AB}) + \boldsymbol{\alpha} \times \overrightarrow{AB} \qquad (12\text{-}7)$$

证明留给读者。此公式适用于刚体各种运动中求加速度。

例 12-4　半径为 R 的车轮在直线轨道上做纯滚动，轮心 O 的速度为v_O，加速度 a_O，求图 12-14 所示位置速度瞬心 P 和最高点 A 的加速度。

解　车轮的角加速度 α 等于角速度 ω 对时间的一阶导数，有

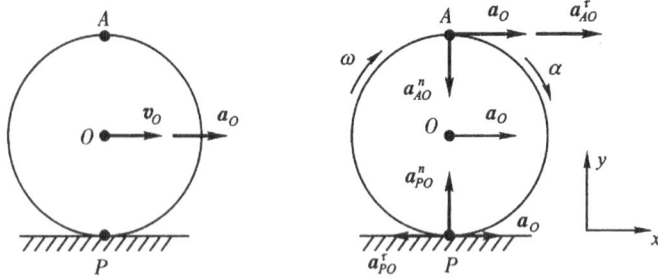

图 12-14

$$\alpha = \frac{\mathrm{d}\omega}{\mathrm{d}t} = \frac{\mathrm{d}}{\mathrm{d}t}\left(\frac{v_O}{R}\right) = \frac{1}{R}\frac{\mathrm{d}v_O}{\mathrm{d}t} = \frac{a_O}{R}$$

因轮加速运动,故 α 与 ω 都是顺时针转动。

先取轮心 O 为基点,研究速度瞬心 P 的加速度,有

$$\boldsymbol{a}_P = \boldsymbol{a}_O + \boldsymbol{a}_{PO}^n + \boldsymbol{a}_{PO}^\tau$$

又 $a_{PO}^\tau = \alpha R = a_O$,$a_{PO}^n = \omega^2 R$,故

$$\boldsymbol{a}_P = \omega^2 R \boldsymbol{j} = \frac{v_O^2}{R}\boldsymbol{j}$$

可见速度瞬心的加速度非零。

再以轮心 O 为基点,研究点 A 的加速度

$$\boldsymbol{a}_A = \boldsymbol{a}_O + \boldsymbol{a}_{AO}^n + \boldsymbol{a}_{AO}^\tau$$

因 $a_{AO}^\tau = \alpha R$,$a_{AO}^n = \omega^2 R$,$a_O = \alpha R$,故

$$\boldsymbol{a}_A = 2a_O\boldsymbol{i} - \omega^2 R\boldsymbol{j}$$

A 点轨迹是旋轮线,这两项分别为切向加速度和法向加速度。

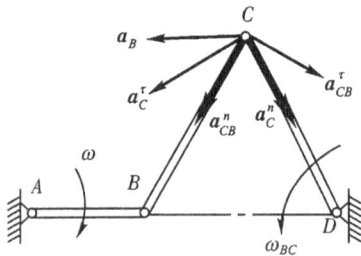

图 12-15

例 12-5　如图 12-15 所示,曲柄 AB 匀角速度 $\omega = 10\mathrm{rad/s}$ 顺时针转动,通过连杆 BC 带动杆 CD 转动,已知 $AB = 1\mathrm{m}$,$AD = 3\mathrm{m}$,$BC = CD = 2\mathrm{m}$,求点 C 的加速度。

解　连杆 BC 做平面运动,通过点 B、点 C 作其速度垂线交于点 D,由此可知点 D 为速度瞬心

$$v_C = v_B = 2\omega_{BC} = \omega \cdot 1$$
$$\omega_{BC} = 5(\mathrm{rad/s}),\ v_C = 10(\mathrm{m/s})$$

选 B 为基点,研究杆 BC 上的 C 点的加速度,因点 C 轨迹为圆弧.有

$$\boldsymbol{a}_C^n + \boldsymbol{a}_C^\tau = \boldsymbol{a}_B + \boldsymbol{a}_{CB}^n + \boldsymbol{a}_{CB}^\tau$$

其中，$a_C^n = \dfrac{v_C^2}{CD} = 50\text{m/s}^2$，指向 D；$a_B = \omega^2 \cdot AB = 100\text{m/s}^2$，水平指向左方；$a_{CB}^n = \omega_{BC}^2 \cdot BC = 50\text{m/s}^2$，指向基点 B；未知的 a_C^{τ} 及 a_{CB}^{τ} 假设如图 12-14 所示，为求 a_C^{τ}，将上式在 CB 方向投影，有

$$a_C^{\tau}\cos 30° + a_C^n\cos 60° = a_B\cos 60° + a_{CB}^n$$

解得

$$a_C^{\tau} = 50\sqrt{3} \quad (\text{m/s}^2)$$
$$a_C = \sqrt{(a_C^{\tau})^2 + (a_C^n)^2} = 100 \quad (\text{m/s}^2)$$

a_C 沿线 CB，指向点 B。

例 12-6 机构的两轮半径均为 R，在直线轨道上纯滚动。已知车轮 A 以匀角速度 ω_0 转动，图 12-16 所示瞬时轮心距 $AB = 3R$，连杆 BC 的铰链 C 位于轮缘最高点，求连杆 BC 和轮 B 的角速度和角加速度。

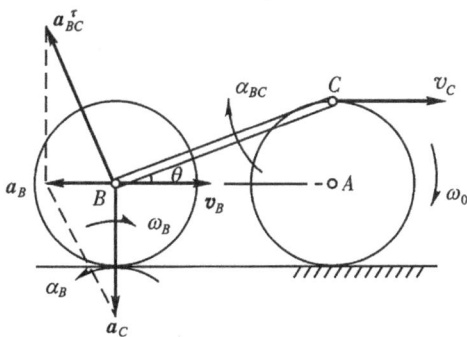

图 12-16

解 图示瞬时，连杆 BC 做瞬时平动，有

$$v_B = v_C = 2R\omega_0$$

指向如图，据此轮 B 的角速度

$$\omega_B = \frac{v_B}{R} = \frac{2R\omega_0}{R} = 2\omega_0$$

顺时针转向。连杆 BC 的角速度等于零。

研究连杆上点 B 的加速度，以点 C 为基点

$$\boldsymbol{a}_B = \boldsymbol{a}_C + \boldsymbol{a}_{BC}^n + \boldsymbol{a}_{BC}^{\tau}$$

其中，$\boldsymbol{a}_C = -\omega_0^2 R \boldsymbol{j}$，$a_{BC}^n = 0$，$\boldsymbol{a}_{BA}^{\tau} \perp BC$，$\boldsymbol{a}_B$ 水平，作出加速度合成图，有

$$a_{BC}^{\tau}\cos\theta = a_C, \qquad a_B = a_C\tan\theta, \qquad \tan\theta = \frac{1}{3}$$

$$a_{BC}^{\tau} = BC \cdot \alpha_{BC}, \qquad BC = \frac{R}{\sin\theta}$$

解得

$$\alpha_{BC} = \omega_0^2 \tan\theta = \frac{\omega_0^2}{3}$$

顺时针转向。

车轮 B 做纯滚动，其角加速度

$$\alpha_B = \frac{a_B}{R} = \frac{a_C}{R} \cdot \tan\theta = \frac{\omega_0^2}{3}$$

为逆时针转向。

思 考 题

12-1 确定思考题 12-1 图中杆 AB 的速度瞬心位置。

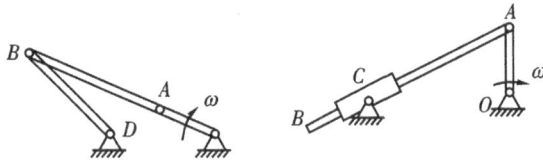

思考题 12-1 图

12-2 小圆盘在大圆盘上做纯滚动，如思考题 12-2 图所示。初始位置用虚线表示，画出图示位置小圆盘转角 φ，确定 φ 与 $\dot{\theta}$ 关系。

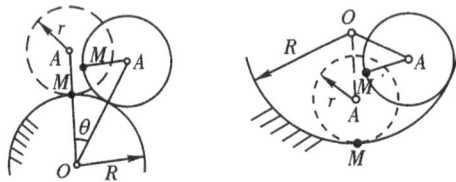

思考题 12-2 图

12-3 图 12-11 中杆 AB 的角加速度是正值，是负值，还是零？为什么？

12-4 如思考题 12-4 图所示，已知 $O_1A = O_2B = l$，在图示瞬时两种情况下，ω_1 与 ω_2，α_1 与 α_2 是否相等？根据什么？（**提示** 用基点法推导。）

12-5 在何种情况下，刚体加速度投影定理成立？

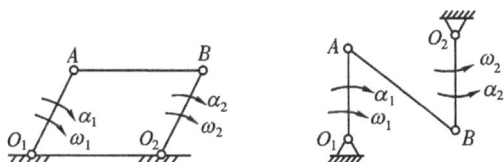

思考题 12-4 图

习　题

12-1　半径为 r 的行星齿轮由曲柄 OA 带动,沿半径为 R 的固定齿轮滚动如题 12-1 图所示。如曲柄 OA 以等角加速度 α 绕轴 O 转动。当运动开始时,$\theta=0$,角速度 $\dot{\theta}=0$,求行星齿轮以轮心 A 为基点的平面运动方程。

12-2　如题 12-2 图所示,在筛动机构中,筛子的摆动是由曲柄连杆机构所带动。已知曲柄 OA 的转速 $n_{OA}=40\mathrm{r/min}$,$OA=30\mathrm{cm}$。当筛子 BC 运动到与点 O 在同一水平线上时,$\angle BAO=90°$。求此瞬时筛子 BC 的速度。

12-3　杆 AB 的 A 端沿水平线以等速 v 运动,在运动时杆恒与一半圆周相切,半圆周的半径为 R,如题 12-3 图所示。如杆与水平线间的交角为 θ,试以角 θ 表示杆的角速度。

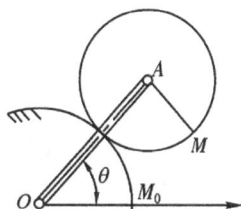

题 12-1 图

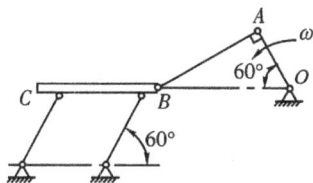

题 12-2 图

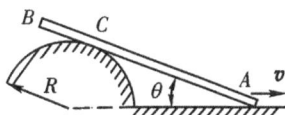

题 12-3 图

12-4　如题 12-4 图所示,在四连杆机构中,曲柄 OA 的角速度 $\omega_0=3\mathrm{rad/s}$,当它在水平位置时,曲柄 O_1B 恰好在铅垂位置。求此时连杆 AB 和曲柄 O_1B 的角速度。设 $OA=O_1B=\dfrac{1}{2}AB=l$。

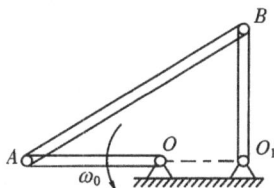

题 12-4 图

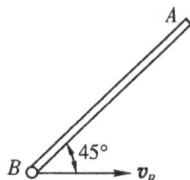

题 12-5 图

12-5　如题 12-5 图所示,长 1.2m 的杆 AB 做平面运动,在图示瞬时点 B 的速度 $v_B=3\mathrm{m/s}$,方向如题 12-5 图所示。试求点 A 可能有的最小速度 v_A。

12-6　如题 12-6 图所示,设三个用杆连接的套管套在 U 形管上运动,图示瞬时,$\theta=45°$,$\beta=30°$,$v_C=1\mathrm{m/s}$,试求点 A 的速度。

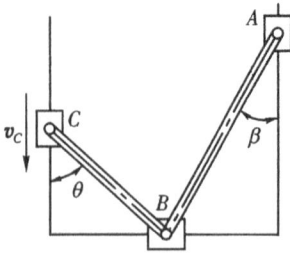

题 12-6 图

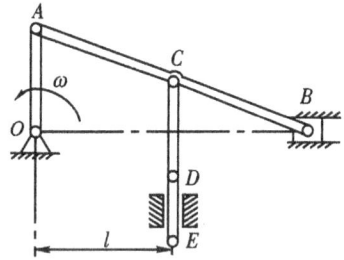

题 12-7 图

12-7 如题 12-7 图所示,配汽机构中,曲柄 OA 的角速度 $\omega=20\text{rad/s}$ 为常量。已知 $OA=40\text{cm}$,$l=120\text{cm}$,$AC=BC=20\sqrt{37}\text{cm}$。求当曲柄 OA 在铅直位置时,配汽机构中气阀推杆 DE 的速度。

12-8 在瓦特行星传动机构中,平衡杆 O_1A 绕 O_1 轴转动,并借连杆 AB 带动曲柄 OB;而曲柄 OB 活动地装置在 O 轴上,如题 12-9 图所示,在 O 轴上装有齿轮 I,齿轮 II 的轴安装在连杆 AB 的另一端。已知:$r_1=r_2=30\sqrt{3}\text{cm}$,$O_1A=75\text{cm}$,$AB=150\text{cm}$;又平衡杆的角速度 $\omega_{O1}=6\text{rad/s}$。求当 $\theta=60°$ 和 $\beta=90°$ 时,曲柄 OB 和齿轮 I 的角速度。

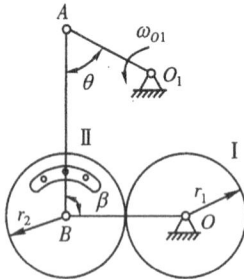

题 12-8 图

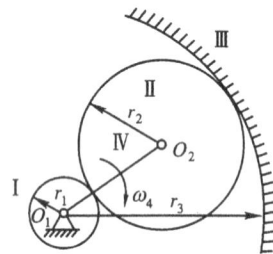

题 12-9 图

12-9 使砂轮高速转动的装置如题 12-9 图所示。杆 O_1O_2 绕 O_1 轴转动,转速为 n。O_2 处用铰链连接一半径为 r_2 的活动齿轮 II,杆 O_1O_2 转动时轮 II 在半径为 r_3 的固定内齿轮上滚动,并使半径为 r_1 的轮 I 绕 O_1 轴转动。轮 I 上装有砂轮,随同轮 I 高速转动。已知 $\dfrac{r_3}{r_1}=11$,$n_4=900\text{r/min}$,求砂轮的转速。

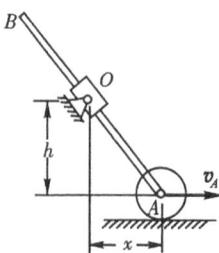

题 12-10 图

12-10 在题 12-10 图所示机构中,杆 AB 一端连接滚子 A,以匀速 $v_A=160\text{mm/s}$ 沿水平向右运动,杆滑动于可绕轴 O 转动的套管内。求当 $x=60\text{mm}$ 时:①杆的角速度和点 B 的速度;②杆的角加速度。设 $AB=200\text{mm}$,$h=80\text{mm}$。

12-11 题 12-11 图为小型精压机的传动机构,$OA=O_1B=r=10\text{cm}$,$EB=BD=AD=l=40\text{cm}$。在图示瞬时,$OA\perp AD$,$O_1B\perp ED$,O_1D 在水平位置,OD 和 EC 在铅直位置。已知曲柄 OA 的转

速 $n=120\text{r}/\text{min}$，求此时压头 C 的速度。

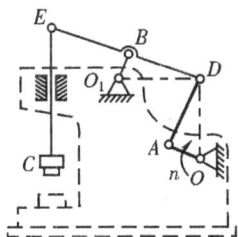

题 12-11 图

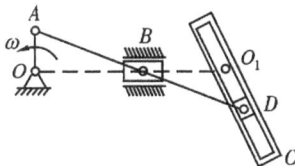

题 12-12 图

12-12　如题 12-12 图所示，曲柄连杆机构带动摇杆 O_1C 绕 O_1 轴摆动。在连杆 AB 上装有两个滑块，滑块 B 在水平槽内滑动，而滑块 D 则在摇杆 O_1C 的槽内滑动。已知：曲柄长 $OA=$ 5cm，它绕 O 轴转动的角速度 $\omega=10\text{rad}/\text{s}$；在图示位置时，曲柄与水平线间成 90°角，摇杆与水平线间成 60°角；距离 $O_1D=7\text{cm}$。求摇杆的角速度。

12-13　为使货车车厢减速，在轨道上装有液压减速顶，如题 12-13 图所示。车轮滚过时将压下减速顶的顶帽 AB 而消耗能量，降低速度。如轮心的速度为 v，试求 AB 下降速度和减速顶对于轮子的相对滑动速度与角 θ 的关系（设轮与轨道之间无相对滑动）。

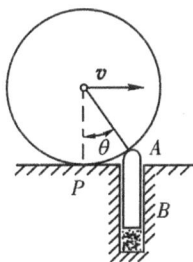

题 12-13 图

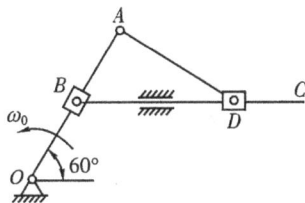

题 12-14 图

12-14　如题 12-14 图所示，平面机构的曲柄 OA 长为 $2a$，以角速度 ω_0 绕轴 O 转动。在图示位置时，$AB=BO$，并且 $\angle OAD=90°$，求此时套筒 D 相对于杆 BC 的速度。

12-15　如题 12-15 图所示，杆 AB 靠在一半径 $r=0.5\text{m}$ 的圆盘 O 上，当其一端 A 以匀速度 $v_A=0.6\text{m}/\text{s}$ 沿水平线运动时，带动圆盘在直线上滚动。设圆盘与杆及水平线之间均无相对滑动，求当 $\theta=60°$ 时圆盘和杆的角速度。

12-16　如题 12-16 图所示，齿轮 I 在固定齿轮 II 内滚动，其半径分别为 r 的 $2r$。曲柄 OO_1 绕轴以匀角速度 ω_0 转动，并带动行星齿轮 I。求图示瞬时轮 I 上的速度瞬心 P 点的加速度。

12-17　如题 12-17 图所示，半径为 R 的轮子沿水平面纯滚动，在轮上有半径为 r 的圆柱部分，将线绕在圆柱上，线的 B 端以速度 u 和加速度 a 沿水平方向运动。求轮的轴心 O 的速度和加速度。

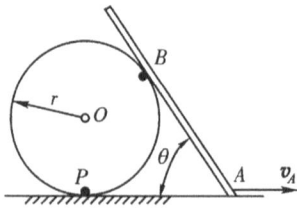

题 12-15 图

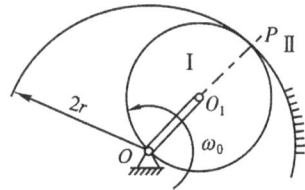

题 12-16 图

12-18 如题 12-18 图所示,内齿轮圈以匀角速度 ω_0 在半径为 r 的固定齿轮的周围做滚动,其半径为 R。求齿轮圈的中心 C 和它的速度瞬心 P 点的加速度。

12-19 如题 12-19 图所示,曲柄长 $OA=20\text{cm}$,绕 O 轴以等角速度 $\omega_0=10\text{rad/s}$ 转动。此曲柄带动连杆 AB,使连杆端点的滑块 B 沿铅直方向运动。如连杆长 $AB=100\text{cm}$,求当曲柄与连杆相互垂直并与水平线间各成 $\theta=45°$ 和 $\beta=45°$ 时,连杆 AB 的角速度、角加速度和滑块 B 的加速度。

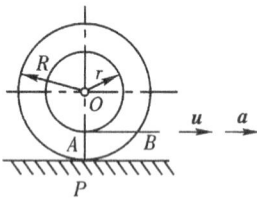

题 12-17 图

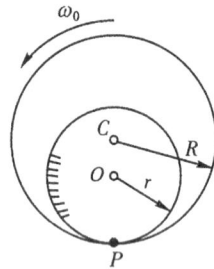

题 12-18 图

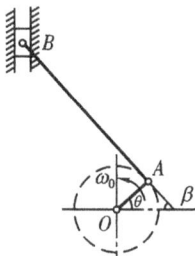

题 12-19 图

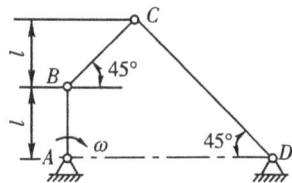

题 12-20 图

12-20 平面四连杆机构 $ABCD$ 的尺寸和位置如题 12-20 图所示,$l=10\text{cm}$。如杆 AB 以等角速度 $\omega=1\text{rad/s}$ 绕 A 轴转动,求点 C 的加速度。

12-21 在题 12-21 图所示,曲柄连杆机构中,曲柄 OA 绕 O 轴转动,其角速度为 ω_0,角加速度为 α_0。在某瞬时曲柄与水平线间成 $60°$ 角,而连杆 AB 与曲柄 OA 垂直。滑块 B 在圆形槽内滑动,此时半径 O_1B 与连杆 AB 间成 30°角,如 $OA=a$,$AB=2\sqrt{3}a$,$O_1B=2a$,求在该瞬时,滑块 B 的切向和法向加速度。

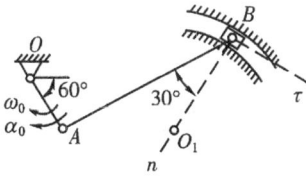

题 12-21 图

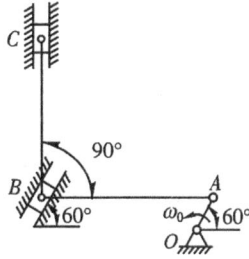

题 12-22 图

12-22　在题 12-22 图所示,配汽机构中,曲柄 OA 长为 r,绕 O 轴以等角速度 ω_0 转动,$AB=6r$,$BC=3\sqrt{3}r$。求在图示位置,滑块 C 的速度和加速度。

12-23　在题 12-23 图所示,四连杆机构中,曲柄 $OA=r$,以匀角速度 ω_0 绕轴 O 转动,$O_1B=5r$,$AB=BC=6r$,当曲柄 OA 和摇杆 O_1B 在铅垂位置时,θ 角已知,求点 C 的加速度。

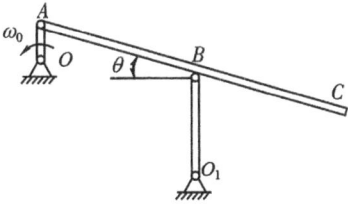

题 12-23 图

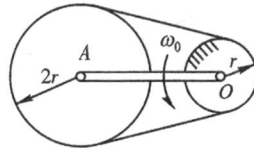

题 12-24 图

12-24　如题 12-24 图所示,长为 l 的曲柄以等角速度 ω_0 绕半径为 r 的定齿轮的轴 O 转动,同时在 A 端带有另一半径为 $2r$ 的齿轮的轴,两齿轮用链条相连接。求动齿轮速度瞬心点的加速度。

12-25　如题 12-25 图所示,等边三角形 ABC 边长 60cm 做平面运动。现已知点 C 相对点 B 的加速度 $a_{CB}=6\text{m/s}^2$,方向如图所示。试求线 AB 的角速度和角加速度。

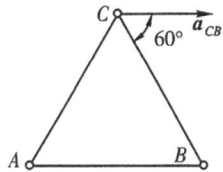

题 12-25 图

第 13 章 达朗贝尔原理

达朗贝尔原理是一种解决非自由质点系动力学问题的普遍方法。这种方法的特点是用静力学中研究平衡问题的方法来研究动力学问题,因此又称为动静法。对于解决已知运动求约束反力的问题显得特别方便,在工程技术中得到广泛的应用。

13.1 惯性力、质点的达朗贝尔原理

设一个质量为 m 的质点,受到固定曲线的约束而沿此曲线运动,质点的加速度为 a,作用于质点的主动力为 F,约束力为 F_N,如图 13-1 所示。根据牛顿第二定律有

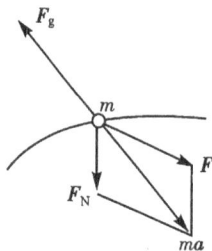

$$ma = F + F_N$$

将上式 ma 移到等号右端,有

$$F + F_N - ma = 0$$

令

$$F_g = -ma \tag{13-1}$$

则有

$$F + F_N + F_g = 0 \tag{13-2}$$

图 13-1

式(13-2)在形式上是一个平衡方程。若假想 F_g 是一个力,它的大小等于质点的质量与加速度的乘积,方向与加速度的方向相反,因为这个力与质点的惯性有关,所以称为**质点的惯性力**。式(13-2)可叙述如下:**当非自由质点运动时,如果在质点上除了作用有真实的主动力和约束力外,再假想地加上惯性力,则这些力在形式上组成平衡力系。这就是质点的达朗贝尔原理。**

应该指出,达朗贝尔原理是解决动力学问题的一种"方法",它并没有改变动力学问题的性质,因为质点实际上并没有受到惯性力作用,达朗贝尔原理中的"平衡力系"实际上是不存在的,但在质点上假想地加上惯性力后,就可以将动力学的问题借用静力学的理论和方法求解。所以说,达朗贝尔原理提供了一种研究质点动力学的新方法。

虽然惯性力是一种假想的力,但是,使质点获得加速度的施力体受到的反作用力却与质点的惯性力有关,在某些情况下,恰好等于质点的惯性

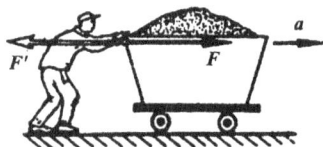

图 13-2

力。例如,沿轨道推车,如图 13-2 所示。设人推车的力为 $\boldsymbol{F}$,忽略摩擦,车的质量为 m,加速度为 $\boldsymbol{a}$,由牛顿第二定律知

$$\boldsymbol{F}=m\boldsymbol{a}$$

又由牛顿第三定律,车必给人以反作用力 $\boldsymbol{F}'$,有

$$\boldsymbol{F}'=-\boldsymbol{F}=-m\boldsymbol{a}=\boldsymbol{F}_g$$

力 $\boldsymbol{F}'$ 是由于车的惯性而引起对人手的抵抗力,作用在人手上,等于小车的惯性力。

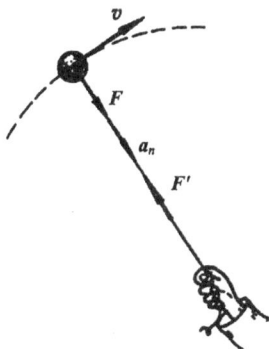

又例如,系在绳子一端质量为 m 的小球,给以初速度 $\boldsymbol{v}$,用手拉住绳子另一端使其在水平面内做匀速圆周运动(图 13-3)。此小球在水平面内所受到的只有绳子对它的拉力 $\boldsymbol{F}$,这个力迫使小球改变运动状态,产生了向心加速度 $\boldsymbol{a}_n$。小球对绳子的反作用力为 $\boldsymbol{F}'=-\boldsymbol{F}=$

图 13-3

$-m\boldsymbol{a}_n$,这是由于小球具有惯性,力图保持其原来的运动状态不变,对绳子进行反抗而产生的,等于小球的惯性力,即 $\boldsymbol{F}'=\boldsymbol{F}_g$,力 $\boldsymbol{F}'$ 作用于迫使小球改变运动状态(即产生加速度)的绳子上。

应用质点的达朗贝尔原理时,根据需要将式(13-2)向直角坐标轴或自然轴上投影。

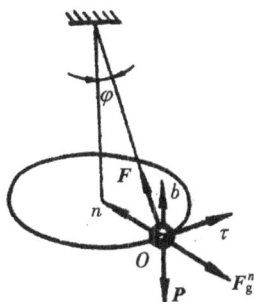

图 13-4

例 13-1 有一圆锥摆,如图 13-4 所示。重 $P=9.8$N 的小球系于长 $l=30$cm 的绳上,绳的另一端则系在固定点 O,并与铅直线成 $\varphi=60°$ 角。如小球在水平面内做匀速圆周运动,求小球的速度 $\boldsymbol{v}$ 与绳的张力 $\boldsymbol{F}$ 的大小。

解 以小球为研究对象。如图 13-4 所示,在小球上除作用有重力 $\boldsymbol{P}$ 和绳拉力 $\boldsymbol{F}$ 外,加上法向惯性力

$$F_g^n=\frac{P}{g}a_n=\frac{P}{g}\cdot\frac{v^2}{l\sin\varphi}$$

根据达朗贝尔原理,这三个力在形式上组成平衡力系。即

$$\boldsymbol{F}+\boldsymbol{P}+\boldsymbol{F}_g^n=0$$

取上式在自然轴上的投影式,有

$$\sum F_n=0,\qquad F\sin\varphi-\frac{P}{g}\cdot\frac{v^2}{l\sin\varphi}=0$$

$$\sum F_b=0,\qquad F\cos\varphi-P=0$$

解得

$$F = \frac{P}{\cos\varphi} = 19.6(\text{N})$$

$$v = \sqrt{\frac{Fgl\sin^2\varphi}{P}} = 2.1(\text{m/s})$$

13.2　质点系的达朗贝尔原理

设由 n 个质点组成的质点系,其内任一质点的质量为 m_i,加速度为 $\boldsymbol{a}_i$,作用在这质点上的外力为 $\boldsymbol{F}_i^\text{e}$,内力为 $\boldsymbol{F}_i^\text{i}$。如果对这质点假想地加上它的惯性力 $\boldsymbol{F}_{gi} = -m_i\boldsymbol{a}_i$,则根据质点的达朗贝尔原理可写出

$$\boldsymbol{F}_i^\text{e} + \boldsymbol{F}_i^\text{i} + \boldsymbol{F}_{gi} = 0$$

如果对质点系中的每个质点都假想地加上各自的惯性力,由于作用于每个质点的力与惯性力形成平衡力系,则作用于整个质点系的力系也必然是平衡力系。由静力学中力系的平衡条件,力系的主矢和对任意点的主矩应分别等于零。即

$$\sum \boldsymbol{F}_i^\text{e} + \sum \boldsymbol{F}_i^\text{i} + \sum \boldsymbol{F}_{gi} = 0$$

$$\sum \boldsymbol{M}_O(\boldsymbol{F}_i^\text{e}) + \sum \boldsymbol{M}_O(\boldsymbol{F}_i^\text{i}) + \sum \boldsymbol{M}_O(\boldsymbol{F}_{gi}) = 0$$

因为质点系的内力总是成对的,并且彼此等值反向,因此有 $\sum \boldsymbol{F}_i^\text{i} = 0$ 和 $\sum \boldsymbol{M}_O(\boldsymbol{F}_i^\text{i}) = 0$,于是得

$$\left.\begin{array}{l} \sum \boldsymbol{F}_i^\text{e} + \sum \boldsymbol{F}_{gi} = 0 \\[2mm] \sum \boldsymbol{M}_O(\boldsymbol{F}_i^\text{e}) + \sum \boldsymbol{M}_O(\boldsymbol{F}_{gi}) = 0 \end{array}\right\} \tag{13-3}$$

即如果对质点系中每个质点都假想地加上各自的惯性力,则质点系的所有外力和所有质点的惯性力在形式上组成平衡力系,这就是质点系的达朗贝尔原理。

在应用时,可将式(13-3)取投影形式的平衡方程。对于平面任意力系,若取直角坐标系,则有

$$\left.\begin{array}{l} \sum F_x^\text{e} + \sum F_{gx} = 0 \\[2mm] \sum F_y^\text{e} + \sum F_{gy} = 0 \\[2mm] \sum M_O(\boldsymbol{F}^\text{e}) + \sum M_O(\boldsymbol{F}_g) = 0 \end{array}\right\} \tag{13-4}$$

对于空间任意力系有

$$\left.\begin{aligned}
\sum F_x^e + \sum F_{gx} &= 0 \\
\sum F_y^e + \sum F_{gy} &= 0 \\
\sum F_z^e + \sum F_{gz} &= 0 \\
\sum M_x(\boldsymbol{F}^e) + \sum M_x(\boldsymbol{F}_g) &= 0 \\
\sum M_y(\boldsymbol{F}^e) + \sum M_y(\boldsymbol{F}_g) &= 0 \\
\sum M_z(\boldsymbol{F}^e) + \sum M_z(\boldsymbol{F}_g) &= 0
\end{aligned}\right\} \tag{13-5}$$

例 13-2　重为 P 的物块 A 沿与铅垂面夹角为 θ 的悬臂梁下滑,如图 13-5 所示。已知外伸部分梁长 l,梁重为 W,不计摩擦,求物块下滑至离固定端 O 的距离 $\overline{OA}=s$ 时,固定端 O 的约束反力。

解　以悬臂梁和物块所组成的系统为研究对象,滑块下滑的加速度

$$a = g\cos\theta$$

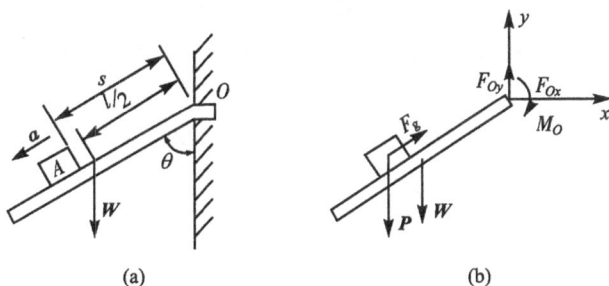

图 13-5

系统的外力及约束反力如图 13-5 所示,其中物块的惯性力与 a 反向,大小为

$$F_g = \frac{P}{g}a = P\cos\theta$$

根据达朗贝尔原理,主动力 P、W,约束反力 X_{Ox}、Y_{Oy}、M_O 与惯性力 F_g 构成平衡力系。

建立平衡方程

$$\sum F_x = 0, \qquad F_{Ox} + F_g\sin\theta = 0$$

$$\sum F_y = 0, \qquad F_{Oy} + F_g\cos\theta - P - W = 0$$

$$\sum m_O(\boldsymbol{F}) = 0, \qquad -M_O + Ps\sin\theta + W\frac{l}{2}\sin\theta = 0$$

解得

$$F_{Ox} = -P\sin\theta\cos\theta$$

$$F_{Oy} = P\sin^2\theta + W$$

$$M_O = Ps\sin\theta + W\frac{l}{2}\sin\theta$$

13.3　刚体惯性力系的简化

应用达朗贝尔原理求解刚体或刚体系的动力学问题时,应将惯性力系进行简化。由静力学中力系的简化理论知道:在一般情况下任意力系向一点简化,可得到一个力和一个力偶,其力的大小和方向由力系的主矢决定,其力偶的矩由力系对于简化中心的主矩决定。

首先研究惯性力系的主矢。设刚体内任一质点 M_i 的质量为 m_i,加速度为 a_i,刚体的质量为 M,其质心的加速度为 a_C,则惯性力系的主矢为

$$F_{gR} = \sum F_{gi} = \sum - m_i a_i = -\sum m_i a_i$$

由质心公式 $\sum m_i r_i = M r_C$,可得 $\sum m_i a_i = m a_C$,于是有

$$F_{gR} = -m a_C \tag{13-6}$$

式(13-6)表明,**无论刚体做什么运动,惯性力系的主矢都等于刚体的质量与其质心加速度的乘积,方向与质心加速度的方向相反**。惯性力系的主矢与简化中心的选择无关,至于惯性力系的主矩,它与简化中心的选择和刚体运动形式有关。下面分别对刚体做平动、绕定轴转动和平面运动时的惯性力系进行简化。

1. 刚体做平动

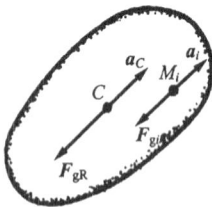

图 13-6

当刚体做平动时,每一瞬时刚体内各质点的加速度相同,将平动刚体内各点都加上惯性力,则惯性力系是与重力系相类似的平行力系,如图 13-6 所示,这个力系可简化为通过质心的合力。即

$$F_{gR} = -m a_C \tag{13-7}$$

于是得结论:**平动刚体的惯性力系可以简化为通过质心的合力,其大小等于刚体的质量与加速度的乘积,合力的方向与加速度方向相反**。

2. 刚体绕定轴转动

这里仅讨论刚体具有质量对称平面且转轴垂直于此平面的情形。此时可先将刚体的空间惯性力系简化为在其对称平面内的平面力系,再将此平面力系向对称平面与转轴的交点 O 简化。取简化中心 O 为原点的直角坐标轴如图 13-7 所示。设刚体的角速度为 ω,角加速度为 α,刚体内任一质点 M_i 的质量为 m_i,到转轴的垂距为 r_i,点 M_i 的惯性力 $F_{gi} = F_{gi}^\tau +$

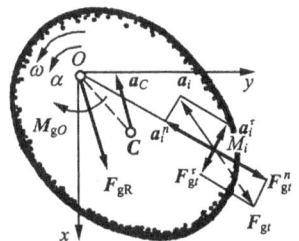

图 13-7

F_{gi}^n, 于是 F_{gi}^n 通过点 O, 对点 O 的矩为零, 若惯性力系的主矢和对点 O 的主矩分别记为 F_{gR} 和 M_{gO}, 则惯性力系向点 O 简化的惯性力和惯性力偶的矩分别为

$$
\left.
\begin{aligned}
F_{gR} &= -ma_C \\
M_{gO} &= \sum M_O(F_{gi}) = \sum M_O(F_{gi}^\tau) \\
&= -\sum m_i \alpha r_i \cdot r_i = -\alpha \sum m_i r_i^2 = -J_O\alpha
\end{aligned}
\right\}
\tag{13-8}
$$

其中, $J_O = \sum m_i r_i^2$ 为刚体对转轴 O 的转动惯量。

以上结果表明:**具有垂直于转轴的质量对称面的转动刚体的惯性力系,向转轴与对称面的交点 O 简化的结果为一个通过点 O 的惯性力和一个惯性力偶。力的大小等于刚体的质量与质心加速度的乘积,方向与质心加速度方向相反,力偶矩的大小等于刚体对轴的转动惯量与角加速度的乘积,转向与角加速度转向相反。**

以下讨论几种运动的特殊情况:

1) 刚体做匀速转动且转轴不通过质心 C(图 13-8(a))。这时因角加速度 $\alpha=0$, 故 $M_{gO}=0$, 因而惯性力系合成为一通过点 O 的法向惯性力 F_{gR}^n, 大小等于 $mr_C\omega^2$, 方向与质心加速度方向相反。

2) 转轴通过质心 C, 且角加速度 $\alpha\neq0$(图 13-8(b)),这时 $a_C=0$, 故简化结果只是一个惯性力偶,其矩 $M_{gC}=J_C\alpha$, 转向与角加速度转向相反。J_C 为刚体对通过质心轴的转动惯量。

3) 刚体做匀速转动且转轴通过质心 C(图 13-8(c))。这时惯性力系的主矢与对转轴的主矩同时为零。

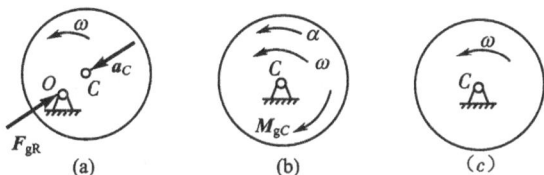

图 13-8

3. 刚体做平面运动

现在我们讨论具有质量对称面且刚体平行此平面运动的情形。取对称面为平面图形,如图 13-9 所示,显然刚体的惯性力系可简化为在对称平面的平面力系,由运动学知若取质心 C 为基点,则刚体的平面运动可分解为随质心平动和绕垂直于对称面的质心轴转动。由平动刚体及定轴转动刚体的惯性力系的简化结果可知:随质心平动的惯性力系可简化为通过质心的惯性力。绕质心轴转动的惯

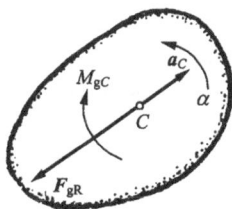

图 13-9

性力系可简化为一惯性力偶,则有

$$\left. \begin{array}{l} \boldsymbol{F}_{gR} = -m\boldsymbol{a}_C \\ M_{gC} = -J_C\alpha \end{array} \right\}$$ (13-9)

其中,J_C 是刚体对通过垂直于对称面的质心轴的转动惯量;$\boldsymbol{a}_C$ 是刚体质心的加速度;α 是刚体转动的角加速度。

于是得结论:**有对称平面的刚体,且平行于该平面运动时,刚体的惯性力系可以简化为在对称平面内的一个力和一个力偶。这个力通过质心,其大小等于刚体质量与质心加速度的乘积,其方向与质心加速度方向相反;这个力偶的矩等于对通过质心且垂直于对称面的轴的转动惯量与角加速度的乘积,其转向与角加速度的转向相反。**

例 13-3 一匀质杆 AB 重 W,以两根等长且平行的绳吊起如图 13-10(a)所示。设杆 AB 在图示位置无初速地释放,求两绳的拉力在释放瞬时和 AB 运动到最低位置时各等于多少?

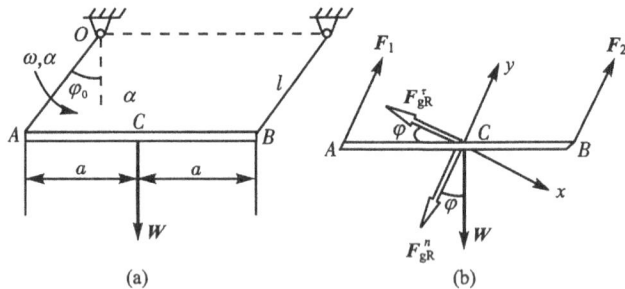

图 13-10

解 本题需要求解 AB 位于两个不同位置处的约束反力。因此,我们可以先在一般位置处求出其约束反力,然后再代入特殊位置的值即可。具体步骤为:

以 AB 杆为研究对象。设 OA 与铅垂线成 φ 角,此时受主动力 W,约束反力 F_1、F_2,如图 13-10(b)所示。

因为 AB 做平动,$\boldsymbol{a}_C = \boldsymbol{a}_A = \boldsymbol{a}_A^n + \boldsymbol{a}_A^\tau$,故惯性力为

$$F_{gR}^\tau = \frac{W}{g}a_A^\tau = \frac{W}{g}l\alpha, \qquad F_{gR}^n = \frac{W}{g}a_A^n = \frac{W}{g}l\omega^2$$

方向如图(其中 ω 和 α 分别为 OA 的角速度和角加速度)。

建立如图坐标,得平衡方程为

$$\sum F_x = 0, \qquad W\sin\varphi - F_{gR}^\tau = 0$$

$$\sum F_y = 0, \qquad -F_{gR}^n - W\cos\varphi + F_1 + F_2 = 0$$

$$\sum M_C(\boldsymbol{F}) = 0, \qquad -F_1 a\cos\varphi + F_2 a\cos\varphi = 0$$

解方程得

$$F_1 = F_2 = \frac{1}{2}(W\cos\varphi + F_{gR}^n)$$

$$F_{gR}^\tau = W\sin\varphi$$

考虑到 $F_{gR}^\tau = \frac{W}{g}l\alpha = \frac{W}{g}l\frac{d\omega}{dt}$，故代入上述第二式得

$$\frac{d\omega}{dt} = \frac{g}{l}\sin\varphi$$

$$\frac{d\omega}{d\varphi} \cdot \frac{d\varphi}{dt} = \frac{g}{l}\sin\varphi$$

考虑到 ω 和 φ 的转向，由运动学知，$\omega = -\frac{d\varphi}{dt}$，于是有

$$\int_0^\omega \omega d\omega = -\int_{\varphi_0}^\varphi \frac{g}{l}\sin\varphi d\varphi$$

$$\omega^2 = \frac{2g}{l}(\cos\varphi - \cos\varphi_0)$$

因此，惯性力

$$F_{gR}^n = \frac{W}{g}l\omega^2 = 2W(\cos\varphi - \cos\varphi_0)$$

于是得

$$F_1 = F_2 = \frac{W}{2}(3\cos\varphi - 2\cos\varphi_0)$$

当 $\varphi = \varphi_0$ 时，即初瞬时有

$$F_1 = F_2 = \frac{W}{2}\cos\varphi_0$$

当 $\varphi = 0$ 时即 AB 于最低位置时有

$$F_1 = F_2 = \frac{W}{2}(3 - 2\cos\varphi_0)$$

例 13-4　均质圆盘重 W，在铅垂面内绕水平轴 A 转动如图 13-11 所示。开始运动时，直径 AB 在水平位置，初速为零。求此时盘心 O 的加速度及 A 点的约束反力。

解　以圆盘为研究对象。它做定轴转动。转轴垂直于质量对称面，故其惯性力系可简化为作用于 A 点的力 $\boldsymbol{F}_{gR}$ 及一力偶，其矩以 M_{gA} 表示。由于圆盘初速为零，故此时 $\boldsymbol{F}_{gR} = -\frac{W}{g}\boldsymbol{a}_O$，于是

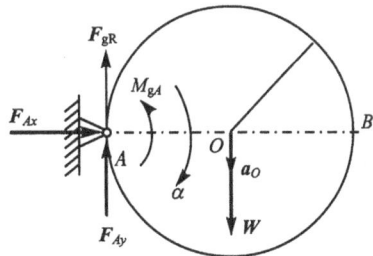

图 13-11

$$F_{gR} = \frac{W}{g} r\alpha$$

$$M_{gA} = J_A\alpha = \frac{3W}{2g} r^2\alpha$$

根据达朗贝尔原理,圆盘上作用的主动力 **W**、约束反力 **F**$_A$ 与惯性力 **F**$_{gR}$、惯性力偶 M_{gA} 构成平衡力系。以 A 为矩心,有

$$M_{gA} - Wr = 0$$

于是解得

$$\alpha = \frac{2g}{3r}$$

故开始时盘心的加速度为

$$a_O = r\alpha = \frac{2g}{3}$$

为求 A 处反力,列出平衡方程

$$\sum F_x = 0, \qquad F_{Ax} = 0$$

$$\sum F_y = 0, \qquad F_{Ay} + F_{gR} - W = 0$$

于是得

$$F_{Ax} = 0, \qquad F_{Ay} = \frac{1}{3} W$$

例 13-5　均质圆柱体重 **W**,被水平绳拉着在水平面上做纯滚动。绳子跨过定滑轮 B 而系一重 **Q** 的物体 A,如图 13-12 所示。不计绳及定滑轮重。求滚子中心的加速度及绳的张力。

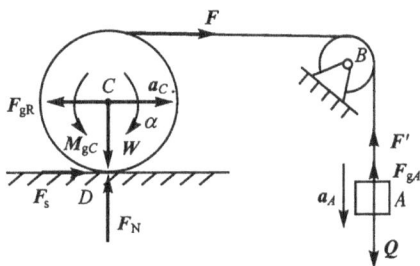

图 13-12

解　先以圆柱体为研究对象。圆柱体做平面运动,惯性力系简化为作用于质心的力及一力偶

$$F_{gR} = \frac{W}{g} a_C$$

$$M_{gC} = \frac{1}{2} \cdot \frac{W}{g} r^2\alpha = \frac{W}{2g} r a_C$$

作用于圆柱体的 $\boldsymbol{F}_{\mathrm{s}}$、$\boldsymbol{F}_{\mathrm{N}}$、$\boldsymbol{F}$、$\boldsymbol{W}$、$\boldsymbol{F}_{\mathrm{gR}}$、$\boldsymbol{M}_{\mathrm{gC}}$ 构成平衡力系。由平衡方程

$$\sum M_D(\boldsymbol{F}) = 0, \qquad M_{\mathrm{gC}} + F_{\mathrm{gR}} r - F \cdot 2r = 0$$

即

$$\frac{W}{2g} r a_C + \frac{W}{g} r a_C - F \cdot 2r = 0 \qquad\qquad (a)$$

其次,以物体 A 为研究对象,$\boldsymbol{F}'$、$\boldsymbol{F}_{\mathrm{gA}}$、$\boldsymbol{Q}$ 三力构成平衡力系,有

$$F' + F_{\mathrm{gA}} - Q = 0$$

式中,$F' = F$,$F_{\mathrm{gA}} = \dfrac{Q}{g} a_A = \dfrac{Q}{g} \cdot 2 a_C$,故上式为

$$F + \frac{2Q}{g} a_C - Q = 0 \qquad\qquad (b)$$

联立式(a)、(b)解得

$$a_C = \frac{4Qg}{3W + 8Q}$$

将 a_C 代入(a)或(b),可得绳的张力为

$$F = \frac{3QW}{3W + 8Q}$$

例 13-6　两均质细杆 AB 和 BD 长度均为 l,质量均为 m,用光滑圆柱铰链 B 相连接,并自由地挂在铅垂位置。A 为光滑的固定铰支座,今以已知水平力 F 加于 AB 杆的中点,求此时杆 AB 与 BD 的角加速度 α_{AB} 与 α_{BD} 及 A 点的约束反力。

解　以整体为研究对象,系统所受真实外力有 AB、BD 的重力(其值均为 mg)、水平力 F 及 A 处约束反力 $\boldsymbol{F}_{Ax}$、$\boldsymbol{F}_{Ay}$。

以 A 为原点,建立坐标系 Axy,设 α_{AB}、α_{BD} 转向如图 13-13(a)所示,AB 做定轴转动。由于初始瞬时静止,故对于此瞬时 AB 杆质心的加速度为 $a_1 = \frac{1}{2} l \alpha_{AB}$,方向水平向右。$BD$ 杆做平面运动。由于初始瞬时静止,故此瞬时 BD 杆质心的加速度应为 $a_2 = l \alpha_{AB} + \frac{1}{2} l \alpha_{BD}$,方向为水平向右。

AB 杆的惯性力系向 A 点简化为 $F_{\mathrm{g1}} = m a_1 = \frac{1}{2} m l \alpha_{AB}$,$M_{\mathrm{g1}} = J_A \alpha_{AB} = \frac{1}{3} m l^2 \alpha_{AB}$;$BD$ 杆惯性力系向质心 C 简化为 $F_{\mathrm{g2}} = m a_2 = m l \alpha_{AB} + \frac{1}{2} m l \alpha_{BD}$,$M_{\mathrm{g2}} = J_C \alpha_{BD} = \frac{1}{12} m l^2 \alpha_{BD}$。

根据达朗贝尔原理,对图示坐标系有平衡方程

$$\sum F_x = 0, \qquad F + F_{Ax} - F_{\mathrm{g1}} - F_{\mathrm{g2}} = 0$$

$$\sum F_y = 0, \qquad F_{Ay} - 2mg = 0$$

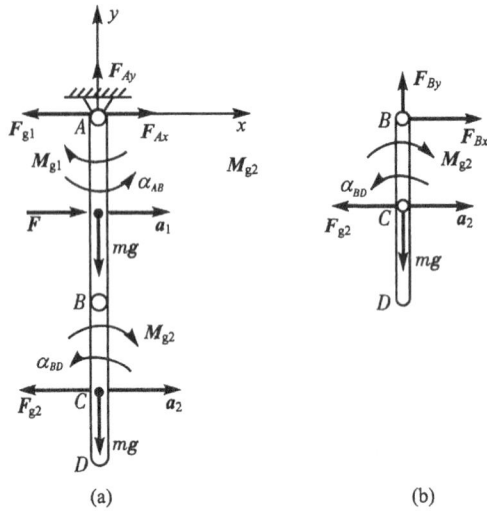

图 13-13

$$\sum M_A(\boldsymbol{F}) = 0, \qquad F\frac{l}{2} - F_{g2}\frac{3}{2}l - M_{g1} - M_{g2} = 0$$

代入各惯性力的表达式得

$$\left.\begin{aligned} &F + F_{Ax} - \frac{3}{2}ml\alpha_{AB} - \frac{1}{2}ml\alpha_{BD} = 0 \\ &F_{Ay} - 2mg = 0 \\ &F\frac{l}{2} - \frac{11}{6}ml^2\alpha_{AB} - \frac{5}{6}ml^2\alpha_{BD} = 0 \end{aligned}\right\} \tag{a}$$

再以 BD 杆为研究对象,所受真实外力有重力 mg,B 点约束反力 $\boldsymbol{F}_{Bx}$、$\boldsymbol{F}_{By}$,如图 13-13(b)所示。

BD 杆惯性力系向质心 C 简化为 $F_{g2} = ml\alpha_{AB} + \frac{1}{2}ml\alpha_{BD}$,$M_{g2} = \frac{1}{12}ml^2\alpha_{BD}$。

根据达朗贝尔定理有

$$\sum M_B(\boldsymbol{F}) = 0, \qquad F_{g2}\frac{l}{2} + M_{g2} = 0$$

代入 F_{g2}、M_{g2} 的表达式得

$$\alpha_{AB} + \frac{2}{3}\alpha_{BD} = 0 \tag{b}$$

联立式(a)、(b)解得

$$F_{Ax} = -\frac{5}{14}F, \qquad F_{Ay} = 2mg$$

$$\alpha_{AB} = \frac{6F}{7ml}, \qquad \alpha_{BD} = -\frac{9F}{7ml}$$

例 13-7 均质直杆重为 P,长为 L,A 端为球铰链连接,B 端自由,以匀角速度 ω 绕铅垂轴 Az 转动($\beta>0$)。求杆与铅垂线的夹角 β 和铰链 A 处的反力(图 13-14(a))。

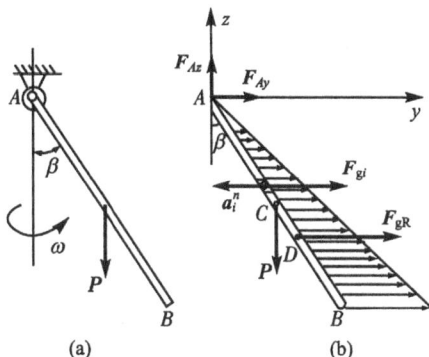

图 13-14

解 以杆 AB 为研究对象。杆做定轴转动,由于转轴不垂直杆的对称平面,用动静法分析时,杆的惯性力系的简化就不适用转轴垂直对称平面时的结论,而要另外进行分析。

当杆匀速转动时,β 为常数,杆上距 A 端 r 处的质点 M 只有向心加速度,大小为

$$a_i^n = \omega^2 r \sin\beta$$

故杆上各点只有法向惯性力,方向垂直于 Az 轴向外,大小与距离 r 成正比;在 A 端处为零,在 B 端处最大,呈三角形分布如图 13-14(b)所示。

由于杆质心 C 的加速度 $a_C = \frac{L}{2}\sin\beta \cdot \omega^2$,此力系合力的大小为 $F_{gR} = ma_C$,即

$$F_{gR} = \frac{P}{g} \cdot \frac{L}{2}\sin\beta \cdot \omega^2$$

再用合力矩定理确定合力作用点位置 D,以 A 为矩心,设 r 处微段长度为 dr,质量为 $dm = \frac{P}{gL} \cdot dr$,则由 $M_A(F_{gR}) = \sum M_A(\boldsymbol{F}_{gi})$ 可得

$$F_{gR} \cdot AD\cos\beta = \int_0^L r\cos\beta \cdot \frac{P\omega^2}{gL}r\sin\beta \cdot dr$$

$$= \int_0^L \frac{P\omega^2}{gL} \cdot \frac{\sin 2\beta}{2} \cdot r^2 dr$$

$$= \frac{PL^2\omega^2}{6g}\sin 2\beta$$

以 F_{gR} 的值代入,解得

$$AD = \frac{PL^2\omega^2}{6g}\sin2\beta \Big/ \frac{PL\omega^2}{2g}\sin\beta \cdot \cos\beta = \frac{2}{3}L$$

可见**惯性力的合力作用线并不通过质心** C,而通过杆长 $\frac{2}{3}$ 处。也就是通过惯性力组成的三角形的形心。

杆受的外力有重力 P 及球铰 A 的约束反力 $\boldsymbol{F}_{Ay}$、$\boldsymbol{F}_{Az}$,它们与惯性力的合力组成一平衡的平面任意力系。由平衡方程

$$\sum M_A(\boldsymbol{F}) = 0, \qquad \frac{2}{3}L\cos\beta\frac{PL\omega^2}{2g}\sin\beta - P\frac{L}{2}\sin\beta = 0$$

$$\sum F_y = 0, \qquad F_{gR} + F_{Ay} = 0$$

$$\sum F_z = 0, \qquad F_{Az} - P = 0$$

解得

$$\beta = \arccos\frac{3g}{2L\omega^2}$$

$$F_{Ay} = -\frac{PL\omega^2}{2g}\sin\beta$$

$$F_{Az} = P$$

思 考 题

13-1 试判断下列说法是否正确。为什么?

(1)两物体质量相同,加速度大小相等,则其惯性力相同。

(2)动静法就是把动力学问题变成静力学问题。

(3)做平动的刚体,它的惯性力系向任一点简化结果均为一合力,其大小 $F_{gR} = ma_C$。

13-2 如思考题 13-13 图(a)所示,滑轮的转动惯量为 J_O,绳两端物重 $W_1 = W_2$,问在下述两种情况下滑轮两边绳的张力是否相等:①物块 Ⅱ 做匀速运动;②物块 Ⅱ 做加速运动。

13-3 如思考题 13-3 图所示,图(a)中挂物块 Ⅱ 的绳端,在图(b)中作用以力 W_2。问当两图中物块 Ⅰ 的加速度相同时,图(a)、(b)中相对应的绳段的张力是否相同,为什么?

13-4 绕定轴转动刚体的惯性力系向轴心 O 简化,或向质心 C 简化,如思考题 13-4 图所示,其简化结果是否相同?

13-5 圆轮重 G,半径 R,沿水平面纯滚动,不计滚阻,如思考题 13-5 图所示。试问在下列两种情况下,轮心的加速度及接触面的摩擦力是否相等:图(a)在轮上作用一矩为 M 的顺钟向力偶;图(b)在轮心上作用一水平向右、大小为 M/R 的力 $\boldsymbol{P}$。

13-6 一等截面均质杆 OA,长 l,重 P,在水平面内以匀角速度 ω 绕铅直轴 O 转动,如思考题 13-6 图所示。试分析距转动轴 h 处断面上的轴向力的大小,并分析在哪个截面上的轴向力最大?

13-7 应用达朗贝尔原理所列的力矩平衡方程与动量矩定理有何异同?

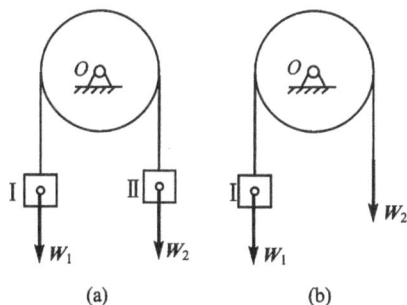

思考题 13-3 图

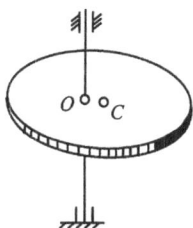

思考题 13-4 图

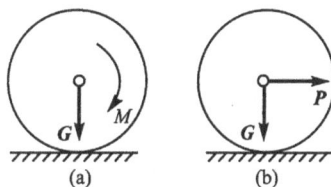

思考题 13-5 图

13-8　如思考题 13-8 图所示,分析火车主动轮曲拐销 A 与轮心 O 连线的另一侧设置均重铁 B 的作用。

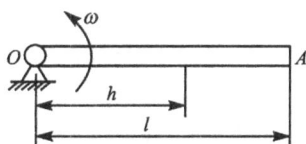

思考题 13-6 图

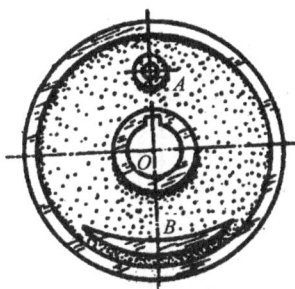

思考题 13-8 图

习　　题

13-1　试计算并在图上画出下列各刚体惯性力系在图示位置的简化结果。刚体可视为均质的,其质量为 m。

（a）尺寸如图示的板,以加速度 a 沿固定水平面滑动;

（b）半径为 R 的圆盘,绕偏心轴 O 以角速度 ω,角加速度 α 转动;

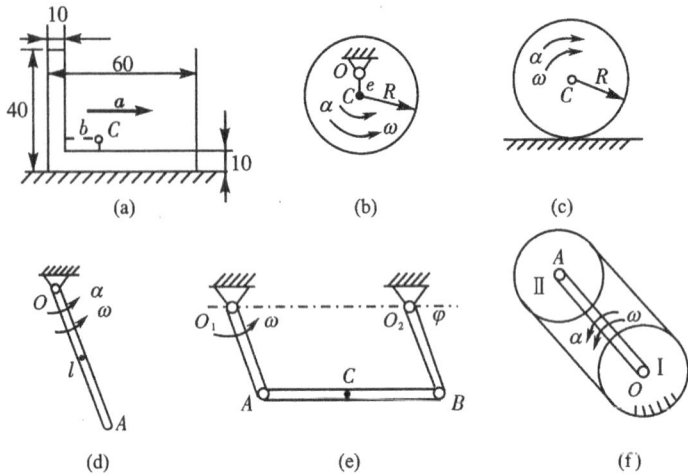

题 13-1 图

(c) 半径为 R 的圆柱,沿水平面以角速度 ω,角加速度 α 滚动而不滑动;

(d) 长为 l 的细直杆,绕轴 O 以角速度 ω,角加速度 α 转动;

(e) 平行四边形机构中的连杆 AB,其曲柄以匀角速度 ω 转动;

(f) 齿轮链条机构中的齿轮 II,轮 I 固定,杆 OA 转动的角速度为 ω,角加速度为 α。

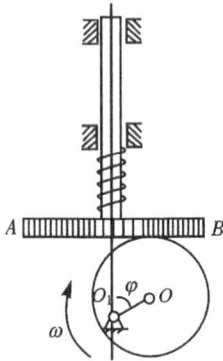

题 13-2 图

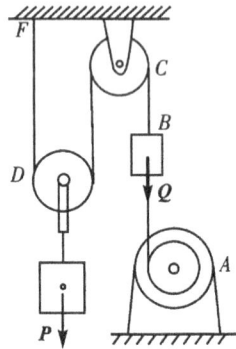

题 13-3 图

13-2　如题 13-2 图所示一凸轮导板机构。偏心圆盘圆心为 O,半径为 r,偏心距 $O_1O=e$,绕 O_1 轴以匀角速度 ω 转动。当导板 AB 在最低位置时,弹簧的压缩量为 b,导板重为 W。要使导板在运动过程中始终不离开偏心轮,求弹簧刚性系数 k。

13-3　两重物 $P=20\text{kN}$ 和 $Q=8\text{kN}$,连接如题 13-3 图所示,并由电动机 A 拖动。如电动机转子的绳的张力为 3kN,不计滑轮重,求重物 P 的加速度和绳 FD 的张力。

13-4　如题 13-4 图所示,露天装载机转弯时,弯道半径为 ρ,装载机重 P,重心高出水平地面

h,内外轮间的距离为 b,设轮与地面的摩擦系数为 f,求:①转弯时的极限速度,即不至于打滑和倾倒的最大速度;②若要求当转弯速度较大时,先打滑后倾倒,则应有什么条件？③如装载机的最小转弯半径(自后轮外侧算起)为 570cm,轮距为 225cm,摩擦系数取 0.5,则极限速度为多少？

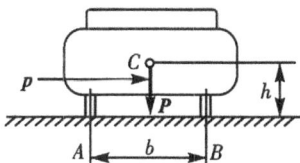

题 13-4 图

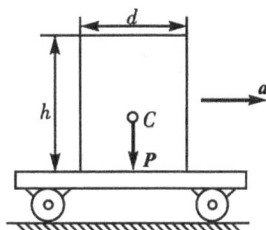

题 13-5 图

13-5　运送货物的小车装载着质量为 M 的货箱如题 13-5 图所示。货箱可视为均质长方体,侧面宽 $d=1$m,高 $h=2$m,货箱与小车间的摩擦系数 $f=0.35$,试求安全运送时所许可的小车的最大加速度。

13-6　正方形均质板重 40N,在铅直平面内以三根软绳拉住,板的边长 $b=10$cm,如题 13-6 图所示。求:①当软绳 FG 剪断后,木板开始运动的加速度以及 AD 和 BE 两绳的张力;②当 AD 和 BE 两绳位于铅直位置时,木板中心 C 的加速度和两绳的张力。

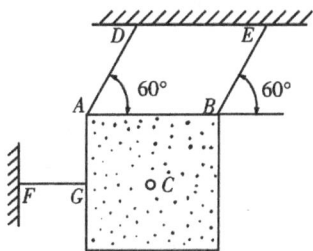

题 13-6 图

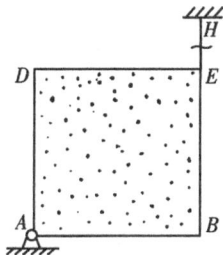

题 13-7 图

13-7　正方形薄板 $ABED$,边长为 b,重量为 P,可在铅垂平面内绕轴 A 转动。在其顶点 E 系一无重绳 EH,使 AB 边在水平位置如题 13-7 图所示。如将绳 EH 剪断,求此瞬时板的角加速度及轴 A 处的反力。

13-8　均质杆长 l,重 W,被铰链 A 和绳子支持如题 13-8 图所示。若连接 B 点的绳子突然断掉,试求:①铰链支座 A 的约束反力;②B 点的加速度。

13-9　质量为 m,长为 l 的均质杆 AB 的一端 A 焊接于半径为 r 的圆盘边缘上,如题 13-9 图所示。今盘以角加速度 α 绕中心 O 转动。图示位置角速度为 ω,求此时 AB 杆上 A 端由于转动所受的力。

13-10　如题 13-10 图所示,均质杆 AB 长为 l,重 P,以等角速度 ω 绕 z 轴转动。求杆与铅直线的交角 β 及铰链 A 的反力。

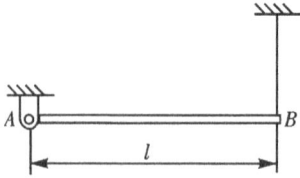

题 13-8 图

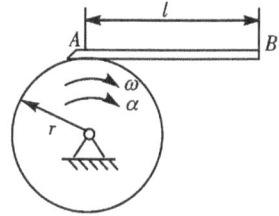

题 13-9 图

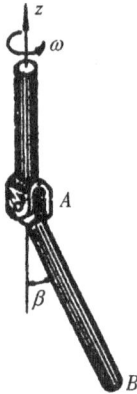

题 13-10 图

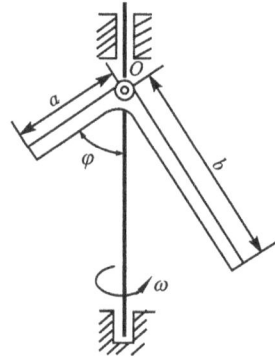

题 13-11 图

13-11 两细长的均质直杆,长各为 a 和 b,互成直角地固结在一起,其顶点 O 则与铅直轴以铰链相连,此轴以等角速度 ω 转动,如题 13-11 图所示。求长为 a 的杆离铅直线的偏角 φ 与 ω 间的关系。

13-12 如题 13-12 图所示,均质细杆 AB 光滑铰接于水平圆盘上的 A 点,而另一端 B 则以一绳与圆盘中心 O 相连。已知杆的质量 $m=4\mathrm{kg}$,长 $l=0.25\mathrm{m}$,绳长 $a=0.15\mathrm{m}$,且 $AO \perp BO$。求圆盘以匀角速度 $\omega=10\mathrm{rad/s}$ 绕 O 转动时,绳 BO 的张力。

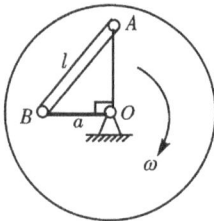

题 13-12 图

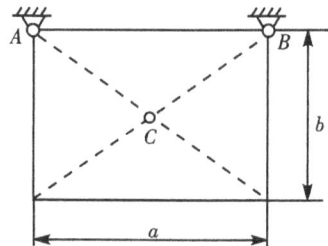

题 13-13 图

13-13 如题 13-13 图所示,长方形均质平板长 $a=20\mathrm{cm}$,宽 $b=15\mathrm{cm}$,质量为 27kg,由两个

销 A 和 B 悬挂。如果突然撤去销 B，求在撤去销 B 的瞬时平板的角加速度和销 A 的约束反力。

13-14 一半径为 R 的光滑圆环平置于光滑水平面上，并可绕通过环心与其垂直的轴 O 转动；另有一均质杆 AB 长为 $\sqrt{2}R$，重为 W，A 端铰接于环的内缘，B 端始终压在轮缘上，如题 13-15 图所示。已知 $R=400\text{mm}$，$W=100\text{N}$，若在某瞬时 $\omega=3\text{rad/s}$，$\alpha=6\text{rad/s}^2$，求杆的 A、B 端在水平面内所受的力。

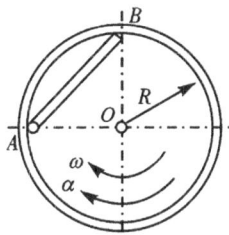
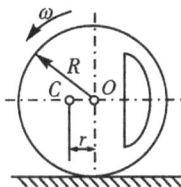

题 13-14 图   题 13-15 图

13-15 如题 13-15 图所示，轮的质量为 2kg，半径 $R=150\text{mm}$，质心 C 离几何中心 O 的距离为 $r=50\text{mm}$，轮对质心的回转半径 $\rho=75\text{mm}$。当轮做纯滚动时，它的角速度是变化的。在图示 C、O 位于同一高度时，$\omega=12\text{rad/s}$。求此时轮的角加速度。

13-16 如题 13-16 图所示，均质板重 Q，放在两个均质圆柱滚子上，滚子各重 $\dfrac{Q}{2}$，其半径均为 r。如在板上作用一水平力 P 并设滚子无滑动，求板的加速度。

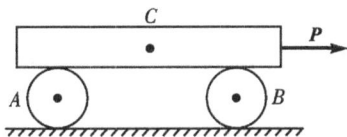
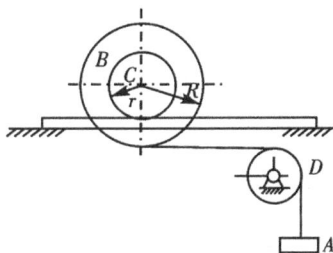

题 13-16 图   题 13-17 图

13-17 如题 13-17 图所示，一重物 A 质量为 m_A，当其下降时，借一无重量且不可伸长的绳使滚子 C 沿水平轨道滚动而不滑动，绳子跨过一不计质量的定滑轮 D 并绕在滑轮 B 上，滑轮 B 的半径为 R，牢固地装在滚子 C 上，滚子 C 的半径为 r，两者总质量为 m_C，其对与图面垂直的 C 轴的回转半径为 ρ。试求重物 A 的加速度 a_A。

13-18 如题 13-18 图所示，质量 $m=50\text{kg}$ 的均质细直杆 AB，一端 A 搁在光滑水平面上，另一端 B 由质量可以不计的绳子系在固定点 D，且 ABD 在同一铅直平面内，当绳处于水平位置时，杆由静止开始落下，求在此瞬时：①杆的角加速度；②绳子 BD 的拉力；③A 点反力。已知：杆 AB 长 $l=2.5\text{m}$，绳 BD 长 $b=1\text{m}$，D 点高出地面 $h=2\text{m}$。

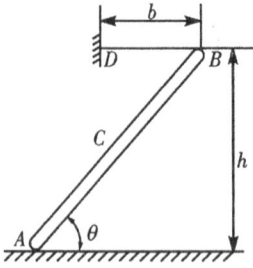

题 13-18 图

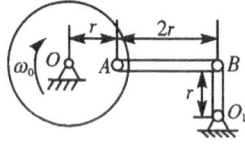

题 13-19 图

13-19　杆 AB 和 BC 其单位长度的质量为 m,连接如题 13-19 图所示。圆盘在铅垂平面内绕 O 轴做等角速度 ω_0 转动,求图示位置时,作用在 AB 杆上 A 点和 B 点的力。

13-20　如题 13-20 图所示,质量为 m,长为 l 的均质细杆 BC,以光滑铰链与悬臂梁 AB 相连。梁 AB 的质量和长度分别与 BC 相同。试求 BC 杆从铅垂位置静止开始运动至水平时,A 端的约束反力。

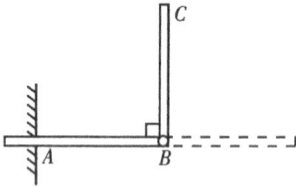

题 13-20 图

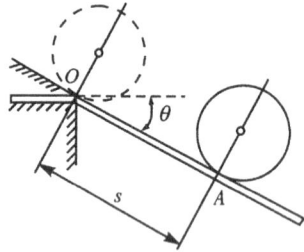

题 13-21 图

13-21　一均质圆柱体重为 P,沿倾斜板自 O 点由静止开始纯滚动。板的倾角为 θ,如题 13-21图所示,试求,圆柱体运动至 $OA=s$ 时,平板在 O 点的约束反力。板重不计。

13-22　如题 13-22 图所示,均质细杆 AB 长 $l=1.2\text{m}$,质量为 $m=3\text{kg}$,$\beta=30°$,不计滚子的质量和摩擦,在图示位置从静止开始运动时,求:①杆 AB 的角加速度;②A 点的加速度;③斜面对 A 滚子的反力。

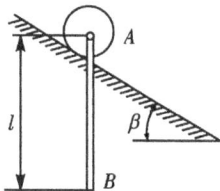

题 13-22 图

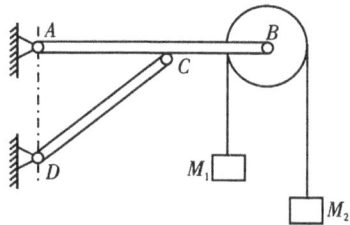

题 13-23 图

13-23　两重物 M_1 和 M_2 分别重 P_1 和 P_2，用绕过滑轮 B 的绳连接，如题 13-23 图所示。如果忽略绳、滑轮重量及摩擦，若 $AC=a$，$AB=b$，$\angle ACD=\theta$，求杆 CD 受的力。杆重略去不计。

第 14 章 动 能 定 理

能量是自然界各种形式运动的度量,如电能、热能、机械能等,各种能量可以相互转化。例如,当机床的电动机接上电源后开始转动,这时电能转化为机械能;机床在加工时,运动部件因摩擦而发热,有一些机械能转化为热能;物体做自由落体运动时,势能转化为动能等。各种形式的能量相互转化的关系以及机械能量的增减都与功有关。本章通过有关概念讨论物体机械运动中的动能、势能和力的功之间的联系,导出了动能定理、机械能守恒定律等,最后介绍功率、功率方程和机械效率。

14.1 质点和质点系的动能

14.1.1 质点的动能

设质点的质量为 m,速度为 $\boldsymbol{v}$,则质点的动能为 $\frac{1}{2}mv^2$,它是恒为正的标量。动能与动量一样,也是机械运动的一种度量。

动能的单位,在国际单位制中也取焦耳(J)。

14.1.2 质点系的动能

设质点系由 n 个质点组成,则质点系内各质点动能的算术和称为质点系的动能,即

$$T = \sum_{i=1}^{n} \frac{1}{2}m_i v_i^2 \tag{14-1}$$

14.1.3 柯尼希定理

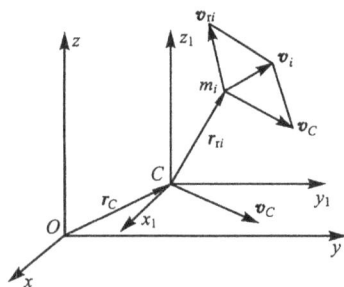

图 14-1

当质点系中各质点的运动较为复杂时,通过计算每个质点的动能的方法来得出质点系的动能往往不太方便,可以应用柯尼希定理计算质点系动能。

以质点系的质心 C 为原点,取平动坐标系 $Cx_1y_1z_1$(图 14-1),它以质心的速度 $\boldsymbol{v}_C$ 运动。设质点系内任一质点在这平动坐标系中的相对

速度是 $\boldsymbol{v}_{ri}$，则由点的速度合成定理，质点系内任一点的速度 $\boldsymbol{v}_i$ 可表示为

$$\boldsymbol{v}_i = \boldsymbol{v}_C + \boldsymbol{v}_{ri}$$

由于

$$v_i^2 = \boldsymbol{v}_i \cdot \boldsymbol{v}_i$$
$$= (\boldsymbol{v}_C + \boldsymbol{v}_{ri}) \cdot (\boldsymbol{v}_C + \boldsymbol{v}_{ri})$$
$$= v_C^2 + v_{ri}^2 + 2\,\boldsymbol{v}_C \cdot \boldsymbol{v}_{ri}$$

因此质点系的动能为

$$T = \sum \frac{1}{2} m_i v_i^2$$
$$= \sum \frac{1}{2} m_i (v_C^2 + v_{ri}^2 + 2\,\boldsymbol{v}_C \cdot \boldsymbol{v}_{ri})$$
$$= \frac{1}{2} \left(\sum m_i v_C^2 + \sum \frac{1}{2} m_i v_{ri}^2 + \boldsymbol{v}_C \cdot \sum m_i \boldsymbol{v}_{ri} \right)$$

上式右端第一项为 $\frac{1}{2} m v_C^2$，就是质点系随质心一起平动的动能，其中 $m = \sum m_i$ 为质点系总质量。第二项为 $\sum \frac{1}{2} m_i v_{ri}^2 = T_r$，表示质点系相对于随质心平动坐标系运动的动能。第三项中 $\sum m \boldsymbol{v}_{ri}$ 表示质点系相对质心坐标系运动的动量，根据质心公式，在质心坐标系中有

$$\sum m_i \boldsymbol{r}_{ri} = m \boldsymbol{r}_{rC}$$

故得

$$\sum m_i \boldsymbol{v}_{ri} = \frac{\mathrm{d}}{\mathrm{d}t} \left(\sum m_i \boldsymbol{r}_{ri} \right) = \frac{\mathrm{d}}{\mathrm{d}t} (m \boldsymbol{r}_{rC})$$

其中，$\boldsymbol{r}_{rC}$ 为质心 C 的相对矢径，故恒为零，所以 $\sum m_i \boldsymbol{v}_{ri}$ 恒等于零。于是

$$T = \frac{1}{2} m v_C^2 + T_r \tag{14-2}$$

即：**质点系在绝对运动中的动能等于它随质心平动的动能与相对于质心平动坐标系运动的动能之和。这就是柯尼希定理。**

例 14-1　试计算以速度 $\boldsymbol{v}_0$ 前进的拖拉机的一条履带的动能（图 14-2）。已知轮轴间的距离为 L，轮的半径是 R，履带单位长度的质量为 ρ。

解　由对称性知，履带的质心始终位于两轴连线的中点，且 $\boldsymbol{v}_C = \boldsymbol{v}_0$，而履带各点相对于质心平动坐标系 $Cx_1y_1z_1$ 的速度的大小相等，不难求得 $v_r = v_0$，故由柯尼希定理得履带的动能为

$$T = \frac{1}{2} m v_C^2 + \sum \frac{1}{2} m_i v_r^2$$
$$= \frac{1}{2} m v_0^2 + \frac{1}{2} \left(\sum m_i \right) v_0^2 = m v_0^2$$

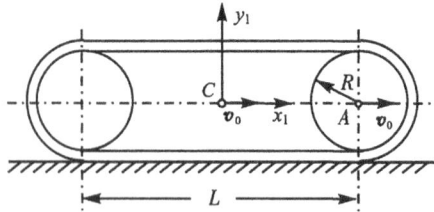

图 14-2

又由题知

$$m=(2L+2R\pi)\rho=2(L+R\pi)\rho$$

最后得履带动能为

$$T=2(L+R\pi)\rho v_0^2$$

14.1.4　刚体的动能

刚体是由无数质点组成的质点系。刚体做不同的运动时,其内各点的速度分布不同,所以有不同的动能表达式。

1. 刚体做平动的动能

当刚体做 平动时,其上各点的速度都和质心的速度 $\boldsymbol{v}_C$ 相同。如果用 m 表示刚体的质量,则平动刚体的动能为

$$T=\sum \frac{1}{2}m_i v_i^2=\sum \frac{1}{2}m_i v_C^2=\frac{1}{2}\left(\sum m_i\right)v_C^2$$

故

$$T=\frac{1}{2}mv_C^2 \tag{14-3}$$

式(14-3)说明:**平动刚体的动能等于刚体的质量与其质心速度平方的乘积的一半。**可见,平动刚体的动能与质量集中于质心的质点的动能相同。

2. 刚体绕定轴转动的动能

设刚体以角速度 ω 绕固定轴 z 转动(图 14-3),刚体内第 i 个质点的质量为 m_i,到 z 轴的距离为 r_i,则该质点的速度为 $v_i=r_i\omega$,因此刚体的动能为

$$T=\sum \frac{1}{2}m_i v_i^2$$

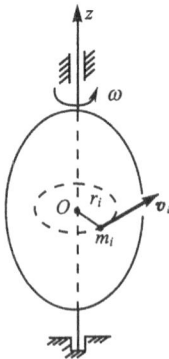

图 14-3

$$= \sum \frac{1}{2} m_i (r_i \omega)^2$$

$$= \frac{1}{2} \left(\sum m_i r_i^2 \right) \omega^2$$

故

$$T = \frac{1}{2} J_z \omega^2 \tag{14-4}$$

其中,$J_z = \sum m_i r_i^2$ 为刚体对转轴 z 的转动惯量。式(14-4)说明,**绕固定轴转动的刚体的动能等于刚体对转轴的转动惯量与其角速度平方乘积的一半。**

3. 刚体做平面运动的动能

取刚体的质心 C 所在的平面图形,该图形在其自身平面内运动。如图 14-4 所示,设平面运动刚体的角速度为 ω,速度瞬心在 P 点,r_i 为任意点 M_i 到 P 点的距离,则平面运动刚体的动能为

$$T = \sum \frac{1}{2} m_i v_i^2 = \sum \frac{1}{2} m_i r_i^2 \omega^2 = \frac{1}{2} \left(\sum m_i r_i^2 \right) \omega^2$$

图 14-4

因 $\sum m_i r_i^2 = J_P$ 是刚体对瞬时轴的转动惯量,所以有

$$T = \frac{1}{2} J_P \omega^2 \tag{14-5}$$

根据计算转动惯量的平行移轴定理有

$$J_P = J_C + ml^2$$

其中,J_C 为刚体对平行于瞬时轴的质心轴的转动惯量;m 为刚体的质量;l 为刚体的质心 C 到速度瞬心 P 的距离。因此,平面运动刚体的运动还可以表示为

$$T = \frac{1}{2} (J_C + ml^2) \omega^2 = \frac{1}{2} J_C \omega^2 + \frac{1}{2} ml^2 \omega^2$$

因 $\omega l = v_C$ 是质心 C 的速度,于是有

$$T = \frac{1}{2} m v_C^2 + \frac{1}{2} J_C \omega^2 \tag{14-6}$$

即**平面运动刚体的动能等于随同质心平动的动能与绕质心转动的动能之和。**

例 14-2　求例 14-1 中车轮的动能。设两车轮的重量均为 Q,车轮可视为均质圆盘。

解　车轮做平面运动,且轮心 A 的速度为 $v_A = v_0$,P 为轮 A 的速度瞬心,因此有 $\omega = \dfrac{v_0}{R}$,则车轮的动能为

$$T = 2 \left(\frac{1}{2} m v_A^2 + \frac{1}{2} J_A \omega^2 \right)$$

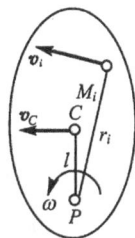

$$= 2\left(\frac{1}{2}\frac{Q}{g}v_0^2 + \frac{1}{2} \cdot \frac{1}{2}\frac{Q}{g}R^2 \cdot \frac{v_0^2}{R^2}\right)$$

$$= \frac{3}{2}\frac{Q}{g}v_0^2$$

或

$$T = 2\frac{1}{2}J_P\omega^2 = 2\frac{1}{2}\left(J_A + \frac{Q}{g}R^2\right)\omega^2$$

$$= \left(\frac{1}{2}\frac{Q}{g}R^2 + \frac{Q}{g}R^2\right)\frac{v_0^2}{R^2}$$

$$= \frac{3}{2}\frac{Q}{g}v_0^2$$

例 14-3　不可伸长的无重绳子绕过重 W 的滑轮 A,绳的一端连接在与滑轮具有相同半径和重量的轮 B 的中心,另一端吊住重物 C(图 14-5)。重物 C 由静止开始运动,带动滑轮 A 转动,并使轮 B 无滑动滚动。已知轮 A、B 质量均匀分布,滑轮与绳之间无相对滑动,且不计滑轮轴的摩擦。若重物 C 下落 h 时的速度为 v,求此瞬时系统的动能。

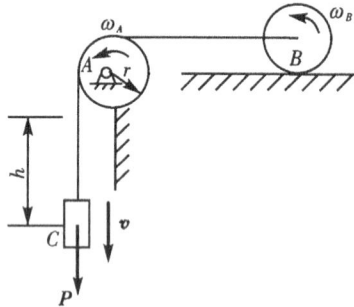

图 14-5

解　取 A、B 轮与重物 C 组成的系统为研究对象。

当重物 C 下落 h 时速度为 v,轮 A、B 转动的角速度分别为 ω_A 和 ω_B,轮 B 中心的速度为 $r\omega_B$。此时,系统的动能为

$$T = \frac{1}{2} \cdot \frac{P}{g}v^2 + \frac{1}{2} \times \frac{1}{2} \cdot \frac{W}{g}r^2\omega_A^2 + \frac{1}{2} \times \frac{1}{2} \cdot \frac{W}{g}r^2\omega_B^2 + \frac{1}{2} \cdot \frac{W}{g}(r\omega_B)^2$$

由于 $\omega_A = \dfrac{v}{r}, \omega_B = \dfrac{v_B}{r} = \dfrac{v}{r}$,故有

$$T = \frac{1}{2g}(P + 2W)v^2$$

14.2　力　的　功

在这一章中我们用力的功表示力在一段路程上对物体作用的累积效应。下面

介绍功的计算方法。

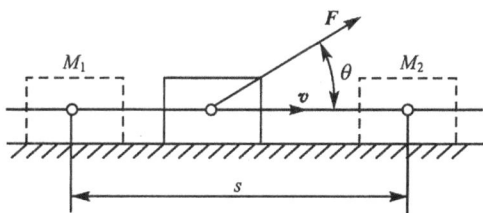

图 14-6

14.2.1 常力在直线运动中的功

设在做直线运动的物体上作用一常力 F,力与速度的正方向夹角为 θ,力作用点路程为 s(图 14-6)。力 F 在速度v 方向的投影 $F\cos\theta$ 与 s 的乘积称为力 F 在此路程上对物体作用的功,用 W 表示,即

$$W=Fs\cos\theta \tag{14-7}$$

功是代数量,其正负由 $\cos\theta$ 的值来决定。当 $\theta=90°$ 时,力的功等于零。

在国际单位制中,功的单位常用焦耳(J)表示,即

$$1J=1N\cdot m$$

14.2.2 变力在曲线运动中的功

设质点 M 在变力 F 作用下做曲线运动(图 14-7),这时力的功应当这样计算:将质点走过的路程 $s(\overparen{M_1M_2})$分割成无限多个微小弧段,每一小段弧长 ds 可视为直线位移;力 F 在这微小位移中可视为常力,

它做的功称为元功,以 δW 表示,即

$$\delta W=F\cos\theta ds \tag{14-8}$$

当 ds 足够小时 ,$ds=|dr|$,dr 为与微小弧段相对应的无限小位移,故

$$\delta W=F\cdot dr \tag{14-9}$$

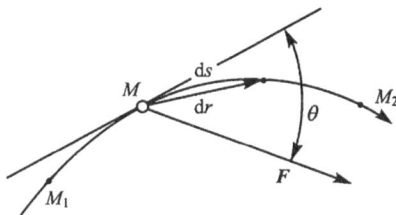

图 14-7

式(14-9)表明:**力的元功等于力与力作用点无限小位移的标积。**利用矢量分析式

$$F=F_x i+F_y j+F_z k,$$
$$dr=dx i+dy j+dz k$$

可得元功分析式

$$\delta W=F_x dx+F_y dy+F_z dz \tag{14-10}$$

力 F 在$\overparen{M_1M_2}$路程上的功就是其在全部路程上元功的总和,即

$$W = \int_{M_1}^{M_2} \delta W = \int_{M_1}^{M_2} \boldsymbol{F} \cdot \mathrm{d}\boldsymbol{r} \tag{14-11}$$

或

$$W = \int_{M_1}^{M_2} (F_x \mathrm{d}x + F_y \mathrm{d}y + F_z \mathrm{d}z) \tag{14-12}$$

式(14-12)称为功的分析式。式(14-8)中 $F\cos\theta$ 就是力矢量 $\boldsymbol{F}$ 在轨迹切线上的投影 F_τ，因而又可得

$$W = \int_{M_1}^{M_2} F_\tau \mathrm{d}s \tag{14-13}$$

故一般说来，功的计算是个曲线积分，且与路径有关。

对于质点系来说，设质点系由许多质点组成，力 $\boldsymbol{F}$ 作用在质点 A 上，质点系在运动过程中，质点 A 沿曲线走过一段路程 s，则力 $\boldsymbol{F}$ 所做的功仍按照作用于质点上力的功计算。若质点系内有 n 个质点受到力的作用，则作用于质点系的力做的功等于各力的功的代数和。

14.2.3　几种常见力的功

1. 重力的功

设物体在运动时只受重力作用，重心沿曲线轨迹由 M_1 运动到 M_2（图 14-8）。重力 Q 在直角坐标轴上的投影为

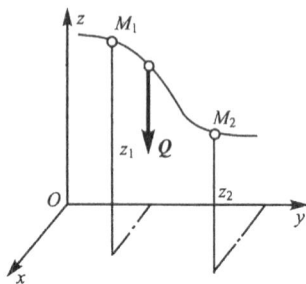

图 14-8

$$F_x = 0, \qquad F_y = 0, \qquad F_z = -Q$$

应用式(14-12)得

$$W = \int_{z_1}^{z_2} -Q\mathrm{d}z = Q(z_1 - z_2) \tag{14-14}$$

由此可见重力做的功仅与重心的起止位置有关，而与从 M_1 到 M_2 所走的路径无关。当重心下降时，重力做正功，当重心上升时，重力做负功。

2. 弹性力的功

设弹簧原长为 l_0，一端固定，另一端连接质点 M，点 M 从 M_1 位置运动到 M_2 位置（图 14-9）。设弹簧的刚性系数为 k，k 的单位取牛顿/米(N/m)或牛顿/厘米(N/cm)，则在弹性范围内，力 $\boldsymbol{F}$ 可表示为

$$\boldsymbol{F} = -k(r - l_0)\boldsymbol{r}_0$$

其中，$\boldsymbol{r}_0 = \dfrac{\boldsymbol{r}}{r}$ 为矢量 $\boldsymbol{r}$ 方向的单位矢量。当弹簧伸长时，$r > l_0$，力 $\boldsymbol{F}$ 与 $\boldsymbol{r}_0$ 的方向相反；当弹簧被压缩时，$r <$

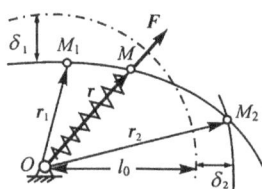

图 14-9

l_0，力 $\boldsymbol{F}$ 与 $\boldsymbol{r}_0$ 的方向相同。

由式(14-11)得

$$W = \int_{M_1}^{M_2} \boldsymbol{F} \cdot \mathrm{d}\boldsymbol{r} = \int_{M_1}^{M_2} -k(r - l_0)\boldsymbol{r}_0 \cdot \mathrm{d}\boldsymbol{r}$$

$$= -k \int_{M_1}^{M_2} (r - l_0) \frac{\boldsymbol{r}}{r} \cdot \mathrm{d}\boldsymbol{r}$$

由于 $2\boldsymbol{r} \cdot \mathrm{d}\boldsymbol{r} = \boldsymbol{r} \cdot \mathrm{d}\boldsymbol{r} + \mathrm{d}\boldsymbol{r} \cdot \boldsymbol{r} = \mathrm{d}(\boldsymbol{r} \cdot \boldsymbol{r}) = \mathrm{d}(r^2) = 2r\mathrm{d}r$

故有

$$W = -k \int_{r_1}^{r_2} (r - l_0)\mathrm{d}r$$

$$= \frac{1}{2}k[(r_1 - l_0)^2 - (r_2 - l_0)^2]$$

即

$$W = \frac{1}{2}k(\delta_1^2 - \delta_2^2) \tag{14-15}$$

其中，$\delta_1 = r_1 - l_0$，$\delta_2 = r_2 - l_0$ 分别为质点 M 在初位置 M_1 时及末位置 M_2 时弹簧的变形。由此可见，弹性力做的功只与 M 点的起、止位置有关，而与从 M_1 点运动到 M_2 点的路径无关。

例 14-4　两杆组成的几何可变结构如图 14-10 所示。A 处为固定铰支座，B 处为辊轴支座。销钉 C 上挂一重物 D，质量为 m，一刚性系数为 k 的弹簧两端分别与 AC、BC 的中点连接。弹簧原长 $l_0 = \dfrac{AC}{2} = \dfrac{BC}{2}$。试求当 $\angle CAB$ 由 $60°$ 变为 $30°$ 时，重物 D 的重力和弹性力所做的功。

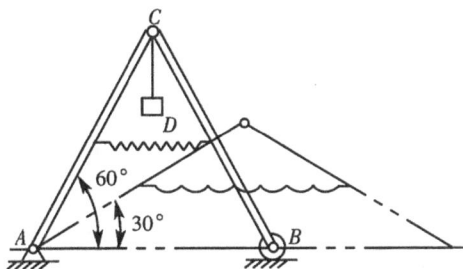

图 14-10

解　1)求重物 D 的重力所做的功。因为重物 D 的下降高度为

$$z_1 - z_2 = 2l_0(\sin 60° - \sin 30°)$$

$$= (\sqrt{3} - 1)l_0$$

所以重力做的功为

$$W=mg(z_1-z_2)=mg(\sqrt{3}-1)l_0$$

2)求弹性力所做的功:当∠CAB=60°时,有

$$\delta_1=0$$

当∠CAB=30°时

$$\delta_2=2l_0\cos30°-l_0=(\sqrt{3}-1)l_0$$

所以弹性力的功为

$$W=\frac{1}{2}k(\delta_1^2-\delta_2^2)=-\frac{1}{2}k(\sqrt{3}-1)^2l_0^2$$

$$=-2\left(1-\frac{\sqrt{3}}{2}\right)kl_0^2$$

14.2.4　汇交力系合力的功

设在物体的 M 点上作用有 n 个力 $\boldsymbol{F}_1,\boldsymbol{F}_2,\cdots,\boldsymbol{F}_n$,则该力系有一合力 $\boldsymbol{R}=\sum\boldsymbol{F}_i$ 作用于同一点,故合力功为

$$W=\int_{M_1}^{M_2}\boldsymbol{R}\cdot\mathrm{d}\boldsymbol{r}=\int_{M_1}^{M_2}\sum\boldsymbol{F}_i\cdot\mathrm{d}\boldsymbol{r}$$

$$=\sum\int_{M_1}^{M_2}\boldsymbol{F}_i\cdot\mathrm{d}\boldsymbol{r}=\sum W_i \tag{14-16}$$

即:合力在某一路程上所做的功等于各个分力在同一路程上所做的功的代数和。

14.2.5　作用于刚体上的力系的功

1. 刚体做平动时力系的功

当刚体做平动时,刚体内各点的位移相同,如以质心的位移 $\mathrm{d}\boldsymbol{r}_C$ 代表刚体的位移,则作用于刚体上力系的元功之和为

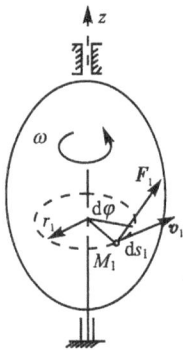

图 14-11

$$\sum\delta W_i=\sum\boldsymbol{F}_i\cdot\mathrm{d}\boldsymbol{r}_C=\left(\sum\boldsymbol{F}_i\right)\cdot\mathrm{d}\boldsymbol{r}_C$$

即

$$\sum\delta W_i=\boldsymbol{F}_\mathrm{R}{}'\cdot\mathrm{d}\boldsymbol{r}_C \tag{14-17}$$

其中, $\boldsymbol{F}_\mathrm{R}{}'=\sum\boldsymbol{F}_i$ 是作用于刚体上力系的主矢。

2. 刚体绕定轴转动时力系的功

当刚体做定轴转动时(图 14-11),作用在刚体上的力 $\boldsymbol{F}_i$ 的元功为

$$\delta W_i=F_\pi\mathrm{d}s_i$$

将 $ds_i = r_i d\varphi$ 代入上式,则得

$$\delta W_i = F_{i\tau} r_i d\varphi$$

其中,$F_{i\tau} r_i = m_z(\boldsymbol{F}_i)$ 是力 $\boldsymbol{F}_i$ 对于转轴 z 之矩,于是作用在定轴转动刚体上的力系的元功为

$$\sum \delta W_i = \sum m_z(\boldsymbol{F}_i) d\varphi = M_z d\varphi \tag{14-18}$$

其中,$M_z = \sum m_z(\boldsymbol{F}_i)$ 是力系对于转轴 z 的主矩。

如果作用在刚体上是力偶,则力偶所做的功仍可用上式计算,其中 M_z 为力偶矩矢 $\boldsymbol{M}$ 在 z 轴上的投影。

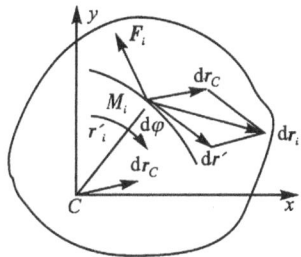

图 14-12

3. 刚体做平面运动时力系的功

刚体在平面内做任意无限小位移时,力 $\boldsymbol{F}_i$ 的作用点 M_i 相应地有一无限小位移 $d\boldsymbol{r}_i$。如选质心 C 为基点,则 $d\boldsymbol{r}_i$ 可分解为随同质心平动的位移 $d\boldsymbol{r}_C$ 和相对质心平动坐标系的位移 $d\boldsymbol{r}_i{}'$,如图 14-12 所示。则力 $\boldsymbol{F}_i$ 的元功为

$$\begin{aligned} \delta W_i &= \boldsymbol{F}_i \cdot d\boldsymbol{r}_i \\ &= \boldsymbol{F}_i \cdot (d\boldsymbol{r}_C + d\boldsymbol{r}_i{}') \end{aligned}$$

如 $F_{i\tau}$ 表示力 $\boldsymbol{F}_i$ 在点 M_i 的相对轨迹切线上的投影;$d\varphi$ 表示刚体绕 C 点的无限小转角;$r_i{}'$ 为相对 C 点的矢径,则

$$\boldsymbol{F}_i \cdot d\boldsymbol{r}_i{}' = F_{i\tau} r_i{}' d\varphi = m_C(\boldsymbol{F}_i) d\varphi$$

代入前式并对所有力求和,得力系的元功计算式为

$$\begin{aligned} \sum \delta W_i &= \sum \boldsymbol{F}_i \cdot d\boldsymbol{r}_C + \sum m_C(\boldsymbol{F}_i) d\varphi \\ &= \boldsymbol{F}_R{}' \cdot d\boldsymbol{r}_C + M_C d\varphi \end{aligned} \tag{14-19}$$

其中,$\boldsymbol{F}_R{}'$ 是力系的主矢量;M_C 是力系对过点 C 轴的主矩。

上面的结果也可表述为,刚体做平面运动时,可将作用在刚体上的力系向质心简化为一力和一力偶,力系的元功就等于此力在质点位移上的元功与此力偶在刚体角位移上的元功的和。

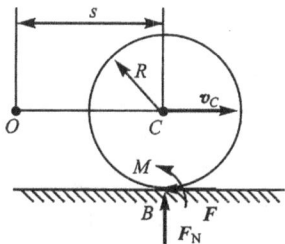

图 14-13

例 14-5　半径为 R 的圆柱体沿固定水平面做纯滚动,试分别求圆心 C 沿其轨迹移动距离 s 时,作用于其上的静滑动摩擦力和滚动摩阻力偶的功(图 14-13)。

解　圆柱体做平面运动。由运动学知,点 B 为圆柱体的速度瞬心,显然有

$$ds = R d\varphi$$

静滑动摩擦力 $\boldsymbol{F}_s$ 平行于 C 点的轨迹切线,将力向 C 点简化,其力偶矩为

$$M_C(\boldsymbol{F}_s) = F_s R$$

所以静滑动摩擦力 $\boldsymbol{F}_s$ 的元功为

$$\delta W = -F_s \mathrm{d}s + (F_s R) \cdot \frac{1}{R}\mathrm{d}s = 0$$

即圆柱体沿固定面做纯滚动时,静滑动摩擦力的功为零。

滚动摩阻力偶的功可利用滚动摩阻力偶矩 $M = \delta F_N$ 来计算,所以它的元功为

$$\delta W = -M\mathrm{d}\varphi = -\frac{\delta F_N}{R}\mathrm{d}s$$

如 F_N 及 R 均为常量,滚动一段路程 s 后滚动摩阻力偶的功为

$$W = \int_0^s -\frac{\delta F_N}{R}\mathrm{d}s = -\frac{\delta F_N}{R}s$$

可见滚动摩阻力偶的功为负功,且其绝对值 $|W|$ 与圆柱半径成反比。

14.2.6　质点系内力做的功

内力总是成对出现,设质点系中质点 A 和质点 B 之间的相互作用为 $\boldsymbol{F}_A$ 和 $\boldsymbol{F}_B$（图 14-14）。根据作用力与反作用力定律有

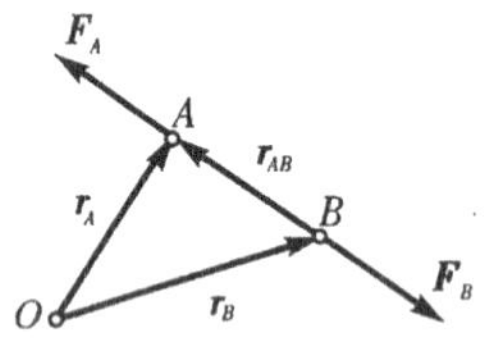

$$\boldsymbol{F}_A = -\boldsymbol{F}_B$$

这时作用力的元功之和为

$$\delta W = \boldsymbol{F}_A \cdot \mathrm{d}\boldsymbol{r}_A + \boldsymbol{F}_B \cdot \mathrm{d}\boldsymbol{r}_B = \boldsymbol{F}_A \cdot \mathrm{d}(\boldsymbol{r}_A - \boldsymbol{r}_B)$$

即

图 14-14

$$\delta W = \boldsymbol{F}_A \cdot \mathrm{d}\boldsymbol{r}_{AB} \tag{14-20}$$

其中,$\boldsymbol{r}_{AB}$ 为点 A 相于 B 的矢径;$\mathrm{d}\boldsymbol{r}_{AB}$ 为 A 相对 B 的相对位移。在一般质点系中,两个质点之间的距离是可变的,因而,可变质点系内力所做功的和一般不等于零,弹性力就是一个例子。但是,刚体内任意两点间的距离始终保持不变,所以刚体内力所做功的和恒等于零。

14.2.7　约束反力的功

在许多情形下约束反力不做功或者约束反力做功之和等于零,即 $\sum \delta W_{iN} = 0$,这种约束称为理想约束。现在将常见的几种做功为零的约束反力说明如下:

1. 光滑的固定支承面、轴承、销钉和滚动支座约束

在此情形下约束反力 $\boldsymbol{F}_N$ 总是和它作用点的微小位移 $\mathrm{d}\boldsymbol{r}$ 相垂直,如光滑的固定支承面约束(图 14-15),所以约束反力 $\boldsymbol{F}_N$ 的元功恒为零。

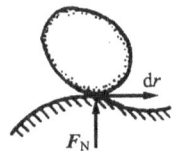

图 14-15

2. 光滑活动铰链约束

当两个刚体由光滑铰链连接而一起
运动时由于接触点（相互作用力的作用点）可视为总是重
合，即 $r_{AB}=0$，因此 $dr_{AB}=0$，根据式(14-20)，约束反力的
元功之和亦为零（图 14-16）。

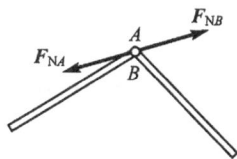

图 14-16

3. 柔软而不可伸长的绳索约束

由于绳索仅在拉紧时才受力，而绳索具有不可伸长的性质，故绳上任一截面之
间的相互作用力可视为与刚体之间的作用类似，因此其内力的元功之和等于零。

4. 物体沿固定曲面做纯滚动

当物体沿固定曲面做纯滚动时，法向反力的功为零，由例 14-5 知，静滑动摩擦
力的功为零，滚动摩阻力偶功为 $W=-\dfrac{\delta W}{R}s$，如不计滚动摩阻力偶时，此类约束也
属于理想约束。

14.3 动 能 定 理

动能定理建立了作用在物体上的力的功和物体动能改变之间的关系。现在直
接从牛顿定律出发导出动能定理。

14.3.1 质点的动能定理

设质点质量为 m，在合力 F 作用下沿曲线运动，取质点的运动微分方程的矢
量形式

$$m\frac{\mathrm{d}\boldsymbol{v}}{\mathrm{d}t}=\boldsymbol{F}$$

在方程两边点乘 $\boldsymbol{v}\mathrm{d}t=\mathrm{d}\boldsymbol{r}$，得

$$m\frac{\mathrm{d}\boldsymbol{v}}{\mathrm{d}t}\cdot\boldsymbol{v}\,\mathrm{d}t=\boldsymbol{F}\cdot\mathrm{d}\boldsymbol{r}$$

等号右端为 F 在 $\mathrm{d}r$ 上的元功 δW，左端又可改写为

$$m\frac{\mathrm{d}\boldsymbol{v}}{\mathrm{d}t}=\frac{m}{2}\mathrm{d}(\boldsymbol{v}\cdot\boldsymbol{v})=\mathrm{d}\left(\frac{1}{2}mv^2\right)$$

故得

$$\mathrm{d}\left(\frac{1}{2}mv^2\right)=\delta W \tag{14-21}$$

式(14-21)表明:**质点动能的微分等于作用于质点上的力的元功。这是质点动能定理的微分形式。**

设质点从 M_1 位置沿曲线运动到 M_2 位置时,它的速度的大小由 v_1 变为 v_2,积分式(14-21),得

$$\int_{v_1}^{v_2} \mathrm{d}\left(\frac{1}{2}mv^2\right) = \int_{M_1}^{M_2} \delta W$$

得

$$\frac{1}{2}mv_2^2 - \frac{1}{2}mv_1^2 = W_{12} \tag{14-22}$$

式(14-22)表明:**质点的动能在某一路程上的改变,等于作用在质点上的力在同一路程上所做的功。这是质点动能定理的积分形式。**

由式(14-21)、式(14-22)可见,力做正功,质点动能增加;力做负功,质点动能减少。

14. 3. 2　质点系动能定理

设质点系由 n 个质点组成。对每一个质点写出其动能定理的微分形式,则有

$$\mathrm{d}\left(\frac{1}{2}m_iv_i^2\right) = \delta W_i^e + \delta W_i^i$$

其中,δW_i^e、δW_i^i 分别为作用于该质点上的外力与内力在微小路程上的元功。对以上 n 个方程求和,有

$$\sum \mathrm{d}\left(\frac{1}{2}m_iv_i^2\right) = \sum \delta W_i^e + \sum \delta W_i^i$$

由于 $\sum \mathrm{d}\left(\frac{1}{2}m_iv_i^2\right) = \mathrm{d}\sum\left(\frac{1}{2}m_iv_i^2\right) = \mathrm{d}T$,上式可写成

$$\mathrm{d}T = \sum \delta W_i^e + \sum \delta W_i^i$$

在讨论力的功时,我们知道,在一般情况下,质点系内力功之和 $\sum W_i^i$ 不等于零。为了应用上的方便,质点系动能定理还可以表述为另一种形式,即把作用在质点系上的所有的力,不按外力与内力分类,而以主动力与约束反力来分类,因此有

$$\mathrm{d}T = \sum \delta W_{iF} + \sum \delta W_{iN}$$

其中,$\sum \delta W_{iF}$、$\sum \delta W_{iN}$ 分别表示主动力和约束反力的元功,在理想约束条件下,$\sum \delta W_{iN} = 0$,于是上式可写成

$$\mathrm{d}T = \sum \delta W_{iF} \tag{14-23}$$

即**在理想约束条件下,质点系动能的微分等于作用于该质点系的全部主动力的元功的总和。式(14-23)称为质点系动能定理的微分形式。**

对上式积分,得

$$T_2 - T_1 = \sum W_F \tag{14-24}$$

其中,T_1 和 T_2 分别表示质点系在某一段运动过程的起点和终点的动能。式(14-24)表明,**在理想约束条件下,质点系在某一段运动过程中,动能的改变量等于作用于质点系的全部主动力在这段过程中所做功的总和。式(14-24)称为质点系动能定理的积分形式。**

由式(14-24)可见,式中不包含理想的约束反力,因此在求解动力学问题时,如不需要求出这些做功为零的约束反力,则应用此式显得特别方便。若约束不是理想情形时,如考虑摩擦力做功,则可把摩擦力当作主动力看待,从而式(14-24)仍可应用。

例 14-6　在绞车的主动轴 I 上作用一常力矩 M 以提升重物,如图 14-17 所示。已知重物的重量为 Q;主动轴 I 和从动轴 II 连同安装在这两轴上的齿轮等附件的转动惯量分别为 J_1 和 J_2,传动比 $\dfrac{\omega_1}{\omega_2} = i_{12}$;

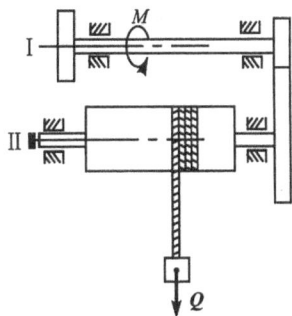

图 14-17

鼓轮的半径为 R,轴承摩擦和吊索的质量均可不计。绞车开始静止,求当重物上升的距离为 h 时的速度。

解　选取绞车和重物为研究的质点系。把重物的静止位置和升高了 h 的位置作为质点系运动的始点和终点,在这两个瞬时的动能分别为

$$T_1 = 0$$
$$T_2 = \frac{1}{2} J_1 \omega_1^2 + \frac{1}{2} J_2 \omega_2^2 + \frac{Q}{2g} v^2$$

将

$$\omega_1 = i_{12} \cdot \omega_2$$
$$v = \omega_2 \cdot R$$

代入上式,得

$$T_2 = \frac{1}{2} \left(J_1 \cdot i_{12}{}^2 + J_2 + \frac{Q}{g} R^2 \right) \frac{v^2}{R^2}$$

质点系具有理想约束,各处约束反力的功等于零。

主动力的功为

$$\sum W_F = M \varphi_1 - Q h$$

因 $\varphi_1 = \varphi_2 \cdot i_{12} = \dfrac{h}{R} \cdot i_{12}$,于是

$$\sum W_F = (M \cdot i_{12} - Q R) \frac{h}{R}$$

由质点系动能定理

$$\frac{1}{2}\left(J_1 \cdot i_{12}{}^2 + J_2 + \frac{Q}{g}R^2\right)\frac{v^2}{R^2} - 0 = (M \cdot i_{12} - QR)\frac{h}{R}$$

解得

$$v = \sqrt{\frac{2(M \cdot i_{12} - QR)Rh}{J_1 \cdot i_{12}{}^2 + J_2 + \frac{Q}{g}R^2}}$$

将上式平方后,视 v 和 h 为变量,对时间取导数,因 $\dfrac{\mathrm{d}h}{\mathrm{d}t} = v$,$\dfrac{\mathrm{d}v}{\mathrm{d}t} = a$,因此可以消去 v,求得重物的加速度

$$a = \frac{\mathrm{d}v}{\mathrm{d}t} = \frac{(M \cdot i_{12} - QR)R}{J_1 \cdot i_{12}{}^2 + J_2 + \frac{Q}{g}R^2}$$

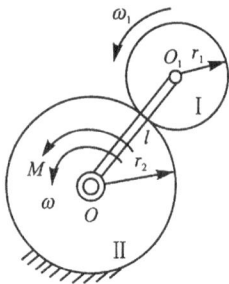

图 14-18

例 14-7　置于水平面内的行星齿轮机构的曲柄 OO_1 受不变力矩 M 的作用而绕固定轴 O 转动,由曲柄带动的齿轮 Ⅰ 在固定齿轮 Ⅱ 上滚动(图 14-18)。设曲柄 OO_1 长为 l,质量为 m,并认为是均质细杆;齿轮 Ⅰ 的半径为 r_1,质量为 m_1,并认为是均质圆盘。试求曲柄由静止转过 φ 角后的角速度和角加速度。不计摩擦。

解　取整个系统为研究对象。曲柄和齿轮 Ⅰ 分别做定轴转动和平面运动。由速度分析可得出曲柄的角速度 ω 和齿轮 Ⅰ 的角速度 ω_1 的关系是 $r_1\omega_1 = l\omega$,故整个系统的动能为

$$\begin{aligned}
T &= \frac{1}{2}J_O\omega^2 + \frac{1}{2}m_1 v_{O_1}^2 + \frac{1}{2}J_{O_1}\omega_1^2 \\
&= \frac{1}{2} \cdot \frac{ml^2}{3}\omega^2 + \frac{1}{2}m_1(l\omega)^2 + \frac{1}{2} \cdot \frac{m_1 r_1^2}{2}\left(\frac{l\omega}{r_1}\right)^2 \\
&= \frac{1}{2}\left(\frac{m}{3} + \frac{3m_1}{2}\right)l^2\omega^2
\end{aligned}$$

系统在水平面内运动,重力不做功。此外,光滑铰链及光滑接触面等所有约束反力做功之和为零。只有主动力矩 M 做正功,由式(14-24)得

$$\frac{1}{2}\left(\frac{m}{3} + \frac{3m_1}{2}\right)l^2\omega^2 - 0 = M\varphi$$

故可求出曲柄的角速度

$$\omega^2 = \frac{12M}{(2m + 9m_1)l^2}\varphi \tag{a}$$

$$\omega = \sqrt{\frac{12M}{(2m + 9m_1)l^2}\varphi} \tag{b}$$

式(b)表示的是 ω 与 φ 的函数关系,将式(a)两边对时间 t 求导数,有

$$2\omega\frac{d\omega}{dt}=\frac{12M}{(2m+9m_1)l^2}\cdot\frac{d\varphi}{dt}$$

注意其中 $\frac{d\omega}{dt}=\alpha,\frac{d\varphi}{dt}=\omega$,消去 ω 后得到

$$\alpha=\frac{6M}{(2m+9m_1)l^2} \tag{c}$$

本例由于方程中不出现约束反力而使解题过程大大简化。

例 14-8 滑块 A 质量为 $m_1=40\text{kg}$,可沿倾角为 $\theta=30°$ 的斜面滑动 (图 14-19)。滑块连接在不可伸长的绳上。绳绕过质量为 $m_2=4\text{kg}$ 的定滑轮 B 缠绕在均质圆柱 O 上。圆柱的质量 $m_3=80\text{kg}$,可沿水平面只滚不滑。在圆柱中心 O 连接一刚性系数 $k=100\text{N/m}$ 的弹簧。忽略绳的质量、滚动摩擦及滑轮轴上的摩擦,滑块与斜面间的动滑动摩擦系数 $f'=0.15$。求当滑块沿斜面下滑 $s=1\text{m}$ 时的速度和加速度。初瞬时系统处于静止,弹簧未变形,滑轮的质量沿边缘均匀分布。

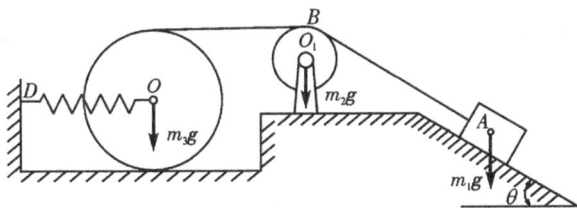

图 14-19

解 研究整个系统。设滑块 A 沿斜面下滑一段距离 s 时,速度为 $\boldsymbol{v}_A$,则系统的动能为

$$\begin{aligned}T_2&=\frac{1}{2}m_1v_A^2+\frac{1}{2}J_{O1}\omega_B^2+\frac{1}{2}m_3v_O^2+\frac{1}{2}J_O\omega_O^2\\&=\frac{1}{2}m_1v_A^2+\frac{1}{2}m_2v_A^2+\frac{1}{2}m_3\left(\frac{v_A}{2}\right)^2+\frac{1}{4}m_3\left(\frac{v_A}{2}\right)^2\\&=37v_A^2\end{aligned}$$

系统的初动能 $T_1=0$。

在计算功时,要计算摩擦力的功。做功的力还有滑块的重力和弹簧力。因此

$$\begin{aligned}\sum W_F&=m_1gs\sin\theta-f'm_1gs\cos\theta+\frac{k}{2}(0-\delta_2^2)\\&=(m_1g\sin\theta-f'm_1g\cos\theta)s-\frac{k}{8}s^2\\&=145.1s-12.5s^2\end{aligned}$$

把这些结果代入式(14-24)中,得出

$$v_A^2 = 3.92s - 0.34s^2 \qquad\qquad (a)$$

当滑块沿斜面下滑 $s=1\text{m}$ 时,速度为

$$v_A = 1.89(\text{m/s})$$

把式(a)两边对时间求导数,消去等式两边的 v_A,得出

$$a_A = 1.96 - 0.34s \qquad\qquad (b)$$

当 $s=1\text{m}$ 时

$$a_A = 1.62(\text{m/s}^2)$$

14.4　功率、功率方程、机械效率

14.4.1　功率

　　在工程实际中,不仅要知道一部机器能做多少功,更需要知道单位时间能做多少功。单位时间力所做的功称为功率,以 P 表示。如在 $\text{d}t$ 时间间隔内,力的元功为 δW,则此力的功率就是

$$P = \frac{\delta W}{\text{d}t} \qquad\qquad (14\text{-}25)$$

由于力的元功为 $\delta W = \boldsymbol{F} \cdot \text{d}\boldsymbol{r}$,因此功率可表示为

$$P = \boldsymbol{F} \cdot \frac{\text{d}\boldsymbol{r}}{\text{d}t} = \boldsymbol{F} \cdot \boldsymbol{v} = F_\tau v \qquad\qquad (14\text{-}26)$$

其中,$\boldsymbol{v}$ 是力 $\boldsymbol{F}$ 作用点的速度。由此可见,**功率等于切向力的大小与力作用点速度大小的乘积**。

　　如果力是作用于定轴转动刚体上,则力的功率为

$$P = \frac{\delta W}{\text{d}t} = M_z \frac{\text{d}\varphi}{\text{d}t} = M_z \omega \qquad\qquad (14\text{-}27)$$

其中,M_z 是力对刚体转轴之矩;ω 为刚体的转动角速度。由此可见,**作用于定轴转动刚体上的力的功率等于该力对转轴之矩与刚体转动角速度的乘积**。

　　式(14-26)和式(14-27)说明,当功率一定时,速度(或角速度)越大,则其作用力(或力对轴之矩)就越小;反之,如速度(或角速度)越小,则其作用力(或力对轴之矩)就越大。而每台机床、每部机器能够输出的最大功率是一定的。如汽车爬山时,为了获得较大的牵引力,在发动机功率一定的情况下,必须减低运行速度,就是这个道理。

　　在国际单位制中,功率的单位为瓦特($\text{W}=\text{J/s}$),1000 瓦特称为千瓦(kW)。

14.4.2 功率方程

功率方程建立了质点系的动能变化率与功率的关系。

取质点系动能定理的微分形式,两边除以 $\mathrm{d}t$ 得

$$\frac{\mathrm{d}T}{\mathrm{d}t} = \sum_{i=1}^{n} \frac{\delta W_i}{\mathrm{d}t} = \sum_{i=1}^{n} P_i \tag{14-28}$$

式(14-28)称为**功率方程**,即质点系动能对时间的一阶导数,等于作用于质点系的**所有力的功率的代数和。**

任何机器工作时必须输入一定的功,其功率以 $P_{输入}$ 表示,机器输出一定的有用功的同时,机器还要克服无用的阻力,要消耗一部分功。其功率分别以 $P_{有用}$ 和 $P_{无用}$ 表示,因此式(14-28)可写成

$$\frac{\mathrm{d}T}{\mathrm{d}t} = P_{输入} - P_{有用} - P_{无用}$$

或

$$P_{输入} = P_{有用} + P_{无用} + \frac{\mathrm{d}T}{\mathrm{d}t} \tag{14-29}$$

即对系统输入的功率等于有用功率、无用功率和系统动能变化率的和。

当机器启动或做加速运动时,$\dfrac{\mathrm{d}T}{\mathrm{d}t} > 0$,故要求 $P_{输入} > P_{有用} + P_{无用}$。反之,当机器停车或负荷突然增加时,机器做减速运动,$\dfrac{\mathrm{d}T}{\mathrm{d}t} < 0$,即 $P_{输入} < P_{有用} + P_{无用}$,当机器匀速运动时,$\dfrac{\mathrm{d}T}{\mathrm{d}t} = 0$,此时 $P_{输入} = P_{有用} + P_{无用}$。

14.4.3 机械效率

任何机器在工作时,都要从外界输入功率,机器在传动过程中由于摩擦发热、发声以及弹塑性变形等要损耗掉一部分功率。在工程实际中,机器的有效功率与输入功率的比值称为机器的机械效率,用 η 表示,即

$$\eta = \frac{有效功率}{输入功率} \tag{14-30}$$

其中,有效功率 $= P_{有用} + \dfrac{\mathrm{d}T}{\mathrm{d}t}$,由式(14-29)得

$$\eta = 1 - \frac{P_{无用}}{P_{输入}} \tag{14-31}$$

由式(14-31)可知,机械效率表明机器对输入功率的有效利用程度,它是评定机器质量好坏的重要标志之一,由于无用功率取决于无用阻力,而无用阻力在任何机器中又不可能完全消除,因此,一般情况下,$\eta < 1$。一般机器或机器零件传动的效率

可在手册或有关说明书中查到。

例 14-9　胶带运动机如图 14-20 所示,已知胶带的速度 $v=1.26\text{m/s}$,运输量 $Q=455\,000\text{kg/h}$,提升高度 $h=40\text{m}$,机器效率 $\eta=68\%$。求运输机所需的电动机的功率。

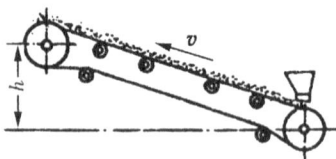

图 14-20

解　取整段胶带上被运输的物料为研究对象,由于速度 v 为常量,故可研究 Δt 秒内动能的变化与功之间的关系。

在 Δt 时间内有质量为 $Q\times\Delta t/3\,600\text{kg}$ 的物料被提升到高度 $h=40\text{m}$ 处,则重力所做的功为

$$W_P=-\left(\frac{Q}{3\,600}\times\Delta t\right)gh$$

在 Δt 时间内有同样多的物料又补充到胶带上,并且它们的速度由零变为 v,因此系统动能的变化为

$$\Delta T=\frac{1}{2}\left(\frac{Q}{3\,600}\times\Delta t\right)v^2$$

设运输机所需电动机的功率为 P,由于机器效率 $\eta=0.68$,所以在 Δt 秒内所做的有效功为

$$W_{有效}=\eta P\times\Delta t$$

由动能定理得

$$\frac{1}{2}\left(\frac{Q}{3\,600}\times\Delta t\right)v^2=\eta P\times\Delta t-\left(\frac{Q}{3\,600}\times\Delta t\right)gh$$

消去 Δt 后得

$$P=\frac{1}{\eta}\cdot\frac{Q}{3\,600}\left(\frac{v^2}{2}+gh\right)=\frac{1}{0.68}\cdot\frac{455\,000}{3\,600}\left(\frac{1.26^2}{2}+9.8\times40\right)$$
$$=73\,000(\text{W})=73(\text{kW})$$

所需功率算出后,可根据电机的品种进行选用。

14.5　势力场、势能、机械能守恒定律

14.5.1　势力场

如果质点在某一空间内的任何位置都受有一定大小和方向的力的作用,这部

分空间就称为**力场**。如果质点在某一力场内运动时,场力对于质点所做的功仅与质点的起止位置有关,而与质点运动的路径无关,则这样的力场称为**势力场**,或**保守力场**。质点在势力场内所受的力称为**有势力**或**保守力**。重力、弹性力、万有引力都具有这种特性。而有些力,如摩擦力,就不具有这种特性。

14.5.2 势能

在势力场中,质点从点 M 运动到任选的点 M_0,有势力所做的功称为质点在点 M 相对于点 M_0 的**势能**,以 V 表示。

$$V = \int_M^{M_0} \boldsymbol{F} \cdot \mathrm{d}\boldsymbol{r} = \int_M^{M_0} (F_x \mathrm{d}x + F_y \mathrm{d}y + F_z \mathrm{d}z) \tag{14-32}$$

显然,质点在点 M_0 处的势能恒等于零,我们称它为**零势能点**。在势力场中,势能的大小是相对于零势能点而言的。为了比较同一势力场中质点在不同位置时势能的大小,必须取同一个零势能点 M_0,若质点在 M_1 和 M_2 处的势能为 V_1 和 V_2,则

$$V_1 = \int_{M_1}^{M_0} \boldsymbol{F} \cdot \mathrm{d}\boldsymbol{r}$$

$$V_2 = \int_{M_2}^{M_0} \boldsymbol{F} \cdot \mathrm{d}\boldsymbol{r}$$

由于势力场中零势能点 M_0 可以任意选取,因此对于不同的零势能点,同一位置的势能可以有不同的数值。

现在计算几种常见的势力场中的势能。

对于重力场,如把零势能点选在图 14-8 中 Oxy 平面($z_0 = 0$)内,则质点在任一位置处的重力势能为

$$V = \int_z^{z_0} -Q\mathrm{d}z = Qz \tag{14-33}$$

同理,对于弹性力场,如把零势能点选在图 14-9 中 $r = l_0$(弹簧原长)处,则行一位置处的弹性势能为

$$V = \frac{1}{2}(r - l_0)^2 = \frac{1}{2}k\delta^2 \tag{14-34}$$

其中,δ 是弹簧变形。

以上讨论的是一个质点受到一个有势力作用时,势能的定义及其计算,对于受有 n 个有势力作用的质点系,计算它在某位置的势能,必须选择一个"零位置",在这个位置上,各有势力各有相对应的零势能点。**质点系从某位置到零位置的运动过程中,有势力所做功的代数和称为质点系在某位置的势能。**

以质点系在重力场中的势能为例,质点系由某一位置运动到零位置时,重力所做的功的总和即为质点系在该位置的势能,即

$$V = P(z_C - z_{C0}) \tag{14-35}$$

其中,z_C、z_{C0}为质点系的质心坐标,若取 $z_{C0}=0$ 为零位置,则 $V=Pz_C$。

14.5.3　有势力的功和势能的关系

质点系在势力场中运动,有势力的功可用势能计算。

设某个有势力的作用点在质点系的运动过程中,从点 M_1 到点 M_2,则该力所做的功为 W_{12}。

若另取一点 M_0,从 M_1 到 M_0、M_2 到 M_0 有势力所做的功分别为 W_{10} 和 W_{20}。由于有势力的功与轨迹形状无关,因此可以认为质点从 M_1 经过点 M_2 到点 M_0,于是有势力的功为

$$W_{10}=W_{12}+W_{20}$$

或

$$W_{12}=W_{10}-W_{20}$$

选取 M_0 为零势能点,则 M_1 和 M_2 处的势能分别等于从这两点到零势能点所做的功,即

$$V_1=W_{10}$$
$$V_2=W_{20}$$

于是得

$$W_{12}=V_1-V_2 \tag{14-36}$$

即**有势力所做的功等于质点系在运动过程的初始与终了位置的势能的差。**

容易证明,当质点系受数个有势力作用,在势力场中运动时,各有势力所做功的代数和等于质点系在运动过程的初始与终了位置的势能的差。

14.5.4　有势力和势能的关系

由势能的概念及其计算可知,在势力场中不同的位置,势能的数值不同,因此势能是坐标的函数。

设有势力 $\boldsymbol{F}$ 的作用点在物体运动时从点 M 移到点 M',这两点的势能分别为 $V(x,y,z)$ 和 $V(x+\mathrm{d}x,y+\mathrm{d}y,z+\mathrm{d}z)$,有势力的元功可用势能的差计算,即

$$\delta W=V(x,y,z)-V(x+\mathrm{d}x,y+\mathrm{d}y,z+\mathrm{d}z)$$
$$=-\mathrm{d}V \tag{14-37}$$

由高等数学知,全微分可写成偏导数的和,即

$$\mathrm{d}V=\frac{\partial V}{\partial x}\mathrm{d}x+\frac{\partial V}{\partial y}\mathrm{d}y+\frac{\partial V}{\partial z}\mathrm{d}z$$

代入上式并考虑到元功的表达式(14-10)可得

$$F_x\mathrm{d}x+F_y\mathrm{d}y+F_z\mathrm{d}z=-\frac{\partial V}{\partial x}\mathrm{d}x-\frac{\partial V}{\partial y}\mathrm{d}y-\frac{\partial V}{\partial z}\mathrm{d}z$$

比较等式的两边,即得

$$F_x = -\frac{\partial V}{\partial x}, \qquad F_y = -\frac{\partial V}{\partial y}, \qquad F_z = -\frac{\partial V}{\partial z} \qquad (14-38)$$

式(14-38)表明:**有势力在各轴上的投影等于势能函数对于相应坐标的偏导数的负值。**

14.5.5　机械能守恒定律

设质点系在运动过程的初始和终了瞬时的动能分别为 T_1 和 T_2,该质点系由位置 1 运动到位置 2 的过程中,有势力的总功为 W_{12},则

$$W_{12} = V_1 - V_2$$

根据质点系的动能定理知,质点系的动能在这一过程中的变化量也就等于所有作用力在此过程中的总功,即

$$W_{12} = T_2 - T_1$$

于是可得

$$V_1 - V_2 = T_2 - T_1$$

即

$$T_2 + V_2 = T_1 + V_1 = 常量 \qquad (14-39)$$

质点系的动能与势能之和称为**机械能**,式(14-39)表明,**质点系在势力场内运动时机械能保持不变,这就是机械能守恒定律。**

当质点系在非保守力作用下运动时,机械能不再守恒。例如,摩擦力做功时总是使机械能减少,值得注意的是减少的能量并未消灭,而是转化为其他形式的能量(如热能),总能量仍然是守恒的。今以 W_{12}^R 代表非保守力的功,则式(14-39)可改写为

$$T_1 + V_1 = T_2 + V_2 + W_{12}^R$$

令 $E_1 = T_1 + V_1$,$E_2 = T_2 + V_2$,则

$$E_1 = E_2 + W_{12}^R$$

或

$$E_1 - E_2 = W_{12}^R \qquad (14-40)$$

这表明**机械能的变化等于非保守力的功。**

例 14-10　质量为 $m_1 = 10\text{kg}$ 的均质圆盘用铰链与质量 $m_2 = 5\text{kg}$ 的均质杆 AB 相连,如果安装成如图 14-21(a)所示位置即 $\theta = 60°$ 时,系统处于静止状态。求杆 AB 落到 $\theta = 0°$ 位置时的角速度。假定圆盘是无滑动地滚动,略去导轨与滑块间的摩擦和圆盘的尺寸。

解　杆 AB 做平面运动,圆盘和杆 AB 处于初位置时,如图 14-21(a)所示;处于末位置时,如图 14-21(b)所示。建立平面坐标系 Oxy,当处于初位置时,系统处

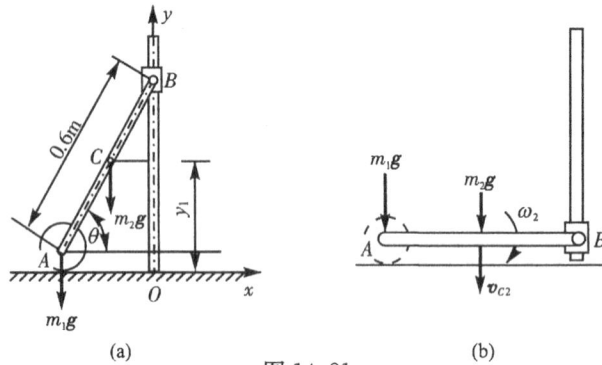

图 14-21

于静止,这时动能 $T_1=0$。若选过 A 点的水平面为零势面,则势能 $V_1=m_2gy_1$;当系统达到末位置即 $\theta=0°$ 时,杆 AB 具有角速度 ω_2,这时动能 $T_2=\frac{1}{2}m_2v_{C_2}^2+\frac{1}{2}J_C\omega_2^2$,而势能 $V_2=0$。按机械能守恒定律

$$T_1+V_1=T_2+V_2$$

即

$$0+m_2gy_1=\frac{1}{2}m_2v_{C_2}^2+\frac{1}{2}J_C\omega_2^2+0 \qquad\text{(a)}$$

或

$$m_2g(0.3\sin60°)=\frac{1}{2}(5v_{C_2}^2)+\frac{1}{2}\times\frac{1}{12}\times5(0.6\omega_2)^2 \qquad\text{(b)}$$

由于 A 点为瞬时速度中心,则有质心 C 的速度

$$v_{C_2}=0.3\omega_2 \qquad\text{(c)}$$

将(c)式代入(b)式可得

$$\omega_2=6.5(\text{rad/s})$$

思 考 题

14-1　摩擦力在什么情况下做功? 能否说摩擦力总做负功? 为什么? 试举例说明之。

14-2　如思考题 14-2 图所示,质点受弹簧拉力运动。设弹簧自然长度 $l_0=20\text{cm}$,刚性系数为 $k=20\text{N/m}$。当弹簧被拉长到 $l=26\text{cm}$ 时放手,问弹簧每缩短 2cm 弹簧力所做的功是否相同?

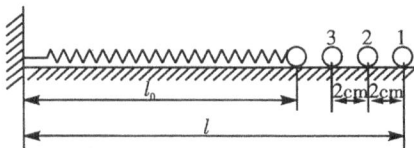

思考题 14-2 图

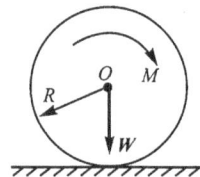

思考题 14-3 图

14-3　圆轮在矩为 M 的力偶作用下沿直线轨道做无滑动地滚动,如思考题 14-3 图所示。接触处动滑动摩擦系数为 f',圆轮重为 W,半径为 R。试问圆轮转过一圈,外力做功之和等于多少?

14-4　在思考题 14-4 图(a)中圆轮在 F 作用下纯滚动,轮心移动距离 S 时,则 F 力的功 $W_F = F \cdot S$;图(b)中,圆轮由细绳缠绕下滑距离 S 时,则 $W_F = -F \cdot S$,对吗?

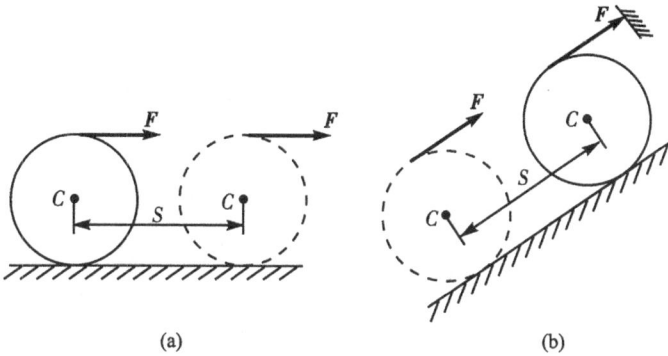

(a)　　　　　　　　　　(b)

思考题 14-4 图

14-5　动能定理与机械能守恒定律在物理意义上和应用上有什么异同?

14-6　三个质点质量相同,同时自点 A 以大小相同的初速 v_0 抛出,但 v_0 的方向不同,如思考题 14-6 图所示。问这三个质点落到水平面时,三个速度的大小是否相同? 三个速度的方向是否相同? 为什么? 空气阻力不计。

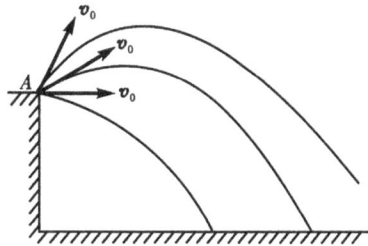

思考题 14-6 图

14-7　在思考题 14-7 图(a)中,物块 A 质量为 m_1,杆 AB 质量为 m_2,则系统的总动能为 $T = \frac{1}{2} m_1 v^2 + \frac{1}{2} m_2 \left(v + \frac{l}{2} \omega \right)^2$ 对吗? 在图(b)中,齿轮 C 与齿条 OA 的接触点为 B,若齿轮的质量为 m,且

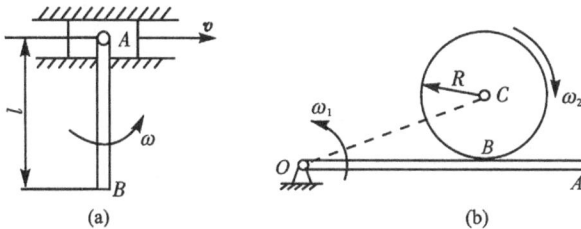

(a)　　　　　　　　　　(b)

思考题 14-7 图

相对齿条 OA 以 ω_2 滚动,齿条以角速度 ω_1 绕 O 点转动,则齿轮的动能为 $T=\dfrac{1}{2}m(\omega_2 R)^2 + \dfrac{1}{2}J_C(\omega_2-\omega_1)^2$ 对吗?

14-8 为什么说没有指明零势能点的势能的数值是没有意义的?

习　题

14-1 计算题 14-1 图所示各均质物体的动能,质量同为 m,其中(a)、(b)、(c)为绕固定轴 O 转动,角速度为 ω;(d)为半径为 R 的圆盘在水平面上做纯滚动,质心速度为 $\boldsymbol{v}$。

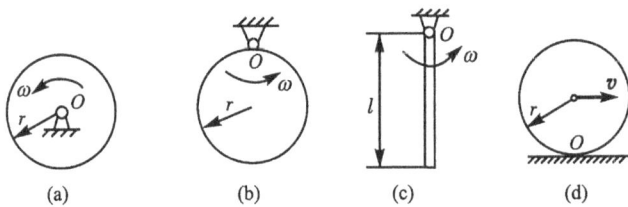

题 14-1 图

14-2 计算题 14-2 图所示各系统的功能 T:

(a) 三角滑块 A 以速度 $\boldsymbol{v}_1$ 沿水平面滑动,而滑块 B 以相对速度 $\boldsymbol{v}_2$ 沿块 A 斜面滑下。A、B 滑块质量分别为 m_1、m_2。

(b) 汽车以速度 v_0 沿平直道路行驶。已知汽车的总质量为 m,轮子的质量均为 m_1,半径均为 r 且可视为均质圆盘,共有 6 个轮子。(车轮沿地面纯滚动)

(c) 半径为 R,质量为 m_1 的均质圆轮 A,沿水平直线轨道做无滑动地滚动,轮心的速度为 $\boldsymbol{v}$;均质摆杆 AB,在 A 端与轮 A 质心铰接,其质量为 m_2,长为 l,相对铅垂线摆动的角速度为 $\dot{\varphi}$。

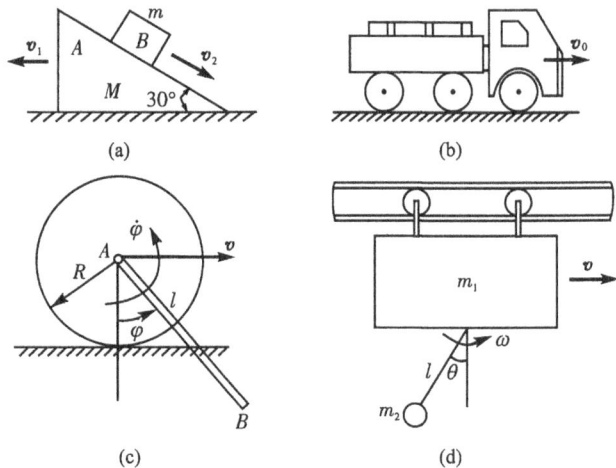

题 14-2 图

(d) 图示天车,质量 $m_1 = 1\,200$kg,速度 $v = 100$cm/s,重物质量 $m_2 = 400$kg,摆动角速度 $\omega = 0.5$rad/s,摆长 $l = 1$m,摆角 $\theta = 30°$。

14-3 如题 14-3 图所示,均质轮 O 和 A,质量和半径相同,分别为 m 和 R。轮 O 以角速度 ω 做定轴转动,并通过绕在两轮上的无重细绳带动轮 A 在与直绳部分平行的平面上做纯滚动。试求系统所具有的动能。

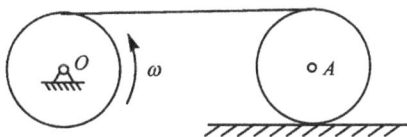

题 14-3 图

14-4 如题 14-4 图所示为一椭圆摆,即一单摆的支点与一沿水平移动的滑块 A 铰接。已知单摆摆长为 l,滑块和摆锤质量分别为 m_1 和 m_2,摆杆质量不计。试用 x、$\dot{x}$ 和 φ、$\dot{\varphi}$ 表示系统在任意 x、φ 位置的动能。

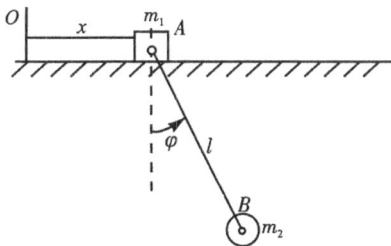

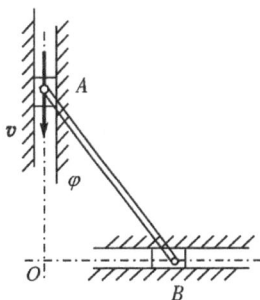

题 14-4 图   题 14-5 图

14-5 如题 14-5 图所示,滑块 A、B 分别铰接于 AB 杆的两端点,并可以在相互垂直的槽内运动。已知滑块 A、B 及杆 AB 的质量均为 m,杆长为 l。当 AB 与铅直槽的夹角为 φ 时,A 的速度为 v。试求该瞬时整个系统的动能。

14-6 曲柄 OA 可绕固定齿轮 I 的轴 O 转动,A 端带有动齿轮 II,两齿轮用链条相连如题 14-6 图所示。如已知两齿轮的半径均为 r,重量均为 P,且可视为均质圆盘;曲柄长为 l,重量为 Q,可视为均质细杆;链条的重为 W,可视为不可伸长的均质细绳。求曲柄以匀角速度 ω 转动时系统的动能。

14-7 长为 l、重为 P 的均质杆 OA 以球铰链 O 固定,并以等角速度 ω 绕铅直线转动,如题 14-7 图所示。如杆与铅直线的交角为 θ,求杆的动能。

14-8 如题 14-8 图所示,一弹簧振子沿倾角为 θ 的斜面滑动,已知物体重 P,弹簧刚性系数为 k,动摩擦系数为 f'。求从弹簧原长压缩 s 的路程中所有力的功以及从压缩 s 再回弹 λ 的过程中所有力的功。

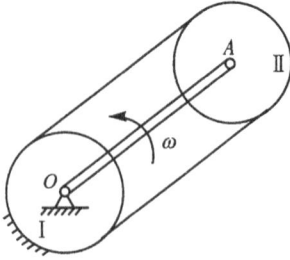

题 14-6 图

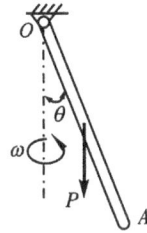

题 14-7 图

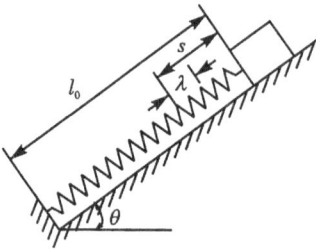

题 14-8 图

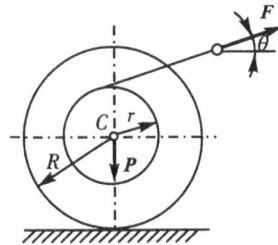

题 14-9 图

14-9 如题 14-9 图所示,一纯滚圆轮重 P,半径为 R 和 r,拉力 F 与水平成 θ 角,轮与支承水平面间的静摩擦系数为 f,滚动摩阻系数为 δ。求轮心 C 移动 s 过程中所有力的功。

14-10 如题 14-10 图所示弹簧原长 $l=10\text{cm}$,刚性系数 $k=4.9\text{kN/m}$,一端固定在点 O,此点在半径为 $R=10\text{cm}$ 的圆周上。如弹簧的另一端由点 B 拉至点 A 和由点 A 拉至点 D,分别计算弹簧力所做的功。$AC\perp BC,OA$ 和 BD 为直径。

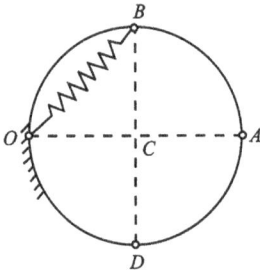

题 14-10 图

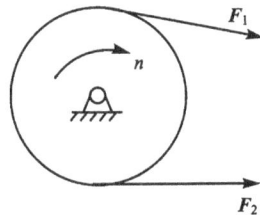

题 14-11 图

14-11 如题 14-11 图所示,皮带轮半径为 500mm,皮带拉力分别为 1 800N 和 600N,若皮带轮转速为 120r/min,试求一分钟内皮带拉力所做的总功。

14-12 如题 14-12 图所示,两个弹簧用布条连在一起,弹簧的拉力最初为 600N,刚性系数均为 $k=20\text{N/cm}$。质量为 40kg 的物体 A 从高 h 处自由落下,重物落到布条上以后下沉的最大距离为 1m。不计弹簧与布条的质量,求高度 h。

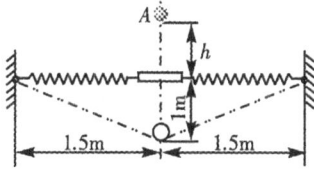

题 14-12 图

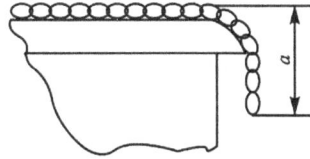

题 14-13 图

14-13 链条长 l，重 P，展开放在光滑的桌面上，如题 14-13 图所示。开始时链条静止，并有长度为 a 的一段下垂。求链条离开桌面时的速度。

14-14 弯成直角重 $2P$ 的均质杆如题 14-14 图所示，可在水平面 Oxy 内绕定轴 Oz 转动，同时带动由铰链连接的连杆 AA_1 和 BB_1 以及各重 Q 的滑块 A_1 和 B_1 运动。已知 $OA=OB=AA_1=BB_1=a$，$\angle AOA_1=45°$，连杆为重 P 的均质杆。设在杆 AOB 上作用一不变转矩 M，初始时杆 AOB 的角速度等于零，求它转过 N 转时的角速度。

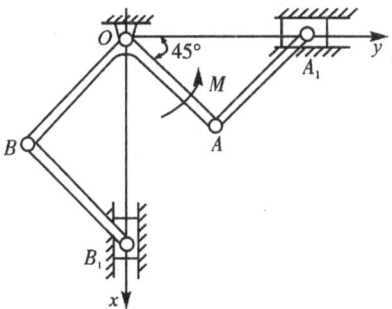

题 14-14 图

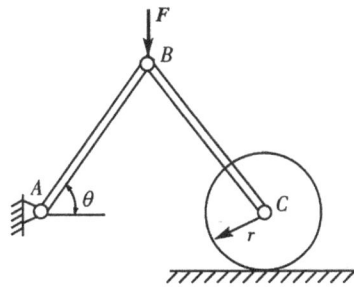

题 14-15 图

14-15 如题 14-15 图所示，长为 b 质量为 m_0 的两均质杆 AB 和 BC 在 B 点用铰链相连。杆 AB 的 A 端和固定铰链支座相连，杆 BC 在 C 处用铰链与一均质圆柱体连接。圆柱的质量为 M，半径为 r。在 B 点作用一铅垂力 F。A、C 两点处于同一水平线上，杆 AB 与水平线夹角为 θ。初始时系统静止不动，求系统运动到杆 AB 和杆 BC 均处于水平位置时，杆 AB 的角速度 ω。设圆柱在水平面上滚动而无相对滑动。

14-16 两均质杆 AC 和 BC 各重 P，长均为 l，在点 C 由铰链相连接，放在光滑的水平面上，如题 14-16 图所示。由于 A 和 B 端的滑动，杆系在其铅直面内落下，求铰链 C 与地面相碰时的速度 v 的大小。点 C 的初始高度为 h，开始时杆系静止。

14-17 如题 14-17 图所示，均质细杆长 l，重 Q，上端 B 靠在光滑的墙上，下端 A 以铰链与圆柱的中心相连。圆柱重 P，半径为 R，放在粗糙的地面上，自图示位置由静止开始滚动而不滑动。杆与水平线的交角 $\theta=45°$。求点 A 在初瞬时的加速度。

14-18 在题 14-18 图所示滑轮组中悬挂两个重物。其中 M_1 重 P_1，M_2 重 P_2，定滑轮 O_2 的半径为 r_2，重 W_2；动滑轮 O_1 的半径为 r_1，重 W_1。两轮都视为均质圆盘。如绳重和摩擦略去不计，并设 $P_1 > 2P_2 - W_1$，求重物 M_1 由静止下降距离 h 时的速度。

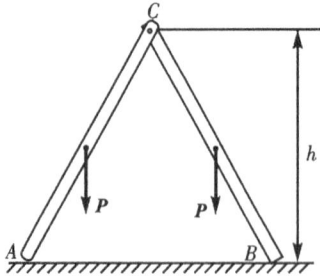

题 14-16 图

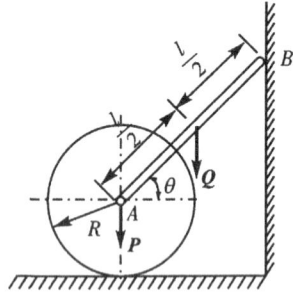

题 14-17 图

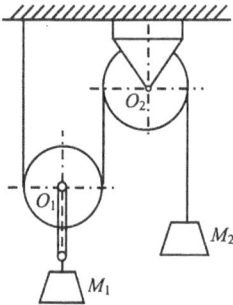

题 14-18 图

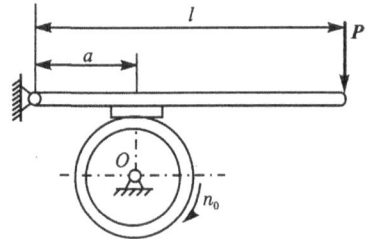

题 14-19 图

14-19 制动装置如题 14-19 图所示,已知 $l=0.5\text{m}, a=0.1\text{m}$。制动轮(可视作均质薄圆环)的质量为 20kg,半径 $r=0.1\text{m}$,以转速 $n_0=1\,000\text{r/min}$ 转动。闸瓦与制动轮间的动摩擦系数 $f'=0.6$,如果要使制动后制动轮转过 100 转而停止,试求在手柄上应该加的压力 P 的大小。闸瓦的厚度不计。

14-20 如题 14-20 图所示,连杆 AB 重 40N,长 $l=60\text{cm}$,可视为均质细杆;圆盘重 60N,连杆在图示位置静止开始释放,A 端沿光滑杆滑下。求:①当 A 端碰着弹簧时(AB 处于水平位置)连杆的角速度 ω;②弹簧最大变形量 δ,设弹簧常量 $k=20\text{N/cm}$(圆盘只滚不滑)。

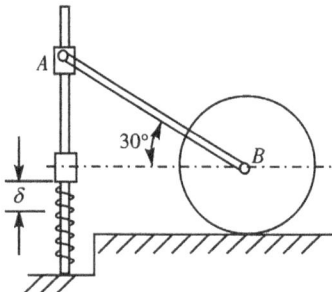

题 14-20 图

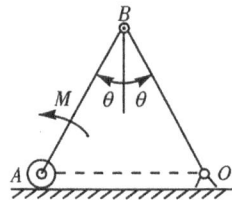

题 14-21 图

14-21 如题 14-21 图所示,两均质细杆 AB、BO 长均为 l,质量为 m,在 B 端铰接,OB 杆一

端 O 为铰链支座，AB 杆 A 端为一小滚轮。在 AB 上作用一不变力偶矩 M，并在图示位置由静止开始运动，系统在铅直平面内运动，试求 A 碰到支座 O 时，A 端的速度。

14-22 如题 14-22 图所示行星轮机构，三齿轮均视为均质圆盘，质量为 m_1，半径为 R。曲柄 O_1O_3 视为均质细杆，质量为 m_2，在曲柄上作用有一常力偶矩 M，使系统从静止状态进入运动。如不计摩擦，且机构在水平面运动，试求曲柄转过 φ 角时的角速度和角加速度。

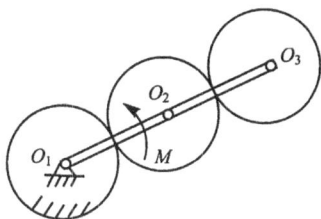

题 14-22 图

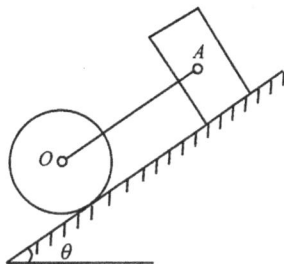

题 14-23 图

14-23 如题 14-23 图所示圆盘和滑块的质量均为 m，圆盘的半径为 r，视为匀质。杆 OA 平行于斜面，质量不计。斜面的倾角为 θ，滑块与斜面间的摩擦系数为 f，圆盘在斜面上做无滑滚动。求滑块的加速度和杆的内力。

14-24 在题 14-24 图所示车床上车削直径 $D=48\text{mm}$ 的工件，主切削力 $Q_\iota=7.84\text{kN}$。若主轴转速为 240r/min，电动机转速为 1 420r/min，主传动系统的总效率 $\eta=0.75$，求机床主轴、电动机主轴分别受的力矩和电动机的功率。

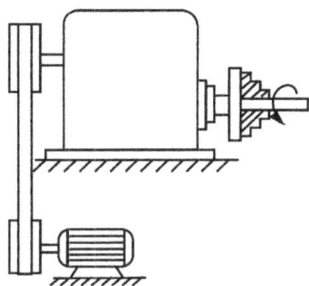

题 14-24 图

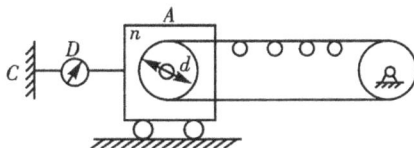

题 14-25 图

14-25 为测定胶带运输机紧边张力和松边张力的大小 F_1 和 F_2，可将运输机构的主动部分放在小车 A 上，并且在小车与固定支架 C 之间连接测力计 D，如题 14-25 图所示。如测力计读数为 Q kN，轮的直径为 d m，电动机输出功率为 P kW，轮的转速为 n r/min，试求胶带张力的大小 F_1 和 F_2。

第四篇 动强度计算

前面各章讨论的构件的应力和变形计算都是以静载荷作用为前提条件的。

所谓**静载荷**,是指载荷缓慢地由零增加到某一定数值后保持不变或变动不显著(可忽略不计)。在静载荷作用下构件内各质点的加速度为零或微小到可以忽略不计。由静载荷产生的应力,称为**静应力**。相反,如果加载有显著的加速度,使构件(或构件的一部分)有明显的加速度;或者构件本身运动,使载荷明显地随时间变化,此时构件所承受的载荷统称为**动载荷**,构件在动载荷作用下产生的应力称为**动应力**。例如,高速旋转的飞轮受到的离心惯性力;落锤打桩,在撞击瞬时桩所承受的冲击载荷;火车轮轴,虽然轴上作用载荷不变,但是轴本身在不停地转动,使轴上任意点的应力随时间作周期性变化。动载荷作用下构件产生的动应力、动变形以及破坏的现象与静载荷作用下有很大差异,这些差异对结构既有害又有利,如桥梁在振动载荷作用下发生的**共振**现象、汽车的急刹车等是有害的;而落锤打桩、跳水运动员借助跳板的动变形等是有利的。在工程中要利用有利的一面并控制有害的一面。对于受动载荷作用的构件要进行动强度计算。

第15章 动 应 力

实验结果表明,静载荷下服从胡克定律的材料,只要动应力不超过比例极限,在动载荷下胡克定律仍然有效,且动载荷作用和静载荷作用下材料的弹性模量相同。

本章主要讨论构件有加速度时及构件受冲击时的动应力计算。

15.1 构件有加速度时的动应力计算

15.1.1 动静法的应用

刚体力学中介绍了动静法,即达朗贝尔原理。对做加速运动的质点系(构件),如假想地在每一质量上加上惯性力,则质点系上的原力系与惯性力系组成平衡力系。这样,就把动力学问题在形式上作为静力学问题来处理,这就是**动静法**。这样,前面关于静载荷下应力和变形的计算方法,也可直接用于增加了惯性力的构件。

15.1.2 构件做等加速直线运动时动应力的计算

图 15-1(a)表示以匀加速度 a 向上提升的杆件。若杆件横截面积为 A,单位体积的重量为 ρ,则杆件每单位长度的重量为 $A\rho$,相应的惯性力为 $A\rho a/g$,且方向向下。将惯性力加于杆件上,于是作用于杆件上的重力、惯性力和吊升力 F_d 组成平衡力系(图 15-1(b))。杆件成为在横向力作用下的弯曲问题。均布载荷的集度 q_d 包括重力和惯性力,即

$$q_d = A\rho + \frac{A\rho}{g}a = A\rho\left(1 + \frac{a}{g}\right)$$

作杆件的弯矩图(图 15-1(c)),可见,杆件中央横截面有最大动弯矩

$$M_{d,\max} = \frac{q_d l^2}{40} = \frac{A\rho l^2}{40}\left(1 + \frac{a}{g}\right)$$

相应的横截面最大动应力为

$$\sigma_{d,\max} = \frac{M_{d,\max}}{W} = \frac{A\rho l^2}{40W}\left(1 + \frac{a}{g}\right)$$

当加速度 $a=0$ 时,由上式求得杆件在静载

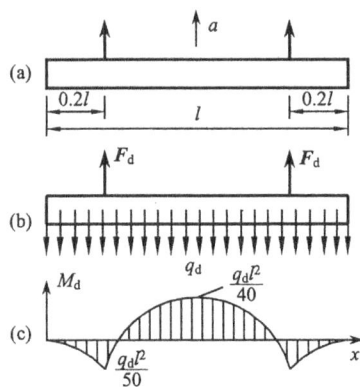

图 15-1

下的最大静应力为

$$\sigma_{st,max} = \frac{A\rho l^2}{40W}$$

故动应力可写成

$$\sigma_d = \sigma_{st}\left(1 + \frac{a}{g}\right) \qquad \text{(a)}$$

引用记号

$$K_d = 1 + \frac{a}{g} \qquad \text{(b)}$$

称为**动荷系数**。

于是式(a)可写成

$$\sigma_d = K_d\sigma_{st} \qquad \text{(15-1)}$$

表示构件在动载荷作用下的动应力为静载荷作用下的静应力的 K_d 倍。同理，内力、变形、位移都可写成此关系式，如

$$M_d = K_d M_{st}, \qquad \Delta_d = K_d \Delta_{st} \qquad \text{(15-2)}$$

建立动应力强度条件式，即

$$\sigma_{d,max} = K_d\sigma_{st,max} \leqslant [\sigma] \qquad \text{(15-3)}$$

由于在动荷系数 K_d 中已经包含了动载荷的影响，所以 $[\sigma]$ 即为静载下的许用应力。

15.1.3 构件做等速转动时动应力的计算

设平均值为 D 的薄壁圆环绕通过其圆心并垂直于环平面的轴做等速转动，如图 15-2(a)所示。若圆环截面面积为 A，圆环材料单位体积重量为 ρ，角速度为 ω，求圆环内的正应力。

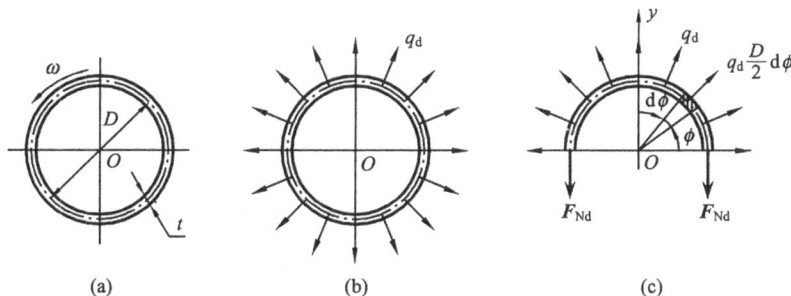

图 15-2

圆环做等角速度 ω 转动，圆环内各质点只有向心加速度，圆环壁厚 t 相对平均直径 D 很小，可近似认为圆环内各点向心加速度 a_n 与圆环轴线各点向心加速度

相等,为 $a_n=D\omega^2/2$。此圆环沿圆周单位长度质量为 $\rho A/g$,相应的单位长度惯性力 $q_d=\rho AD\omega^2/(2g)$,其方向与 a_n 相反。根据动静法,将沿圆环轴线均匀分布的惯性力 q_d 加到圆环轴线上(图 15-2(b)),就可按沿圆环轴线分布载荷 q_d 作用下静力平衡问题解决。

用截面法,取半个圆环为研究对象(图 15-2(c))。圆环横截面上只有正应力,可视为在横截面均匀分布,横截面内力为轴力,设为 F_{Nd}。由平衡方程 $\sum F_y=0$,有

$$-2F_{Nd}+\int_0^\pi q_d\frac{D}{2}\sin\varphi\mathrm{d}\varphi=0$$

将 q_d 代入上式,完成积分运算,可得

$$F_{Nd}=\frac{A\rho\omega^2D^2}{4g}=\frac{\rho Av^2}{g} \tag{c}$$

其中,$v=\omega D/2$ 为圆环轴线各点的线速度。圆环横截面上正应力为

$$\sigma_d=\frac{F_{Nd}}{A}=\frac{\rho\omega^2D^2}{4g}=\frac{\rho v^2}{g} \tag{d}$$

由式(d)可见,旋转薄壁圆环横截面正应力只与 ρ 和 v 有关,与横截面面积无关,因此,不能用增大横截面面积的办法降低横截面上的动应力。

强度条件为

$$\sigma_d=\frac{\rho v^2}{g}\leqslant[\sigma] \tag{e}$$

其中,$[\sigma]$ 为材料在静载荷作用下的许用应力。

从(d)、(e)二式可得强度条件另一种表达式

$$\omega\leqslant\frac{2}{D}\sqrt{\frac{[\sigma]g}{\rho}},\qquad 或\qquad v\leqslant\sqrt{\frac{[\sigma]g}{\rho}} \tag{f}$$

可见为确保旋转圆环的强度,其旋转角速度或线速度要有一定限制,此限制数值即为工程中通称的**"临界速度"**。

通常对机器中飞轮做初步设计时可不计轮辐影响,把轮缘视为旋转薄壁圆环进行计算。

对其他做匀加速运动的构件,同样也可使用动静法,在作用于构件上的原力系中加入惯性力,然后按静力平衡处理,即可解决动应力的计算问题。

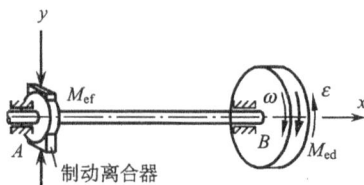

图 15-3

例 15-1 AB 轴的 B 端有质量很大的飞轮,如图 15-3 所示,与飞轮相比轴的质量可以忽略不计。轴的 A 端装有刹车离合器。飞轮转速 $n=120\mathrm{r/min}$,转动惯量 $I_x=0.5\mathrm{kN\cdot m\cdot s^2}$,轴直径 $d=100\mathrm{mm}$,刹车时若轴在 10s 内匀减速停止转动,求轴横截面上最大动应力。

解 飞轮与轴的转动角速度为

$$\omega_0 = \frac{n\pi}{30} = \frac{120\pi}{30} = 4\pi(\text{rad/s})$$

当飞轮与轴同时做匀减速转动时,其角加速度为

$$\varepsilon = \frac{\omega_1 - \omega_0}{t} = \frac{0 - 4\pi}{10}$$

$$= -\frac{4\pi}{10}(\text{rad/s}^2)$$

按动静法,在飞轮上加上方向与 ε 反向的惯性力偶矩 M_{ed},且

$$M_{\text{ed}} = -I_x\varepsilon = -0.5 \times \left(-\frac{4\pi}{10}\right) = \frac{\pi}{5}(\text{kN} \cdot \text{m})$$

设作用于 A 端的刹车摩擦力偶矩为 M_{ef},由平衡方程 $\sum M_x = 0$ 有

$$M_{\text{ef}} = M_{\text{ed}} = \frac{\pi}{5}(\text{kN} \cdot \text{m})$$

AB 轴在力偶矩 $M_{\text{ef}} = M_{\text{ed}}$ 作用下,引起扭转变形,其横截面扭矩为

$$M_{x\text{d}} = M_{\text{ed}} = \frac{\pi}{5}(\text{kN} \cdot \text{m})$$

横截面上最大扭转切应力为

$$\tau_{\text{d,max}} = \frac{M_{x\text{d}}}{W_{\text{P}}} = \frac{\frac{\pi}{5} \times 10^3}{\frac{\pi}{16}(100 \times 10^{-3})^3} = 3.2(\text{MPa})$$

例 15-2 有一重为 G 的钢球装在长为 l 的转臂 OB 的 B 端,以等角速度 ω 在光滑水平面绕 O 旋转(图 15-4)。若转臂重量不计,转臂材料的许用应力为 $[\sigma]$。试导出求 OB 转臂所需横截面面积 A 的计算公式。

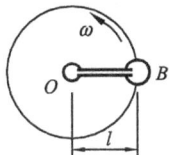

解 钢球旋转时向心加速度

$$a_n = r\omega^2 = l\omega^2$$

钢球离心惯性力为

$$F_{\text{d}} = ma_n = \frac{G}{g}l\omega^2$$

根据强度条件

$$\sigma_{\text{d}} = \frac{F_{\text{Nd}}}{A} = \frac{F_{\text{d}}}{A} \leqslant [\sigma]$$

则所需转臂横截面面积为

$$A \geqslant \frac{F_{\text{d}}}{[\sigma]} = \frac{Gl\omega^2}{g[\sigma]}$$

图 15-4

15.2 构件受冲击时的动应力计算

15.2.1 冲击问题的抽象

锻造时,锻锤在与锻件接触的非常短暂的时间内,速度发生很大的变化,这种现象称为**冲击**或**撞击**问题。工程中常见落锤打桩、金属冲压加工、高速转动的飞轮突然制动等,都属冲击问题。

当运动物体(**冲击物**)以一定的速度作用到静止构件(**被冲击物**)上时,构件将受到很大的作用力(**冲击载荷**),被冲构件因冲击而引起的应力称为**冲击应力**(动应力)。

瞬间冲击过程中,冲击物得到很大负值加速度,对被冲击物(构件)施以很大惯性力。由于冲击物速度的显著变化时间极短,过程很复杂,因而加速度不易计算与测定,所以冲击问题难于用动静法计算,并且冲击物与被冲击物接触区局部的应力状态非常复杂,要从理论上精确计算冲击应力是十分困难的。工程中常采用偏于安全的能量法进行计算,用能量法计算时将冲击物和被冲击物看作**冲击系统**,并对其进行抽象:

1) 视冲击物为计质量的刚体。
2) 视被冲击物为不计质量的弹性体。
3) 不考虑被冲击物在冲击过程中的塑性变形。

15.2.2 用能量法解冲击问题

下面以重量为 G 的冲击物和以无质量的弹簧代表的被冲击物组成的冲击系统(图 15-5(a)),说明能量法的基本原理与基本公式。

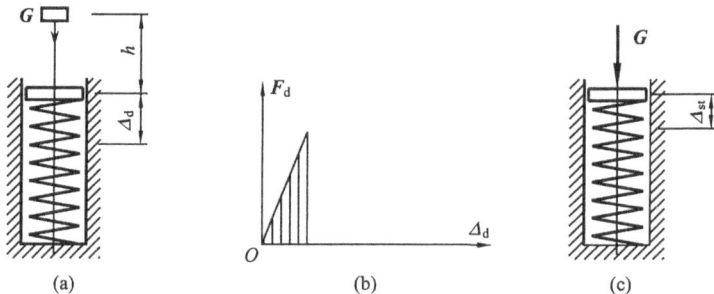

图 15-5

冲击物具有动能和势能,根据上面的抽象,由能量守恒定律认为:**在冲击过程**

中,冲击物所减少的动能 ΔT 和势能 ΔV 应等于被冲击物所增加的弹性变形能 ΔU_d,即

$$\Delta T + \Delta V = \Delta U_d \tag{15-4}$$

式(15-4)就是用能量法解冲击问题的基本公式。从它出发,可以解决杆件各种变形形式的冲击问题。在不同形式的冲击问题中,仅仅是 ΔT、ΔV 及 ΔU_d 的表达式不同而已。

在材料服从胡克定律情况下,弹簧的变形和载荷成正比,达到最大位移 Δ_d 时,相应的动载荷为 F_d,由于冲击过程中 F_d 和 Δ_d 都是从零增加到最终值,完成的功为 $F_d \Delta_d / 2$(图 15-5(b)),它表示弹簧的弹性变形能的增加,即

$$\Delta U_d = \frac{1}{2} F_d \Delta_d \tag{a}$$

若设重物的重量 G 以静载荷形式作用于弹簧顶端(图 15-5(c)),弹簧的静应力和静变形为 σ_{st} 和 Δ_{st};在动载荷 F_d 作用下,弹簧的动应力和动变形为 σ_d 和 Δ_d,在线弹性范围内,载荷、应力和变形成正比,即

$$\frac{F_d}{G} = \frac{\sigma_d}{\sigma_{st}} = \frac{\Delta_d}{\Delta_{st}} = K_d \tag{b}$$

其中,K_d 称为冲击动荷系数。这样上式又可写成

$$F_d = K_d G, \qquad \sigma_d = K_d \sigma_{st}, \qquad \Delta_d = K_d \Delta_{st} \tag{15-5}$$

式(15-5)表明动荷系数分别乘以静载荷、静应力和静变形即为冲击时的动载荷、动应力和动变形,其中 F_d、σ_d 和 Δ_d 是指被冲击物到达最大变形位置,冲击物速度为零时的瞬时载荷、应力和变形,也是冲击过程中的瞬时最大值。

应该指出,上述能量方法是在实际工程中采用的偏于安全的近似方法,当被冲击物的质量较大时也需考虑其质量的影响。

15.2.3　几种典型的冲击问题

以上是以一个无质量弹簧作为被冲击构件受冲击时推导的载荷、应力和变形的计算式,工程中的弹性杆件、梁和圆轴受到冲击时都可视为一个无质量的弹簧(不计质量的弹性体)。

1. 自由落体冲击

若冲击是由重为 G 的物体从高度 h 处自由落下造成的(图 15-6(a)),则冲击过程中

$$\Delta T = 0$$
$$\Delta V = G(h + \Delta_d)$$
$$\Delta U_d = \frac{1}{2} F_d \Delta_d$$

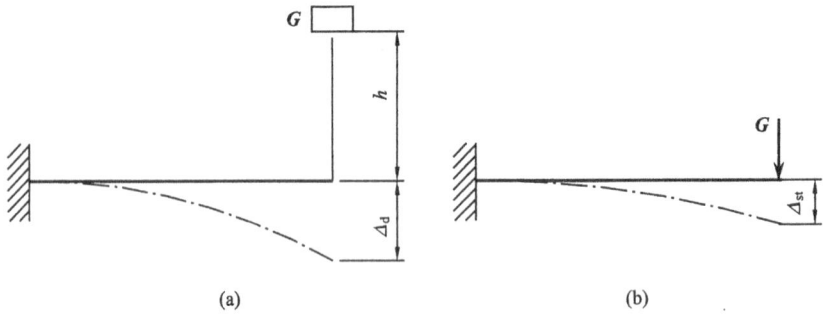

图 15-6

代入公式(15-4),有

$$\Delta T + \Delta V = \Delta U_d$$

$$G(h + \Delta_d) = \frac{1}{2} F_d \Delta_d$$

由式(b)有

$$F_d = \frac{\Delta_d}{\Delta_{st}} G$$

则

$$G(h + \Delta_d) = \frac{\Delta_d^2}{2\Delta_{st}} G$$

即

$$\Delta_d^2 - 2\Delta_{st}\Delta_d - 2\Delta_{st}h = 0$$

解上式有

$$\Delta_d = \left(1 \pm \sqrt{1 + \frac{2h}{\Delta_{st}}}\right)\Delta_{st}$$

$$\frac{\Delta_d}{\Delta_{st}} = 1 \pm \sqrt{1 + \frac{2h}{\Delta_{st}}} = K_d$$

为求得瞬时最大值 Δ_d,保留根号前正值,得

$$K_d = 1 + \sqrt{1 + \frac{2h}{\Delta_{st}}} \tag{15-6}$$

这就是**自由落体冲击时的动荷系数**。

　　式中 Δ_{st} 是把冲击物的重量当作静载荷(图 15-6(b)),沿冲击方向加在冲击点上,使被冲击物的冲击点沿冲击方向产生的静位移。

　　瞬时突加载荷 G 到被冲击构件上,相当于自由落体冲击 $h=0$ 的情况,由式(15-6)得 $K_d=2$,可见突加载荷产生的动载荷是静载荷的两倍。

2. 水平冲击

当重量为 G 的物体(冲击物)以水平速度 v 冲击到被冲击构件时(图 15-7 (a)),在冲击过程中,不考虑势能的变化,即 $\Delta V = 0$,动能的减少 $\Delta T = Gv^2/(2g)$,弹性体变形能的增加仍为 $\Delta U_d = F_d \Delta_d / 2$,由式(15-4),有

$$\Delta T + \Delta V = \Delta U_d$$

$$\frac{G}{2g}v^2 = \frac{1}{2}F_d \Delta_d$$

由式(b)　$F_d = \dfrac{\Delta_d}{\Delta_{st}}G$,　则

$$\frac{v^2}{g} = \frac{\Delta_d^2}{\Delta_{st}}$$

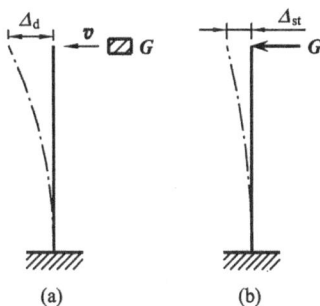

图 15-7

解得

$$\Delta_d = \pm \sqrt{\frac{v^2}{g\Delta_{st}}} \Delta_{st}$$

$$\frac{\Delta_d}{\Delta_{st}} = \pm \sqrt{\frac{v^2}{g\Delta_{st}}} = K_d$$

因为

$$K_d > 1$$

所以

$$K_d = \sqrt{\frac{v^2}{g\Delta_{st}}} \tag{15-7}$$

这就是**水平冲击时的动荷系数**。式中 Δ_{st} 的意义与自由落体冲击时相同。这里必须注意要将重量 G 当作静载荷,**沿冲击方向作用在冲击点上,使被冲击物的冲击点沿冲击方向产生的静位移**。

3. 扭转冲击

现以例 15-1 题中的 AB 轴突然制动,讨论扭转冲击问题。

例 15-3　若例 15-1 题中的 AB 轴在 A 端突然制动,试求轴内最大动应力。设轴长 $l = 1$m,轴材料的 $G = 80$GPa。

解　当 A 端突然制动时,B 端飞轮具有动能,因而 AB 轴受到冲击载荷,发生扭转变形,在冲击过程中,飞轮的角速度最终降低为零,它的动能减少 ΔT 全部转换为轴的扭转弹性变形能的增加 ΔU_d。

飞轮的动能变化为

$$\Delta T = \frac{I_x \omega^2}{2}$$

AB 轴的扭转弹性变形增加为

$$\Delta U_{\mathrm{d}} = \frac{M_{x\mathrm{d}}^2 l}{2GI_{\mathrm{P}}}$$

根据能量守恒定律有 $\Delta T = \Delta U_{\mathrm{d}}$ 得

$$\frac{1}{2} I_x \omega^2 = \frac{M_{x\mathrm{d}}^2 l}{2GI_{\mathrm{P}}}$$

$$M_{x\mathrm{d}} = \omega \sqrt{\frac{I_x GI_{\mathrm{P}}}{l}}$$

轴内最大冲击切应力为

$$\tau_{\mathrm{d,max}} = \frac{M_{x\mathrm{d}}}{W_{\mathrm{P}}} = \omega \sqrt{\frac{I_x GI_{\mathrm{P}}}{l W_{\mathrm{P}}^2}}$$

对圆轴,有

$$\frac{I_{\mathrm{P}}}{W_{\mathrm{P}}^2} = \frac{\pi d^4}{32} \times \left(\frac{16}{\pi d^3}\right)^2 = \frac{2}{\frac{\pi d^2}{4}} = \frac{2}{A}$$

$$\tau_{\mathrm{d,max}} = \omega \sqrt{\frac{2GI_x}{Al}}$$

由上式可见,$\tau_{\mathrm{d,max}}$ 与轴体积 Al 有关,Al 越大,$\tau_{\mathrm{d,max}}$ 越小。将已知数据代入上式得

$$\tau_{\mathrm{d,max}} = \frac{120\pi}{30} \sqrt{\frac{2 \times 80 \times 10^9 \times 0.5 \times 10^3}{1 \times (5 \times 10^{-2})^2 \pi}} = 1\,268(\mathrm{MPa})$$

将本例所得结果与例 15-1 结果比较,可知突然制动时 $\tau_{\mathrm{d,max}}$ 的值是 10s 内匀减速制动时 $\tau_{\mathrm{d,max}}$ 的 396 倍。从而可见,突然制动而形成的扭转冲击对轴十分有害。

例 15-4 在图 15-8 中,两个材料相同且总长相等的杆,变截面杆的最小截面与等截面杆的截面相等,在相同的冲击载荷下,试比较二杆的最大动应力。

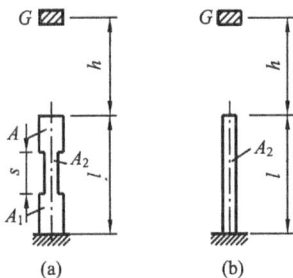

图 15-8

解 在相同静载荷 G 作用下,二杆最大静应力相等,即

$$\sigma_{\mathrm{st,max}}^a = \sigma_{\mathrm{st,max}}^b$$

但二杆在静载荷 G 作用下的静变形不等,即

$$\Delta_{\mathrm{st}}^a < \Delta_{\mathrm{st}}^b$$

则二杆动荷系数不等,有

$$K_{\mathrm{d}}^a > K_{\mathrm{d}}^b$$

所以二杆最大动应力亦不等,有

$$\sigma_{d,\max}^a > \sigma_{d,\max}^b$$

从此可见,图 15-8 杆动荷系数越大,则动应力越大,削弱部分的长度 s 越小,静变形 Δ_{st} 越小,动应力数值就更大。

例 15-5 如图 15-9 所示二相同钢梁受重物 G 自由落体冲击,一梁支于刚性支座上,另一梁支于弹簧刚度 $K = 1kN/cm$ 的弹簧支座上。已知 $l = 3m$,$h = 0.05m$,$G = 1kN$,梁截面 $I = 3\ 400cm^4$ 和 $W = 309cm^3$,梁材料 $E = 200GPa$。分别求二梁横截面最大正应力。

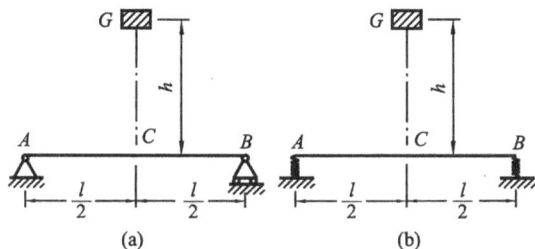

图 15-9

解 1) 求 C 截面静挠度 Δ_{st}。

对刚性支座梁

$$\Delta_{st} = \frac{Gl^3}{48EI} = \frac{1\ 000 \times 3^3}{48 \times 200 \times 10^9 \times 3\ 400 \times 10^{-8}}$$
$$= 82.8 \times 10^{-6} (m)$$

对弹簧支座梁

$$\Delta_{st} = \frac{Gl^3}{48EI} + \frac{G}{2K} = 82.8 \times 10^{-6} + \frac{1\ 000}{2 \times 1\ 000} \times 10^{-2}$$
$$= 5\ 082 \times 10^{-6} (m)$$

2) 求动荷系数。

$$K_d = 1 + \sqrt{1 + \frac{2h}{\Delta_{st}}}$$

对刚性支座梁

$$K_d = 1 + \sqrt{1 + \frac{2 \times 0.05}{82.8 \times 10^{-6}}} = 1 + \sqrt{1 + 1\ 210} \approx \sqrt{1\ 211} = 34.8$$

对弹簧支座梁

$$K_d = 1 + \sqrt{1 + \frac{2 \times 0.05}{5\ 082 \times 10^{-6}}} = 5.55$$

3) 求最大正应力。

$$\sigma_d = K_d \sigma_{st}$$

对刚性支座梁

$$\sigma_{\mathrm{d}} = K_{\mathrm{d}}\frac{Gl}{4W} = 34.8 \times \frac{1\,000 \times 3}{4 \times 309 \times 10^{-6}} = 34.8 \times 2.34 = 84.5(\mathrm{MPa})$$

对弹簧支座梁

$$\sigma_{\mathrm{d}} = K_{\mathrm{d}}\frac{Gl}{4W} = 5.55 \times 2.43 = 13.5(\mathrm{MPa})$$

本例表明,采用弹簧支座,可降低系统刚度,减小动荷系数,从而减小冲击动应力。

15.2.4　提高构件抗冲击能力的措施

从上面例题中明显看出,冲击载荷下冲击应力较之静应力高很多,所以在实际工程中采取相应措施,提高构件抗冲击能力,减小冲击应力,是十分必要的。

1. 尽可能增加构件的静变形

由公式(15-6)、式(15-7)可见,增大构件的静变形 Δ_{st},就可降低动载荷系数 K_{d},从而降低冲击动应力和动变形。但是必须注意,往往增大静变形的同时,静应力也不可避免的随之增大,从而达不到降低动应力的目的。为达到增大静变形而又不使静应力增加,在工程上往往通过加设弹簧、橡胶坐垫或垫圈等,如火车车厢与轮轴之间安装压缩弹簧,汽车车架与轮轴之间安装叠板弹簧等都是减小冲击动应力的有效措施,同时也起到了很好的缓冲作用。

2. 增加被冲击构件的体积

由例15-3可见,增大被冲击构件体积,可使动应力降低。受冲击载荷作用的汽缸盖固紧螺栓,由短螺栓(图15-10(a))改为相同直径长螺栓(图15-10(b)),螺栓体积增大,则冲击动应力减小,从而提高螺栓抗冲击能力。

3. 尽量避免采用变截面杆

由例15-4可知,变截面杆受冲击载荷作用是不利的,应尽量避免。对不可避免局部需削弱的构件,应尽量增加被削弱段长度。因此,工程中对一些受冲击的零件,如汽缸螺栓,不采用图15-10(c)所示的光杆部分直径大小螺纹内径的形状,而采用如图15-10(d)所示的光杆部分直径与螺纹内径相等或如图15-10(e)所示光杆段截面挖空削弱接近等截面的形状,使静变形 Δ_{st}增大,而静应力不变,从而降低动应力。

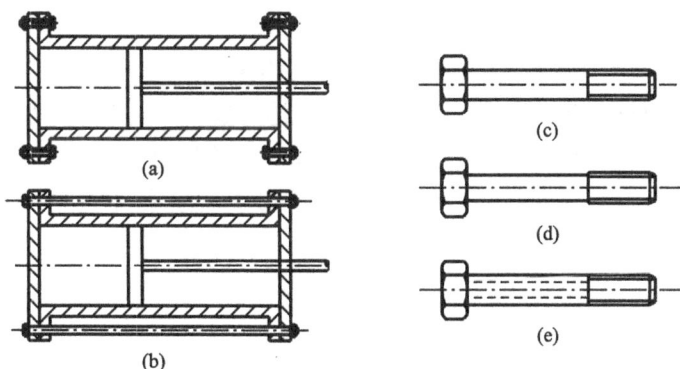

图 15-10

15.3 冲 击 韧 度

工程上,用来衡量材料抗冲击能力的指标,称为**冲击韧度**,记作 α_k。冲击韧度 α_k 由冲击试验确定。目前我国通用的冲击试验是用两端简支带切槽的标准试件所做的弯曲冲击试验。试验机、试验装置及试件示意图如图 15-11 所示。

试验时,将试件按切槽位于受拉一侧放置在试验机支架处。当重摆从一定高度自由落下将试件冲断时,试件所吸收的能量等于重摆所做的功 W,试件切槽处截面面积为 A,则材料的冲击韧度为

$$\alpha_k = \frac{W}{A} \tag{15-8}$$

其单位为焦耳/毫米^2(J/mm^2)。

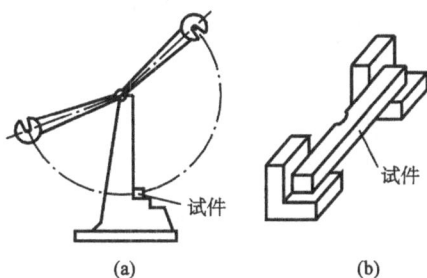

图 15-11

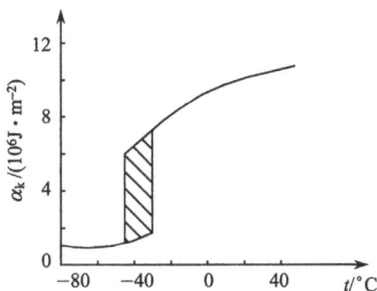

图 15-12

冲击韧度只是一种衡量材料承受冲击能力以及对切口应力集中敏感程度的性能指标。α_k 的数值与试件的形状、尺寸、支座条件以及加载速度有关,所以只能作为比较材料抗冲击能力的一个相对性指标,不能直接用于构件的设计计算。

由试验结果得知,材料的 α_k 值随温度的降低而减小,且在温度低于某一温度下,材料会突然变脆,即 α_k 值突然降低,这种现象称为**冷脆现象**,使 α_k 突然下降的温度称为**临界温度**,如图 15-12 所示。由于低温冷脆现象的存在,因此要求在低温条件下工作的材料有足够大的冲击韧度值,以防止冷脆断裂发生。但也不是所有金属材料都存在在冷脆现象,如铜、铝和某些高强度合金钢,在很大温度变化范围,α_k 值变化很小,并无明显低温冷脆现象。

思 考 题

15-1 何谓静载荷? 何谓动载荷? 二者有什么差别?

15-2 举例说明动载荷的利与害。

15-3 何谓动荷系数? 它的物理意义是什么?

15-4 为什么转动的砂轮都有一定的临界转速限制?

15-5 在用能量法计算冲击应力时,作了哪些假设? 这些假设的作用是什么?

15-6 举例说明提高构件抗冲击能力的主要措施。

15-7 在垂直电梯内放置重量为 G 的重物,若电梯以重力加速度 g 下降,则重物对电梯的压力为多少?

15-8 何谓材料的冲击韧度? 它与温度有什么关系?

习 题

15-1 如题 15-1 图所示,用两根直径相同的钢索以等加速度 $a=10\text{m/s}^2$ 起吊 32a 号工字钢。提升过程中工字钢维持水平,在不计钢索自重的情况下,求钢索轴力和工字钢内最大正应力。

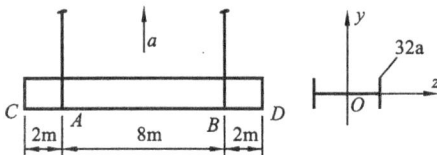
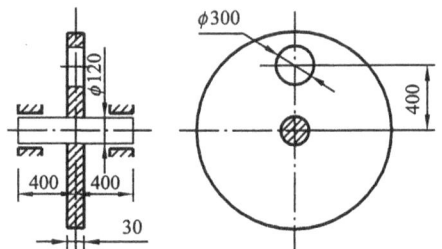

题 15-1 图   题 15-2 图

15-2 如题 15-2 图所示,钢质圆盘以 $\omega_0=40\text{rad/s}$ 等角速度旋转,盘上有一圆孔,试求轴内由于这一圆孔引起的最大正应力。

15-3 如题 15-3 图所示,机车车轮以 $n=300\text{r/min}$ 的转速旋转。平行杆 AB 的横截面为矩形,$h=5.6\text{cm}$,$b=2.8\text{cm}$,长度 $l=2\text{m}$,$r=25\text{cm}$。试求平行杆最危险位置时杆内最大正应力。材料的密度 $\rho=7.8\text{g/cm}^3$。

15-4 如题 15-4 图所示,飞轮的最大圆周速度 $v=25\text{m/s}$,材料的比重 $\rho=72.6\text{kN/m}^3$。若

不计轮辐的影响,试求轮缘内的最大正应力。

15-5 如题 15-5 图所示,重为 $G=0.5$kN 重物自高度 $h=1$m 处落下至圆盘 B 上,圆盘固结于直径 $d=20$mm 的圆截面杆下端,杆 AB 长 $l=2$m,试计算杆伸长及最大正应力。已知杆材料的 $E=200$GPa。

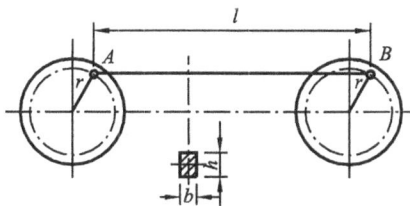

题 15-3 图

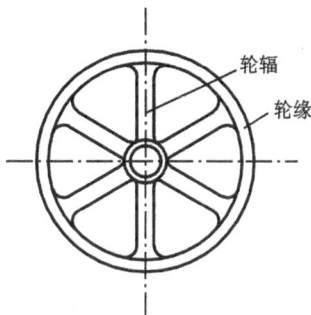

题 15-4 图

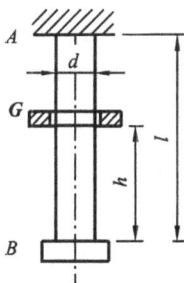

题 15-5 图

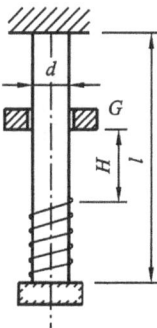

题 15-6 图

15-6 如题 15-6 图所示,钢杆的下端有一固定圆盘,盘上放置弹簧。弹簧在 1kN 的静载荷作用下缩短 0.625mm。钢杆的直径 $d=4$cm, $l=4$m,许用应力 $[\sigma]=120$MPa, $E=200$GPa。若有重为 $G=15$kN 的重物自由落下,求其许可的高度 H。又若没有弹簧,则许可高度 H 将等于多大?

15-7 如题 15-7 图所示,重为 $G=1$kN 的重物,自高度 $h=10$cm 处的自由落下,冲击 22a 号工字钢简支梁的中点。设梁长 $l=2$m,梁材料的 $E=200$GPa。求梁跨中点挠度及最大动应力。

15-8 如题 15-8 图所示,直径 $d=30$cm,长 $l=6$m 的圆木桩,下端固定,上端受重为 $G=5$kN 重锤作用,木材 $E_1=10$GPa,求图示三种情况下木桩内最大正应力:①重锤以静载方式作用于桩顶上;②重锤从离桩顶 1m 的高度自由落下;③在桩顶放置直径为 15cm,厚度 2cm 橡皮垫,橡皮 $E_2=8$MPa,重锤从距橡皮垫顶面 1m 高度自由落下。

15-9 如题 15-9 图所示,AB 杆下端固定,长度为 l。在 C 点受到重为 G 沿水平运动的物体的冲击,当其与杆件接触时的速度为 v。设杆件的 E、I 及 W 皆为已知量,试求 AB 杆的最大正应力。

15-10 游泳池的跳板 AC 如题 15-10 图所示,材料的弹性模量 E＝10GPa。若体重为 700N 的跳水运动员从 300mm 高处落到跳板上,试求跳板的最大正应力和跳板的最大挠度。

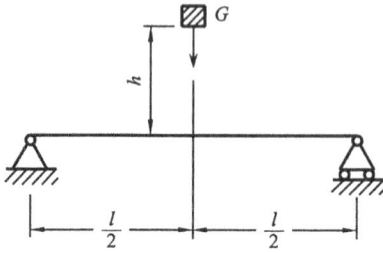

题 15-7 图

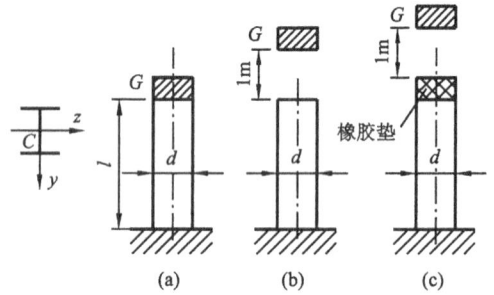

题 15-8 图

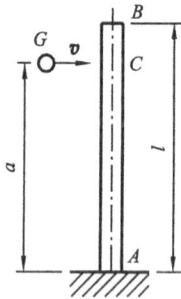

题 15-9 图

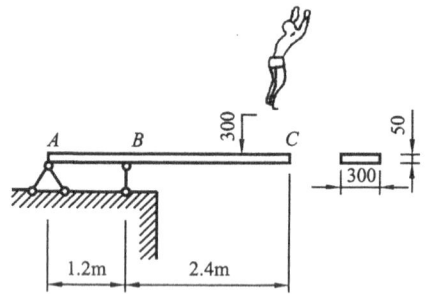

题 15-10 图

第16章 交变应力

16.1 概　　述

16.1.1 工程实例

工程中有些构件承受的载荷其大小、方向或位置等随时间做周期性的变化,如蒸汽机活塞杆、内燃机的连杆等;有的虽然载荷不随时间改变,但构件本身在旋转,如图 16-1(a)所示火车轮轴,若轴的直径为 d,轴的角速度为 ω,则轴横截面上边缘任一点 k 处(图 16-1(b))的弯曲正应力为

$$\sigma = \frac{My}{I_z} = \frac{M}{I_z} \cdot \frac{d}{2}\sin\omega t$$

若将此式中 σ 与 t 的关系在 t-σ 坐标系中用图线表示,即得到图 16-1(c)中的正弦曲线。图中 t_1、t_2、t_3、t_4 分别表示 k 点在图 16-1(b)中所示位置 1、2、3、4 的时刻。

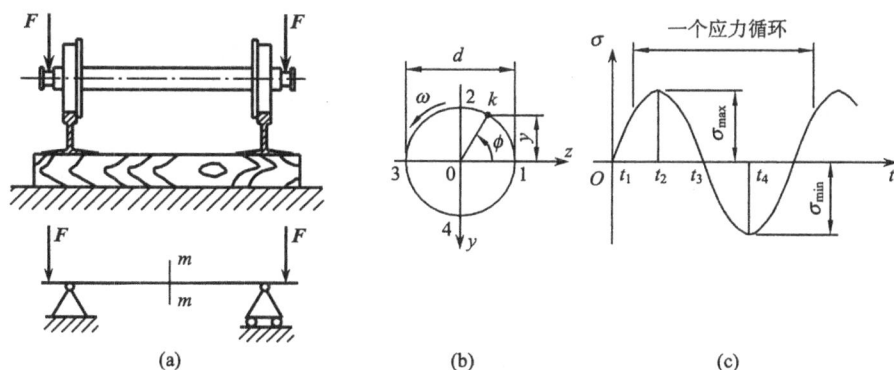

图 16-1

由此可见,车轴每旋转一圈,k 点的应力经历着如下的变化过程:$0 \to \sigma_{max} \to 0 \to \sigma_{min} \to 0$。应力每重复变化一次的过程,称为一个**应力循环**(图 16-1(c))。随着车轴不停地旋转,k 点处的应力不断地重复上述循环做周期性的变化。**这种随时间作周期性交替变化的应力,称为交变应力。**

又如齿轮上齿根某点 A(图 16-2(a))。用 F 表示齿轮啮合时作用于轮齿上的力,齿轮每旋转一圈,轮齿啮合一次。啮合时 F 由零迅速增加到最大值,然后又减小为零,因而,齿根 A 点的弯曲正应力 σ 也由零增加到某一最大值,再减小为零,

齿轮不停地旋转,σ 也就不停地重复上述过程,σ 随时间 t 变化的曲线如图 16-2(b)所示。

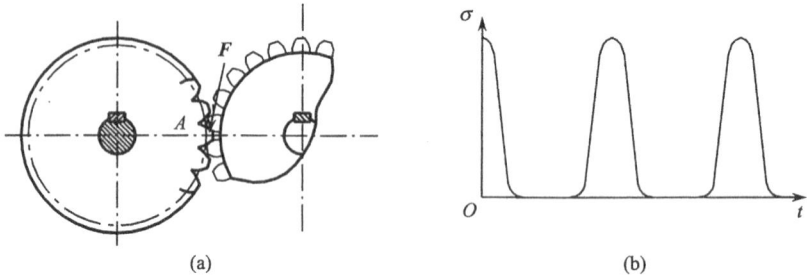

图 16-2

再有,当简支梁上因电动机转子偏心惯性力 F_d 作用而引起梁的强迫振动时(图 16-3(a)),其危险点应力随时间变化曲线如图 16-3(b)所示。其中 σ_m 表示电动机重量 G 按静载方式作用于梁上引起的静应力,最大应力 σ_{max} 和最小应力 σ_{min} 分别表示梁在振动时最大和最小位移时的应力。

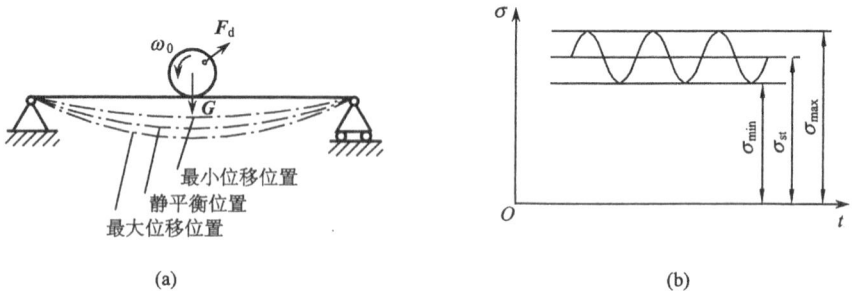

图 16-3

16.1.2 疲劳破坏及特点

以上各例均属应力随时间做周期性交替变化,统称为**交变应力**。实践表明,构件在交变应力作用下引起的破坏与静载荷作用下的破坏性质全然不同。承受交变应力作用的构件即使是用塑性材料制成的,虽然**工作应力远低于材料的强度极限**,但在经历一定的工作时间之后也可能发生**突然断裂**。在断裂前和脆性材料一样,无明显的塑性变形,这种破坏现象工程上常称为**疲劳破坏**。

图 16-4(a)照片是构件在交变应力下破坏的断裂面。在断裂面示意图(图 16-4(b))上可以看出明显的**两个区域**,一个是表面光滑的区域,一个是具有脆性

破坏形状的粗粒状区域。

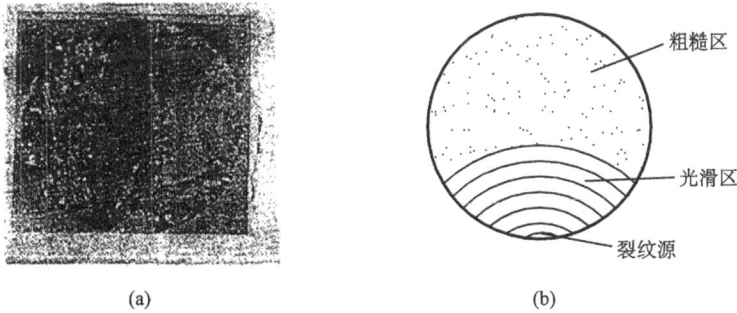

图 16-4

16.1.3　引起疲劳破坏的原因

经过对大量构件多次观察研究,目前对这种现象的一般解释是:**在交变应力作用下,由于构件外形和材料内部质地不均匀、有疵点,致使构件某些局部区域应力达到屈服应力**,在交变应力作用下,在此局部区域将逐步形成极细小的微观裂纹,这就是图是 16-4(b)中的**裂纹源**。而裂纹尖端严重的应力集中又进一步导致裂纹在交变应力作用下不断向内部**扩展**。在裂纹扩展过程中,由于应力在交替变化,开裂的两个侧面将时而压紧时而张开,重复压紧作用的结果就逐渐形成断口表面的光滑区(图 16-4(b))。另一方面,随着裂纹的**不断扩展**,截面面积也随之削弱。故当裂纹扩展到某一临界尺寸后,在交变载荷作用下,构件将沿着削弱的截面**骤然**发生**脆性断裂**,断口表面呈现粗糙颗粒状,如图 16-4(b)所示的粗糙区。

16.1.4　疲劳破坏的危害

像飞机、汽车、火车等机械结构中的一些主要零部件以及连杆、传动轴等构件,它们的破坏多是由于疲劳而导致的。所以疲劳破坏也是构件破坏的主要形式之一。

由于疲劳破坏是由多种原因引起,在局部发生的,其过程是一个较长的裂纹萌生和逐渐扩展的过程,疲劳破坏又往往是在没有明显预兆情况下的突然断裂,像飞机失事,火车轮轴断裂以及汽车发动机中的曲轴断裂等。另外疲劳破坏是在应力低于强度极限,甚至低于屈服点下发生的,所以疲劳破坏与静应力下的破坏性质完全不同。鉴于疲劳破坏危害程度之大,影响疲劳破坏的因素之多,所以疲劳的有关问题已经引起人们的关注。对在交变应力下工作的零件,进行疲劳强度计算是非常必要的。

16.2 交变应力的有关参数

交变应力作用下材料的力学性能、构件破坏特点都与静应力作用下不同。从图 16-1(c)、图 16-2(b)、图 16-3(b)所示的 $\sigma\text{-}t$[①] 曲线可以看出,它们分别代表不同的工况。各曲线的共性就是按一定周期性的规律变化,其个性是最大、最小应力值和它们的比例不同,从最大值到最大值的间隔时间长短不同等。

16.2.1 参数

图 16-5 表示应力随时间变化曲线的一般形式。

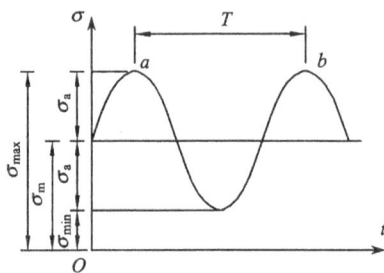

图 16-5

应力从**最大应力** $\sigma_{\max}$ 到**最小应力** $\sigma_{\min}$,**再回到最大应力** $\sigma_{\max}$[②]**的过程称为一个应力循环**。完成一个应力循环所需要的时间称为一个周期,记作 T。

1. 循环特征 r

应力循环中最小应力与最大应力的比值,称为**循环特征**,用 r 表示,即

$$r = \frac{\sigma_{\min}}{\sigma_{\max}} \tag{16-1}$$

循环特征 r 作为表示一个应力循环中应力变化的特性与程度,是研究交变应力时的重要参数。

2. 平均应力 σ_{m}

最大应力和最小应力的平均值称为**平均应力**,用 σ_{m} 表示,即

$$\sigma_{\mathrm{m}} = \frac{1}{2}(\sigma_{\max} + \sigma_{\min}) = \frac{1}{2}(1 + r)\sigma_{\max} \tag{16-2}$$

3. 应力幅 σ_{a}

最大应力和最小应力在平均应力上、下变化的幅度称之为**应力幅**,用 σ_{a} 表示,即

$$\sigma_{\mathrm{a}} = \frac{1}{2}(\sigma_{\max} - \sigma_{\min}) = \frac{1}{2}(1 - r)\sigma_{\max} \tag{16-3}$$

---

① 其中 σ 为广义应力,它可以是正应力 σ,也可以是切应力 τ。

② 应注意:这里的 $\sigma_{\max}$ 和 $\sigma_{\min}$ 是指发生在构件横截面上的**同一点处**但在不同时刻里的应力值;它们与应力分析中所述的,在同一时刻在同一点处不同截面上的极值应力 $\sigma_{\max}$ 和 $\sigma_{\min}$ 不同;而且这里的 $\sigma_{\max}$ 与在同一时刻发生在构件同一横截面上的 $\sigma_{\max}$ 的含义也不同。

4. 最大应力 σ_{max} 和最小应力 σ_{min} 表示法

$$\sigma_{max} = \sigma_m + \sigma_a \tag{16-4}$$

$$\sigma_{min} = \sigma_m - \sigma_a \tag{16-5}$$

以上的五个参数 r、σ_m、σ_a、σ_{max}、σ_{min} 只有两个是独立的。平均应力可以看成是由静载荷引起的静应力,而应力幅则是交变应力中的动应力部分。

16.2.2 几种典型的交变应力

当循环特征 $r=-1$ 时称为**对称循环**,其余各种情况统称为**非对称循环**,当 $r=0$(或 $r=-\infty$)这种非对称循环又称为**脉动循环**。静应力可视为交变应力的特殊情形。几种典型的交变应力 $\sigma\text{-}t$ 曲线及参数如表 16-1 所示。由表可以看出,非对称循环可看成是平均应力(静应力)与对称循环的叠加。

表 16-1 几种典型的交变应力 $\sigma\text{-}t$ 曲线及参数

循环类型	$\sigma\text{-}t$ 曲线	循环特征	σ_{max} 与 σ_{min}	σ_m 与 σ_a
对称循环		$r=-1$	$\sigma_{max}=-\sigma_{min}$	$\sigma_m=0$ $\sigma_a=\sigma_{max}$
脉动循环		$r=0$	$\sigma_{min}=0$ $\sigma_{max}>0$	$\sigma_m=\sigma_a=\dfrac{\sigma_{max}}{2}$
		$r=-\infty$	$\sigma_{max}=0$ $\sigma_{min}<0$	$\sigma_a=-\sigma_m=-\dfrac{\sigma_{min}}{2}$
非对称循环		$-1<r<+1$	$\sigma_{max}=\sigma_m+\sigma_a$ $\sigma_{min}=\sigma_m-\sigma_a$	$\sigma_m=\dfrac{\sigma_{max}+\sigma_{min}}{2}$ $\sigma_a=\dfrac{\sigma_{max}-\sigma_{min}}{2}$
静应力		$r=+1$	$\sigma_{max}=\sigma_{min}$	$\sigma_a=0$ $\sigma_m=\sigma_{max}=\sigma_{min}$

实验表明,应力循环曲线的形状,对材料的交变应力作用下的疲劳强度无显著影响,只要 σ_{max} 和 σ_{min} 相同可不加区别。

实践证明,对称循环是交变应力中最危险的一种工况。

上面列举的各种交变应力中,其应力

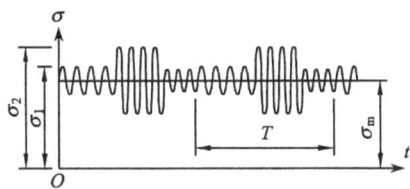

图 16-6

幅和平均应力均不随时间而改变,这种交变应力又称为**常幅稳定交变应力**。除此而外还有**变幅稳定交变应力**(图 16-6)和**随机变化的不稳定交变应力**等。这里主要研究最基本的,即常幅稳定交变应力下构件的强度问题。

16.3 材料的持久极限

16.3.1 持久极限

对于在交变应力下工作的构件进行强度计算时,首先需要知道材料交变应力下工作而不发生破坏的极限应力。实践表明,在交变应力下工作的构件,最大工作应力低于屈服极限就可能发生疲劳破坏。因此,静载时测定的屈服点或强度极限已不能作为交变应力下的强度指标,必须专门测定在交变应力下工作而不发生破坏的极限应力。试验表明这个极限应力值受循环特征、材料、外形、绝对尺寸及表面加工等很多因素影响,因此在测定时必须用**标准尺寸的光滑小试件**。

承受交变应力的试件,在疲劳破坏前所历经的应力循环次数一般称之为**持久寿命**,用 N 表示。在上述的循环特征、材料等条件相同的情况下,寿命与最大应力有关。最大应力值 σ_{max} 越大,持久寿命就越小;最大应力 σ_{max} 越小,持久寿命就越大。依次降低最大应力 σ_{max},就可使寿命不断增加。当最大应力 σ_{max} 降到某一数值时,持久寿命 N 就可能增至"无限长"。通常将试件经受无限多次应力循环而不发生疲劳破坏的最大应力的最高限称为**材料的持久极限**,用 $\sigma_r(\tau_r)$ 表示。同一材料的持久极限数值随基本变形形式和循环特征的不同而不同,在同一种基本变形形式下的持久极限以对称循环($r=-1$)时的持久极限为最低。所以通常都以对称循环交变应力下的持久极限即 $\sigma_{-1}(\tau_{-1})$ 作为材料在交变应力下的主要强度指标。

同一材料对称循环交变应力下持久极限 σ_{-1} 比静载荷时的强度极限 σ_b 要低得多。以低碳钢为例,在拉伸(压缩)、弯曲、扭转变形时持久极限与强度极限分别有如下关系:

拉伸(压缩)变形

$$\sigma_{-1} \approx 0.3\sigma_b$$

弯曲变形

$$\sigma_{-1} \approx 0.4\sigma_b$$

扭转变形

$$\tau_{-1} \approx 0.25\sigma_b$$

16.3.2 对称循环时材料持久极限的测定

1) 试验机。试验所用疲劳试验机的基本组成和工作原理如图 16-7 所示。这是一种纯弯曲式疲劳试验机,试件在试验机上承受纯弯曲,随着电机高速旋转,试件在不停地转动,试件横截面上任意点的应力值都在 σ_{max} 与 σ_{min} 应力之间交替的呈正弦曲线变化(图 16-1(c))。

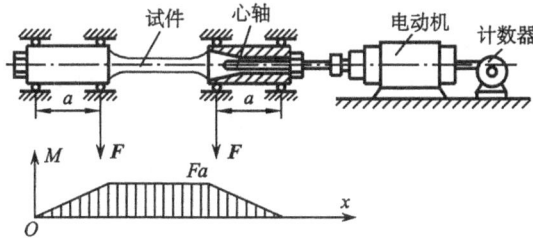

图 16-7

2) 标准试件。完成试验需要一组(6~8 根)材料、尺寸和表面磨光等完全相同的标准试件。

3) 试验设计。试验设计主要是解决对 6~8 根试件每根加多大载荷的合理设计。对于低碳钢,第一根试件的循环应力的最大值约等于其强度极限的 60%~70%,循环 N_1 次断裂。第二根试件的循环应力的最大值比第一根试件的应力减 20~40MPa,循环 N_2 次断裂,依次降低每根试件的 σ_{max},持久寿命 N 则随之逐次加长。

将各个对应的 $\sigma_{max,i}$ 和 N_i 画在以 σ_{max} 为纵坐标,试件循环次数 N 为横坐标的直角坐标系内,如图 16-8 所示曲线,习惯上称此曲线为**疲劳曲线**,也叫 **S-N 曲线**。但是试验不可能无限次的进行,一般规定用一个循环次数 N_0 来代替"无限长"的持久寿命,这个 N_0 称为**循环基数**。由疲劳曲线可以明显看出:随 σ_{max} 减小 N 逐渐增大,当 $N \geqslant N_0$ 时,曲线趋近于水平,这时水平渐近线所对应的纵坐标 σ_{-1} 就是这种材料在**对称循环下的持久极限**。

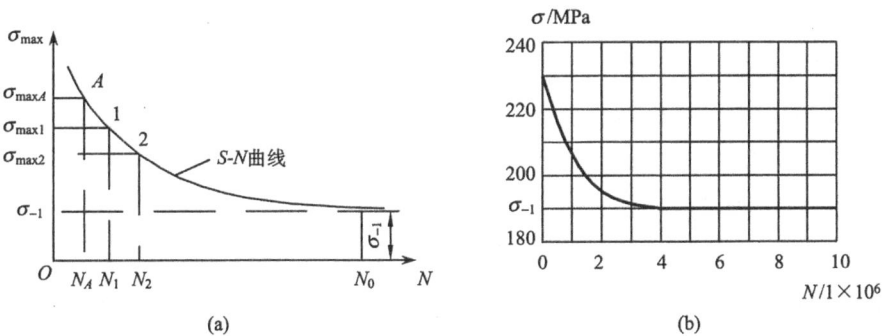

(a)　　　　　　　　　　　　　(b)

图 16-8

图 16-8(a)疲劳曲线上任意点 A 的纵、横坐标分别为 σ_{maxA} 和 N_A,这表示循环应力最大值为 σ_{maxA} 时,试件断裂前所经受的应力循环次数为 N_A,N_A 是在 σ_{maxA} 这个条件下的有限寿命,而 σ_{maxA} 称为有限寿命 N_A 时材料的**条件持久极限**。

对应持久极限 σ_r 的寿命是无限寿命,所以持久极限定义为**材料经无限次应力循环而不发生疲劳破坏的最大应力**。

对于钢和铸铁等黑色金属材料,试件经受 10^7 次循环如果仍不断裂,则可认为再增加循环次数试件也不会断裂,所以通常就取 $N_0 = 2 \times 10^7$ 次作为循环基数,这一循环次数下不破坏时的最大应力作为**条件持久极限**。如图 16-8(b)所示的疲劳曲线。

16.4　构件的持久极限

16.4.1　载荷的性质与强度

在常温静载下,拉伸、压缩时用标准试件测定的材料的极限应力(低碳钢的屈服极限,铸铁的强度极限)可以直接作为构件的极限应力,但是,由于构件本身诸多因素对持久极限有影响,所以在交变应力作用下不能直接把用标准尺寸、光滑小试件测定的材料持久极限作为构件的持久极限。这就是载荷性质对材料强度的内在影响。

16.4.2　影响构件持久极限的因素

在交变应力作用下,实际构件的持久极限不但与材料有关,而且还受构件形状、尺寸大小,表面质量和其他一些因素的影响。因此,用光滑小试件测定的材料的持久极限 σ_{-1},还不能代表实际构件的持久极限。下面介绍影响构件持久极限的几种主要因素。

　1. 构件外形的影响

构件外形的突然变化,如构件上有槽、孔、缺口、轴肩等,将引起应力集中。在应力集中的局部区域更易形成疲劳裂纹,使构件的持久极限显著降低。在对称循环下,若无应力集中的光滑试件的持久极限为 σ_{-1},而有应力集中的试件的持久极限为 $(\sigma_{-1})_k$,则比值

$$K_\sigma = \frac{\sigma_{-1}}{(\sigma_{-1})_k} \tag{16-6}$$

称为**有效应力集中系数**。因为 σ_{-1} 大于 $(\sigma_{-1})_k$,所以 K_σ 大于 1。工程上为了使用方便,把关于有效应力集中系数的实验数据,整理成曲线或表格。如图 16-9、图 16-10 就是这类曲线。

由图可以看出,有效应力集中系数非但与构件形状、尺寸有关,而且与材料的强度极限 σ_b 亦即与材料的性质有关。有一些由理论应力集中系数估算出有效应力集中系数的经验公式,一般说,静载荷抗拉强度越高,有效应力集中系数就越大,即对应力集中越敏感。

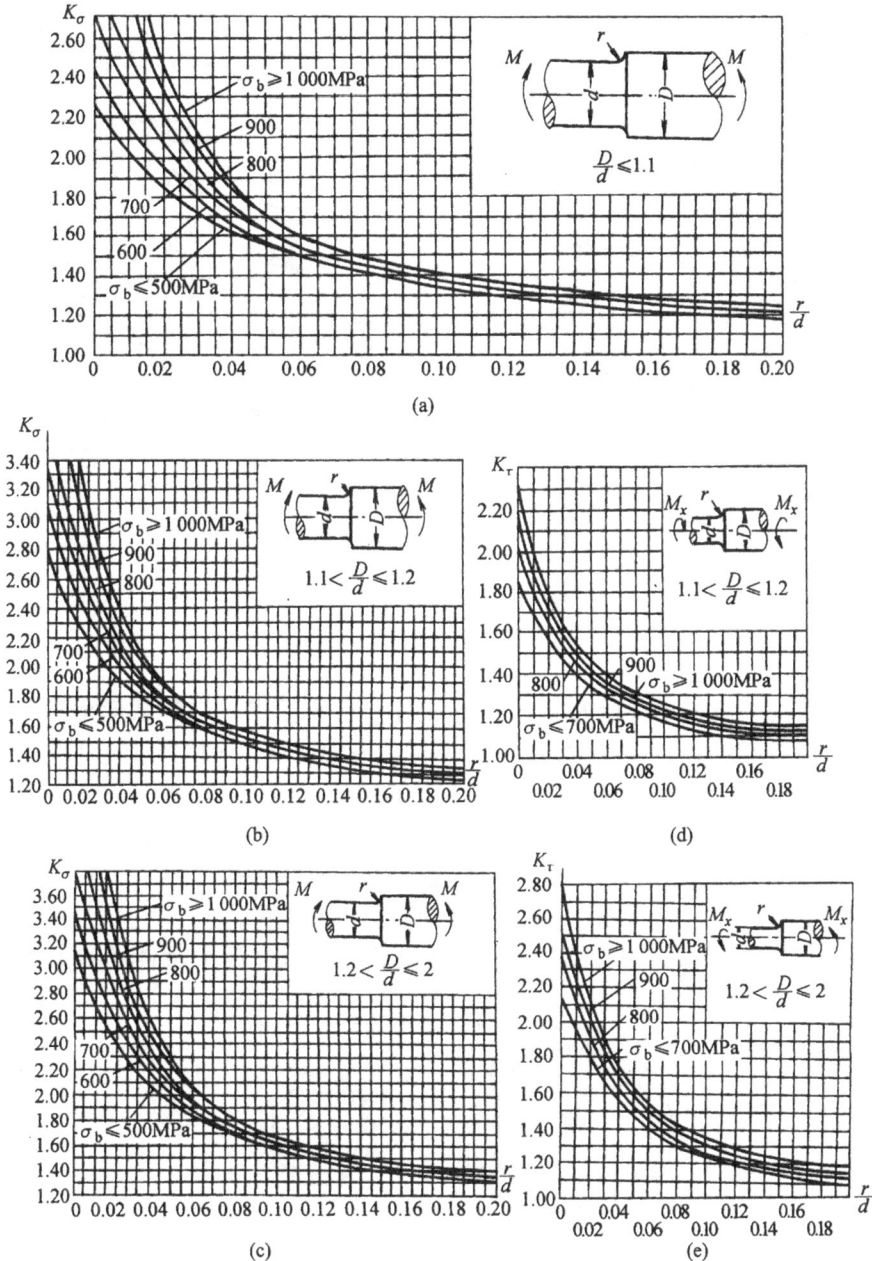

图 16-9

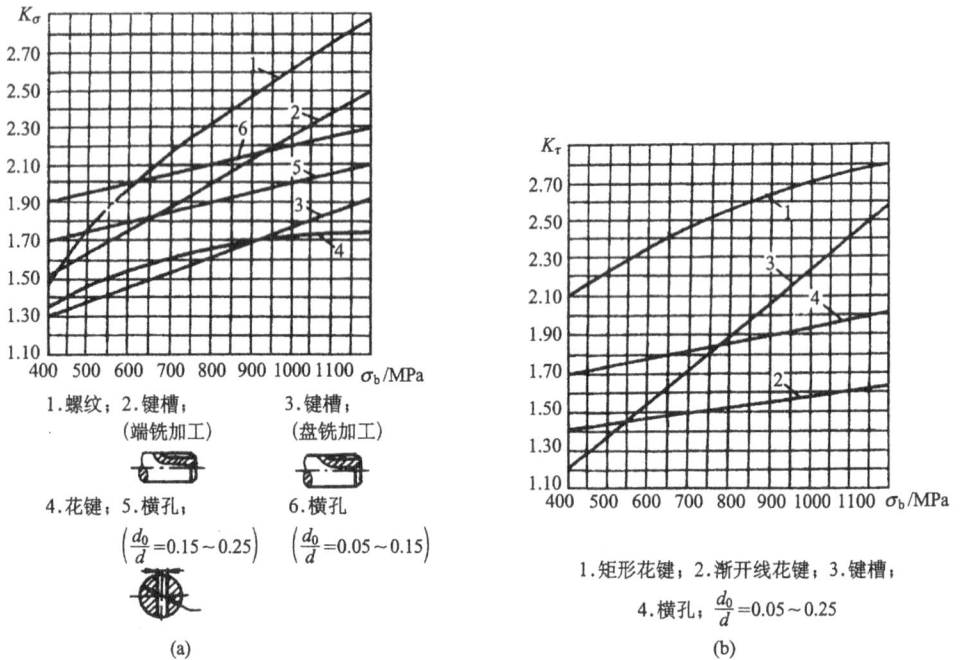

1.螺纹；2.键槽；　　　　3.键槽；
　　　（端铣加工）　　　（盘铣加工）

4.花键；5.横孔；　　　　6.横孔
$\left(\dfrac{d_0}{d}=0.15\sim0.25\right)$　$\left(\dfrac{d_0}{d}=0.05\sim0.15\right)$

(a)

1.矩形花键；2.渐开线花键；3.键槽；

4.横孔，$\dfrac{d_0}{d}=0.05\sim0.25$

(b)

图 16-10

2. 构件尺寸的影响

持久极限一般是用直径为 $7\sim10\mathrm{mm}$ 的小试件测定的。**在静强度相同的条件下,随着试件横截面尺寸的增大,持久极限却相应地降低**。现以图 16-11 中的两个受扭试件来说明。沿圆截面的半径,切应力是线性分布的,若两者最大切应力相等,显然有 $\alpha_1<\alpha_2$,即沿圆截面半径,大试件应力的衰减比小试件缓慢,因而大试件横截面上的高应力区比小试件的大。也就是说,大试件中处于高应力状态的晶粒比小试件的多,所以大试件形成疲劳裂纹的机会也就更多。

在对称循环下,若光滑小试件的持久极限为 σ_{-1},光滑大试件的持久极限为

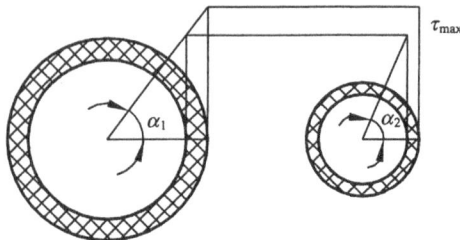

图 16-11

$(\sigma_{-1})_d$,则比值

$$\varepsilon_\sigma = \frac{(\sigma_{-1})_d}{\sigma_{-1}} \tag{16-7}$$

称为**尺寸系数**,它的数值小于 1。常用钢材的尺寸系数如表 16-2 所示。

表 16-2　尺寸系数

直径 d/mm		>20~30	>30~40	>40~50	>50~60	>60~70
ε_σ	碳　钢	0.91	0.88	0.84	0.81	0.78
	合金钢	0.83	0.77	0.73	0.70	0.68
各种钢 ε_τ		0.89	0.81	0.78	0.76	0.74
直径 d/mm		>70~80	>80~100	>100~120	>120~150	>150~500
ε_σ	碳　钢	0.75	0.73	0.70	0.68	0.60
	合金钢	0.66	0.64	0.62	0.60	0.54
各种钢 ε_τ		0.73	0.72	0.70	0.68	0.60

3. 构件表面质量的影响

构件表面的加工质量对持久极限也有影响。例如,当表面存在刀痕时,刀痕的根部将出现应力集中,因而降低了持久极限。反之,构件表面质量经强化方法提高后,其持久极限也就得到提高。表面质量对持久极限的影响,通常用**表面质量系数** β 来表示。若表面磨光的试件的持久极限为 σ_{-1},表面为其他加工情况的构件的持久极限 $(\sigma_{-1})_\beta$,则

$$\beta = \frac{(\sigma_{-1})_\beta}{\sigma_{-1}} \tag{16-8}$$

当构件表面质量低于磨光的试件时,$\beta<1$;而表面经强化处理后,$\beta>1$。不同表面光洁度的表面质量系数如表 16-3 所示。可以看出,不同的表面加工质量,对高强

表 16-3　不同表面粗糙度的表面质量系数 β

加工方法	轴表面粗糙度 R_a/μm	σ_b/MPa		
		400	800	1200
磨　削	0.4~0.2	1	1	1
车　削	3.2~0.8	0.95	0.90	0.80
粗　车	25~6.3	0.85	0.80	0.65
未加工的表面	∞	0.75	0.65	0.45

度钢持久极限的影响更为明显,所以,对高强度钢要有较高的表面加工质量,才能

充分发挥其高强度的作用。各种强化方法的表面质量系数如表 16-4 所示。

表 16-4　各种强化方法的表面质量系数 β

强 化 方 法	心部强度 σ_b/MPa	β		
		光　　轴	低应力集中的轴 $K_\sigma \leqslant 1.5$	高应力集中的轴 $K_\sigma \leqslant 1.8 \sim 20$
高频淬火	600～800	1.5～1.7	1.6～1.7	2.4～2.8
	800～1 000	1.3～1.5		
氮　　化	900～1 200	1.1～1.25	1.5～1.7	1.7～2.1
渗　　碳	400～600	1.8～2.0	3	—
	700～800	1.4～1.5	—	—
	1 000～1 200	1.2～1.3	2	—
喷丸硬化	600～1 500	1.1～1.25	1.5～1.6	1.7～2.1
滚子滚压	600～1 500	1.1～1.3	1.3～1.5	1.6～2.0

注:这里给出的图、表仅为讨论时的一少部分参考值,具体设计计算时要查阅有关手册。

除上述三种影响因素外,构件的工作环境,如温度、介质以及载荷频率等都会影响持久极限数值,这些可参考有关资料。

16.4.3　构件持久极限表达式

综合上述三种主要影响因素,即 K_σ、ε_σ 和 β,则在对称循环下,构件的持久极限应为

$$\overset{\circ}{\sigma}_{-1} = \frac{\varepsilon_\sigma \beta}{K_\sigma} \sigma_{-1} \tag{16-9}$$

其中,$\overset{\circ}{\sigma}_{-1}$ 表示受弯曲或拉压的对称循环交变应力**构件的持久极限**;σ_{-1} 表示弯曲或拉压的对称循环交变应力**材料的持久极限**。

16.5　对称循环下构件的疲劳强度计算

对称循环下,将构件的持久极限 $\overset{\circ}{\sigma}_{-1}$ 除以安全系数 n 得许用应力为

$$[\overset{\circ}{\sigma}_{-1}] = \frac{\overset{\circ}{\sigma}_{-1}}{n}$$

则构件强度条件应力

$$\sigma_{max} \leqslant [\overset{\circ}{\sigma}_{-1}]$$

或

$$\sigma_{max} \leqslant \frac{\overset{\circ}{\sigma}_{-1}}{n} \tag{a}$$

其中,σ_{max} 是构件危险点的最大工作应力。

构件的强度条件也可以由安全系数的形式表达为

$$n_\sigma = \frac{\overset{\circ}{\sigma}_{-1}}{\sigma_{max}} \geqslant n \qquad\qquad (b)$$

即

$$n_\sigma \geqslant n \qquad\qquad (16\text{-}10)$$

其中,n_σ 和 n 分别为**构件工作安全系数**(实际的安全储备)和**规定的安全系数**(其值可参考有关书籍)。

将公式(16-9)代入式(b),经整理可得

$$n_\sigma = \frac{\sigma_{-1}}{\dfrac{K_\sigma}{\varepsilon_\sigma \beta}\sigma_{max}} \geqslant n, \quad \text{或} \quad n_\tau = \frac{\tau_{-1}}{\dfrac{K_\tau}{\varepsilon_\tau \beta}\tau_{max}} \geqslant n \qquad (16\text{-}11)$$

式(16-11)为对称循环下构件疲劳强度的计算公式。

例 16-1 某减速器第一轴(图 16-12)。键槽为端铣加工,$A\text{-}A$ 截面直径为 $\phi50$,弯矩 $M=860\text{N}\cdot\text{m}$,轴材料为 Q275 钢,$\sigma_b=520\text{MPa}$,$\sigma_{-1}=220\text{MPa}$,若规定安全系数 $n=1.4$,试校核 $A\text{-}A$ 截面的疲劳强度。

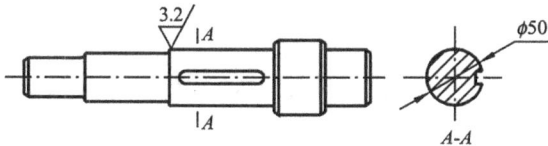

图 16-12

解 计算轴在 $A\text{-}A$ 截面上的最大工作应力。若不计键槽对抗弯截面系数 W 的影响,则 $A\text{-}A$ 截面的抗弯截面系数为

$$W = \frac{\pi d^3}{32} = \frac{\pi \times 5^3}{32} = 12.3(\text{cm})^3$$

$$= 12.3 \times 10^{-6}(\text{m}^3)$$

由于轴在不变弯矩 M 作用下旋转,故属对称循环,则

$$\sigma_{max} = -\sigma_{min} = \frac{M}{W} = \frac{860}{12.3 \times 10^{-6}}$$

$$= 70 \times 10^6(\text{Pa}) = 70(\text{MPa})$$

现在确定轴在 $A\text{-}A$ 截面上的各种影响系数 K_σ、ε_σ、β。由图 16-10(a)中的曲线 2 查得端铣加工的键槽,当 $\sigma_b=520\text{MPa}$ 时 $K_\sigma=1.65$。由表 16-2 查得 $\varepsilon_\sigma=0.84$,由表 16-3 用插入法得 $\beta=0.935$。

把上面求出的各种系数代入公式(16-11),求出截面 $A\text{-}A$ 处的工作安全系数为

$$n_\sigma = \frac{\sigma_{-1}}{\frac{K_\sigma}{\varepsilon_\sigma \beta} \sigma_{max}} = \frac{220}{\frac{1.65}{0.84 \times 0.935} \times 70} = 1.5$$

因为 $n_\sigma = 1.5 > n = 1.4$,故 A-A 截面的疲劳强度是足够的。

　　工程实际中除对称循环外,还有很多构件处于非对称循环,即循环特征 r 可在 -1 到 $+1$ 间取任何值。有些传动轴受弯曲与扭转的组合变形。

　　对于这些非对称循环下的疲劳计算,不可能一一做试验得到其持久极限,而是根据一些特殊(对称、脉动、静应力等)的循环,导出相应的计算公式,这里就不一一介绍了,需要时可查阅有关资料。

16.6　提高构件疲劳强度的主要措施

　　从上面分析可知,疲劳裂纹的形成主要是在构件的表面和构件外形变化引起的应力集中的部位。所以应从减缓应力集中和提高表面质量入手来提高构件的持久极限。

1. 减缓应力集中

　　为了消除或减缓应力集中,在构件设计时,构件外形应尽量避免出现方形直角(图 16-13(a))或带有尖角的孔和槽。阶梯轴在截面变化处要采用半径足够大的过渡圆角,如图 16-13(b)所示。从图 16-9 所示的曲线可以明显看出,随着过渡圆角半径 r 的增大,有效应力集中系数迅速减小。

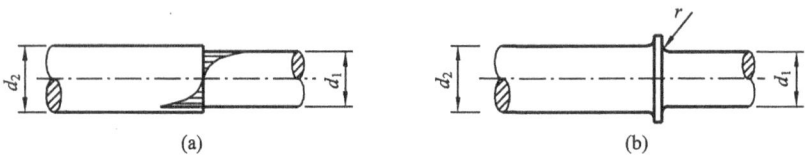

图 16-13

　　有些结构难以加大过渡圆角半径,这时在直径较大的轴上连接段附近开减荷槽(图 16-14(a))或退刀槽(图 16-14(b)),这种作法可使应力集中明显的减弱。

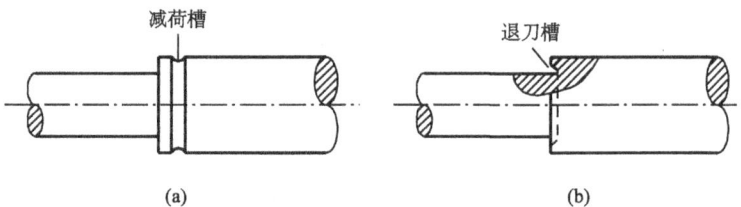

图 16-14

机械上轮毂与轴之间采取紧配合时,在轴与轮毂交界处轴的横截面上的局部应力也比较大,如图 16-15(a)所示。如果改用图 16-15(b)中所示的连接方式,将配合部分加粗,并引入圆角过渡,或者采用图 16-15(c)所示的在毂上做减荷槽,以减少其刚度,使轴与毂交界处的应力集中降低。

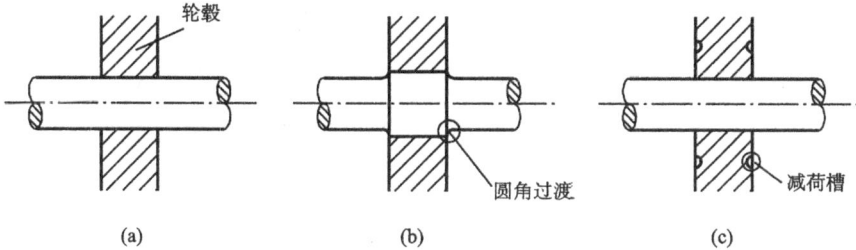

图 16-15

2. 提高构件表层强度

提高表层强度可从两个方面实现。一是从加工入手提高表面加工质量。采取精细加工,降低表面粗糙度,尤其是对高强度钢更加重要,否则将体现不了高强度的优点。此外像焊接工艺中的缺陷,如夹渣、气孔、裂缝、未焊透等也将引起应力集中,所以在加工中应该特别注意加工质量。二是增强表层强度。对构件中应力集中的部位采取某些工艺措施,即表面热处理或化学处理,如表面高频淬火、渗碳、氮化等或表层用滚压、喷丸等冷加工的办法,这种方法的特点是使构件表层产生残余压应力,减少表面出现微裂纹机会,以提高构件的疲劳强度。

思 考 题

16-1　何谓交变应力?试举在工程实际中几种典型构件承受的交变应力的实例,并示意画出相应的 $\sigma\text{-}t$ 曲线。

16-2　金属构件的疲劳破坏有哪些特点?即使是塑性材料最终也是脆性断裂,其原因何在?

16-3　r、σ_{max}、σ_{min}、σ_m、σ_a 等 5 个参数都代表什么?它们之间存在什么关系?有几个是独立的?

16-4　何谓材料的持久极限,一般用什么表示?同一种材料是否只有一个持久极限?何谓构件的持久极限,一般用什么表示?二者有何差别?

16-5　影响构件持久极限的主要因素有哪些?这些影响因素对 σ_a 和 σ_m 都一样吗?

16-6　钢制光滑小试件的对称循环疲劳曲线($S\text{-}N$ 曲线)是如何绘制出来的?大致形状如何?简述其物理意义。

16-7　提高构件持久极限的主要措施有哪些?

16-8　试回答交变应力的最大应力 σ_{max} 与材料的 σ_r 有什么异同点?

16-9 有效应力集中系数与理论应力集中系数的含义有什么不同？

习　　题

16-1 求题 16-1 图所示循环下的循环特征、平均应力和应力幅。

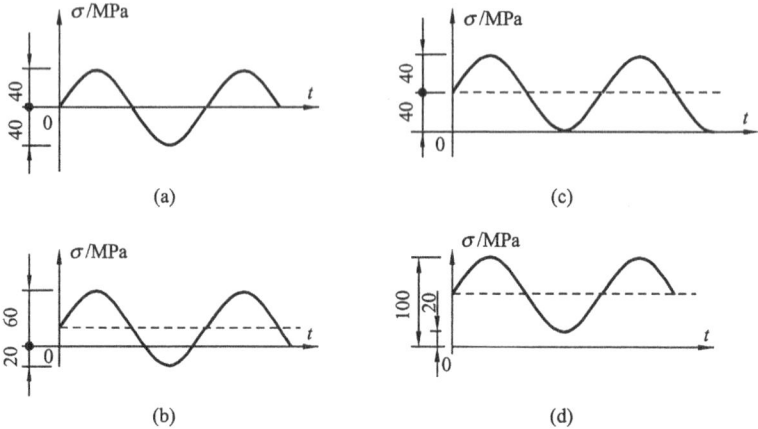

题 16-1 图

16-2 钢制疲劳试件如题 16-2 图所示,粗细两段直径分别为 $D=35\text{mm}$, $d=25\text{mm}$,过渡圆角半径 $r=3\text{mm}$, $\sigma_b=600\text{MPa}$,该试件承受对称循环的轴向外力作用,表面为磨削加工,试确定试件的有效应力集中系数。

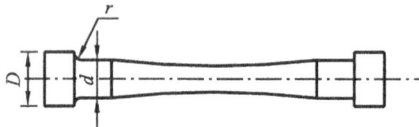

题 16-2 图

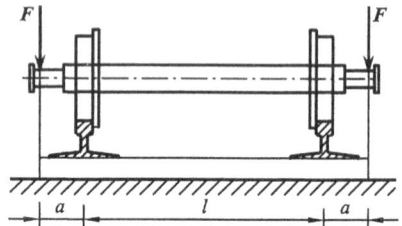

题 16-3 图

16-3 火车轮轴受力情况如题 16-3 图所示。$a=500\text{mm}$, $l=1\,435\text{mm}$,轮轴中段直径 $d=15\text{cm}$。若 $F=50\text{kN}$,试求轮轴中段截面边缘上任一点的最大应力 σ_{max},最小应力 σ_{min},循环特性 r,并作出 σt 曲线。

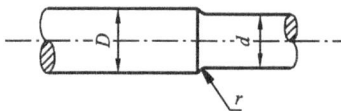

题 16-4 图

16-4 如题 16-4 图所示阶梯轴 $D=60\text{mm}$, $d=50\text{mm}$,过渡圆角半径 $r=5\text{mm}$,材料 $\sigma_b=900\text{MPa}$, $\sigma_{-1}=400\text{MPa}$。承受对称弯矩作用,最大弯矩为 $M=1.1\text{kN·m}$,若规定安全系数 $n=2.0$。试校核此轴的疲劳强度(表面为磨削加工)。

参 考 文 献

初日德,聂毓琴. 1995. 材料力学. 吉林:吉林科学技术出版社

范钦珊,薛克宗,程保荣. 2000. 理论力学. 北京:高等教育出版社

范钦珊. 2001. 工程力学教程(Ⅲ). 北京:高等教育出版社

哈尔滨工业大学理论力学教研组,王铎,赵经文. 1997. 理论力学(第五版). 北京:高等教育出版社

李洪,聂毓琴. 1999. 工程力学. 吉林:吉林科学技术出版社

刘鸿文. 1992. 材料力学. 北京:高等教育出版社

刘巧伶,孔令恺,李洪. 2001. 理论力学. 吉林:吉林科学技术出版社

刘延柱,杨海兴. 1991. 理论力学. 北京:高等教育出版社

罗远祥,官飞等. 1981. 理论力学. 北京:清华大学出版社

梅凤翔. 2003. 工程力学. 北京:高等教育出版社

南京工学院,西安交通大学. 1980. 理论力学(第二版). 北京:高等教育出版社

聂毓琴,孟广伟. 2004. 材料力学. 北京:机械工业出版社

王烈,官飞,薛克宗等. 1990. 理论力学. 北京:清华大学出版社

吴家龙. 1987. 弹性力学. 上海:同济大学出版社

于绥章. 1982. 材料力学. 北京:高等教育出版社

俞茂宏. 1999. 工程强度理论. 北京:高等教育出版社

朱照宣,周起钊,殷金生. 1982. 理论力学. 北京:北京大学出版社

附录 A　平面图形的几何性质

构件的尺寸和形状是影响构件承载能力的重要因素之一。就杆件而言,尺寸和形状对于其承载能力的影响主要是通过杆件横截面的某些几何性质来表现的。例如,轴向拉压的承载能力正比于杆件横截面的面积 A;而圆截面杆的扭转强度和刚度则与圆截面的抗扭截面系数 W_P 和极惯性矩 I_P 有关。在弯曲问题中,还与截面另一些几何性质的量有关。这些几何量仅与截面的大小和形状有关,故将截面抽象为平面图形来研究。

A.1　静矩和形心

1. 静矩

设任意平面图形(图 A-1),其面积为 A。在图形平面内取直角坐标 yOz。在图形内坐标为 (y,z) 处取微面积 $\mathrm{d}A$,定义

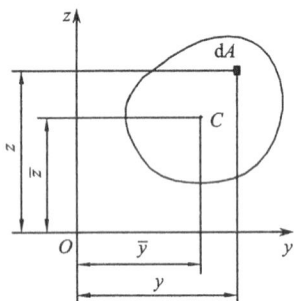

图 A-1

$$S_y = \int_A z\,\mathrm{d}A, \qquad S_z = \int_A y\,\mathrm{d}A \qquad \text{(A-1)}$$

为整个图形对 y 轴或 z 轴的**静矩**。

由式(A-1)可见,平面图形的静矩是对某定轴而言的,同一图形对不同的坐标轴其静矩也就不同。静矩的单位为长度的三次方,其数值可为正、为负或为零。

2. 形心

设想有一个厚度很小的均质等厚薄板,薄板中间面的形状与图 A-1 中的平面图形相同,显然,在 yOz 坐标系中,上述均质薄板的重心与平面图形的形心有相同的坐标 $\bar{y}$ 或 $\bar{z}$。根据静力学中的合力矩定理可得板重心的坐标 $\bar{y}$ 或 $\bar{z}$ 分别是

$$\bar{y} = \frac{\int_A y\,\mathrm{d}A}{A}, \qquad \bar{z} = \frac{\int_A z\,\mathrm{d}A}{A} \qquad \text{(A-2)}$$

这也就是**确定平面图形的形心坐标的公式**。

利用公式(A-1)可以把公式(A-2)改写成

$$\bar{y} = \frac{S_z}{A}, \qquad \bar{z} = \frac{S_y}{A} \qquad \text{(A-3)}$$

即把平面图形对 z 轴或 y 轴的静矩除以图形的面积 A ，就得到图形形心的坐标 $\bar{y}$ 或 $\bar{z}$ 。

公式(A-3)改写为

$$S_z = A \cdot \bar{y}, \qquad S_y = A \cdot \bar{z} \qquad\qquad \text{(A-4)}$$

这表明，平面图形对 y 、z 轴的静矩分别等于图形面积 A 乘以形心的坐标 $\bar{z}$ 或 $\bar{y}$ 。

3. 讨论

由式(A-3)、式(A-4)可见，若 $S_z = 0$, $S_y = 0$ ，则 $\bar{y} = 0$, $\bar{z} = 0$ 。**即若图形对某一轴的静矩等于零，则该轴必然通过图形的形心；反之，若某轴通过形心，则图形对该轴的静矩等于零。**

当一个平面图形是由若干个简单图形(如矩形、圆形、三角形等)组成时，由静矩的定义可知，**图形各组成部分对某一轴的静矩的代数和等于整个图形对同一轴的静矩**，即

$$S_z = \sum_{i=1}^{n} A_i \bar{y}_i, \qquad S_y = \sum_{i=1}^{n} A_i \bar{z}_i \qquad\qquad \text{(A-5)}$$

其中，A_i 和 $\bar{y}_i$ 、$\bar{z}_i$ 分别表示任一组成部分的面积及其形心的坐标；n 表示图形由 n 个部分组成。由于图形的任一组成部分都是简单图形，其面积及形心坐标都不难确定，所以公式(A-5)中的任一项都可由公式(A-4)算出，其代数和即为整个组合图形的静矩。

若将公式(A-5)中的 S_z 和 S_y 代入公式(A-3)，便得组合图形形心坐标的计算公式为

$$\bar{y} = \frac{\displaystyle\sum_{i=1}^{n} A_i \bar{y}_i}{\displaystyle\sum_{i=1}^{n} A_i}, \qquad \bar{z} = \frac{\displaystyle\sum_{i=1}^{n} A_i \bar{z}_i}{\displaystyle\sum_{i=1}^{n} A_i} \qquad\qquad \text{(A-6)}$$

A.2　惯性矩、惯性半径、惯性积

1. 惯性矩

任意平面图形(图 A-2)，在图形平面内取直角坐标系 yOz ，并在图形坐标为 (y, z) 的任意一点处取微面积 dA ，定义

$$I_y = \int_A z^2 \, dA, \qquad I_z = \int_A y^2 \, dA \qquad \text{(A-7)}$$

为整个图形对 y 轴或 z 轴的**惯性矩**。

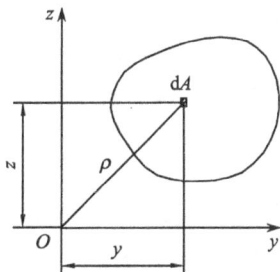

图 A-2

在公式(A-7)中,由于 z^2 或 y^2 总是正的,所以 I_y 或 I_z 也恒为正值。惯性矩的量纲是长度的四次方。

2. 惯性半径

在应用中,有时把惯性矩写成图形面积 A 与某一长度的平方乘积,即

$$I_y = A \cdot i_y^2, \qquad I_z = A \cdot i_z^2 \tag{A-8}$$

或改写成

$$i_y = \sqrt{\frac{I_y}{A}}, \qquad i_z = \sqrt{\frac{I_z}{A}} \tag{A-9}$$

其中,i_y 或 i_z 分别称为图形对 y 轴或对 z 轴的**惯性半径**。惯性半径的量纲就是长度。

3. 极惯性矩

以 ρ 表示微面积 dA 到坐标原点 O 的距离,下列积分

$$I_P = \int_A \rho^2 dA \tag{A-10}$$

定义为图形对坐标原点的**极惯性矩**。由图 A-2 可知 $\rho^2 = y^2 + z^2$,于是有

$$I_P = \int_A \rho^2 dA = \int_A (y^2 + z^2) dA = \int_A y^2 dA + \int_A z^2 dA = I_z + I_y \tag{A-11}$$

所以,**图形对任意一对互相垂直的轴的惯性矩之和等于它对该两轴交点的极惯性矩**。

4. 惯性积

在图 A-2 中所示平面图形,坐标为 (y, z) 的任一点处取微面积 dA,定义

$$I_{yz} = \int_A yz \, dA \tag{A-12}$$

为整个图形对 y、z 轴的**惯性积**。

由于坐标乘积 yz 可能为正,也可能为负,因此,I_{yz} 的数值可能为正,可能为负,也可能等于零。惯性积的量纲是长度四次方。

若坐标轴 y 或 z 中有一个是图形的对称轴,如图 A-3 中的 z 轴,这时必得

$$I_{yz} = \int_A yz \, dA = 0$$

因此坐标系的两个坐标轴中只要一个为图形的对称轴,则图形对这一坐标系的惯性积等于零。

例 A-1 试计算矩形对其对称轴 y 和 z(图

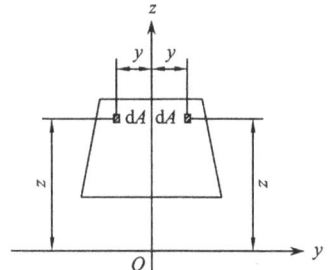

图 A-3

A-4)的惯性矩。矩形的高为 h，宽为 b。

　　解　先求对 y 轴的惯性矩。取平行于 y 轴的狭长条作为微面积 $\mathrm{d}A$，则

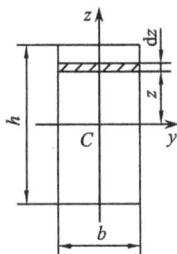

$$\mathrm{d}A = b\mathrm{d}z$$

$$I_y = \int_A z^2 \mathrm{d}A$$

$$= \int_{-\frac{h}{2}}^{\frac{h}{2}} bz^2 \mathrm{d}z = \frac{bh^3}{12}$$

图 A-4

用完全相同的方法可求得

$$I_z = \frac{hb^3}{12}$$

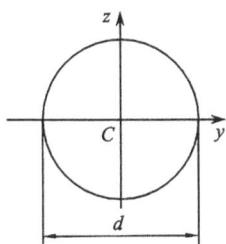

图 A-5

　　例 A-2　计算图 A-5 所示截面对形心轴 y、z 的惯性矩和惯性半径。

　　解　由公式(A-11)，即

$$I_\mathrm{P} = I_y + I_z$$

圆形截面对 C 点的极惯性矩为

$$I_\mathrm{P} = \frac{\pi d^4}{32}$$

由对称关系，显然有

$$I_y = I_z = \frac{I_\mathrm{P}}{2} = \frac{\pi d^4}{64}, \qquad i_y = i_z = \sqrt{\frac{I_y}{A}} = \frac{d}{4}$$

　　当一个平面图形是由若干个简单的图形组成时，根据惯性矩的定义可先算出每一个简单图形对同一轴的惯性矩，然后求其总和，即等于整个图形对于这一轴的惯性矩。这可用下式表达为

$$I_y = \sum_{i=1}^{n} I_{yi}, \qquad I_z = \sum_{i=1}^{n} I_{zi} \tag{A-13}$$

　　例如，可以把图 A-6 所示空心圆看作是由直径为 D 的实心圆减去直径为 d 的圆. 令 $\alpha = d/D$，由公式(A-13)，并使用例 A-2 所得结果即可求得

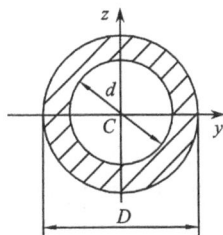

$$I_y = I_z = \frac{\pi D^4}{64} - \frac{\pi d^4}{64}$$

$$= \frac{\pi}{64}(D^4 - d^4)$$

$$= \frac{\pi D^4}{64}(1 - \alpha^4)$$

图 A-6

A.3　平行移轴公式

由惯性矩和惯性积的定义可以看出,同一平面图形对于不同坐标轴的惯性矩和惯性积均不相同,但它们之间必然存在一定关系,本节研究同一平面图形对于两对平行坐标轴的惯性矩或惯性积的关系。即建立所谓平行移轴公式。

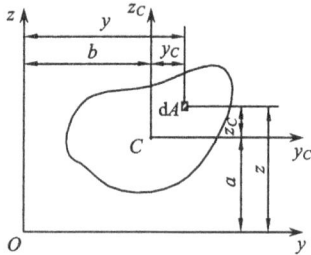

图 A-7

在图 A-7 中,C 为图形的形心,y_C 和 z_C 是通过形心的坐标轴。图形对于这对形心轴的惯性矩 I_{y_C}、I_{z_C} 和惯性积 $I_{y_C z_C}$ 为已知,需求图形对另一对轴 y、z 的惯性矩 I_y、I_z 和惯性积 I_{yz}。

若 y 轴平行于 y_C 轴,二轴距离为 a;z 轴平行于 z_C 轴,二轴距离为 b。由图中可以看出

$$y = y_C + b, \qquad z = z_C + a$$

则有

$$
\begin{aligned}
I_y &= \int_a z^2 \mathrm{d}A = \int_A (z_C + a)^2 \mathrm{d}A \\
&= \int_A z_C^2 \mathrm{d}A + 2a \int_A z_C \mathrm{d}A + a^2 \int_A \mathrm{d}A
\end{aligned}
\tag{a}
$$

上式中的三个积分分别为

$$\int_A z_C^2 \mathrm{d}A = I_{y_C}$$

$$\int_A z_C \mathrm{d}A = S_{y_C} = 0 \quad (y_C \text{ 为形心轴})$$

$$\int_A \mathrm{d}A = A$$

由这些关系,可知

$$I_y = I_{y_C} + a^2 A$$

$$I_z = I_{z_C} + b^2 A$$

$$I_{yz} = I_{y_C z_C} + abA \tag{A-14}$$

公式(A-14)即为**惯性矩和惯性积的平行移轴公式**。可见,**对所有的平行轴而言,图形对形心轴的惯性矩取最小值**。

例 A-3　试计算图 A-8 所示图形对其形心轴 y_C 的惯性矩 I_{y_C}。

解　把图形看作是由两个矩形 Ⅰ 和 Ⅱ 所组成,图形的形心必然在对称轴上。为了确定 $\bar{z}_C$,取通过矩形的形心且平行于底边的参考轴 y,则

$$\bar{z} = \frac{A_1 z_1 + A_2 z_2}{A_1 + A_2} = \frac{0.14 \times 0.02 \times 0.08 + 0.1 \times 0.02 \times 0}{0.14 \times 0.02 + 0.1 \times 0.02}$$

$$= 0.046\ 7(\text{m})$$

形心位置确定后,使用平行移轴公式分别算出矩形 A 和Ⅱ对 y_C 轴的惯性矩,即

$$I_{y_C}^{\text{I}} = \frac{1}{12} \times 0.02 \times 0.14^3 + (0.08 - 0.046\ 7)^2 \times 0.02 \times 0.14$$

$$= 7.69 \times 10^{-6}(\text{m}^4)$$

$$I_{y_C}^{\text{II}} = \frac{1}{12} \times 0.1 \times 0.02^3 + 0.046\ 7^2 \times 0.1 \times 0.024$$

$$= 4.43 \times 10^{-6}(\text{m}^4)$$

整个图形对 y_C 轴的惯性矩应为

$$I_{y_C} = I_{y_C}^{\text{I}} + I_{y_C}^{\text{II}} = 7.69 \times 10^{-6} + 4.43 \times 10^{-6} = 12.12 \times 10^{-6}(\text{m}^4)$$

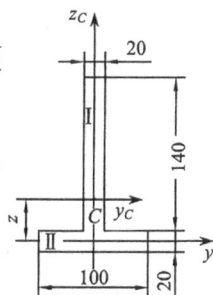

图 A-8

A.4　转轴公式、主惯性矩

图 A-9 所示为一平面图形,它对于通过其上任意一点的 y、z 两坐标轴的惯性矩 I_y、I_z 以及惯性积 I_{yz} 均为已知,现求在坐标轴旋转 α 角(规定逆时针旋转时为正)后对 y_1、z_1 轴的惯性矩和惯性积 I_{y_1}、I_{z_1}、$I_{y_1 z_1}$。

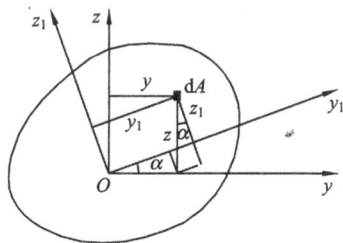

图 A-9

由图中可以看出,微面积 dA 的新坐标(y_1,z_1)与旧坐标(y, z)的关系为

$$y_1 = y\cos\alpha + z\sin\alpha, \qquad z_1 = z\cos\alpha - y\sin\alpha$$

经过坐标变换和三角变换,可得

$$I_{y_1} = \frac{I_y + I_z}{2} + \frac{I_y - I_z}{2}\cos 2\alpha - I_{yz}\sin 2\alpha \tag{A-15}$$

$$I_{z_1} = \frac{I_y + I_z}{2} - \frac{I_y - I_z}{2}\cos 2\alpha + I_{yz}\sin 2\alpha \tag{A-16}$$

$$I_{y_1 z_1} = \frac{I_y - I_z}{2}\sin 2\alpha + I_{yz}\cos 2\alpha \tag{A-17}$$

以上三式即为**惯性矩和惯性积的转轴公式**,表示了当坐标轴绕原点 O 旋转 α 角后惯性矩与惯性积随 α 的变化规律。

由公式(A-17)可知,当坐标轴旋转时,惯性积 $I_{y_1 z_1}$ 将随着 α 角作周期性变化,且有正有负。因此,总可以找到一个特殊的角度 α_0,使图形对于 y_0、z_0 这对新坐标的**惯性积等于零**,这一对轴就称为**主惯性轴**。对主惯性轴的惯性矩称为**主惯性矩**。当这对轴的原点与图形的形心重合时,它们就称为**形心主惯性轴**。图形对于这一对轴的惯性矩就称为**形心主惯性矩**。如果这里所说的平面图形是杆件的横截面,则截面的形心主惯性轴与杆件的轴线所确定的平面称为**形心主惯性平面**。杆件横

截面的形心主惯性轴、形心主惯性矩和杆件的形心主惯性平面,在杆件的弯曲理论中有重要意义。

现研究主惯性轴的位置,并给出主惯性矩的计算公式。设 α_0 角为主惯性轴与原坐标之间的夹角,则将 α_0 角代入公式(A-17),并令其等于零,即

$$\frac{I_y - I_z}{2}\sin2\alpha + I_{yz}\cos2\alpha_0 = 0$$

由此求出

$$\tan2\alpha_0 = -\frac{2I_{yz}}{I_y - I_z} \tag{A-18}$$

由式(A-18)解出的 α_0 值可以确定一对主惯性轴的位置。将所得 α_0 值代入公式(A-15)和(A-16),便可得主惯性矩 I_{y_0}、I_{z_0} 的计算公式。

$$I_{y_0} = \frac{I_y + I_z}{2} + \frac{1}{2}\sqrt{(I_y - I_z)^2 + 4I_{yz}^2}$$

$$I_{z_0} = \frac{I_y + I_z}{2} - \frac{1}{2}\sqrt{(I_y - I_z)^2 + 4I_{yz}^2} \tag{A-19}$$

由式(A-15)和式(A-16)看出,I_{y_1}、I_{z_1} 的值是随 α 角连续变化的,故必有极大值与极小值。根据连续函数在其一阶导数为零处有极值可确定:当 $\alpha = \alpha_1$ 时,惯性矩取极值,即

$$\frac{dI_{y_1}}{d\alpha} = -(I_y - I_z)\sin2\alpha - 2I_{yz}\cos2\alpha_1 = 0$$

所以

$$\tan2\alpha_1 = -\frac{2I_{yz}}{I_y - I_z}$$

比较上式和(A-18)式可知 $\alpha_1 = \alpha_0$。此外,由(A-11)式知,图形对于坐标原点不变的任何一对正交轴的惯性矩之和为一常数,所以可得到以下结论:**图形对过某点所有轴的惯性矩中的极大值和极小值就是过该点主惯性轴的两个主惯性矩。**

思 考 题

A-1 什么叫平面图形的几何性质?

A-2 什么叫平面图形对一轴的静矩?怎样利用静矩来确定图形的形心位置?为什么说图形对形心轴的静矩一定为零?

A-3 什么叫平面图形对一轴的惯性矩?它与哪些因素有关?

A-4 为什么说对所有的平行轴而言,对通过形心轴的惯性矩最小?

A-5 何谓主轴?何谓主惯性矩?

A-6 何谓形心主轴?何谓形心主惯矩?

A-7 矩形截面存在多少对主轴?多少对形心主轴?

A-8 正方形截面存在多少对主轴?多少对形心主轴?

习　题

A-1　求如题 A-1 图所示的矩形截面的 S_y、I_y、$I_{y_C z_C}$、i_{z_C}。

A-2　计算如题 A-2 图所示的空心圆截面对于形心轴的惯性半径。

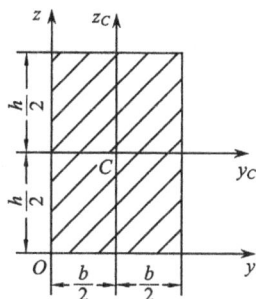

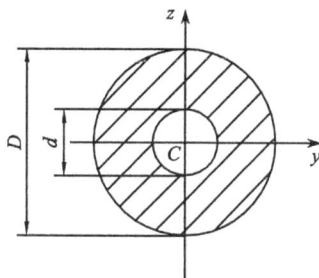

题 A-1 图　　　　　　　　　　　　　　　　题 A-2 图

A-3　试证明如题 A-3 图所示正方形截面所有的形心轴均为形心主轴,且图形对所有形心轴的惯性矩均相等。

A-4　题 A-4 图是直径为 d 的圆截面去掉边长为 a 的同心正方形,试求该图形对形心轴 y 的惯性矩。

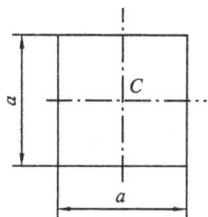

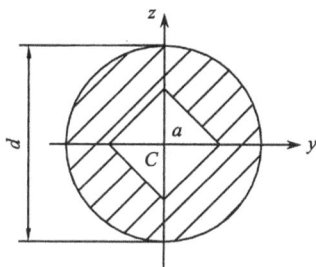

题 A-3 图　　　　　　　　　　　　　　　题 A-4 图

附录 B 转 动 惯 量

刚体对某轴 z 的转动惯量等于刚体内各质点的质量与该质点到转轴的距离的平方的乘积之和。即

$$J_z = \sum m_i r_i^2 \tag{B-1}$$

其中，r_i 表示第 i 个质点到转轴 z 的距离。J_z 表示刚体对 z 轴的转动惯量。由此可见转动惯量仅与物体的质量及质量分布有关，而与物体的运动状态无关，是恒大于零的物理量。

转动惯量是物体绕轴转动时惯性的度量，其值越大，则物体转动的惯性也越大。转动惯量的求法有以下几种：

1. 简单形体的转动惯量（积分法）

由于刚体的质量是连续分布的，刚体对 z 轴的转动惯量又可写成

$$J_z = \int_M r^2 \, \mathrm{d}m \tag{B-2}$$

其中，M 表示积分范围遍及刚体全部质量。

1）均质细直杆对于 z 轴的转动惯量。

设均质细直杆长为 l，质量为 M，如图 B-1 所示。在杆上取一微段 $\mathrm{d}x$，其质量为 $\mathrm{d}m = \dfrac{M}{l} \mathrm{d}x$。由式(B-4)，它对 z 轴转动惯量为

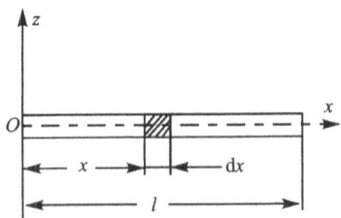

图 B-1

$$J_z = \int_M x^2 \, \mathrm{d}m = \int_0^1 x^2 \frac{M}{l} \mathrm{d}x = \frac{1}{3} M l^2$$

2）均质圆环（图 B-2）对于中心轴的转动惯量。

将圆环沿圆周分成许多微段，每段质量为 m_i，它们到 z 轴的距离都等于半径 R，则圆环对中心轴 z 的转动惯量为

$$J_z = \sum m_i R^2 = R^2 \sum m_i = MR^2$$

3）均质薄圆盘（图 B-3 对于中心轴 z 过 O 点与图面垂直的轴 z）的转动惯量。

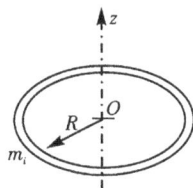

图 B-2

设圆盘半径为 R，质量为 M。将圆盘分成无数同心的圆环，任一圆环的半径为 r_i，宽度为 $\mathrm{d}r_i$，它的质量为

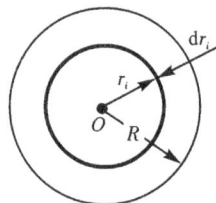

图 B-3

$$m_i = \frac{M}{\pi R^2} 2\pi r_i \mathrm{d}r_i$$

圆盘对于中心点 O 或 z 轴的转动惯量为

$$J_z = J_O = \int_0^R r^2 \frac{M}{\pi R^2} 2\pi r \mathrm{d}r$$

$$= \frac{1}{2} M R^2$$

4) 均质薄圆盘(图 B-4)对于直径轴的转动惯量。

由于均质薄圆盘对于中心点 O 的转动惯量为

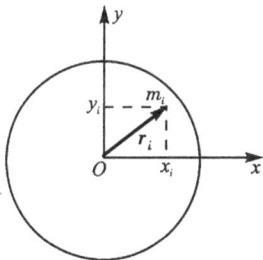

图 B-4

$$J_O = \sum m_i r_i^2$$

$$= \sum m_i (x_i^2 + y_i^2)$$

$$= \sum m_i x_i^2 + \sum m_i y_i^2$$

$$= J_y + J_x = \frac{1}{2} M R^2$$

由于对称性,所以得

$$J_x = J_y = \frac{1}{2} J_O = \frac{1}{4} M R^2$$

用类似的方法可计算各种简单形体的转动惯量。常用简单形体的转动惯量公式如表 B-1 所示,也可查阅有关的工程技术手册。

2. 回转半径

刚体对于 z 轴转动惯量也可用另一形式来表示。设刚体的总量为 M,则

$$J_z = M\rho_z^2 \tag{B-3}$$

其中,ρ_z 称为物体对 z 轴的回转半径(或惯性半径)。由式(B-3)可知,ρ_z 的物理意义可理解为,如果把刚体的质量集中于某一点上,仍保持原有的转动惯量,那么,ρ_z 就是这个点到 z 轴的距离。显然,只要知道刚体的质量和回转半径便可由式(B-3)确定刚体对 z 轴的转动惯量。表 B-1 上,同时给出了各种简形体的回转半径。实际上回转半径 ρ_z 是在已知转动惯量后反算出来的,如对于均质圆盘

$$\rho_z = \sqrt{\frac{J_z}{M}} = \frac{\sqrt{2}}{2} R$$

3. 平行轴定理

工程设计手册中通常给出各种形体的刚体对于通过其质心轴的转动惯量,但是在设计计算时,有时却需要知道与这些轴平行的任意轴的转动惯量。平行轴定理建立了刚体对两个平行轴的转动惯量之间的关系。

定理　刚体对于任一轴的转动惯量,等于刚体对于通过质心,且与该轴平行的轴的转动惯量,加上刚体的质量与两轴间距离平方的乘积,即

$$J_{z_1} = J_{z_C} + Ml^2 \qquad \text{(B-4)}$$

证明　如图 B-5 所示,设刚体质量为 M,质心在 C 点。现取如图 B-5 所示的两组直角坐标系 $Ox_1y_1z_1$ 和 $Cxyz$,轴 z_1 与 z 相距为 l。由图可见

$$J_{z_C} = \sum mr^2 = \sum m(x^2 + y^2)$$

$$J_{z_1} = \sum mr_1^2 = \sum m(x_1^2 + y_1^2)$$

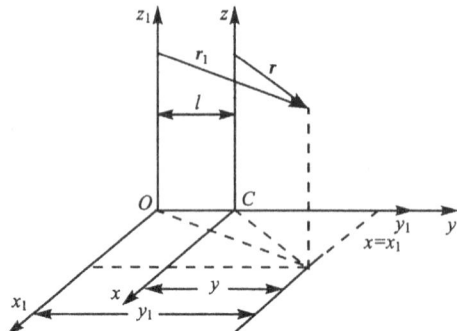

图 B-5

图为 $x_1 = x, y_1 = y + l$ 代入上面第二式中,有

$$J_{z_1} = \sum m[x^2 + (y+l)^2]$$

$$= \sum m(x^2 + y^2) + 2l\sum my + l^2 \sum m$$

由质心坐标公式

$$y_C = \frac{\sum my}{\sum m} = \frac{\sum my}{M}$$

可知,因为坐标原点取在质心 C 上,即 $y_C = 0$,所以 $\sum my = 0$,于是得

$$J_{z_1} = J_{z_C} + Ml^2$$

由此定理得知,刚体对过质心轴的转动惯量的值为最小。

关于几何形状简单的均质物体,其转动惯量和回转半径列于表 B-1 中,供查用。

表 B-1　均质物体的转动惯量

物体的形状	简　　图	转 动 惯 量	回 转 半 径
细直杆		$J_{z_C} = \dfrac{M}{12}l^2$ $J_z = \dfrac{M}{3}l^2$	$\rho_{z_C} = \dfrac{L}{2\sqrt{3}} = 0.289l$ $\rho_z = \dfrac{L}{\sqrt{3}} = 0.578l$
薄壁圆筒		$J_z = MR^2$	$\rho_z = R$
圆柱		$J_z = \dfrac{1}{2}MR^2$ $J_x = J_y = \dfrac{M}{12}(3R^2 + l^2)$	$\rho_z = \dfrac{R}{\sqrt{2}} = 0.707R$ $\rho_x = \rho_y = \sqrt{\dfrac{1}{12}(3R^2 + l^2)}$

续表

物体的形状	简　　图	转 动 惯 量	回 转 半 径
空心圆柱		$J_z = \dfrac{M}{2}(R^2 + r^2)$	$\rho_z = \sqrt{\dfrac{1}{2}(R^2 + r^2)}$
薄壁空心球		$J_z = \dfrac{2}{3}MR^2$	$\rho_z = \sqrt{\dfrac{2}{3}}R = 0.816R$
实心球		$J_z = \dfrac{2}{5}MR^2$	$\rho_z = \sqrt{\dfrac{2}{5}}R = 0.632R$
矩形薄板		$J_z = \dfrac{M}{12}(a^2 + b^2)$ $J_y = \dfrac{M}{12}a^2$ $J_x = \dfrac{M}{12}b^2$	$\rho_z = \sqrt{\dfrac{1}{12}(a^2 + b^2)}$ $\rho_y = 0.289a$ $\rho_x = 0.289b$

附录 C 型钢表 （表中数据仅供参考，设计需要时请查阅有关手册）

表 C-1 热轧槽钢(GB/T707—1988)

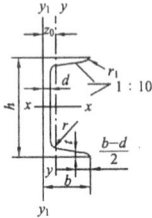

图 C-1

符号意义：h——高度；　　　　r₁——腿端圆弧半径；
　　　　　b——腿宽度；　　　　I——惯性矩；
　　　　　d——腰厚度；　　　　W——截面系数；
　　　　　t——平均腿厚度；　　i——惯性半径；
　　　　　r——内圆弧半径；　　z₀——y-y 轴与 y₁-y₁ 轴间距。

| 型号 | 尺寸 /mm | | | | | | 截面面积 /cm² | 理论重量 /(kg/m) | 参考数值 x-x | | | y-y | | | y₁-y₁ | z₀ |
	h	b	d	t	r	r_1			W_x /cm³	I_x /cm⁴	i_x /cm	W_y /cm³	I_y /cm⁴	i_y /cm	I_{y_1} /cm⁴	/cm
5	50	37	4.5	7	7.0	3.5	6.928	5.438	10.4	26.0	1.94	3.55	8.30	1.10	20.9	1.35
6.3	63	40	4.8	7.5	7.5	3.8	8.451	6.634	16.1	50.8	2.45	4.50	11.9	1.19	28.4	1.36
8	80	43	5.0	8	8.0	4.0	10.248	8.045	25.3	101	3.15	5.79	16.6	1.27	37.4	1.43
10	100	48	5.3	8.5	8.5	4.2	12.748	10.007	39.7	198	3.95	7.8	25.6	1.41	54.9	1.52
12.6	126	53	5.5	9	9.0	4.5	15.692	12.318	62.1	391	4.95	10.2	38.0	1.57	77.1	1.59
14a	140	58	6.0	9.5	9.5	4.8	18.516	14.535	80.5	564	5.52	13.0	53.2	1.70	107	1.71
14b	140	60	8.0	9.5	9.5	4.8	21.316	16.733	87.1	609	5.35	14.1	61.1	1.69	121	1.67
16a	160	63	6.5	10	10.0	5.0	21.962	17.240	108	866	6.28	16.3	73.3	1.83	144	1.80
16	160	65	8.5	10	10.0	5.0	25.162	19.752	117	935	6.10	17.6	83.4	1.82	161	1.75
18a	180	68	7.0	10.5	10.5	5.2	25.699	20.174	141	1 270	7.04	20.0	98.6	1.96	190	1.88
18	180	70	9.0	10.5	10.5	5.2	29.299	23.000	152	1 370	6.84	21.5	111	1.84	210	1.84
20a	200	73	7.0	11	11.0	5.5	28.837	22.637	178	1 780	7.86	24.2	128	2.11	244	2.01
20	200	75	9.0	11	11.0	5.5	32.837	25.777	191	1 910	7.64	25.9	144	2.09	268	1.95
22a	220	77	7.0	11.5	11.5	5.8	31.846	24.999	218	2 390	8.67	28.2	158	2.23	298	2.10
22	220	79	9.0	11.5	11.5	5.8	36.246	28.453	234	2 570	8.42	30.1	176	2.21	326	2.03
25a	250	78	7.0	12	12.0	6.0	34.917	27.410	270	3 370	9.82	30.6	176	2.24	322	2.07
25b	250	80	9.0	12	12.0	6.0	39.917	31.335	282	3 530	9.41	32.7	196	2.22	353	1.98
25c	250	82	11.0	12	12.0	6.0	44.917	35.260	295	3 690	9.07	35.9	218	2.21	384	1.92
28a	280	82	7.5	12.5	12.5	6.2	40.034	31.427	340	4 760	10.9	35.7	218	2.33	388	2.10
28b	280	84	9.5	12.5	12.5	6.2	45.634	35.823	366	5 130	10.6	37.9	242	2.30	428	2.02
28c	280	86	11.5	12.5	12.5	6.2	51.234	40.219	393	5 500	10.4	40.3	268	2.29	463	1.92
32a	320	88	8.0	14	14.0	7.0	48.513	38.083	475	7 600	12.5	46.5	305	2.50	552	2.24
32b	320	90	10.0	14	14.0	7.0	54.913	43.107	509	8 140	12.2	49.2	336	2.47	593	2.16
32c	320	92	12.0	14	14.0	7.0	61.313	48.131	543	8 690	11.9	52.6	374	2.47	643	2.09
36a	360	96	9.0	16	16.0	8.0	60.910	47.814	660	11 900	14.0	63.5	455	2.73	818	2.44
36b	360	98	11.0	16	16.0	8.0	68.110	53.466	703	12 700	13.6	66.9	497	2.70	880	2.37
36c	360	100	13.0	16	16.0	8.0	75.310	59.118	746	13 400	13.4	70.0	536	2.67	948	2.34
40a	400	100	10.5	18	18.0	9.0	75.068	58.928	879	17 600	15.3	78.8	592	2.81	1070	2.49
40b	400	102	12.5	18	18.0	9.0	83.068	65.208	932	18 600	15.0	82.5	640	2.78	1140	2.44
40c	400	104	14.5	18	18.0	9.0	91.068	71.488	986	19 700	14.7	86.2	688	2.75	1220	2.42

表 C-2 热轧工字钢（GB/T706—1988）

符号意义：h——高度；　　　　　r_1——腿端圆弧半径；

　　　　　b——腿宽度；　　　　I——惯性矩；

　　　　　d——腰厚度；　　　　W——截面系数；

　　　　　t——平均腿厚度；　　i——惯性半径；

　　　　　r——内圆弧半径；　　S——半截面的静力矩。

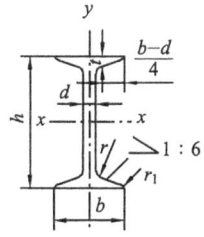

图 C-2

型号	尺 寸 /mm						截面面积 /cm²	理论重量 /(kg/m)	参 考 数 值						
									x-x				y-y		
	h	b	d	t	r	r_1			I_x /cm⁴	W_x /cm³	i_x /cm	$I_x : S_x$ /cm	I_y /cm⁴	W_y /cm³	i_y /cm
10	100	68	4.5	7.6	6.8	3.3	14.345	11.261	245	49.0	4.14	8.59	33.0	9.72	1.52
12.6	126	74	5.0	8.4	7.0	3.5	18.118	14.223	488	77.5	5.20	10.8	46.9	12.7	1.61
14	140	80	5.5	9.1	7.5	3.8	21.516	16.890	712	102	5.76	12.0	64.4	16.1	1.73
16	160	88	6.0	9.9	8.0	4.0	26.131	20.513	1 130	141	6.58	13.8	93.1	21.2	1.89
18	180	94	6.5	10.7	8.5	4.3	30.756	24.143	1 660	185	7.36	15.4	122	26.0	2.00
20a	200	100	7.0	11.4	9.0	4.5	35.578	27.929	2 370	237	8.15	17.2	158	31.5	2.12
20b	200	102	9.0	11.4	9.0	4.5	39.578	31.069	2 500	250	7.96	16.9	169	33.1	2.06
22a	220	110	7.5	12.3	9.5	4.8	42.128	33.070	3 400	309	8.99	18.9	225	40.9	2.31
22b	220	112	9.5	12.3	9.5	4.8	46.528	36.524	3 570	325	8.78	18.7	239	42.7	2.27
25a	250	116	8.0	13.0	10.0	5.0	48.541	38.105	5 020	402	10.2	21.6	280	48.3	2.40
25b	250	118	10.0	13.0	10.0	5.0	53.541	42.030	5 280	423	9.94	21.3	309	52.4	2.40
28a	280	122	8.5	13.7	10.5	5.3	55.404	43.492	7 110	508	11.3	24.6	345	56.6	2.50
28b	280	124	10.5	13.7	10.5	5.3	61.004	47.888	7 480	534	11.1	24.2	379	61.2	2.49
32a	320	130	9.5	15.0	11.5	5.8	67.156	52.717	11 100	692	12.8	27.5	460	70.8	2.62
32b	320	132	11.5	15.0	11.5	5.8	73.556	57.741	11 600	726	12.6	27.1	502	76.0	2.61
32c	320	134	13.5	15.0	11.5	5.8	79.956	62.765	12 200	760	12.3	26.8	544	81.2	2.61
36a	360	136	10.0	15.8	12.0	6.0	76.480	60.037	15 800	875	14.4	30.7	552	81.2	2.69
36b	360	138	12.0	15.8	12.0	6.0	83.680	65.689	16 500	919	14.1	30.3	582	84.3	2.64
36c	360	140	14.0	15.8	12.0	6.0	90.88	71.341	17 300	962	13.8	29.9	612	87.4	2.60
40a	400	142	10.5	16.5	12.5	6.3	86.112	67.598	21 700	1090	15.9	34.1	660	93.2	2.77
40b	400	144	12.5	16.5	12.5	6.3	94.112	73.878	22 800	1140	15.6	33.6	692	96.2	2.71
40c	400	146	14.5	16.5	12.5	6.3	102.112	80.158	23 900	1190	15.2	33.2	727	99.6	2.65
45a	450	150	11.5	18.0	13.5	6.8	102.446	80.420	32 200	1430	17.7	38.6	855	114	2.89
45b	450	152	13.5	18.0	13.5	6.8	111.446	87.485	33 800	1500	17.4	38.0	894	118	2.84
45c	450	154	15.5	18.0	13.5	6.8	120.446	94.550	35 300	1570	17.1	37.6	938	122	2.79
50a	500	158	12.0	20.0	14.0	7.0	119.304	93.654	46 500	1860	19.7	42.8	1120	142	3.07
50b	500	160	14.0	20.0	14.0	7.0	129.304	101.504	48 600	1940	19.4	42.4	1170	146	3.01
50c	500	162	16.0	20.0	14.0	7.0	139.304	109.354	50 600	2080	19.0	41.8	1220	151	2.96
56a	560	166	12.5	21.0	14.5	7.3	135.435	106.316	65 600	2340	22.0	47.7	1370	165	3.18
56b	560	168	14.5	21.0	14.5	7.3	146.635	115.108	68 500	2450	21.6	47.2	1490	174	3.16
56c	560	170	16.5	21.0	14.5	7.3	157.835	123.900	71 400	2550	21.3	46.7	1560	183	3.16
63a	630	176	13.0	22.0	15.0	7.5	154.658	121.407	93 900	2980	24.5	54.2	1700	193	3.31
63b	630	178	15.0	22.0	15.0	7.5	167.258	131.298	98 100	3160	24.2	53.5	1810	204	3.29
63c	630	180	17.0	22.0	15.0	7.5	179.858	141.189	102 000	3300	23.8	52.9	1920	214	3.27

表 C-3　热轧不等边角钢(GB/T9788—1988)

符号意义：B——长边宽度；　　　　b——短边宽度；
　　　　　d——边厚度；　　　　　r——内圆弧半径；
　　　　　r_1——边端内圆弧半径；　I——惯性矩；
　　　　　i——惯性半径；　　　　　W——截面系数；
　　　　　x_0——重心距离；　　　　y_0——重心距离。

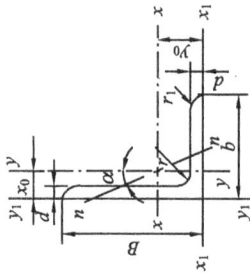

图 C-3

角钢号数	尺寸/mm				截面面积/cm²	理论重量/(kg/m)	外表面积/(m²/m)	参　考　数　值															
								x-x			y-y			x_1-x_1		y_1-y_1		u-u				
	B	b	d	r				I_x /cm⁴	i_x /cm	W_x /cm³	I_y /cm⁴	i_y /cm	W_y /cm³	I_{x1} /cm⁴	y_0 /cm	I_{y1} /cm⁴	x_0 /cm	I_u /cm⁴	i_u /cm	W_u /cm³	$\tan\alpha$
2.5/1.6	25	16	3	3.5	1.162	0.912	0.080	0.70	0.78	0.43	0.22	0.44	0.19	1.56	0.86	0.43	0.42	0.14	0.34	0.16	0.392
			4		1.499	1.176	0.079	0.88	0.77	0.55	0.27	0.43	0.24	2.09	0.90	0.59	0.46	0.17	0.34	0.20	0.381
3.2/2	32	20	3		1.492	1.171	0.102	1.53	1.01	0.72	0.46	0.55	0.30	3.27	1.08	0.82	0.49	0.28	0.43	0.25	0.382
			4		1.939	1.522	0.101	1.93	1.00	0.93	0.57	0.54	0.39	4.37	1.12	1.12	0.53	0.35	0.42	0.32	0.374
4/2.5	40	25	3	4	1.890	1.484	0.127	3.08	1.28	1.15	0.93	0.70	0.49	5.39	1.32	1.59	0.59	0.56	0.54	0.40	0.385
			4		2.467	1.936	0.127	3.93	1.26	1.49	1.18	0.69	0.63	8.53	1.37	2.14	0.63	0.71	0.54	0.52	0.381
4.5/2.8	45	28	3	5	2.149	1.687	0.143	4.45	1.44	1.47	1.34	0.79	0.62	9.10	1.47	2.23	0.64	0.80	0.61	0.51	0.383
			4		2.806	2.203	0.143	5.69	1.42	1.91	1.70	0.78	0.80	12.13	1.51	3.00	0.68	1.02	0.60	0.66	0.380
5/3.2	50	32	3	5.5	2.431	1.908	0.161	6.24	1.60	1.84	2.02	0.91	0.82	12.49	1.60	3.31	0.73	1.20	0.70	0.68	0.404
			4		3.177	2.494	0.160	8.02	1.59	2.39	2.58	0.90	1.06	16.65	1.65	4.45	0.77	1.53	0.69	0.87	0.402

续表

角钢号数	B	b	d	r	截面面积/cm²	理论重量/(kg/m)	外表面积/(m²/m)	I_x/cm⁴	i_x/cm	W_x/cm³	I_y/cm⁴	i_y/cm	W_y/cm³	I_{x1}/cm⁴	y_0/cm	I_{y1}/cm⁴	x_0/cm	I_u/cm⁴	i_u/cm	W_u/cm³	$\tan\alpha$
								x-x			y-y			x1-x1		y1-y1		u-u			
5.6/3.6	56	36	3	6	2.743	2.153	0.181	8.88	1.80	2.32	2.92	1.03	1.05	17.54	1.78	4.70	0.80	1.73	0.79	0.87	0.408
			4		3.590	2.818	0.180	11.45	1.79	3.03	3.76	1.02	1.37	23.39	1.82	6.33	0.85	2.23	0.79	1.13	0.408
			5		4.415	3.466	0.180	13.86	1.77	3.71	4.49	1.01	1.65	29.25	1.87	7.94	0.88	2.67	0.78	1.36	0.404
6.3/4	63	40	4	7	4.058	3.185	0.202	16.49	2.02	3.87	5.23	1.14	1.70	33.30	2.04	8.63	0.92	3.12	0.88	1.40	0.398
			5		4.993	3.920	0.202	20.02	2.00	4.74	6.31	1.12	2.71	41.63	2.08	10.86	0.95	3.76	0.87	1.71	0.396
			6		5.908	4.638	0.201	23.36	1.96	5.59	7.29	1.11	2.43	49.98	2.12	13.12	0.99	4.34	0.86	1.99	0.393
			7		6.802	5.339	0.201	26.53	1.98	6.40	8.24	1.10	2.78	58.07	2.15	15.47	1.03	4.97	0.86	2.29	0.389
7/4.5	70	45	4	7.5	4.547	3.570	0.226	23.17	2.26	4.86	7.55	1.29	2.17	45.92	2.24	12.26	1.02	4.40	0.98	1.77	0.410
			5		5.609	4.403	0.225	27.95	2.23	5.92	9.13	1.28	2.65	57.10	2.28	15.39	1.06	5.40	0.98	2.19	0.407
			6		6.647	5.218	0.225	32.54	2.21	6.59	10.62	1.26	3.12	68.35	2.32	18.58	1.09	6.35	0.98	2.59	0.404
			7		7.657	6.011	0.225	37.22	2.20	8.03	12.01	1.25	3.57	79.99	2.36	21.84	1.13	7.16	0.97	2.94	0.402
8/5	80	50	5	8	6.375	5.005	0.255	41.96	2.56	7.78	12.85	1.42	3.32	85.21	2.60	21.06	1.14	7.66	1.10	2.74	0.388
			6		7.560	5.935	0.255	49.49	2.56	9.25	14.95	1.41	3.91	102.53	2.65	25.41	1.18	8.85	1.08	3.20	0.387
			7		8.724	6.848	0.255	56.16	2.54	10.58	16.96	1.39	4.48	119.33	2.69	29.82	1.21	10.18	1.08	3.70	0.384
			8		9.867	7.745	0.254	62.83	2.52	11.92	18.85	1.38	5.03	136.41	2.73	34.32	1.25	11.38	1.07	4.16	0.381

续表

角钢号数	B	b	d	r	截面面积 /cm²	理论重量 /(kg/m)	外表面积 /(m²/m)	I_x /cm⁴	i_x /cm	W_x /cm³	I_y /cm⁴	i_y /cm⁴	W_y /cm³	I_{x_1} /cm⁴	y_0 /cm	I_{y_1} /cm⁴	x_0 /cm	I_u /cm⁴	i_u /cm	W_u /cm³	$\tan\alpha$
								x-x			y-y			x₁-x₁		y₁-y₁		u-u			
9/5.6	90	56	5	9	7.212	5.661	0.287	60.45	2.90	9.92	18.32	1.59	4.21	121.32	2.91	29.53	1.25	10.98	1.23	3.49	0.385
			6		8.557	6.717	0.286	71.03	2.88	11.74	21.42	1.58	4.96	145.59	2.95	35.58	1.29	12.90	1.23	4.13	0.384
			7		9.880	7.756	0.286	81.01	2.86	13.49	24.36	1.57	5.70	169.60	3.00	41.71	1.33	14.67	1.22	4.72	0.382
			8		11.183	8.779	0.286	91.03	2.85	15.27	27.15	1.56	6.41	194.17	3.04	47.93	1.36	16.34	1.21	5.29	0.380
10/6.3	100	63	6	10	9.617	7.550	0.320	99.06	3.21	14.64	30.94	1.79	6.35	199.71	3.24	50.50	1.43	18.42	1.38	5.25	0.394
			7		11.111	8.722	0.320	113.45	3.20	16.88	35.26	1.78	7.29	233.00	3.28	59.14	1.47	21.00	1.38	6.02	0.394
			8		12.584	9.878	0.319	127.37	3.18	19.08	39.39	1.77	8.21	266.32	3.32	67.88	1.50	23.50	1.37	6.78	0.391
			10		15.467	12.142	0.319	153.81	3.15	23.32	47.12	1.74	9.98	333.06	3.40	85.73	1.58	28.33	1.35	8.24	0.387
10/8	100	80	6	10	10.637	8.350	0.354	107.04	3.17	15.19	61.24	2.40	10.16	199.83	2.95	102.68	1.97	31.65	1.72	8.37	0.627
			7		12.301	9.656	0.354	122.73	3.16	17.52	70.08	2.39	11.71	233.20	3.00	119.98	2.01	36.17	1.72	9.60	0.626
			8		13.944	10.946	0.353	137.92	3.14	19.81	78.58	2.37	13.21	266.61	3.04	137.37	2.05	40.58	1.71	10.80	0.625
			10		17.167	13.476	0.353	166.87	3.12	24.24	94.65	2.35	16.12	333.63	3.12	172.48	2.13	49.10	1.69	13.12	0.622
11/7	110	70	6	10	10.637	8.350	0.354	133.37	3.54	17.85	42.92	2.01	7.90	265.78	3.53	69.08	1.57	25.36	1.54	6.53	0.403
			7		12.301	9.656	0.354	153.00	3.53	20.60	49.01	2.00	9.09	310.07	3.57	80.82	1.61	28.95	1.53	7.50	0.402
			8		13.944	10.946	0.353	172.04	3.51	23.30	54.87	1.98	10.25	354.39	3.62	92.70	1.65	32.45	1.53	8.45	0.401
			10		17.167	13.476	0.353	208.39	3.48	28.54	65.88	1.96	12.48	443.13	3.70	116.83	1.72	39.20	1.51	10.29	0.397

续表

角号	B	b	d	r	截面面积/cm²	理论重量/(kg/m)	外表面积/(m²/m)	I_x/cm⁴	i_x/cm	W_x/cm³	I_y/cm⁴	i_y/cm	W_y/cm⁴	I_{x_1}/cm⁴	y_0/cm	I_{y_1}/cm⁴	x_0/cm	I_u/cm⁴	i_u/cm	W_u/cm³	$\tan\alpha$
								尺寸/mm			参考 数值										
12.5/8	125	80	7	11	14.096	11.066	0.403	227.98	4.02	26.86	74.42	2.30	12.01	454.99	4.01	120.32	1.80	43.81	1.76	9.92	0.408
			8		15.989	12.551	0.403	256.77	4.01	30.41	83.49	2.28	13.56	519.99	4.06	137.85	1.84	49.15	1.75	11.18	0.407
			10		19.712	15.474	0.402	312.04	3.98	37.33	100.67	2.26	16.56	650.09	4.14	173.40	1.92	59.45	1.74	13.64	0.404
			12		23.351	18.330	0.402	364.41	3.95	44.01	116.67	2.24	19.43	780.39	4.22	209.67	2.00	69.35	1.72	16.01	0.400
14/9	140	90	8	12	18.038	14.160	0.453	365.64	4.50	38.48	120.69	2.59	17.34	730.53	4.50	195.79	2.04	70.83	1.98	14.31	0.411
			10		22.261	17.475	0.452	445.50	4.47	47.31	140.03	2.56	21.22	913.20	4.58	245.92	2.12	85.82	1.96	17.48	0.409
			12		26.400	20.724	0.451	521.59	4.44	55.87	169.79	2.54	24.95	1 096.09	4.66	296.89	2.19	100.21	1.95	20.54	0.406
			14		30.456	23.908	0.451	594.10	4.42	64.18	192.10	2.51	28.54	1 279.26	4.74	348.82	2.27	114.13	1.94	23.52	0.403
16/10	160	100	10	13	25.315	19.872	0.512	668.69	5.14	62.13	205.03	2.85	26.56	1 362.89	5.24	336.59	2.28	121.74	2.19	21.92	0.390
			12		30.054	23.592	0.511	784.91	5.11	73.49	239.06	2.82	31.28	1 635.56	5.32	405.94	2.36	142.33	2.17	25.79	0.388
			14		34.709	27.247	0.510	896.30	5.08	84.56	271.20	2.80	35.83	1 908.50	5.40	476.42	2.43	162.23	2.16	29.56	0.385
			16		39.281	30.835	0.510	1 003.04	5.05	95.33	301.60	2.77	40.24	2 181.79	5.48	548.2	2.51	182.57	2.16	33.44	0.382
18/11	180	110	10	14	28.373	22.273	0.571	956.25	5.80	78.96	278.11	3.13	32.49	1 940.40	5.89	447.22	2.44	166.50	2.42	26.88	0.376
			12		33.712	26.464	0.571	1 124.72	5.78	93.53	325.03	3.10	38.32	2 328.38	5.98	538.94	2.52	194.87	2.40	31.66	0.374
			14		38.967	30.589	0.570	1 286.91	5.75	107.76	369.55	3.08	43.97	2 716.60	6.06	631.95	2.59	222.30	2.39	36.32	0.372
			16		44.139	34.649	0.569	1 443.06	5.72	121.64	411.85	3.06	49.44	3 105.15	6.14	726.46	2.67	248.94	2.38	40.87	0.369
20/12.5	200	125	12	14	37.912	29.761	0.641	1 570.90	6.44	116.73	483.16	3.57	49.99	3 193.85	6.54	787.74	2.83	285.79	2.74	41.23	0.392
			14		43.867	34.436	0.640	1 800.97	6.41	134.65	550.83	3.54	57.44	3 726.17	6.62	922.47	2.91	326.58	2.73	47.34	0.390
			16		49.739	39.045	0.639	2 023.35	6.38	152.18	615.44	3.52	64.69	4 258.86	6.70	1 058.86	2.99	366.21	2.71	53.32	0.388
			18		55.526	43.588	0.639	2 238.30	6.35	169.33	677.19	3.49	71.74	4 792.00	6.78	1 197.13	3.06	404.83	2.70	59.18	0.385

表 C-4　热轧等边角钢(GB/T9787—1988)

符号意义：b——边宽度；
d——边厚度；
r——内圆弧半径；
r_1——边端内圆弧半径；

I——惯性矩；
i——惯性半径；
W——截面系数；
z_0——重心距离。

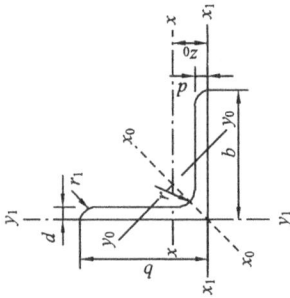

图 C-4

| 角钢号数 | 尺寸/mm | | | 截面面积 /cm² | 理论重量 /(kg/m) | 外表面积 /(m²/m) | 参考数值 | | | | | | | | | | | |
| | b | d | r | | | | x-x | | | x_0-x_0 | | | y_0-y_0 | | | x_1-x_1 | z_0 |
							I_x /cm⁴	i_x /cm	W_x /cm³	I_{x_0} /cm⁴	i_{x_0} /cm	W_{x_0} /cm³	I_{y_0} /cm⁴	i_{y_0} /cm	W_{y_0} /cm³	I_{x_1} /cm⁴	/cm
2	20	3	3.5	1.132	0.889	0.078	0.40	0.59	0.29	0.63	0.75	0.45	0.17	0.39	0.20	0.81	0.60
		4		1.459	1.145	0.077	0.50	0.58	0.36	0.78	0.73	0.55	0.22	0.38	0.24	1.09	0.64
2.5	25	3		1.432	1.124	0.098	0.82	0.76	0.46	1.29	0.95	0.73	0.34	0.49	0.33	1.57	0.73
		4		1.859	1.459	0.097	1.03	0.74	0.59	1.62	0.93	0.92	0.43	0.48	0.40	2.11	0.76
3.0	30	3		1.749	1.373	0.117	1.46	0.91	0.68	2.31	1.15	1.09	0.61	0.59	0.51	2.71	0.85
		4		2.276	1.786	0.117	1.84	0.90	0.87	2.92	1.13	1.37	0.77	0.58	0.62	3.63	0.89
3.6	36	3	4.5	2.109	1.656	0.141	2.58	1.11	0.99	4.09	1.39	1.61	1.07	0.71	0.76	4.68	1.00
		4		2.756	2.163	0.141	3.29	1.09	1.28	5.22	1.38	2.05	1.37	0.70	0.93	6.25	1.04
		5		3.382	2.654	0.141	3.95	1.08	1.56	6.24	1.36	2.45	1.65	0.70	1.09	7.84	1.07
4.0	40	3	5	2.359	1.852	0.157	3.59	1.23	1.23	5.69	1.55	2.01	1.49	0.79	0.96	6.41	1.09
		4		3.086	2.422	0.157	4.60	1.22	1.60	7.29	1.54	2.58	1.91	0.79	1.19	8.56	1.13
		5		3.791	2.976	0.156	5.53	1.21	1.96	8.76	1.52	3.10	2.30	0.78	1.39	10.74	1.17

续表

角钢号数	b	d	r	截面面积/cm²	理论重量/(kg/m)	外表面积/(m²/m)	I_x/cm⁴	i_x/cm	W_x/cm³	I_{x_0}/cm⁴	i_{x_0}/cm	W_{x_0}/cm³	I_{y_0}/cm⁴	i_{y_0}/cm	W_{y_0}/cm³	I_{x_1}/cm⁴	z_0/cm
							x-x			x0-x0			y0-y0			x1-x1	
4.5	45	3	5	2.659	2.088	0.177	5.17	1.40	1.58	8.20	1.76	2.58	2.14	0.89	1.24	9.12	1.22
		4		3.486	2.736	0.177	6.65	1.38	2.05	10.56	1.74	3.32	2.75	0.89	1.54	12.18	1.26
		5		4.292	3.369	0.176	8.04	1.37	2.51	12.74	1.72	4.00	3.33	0.88	1.81	15.25	1.30
		6		5.076	3.985	0.176	9.33	1.36	2.95	14.76	1.70	4.64	3.89	0.88	2.06	18.36	1.33
5	50	3	5.5	2.971	2.332	0.197	7.18	1.55	1.96	11.37	1.96	3.22	2.98	1.00	1.57	12.50	1.34
		4		3.897	3.059	0.197	9.26	1.54	2.56	14.70	1.94	4.16	3.82	0.99	1.96	16.69	1.38
		5		4.803	3.770	0.196	11.21	1.53	3.13	17.79	1.92	5.03	4.64	0.98	2.31	20.90	1.42
		6		5.688	4.465	0.196	13.05	1.52	3.68	20.68	1.91	5.85	5.42	0.98	2.63	25.14	1.46
5.6	56	3	6	3.343	2.624	0.221	10.19	1.75	2.48	16.14	2.20	4.08	4.24	1.13	2.02	17.56	1.48
		4		4.390	3.446	0.220	13.18	1.73	3.24	20.92	2.18	5.28	5.46	1.11	2.52	23.43	1.53
		5		5.415	4.251	0.220	16.02	1.72	3.97	25.42	2.17	6.42	6.61	1.10	2.98	29.33	1.57
		8		8.367	6.568	0.219	23.63	1.68	6.03	37.37	2.11	9.44	9.89	1.09	4.16	47.24	1.68
6.3	63	4	7	4.978	3.907	0.248	19.03	1.96	4.13	30.17	2.46	6.78	7.89	1.26	3.29	33.35	1.70
		5		6.143	4.822	0.248	23.17	1.94	5.08	36.77	2.45	8.25	9.57	1.25	3.90	41.73	1.74
		6		7.288	5.721	0.247	27.12	1.93	6.00	43.03	2.43	9.66	11.20	1.24	4.46	50.14	1.78
		8		9.515	7.469	0.247	34.46	1.90	7.75	54.56	2.40	12.25	14.33	1.23	5.47	67.11	1.85
		10		11.657	9.151	0.246	41.09	1.88	9.39	64.85	2.36	14.56	17.33	1.22	6.36	84.31	1.93
7.0	70	4	8	5.570	4.372	0.275	26.39	2.18	5.14	41.80	2.74	8.44	10.99	1.40	4.17	45.74	1.86
		5		6.875	5.397	0.275	32.21	2.16	6.32	51.08	2.73	10.32	13.34	1.39	4.95	57.21	1.91
		6		8.160	6.406	0.275	37.77	2.15	7.48	59.93	2.71	12.11	15.61	1.38	5.67	68.73	1.95
		7		9.424	7.398	0.275	43.09	2.14	8.59	68.35	2.69	13.81	17.82	1.38	6.34	80.29	1.99
		8		10.667	8.373	0.274	48.17	2.12	9.68	76.37	2.68	15.43	19.98	1.37	6.98	91.92	2.03

续表

角钢号数	b/mm	d/mm	r/mm	截面面积/cm²	理论重量/(kg/m)	外表面积/(m²/m)	I_x/cm⁴	i_x/cm	W_x/cm³	I_{x_0}/cm⁴	i_{x_0}/cm	W_{x_0}/cm³	I_{y_0}/cm⁴	i_{y_0}/cm	W_{y_0}/cm³	I_{x_1}/cm⁴	z_0/cm
7.5	75	5	9	7.412	5.818	0.295	39.97	2.33	7.32	63.30	2.92	11.94	16.63	1.50	5.77	70.56	2.04
		6		8.797	6.905	0.294	46.95	2.31	8.64	74.38	2.90	14.02	19.51	1.49	6.67	84.55	2.07
		7		10.160	7.976	0.294	53.57	2.30	9.93	84.96	2.89	16.02	22.18	1.48	7.44	98.71	2.11
		8		11.503	9.030	0.294	59.96	2.28	11.20	95.07	2.88	17.93	24.86	1.47	8.19	112.97	2.15
		10		14.126	11.089	0.293	71.98	2.26	13.64	113.92	2.84	21.48	30.05	1.46	9.56	141.71	2.22
8	80	5	9	7.912	6.211	0.315	48.79	2.48	8.34	77.33	3.13	13.67	20.25	1.60	6.66	85.36	2.15
		6		9.397	7.376	0.314	57.35	2.47	9.87	90.98	3.11	16.08	23.72	1.59	7.65	102.50	2.19
		7		10.860	8.525	0.314	65.58	2.46	11.37	104.07	3.10	18.40	27.09	1.58	8.58	119.70	2.23
		8		12.303	9.658	0.314	73.49	2.44	12.83	116.60	3.08	20.61	30.39	1.57	9.46	136.97	2.27
		10		15.126	11.874	0.313	88.43	2.42	15.64	140.09	3.04	24.76	36.77	1.56	11.08	171.74	2.35
9	90	6	10	10.637	8.350	0.354	82.77	2.79	12.61	131.26	3.51	20.63	34.28	1.80	9.95	145.87	2.44
		7		12.301	9.656	0.354	94.83	2.78	14.54	150.47	3.50	23.64	39.18	1.78	11.19	170.30	2.48
		8		13.944	10.946	0.353	106.47	2.76	16.42	168.97	3.48	26.55	43.97	1.78	12.35	194.80	2.52
		10		17.167	13.476	0.353	128.58	2.74	20.07	203.90	3.45	32.04	53.26	1.76	14.52	244.07	2.59
		12		20.306	15.940	0.352	149.22	2.71	23.57	236.21	3.41	37.12	62.22	1.75	16.49	293.76	2.67
10	100	6	12	11.932	9.366	0.393	114.95	3.10	15.68	181.98	3.90	25.74	47.92	2.00	12.69	200.07	2.67
		7		13.796	10.830	0.393	131.86	3.09	18.10	208.97	3.89	29.55	54.74	1.99	14.26	233.54	2.71
		8		15.638	12.276	0.393	148.24	3.08	20.47	235.07	3.88	33.24	61.41	1.98	15.75	267.09	2.76
		10		19.261	15.120	0.392	179.51	3.05	25.06	284.68	3.84	40.26	74.35	1.96	18.54	334.48	2.84
		12		22.800	17.898	0.391	208.90	3.03	29.48	330.95	3.81	46.80	86.84	1.95	21.08	402.34	2.91
		14		26.256	20.611	0.391	236.53	3.00	33.73	374.06	3.77	52.90	99.00	1.94	23.44	470.75	2.99
		16		29.627	23.257	0.390	262.53	2.98	37.82	414.16	3.74	58.57	110.89	1.94	25.63	539.80	3.06
11	110	7	12	15.196	11.928	0.433	177.16	3.41	22.05	280.94	4.30	36.12	73.38	2.20	17.51	310.64	2.96
		8		17.238	13.532	0.433	199.46	3.40	24.95	316.49	4.28	40.39	82.42	2.19	19.39	355.20	3.01
		10		21.261	16.690	0.432	242.19	3.38	30.60	384.39	4.25	49.42	99.98	2.17	22.91	444.65	3.09

续表

角钢号数	尺寸/mm b	尺寸/mm d	尺寸/mm r	截面面积/cm²	理论重量/(kg/m)	外表面积/(m²/m)	参考数值 x-x I_x/cm⁴	i_x/cm	W_x/cm³	x_0-x_0 I_{x_0}/cm⁴	i_{x_0}/cm	W_{x_0}/cm³	y_0-y_0 I_{y_0}/cm⁴	i_{y_0}/cm	W_{y_0}/cm³	x_1-x_1 I_{x_1}/cm⁴	z_0/cm
11	110	12	12	25.200	19.782	0.431	282.55	3.35	36.05	448.17	4.22	57.62	116.93	2.15	26.15	534.60	3.16
		14		29.056	22.809	0.431	320.71	3.32	41.31	508.01	4.18	65.31	133.40	2.14	29.14	625.16	3.24
12.5	125	8	14	19.750	15.504	0.492	297.03	3.88	32.52	470.89	4.88	53.28	123.16	2.50	25.86	521.01	3.37
		10		24.373	19.133	0.491	361.67	3.85	39.97	573.89	4.85	64.93	149.46	2.48	30.62	651.93	3.45
		12		28.912	22.696	0.491	423.16	3.83	41.17	671.44	4.82	75.96	174.88	2.46	35.03	783.42	3.53
		14		33.367	26.193	0.490	481.65	3.80	54.16	763.73	4.78	86.41	199.57	2.45	39.13	915.61	3.61
14	140	10	14	27.373	21.488	0.551	514.65	4.34	50.58	817.27	5.46	82.56	212.04	2.78	39.20	915.11	3.82
		12		32.512	25.522	0.551	603.68	4.31	59.80	958.79	5.43	96.85	248.57	2.76	45.02	1099.28	3.90
		14		37.567	29.490	0.550	688.81	4.28	68.75	1093.56	5.40	110.47	284.06	2.75	50.45	1284.22	3.98
		16		42.539	33.393	0.549	770.24	4.26	77.46	1221.81	5.36	123.42	318.67	2.74	55.55	1470.07	4.06
16	160	10	16	31.502	24.729	0.630	779.53	4.98	66.70	1237.30	6.27	109.36	321.76	3.20	52.76	1365.33	4.31
		12		37.441	29.391	0.630	916.58	4.95	78.98	1455.68	6.24	128.67	377.49	3.18	60.74	1639.57	4.39
		14		43.296	33.987	0.629	1048.36	4.92	90.95	1665.02	6.20	147.17	431.70	3.16	68.24	1914.68	4.47
		16		49.067	38.518	0.629	1175.08	4.89	102.63	1865.57	6.17	164.89	484.59	3.14	75.31	2190.82	4.55
18	180	12	16	42.241	33.159	0.710	1321.35	5.59	100.82	2100.10	7.05	165.00	542.61	3.58	78.41	2332.80	4.89
		14		48.896	38.383	0.709	1514.48	5.56	116.25	2407.42	7.02	189.14	621.53	3.56	88.38	2723.48	4.97
		16		55.467	43.542	0.709	1700.99	5.54	131.13	2703.37	6.98	212.40	698.60	3.55	97.83	3115.29	5.05
		18		61.955	48.634	0.708	1875.12	5.50	145.64	2988.24	6.94	234.78	762.01	3.51	105.14	3502.43	5.13
20	200	14	18	54.642	42.894	0.788	2103.55	6.20	144.70	3343.26	7.82	236.40	863.83	3.98	111.82	3734.10	5.46
		16		62.013	48.680	0.788	2366.15	6.18	163.65	3760.89	7.79	265.93	971.41	3.96	123.96	4270.39	5.54
		18		69.301	54.401	0.787	2620.64	6.15	182.22	4164.54	7.75	294.48	1076.74	3.94	135.52	4808.13	5.62
		20		76.505	60.056	0.787	2867.30	6.12	200.42	4554.55	7.72	322.06	1180.04	3.93	146.55	5347.51	5.69
		24		90.661	71.168	0.785	3338.25	6.07	236.17	5294.97	7.64	374.41	1381.53	3.90	166.65	6457.16	5.87

注：截面图中的 $r_1=d/3$ 及表中 r 值的数据用于孔型设计，不作交货条件。

习 题 答 案

第 1 章

略

第 2 章

2-1 $F_R=4\sqrt{2}N=5.66N,\theta_x=45°$,合力作用线过 A 点。

2-2 $F_R{}'=\sqrt{5}kN,M_O=-9\ kN\cdot m,\ x-2y-9=0$。

2-3 力偶,$M=\dfrac{\sqrt{3}}{2}FL$,逆时针。

2-4 力偶,$M=\sqrt{19}Fa,\qquad \cos(\boldsymbol{M},\boldsymbol{i})=\cos(\boldsymbol{M},\boldsymbol{j})=-\dfrac{3}{\sqrt{19}},\qquad \cos(\boldsymbol{M},\boldsymbol{k})=-\dfrac{1}{19}$。

2-5 力,$F_R=200N$,与 y 轴平行。

2-6 力,$F_R=30\sqrt{2}N,\alpha=\gamma=45°,\beta=90°$作用线过 $\left(-\dfrac{4}{3},\dfrac{2}{3},0\right)$点。

2-7 力偶,$M=247.1N\cdot m$,逆时针。

2-8 力螺旋,$F_R=4\sqrt{3}P,M=\sqrt{3}aP$。

2-9 力,$F_R=25kN$,向下,平行力系中心$(4.2,5.4,0)$。

2-10 力偶,无平行力系中心。

2-11 $x_C=y_C=0,\ z_C=\dfrac{1}{3}h$。

2-12 $x_C=1.67m,\qquad y_C=2.15m$。

2-13 $x_C=y_C=\dfrac{2a}{3(4-\pi)}$。

2-14 $x_C=y_C=0,\quad z_C=6.47$。

2-15 $(A'E)\max=0.634a$。

第 3 章

3-1 (a) $F_{AB}=2.73kN,\qquad F_{AC}=-5.28kN;\qquad$ (b) $F_{AB}=-0.1414N,\qquad F_{AC}=-3.15N$。

3-2 $\varphi=0.5\pi-2\alpha,\quad OA=l\sin\alpha$。

3-3 (a) $F_{RA}=F_{RB}=1.5kN;$ (b) $F_{RA}=F_{RB}=\sqrt{2}Pa/l$。

3-4 $F=P,\ F_{NA}=F_{NB}=Pa/b,\ F_{NE}=0$。

3-5 $P_1=0.5P\sin\beta,\quad F_{NA}=0.5P,\ F_{NB}=0.5P\cos\beta$。

3-6 $F_{Ax}=1\ 303N,\ F_{Ay}=4\ 357N,\ F=2\ 359N$。

3-7 $F_{Ax}=2.4kN,\ F_{Ay}=1.2kN,\ F=848N$。

3-8 (a) $F_{RA}=3.75\text{kN}$, $F_{NB}=-0.25\text{kN}$; (b) $F_{Ax}=0$, $F_{Ay}=17\text{kN}$, $M_A=43\text{kN}\cdot\text{m}$。

3-9 $0<x<1.25$, $\dfrac{825}{x+1.5}\leqslant P_2\leqslant\dfrac{375}{x}$。

3-10 $F_{Ax}=4.67\text{kN}$ $(\leftarrow)$, $F_{Ay}=47.67\text{kN}$ $(\downarrow)$, $F_{NB}=22.4\text{kN}$。

3-11 $F=13.83\text{kN}$, $F_{Ex}=-6.92\text{kN}$, $F_{Ey}=-2.48\text{kN}$。

3-12 $F_A=-32.36\text{N}$ (压), $F_B=7.64\text{N}$ (拉), $F_C=24.72\text{N}$ (拉)。

3-13 $F_{NO}=-385\text{kN}$, $M_O=-1\,626\text{kN}\cdot\text{m}$。

3-14 ①$M=FR$; $F_{Ox}=-F\tan\alpha$, $F_{Oy}=-F$; ③$F_B=\dfrac{P}{\cos\alpha}$; ④$F_N=F\tan\alpha$。

3-15 $P_2=\dfrac{b}{a}P_1$。

3-16 $F_{ND}=8.333\text{kN}$, $F_{Ax}=0$, $F_{Ay}=51.667\text{kN}$, $M_A=300\text{kN}\cdot\text{m}$。

3-17 $F_{NA}=-15\text{kN}$, $F_{NB}=40\text{kN}$, $F_{NC}=-5\text{kN}$, $F_{ND}=15\text{kN}$。

3-18 $P_{1\min}=2P\left(1-\dfrac{r}{R}\right)$。

3-19 $F_{Ax}=\mp F$, $F_{Ay}=\pm F$; $F_{Bx}=-F$, $F_{By}=0$; $F_{Dx}=\mp 2F$, $F_{Dy}=\mp P$。

3-20 $F_{Ax}=250\text{N}(\rightarrow)$, $F_{Ay}=66.7\text{N}(\downarrow)$; $F_{Dx}=450\text{N}$, $F_{Dy}=266.7\text{N}$; $F_{Ex}=250\text{N}$ $(\leftarrow)$, $F_{Ey}=266.7\text{N}(\uparrow)$。

3-21 $F_{Ax}=23\text{kN}(\leftarrow)$, $F_{Ay}=10\text{kN}(\uparrow)$; $F_{Cx}=23\text{kN}(\rightarrow)$, $F_{Cy}=10\text{kN}(\uparrow)$。

3-22 $F_{By}=1\,050\text{N}$, $F=-1\,500\text{N}$, $F_{Ax}=1\,200\text{N}$, $F_{Ay}=150\text{N}$。

3-23 $F_{Ax}=0.8\text{kN}$ (x 沿 DA 方向), $F_{Ay}=1.2\text{kN}$, $F_{BD}=1.067\text{kN}$。

3-24 $F_{Dx}=-\left(F_2+\dfrac{\sqrt{3}}{2l}M+\dfrac{\sqrt{3}}{4}F_1\right)$,

$F_{Dy}=\dfrac{1}{4}F_1+\dfrac{M}{2l}$, $M_D=-\left(F_2+\dfrac{\sqrt{3}}{2l}M+\dfrac{\sqrt{3}}{4}F_1\right)a$。

3-25 $F=231\text{N}$, AC 杆作用于销钉的力$|F_{Cx}|=231\text{N}$, $|F_{Cy}|=250\text{N}$。

3-26 $F_{By}=150\text{N}$, $F_{Bx}=1\,400\text{N}$。

3-27 $F_{Ax}=1\,419.3\text{N}$, $F_{Ay}=419.3\text{N}$; $F_{Bx}=2\,882.9\text{N}$, $F_{By}=750\text{N}$; $F_{Dx}=2\,882.9\text{N}$, $F_{Dy}=1\,750\text{N}$。

3-28 $F_{Ax}=\dfrac{M}{a}+2qa(\leftarrow)$, $F_{Ay}=F_1+4qa(\uparrow)$, $M_A=2F_1a+4qa^2-M$(逆时针), $F_1=\dfrac{M}{a}+2qa$ (压), $F_2=\dfrac{M}{a}+2qa$ (拉), $F_3=\sqrt{2}\left(\dfrac{M}{a}+2qa\right)$ (压)。

3-29 $F_1=-F_4=2P$, $F_2=-F_6=-2.24P$, $F_3=P$, $F_5=0$。

3-30 $F=-0.866P$。

3-31 $\mathbf{F}_1=-\dfrac{4}{9}P$ (压), $F_2=-\dfrac{2}{3}P$ (拉), $F_3=0$。

3-32 $F_s=429.49\text{N}$。

3-33 $\theta=\arcsin\dfrac{3\pi f}{4+3\pi f}$。

3-34 (a) $F=140\text{N}$, (b) $F=265\text{N}$。

3-35 上升：$F=26$kN；下降：$F=20.88$kN。

3-36 $s=0.456l$。

3-37 $f\geqslant0.208$。

3-38 $n=21$ 本。

3-39 $l\geqslant\dfrac{b}{2f}=10$cm。

3-40 $b\leqslant0.75$cm。

3-41 $P=500$N。

3-42 $f\geqslant0.15$。

3-43 $0.5<\dfrac{l}{L}<0.559$。

3-44 $b\leqslant11$cm。

3-45 $P_{Amax}=300$N。

第 4 章

4-1 $F_{Qm\text{-}m}=1$kN, $\qquad M_{m\text{-}m}=1$kN·m, $\qquad F_{Qn\text{-}n}=2$kN。

4-2 $\varepsilon_m=\dfrac{\Delta l}{l}=5\times10^{-4}$。

4-3 略。

4-4 略。

第 5 章

5-1 (a)$F_{N1\text{-}1}=50$kN, $F_{N2\text{-}2}=10$kN, $F_{N3\text{-}3}=-20$kN；

(b)$F_{N1\text{-}1}=F$, $F_{N2\text{-}2}=0$, $F_{N3\text{-}3}=F$；

(c)$F_{N1\text{-}1}=0$, $F_{N2\text{-}2}=4F$, $F_{N3\text{-}3}=3F$。

5-2 $\sigma=76.4$MPa。

5-3 $\sigma_{max}=67.8$MPa。

5-4 $\sigma=35$MPa。

5-5 螺栓内径 $d_1\geqslant22.6$mm。

5-6 $\tau_{max}=63.7$MPa, $\sigma_{30°}=95.6$MPa, $\tau_{30°}=55.2$MPa。

5-7 $\sigma=37.1$MPa$<[\sigma]$ 安全。

5-8 $b\geqslant116$mm, $h\geqslant162$mm。

5-9 $F=40.4$kN。

5-10 1) $d_{max}=17.8$mm; 2) $A_{CD}\geqslant833$mm^2; 3) $F_{max}=15.7$kN。

5-11 $\sigma=32.7$MPa$<[\sigma]$ 安全。

5-12 $\varepsilon=5\times10^{-4}$, $\sigma=100$MPa, $F=7.85$kN。

5-13 $\Delta l=0.075$mm。

5-14 $x = \dfrac{l l_1 E_2 A_2}{l_1 E_2 A_2 + l_2 E_1 A_1}$ 。

5-15 不计自重时，$U = 64\text{J}$， $u = 64 \times 10^3 \text{J/m}^3$；考虑自重时，$U = 64.2\text{J}$，$u_{max} = 64.3 \times 10^3 \text{J/m}^3$。

5-16 $e = \dfrac{b(E_1 - E_2)}{2(E_1 + E_2)}$ 。

5-17 $F = 698\text{kN}$。

5-18 $\sigma_{\perp} = -66.7\text{MPa}$， $\sigma_{\text{F}} = -33.3\text{MPa}$。

5-19 $F_{N1} = F_{N3} = 5.33\text{kN}(拉)$， $F_{N2} = 10.67\text{kN}(压)$。

5-20 ①$F = 32\text{kN}$；②$\sigma_1 = 86\text{MPa}$， $\sigma_2 = 78\text{MPa}$。

5-21 $\sigma_{max} = 150\text{MPa}$。

5-22 $\sigma_1 = 73.5\text{MPa}$， $\sigma_2 = 235\text{MPa}$。

5-23 $F = 21.98\text{kN}$， $\delta_D = 2\Delta l = 1.4\text{mm}(\downarrow)$。

第 6 章

6-1 略。

6-2 略。

6-3 ①扭矩图上的最大扭矩为 $3\,000\text{N} \cdot \text{m}$；

②$\tau_{max} = 15.3\text{MPa}$，发生在 BC 段；

③$\varphi_{CD} = 1.273 \times 10^{-3} \text{rad}$， $\varphi_{AD} = 1.91 \times 10^{-3} \text{rad}$。

6-4 $\tau_{max} = 19.2\text{MPa} < [\tau]$ 安全。

6-5 $\tau_{AB,max} = 16.2\text{MPa} < [\tau]$ 安全；

$\tau_{H,max} = 15.8\text{MPa} < [\tau]$ 安全；

$\tau_{C,max} = 15.01\text{MPa} < [\tau]$ 安全。

6-6 $\tau_{AC,max} = 49.4\text{MPa} < [\tau]$， $\tau_{DB} = 21.3\text{MPa} < [\tau]$； $\theta_{max} = 1.77°/\text{m} < [\theta]$ 安全。

6-7 $d \geqslant 21.7\text{mm}$， $G = 1\,120\text{N}$。

6-8 $d \geqslant 32.2\text{mm}$。

6-9 $d_1 \geqslant 45\text{mm}$， $D_2 \geqslant 46\text{mm}$。

6-10 $d \geqslant 63\text{mm}$。

6-11 ①$d_1 \geqslant 84.6\text{mm}$， $d_2 \geqslant 74.5\text{mm}$；

②$d \geqslant 84.6\text{mm}$；

③主动轮 1 放在 2、3 之间较合理。

6-12 $\varphi_B = \dfrac{\overline{m} l^2}{2G I_P}$ 。

6-13 ①$M_e \leqslant 110\text{N} \cdot \text{m}$；

②$\varphi = 0.022\text{rad}$。

6-14 $\dfrac{d}{h} = 2.4$ 。

6-15 $\tau = 0.952\text{MPa}$， $\sigma_{bs} = 7.41\text{MPa}$。

6-16 $F \geqslant 236\text{kN}$。

6-17　$\sigma_{bs}=135\text{MPa}<[\sigma_{bs}]$　安全。

6-18　$F\leqslant 1\,100\text{kN}$。

第 7 章

7-1　(a)$|F_Q|_{max}=\dfrac{2}{3}F$,　　　$|M|_{max}=\dfrac{1}{3}Fa$；

　　　(b)$|F_Q|_{max}=0$,　　　$|M|_{max}=M_e$；

　　　(c)$|F_Q|_{max}=qa$,　　　$|M|_{max}=\dfrac{1}{2}qa^2$；

　　　(d)$|F_Q|_{max}=\dfrac{1}{2}qa$,　　　$|M|_{max}=\dfrac{1}{8}qa^2$；

　　　(e)$|F_Q|_{max}=qa$,　　　$|M|_{max}=\dfrac{3}{2}qa^2$；

　　　(f)$|F_Q|_{max}=F$,　　　$|M|_{max}=2Fa$；

　　　(g)$|F_Q|_{max}=qa$,　　　$|M|_{max}=\dfrac{3}{4}qa^2$；

　　　(h)$|F_Q|_{max}=qa$,　　　$|M|_{max}=qa^2$；

　　　(i)$|F_Q|_{max}=\dfrac{3}{2}qa$,　　　$|M|_{max}=qa^2$。

7-2　(a)$F_{Q1}=-F$,　$M_1=0$,　$F_{Q2}=0$,　$M_2=-Fa$,　$F_{Q3}=0$,　$M_3=0$；

　　　(b)$F_{Q1}=\dfrac{1}{3}F$,　　$M_1=\dfrac{2}{3}Fa$,　　$F_{Q2}=\dfrac{1}{3}F$,　　$M_2=-\dfrac{1}{3}Fa$。

7-3　略。

7-4　略。

7-5　略。

7-6　①设 F 作用在距 A 支座为 x 的位置：

$$F_{Ay}=\dfrac{F}{l}(l-x),\qquad F_{By}=\dfrac{F}{l}x；$$

　　　②当 F 的作用位置趋近 A 支座，即 $x\to 0$(或趋近 B 支座，即 $x\to l$)时，$|F_Q|_{max}=F$，

　　　当 $x=\dfrac{l}{2}$ 时　　　$|M|_{max}=\dfrac{1}{4}Fl$。

7-7　(a)$|M|_{max}=Fa$；

　　　(b)$|M|_{max}=M_e$。

7-8　$\sigma_{max}=100\text{MPa}$。

7-9　实心轴 $\sigma_{max}=159\text{MPa}$，

　　　空心轴 $\sigma_{max}=93.6\text{MPa}$，

　　　空心轴截面比实心轴截面的最大应力减小了 41%。

7-10　$x_{max}=5.33\text{m}$。

7-11　$b\geqslant\dfrac{2(F_1-F)l}{F_1}$；　$F_1=2F$。

7-12 $\tau'_1 = \tau'_2 = 0.267\text{MPa}$, $F_{Q1}x = F_{Q2}x = 26.7\text{kN}$。

7-13 $\sigma_{t,max} = 73.5\text{MPa}(C$ 截面下边缘$)$,

  $\sigma_{c,max} = 147\text{MPa}(A$ 截面下边缘$)$。

7-14 $\sigma_{max} = 72.6\text{MPa} < [\sigma]$, $\tau_{max} = 17.5\text{MPa} < [\tau]$ 安全。

7-15 $[F] = 44.3\text{kN}$。

7-16 $\sigma_{max} = 142\text{MPa}$, $\tau_{max} = 18.1\text{MPa}$。

7-17 No. 28a 工字钢, $\tau_{max} = 13.9\text{MPa} < [\tau]$ 安全。

7-18 $W_z \geqslant 187.5\text{cm}^3$, 选 No. 18 工字钢。

7-19 $[F] = 3.75\text{kN}$。

7-20 $a = \dfrac{lW_2}{W_1 + W_2}$。

7-21 $\tau = 16.2\text{MPa} < [\tau]$ 安全。

7-22 $a = b = 2\text{m}$, $[F] = 14.8\text{kN}$。

7-23 $h : b = \sqrt{2} \approx 1.5$。

7-24 $h = \sqrt{\dfrac{3q}{b[\sigma]}}x$。

7-25 (a)$\theta_A = \dfrac{M_e l}{6EI}$ $(\downarrow)$, $f_{l/2} = \dfrac{M_e l^2}{16EI}$ $(\downarrow)$;

  (b)$\theta_A = \dfrac{3ql^3}{128EI}$ $(\downarrow)$, $f_{l/2} = \dfrac{5ql^4}{768EI}$ $(\downarrow)$。

7-26 $f_A = \dfrac{Fa}{48EI}(3l^2 - 16al - 16a^2)$;

  $\theta_A = \dfrac{F}{48EI}(24a^2 + 16al - 3l^2)$。

7-27 $f_C = \dfrac{13M_e l^2}{72EI_z}$ $(\uparrow)$。

7-28 $f_A = \left[\dfrac{(l+a)a^2}{3EI} + \dfrac{(l+a)^2}{Kl^2}\right]F$ $(\downarrow)$。

7-29 (a)$f_A = \dfrac{ql^4}{16EI}$ $(\uparrow)$ $\theta_B = \dfrac{ql^3}{12EI}$ $(\uparrow)$;

  (b)$f_A = \dfrac{Fa}{6EI}(3b^2 + 6ab + 2a^2)$ $(\downarrow)$, $\theta_B = \dfrac{Fa(2b+a)}{2EI}$ $(\cap)$。

7-30 (a)$|\theta|_{max} = \dfrac{5Fl^2}{16EI}$, $|f|_{max} = \dfrac{3Fl^3}{16EI}$;

  (b)$|\theta|_{max} = \dfrac{5Fl^2}{128EI}$, $|f|_{max} = \dfrac{3Fl^3}{256EI}$。

7-31 $|f|_{max} = \dfrac{39Fl^3}{1024EI}$。

7-32 (a) $v = \dfrac{Fx^3}{3EI}$;

  (b) $v = \dfrac{Fx^2(l-x)^2}{3EIl}$。

7-33　$|f|_{max}=12.6mm<[f]$　安全。

7-34　(a) $F_{By}=\dfrac{14}{27}F$;　　(b) $F_{By}=\dfrac{3}{8}qa$。

7-35　$F_{Cy}=\dfrac{5}{4}F$,　　$f_B=\dfrac{13Fl^3}{64EI}(\downarrow)$。

7-36　$f_D=5.06mm(\downarrow)$。

第 8 章

8-1　(a)　$\sigma_1=0$,　$\sigma_2=0$,　$\sigma_3=-50MPa$,　$\tau_{max}=25Mpa$;

　　　(b)$\sigma_1=30MPa$,　$\sigma_2=0$,　$\sigma_3=-20MPa$,　$\tau_{max}=25MPa$。

8-2　(a)$\sigma_{45°}=30MPa$,　　$\tau_{45°}=30MPa$;

　　　(b)$\sigma_{45°}=-50MPa$,　　$\tau_{45°}=0$;

　　　(c)$\sigma_{45°}=-20MPa$,　　$\tau_{45°}=30MPa$。

8-3　① 略;

　　　②$\sigma_1=56.1MPa$,　　$\sigma_2=0$,　　$\sigma_3=-16.1MPa$,

　　　$\tau_{max}=36.1MPa$。

8-4　A 点:$\sigma_1=14.75MPa$,　$\sigma_2=0$,　$\sigma_3=-2.53MPa$;

　　　B 点:$\sigma_1=6.11MPa$,　$\sigma_2=0$,　$\sigma_3=-6.11MPa$。

8-5　① 略;

　　　②1 点:$\sigma_1=0$,　　$\sigma_2=0$;　　$\sigma_3=-40MPa$;

　　　2 点:$\sigma_1=1.66MPa$,　$\sigma_2=0$,　$\sigma_3=-21.66MPa$;

　　　3 点:$\sigma_1=8MPa$,　$\sigma_2=0$,　$\sigma_3=-8MPa$;

　　　4 点:$\sigma_1=21.66MPa$,　$\sigma_2=0$,　$\sigma_3=1.66MPa$;

　　　5 点:$\sigma_1=40MPa$,　　$\sigma_2=0$,　　$\sigma_3=0$。

8-6　$\sigma_y=30MPa$。

8-7　$\sigma_{45°}=-10MPa$,　　$\tau_{45°}=50MPa$。

8-8　$\sigma_1=72.1MPa$,　　$\sigma_2=0$,　　$\sigma_3=-56.3MPa$。

8-9　$\varepsilon_{max}=296\times10^{-6}$。

8-10　(a)$\sigma_1=25MPa$,　$\sigma_2=0$,　$\sigma_3=-25MPa$,　$\tau_{max}=25MPa$;

　　　(b)$\sigma_1=50MPa$,　$\sigma_2=50MPa$,　$\sigma_3=-50MPa$,　$\tau_{max}=50MPa$;

　　　(c)$\sigma_1=60MPa$,　$\sigma_2=60MPa$,　$\sigma_3=60MPa$,　$\tau_{max}=0$。

8-11　$G=80.2GPa$。

8-12　$\sigma_1=0$, $\sigma_2=-19.8MPa$, $\sigma_3=-60MPa$, $\varepsilon_1=0.376\times10^{-3}$, $\varepsilon_2=0$, $\varepsilon_3=-0.765\times10^{-3}$。

8-13　(a) $\sigma_{max}=\dfrac{6Fl}{bh}\left(\dfrac{1}{h}+\dfrac{2}{b}\right)$;

　　　(b) $\sigma_{max}=\dfrac{18Fl}{a^3}$;

　　　(c) $\sigma_{max}=\dfrac{32\sqrt{5}Fl}{\pi d^3}$。

8-14 8 倍。

8-15 $\sigma_{t,max} = 6.75MPa$, $\sigma_{c,max} = 6.99MPa$。

8-16 $\sigma_{max} = \dfrac{4ql}{bh}$, $\Delta = -\dfrac{ql^2}{Ebh}$。

8-17 选 16 号工字钢。

8-18 $[F] = 30kN$。

8-19 $[l] = 0.54m$。

8-20 按第三强度理论计算 $d = 75mm$。

8-21 ① $\sigma_1 = 3.11MPa$, $\sigma_2 = 0$, $\sigma_3 = -0.22MPa$, $\tau_{max} = 1.67MPa$;

② $\sigma_{r3} = 3.33MPa < [\sigma]$ 安全。

8-22 按第三强度理论设计 $d \geqslant 65.8mm$,取 $d = 66mm$。

第 9 章

9-1 1 杆: $F_{cr} = 2\ 540kN$;

2 杆: $F_{cr} = 4\ 710kN$;

3 杆: $F_{cr} = 4\ 820kN$。

9-2 ① $\dfrac{l}{D} = 65$, $F_{cr} = 47.4D^2 \times 10^3 kN$; ② $\dfrac{G_{实}}{G_{空}} = 2.35$。

9-3 $n = 7.52 > 3.5$, 满足稳定条件。

9-4 ① $F_{cr} = 303kN$; ② $F_{cr} = 471kN$。

9-5 $n = 4.22 > 4$, 满足稳定条件。

9-6 ① $F_{cr} = 109kN$; ② 不满足稳定条件。

9-7 $\alpha = 54.7°$。

9-8 $n = 2.58 < 3$, 不满足稳定条件。

9-9 ① $F_{cr} = 258kN$; ② $\dfrac{b}{h} = \dfrac{1}{2}$。

9-10 $n = 5.68$。

9-11 $n = 5.38 > n_{st}$, 安全。

9-12 ① $n = 3.3$; ② $T = 67℃$。

9-13 $n = 2.25$。

9-14 加强后压杆的欧拉公式为 $F_{cr} \approx \dfrac{\pi^2 EI}{(1.26l)^2}$。

第 10 章

10-1 ① 半直线: $y = x\tan\alpha$, $x \geqslant 0$, $S = v_0 t$; ② 圆: $x^2 + y^2 = 4$, $S = 4t^2$。

10-2 $x = (l+\lambda)\cos\omega t$, $y = (l-\lambda)\sin\omega t$; 轨迹: $\dfrac{x^2}{(l+\lambda)^2} + \dfrac{y^2}{(l-\lambda)^2} = 1$。

10-3　椭圆：$\dfrac{(x-a)^2}{(b+l)^2}+\dfrac{y^2}{l^2}=1$。

10-4　$y_B=\sqrt{64+l^2}-8$；　$v_B=\dfrac{t}{\sqrt{64+t^2}}$；　$t=15\mathrm{s}$。

10-5　$y=l\tan kt$；$v=lk\sec^2 kt$，$a=2lk^2\tan kt\sec^2 kt$；

　　　　$\theta=\dfrac{\pi}{6}$ 时，　$v=\dfrac{4}{3}lk$，　$a=\dfrac{8\sqrt{3}}{9}lk^2$。

10-6　对地：$y_A=\sqrt{64-t^2}$，　$v_A=\dfrac{t}{\sqrt{64-t^2}}$，　方向铅垂向下；

　　　　对凸轮：$x_{1A}=t$，　$y_{1A}=\sqrt{64-t^2}$，　$v_{1Ax}=1\mathrm{cm/s}$，　$v_{1Ay}=-\dfrac{t}{\sqrt{64-t^2}}$。

10-7　$v=\dfrac{h\omega}{\cos^2\omega t}$；　$v_r=\dfrac{h\omega\sin\omega t}{\cos^2\omega t}$。

10-8　$x_C=\dfrac{al}{\sqrt{l^2+u^2t^2}}$，　$y_C=\dfrac{aut}{\sqrt{l^2+u^2t^2}}$；　$v_C=\dfrac{au}{2l}$。

10-9　$y=e\sin\omega t+\sqrt{R^2-e^2\cos^2\omega t}$；　$v=e\omega\left(\cos\omega t+\dfrac{e\sin 2\omega t}{2\sqrt{R^2-e^2\cos^2\omega t}}\right)$。

10-10　$v=-\dfrac{v_0}{x}\sqrt{x^2+l^2}$；　$a=-\dfrac{v_0^2 l^2}{x^3}$。

10-11　$(x-c)^2+y^2=r^2$，　$v_M=\dfrac{\pi r}{2}$　　（$\perp OA$）；　$a_M=\dfrac{\pi^2 r}{4}$　　（$//OA$）。

10-12　自然法：$s=2R\omega t$，　$v=2R\omega$，　$a_\tau=0$，　$a_n=4R\omega^2$；

　　　　坐标法：$x=R+R\cos 2\omega t$，　$y=R\sin 2\omega t$，　$v_x=-2R\omega\sin 2\omega t$，　$v_y=2R\omega\cos 2\omega t$

　　　　$a_x=-4R\omega^2\cos 2\omega t$，　$a_y=-4R\omega^2\sin 2\omega t$。

10-13　$v=ak$，　$v_r=-ak\sin kt$。

10-14　略。

10-15　$x=r\cos\omega t+l\sin\dfrac{\omega t}{2}$，　$y=r\sin\omega t-l\cos\dfrac{\omega t}{2}$；

　　　　$v=\omega\sqrt{r^2+\dfrac{l^2}{4}-rl\sin\dfrac{\omega t}{2}}$，　$a=\omega^2\sqrt{r^2+\dfrac{l^2}{16}-\dfrac{rl}{2}\sin\dfrac{\omega t}{2}}$。

10-16　$v_0=70.7\mathrm{cm/s}$；　$a_0=333\mathrm{cm/s^2}$。

10-17　$v_M=9.42\mathrm{m/s}$；　$a_M=444.15\mathrm{m/s^2}$。

10-18　$\omega=\dfrac{v}{h}\cos^2\theta$，　$\alpha=-\dfrac{2v^2}{h^2}\sin\theta\cos^3\theta$。

10-19　$\theta=77\mathrm{rad/s^2}$。

10-20　$\omega=0.2\mathrm{trad/s}$，　$\alpha=0.2\mathrm{rad/s^2}$。

10-21　$v_A=0.86\mathrm{m/s}$。

10-22　$\omega=2\mathrm{rad/s}$，　$d=50\mathrm{cm}$。

10-23　$a=4\omega_0^2 r$。

10-24　$\theta=\arctan\dfrac{r\sin\omega_0 t}{h-r\cos\omega_0 t}$。

10-25　$\varphi=\dfrac{\sqrt{3}}{3}\ln\left(\dfrac{1}{1-\sqrt{3}\omega_0 t}\right)$；　$\omega=\omega_0\,e^{\sqrt{3}\varphi}$。

10-26　$\varphi=4\mathrm{rad}$。

第 11 章

11-1　轨迹：$y_1=a\cos\left(\dfrac{kx_1}{v_0}+\beta\right)$。

11-2　轨迹阿基米德螺旋线：$x^2+y^2=(vt)^2$。

11-3　(a) $\dfrac{\omega_0}{2}$；　　(b) $\dfrac{2}{3}\omega_0$。

11-4　$v_r=3.98\mathrm{m/s}$,

　　　　当传送带速度 $v_2=1.04\mathrm{m/s}$ 时,v_r 才与带垂直。

11-5　$v_r=10.06\mathrm{m/s}$,　　$\angle(v_r,R)=41°42'$。

11-6　$v_r=33.5\mathrm{m/s}$。

11-7　$u=1\mathrm{cm/s}$。

11-8　$v_x=0.52\mathrm{m/s}$,　　$v_y=-1.86\mathrm{m/s}$。

11-9　当 $\varphi=30°$ 时,　　$v=0$；

　　　　当 $\varphi=60°$ 时,　　$v=\dfrac{\sqrt{3}}{3}r\omega$ 向右。

11-10　当 $\varphi=0°$ 时,　　$v=0$；

　　　　　当 $\varphi=30°$ 时,　　$v=100\mathrm{cm/s}$；

　　　　　当 $\varphi=90°$ 时,　　$v=200\mathrm{cm/s}$；

11-11　$v_c=\dfrac{au}{2l}$。

11-12　$\omega_1=2.67\mathrm{rad/s}$。

11-13　$v_A=\dfrac{lau}{x^2+a^2}$。

11-14　$a_c=13.66\mathrm{cm/s^2}$。

11-15　$v=10\mathrm{cm/s}$；　$a=34.6\mathrm{cm/s^2}$。

11-16　$v_r=\dfrac{2\sqrt{3}}{3}u_0$；　$a_r=\dfrac{8\sqrt{3}}{9}\dfrac{u_0^2}{R}$。

第 12 章

12-1　$x_A=(R+r)\cos\dfrac{\alpha t^2}{2}$,　$y_A=(R+r)\sin\dfrac{\alpha t^2}{2}$；　$\varphi_A=\dfrac{1}{2r}(R+r)\alpha t^2$。

12-2　$v_{BC}=2.512\mathrm{m/s}$。

12-3　$\omega=\dfrac{v\sin^2\theta}{R\cos\theta}$。

12-4　$\omega_{AB}=\omega_{O_1B}=1.73\text{rad/s}$。

12-5　$v_A=2.12\text{m/s}$。

12-6　$v_A=0.577\text{m/s}$。

12-7　$v_D=0$。

12-8　$\omega_{OB}=3.75\text{rad/s}$，　$\omega_I=6\text{rad/s}$。

12-9　$n=10\ 800\text{r/min}(\text{顺})$。

12-10　① $\omega=1.28\text{rad/s}$，　$v_B=160\text{mm/s}$；　② $\alpha=2.458\text{rad/s}^2$。

12-11　$v_C=129.5\text{cm/s}$。

12-12　$\omega_{O_1D}=6.19\text{rad/s}$。

12-13　$v_{AB}=v\tan\alpha$，　$v_r=v\tan\alpha\tan\dfrac{\alpha}{2}$。

12-14　$v=1.15a\omega_0$。

12-15　$\omega_0=\omega_{AB}=0.4\text{rad/s}$。

12-16　$a_C=2r\omega_0^2$。

12-17　$v_0=\dfrac{R}{R-r}u$；　$a_0=\dfrac{R}{R-r}a$。

12-18　$a_C=\dfrac{R^2\omega_0^2}{R-r}\text{mm/s}^2$；　$a_P=\dfrac{Rr\omega_0^2}{R-r}\text{mm/s}^2$。

12-19　$\omega_{AB}=2\text{rad/s}$；　$\alpha_{AB}=16\text{rad/s}^2$；　$\alpha_B=565\text{cm/s}^2$。

12-20　$a_C=10.75\text{cm/s}^2$。

12-21　$a_n=2a\omega_0^2$，　$a_\tau=a(\sqrt{3}\omega_0^2-2\alpha_0)$。

12-22　$v_C=\dfrac{3}{2}r\omega_0$；　$a_C=\dfrac{\sqrt{3}}{12}r\omega_0^2$。

12-23　$a_{Cx}=1.6\omega^2r\tan\alpha$；　$a_{Cy}=0.6\omega_0^2r$。

12-24　$a=\dfrac{\omega_0^2}{2}l$，指向与 AO 一致。

12-25　$\omega=2.24\text{rad/s}$，　$\alpha=8.66\text{rad/s}^2$。

第 13 章

13-1　略。

13-2　$k\geqslant\dfrac{W(e\omega^2-g)}{(2e+b)g}$。

13-3　$a_P=37.7\text{cm/s}^2$，　$F_D=10.38\text{kN}$。

13-4　① 不打滑的极限速度 $v_{\max}=\sqrt{fg\rho}$，不倾倒的极限速度 $v_{\max}=\sqrt{\dfrac{bg\rho}{2h}}$；

　　　② $h<\dfrac{b}{2f}$；③ $v_{\max}=17\text{km/h}$。

13-5　$a_{\max}=0.35g$。

13-6　① $a=a_\tau=\dfrac{1}{2}g=4.9\text{m/s}^2$，$F_A=7.32\text{N}$，$F_B=27.32\text{N}$；

② $a=a_n=(2-\sqrt{3})g=2.63\text{m/s}^2$，$F_A=F_B=25.36\text{N}$。

13-7 $\alpha=\dfrac{3}{4}\dfrac{g}{a}$，$F_{Ax}=\dfrac{3}{8}P(\rightarrow)$，$F_{Ay}=\dfrac{5}{8}P(\uparrow)$。

13-8 ① $F_{Ay}=\dfrac{W}{4}(\uparrow)$；② $\alpha=\dfrac{3g}{2l}$。

13-9 $F_{Ax}=mr\alpha-\dfrac{m}{2}l\omega^2(\leftarrow)$，　$F_{Ay}=-\dfrac{m}{2}l\alpha-mr\omega^2(\downarrow)$，　$M_A=\dfrac{m}{2}lr\omega^2+\dfrac{m}{3}l^2\alpha$（顺钟向）。

13-10 $\beta=\arccos\left(\dfrac{3g}{2l\omega^2}\right)$；　$R=\dfrac{Pl\omega^2}{2g}\sqrt{1+\dfrac{7g^2}{4l^2\omega^4}}$。

13-11 $\omega^2=3g\dfrac{b^2\cos\varphi-a^2\sin\varphi}{(b^3-a^3)\sin2\varphi}$。

13-12 $F=30\text{N}$。

13-13 $\alpha=47\text{rad/s}^2$；　$F_{Ax}=95\text{N}$，　$F_{Ay}=137\text{N}$。

13-14 $F_{BN}=22.4\text{N}$；$F_{Ax}=30.6\text{N}$，　$F_{Ay}=16.3\text{N}$。

13-15 $\alpha=51.3\text{rad/s}^2$。

13-16 $a=\dfrac{8}{11}\dfrac{P}{Q}g$。

13-17 $a=\dfrac{mgR}{M(r^2+\rho^2)+mR(R-r)}$。

13-18 $\alpha=3.53\text{rad/s}^2$　（顺钟向），$F_B=176\text{N}$，$F_{AN}=358\text{N}$。

13-19 $F_{Ax}=-3mr^2\omega_0^2$，　$F_{Ay}=mgr$；

$F_{Bx}=\dfrac{1}{2}mr^2\omega_0^2$，　$F_{By}=mgr$。

13-20 $F_{Ax}=\dfrac{3}{2}mg$；$F_{Ay}=\dfrac{5}{4}mg$；$M_A=\dfrac{3}{4}mgl$。

13-21 $F_{Ox}=\dfrac{1}{3}P\sin2\theta$；$F_{Oy}=P\left(1-\dfrac{2}{3}\sin^2\theta\right)$；　$M_O=PS\cos\theta$。

13-22 ① $\alpha=12.1\text{rad/s}^2$；　② $a_A=11.14\text{m/s}^2$；　③ $F_N=14.7\text{N}$。

13-23 $F_{CD}=-\dfrac{4P_1P_2}{P_1+P_2}\cdot\dfrac{b}{a\sin\theta}$。

第 14 章

14-1 (a) $T=\dfrac{1}{4}mr^2\omega^2$；　(b) $T=\dfrac{3}{4}mr\,2\omega^2$；　(c) $T=\dfrac{1}{6}ml^2\omega^2$；　(d) $T=\dfrac{3}{4}mr^2\omega^2$。

14-2 (a) $T=\dfrac{1}{2}(m_1+m_2)v_1^2+\dfrac{1}{2}m_2v_2^2-\dfrac{\sqrt{3}}{2}m_2v_1v_2$；

(b) $T=\dfrac{1}{2}(m+3m_1)v_0^2$；

(c) $T=\dfrac{1}{2}\left(\dfrac{3}{2}m_1+m_2\right)v^2+\dfrac{1}{6}m_2l^2\dot\varphi^2+\dfrac{1}{2}m_2vl\dot\varphi\cos\varphi$；

(d) $T=1\,023\text{N}\cdot\text{m}$。

14-3　$T=\dfrac{7}{16}mR^2\omega^2$。

14-4　$T=\dfrac{1}{2}(m_1+m_2)\dot{x}^2+\dfrac{1}{2}m_2l^2\dot{\varphi}^2+m_2l\ddot{x}\varphi\cos\varphi$。

14-5　$T=\dfrac{2}{3}m\left(\dfrac{v}{\sin\varphi}\right)^2$。

14-6　$T=\dfrac{1}{2}\left[\dfrac{Q}{3}+P+\dfrac{3\pi r+2l}{6(\pi r+l)}W\right]\dfrac{l^2}{g}\omega^2$。

14-7　$T=\dfrac{P}{6g}\omega^2l^2\sin^2\theta$。

14-8　$W_1=Ps(\sin\theta-f'\cos\theta)-\dfrac{k}{2}s^2$；

　　　　$W_2=-P\lambda(\sin\theta+f'\cos\theta)+\dfrac{k}{2}(2\lambda s-\lambda^2)$。

14-9　$W=Fs\left(\cos\theta+\dfrac{r}{R}\right)-\delta(P-F\sin\theta)\dfrac{s}{R}$。

14-10　$W_{BA}=-20.3\text{J}$；　$W_{AD}=20.3\text{J}$。

14-11　$W=452\text{kJ}$。

14-12　$h=39.3\text{cm}$。

14-13　$v=\sqrt{\dfrac{g}{l}(l^2-a^2)}$。

14-14　$\omega^2=\dfrac{6\pi gMN}{a^2(5P+6Q)}$。

14-15　$\omega^2=\dfrac{3(F+m_0g)\sin\theta}{m_0b}$。

14-16　$v=\sqrt{3gh}$。

14-17　$a=\dfrac{3Q}{9P+4Q}g$。

14-18　$v_1=\sqrt{\dfrac{4gh(P_1-2P_2+W_1)}{2P_1+8P_2+4W_2+3W_1}}$。

14-19　$P=5.81\text{N}$。

14-20　① $\omega=4.95\text{rad/s}$；　② $\delta=8.8\text{cm}$。

14-21　$v_A=\sqrt{\dfrac{3}{2m}-[M\theta-mgl(1-\cos\theta)]}$。

14-22　$\omega=\dfrac{1}{R}\sqrt{\dfrac{3M}{8m_2+33m_1}\varphi}$；　　$a=\dfrac{3M}{2R^2(8m_2+33m_1)}$。

14-23　$a=\dfrac{2}{5}(2\sin\theta-f\cos\theta)g$；　　$F=\dfrac{1}{5}(\sin\theta-3f\cos\theta)mg$。

14-24　$M_{主}=188\text{N}\cdot\text{m}$；　$M_{电}=42.7\text{N}\cdot\text{m}$；　$P_{电}=6.35\text{kW}$。

14-25　$F_1=\dfrac{Q}{2}+9.56\dfrac{P}{nd}\text{kN}$；　$F_2=\dfrac{Q}{2}-9.56\dfrac{P}{nd}\text{kN}$。

第 15 章

15-1 $F_{Nd}=6.26\text{kN}$, $\qquad \sigma_{d,max}=88.5\text{MPa}$。

15-2 $\sigma_{d,max}=12.48\text{MPa}$。

15-3 $\sigma_{d,max}=107\text{MPa}$。

15-4 $\sigma_{d,max}=4.63\text{MPa}$。

15-5 $(\Delta l)_d=0.565\text{cm}$, $\qquad \sigma_d=565\text{MPa}$。

15-6 有弹簧时 $H=384\text{mm}$,

无弹簧时 $H=9.56\text{mm}$。

15-7 $f_{\frac{1}{2}}=0.224\text{cm}$, $\qquad \sigma_{d,max}=148\text{MPa}$。

15-8 ① $\sigma_{st}=0.0707\text{MPa}$;

② $\sigma_d=15.4\text{MPa}$;

③ $\sigma_d=3.7\text{MPa}$。

15-9 $\sigma_{d,max}=\sqrt{\dfrac{3EIG v^2}{ga W^2}}$。

15-10 $\sigma_{d,max}=43.1\text{MPa}$, $\quad f_{max}=0.497\text{m}$。

第 16 章

16-1 (a) $r=-1$, $\quad \sigma_m=0$, $\quad \sigma_a=40\text{MPa}$;

(b) $r=-\dfrac{1}{3}$, $\quad \sigma_m=20\text{MPa}$, $\quad \sigma_a=40\text{MPa}$;

(c) $r=0$, $\quad \sigma_m=40\text{MPa}$, $\quad \sigma_a=40\text{MPa}$;

(d) $r=\dfrac{1}{5}$, $\quad \sigma_m=60\text{MPa}$, $\quad \sigma_a=40\text{MPa}$。

16-2 $K_\sigma=1.525$。

16-3 $\sigma_{max}=-\sigma_{min}=75.5\text{MPa}$, $\qquad r=-1$。

16-4 $n_\sigma=2.19>n$, 安全。

附录 A

A-1 $S_y=\dfrac{bh^2}{2}$, $\qquad I_y=\dfrac{bh^3}{3}$, $\quad I_{y z_C}=0$, $\qquad i_{z_C}=\dfrac{b}{2\sqrt{3}}$。

A-2 $i_y=i_z=\dfrac{D}{4}\sqrt{1+\alpha^2}$ $\left(\alpha=\dfrac{d}{D}\right)$。

A-3 略。

A-4 $I_y=\dfrac{\pi d^4}{64}-\dfrac{a^4}{12}$。

科 学 出 版 社 高等教育分社

教学支持说明

　　科学出版社高等教育分社为了对教师的教学提供支持，特对教师免费提供本教材的电子教案，以方便教师教学。

　　获取电子教案的教师需要填写如下情况的调查表，以确保本电子教案仅为任课教师获得，并保证只能用于教学，不得复制传播。

　　地址：北京东黄城根北街 16 号，100717

　　　　　科学出版社　高等教育分社　工科编辑部

　　　　　段博原　　（收）

　　联系方式：010-6403 3891　　010-6401 1127（Fax）　　elec@cspg.net

请复印后签字盖章，邮寄或者传真到我社，我们确认销售记录后立即赠送。

如果您对本书有任何意见和建议，也欢迎您告诉我们。

证　明

　　兹证明_____大学　_____学院/_____系第_____学年□上/□下学期开设的课程，采用科学出版社出版的_____ /_____（书名/作者）作为上课教材。任课老师为_____共_____人，学生_____个班共_____人。

　　任课教师需要与本教材配套的电子教案。

电　话：_____

传　真：_____

E-mail:　_____

地　址：_____

邮　编：_____

　　　　　　　　　　　　学院/系主任：_____　（签字）

　　　　　　　　　　　　　　　　　　（学院/系办公室章）

　　　　　　　　　　　　　　　_____年___月___日